Industrial Engineer Hazardous material

위험물산업기사
최근 10년간 기출문제
【필기】

이덕수 · 이정석 공저

도서출판 책과 상상
www.SangSangbooks.co.kr

현대 산업사회가 급속히 발전하고 있는 현실에 위험물 대형화재가 발생하여 인명과 재산에 막대한 손실을 초래하는 것을 보면서 위험물 안전관리에 대한 필요성을 더욱 절실히 느끼게 되었습니다.

이러한 이유로 산업사회의 기초물질인 위험물을 원료로 하는 화학공장의 현장, 위험물안전관리대행 업무의 현장 실무 경력과 오랜 기간 동안 위험물 강의 경력을 토대로 수험생들이 보다 쉽고 빠르게 통합된 위험물산업기사 자격증을 취득할 수 있도록 본 교재를 집필하였습니다.

이 책의 특징은
1. 한국산업인력공단의 출제기준과 개정된 위험물안전관리 법령을 반영하여 핵심적인 이론 내용을 수험생들이 이해하기 쉽도록 집필하였습니다.
2. 2016년부터 2025년까지 최근 10년간 시행된 기출문제 및 CBT 복원문제를 수록함으로써 문제은행 방식의 시험에 효과적으로 대비할 수 있도록 하였습니다.
3. 기출문제 및 복원문제의 해설은 요구하는 정답에 맞게 핵심을 설명하여 유사 문제에도 쉽게 적응할 수 있도록 하였습니다.

이 도서의 출간 이후 부족한 점과 법령 개정부분은 계속 수정, 보완하여 수험생 여러분이 합격하는데 더욱 도움이 되도록 하겠으며, 이 책을 출간하기까지 물심양면으로 도와주신 책과상상 사장님, 그리고 편집부 직원께 진심으로 감사드립니다.

수험생 여러분 모두에게 합격의 영광이 있기를 기원하며 항상 행복하고 건강한 날이 되기를 바랍니다.

저자 드림

자격시험안내 및 출제기준

■ **개요**
위험물은 발화성, 인화성, 가연성, 폭발성 때문에 사소한 부주의에도 커다란 재해를 가져올 수 있다. 또한 위험물의 용도가 다양해지고, 제조시설도 대규모화되면서 생활공간과 가까이 설치되는 경우가 많아짐에 따라 위험물의 취급과 관리에 대한 안전성제고에 대한 관심이 높아지고 있다. 특히 위험물 특성별로 전문적으로 취급할 수 있는 전문인력을 양성하고자 자격제도 제정

■ **수행직무**
위험물(제1류~6류)의 저장, 제조, 취급고에서 위험물을 안전하도록 취급하며, 일반작업자를 지시, 감독. 또한 각 설비 및 시설에 대한 안전점검을 실시하고 재해발생시 응급조치를 취하는 등 위험물에 대한 보안·감독의 업무를 수행함

필기과목	주요항목	세부항목
물질의 물리·화학적 성질	1. 기초 화학	1. 물질의 상태와 화학의 기본법칙 2. 원자의 구조와 원소의 주기율 3. 산, 염기 4. 용액 5. 산화, 환원
	2. 유기화합물 위험성 파악	1. 유기화합물 종류·특성 및 위험성
	3. 무기화합물 위험성 파악	1. 무기화합물 종류·특성 및 위험성
화재 예방과 소화방법	1. 위험물 사고 대비·대응	1. 위험물 사고 대비 2. 위험물 사고 대응
	2. 위험물 화재예방·소화방법	1. 위험물 화재예방 방법 2. 위험물 소화방법
	3. 위험물 제조소등의 안전계획	1. 소화설비 적응성 2. 소화 난이도 및 소화설비 적용 3. 경보설비·피난설비 적용

■ 취득방법
1. 시 행 처 : 한국산업인력공단
2. 관련학과 : 전문대학 및 대학의 화학공업, 화학공학 등 관련학과
3. 시험과목
   - 필기 : 1. 일반화학 2. 화재예방과 소화방법 3. 위험물의 성질과 취급
   - 실기 : 위험물 취급 실무
4. 검정방법 및 합격기준
   - 필기 : 객관식 4지 택일형, 과목당 20문항(과목당 30분) - 100점을 만점으로 하여 과목당 40점 이상, 전과목 평균 60점 이상
   - 실기 : 필답형(2시간) - 100점을 만점으로 하여 60점 이상
   ※2020년 1회 실기시험부터 작업형(동영상) 시험이 폐지되고 필답형으로만 진행됩니다.

■ 진로 및 전망
1. 위험물(제1류~제6류)의 제조, 저장, 취급전문업체에 종사하거나 도료제조, 고무제조, 금속제련, 유기합성물제조, 염료제조, 화장품제조, 인쇄잉크제조업체 및 지정수량 이상의 위험물 취급업체에 종사할 수 있다.
2. 산업체에서 사용하는 발화성, 인화성 물품을 위험물이라 하는데 산업의 고도성장에 따라 위험물의 수요와 종류가 많아지고 있어 위험성 역시 대형화되어가고 있다. 이에 따라 위험물을 안전하게 취급·관리하는 전문가의 수요는 꾸준할 것으로 전망된다. 또한 위험물관리산업기사의 경우 소방법으로 정한 위험물 제1류~제6류에 속하는 모든 위험물을 관리할 수 있으므로 취업영역이 넓은 편이다.

필기과목	주요항목	세부항목	
위험물 성상 및 취급	1. 제1류 위험물 취급	1. 성상 및 특성	2. 저장 및 취급방법의 이해
	2. 제2류 위험물 취급	1. 성상 및 특성	2. 저장 및 취급방법의 이해
	3. 제3류 위험물 취급	1. 성상 및 특성	2. 저장 및 취급방법의 이해
	4. 제4류 위험물 취급	1. 성상 및 특성	2. 저장 및 취급방법의 이해
	5. 제5류 위험물 취급	1. 성상 및 특성	2. 저장 및 취급방법의 이해
	6. 제6류 위험물 취급	1. 성상 및 특성	2. 저장 및 취급방법의 이해
	7. 위험물 운송·운반	1. 위험물 운송기준	2. 위험물 운반기준
	8. 위험물 제조소등의 유지관리	1. 위험물 제조소 3. 위험물 취급소	2. 위험물 저장소 4. 제조소등의 소방시설 점검
	9. 위험물 저장·취급	1. 위험물 저장기준	2. 위험물 취급기준
	10. 위험물안전관리 감독 및 행정처리	1. 위험물시설 유지관리감독 2. 위험물안전관리법상 행정사항	

이 책의 차례 CONTENTS

제1장 핵심이론요약

제1절 | 물질의 물리 · 화학적 성질 ··· 10
  01 기초 화학 ··· 10
    1. 물질 ··· 10
    2. 원자 ··· 11
    3. 분자 ··· 13
    4. 화학결합 ··· 16
    5. 산, 염기 ··· 16
    6. 용액의 농도 ··· 17
    7. 산화와 환원 ··· 19
    8. 전기분해 ··· 20
    9. 화학반응 ··· 21
    10. 금속과 비금속 ··· 22
  02 유 · 무기 화합물 ··· 23
    1. 유기화합물의 명명 ··· 23
    2. 지방족 탄화수소 ··· 23
    3. 방향족 탄화수소 ··· 24
    4. 고분자 화합물 ··· 26

제2절 | 화재예방과 소화방법 ··· 28
  01 화재예방 ··· 28
    1. 화재의 정의 및 종류 ··· 28
    2. 화재의 소실정도 ··· 28
    3. 화상의 종류 ··· 28
    4. 연소 이론 ··· 29
    5. 연소의 형태 ··· 29
    6. 연소에 따른 제반사항 ··· 30
  02 소화방법 ··· 33
    1. 소화원리 ··· 33
    2. 소화능력 단위에 의한 분류 ··· 34
    3. 소화기의 종류 ··· 34
    4. 소화기의 유지 관리 ··· 37
  03 소방시설의 설치 및 운영 ··· 38
    1. 소방시설의 분류 ··· 38
    2. 옥내소화전설비 ··· 40
    3. 옥외소화전설비 ··· 41
    4. 스프링클러설비 ··· 42
    5. 물분무 소화설비 ··· 43
    6. 포 소화설비 ··· 43
    7. 불활성가스 소화설비 ··· 44
    8. 할로젠화합물 소화설비 ··· 45
    9. 분말소화설비 ··· 47
    10. 피난설비 ··· 48
    11. 경보설비 ··· 48

제3절 | 위험물 성상 및 취급 ··· 50
  01 위험물의 종류 및 특성 ··· 50
    1. 제1류 위험물 ··· 50
    2. 제2류 위험물 ··· 57
    3. 제3류 위험물 ··· 61
    4. 제4류 위험물 ··· 65
    5. 제5류 위험물 ··· 77
    6. 제6류 위험물 ··· 80
  02 위험물안전관리법령 ··· 82
    1. 위험물안전관리 기준 ··· 82
    2. 위험물제조소등의 위치, 구조설비기준 ··· 85
    3. 제조소등의 소화설비, 경보설비기준 ··· 103
    4. 위험물안전관리법령 ··· 108

제2장 최근기출문제

2016년 1회 기출문제	116
2016년 2회 기출문제	126
2016년 3회 기출문제	136
2017년 1회 기출문제	146
2017년 2회 기출문제	156
2017년 3회 기출문제	165
2018년 1회 기출문제	175
2018년 2회 기출문제	184
2018년 3회 기출문제	194
2019년 1회 기출문제	203
2019년 2회 기출문제	213
2019년 3회 기출문제	222
2020년 1·2회 기출문제	232
2020년 3회 기출문제	241
2021년 1회 복원문제	251
2021년 2회 복원문제	261
2021년 3회 복원문제	271
2022년 1회 복원문제	280
2022년 2회 복원문제	289
2022년 3회 복원문제	298
2023년 1회 복원문제	308
2023년 2회 복원문제	317
2023년 3회 복원문제	326
2024년 1회 복원문제	335
2024년 2회 복원문제	344
2024년 3회 복원문제	354
2025년 1회 복원문제	363
2025년 2회 복원문제	372
2025년 3회 복원문제	382

위험물 분야 주요 용어 변경

위험물안전관리법 시행규칙의 개정에 따라 위험물 등의 용어가 변경되었습니다.
이에 주요 용어 변경 사항을 다음과 같이 정리합니다. 수험생 여러분들은 참고하셔서 변경된 용어를 반드시 숙지하시기 바랍니다.

■ 접두어

구분	기존 용어	변경된 용어
hy–	히–	하이–
di–	디–	다이–
tri–	트리–	트라이–
nitro–	니트로–	나이트로–

■ 이전 용어와 변경된 용어 비교

이전 용어	변경된 용어	이전 용어	변경된 용어
과망간산염류	과망가니즈산염류	과망간산칼륨	과망가니즈산칼륨
과망간산나트륨	과망가니즈산나트륨	아세트알데히드	아세트알데하이드
아크릴로니트릴	아크릴로나이트릴	시안화수소	사이안화수소
아세토니트릴	아세토나이트릴	히드라진	하이드라진
니트로벤젠	나이트로벤젠	니트로셀룰로오스	나이트로셀룰로스
니트로글리세린	나이트로글리세린	니트로글리콜	나이트로글라이콜
트리니트로톨루엔	트라이나이트로톨루엔	트리니트로페놀	트라이나이트로페놀
니트로화합물	나이트로화합물	니트로소화합물	나이트로소화합물
디아조화합물	다이아조화합물	히드라진유도체	하이드라진유도체
히드록실아민	하이드록실아민	히드록실아민염류	하이드록실아민염류
니트로톨루엔	나이트로톨루엔	불소	플루오린
요오드, 옥소	아이오딘	메탄	메테인
에탄	에테인	프로판	프로페인
부탄	뷰테인		

CHAPTER 01

핵심이론요약

Section 01 물질의 물리·화학적 성질
Section 02 화재예방과 소화방법
Section 03 위험물 성상 및 취급

SECTION 01 물질의 물리·화학적 성질

STEP 01 기초 화학

1. 물질

1) 순물질
일정한 조성을 가지며 독특한 성질을 가지는 물질
① 단체 : 한 가지 원소로 되어 있는 물질 및 동소체로서 황(S), 구리(Cu), 철(Fe), 나트륨(Na), 알루미늄(Al) 등
② 화합물 : 두 가지 이상의 원소로 되어 있는 물질로서 물(H_2O), 이산화탄소(CO_2) 등

2) 혼합물
두가지 이상의 순물질이 혼합되어 있는 것으로 비점과 어는점이 일정하지 않다.

> **참고 혼합물**
> 설탕물(설탕 + 물), 소금물(소금 + 물)

3) 물질의 확인
① 순물질의 확인방법
㉮ 고체 : 녹는점(Melting point, 융점) 측정
㉯ 액체 : 비점(Boiling point) 측정

> **참고** 순수한 물질은 녹는점이 높고, 불순물이 함유된 물질은 녹는점이 낮다.

② 물질의 분리 및 정제
㉮ 고체와 액체 : 여과(Filter), 증류
㉯ 액체와 액체 : 증류, 분액깔대기 이용
㉰ 고체와 고체 : 재결정(용해도 차이로 분리), 추출법
㉱ 기체와 기체 : 액화분리법, 흡수법

> **참고 재결정**
> 질산칼륨 수용액 속에 소량의 염화나트륨의 불순물을 제거하는 방법(용해도 차이로 불순물 제거)

4) 물질의 변화
   ① 물리적 변화 : 물질의 성분은 변하지 않고 상태와 부피가 변하는 것
      ㉮ 얼음이 녹아서 물이 되는 현상
      ㉯ 철이 녹아서 쇳물이 되는 현상
      ㉰ 설탕이 물에 녹아 설탕물이 되는 현상
      ㉱ 소금이 물에 녹아 소금물이 되는 현상
   ② 화학적 변화 : 화학반응에 의하여 물질의 성분이 변하는 것
      ㉮ 화합 : 두 가지 이상의 물질이 결합하여 하나의 새로운 물질이 되는 현상
         예 $2H_2 + O_2 \rightarrow 2H_2O$
      ㉯ 분해 : 하나의 물질이 둘 이상의 물질로 되는 현상
         예 $2H_2O \rightarrow O_2 + 2H_2$
      ㉰ 치환 : 화합물의 하나의 원소가 다른 원소와 교체되는 현상
         예 $Mg + H_2SO_4 \rightarrow MgSO_4 + H_2$
      ㉱ 복분해 : 두 가지 이상의 성분이 서로 교체되는 현상
         예 $AgNO_3 - NaCl \rightarrow AgCl + NaNO_3$

2. 원자

1) 원자에 관한 법칙(원자설)
   ① 일정성분비의 법칙(프루스트) : 순수한 화합물에 있어서 성분원소의 질량비는 항상 일정하다.
   ② 배수비례의 법칙(돌턴) : 두 원소가 결합하여 2개 이상의 화합물을 만들 때 다른 원소의 질량과 결합하는 원소의 질량사이에는 간단한 정수비가 성립한다.
   ③ 질량보존의 법칙(돌턴)
      ㉮ 모든 물질은 더 이상 쪼갤 수 없는 원자라는 작은 입자로 되어 있다.
      ㉯ 같은 원소의 원자는 크기, 질량 등 모든 성질은 같다.

2) 원자의 구조
   ① 원자번호와 질량수
      ㉮ 원자번호 = 양성자수 = 양자수 = 전자수(중성원자에서)
      ㉯ 질량수 = 양성자수(원자번호) + 중성자수
   ② 방사선의 붕괴
      ㉮ α붕괴 : 원자번호 2감소, 질량수 4가 감소한다.

      > 참고: $_{88}Ra^{226}$이 α붕괴하면 $_{86}Rn^{222}$가 된다.

      ㉯ β붕괴 : 원자번호 1증가, 질량수는 변화가 없다.

      > 참고: $^{237}_{93}Np$(넵투늄)원소가 β선을 1회 방출하면 $^{237}_{94}Pu$(피우토늄)가 된다.

      ㉰ γ붕괴 : 핵의 내부에너지만 감소한다.

③ 반감기 : 방사선 원소가 붕괴하여 양이 1/2이 될 때까지 걸리는 시간

$$m = M\left(\frac{1}{2}\right)^{\frac{t}{T}}$$

여기서   m : 붕괴후의 질량, M : 처음 질량, t : 경과시간, T : 반감기

④ 동소체 : 같은 원소로 되어 있으나 성질과 모양이 다른 단체(질소는 동소체가 없다)

원소	동소체	연소생성물
탄소(C)	다이아몬드, 흑연	이산화탄소(CO_2)
황(S)	사방황, 단사황, 고무상황	이산화황(SO_2)
인(P)	적린(붉은인), 황린(흰인)	오산화인(P_2O_5)
산소(O)	산소, 오존	–

⑤ 당량

㉮ 당량 : 산소 8(산소 1/2원자량)이나 수소 1(수소 1원자량)과 결합 또는 치환하는 원소의 양
㉯ g당량 : 당량에 g을 붙인 것

$$당량 = \frac{원자량}{원자가}, \quad 원자량 = 당량 \times 원자가$$

⑥ 전자껍질 및 전자배열

㉮ 가전자 : 전자껍질에서 제일 바깥에 있는 전자

$$최외각 전자껍질의 전자수 = 원자가전자 = 가전자 = 족수$$

㉯ 전자껍질 : 원자핵을 이루고 있는 에너지 준위가 다른 전자층

전자껍질	K껍질 (n = 1, n : 양자수)	L껍질 (n = 2)	M껍질 (n = 3)	N껍질 (n = 4)
오비탈	s	s, p	s, p, d	s, p, d, f
	$1s^2$	$2s^2, 2p^6$	$3s^2, 3p^6, 3d^{10}$	$4s^2, 4p^6, 4d^{10}, 4f^{14}$
최대수용 전자수($2n^2$)	2	8	18	32

㉰ 에너지 준위

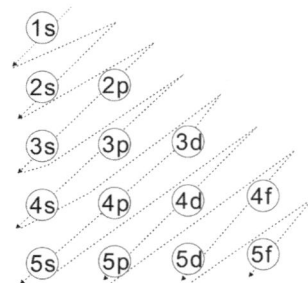

> **참고**
> - 에너지 준위 : 1s < 2s < 2p < 3s < 3p < 4s < 3d < 4p < 5s < 4d < 5p < 4f
> - Ar(원자번호 18)의 전자배치 : $1S^2, 2S^2, 2P^6, 3S^2, 3P^6$
> - S^{2-}(원자번호 16) : $1S^2, 2S^2, 2P^6, 3S^2, 3P^4$인데 2가 음이온으로 전자 2개를 얻어 16 + 2 = 18개의 전자를 가지므로 전자배치는 $1S^2, 2S^2, 2P^6, 3S^2, 3P^6$이다.
> - Al^{3+}(원자번호 13) : $1S^2, 2S^2, 2P^6, 3S^2, 3P^1$긴데 3가 양이온으로 전자 3개를 잃어 13 - 3 = 10개의 전자를 가지므로 전자배치는 $1S^2, 2S^2, 2P^6$이다.

3. 분자

1) 원소의 주기율표

족\주기	1 1A	2 2A	3 3B	4 4B	5 5B	6 6B	7 7B	8, 9, 10 8B			11 1B	12 2B	13 3A	14 4A	15 5A	16 6A	17 7A	18 8A
분류	알칼리금속	알칼리토금속	희토류	티탄족	토산금속	크로뮴족	망가니즈족	철족(3개) 반금족(3개)			구리족	아연족	알루미늄족	탄소족	질소족	산소족	할로젠족	불활성기체
1	1 H																	2 He
2	3 Li	4 Be											5 B	6 C	7 N	8 O	9 F	10 Ne
3	11 Na	12 Mg											13 Al	14 Si	15 P	16 S	17 Cl	18 Ar
4	19 K	20 Ca	21 Sc	22 Ti	23 V	24 Cr	25 Mn	26 Fe	27 Co	28 Ni	29 Cu	30 Zn	31 Ga	32 Ge	33 As	34 Se	35 Br	36 Kr
5	37 Rb	38 Sr	39 Y	40 Zr	41 Nb	42 Mo	43 Tc	44 Ru	45 Rh	46 Pd	47 Ag	48 Cd	49 In	50 Sn	51 Sb	52 Te	53 I	54 Xe
6	55 Cs	56 Ba	57 La	72 Hf	73 Ta	74 W	75 Re	76 Os	77 Ir	78 Pt	79 Au	80 Hg	81 Ti	82 Pb	83 Bi	84 Po	85 At	86 Rn
7	87 Fr	88 Ra	89 Ac	104 Rf	105 Db	106 Sg	107 Bh	108 Hs	109 Mt		란탄계, 악티늄계 : 생략							

① 중요한 원자단

라디칼	이온식	원자가	라디칼	이온식	원자가
수산기	OH^-	-1	황산기	SO_4^{-2}	-2
사이안기	CN^-	-1	아황산기	SO_3^{-2}	-2
질산기	NO_3^-	-1	탄산기	CO_3^{-2}	-2
아세트산기	CH_3COO^-	-1	인산기	PO_4^{-3}	-3
과망가니즈산기	MnO_4^-	-1	크로뮴산기	CrO_4^{-2}	-2
염소산기	ClO_3^-	-1	다이크로뮴산기	$Cr_2O_7^{-2}$	-2
암모늄기	NH_4^+	+1	사이안화철(Ⅲ)산기	$Fe(CN)_6^{-3}$	-3

② 원소의 성질

구분 항목	같은 주기에서 원자번호가 증가할수록 (왼쪽에서 오른쪽으로)	같은 족에서 원자번호가 증가할수록 (윗쪽에서 아래쪽으로)
이온화에너지	증가한다.	감소한다.
전기음성도	증가한다.	감소한다.
이온반지름	작아진다.	커진다.
원자반지름	작아진다.	커진다.
비금속성	증가한다.	감소한다.

③ 전기음성도

$$F > O > N > Cl > Br > I > P$$

㉮ 전기음성도가 낮은 것은 이온화에너지가 낮다.
㉯ 전기음성도가 클수록 산화성이 커지고 원자번호는 감소한다.

④ 금속의 이온화 경향

$$K\ Ca\ Na\ Mg\ Al\ Zn\ Fe\ Ni\ Sn\ Pb\ H\ Cu\ Hg\ Ag\ Pt\ Au$$
크다 ← → 작다

2) 분자량 측정법

① 기체의 밀도 : 표준상태일 때 $M(분자량) = d(g/ℓ) \times 22.4\ell$
② 기체의 비중

$$M_B = M_A \times \frac{W_B}{W_A}$$

여기서
- M_B : B기체의 분자량
- W_B : B기체의 무게
- M_A : A기체의 분자량
- W_A : A기체의 무게

③ **그레이엄의 확산속도법칙** : 확산속도는 분자량의 제곱근에 반비례, 밀도의 제곱근에 반비례 한다.

$$\frac{U_B}{U_A} = \sqrt{\frac{M_A}{M_B}} = \sqrt{\frac{d_A}{d_B}}$$

여기서
- U_B : B기체의 확산속도
- M_B : B기체의 분자량
- d_B : B기체의 밀도
- U_A : A기체의 확산속도
- M_A : A기체의 분자량
- d_A : A기체의 밀도

3) 분자에 관한 법칙

① 보일의 법칙 : 기체의 부피는 온도가 일정할 때 절대압력에 반비례한다.
② 샤를의 법칙 : 압력이 일정할 때 기체가 차지하는 부피는 절대온도에 비례한다.

③ **보일-샤를의 법칙** : 기체가 차지하는 **부피**는 **압력에 반비례**하고 **절대온도에 비례**한다.

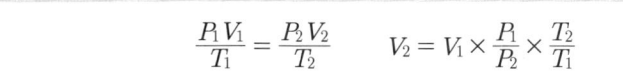

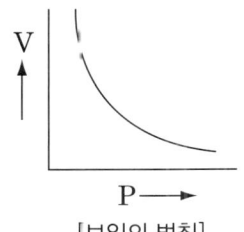
[보일의 법칙]

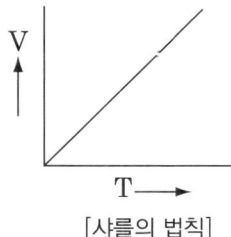
[샤를의 법칙]

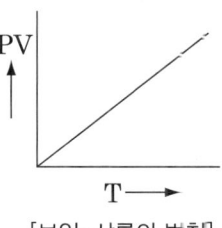
[보일-샤를의 법칙]

④ 이상기체 상태방정식

$$PV = nRT = \frac{W}{M}RT \qquad PM = \frac{W}{V}RT = \rho RT \qquad M(분자량) = \frac{\rho RT}{P}$$

여기서
- P : 압력(atm)
- n : mol수
- W : 무게
- R : 기체상수($0.08205\,\ell \cdot atm/g\text{-}mol \cdot K$, $0.08205\,m^3 \cdot atm/kg\text{-}mol \cdot K$)
- ρ : 밀도(g/m^3, kg/m^3)
- V : 부피(ℓ, m^3)
- M : 분자량
- T : 절대온도(273 + ℃), K

4) 화학식 및 화학반응식

① 분자식 : 단체 또는 화합물의 실제의 조성을 표시하는 식
  예 에틸알코올 : C_2H_6O, 포도당 : $C_6H_{12}O_6$
② 실험식 : 물질을 이루는 원소의 종류와 수를 가장 간단한 비율로 표시한 식(NaCl)
③ 시성식 : 분자를 이루고 있는 원자단(관능기)을 나타내며 그 분자의 특성을 밝힌 화학식
  예 에틸알코올 : C_2H_5OH, 다이에틸에터 : $C_2H_5OC_2H_5$
④ 구조식 : 화합물의 분자 내에서의 원자의 결합상태를 나타내는 식

> **참고 초산의 예를 보면**
> - 시성식 : CH_3COOH
> - 분자식 : $C_2H_4O_2$
> - 실험식 : $C_2H_4O_2$에서 C : H : O = 2 : 4 : 2 = 1 : 2 : 1이므로 실험식은 CH_2O가 된다.
> - 구조식
>
> ```
>     H   O
>     |   ||
>   H-C - C-O-H
>     |
>     H
> ```

⑤ 연소반응식 계수 맞추기

$$C_mH_n + \left(m + \frac{n}{4}\right)O_2 \rightarrow mCO_2 + \frac{n}{2}H_2O$$

예로서 프로페인의 연소반응식을 보면 $C_3H_8 + 5O_2 \rightarrow 3CO_2 + 4H_2O$

4. 화학결합

1) 이온결합
① 이온결합은 금속과 비금속사이의 정전력에 의한 결합이다.
② 이온결합하는 물질은 **소금(NaCl), 염화칼륨(KCl), 산화칼슘(CaO), 산화마그네슘(MgO)**이 있다.
③ 비점과 융점(녹는점)이 높다.
④ 수용액이나 용융상태에서는 전기전도성이 크다.
⑤ 물과 같이 극성용매에 잘 녹는다.
⑥ 용융상태에서는 전해질이다.

2) 공유결합
① 공유결합은 비금속과 비금속의 두 원자가 동일한 수의 전자를 제공하여 전자쌍을 이루어 공유하는 결합이다.
② 공유결합하는 물질은 **이산화탄소, 산소, 염소, 초산, 염산, 황화수소, 아세톤** 등이 있다.
③ 비점과 융점(녹는점)이 낮다.
④ 휘발성이고 전기부도체이다.
⑤ 벤젠과 사염화탄소에는 잘 녹는다.

3) 배위결합
한 쪽에서 비공유전자쌍 자체를 내어 전자를 공유시키는 결합이다.

> **참고** 한 분자내에 이온결합과 배위결합을 하는 것 : 염화암모늄(NH_4Cl)

4) 수소결합
① 수소 원자와 결합한 전기 음성도가 큰 원자가 분자 내에서 또는 다른 분자의 전기 음성도가 큰 원자와 접근할 때 이루어지는 화학 결합이다.
② 수소결합을 하는 물질은 **물, 암모니아, 플루오린화수소, 초산, 사이안화수소** 등이 있다.
③ 비점과 융점(녹는점)이 높다.
④ 전기음성도의 차이가 클수록 수소결합이 강해진다.

5. 산, 염기

1) 산
① 정의
  ㉮ 루이스 : 비공유 전자쌍을 받을 수 있는 물질
  ㉯ 아레니우스 : 물에 녹아서 **수소이온[H^+]**을 내는 물질
  ㉰ 브뢴스테드 : 양성자[H^+]를 줄 수 있는 물질
② 성질
  ㉮ 수용액은 초산과 같이 신맛이 난다.
  ㉯ 리트머스종이는 **청색에서 적색으로 변색**한다.
  ㉰ 전기분해하면 (−)극에서 수소를 발생한다.

㉣ 염기와 반응하면 염과 물이 생성된다.

2) 염기
① 정의
㉮ 루이스 : 비공유 전자쌍을 줄 수 있는 물질
㉯ 아레니우스 : 물에 녹아 **수산이온[OH⁻]**을 내는 물질
㉰ 브뢴스테드 : 양성자[H⁺]를 받아들일 수 있는 물질
② 성질
㉮ 수용액은 쓴맛을 가지고 미끈미끈하다.
㉯ 리트머스종이는 **적색에서 청색으로 변색**한다.
㉰ 전기분해하면 (+)극에서 산소를 발생한다.

6. 용액의 농도

1) 백분율
① 중량백분율(wt%농도) : 용액 100g 중 녹아 있는 용질의 g 수

$$wt\% = \frac{용질의\ 중량}{용액의\ 중량} \times 100$$

② ppm : 용액 1ℓ 중에 녹아 있는 용질의 mg 수

$$ppm = mg/\ell = g/m^3 = mg/kg = \frac{용질의\ 질량(mg)}{용액의\ 부피(\ell)}$$

2) 농도
① 몰농도(M) : 용액 1ℓ(1000㎖) 속에 녹아 있는 용질의 몰(g)의 수
② **규정농도(N) : 용액 1ℓ(1000㎖) 속에 녹아 있는 용질의 g 당량수**
③ 몰랄농도(m) : 용매 1000g 속에 녹아 있는 용질의 몰수

- 몰농도$(M) = \frac{용질의\ 무게(g)}{용질의\ 분자량(g)} \times \frac{1000}{용액의\ 부피(ml)}$

- 규정농도$(N) = \frac{용질의\ 무게(g)}{용질의\ g당량} \times \frac{1000}{용액의\ 부피(ml)}$

- 몰랄농도$(m) = \frac{용질의\ 몰수}{용매의\ 질량(g)} \times 1000(g)$

- 당량수 = 규정농도 × 부피(ℓ)

④ 농도 환산
㉮ %농도 → 몰농도로 환산, $M = \frac{10ds}{분자량}$ (d : 비중, s : %농도)

㉯ %농도 → 규정농도로 환산, $N = \frac{10ds}{당량}$ (d : 비중, s : %농도)

⑤ 중화적정 : 산과 염기를 완전 중화하려면 산과 염기의 g당량수가 같아야 한다.

$$NV = N'V'$$

여기서 • N : 노르말농도 • V : 부피

3) 수소이온농도(pH)

① 수소이온농도 : 수용액 1ℓ 속에 존재하는 H^+의 몰수[H^+]
② 수산이온농도 : 수용액 1ℓ 속에 존재하는 OH^-의 몰수[OH^-]
③ 수소이온지수(pH) : 수소이온농도의 역수를 상용대수로 나타낸 값

$$pH = \log \frac{1}{[H^+]} = -\log[H^+]$$
$$\therefore pH + pOH = 14$$

4) 용해도

① 일정한 온도에서 용매 100g에 녹을 수 있는 용질의 g수

$$용해도 = \frac{용질의\ g수}{용매의\ g수} \times 100$$

② 기체의 용해도는 온도가 상승하면 감소하고, 압력이 상승하면 용해도는 증가한다.
③ **액체의 용해도**는 **온도와 압력에는 무관**하다.
④ **고체의 용해도**는 압력에 영향을 받지 않고 **온도상승에 따라 증가**한다.

5) 묽은 용액

① 비점상승(ΔT_b)

$$\Delta T_b = K_b \cdot m = K_b \times \frac{\frac{W_B}{M}}{W_A} \times 1000 \qquad M = K_b \times \frac{W_B}{W_A \Delta T_B} \times 1000$$

여기서 • K_b : 비점상승계수(물 : 0.52) • m : 몰랄농도
 • W_B : 용질의 무게 • W_A : 용매의 무게
 • M : 분자량

② 빙점강하(ΔT_f)

$$\Delta T_f = K_f \times m = K_f \times \frac{\frac{W_B}{M}}{W_A} \times 1000$$

여기서 • K_f : 빙점강하계수(물 : 1.86) • m : 몰랄농도
 • W_B : 용질의 무게 • W_A : 용매의 무게
 • M : 분자량

③ 라울의 법칙(증기압 강하) : 용액의 증기압은 용매의 증기압보다 낮다.

$$\frac{P_A - P}{P_A} = \frac{n_B}{n_A + n_B}$$

여기서
- P_A : 용매의 증기압
- P_B : 용액의 증기압
- P : 용액의 증기압
- n_A : 용매의 몰수
- n_B : 용액의 몰수(W/M = 무게/분자량)

7. 산화와 환원

1) 정의

구분 관계	산화	환원
산소	산소와 결합할 때	산소를 잃을 때
수소	수소를 잃을 때	수소오· 결합할 때
전자	전자를 잃을 때	전자를 얻을 때
산화수	산화수 증가할 때	산화수 감소할 때

2) 산화수

① 단체의 산화수는 0이다.
   예 단체의 산화수 : H_2°, Fe°, Mg°, O_2°, O_3°, N_2°

② 중성화합물을 구성하는 각 원자의 산화수의 합은 0이다.
   예
   - $KMnO_4$ $(+1) + x + (-2) \times 4 = 0$ $x(Mn) = +7$
   - H_3PO_4 $(+1) \times 3 + x + (-2) \times 4 = 0$ $x(p) = +5$
   - $K_2Cr_2O_7$ $(+1) \times 2 + 2 + (-2) \times 7 = 0$ $x(Cr) = +6$
   - H_2SO_4 $(+1) \times 2 + x + (-2) \times 4 = 0$ $x(S) = +6$

③ 이온의 산화수는 그 이온의 가수와 같다.
   예
   - MnO_4^- $x + (-2) \times 4 = -1$ $\therefore x = +7$
   - $(Cr_2O_7)^{-2}$ $2x + (-2) \times 7 = -2$ $\therefore x = +6$

④ 산소화합물에서 산소의 산화수는 -2이다.
   예 CO_2, H_2O

3) 산화제와 환원제

① 산화제 : 자신은 환원되고 다른 물질을 산화시키는 물질

조건	적용 물질
수소와 결합하기 쉬운 물질	O_2, Cl_2, Br_2
산소를 내기 쉬운 물질	H_2O_2, $KClO_3$, $NaClO_3$
전자를 얻기 쉬운 물질	MnO_4^-, $(Cr_2O_7)^{-2}$
발생기산소를 내기 쉬운 물질	O_2, O_3, Cl_2, MnO_2, HNO_3, H_2SO_4, $KMnO_4$, $K_2Cr_2O_7$

② 환원제 : 자신은 산화되고 다른 물질을 환원시키는 물질

조건	적용 물질
수소를 내기 쉬운 물질	H_2S
산소와 결합하기 쉬운 물질	SO_2, H_2O_2
전자를 잃기 쉬운 물질	H_2SO_3
발생기수소를 내기 쉬운 물질	H_2, CO, H_2S, $C_2H_2O_4$

8. 전기분해

1) 전지의 종류

① 볼타전지
   ㉮ 아연(Zn)판과 구리(Cu)판을 도선으로 연결하고 묽은 황산을 넣어 두 전극에서 산화, 환원반응으로 전기에너지로 변환시키는 장치
   ㉯ 분극현상의 감극제 : 이산화망가니즈(MnO_2)
   ㉰ Zn판(-극)에서는 산화, Cu판(+극)에서는 환원이 일어난다.

$$(-)\ Zn\ \|\ H_2SO_4\ \|\ Cu\ (+)$$

② 다니엘전지 : 아연전극에서 산화가 일어나므로 음극이고 구리전극에서는 환원이 일어나므로 양극이다.
   ㉮ Zn(-) 전극 : $Zn \rightarrow Zn^{++} + 2e^-$ (산화)
   ㉯ Cu(+) 전극 : $Cu^{++} + 2e^- \rightarrow Cu$ (환원)
   ∴전체의 전지반응 : $Zn + Cu^{++} \rightarrow Zn^{++} + Cu$

$$(-)\ Zn\ \|\ ZnSO_4\ 용액\ \|\ CuSO_4\ 용액\ \|\ Cu\ (+)$$

③ 납(연)축전지 : 자동차에 사용하는 납 축전지는 여섯 개의 같은 전지가 직렬로 연결되어 있고 각 건전지에는 납 양극과 금속판에 이산화납(PbO_2)를 채운 음극이 있다. 양극과 음극은 황산용액(전해액)에 담겨져 있다.
   ㉮ Pb(+) 반응 : $Pb + SO_4^{--} \rightarrow PbSO_4 + 2e^-$
   ㉯ PbO_2(-) 반응 : $PbO_2 + 4H^+ + SO_4^{--} + 2e^- \rightarrow PbSO_4 + 2H_2O$
   ∴전체 전지반응 : $Pb + PbO_2 + 4H^+ + 2SO_4^{--} \rightarrow 2PbSO_4 + 2H_2O$

$$(-)\ Pb\ \|\ H_2SO_4\ 20\%용액\ \|\ PbO_2\ (+)$$

2) 패러데이 전해의 법칙

같은 전기량에 의하여 분해될 때 생성되는 물질의 질량은 그 화학당량에 비례한다.

① 1F(패럿) : 각 물질 1g당량을 얻는데 필요한 전기량
② 1F = 96494coulomb = 96500coulomb = 1g당량
③ 전기량(coulomb) = 전류의 세기(ampere) × 시간(sec)

3) 전해질, 비전해질
① 전해질 : 산이나 염기가 물에 용해되었을 때 즉 수용액상태에서 전류가 흐르는 물질
㉮ 약전해질 : 초산, 의산, 수산화암모늄 등 전리도가 작은 물질
㉯ 강전해질 : 소금, 수산화나트륨, 염산 등 전리도가 큰 물질
② 비전해질 : 수용액에서 전류가 통하지 않는 물질로서 에테인올, 메테인올, 설탕, 포도당 등이 있다.

9. 화학반응

1) 화학반응 속도
① 반응속도의 영향인자
㉮ 농도 : 농도가 크면 클수록 반응속도가 증가한다.
㉯ 온도 : 아레니우스의 반응속도론에 의하면 온도가 10℃ 상승하면 반응속도는 약 2배 정도 증가한다.
㉰ 촉매 : 촉매는 그 자체는 소모되지 않고 화학반응속도를 증가시키는 물질
② 반응속도
㉮ A + 2B → 3C + 4D의 식에서 A와 B의 농도를 각각 2배로 하면
반응속도 V = [A][B]^2 = 2 × 2^2 = 8배
㉯ 2A + 3B → C + 2D의 식에서 B의 농도를 2배로 하면
반응속도 V = [A]^2[B]^3 = 1^2 × 2^3 = 8배

2) 화학평형
① 평형상수 : 평형상수(K)는 생성물질의 속도의 곱을 반응물질의 속도의 곱으로 나눈 값으로서 반응물과 생성물의 농도와 관련이 있다.

㉮ CO + 2H$_2$ → CH$_3$OH $\quad K = \dfrac{[CH_3OH]}{[CO][H_2]^2}$

㉯ N$_2$ + 3H$_2$ → 2NH$_3$ $\quad K = \dfrac{[NH_3]^2}{[N_2][H_2]^3}$

② Le Chatelier 평형이동의 법칙 : 평형상태에서 외부의 조건(온도, 압력, 농도)이 변화시키면 이 변화를 방해하는 방향으로 평형이 이동한다.

$$N_2 + 3H_2 \rightleftharpoons 2NH_3$$

㉮ 온도
㉠ 상승 : 온도가 내려가는 방향 (흡열반응쪽, ←)
㉡ 강하 : 온도가 올라가는 방향 (발열반응쪽, →)

④ 압력
   ㉠ 상승 : 분자수가 감소하는 방향 (몰수가 감소하는 방향, →)
   ㉡ 강하 : 분자수가 증가하는 방향 (몰수가 증가하는 방향, ←)

> **참고** 반응물의 몰수의 합과 생성물의 몰수의 합이 같으면 압력에는 영향을 받지 않는다.

④ 농도
   ㉠ 증가 : 정방향(→)
   ㉡ 감소 : 역방향(←)

10. 금속과 비금속

1) 금속과 비금속의 비교

금속 원소	비금속 원소
상온에서 고체이고 비중은 1보다 크다.	상온에서 고체 또는 기체이다.
이온화 에너지와 전기음성도가 작다.	이온화 에너지와 전기음성도가 크다.
원자 반지름은 크다.	비중은 1보다 작다.
수소와 반응하여 화합물을 만들기 어렵다.	수소와는 반응하기가 쉽다.
염기성산화물이며 산에 녹는 것이 많다.	산성산화물을 만들며 산과는 반응하기 힘들다.
열전전도성과 전기전도성이 있다.	열전도성과 전기전도성이 없다.

2) 금속의 불꽃반응

원소	불꽃색상	원소	불꽃색상
칼륨(K)	보라색	나트륨(Na)	노랑색
칼슘(ca)	황적색	리튬(Li)	적색
스트론듐(Sr)	심적색	구리(Cu)	청록색
바륨(Ba)	황록색		

3) 건조제

① 산성기체
   ㉮ 산성기체 : CO_2, SO_2, NO_2, HCl, Cl_2, H_2S
   ㉯ 산성건조제 : 황산(H_2SO_4), 오산화인(P_2O_5)

② 염기성기체
   ㉮ 염기성기체 : NH_3
   ㉯ 염기성건조제 : 수산화칼륨(KOH), 수산화나트륨(NaOH), 염화칼슘($CaCl_2$)

③ 중성기체
   ㉮ 중성기체 : H_2, O_2, N_2, C_2H_2, CO
   ㉯ 중성건조제 : 염화칼슘($CaCl_2$), 실리카겔

STEP 02 유·무기 화합물

1. 유기화합물의 명명

작용기	명칭	작용기	명칭	작용기	명칭
CH_3-	메틸기	$-CO-$	케톤기(카복실기)	$-COC-$	에스터기
C_2H_5-	에틸기	$-OH$	하이드록실기	$-COOH$	카복실기
C_3H_7-	프로필기	$-O-$	에터기	$-NO_2$	나이트로기
C_4H_9-	부틸기	$-CHO$	알데하이드기	$-NH_2$	아미노기
$C_5H_{11}-$	아밀기	C_6H_5-	페닐기	$-N=N-$	아조기

2. 지방족 탄화수소

1) 알코올류(R-OH)

탄화수소에서 하나 이상의 H원자를 $-OH$기로 치환한 화합물로서 메틸알코올(CH_3OH), 에틸알코올(C_2H_5OH), 프로필알코올(C_3H_7OH) 부틸알코올(C_4H_9OH) 등이 있다.

 위험물안전관리법령상 알코올류는 메틸알코올, 에틸알코올, 프로필알코올이고 부틸알코올은 제2석유류(비수용성)이다.

2) 에터류(R-O-R′)

두개의 알킬기(R)에 하나의 산소원자가 결합된 상태로서 다이에틸에터($C_2H_5OC_2H_5$)가 있다.

3) 알데하이드류(R-CHO)

① 알킬기에 하나의 알데하이드기가 결합된 상태

② **1차 알코올을 산화**하면 **알데하이드**가 생성되고 계속 산화하면 **카복실산**이 된다.

$$R-OH \rightarrow R-CHO \rightarrow R-COOH$$
$$\text{알코올} \quad \text{알데하이드} \quad \text{카복실산}$$

③ 아세트알데하이드는 은거울반응, 아이오도폼반응, 펠링반응을 한다.

4) 케톤류(R-CO-R′)

① 두개의 알킬기와 하나의 카보닐(케톤)기가 결합된 상태로서 아세톤(CH_3COCH_3)과 MEK ($CH_3COC_2H_5$)가 있다.

② **2차 알코올이 산화**하면 **케톤**이 된다.

5) 에스터류(R-COO-R′)

① 산과 알코올이 반응하여 물이 빠지고 생성된 물질

$$R-COOH + R'-OH \underset{\text{가수분해}}{\overset{\text{에스터화}}{\rightleftharpoons}} R-COO-R' + H_2O$$

② 알코올과 반응하면 에스터가 생성된다.

$$CH_3COOH + C_2H_5OH \rightarrow CH_3COOC_2H_5 + H_2O$$

6) 카복실산류(R-COOH)
   ① 탄화수소의 하나 이상의 수소원자를 카복실기(-COOH)로 치환하여 얻어지는 것으로 초산(CH_3COOH)과 의산($HCOOH$)이 있다.
   ② 알데하이드를 산화하면 카복실산이 된다.

$$2CH_3CHO + O_2 \rightarrow 2CH_3COOH$$

3. 방향족 탄화수소

1) 벤젠(C_6H_6)
   ① 구조식

   [구조식 이미지]

   ② 무색, 특유의 냄새를 가진 휘발성 액체이다.
   ③ 물보다 가볍고 물에 녹지 않고 **비극성 공유결합물질**이다.
   ④ 벤젠에 불을 붙이면 H의 수보다 C의 수가 많기 때문에 그을음이 많다.
   ⑤ 6개의 탄소-탄소 결합 중 3개는 단일 결합이고 나머지 3개는 이중결합이다.

   > **참고** 이성질체
   > • 정의 : 분자식은 같으나 원자배열 및 입체구조가 달라 화학적, 물리적 성질이 다른 물질
   > • 이성질체가 존재하는 물질 : 크실렌, 다이클로로벤젠, 크레졸, 프탈산디부틸

2) 벤젠의 유도체

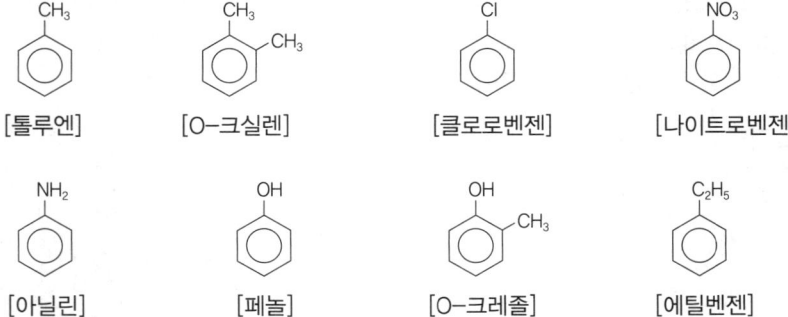

[톨루엔] [O-크실렌] [클로로벤젠] [나이트로벤젠]

[아닐린] [페놀] [O-크레졸] [에틸벤젠]

3) 톨루엔
　① 방향성의 톡특한 냄새를 가진 무색의 액체이다.
　② 벤젠에 AlCl₃ 촉매를 사용하여 염화메테인과 반응시켜 톨루엔을 얻는다.

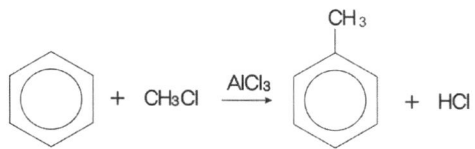

> **참고** 프리델-그라프츠 반응
> 벤젠에 AlCl₃(염화알르미늄)를 촉매하에서 할로젠화알킬을 반응시키면 알킬벤젠(톨루엔)을 얻는 반응

　③ 진한질산과 진한황산으로 나이트로화시키면 TNT(Tri Nitro Toluene)의 폭약이 된다.

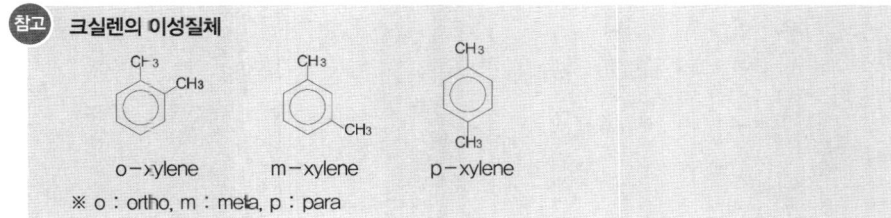

4) 크실렌
　① 크실렌에는 o-크실렌, m-크실렌, p-크실렌의 3가지 이성질체가 있다.
　② 크실렌이 산화하면 모노카복실산이 되었다가 다시 프탈산이 된다.

> **참고** 크실렌의 이성질체
> o-xylene　　m-xylene　　p-xylene
> ※ o : ortho, m : meta, p : para

5) 아닐린
　① 순수한 아닐린은 매우 유독하며, 상쾌한 냄새가 나는 유성(油性)의 무색 물질이다.
　② 나이트로벤젠을 촉매하에서 수소화반응 시키거나 클로로벤젠과 암모니아를 반응시켜서, 또는 산 수용액에서 철을 촉매로 하여 나이트로벤젠을 환원하여 얻는다.
　③ 아닐린에 유기산을 넣고 가열하면 아미드의 일종인 아닐리드가 만들어진다.
　④ 아닐린과 메틸알코올을 반응시키면 모노메틸아닐린과 다이메틸아닐린이 만들어지며, 아닐린을 촉매를 사용하여 환원시키면 사이클로헥실아민이 된다.
　⑤ 염료·약·폭약·플라스틱·사진·고무화학제품을 만들 때 사용된다.

6) 나이트로벤젠
　① 나이트르벤젠의 대부분은 환원되어 아닐린이 된다.
　② 나이트로기와 벤젠 고리를 모두 환원시키면 사이클로헥실아민이 생성된다.

③ 나이트로벤젠은 퀴놀린과 푸크신 합성에서 약한 산화제로 이용된다.

7) 페놀

① 특징
  ㉠ 벤젠고리 또는 방향족 탄소 고리 부분을 형성하는 탄소 원자에 하이드록시기(-OH)가 결합되어 있는 유기화합물이다.
  ㉡ 특유의 냄새를 가진 무색의 결정으로 물에 조금 녹아 약산성이다.
  ㉢ 진한질산과 진한 황산으로 나이트로화시키면 피크린산(Tri Nitro Phenol)이 된다.

$$\text{페놀} + 3HNO_3 \xrightarrow[\text{나이트로화}]{H_2SO_4} \text{피크린산} + 3H_2O$$

[페놀]   [피크린산]

> **참고** **페놀성 수산기** : $FeCl_3$용액과 특유한 정색반응을 한다.

② 제법
  ① 쿠멘법

$$\text{벤젠} - CH_3CH=CH_2 \xrightarrow{AlCl_3} \text{쿠멘} \xrightarrow[100\,°C]{4\sim6기압} \xrightarrow[45\sim75\,°C]{H_2SO_4} \text{페놀} + CH_3COCH_3$$
프로필렌

  ② 알칼리용융법

$$\text{벤젠} \xrightarrow{술폰산} \text{벤젠술폰산} \xrightarrow{NaOH} \text{벤젠술폰산나트륨} \xrightarrow[\text{알칼리 용융}]{NaOH} \text{나트륨페놀레이트} \xrightarrow[\text{가수분해}]{H_2O+CO_2} \text{페놀}$$

4. 고분자 화합물

1) 단백질

① **펩티드결합** : 단백질 중에 펩티드결합을 말하며 **나일론, 단백질**, 양모, 아미드가 있다.

$$\begin{array}{c} -C-N- \\ \parallel \ \ | \\ O \ \ H \end{array}$$

② **단백질 검출법** : **뷰렛반응, 잔토프로테인반응**, 닌히드린반응
③ **잔토프로테인 반응** : 단백질에 진한 질산을 가하면 노란색으로 변하고 알칼리를 작용시키면 오렌지색으로 변하는 반응으로 단백질의 검출에 사용한다.

2) 아미노산
① 염기성을 띠는 아미노기(-NH$_2$)와 산성을 띠는 카복실기(-COOH) 및 유기원자단인 R기로 구성된 유기화합물이다.

$$R - \underset{\underset{H}{|}}{\overset{\overset{NH_2}{|}}{C}} - COOH$$

② 아미노산은 펩티드 결합에 의해 결합되어 다양한 단백질을 만든다.
③ 물과 알코올에는 잘 녹으나 에터, 벤젠 등 유기용제에는 잘 녹지 않는다.

3) 유지
① 비누화값 : 유지 1g을 비누화하는데 필요한 KOH의 mg수

$$(C_{15}H_{31}COO)_3C_3H_5 + 3NaOH \rightarrow 3C_{15}H_{31}COONa + C_3H_5(OH)_3$$
유지   염   비누   글리세린

② 유지는 고급지방산과 글리세린의 에스터 화합물로서 지방 또는 기름을 말한다.
③ 비누는 고급지방산의 알칼리 금속염을 말한다.

SECTION 02 화재예방과 소화방법

STEP 01 화재예방

1. 화재의 정의 및 종류

1) 화재의 정의
  자연 또는 인위적인 원인에 의해 물체를 연소시키고 인간의 신체, 재산, 생명의 손실을 초래하는 재난이다.

2) 화재의 종류

구분 \ 급수	A급	B급	C급	D급
화재의 종류	일반화재	유류(가스)화재	전기화재	금속화재
원형 표시색	백색	황색	청색	무색

① 일반화재 : 목재, 종이, 섬유 등의 가연물의 화재로서 한옥 등의 화재
② 유류화재 : 휘발유, 등유, 경유, 중유 등 제4류 위험물의 화재
③ 전기화재 : 전기실, 발전기실, 변전실, 컴퓨터실 등의 화재
④ 금속화재 : 칼륨(K), 나트륨(Na), 마그네슘(Mg), 철분(Fe), 아연(Zn) 등의 화재

2. 화재의 소실정도

① 부분소 화재 : 전소, 반소 화재에 해당되지 아니하는 것
② 반소 화재 : 전체의 30% 이상 70% 미만이 소실된 것
③ 전소 화재 : 건물의 70% 이상이(입체면적에 대한 비율)이 소실되었거나 또는 그 미만이라도 잔존부분을 보수하여도 재사용이 불가능한 것

3. 화상의 종류

① 1도 화상(홍반성) : 최외각의 피부가 손상되어 그 부위가 분홍색이 되며 심한 통증을 느끼는 정도
② 2도 화상(수포성) : 화상부위가 분홍색으로 되고 분비액이 많이 분비되는 화상의 정도
③ 3도 화상(괴사성) : 화상부위가 벗겨지고 열이 깊숙이 침투하여 검게 되는 정도

4. 연소 이론

1) 정의 : 가연물이 산소와 반응하여 열과 빛을 동반하는 급격한 산화반응

2) 연소시 불꽃색상

색상	온도(℃)	색상	온도(℃)
담암적색	520	암적색	700
적색	850	휘적색	950
황적색	1100	백적색	1300
휘백색	1500 이상		

3) 연소의 3요소
   ① **가연물** : 목재, 종이 등 산소와 반응하여 발열반응하는 물질
      ㉮ **가연물의 조건**
         ㉠ 발열량이 클 것
         ㉡ **열전도율이 적을 것**
         ㉢ 표면적이 넓을 것(표면적이 넓으면 공기와 접촉면적이 크다.)
         ㉣ 산소와 친화력이 좋을 것
         ㉤ 활성화에너지가 적을 것
      ㉯ **가연물이 될 수 없는 물질**
         ㉠ 산소와 더 이상 반응하지 않는 물질(CO_2, H_2O, SiO_2, Al_2O_3 등)
         ㉡ **질소 또는 질소산화물**(산소와 반응은 하나 흡열반응을 하기 때문)
         ㉢ 0족 원소 : 헬륨(He), 네온(Ne), 아르곤(Ar), 크립톤(Kr), 제논(Xe), 라돈(Rn)

   > **참고** 산소와 반응은 하나 흡열반응하는 물질은 가연물이 아니다.

   ② **산소공급원** : 산소, 공기, 제1류 위험물(산화성 고체), 제5류 위험물(자기반응성 물질), 제6류 위험물(산화성 액체)
   ③ **점화원** : 전기불꽃, 정전기불꽃, 충격마찰의 불꽃, 단열압축, 나화 및 고온표면 등

   > **참고** **연소의 4요소** : 가연물, 산소공급원, 점화원, 순조로운 연쇄반응

5. 연소의 형태

1) 기체의 연소
   ① 확산연소 : 메테인, 에테인, 프로페인, 수소, 아세틸렌 등 화염의 안정범위가 넓고 조작이 용이하며 역화의 위험이 없는 연소현상
   ② 폭발연소 : 밀폐된 용기에 공기와 혼합가스가 있을 때 점화되면 연소속도가 증가하여 폭발적으로 연소하는 현상

2) 고체의 연소
    ① **표면연소** : **목탄, 코크스, 숯, 금속분** 등이 열분해에 의하여 가연성가스를 발생하지 않고 그 물질 자체가 연소하는 현상
    ② **분해연소** : **석탄, 종이, 목재, 플라스틱** 등의 연소시 열분해에 의해 발생된 가스와 공기가 혼합하여 연소하는 현상
    ③ **증발연소** : 황, 나프탈렌, 왁스, 파라핀 등과 같이 고체를 가열하면 열분해는 일어나지 않고 고체가 액체로 되어 일정온도가 되면 액체가 기체로 변화하여 기체가 연소하는 현상
    ④ **자기연소**(내부연소) : 제5류 위험물인 나이트로셀룰로스, 질화면 등 그 물질이 가연물과 산소를 동시에 가지고 있는 가연물이 연소하는 현상

3) 액체의 연소
    ① 증발연소 : 아세톤, 휘발유, 등유, 경유와 같이 액체를 가열하면 증기가 되어 증기가 연소하는 현상
    ② 액적연소 : 벙커C유와 같이 가열하여 점도를 낮추어 버너 등을 사용하여 액체의 입자를 안개상으로 분출하여 연소하는 현상

6. 연소에 따른 제반사항

1) 비열(Specific heat)

   1g의 물체를 1℃ 올리는데 필요한 열량(cal)으로 물의 비열은 1cal/g · ℃(1kcal/kg · ℃)이다.

   > **참고** 물을 소화약제로 사용하는 이유는 비열과 증발잠열이 크기 때문이다.

2) 잠열(Latent heat)

   어떤 물질이 온도는 변하지 않고 상태만 변화할 때 발생하는 열로서 증발잠열(물 : 539 cal/g)과 융해잠열(물 : 80cal/g)이 있다.

3) 인화점(Flash point)
    ① **가연성 증기**를 발생할 수 있는 **최저의 온도**
    ② 점화원에 의해 연소를 일으킬 수 있는 최저의 온도

   > **참고** 인화점이 낮을수록 위험하다.

4) 발화점(Ignition point)

   가연성 물질에 점화원을 접하지 않고도 불이 일어나는 최저의 온도
    ① **자연발화의 형태**
        ㉮ **산화열**에 의한 발화 : **석탄, 건성유, 고무분말**
        ㉯ **분해열**에 의한 발화 : **셀룰로이드, 나이트로셀룰로스**
        ㉰ 미생물에 의한 발화 : 퇴비, 먼지
        ㉱ **흡착열**에 의한 발화 : **목탄, 활성탄**

② **자연발화의 조건**
   ㉮ 주위의 온도가 높을 것
   ㉯ **열전도율이 적을 것**
   ㉰ 발열량이 클 것
   ㉱ 표면적이 넓을 것
③ **자연발화의 방지법**
   ㉮ **습도를 낮게 할 것**(습도가 높은 것을 피할 것)
   ㉯ 주위의 온도를 낮출 것
   ㉰ 통풍을 잘 시킬 것
   ㉱ 불활성가스를 주입하여 공기와 접촉을 피할 것
④ 발화점이 낮아지는 이유
   ㉮ 분자구조가 복잡할 때
   ㉯ 산소와 친화력이 좋을 때
   ㉰ 열전도율이 낮을 때
   ㉱ 증기압이 낮을 때

5) 연소점(Fire point)

   공기 중에서 열을 받아 지속적인 연소를 일으킬 수 있는 온도로서 인화점 보다 10℃ 높다.

6) 폭발범위(연소범위)

   ① 연성 물질이 기체 상태에서 공기와 혼합하여 일정농도 범위 내에서 연소가 일어나는 범위
   ② 연소범위의 하한 이하나 상한 이상에서는 연소하지 않는다.

> **참고** **폭발범위(연소범위)**
> • 하한계가 낮을수록, 상한계가 높을수록 위험하다.
> • 연소범위가 넓을수록 위험하다.
> • 온도나 압력이 높을수록 위험하다(압력이 상승하면 하한계는 불변, 상한계는 증가한다(단, 일산화탄소는 감소).

7) 공기 중의 폭발범위(연소범위)

종류	하한계(%)	상한계(%)
아세틸렌(C_2H_2)	2.5	81.0
수소(H_2)	4.0	75.0
이황화탄소(CS_2)	1.0	50
일산화탄소(CO)	12.5	74.0
암모니아(NH_3)	15.0	28.0
메테인(CH_4)	5.0	15.0
에테인(C_2H_6)	3.0	12.4
프로페인(C_3H_8)	2.1	9.5
뷰테인(C_4H_{10})	1.3	8.4

8) 혼합가스의 폭발범위

$$\frac{100}{L_m} = \frac{V_1}{L_1} + \frac{V_2}{L_2} + \frac{V_3}{L_3} + \cdots \frac{V_n}{L_n}$$

L_m : 혼합가스의 폭발한계(하한값, 상한값의 용량%)
V_1, V_2, V_3, V_n : 가연성가스의 용량(vol%)
L_1, L_2, L_3, L_n : 가연성가스의 하한값 또는 상한값(용량%)

9) 위험도(Degree of hazards)

$$위험도 \quad H = \frac{U-L}{L}$$

여기서 • U : 폭발 상한값   • L : 폭발 하한값

10) 증기밀도(Vapor density)

$$증기밀도(비중) = \frac{분자량}{29}$$

① 공기의 조성 : 산소(O_2) 21%, 질소(N_2) 78%, 아르곤(Ar) 등 1%
② 공기의 평균분자량 = (32 × 0.21) + (28 × 0.78) + (40 × 0.01) = 28.96 ≒ 29

11) 연소생성물이 인체에 미치는 영향

① CO_2(이산화탄소) : 연소가스 중 가장 많은 양을 차지하며 완전연소시 생성한다.
② CO(일산화탄소) : 불완전연소시에 다량 발생, 혈액중의 헤모그로빈(Hb)과 결합하여 혈액중의 산소운반 저해하여 사망한다.
③ SO_2(아황산가스) : 황을 함유하는 유기화합물이 완전연소시에 발생한다.
④ H_2S(황화수소) : 황을 함유하는 유기화합물이 불완전연소시에 발생하며 달걀 썩는 냄새가 나는 가스이다.
⑤ CH_2CHCHO(아크로레인) : 석유제품이나 유지류가 연소할 때 생성한다.

12) 열원의 종류

① 화학열 : 연소열, 분해열, 용해열, 자연발화
② 전기열 : 저항열, 유전열, 유도열, 정전기열, 아크열
③ 기계열 : 마찰열, 압축열, 마찰스파크

13) 유류탱크의 발생 현상

① **보일오버**(Boil over) : 중질유 탱크내부에 존재한 기름과 물이 장시간 조용히 연소하다가 탱크의 잔존기름이 갑자기 분출(over flow)하는 현상
② **스롭오버**(Slop over) : 화재 시 포 약제를 방사하면 약제가 연소유의 뜨거운 표면에 들어갈 때 기름 표면에서 화재가 발생하는 현상
③ **프로스오버**(Froth over) : 물이 뜨거운 기름 표면 아래서 끓을 때 화재를 수반하지 않는 용기에서 넘쳐흐르는 현상

④ 블레비(BLEVE, Boilling Liquid Expanding Vapour Explosion) : 액화가스 저장탱크의 누설로 부유 또는 확산된 액화가스가 착화원과 접촉하여 액화가스가 공기 중으로 확산·폭발하는 현상

14) 연소의 발생 현상
① 역화(Back fire) : 연료가스의 분출속도가 연소속도보다 느릴 때 불꽃이 연소기의 내부로 들어가 혼합관에서 연소하는 현상
② 선화(Lifting) : 연료가스의 분출속도가 연소속도보다 빠를 때 불꽃이 버너의 노즐에서 떨어져 나가서 연소 하는 현상으로 완전연소가 이루어지지 않으며 역화의 반대 현상
③ 블로우 오프(Blow-off) 현상 : 선화상태에서 연료가스의 분출속도가 증가하거나 주위 공기의 유동이 심하면 화염이 노즐에서 연소하지 못하고 떨어져서 화염이 꺼지는 현상
④ 백 드래프트(Back Draft) : 밀폐된 공간에서 화재 발생시 산소부족으로 불꽃을 내지 못하고 가연성가스만 축척되어 있는 상태에서 갑자기 문을 개방하면 신선한 공기 유입으로 폭발적인 연소가 시작되는 현상
⑤ 롤 오버(Roll Over) : 화재 발생 시 천장부근에 축척된 가연성가스가 연소범위에 도달하면 천장전체의 연소가 시작하여 불덩어리가 천장을 굴러다니는 것처럼 뿜어져 나오는 현상

역화의 원인
- 버너가 과열될 때
- 혼합가스량이 너무 적을 때
- 연료의 분출속도가 연소속도보다 느릴 때
- 압력이 높을 때
- 노즐의 부식으로 분출 구멍이 커진 경우

STEP 02 소화방법

1. 소화원리

1) 소화의 원리
연소의 3요소(가연물, 산소공급원, 점화원) 중 어느 하나를 없애주어 소화하는 방법

2) 소화 방법
① 냉각소화 : 화재 현장에 물을 주수하여 발화점 이하로 온도를 낮추어 소화하는 방법
② **질식소화 : 공기 중의 산소를 21%에서 15% 이하**로 낮추어 소화하는 방법(공기 차단)
③ 제거소화 : 화재 현장에서 가연물을 없애주어 소화하는 방법(유전지대에 질소폭약 투하, 가스화재시 중간밸브 폐쇄, 산불화재 시 전방의 나무 제거, 촛불화재 시 입으로 불어서 끄는 방법)
④ **부촉매효과 : 연쇄반응을 차단**하여 소화하는 방법
⑤ 희석소화 : 물을 방사하여 가연물의 농도를 낮추어 소화하는 방법
⑥ 유화효과 : 물분무소화설비를 중유에 방사하는 경우 유류표면에 엷은 막으로 유화층을 형성하여 화재를 소화하는 방법

⑦ 피복효과 : 이산화탄소 약제 방사 시 가연물의 구석까지 침투하여 피복하므로 연소를 차단하여 소화하는 방법

> **참고** **소화 효과**
> • 물(적상, 봉상) 방사 : 냉각효과
> • 물(무상)방사 : 질식, 냉각, 희석, 유화효과
> • 포말 : 질식, 냉각효과
> • 이산화탄소 : 질식, 냉각, 피복효과
> • 할론(할로젠화합물), 분말 : 질식, 냉각, 억제(부촉매)효과

2. 소화능력 단위에 의한 분류

① 소형 소화기 : 능력단위 1단위 이상이면서 대형 소화기의 능력단위 이하인 소화기
② 대형 소화기 : 능력단위가 A급 화재는 10단위 이상, B급 화재는 20단위 이상인 것으로서 소화약제 충전량은 아래 표에 기재한 이상인 소화기

종별	소화약제의 충전량	종별	소화약제의 충전량
포	20ℓ	분말	20kg
강화액	60ℓ	할로젠화합물	30kg
물	80ℓ	이산화탄소	50kg

3. 소화기의 종류

종류	소화 약제	적응 화재	소화 효과
산·알칼리 소화기	H_2SO_4, $NaHCO_3$	A급(무상 : C급)	냉각효과
강화액 소화기	H_2SO_4, K_2CO_3	A급(무상 : A, B, C급)	냉각(무상 : 질식)효과
이산화탄소 소화기	CO_2	B, C 급	질식, 냉각, 피복효과
할론 소화기	할론1301 할론1211 할론2402	B, C 급	질식, 냉각효과, 부촉매(억제)효과
분말 소화기	제1종, 제2종, 제3종, 제4종	A, B, C 급	질식, 냉각효과, 부촉매(억제)효과
포말 소화기	$Al_2(SO_4)_3 \cdot 18H_2O$ $NaHCO_3$	A, B 급	질식, 냉각효과

1) 산, 알칼리 소화기

① 반응식 : $H_2SO_4 + 2NaHCO_3 \rightarrow Na_2SO_4 + 2H_2O + 2CO_2\uparrow$
② 산·알칼리 소화기 무상일 때 : 전기화재 가능

2) 강화액 소화기

① 반응식은 용기의 재질과 구조는 산·알칼리 소화기의 파병식과 동일하며 탄산칼륨수용액의 소화약제가 충전되어 있는 소화기이다.

② 반응식 : $H_2SO_4 + K_2CO_3 + H_2O \rightarrow K_2SO_4 + 2H_2O + CO_2\uparrow$

3) 포소화기(포말소화기)
  ① 포말의 조건
    ㉮ 유류와의 접착성이 좋을 것   ㉯ 응집성과 안정성이 좋을 것
    ㉰ 유동성이 좋을 것   ㉱ 독성이 적을 것
  ② 소화약제
    ㉮ 내약제(B제) : 황산알루미늄[$Al_2(SO_4)_3$]
    ㉯ 외약제(A제) : 중탄산나트륨($NaHCO_3$), 기포안정제(계면활성제, 사포닌, 젤라틴, 가수분해단백질)
  ③ 반응식 및 소화원리
    ㉮ 반응식 : $6NaHCO_3 + Al_2(SO_4)_3 \cdot 18H_2O \rightarrow 3Na_2SO_4 + 2Al(OH)_3 + 6CO_2 + 18H_2O$
    ㉯ 소화효과 : 질식효과, 냉각효과

> **참고** **포핵** : 0 산화탄소(CO_2)

4) 이산화탄소 소화기 : 탄산가스의 함량은 99.5% 이상, 수분은 0.05 중량% 이하로서 질식, 냉각, 피복작용에 의해 소화된다.

> **참고** **수분 0.05% 이상** : 수분 결빙하여 노즐 폐쇄(줄 – 톰슨 효과)

5) 할론(할로젠화합물) 소화기
  ① 할론 약제의 구비조건
    ㉮ 비점이 낮고 기화되기 쉬울 것
    ㉯ 공기보다 무겁고 불연성일 것
    ㉰ 증발잔유물이 없어야 할 것
  ② 할론 약제의 종류
    ㉮ 할론 1301(CF_3Br)   ㉯ 할론1211(CF_2ClBr)

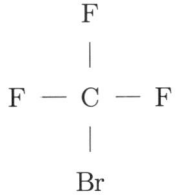   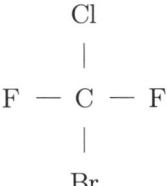

    ㉰ 할론1011(CH_2ClBr)   ㉱ 할론2402($C_2F_4Br_2$)

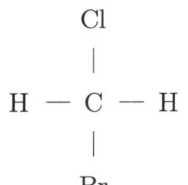   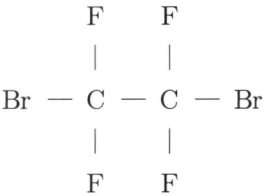

③ 소화 원리
  ㉮ 질식효과 : 연소물의 주위에 체류하여 소화
  ㉯ 억제효과(부촉매작용) : 활성물질에 작용하여 그 활성을 빼앗아 연쇄반응을 차단하는 효과로서 주된 소화효과이다.
  ㉰ 냉각효과
④ 사염화탄소의 반응식
  ㉮ 공기 중 : $2CCl_4 + O_2 \rightarrow 2COCl_2 + 2Cl_2$
  ㉯ 수분 중 : $CCl_4 + H_2O \rightarrow COCl_2 + 2HCl$
  ㉰ 탄산가스 중 : $CCl_4 + CO_2 \rightarrow 2COCl_2$
  ㉱ 산화철과 접촉 : $3CCl_4 + Fe_2O_3 \rightarrow 3COCl_2 + 2FeCl_3$

> **참고** 사염화탄소는 공기, 물, 탄산가스와 반응하면 포스겐($COCl_2$)이 발생하므로 위험하다.

6) 분말 소화기

① 종류
  ㉮ 축압식 : 용기의 재질은 철제로서 본체내부를 내식 가공 처리한 것으로 용기에 분말 약제를 채우고 약제를 질소(N_2) 가스로 충전되어 있으며 압력 지시계가 부착된 소화기이다.
  ㉯ 가스가압식 : 용기는 철제이고 용기본체 내부 또는 외부에 설치된 봄베 속에 충전되어 있는 탄산가스(CO_2)를 압력원으로 사용하는 소화기이다.

> **참고** 축압식 분말소화기의 사용압력 범위 : 0.7 ~ 0.98MPa

② 열분해 반응식
  ㉮ 제1종 분말
    ㉠ 1차 분해반응식(270℃) : $2NaHCO_3 \rightarrow Na_2CO_3 + CO_2 + H_2O - Q$ kcal
    ㉡ 2차 분해반응식(850℃) : $2NaHCO_3 \rightarrow Na_2O + 2CO_2 + H_2O - Q$ kcal
  ㉯ 제2종 분말
    ㉠ 1차 분해반응식(190℃) : $2KHCO_3 \rightarrow K_2CO_3 + CO_2 + H_2O - Q$ kcal
    ㉡ 2차 분해반응식(590℃) : $2KHCO_3 \rightarrow K_2O + 2CO_2 + H_2O - Q$ kcal
  ㉰ 제3종 분말 : $NH_4H_2PO_4 \rightarrow NH_3 + H_2O + HPO_3$(메타인산)
  ㉱ 제4종 분말 : $2KHCO_3 + (NH_2)_2CO \rightarrow K_2CO_3 + 2NH_3\uparrow + 2CO_2\uparrow - Q$ kcal

③ 약제의 적응화재 및 착색

종류	주성분	적응화재	착색(분말색)
제1종 분말	$NaHCO_3$(중탄산나트륨, 탄산수소나트륨)	B, C급	백색
제2종 분말	$KHCO_3$(중탄산칼륨, 탄산수소칼륨)	B, C급	담회색
제3종 분말	$NH_4H_2PO_4$(인산암모늄, 제일인산암모늄)	A, B, C급	담홍색, 황색
제4종 분말	$KHCO_3 + (NH_2)_2CO$(요소)	B, C급	회색

④ 소화효과
  ㉮ 이산화탄소와 수증기에 의한 산소차단에 의한 질식효과
  ㉯ 이산화탄소와 수증기발생 시 흡수열에 의한 냉각효과
  ㉰ 나트륨염(Na^+), 칼륨염(K^+)의 금속이온에 의한 부촉매효과

7) 간이 소화제
  ① 건조된 모래(마른 소화제)
  ② 팽창질석, 팽창진주암 : 발화점이 낮은 알킬알루미늄 등의 화재에 적합
  ③ 자동확산 소화기 : 약제는 파병식(불연성 염류의 용액), 분사식(분말소화약제)으로 구분한다.

4. 소화기의 유지 관리

1) 소화기 사용법
  ① 적응화재에만 사용할 것
  ② 성능에 따라서 불 가까이 접근하여 사용할 것
  ③ 바람을 등지고 풍상에서 풍하로 방사할 것
  ④ 비로 쓸 듯이 양옆으로 골고루 사용할 것

2) 소화기의 유지관리
  ① 바닥면으로부터 1.5m 이하가 되는 지점에 설치할 것
  ② 통행, 피난에 지장이 없고, 사용 시 쉽게 반출하기 쉬운 곳에 설치할 것
  ③ 소화제의 동결, 변질 또는 분출할 우려가 없는 곳에 설치할 것
  ④ 설치지점은 잘 보이도록「소화기」표시를 할 것

3) 소화기의 본체용기 표시사항
  ① 종별 및 형식
  ② 형식승인번호
  ③ 제조년월 및 제조번호, 내용연한(분말소화약제를 사용하는 소화기에 한함)
  ④ 제조업체명 또는 상호, 수입업체명(수입품에 한함)
  ⑤ 사용온도범위
  ⑥ 소화능력단위
  ⑦ 충전된 소화약제의 주성분 및 중(용)량
  ⑧ 방사시간, 방사거리
  ⑨ 가스용기의 가스 종류 및 가스량(가압식 소화기에 한함)
  ⑩ 총 중량
  ⑪ 취급상의 주의사항
  ⑫ 사용방법
  ⑬ 소화기의 원산지

STEP 03 소방시설의 설치 및 운영

1. 소방시설의 분류(소방시설 설치 및 관리에 관한 법률 시행령 별표 1)

1) 소화설비
   ① 정의 : 물 그 밖의 소화약제를 사용하여 소화하는 기계, 기구 또는 설비
   ② 종류
      ㉮ 소화기구
         ㉠ 소화기
         ㉡ 간이용소화용구 : 에어로졸식 소화용구, 투척용 소화용구 및 소화약제 외의 것을 이용한 간이소화용구
         ㉢ 자동확산소화기
      ㉯ 자동소화장치
         ㉠ 주거용 자동소화장치
         ㉡ 상업용 자동소화장치
         ㉢ 캐비닛형 자동소화장치
         ㉣ 가스자동소화장치
         ㉤ 분말자동소화장치
         ㉥ 고체에어로졸소화설비
      ㉰ 옥내소화전선설비(호스릴옥내소화전설비를 포함한다)
      ㉱ 스프링클러설비등
         ㉠ 스프링클러설비
         ㉡ 간이스프링클러설비(캐비닛형 간이스프링클러설비를 포함한다)
         ㉢ 화재조기진압용 스프링클러설비
      ㉲ 물분무등소화설비
         ㉠ 물분무소화설비
         ㉡ 포소화설비
         ㉢ 이산화탄소소화설비
         ㉣ 할론소화설비
         ㉤ 할로겐화합물 및 불활성기체소화설비
         ㉥ 분말소화설비
         ㉦ 강화액소화설비
         ㉧ 고체에어로졸소화설비
      ㉳ 옥외소화전설비

2) 경보설비
   ① 정의 : 화재발생 사실을 통보하는 기계, 기구 또는 설비
   ② 종류
      ㉮ 단독경보형 감지기
      ㉯ 비상경보설비 : 비상벨설비, 자동식사이렌설비

　　　　㉰ 시각경보기
　　　　㉱ 자동화재탐지설비
　　　　㉲ 화재알림설비
　　　　㉳ 비상방송설비
　　　　㉴ 자동화재속보설비
　　　　㉵ 통합감시시설
　　　　㉶ 누전경보기
　　　　㉷ 가스누설경보기

　3) 피난구조설비
　　① 정의 : 화재가 발생할 경우 피난하기 위하여 사용하는 기구 또는 설비
　　② 종류
　　　㉮ 피난기구
　　　　㉠ 피난사다리
　　　　㉡ 구조대
　　　　㉢ 완강기
　　　　㉣ 그 밖에 법 제9조제1항에 따라 소방청장이 정하여 고시하는 화재안전기준(이하 "화재안전기준"이라 한다)으로 정하는 것
　　　㉯ 인명구조기구
　　　　㉠ 방열복, 방화복(안전모, 보호장갑 및 안전화 포함)
　　　　㉡ 공기호흡기
　　　　㉢ 인공소생기
　　　㉰ 유도등
　　　　㉠ 피난유도선　　㉡ 피난구유도등　　㉢ 통로유도등
　　　　㉣ 객석유도등　　㉤ 유도표지
　　　㉱ 비상조명등 및 휴대용비상조명등

　4) 소화용수설비
　　① 정의 : 화재를 진압하는데 필요한 물을 공급하거나 저장하는 설비
　　② 종류
　　　㉮ 상수도 소화용수설비
　　　㉯ 소화수조, 저수조 그 밖의 소화용수설비

　5) 소화활동설비
　　① 정의 : 화재를 진압하거나 인명구조활동을 위하여 사용하는 설비
　　② 종류
　　　㉮ 제연설비
　　　㉯ 연결송수관설비
　　　㉰ 연결살수설비
　　　㉱ 비상콘센트설비

㉮ 무선통신보조설비
㉯ 연소방지설비

- **위험물** : 불활성가스소화설비, 할로겐화합물소화설비, 분말소화설비
- **소방** : 이산화탄소소화설비, 할론소화설비, 할로겐화합물 및 불활성기체소화설비, 분말소화설비

2. 옥내소화전설비

1) 옥내소화전설비의 설치의 표시 기준
① 옥내소화전함에는 그 표면에 "소화전"이라고 표시할 것
② 옥내소화전함의 상부의 벽면에 적색의 표시등을 설치하되, 해당 표시등의 부착면과 15° 이상의 각도가 되는 방향으로 10m 떨어진 곳에서 용이하게 식별이 가능하도록 할 것

2) 물올림장치의 설치 기준
① 설치 : 수원의 수위가 펌프(수평회전식의 것에 한함)보다 낮은 위치에 있을 때 설치
② 물올림장치에는 전용의 물올림탱크를 설치할 것
③ 물올림탱크의 용량은 가압송수장치를 유효하게 작동할 수 있도록 할 것
④ 물올림탱크에는 감수경보장치 및 물올림탱크에 물을 자동으로 보급하기 위한 장치가 설치되어 있을 것

3) 옥내소화전설비의 비상전원
① 종류 : 자가발전설비, 축전지설비
② 용량 : 옥내소화전설비를 유효하게 45분 이상 작동시키는 것이 가능할 것

4) 배관의 설치 기준
① 전용으로 할 것
② 가압송수장치의 토출측 직근부분의 배관에는 체크밸브 및 개폐밸브를 설치할 것
③ 주배관 중 입상관은 관의 직경이 50mm 이상인 것으로 할 것
④ 옥내소화전방수구와 연결되는 가지배관의 구경은 40mm 이상으로 할 것
⑤ 펌프의 성능시험배관은 펌프의 토출측에 설치된 개폐밸브 이전에서 분기할 것
⑥ 펌프의 토출측 주배관의 구경은 유속이 4m/sec 이하가 될 수 있는 크기 이상으로 할 것
⑦ 개폐밸브에는 그 개폐방향을, 체크밸브에는 그 흐름방향을 표시할 것

5) 가압송수장치의 설치 기준
① 고가수조를 이용한 가압송수장치

$$H = h_1 + h_2 + 35m$$

여기서
- H : 필요낙차 (단위 m)
- h_1 : 소방용 호스의 마찰손실수두 (단위 m)
- h_2 : 배관의 마찰손실수두 (단위 m)

㉮ 고가수조에는 수위계, 배수관, 오버플로우용 배수관, 보급수관 및 맨홀을 설치할 것

② 압력수조를 이용한 가압송수장치

$$P = p_1 + p_2 + p_3 + 0.35\text{MPa}$$

여기서
- P : 필요한 압력 (단위 MPa)
- p_1 : 소방용호스의 마찰손실수두압 (단위 MPa)
- p_2 : 배관의 마찰손실수두압 (단위 MPa)
- p_3 : 낙차의 환산수두압 (단위 MPa)

㉮ 압력수조의 수량은 해당 압력수조 체적의 2/3 이하일 것
㉯ 압력수조에는 압력계, 수위계, 배수관, 보급수관, 통기관 및 맨홀을 설치할 것

③ 펌프를 이용한 가압송수장치
㉮ 펌프의 토출량 = 옥내소화전의 설치개수(최대 5개) × 260ℓ/min 이상
㉯ 펌프의 전양정

$$H = h_1 + h_2 + h_3 + 35\text{m}$$

여기서
- H : 펌프의 전양정 (단위 m)
- h_1 : 소방용 호스의 마찰손실수두 (단위 m)
- h_2 : 배관의 마찰손실수두 (단위 m)
- h_3 : 낙차 (단위 m)

㉰ 펌프의 토출량이 정격토출량의 150%인 경우에는 전양정은 정격전양정의 65% 이상일 것

6) 옥내소화전설비의 방수량, 방수압력, 수원 등

방수량	방수압력	토출량	수원	비상전원
260ℓ/min 이상	0.35MPa 이상	N(최대 5개)×260ℓ/min	N(최대 5개)×7.8m³ (260ℓ/min×30min)	45분

3. 옥외소화전설비

1) 설치기준

① 옥외소화전의 개폐밸브 및 호스접속구는 지반면으로부터 1.5m 이하의 높이에 설치할 것
② 방수용기구를 격납하는 함(이하 "옥외소화전함"이라 함)은 불연재료로 제작하고 보행거리 5m 이하의 장소로서 화재발생시 쉽게 접근가능하고 화재 등의 피해를 받을 우려가 적은 장소에 설치할 것
③ 옥외소화전설비는 습식으로 하고 동결방지조치를 할 것. 다만, 동결방지조치가 곤란한 경우에는 습식 외의 방식으로 할 수 있다.

2) 옥외소화전설비의 방수량, 방수압력, 수원 등

방수량	방수압력	토출량	수원	비상전원
450ℓ/min 이상	0.35MPa 이상	N(최대 4개)×450ℓ/min	N(최대4개)×13.5m³ (450ℓ/min×30min)	45분

4. 스프링클러설비

1) 폐쇄형스프링클러헤드의 설치 기준

① 스프링클러헤드는 방호대상물의 천장 또는 건축물의 최상부 부근(천장이 설치되지 아니한 경우)에 설치하되, 방호대상물의 각 부분에서 하나의 스프링클러헤드까지의 수평거리가 1.7m 이하가 되도록 설치할 것
② 스프링클러헤드의 반사판과 해당 헤드의 부착면과의 거리는 0.3m 이하일 것
③ 급배기용 덕트 등의 긴 변의 길이가 1.2m를 초과하는 것이 있는 경우에는 해당 덕트 등의 아래면에도 스프링클러헤드를 설치할 것
④ 건식 또는 준비작동식의 유수검지장치의 2차측에 설치하는 스프링클러헤드는 상향식스프링클러헤드로 할 것. 다만, 동결할 우려가 없는 장소에 설치하는 경우는 그러하지 아니하다.
⑤ 스프링클러헤드는 그 부착장소의 평상시의 최고주위온도에 따라 다음 표에 정한 표시온도를 갖는 것을 설치할 것

부착장소의 최고주위온도(단위 ℃)	표시온도(단위 ℃)
28 미만	58 미만
28 이상 39 미만	58 이상 79 미만
39 이상 64 미만	79 이상 121 미만
64 이상 106 미만	121 이상 162 미만
106 이상	162 이상

2) 스프링클러설비의 제어밸브

① 개방형스프링클러헤드 : 방수구역마다
② 폐쇄형스프링클러헤드 : 방화대상물의 층마다
③ 제어밸브는 바닥면으로부터 0.8m 이상 1.5m 이하의 높이에 설치할 것
④ 제어밸브에는 직근의 보기 쉬운 장소에 "스프링클러설비의 제어밸브"라고 표시할 것

3) 스프링클러설비의 방수량, 방수압력, 수원 등

방수량	방수압력	토출량	수원	비상전원
80ℓ/min 이상	0.1MPa 이상	헤드수 ×80ℓ/min	헤드수×2.4m³ (80ℓ/min×30min)	45분

4) 수계 소화설비의 비교

종류	항목	방수량	방수압력	토출량	수원	비상전원
옥내소화전설비	일반 건축물	130ℓ/min (호스릴동일)	0.17MPa (호스릴동일)	N(최대 2개)× 130ℓ/min	N(최대 2개)×2.6m³ (130ℓ/min×20min)	20분
	위험물 제조소등	260ℓ/min	0.35MPa (350kPa)	N(최대 5개) ×260ℓ/min	N(최대 5개)×7.8m³ (260ℓ/min×30min)	45분

종류	항목	방수량	방수압력	토출량	수원	비상전원
옥외 소화전 설비	일반 건축물	350ℓ/min	0.25MPa	N(최대 2개) ×350ℓ/min	N(최대 2개)×7m³ (350ℓ/min×20min)	–
	위험물 제조소등	450ℓ/min	0.35MPa (350kPa)	N(최대 4개) ×450ℓ/min	N(최대4개)×13.5m³ (450ℓ/min×30min)	45분
스프링 클러 설비	일반 건축물	80ℓ/min	0.1MPa	헤드수 ×80ℓ/min	헤드수×1.6m³ (80ℓ/min×20min)	20분
	위험물 제조소등	80ℓ/min	0.1MPa (100kPa)	헤드수 ×80ℓ/min	헤드수×2.4m³ (80ℓ/min×30min)	45분

5. 물분무 소화설비

1) 제어 밸브 등
① 제어밸브는 바닥으로부터 0.8m 이상 1.5m 이하의 위치에 설치할 것
② 제어밸브의 가까운 곳의 보기 쉬운 곳에 "제어밸브"라고 표시한 표지를 설치할 것
③ 자동가방밸브 및 수동식 개방밸브의 2차측 배관부분에는 해당 방수구역 외어 벌브의 작동을 시험할 수 있는 장치를 설치할 것

2) 배수 설비
① 차량이 주차하는 장소의 적당한 곳에 높이 10cm 이상의 경계턱으로 배수구를 설치할 것
② 배수구에는 새어나온 기름을 모아 소화할 수 있도록 길이 40m 이하마다 집수관·소화핏트 등 기름분리장치를 설치할 것
③ 차량이 주차하는 바닥은 배수구를 향하여 2/100 이상의 기울기를 유지할 것

6. 포 소화설비

1) 고정식 방출구의 종류
고정식 포방출구방식은 탱크에서 저장 또는 취급하는 위험물의 화재를 유효하게 소화할 수 있도록 하는 포방출구
① **Ⅰ형** : **고정지붕구조의 탱크**에 **상부포주입법**(고정포방출구를 탱크옆판의 상부에 설치하여 액표면상에 포를 방출하는 방법)을 이용하는 것으로 방출된 포가 액면 아래로 몰입되거나 액면을 뒤섞지 않고 액면상을 덮을 수 있는 통계단 또는 미끄럼판 등의 설비 및 탱크내의 위험물 증기가 외부로 역류되는 것을 저지할 수 있는 구조·기구를 갖는 포방출구
② **Ⅱ형** : **고정 지붕구조** 또는 **부상덮개부착 고정지붕 구조**의 탱크에 **상부포주입법**을 이용하는 것으로 방출된 포가 탱크옆판의 내면을 따라 흘러내려가면서 액면 아래로 몰입되거나 액면을 뒤섞지 않고 액면상을 덮을 수 있는 반사판 및 탱크내의 위험물 증기가 외부로 역류되는 것을 저지할 수 있는 구조·기구를 갖는 포방출구
③ **특형** : **부상지붕구조의 탱크**에 **상부포주입법**을 이용하는 것으로 부상지붕의 부상 부분상에 높이 0.9m 이상의 금속제의 칸막이를 탱크옆판의 내측으로부터 1.2m 이상 이격하여

설치하고 탱크옆판과 칸막이에 의하여 형성된 환상부분에 포를 주입하는 것이 가능한 구조의 반사판을 갖는 포방출구

④ Ⅲ형 : **고정 지붕구조의 탱크**에 **저부포주입법**(탱크의 액면하에 설치된 포방출구부터 포를 탱크 내에 주입하는 방법)을 이용하는 것으로 송포관으로부터 포를 방출하는 포방출구

⑤ Ⅳ형 : **고정 지붕구조의 탱크**에 **저부포주입법**을 이용하는 것으로 평상시에는 탱크의 액면하의 저부에 격납통에 수납되어 있는 특수호스 등이 송포관의 말단에 접속되어 있다가 포를 보내어 선단의 액면까지 도달한 후 포를 방출하는 포방출구

2) 포소화약제의 혼합장치

① **펌프 프로포셔너 방식**(pump proportioner, 펌프 혼합방식)
펌프의 토출관과 흡입관사이의 배관도중에 설치한 흡입기에 펌프에서 토출된 물의 일부를 보내고 농도조정 밸브에서 조정된 포소화약제의 필요량을 포소화약제 탱크에서 펌프 흡입측으로 보내어 약제를 혼합하는 방식

② **라인 프로포셔너 방식**(line proportioner, 관로 혼합방식)
펌프와 발포기의 중간에 설치된 벤츄리관의 벤츄리 작용에 따라 포 소화약제를 흡입·혼합하는 방식. 이 방식은 옥외 소화전에 연결 주로 1층에 사용하며 원액 흡입력 때문에 송수압력의 손실이 크고, 토출측 호스의 길이, 포원액 탱크의 높이 등에 민감하므로 아주 정밀설계와 시공을 요한다.

③ **프레져 프로포셔너 방식**(pressure proportioner, 차압 혼합방식)
펌프와 발포기의 중간에 설치된 벤츄리관의 벤츄리작용과 펌프 가압수의 포소화약제 저장탱크에 대한 압력에 따라 포소화약제를 흡입 혼합하는 방식

④ **프레져 사이드 프로포셔너 방식**(pressure side proportioner, 압입 혼합방식)
펌프의 토출관에 압입기를 설치하여 포소화 약제 압입용 펌프로 포소화약제를 압입시켜 혼합하는 방식

⑤ **압축공기포 믹싱챔버 방식**
물, 포소화약제 및 공기를 믹싱챔버로 강제주입시켜 챔버 내에서 포수용액을 생성한 후 방사하는 방식

7. 불활성가스 소화설비

1) 전역방출방식 분사헤드의 방사압력, 방사시간

구분	전역방출방식			국소방출방식 (이산화탄소)
	이산화탄소		불활성가스	
	고압식	저장식	IG-100, IG-55, IG-541	
방사압력	2.1MPa 이상	1.05MPa 이상	1.9MPa 이상	-
방사시간	60초 이내	60초 이내	95% 이상을 60초 이내	30초 이내

2) 이동식 불활성가스소화설비의 약제량(하나의 노즐 당)

① 저장량 : 90kg 이상

② 방사량 : 90kg/min 이상

3) 저장용기의 충전비

구분	이산화탄소의 충전비		IG-100, IG-55, IG-541의 충전압력
	고압식	저장식	
기준	1.5 이상 1.9 이하	1.1 이상 1.4 이하	32MPa 이하

4) 저장용기의 설치 기준
   ① 방호구역 외의 장소에 설치할 것
   ② 온도가 40℃ 이하이고 온도 변화가 적은 장소에 설치할 것
   ③ 직사일광 및 빗물이 침투할 우려가 적은 장소에 설치할 것
   ④ 저장용기에는 안전장치를 설치할 것

5) 기동용가스용기
   ① 기동용가스용기는 25MPa 이상의 압력에 견딜 수 있는 것일 것
   ② 기동용가스용기
      ㉮ 내용적 : 1ℓ 이상
      ㉯ 이산화탄소의 양 : 0.6kg 이상
      ㉰ 충전비 : 1.5 이상
   ③ 기동용가스용기에는 안전장치 및 용기밸브를 설치할 것

8. 할로젠화합물 소화설비

1) 전역·국소방출방식
   ① 분사헤드의 방사압력

약제	방사압력
할론2402	0.1MPa 이상
할론1211	0.2MPa 이상
할론1301	0.9MPa 이상
HFC-227ea, FK-5-1-12	0.3MPa 이상
HFC-23	0.9MPa 이상
HFC-125	0.9MPa 이상

   ② 전역·국소방출방식에 의한 약제 방사시간

약제	방사압력
할론2402	30초 이내
할론1211	
할론1301	

약제	방사압력
HFC-227ea, FK-5-1-12	10초 이내
HFC-23	
HFC-125	

2) 약제 저장량

① 전역방출방식의 할로젠화합물소화설비

㉮ 자동폐쇄장치가 설치된 경우

$$\text{약제저장량(kg)} = \text{방호구역체적(m}^3) \times \text{필요가스량(kg/m}^3) \times \text{계수}$$

㉯ 자동폐쇄장치가 설치되지 않는 경우

$$\text{약제저장량(kg)} = [\text{방호구역체적(m}^3) \times \text{필요가스량(kg/m}^3) + \text{개구부면적(m}^2) \times \text{가산량(kg/m}^2)] \times \text{계수}$$

소화약제	필요가스량	가산량(자동폐쇄장치 미설치시)
할론 2402	0.40kg/m³	3.0kg/m²
할론 1211	0.36kg/m³	2.7kg/m²
할론 1301	0.32kg/m³	2.4kg/m²
HFC - 23, HFC - 125	0.52 kg/m³	-
HFC - 227ea	0.55 kg/m³	-
FK-5-1-12	0.84 kg/m³	-

② 이동식의 할로젠화합물소화설비

소화약제의 종별	소화약제의 양	분당 방사량
할론 2402	50kg	45kg
할론 1211	45kg	40kg
할론 1301	45kg	35kg

3) 저장용기의 압력, 충전비

① 축압식 저장용기의 압력

약제	저압식	고압식
할론1301, HFC-227ea, FK-5-1-12	2.5MPa	4.2MPa
할론1211	1.1MPa	2.5MPa

② 저장용기의 충전비

약제의 종류		충전비
할론 2402	가압식	0.51 이상 0.67 이하
	축압식	0.67 이상 2.75 이하
할론 1211		0.7 이상 1.4 이하
할론 1301, HFC-227ea		0.9 이상 1.6 이하
HFC-23, HFC-125		1.2 이상 1.5 이하
FK-5-1-12		0.7 이상 1.6 이하

9. 분말소화설비

1) 전역방출방식, 국소방출방식의 분사헤드
   ① 전역방출방식의 분사헤드의 방사압력 : 0.1MPa 이상
   ② 전역방출방식, 국소방출방식의 방사 시간 : 30초 이내

2) 분말소화설비 사용하는 소화약제
   ① 제1종분말   ② 제2종분말   ③ 제3종분말
   ④ 제4종분말   ⑤ 제5종분말

3) 약제 저장량
   ① 전역방출방식의 분말소화설비

   $$약제저장량(kg) = [방호구역체적(m^3) \times 필요가스량(kg/m^3)] \times 계수(별표\ 2)$$
   $$+ [개구부면적(m^2) \times 가산량(kg/m^2)] \times 계수$$

소화약제	필요가스량	가산량(자동폐쇄장치 미설치시)
제1종 분말	0.60kg/m³	4.5kg/m²
제2종 분말, 제3종 분말	0.36kg/m³	2.7kg/m²
제4종 분말	0.24kg/m³	1.8kg/m²
제5종 분말	소화약제에 따라 필요한 양	소화약제에 따라 필요한 양

   ② 이동식의 분말소화설비

소화약제	소화약제의 양	소화약제의 양
제1종 분말	50kg	45kg
제2종 분말, 제3종 분말	30kg	27kg
제4종 분말	20kg	18kg
제5종 분말	소화약제에 따라 필요한 양	-

4) 저장용기등의 충전비

소화약제의 종별	충전비의 범위
제1종 분말	0.85 이상 1.45 이하
제2종 분말 또는 제3종 분말	1.05 이상 1.75 이하
제4종 분말	1.50 이상 2.50 이하

10. 피난설비

1) 피난설비의 개요
피난기구는 화재가 발생하였을 때 소방대상물에 상주하는 사람들을 안전한 장소로 피난시킬 수 있는 기계·기구를 말하며 피난설비는 화재 발생시 건축물로부터 피난하기 위해 사용하는 기계 기구 또는 설비를 말한다.

2) 피난설비의 설치기준
① 주유취급소 중 건축물의 2층의 부분을 점포·휴게음식점 또는 전시장의 용도로 사용하는 것에 있어서는 해당 건축물의 2층으로부터 직접 주유취급소의 부지 밖으로 통하는 출입구와 해당 출입구로 통하는 통로·계단 및 출입구에 유도등을 설치하여야 한다.
② 옥내주유취급소에 있어서는 해당 사무소 등의 출입구 및 피난구와 해당 피난구로 통하는 통로·계단 및 출입구에 유도등을 설치하여야 한다.
③ 유도등에는 비상전원을 설치하여야 한다.

11. 경보설비

1) 자동화재탐지설비의 설치기준
① 자동화재탐지설비의 경계구역(화재가 발생한 구역을 다른 구역과 구분하여 식별할 수 있는 최소단위의 구역을 말한다)은 건축물 그 밖의 공작물의 2 이상의 층에 걸치지 아니하도록 할 것. 다만, 하나의 경계구역의 면적이 500m² 이하이면서 당해 경계구역이 두개의 층에 걸치는 경우이거나 계단·경사로·승강기의 승강로 그 밖에 이와 유사한 장소에 연기감지기를 설치하는 경우에는 그러하지 아니하다.
② 하나의 경계구역의 면적은 600m² 이하로 하고 그 한변의 길이는 50m(광전식분리형 감지기를 설치할 경우에는 100m) 이하로 할 것. 다만, 당해 건축물 그 밖의 공작물의 주요한 출입구에서 그 내부의 전체를 볼 수 있는 경우에 있어서는 그 면적을 1,000m² 이하로 할 수 있다.
③ 자동화재탐지설비의 감지기는 지붕(상층이 있는 경우에는 상층의 바닥) 또는 벽의 옥내에 면한 부분(천장이 있는 경우에는 천장 또는 벽의 옥내에 면한 부분 및 천장의 뒷 부분)에 유효하게 화재의 발생을 감지할 수 있도록 설치할 것
④ 자동화재탐지설비에는 비상전원을 설치할 것

2) 제조소등별로 설치하여야 하는 경보설비의 종류

제조소등의 구분	제조소등의 규모, 저장 또는 취급하는 위험물의 종류 및 최대수량 등	경보설비
1. 제조소 및 일반취급소	• 연면적 500m² 이상인 것 • 옥내에서 지정수량의 100배 이상을 취급하는 것(고인화점 위험물만을 100℃ 미만의 온도에서 취급하는 것을 제외한다) • 일반취급소로 사용되는 부분 외의 부분이 있는 건축물에 설치된 일반취급소(일반취급소와 일반취급소 외의 부분이 내화구조의 바닥 또는 벽으로 개구부 없이 구획된 것을 제외한다)	자동화재 탐지설비
2. 옥내저장소	• 지정수량의 100배 이상을 저장 또는 취급하는 것(고인화점 위험물만을 저장 또는 취급하는 것을 제외한다) • 저장창고의 연면적이 150m²를 초과하는 것[당해 저장창고가 연면적 150m² 이내마다 불연재료의 격벽으로 개구부 없이 완전히 구획된 것과 제2류 또는 제4류의 위험물(인화성고체 및 인화점이 70℃ 미만인 제4류 위험물을 제외한다)만을 저장 또는 취급하는 것에 있어서는 저장창고의 연면적이 500m² 이상의 것에 한한다] • 처마높이가 6m 이상인 단층건물의 것 • 옥내저장소로 사용되는 부분 외의 부분이 있는 건축물에 설치된 옥내저장소[옥내저장소와 옥내저장소 외의 부분이 내화구조의 바닥 또는 벽으로 개구부 없이 구획된 것과 제2류 또는 제4류의 위험물(인화성고체 및 인화점이 70℃ 미만인 제4류 위험물을 제외한다)만을 저장 또는 취급하는 것을 제외한다]	자동화재 탐지설비
3. 옥내탱크저장소	단층 건물 외의 건축물에 설치된 옥내탱크저장소로서 소화난이도등급 Ⅰ에 해당하는 것	
4. 주유취급소	옥내주유취급소	
5. 옥외탱크저장소	특수인화물, 제1석유류 및 알코올류를 저장 또는 취급하는 탱크의 용량이 1000만ℓ 이상인 것	자동화재탐지설비, 자동화재속보설비
6. 제1호부터 제5호까지의 자동화재탐지설비 설치대상에 해당하지 아니하는 제조소등	지정수량의 10배 이상을 저장 또는 취급하는 것	자동화재탐지설비, 비상경보설비, 확성장치 또는 비상방송설비 중 1종 이상

SECTION 03 위험물 성상 및 취급

STEP 01 위험물의 종류 및 특성

1. 제1류 위험물

1) 제1류 위험물의 성질

① 종류

류별	성질	품명	위험등급	지정수량
제1류	산화성 고체	1. 아염소산염류, 염소산염류, 과염소산염류, 무기과산화물	I	50 kg
		2. 브로민산염류, 질산염류, 아이오딘산염류	II	300 kg
		3. 과망가니즈산염류, 다이크로뮴산염류	III	1,000 kg
		4. 그 밖에 행정안전부령이 정하는 것 ㉮ 과아이오딘산염류 ㉯ 과아이오딘산 ㉰ 크로뮴, 납 또는 아이오딘의 산화물 ㉱ 아질산염류 ㉲ 염소화아이소사이아누르산 ㉳ 퍼옥소이황산염류 ㉴ 퍼옥소붕산염류	II	300 kg 300 kg 300 kg 300 kg 300 kg 300 kg 300 kg
		차아염소산염류	I	50 kg

② 정의

산화성고체 : 고체[액체(1기압 및 20℃에서 액상인 것 또는 20℃ 초과 40℃ 이하에서 액상인 것) 또는 기체(1기압 및 20℃에서 기상인 것을 말한다)외의 것]로서 산화력의 잠재적인 위험성

③ 일반적인 성질

㉮ 무색 결정 또는 백색분말의 모두 **무기화합물**로서 **산화성 고체**이다.
㉯ 강산화성물질이며 **불연성 고체**이다. 또는 충격에 대한 민감성을 판단하기 위하여 소방청장이 정하여 고시하는 시험에서 고시로 정하는 성질과 상태를 나타내는 것
㉰ 가열, 충격, 마찰, 타격으로 분해하여 산소를 방출한다.
㉱ 비중은 1보다 크며 물에 녹는 것도 있다.
㉲ 질산염류와 같이 조해성이 있는 것도 있다.
㉳ 가열하여 용융된 진한 용액은 가연성 물질과 접촉시 혼촉발화의 위험이 있다.

④ 위험성

㉮ 가열 또는 제6류 위험물과 혼합하면 산화성이 증대 된다.

㉯ **무기과산화물**은 **물과 반응**하여 **산소를 방출**하고 심하게 발열한다.
㉰ 유기물과 혼합하면 폭발의 위험이 있다.

> **참고**
>
> **제1류 위험물의 반응식**
> ① 염소산칼륨의 열분해 반응식 $2KClO_3$ → $2KCl + 3O_2$
> ② 과산화칼륨의 반응식
>   • 물과의 반응 $2K_2O_2 + 2H_2O$ → $4KOH + O_2$
>   • 가열분해반응식 $2K_2O_2$ → $2K_2O + O_2$
>   • 탄산가스와의 반응 $2K_2O_2 + 2CO_2$ → $2K_2CO_3 + O_2$
> ③ 과산화마그네슘이 산과의 반응 $MgO_2 + 2HCl$ → $MgCl_2 + H_2O_2$
> ④ 질산칼륨의 열분해 반응식(400℃) $2KNO_3$ → $2KNO_2 + O_2$
> ⑤ 질산나트륨의 열분해 반응식(380℃) $2NaNO_3$ → $2NaNO_2 + O_2$
> ⑥ 질산암모늄의 열분해 반응식 $2NH_4NO_3$ → $2N_2 + 4H_2O + O_2$
>
> **제2류 위험물의 반응식**
> ① 삼황화인의 연소반응식 $P_4S_3 + 8O_2$ → $2P_2O_5 + 3SO_2$
> ② 오황화이인 물과의 분해 반응식 $P_2S_5 + 8H_2O$ → $5H_2S + 2H_3PO_4$
> ③ 적린의 연소반응식 $4P + 5O_2$ → $2P_2O_5$
> ④ 마그네슘과 온수와의 반응식 $Mg + 2H_2O$ → $Mg(OH)_2 + H_2$
>
> **제3류 위험물의 반응식**
> ① 나트륨의 반응식
>   • 연소반응식 $4Na + O_2$ → $2Na_2O$
>   • 물과의 반응 $2Na + 2H_2O$ → $2NaOH + H_2$
>   • 알코올과 반응 $2Na + 2C_2H_5OH$ → $2C_2H_5ONa + H_2$
>   • 이산화탄소와 반응 $4Na + 3CO_2$ → $2Na_2CO_3 + C$(연소폭발)
>   • 사염화탄소와 반응 $4Na + CCl_4$ → $4NaCl + C$(폭발)
>   • 염소와 반응 $2Na + Cl_2$ → $2NaCl$
>   • 초산과의 반응 $2Na + 2CH_3COOH$ → $2CH_3COONa + H_2$
> ② 트라이에틸알루미늄의 반응식
>   • 연소반응식 $2(C_2H_5)_3Al + 21O_2$ → $Al_2O_3 + 12CO_2 + 15H_2O$
>   • 물과 반응 $(C_2H_5)_3Al + 3H_2O$ → $Al(OH)_3 + 3C_2H_6$
> ③ 황린의 연소식 $P_4 + 5O_2$ → $2P_2O_5$
> ④ 인화석회(인화칼슘)와 물과의 반응식 $Ca_3P_2 + 6H_2O$ → $2PH_3 + 3Ca(OH)_2$
> ⑤ 카바이트와 물과의 반응식 $CaC_2 + 2H_2O$ → $Ca(OH)_2 + C_2H_2$
>
> 0·세틸렌의 연소반응식 $2C_2H_2 + 5O_2$ → $4CO_2 + 2H_2O$
>
> **제4류 위험물의 반응식**
> ① 이황화탄소의 반응식
>   • 연소반응식 $CS_2 + 3O_2$ → $CO_2 + 2SO_2$
>   • 물과 반응 $CS_2 + 2H_2O$ → $CO_2 + 2H_2S$
> ② 메틸알코올 산화식 $2CH_3OH + 3O_2$ → $2CO_2 + 4H_2O$
> ③ 에틸알코올 산화식 $C_2H_5OH + 3O_2$ → $2CO_2 + 3H_2O$
> ④ 벤젠의 연소반응식 $2C_6H_6 + 15O_2$ → $12CO_2 + 6H_2O$
> ⑤ 톨루엔의 연소반응식 $C_6H_5CH_3 + 9O_2$ → $7CO_2 + 4H_2O$
>
> **제5류 위험물의 반응식**
> ① 나이트로글리세린의 분해반응식 $4C_3H_5(ONO_2)_3$ → $12CO_2 + 10H_2O + 6N_2 + O_2$
> ② TNT의 분해반응식 $2C_6H_4CH_3(NO_2)_3$ → $12CO + 2C + 3N_2 + 5H_2$
> ③ 피크린산의 분해반응식 $2C_6H_2OH(NO_2)_3$ → $4CO_2 + 6CO + 2C + 3N_2 + 3H_2$

⑤ 저장 및 취급방법
  ㉮ 가열, 마찰, 충격 등을 피한다.
  ㉯ 환원제인 제2류 위험물과의 접촉을 피한다.
  ㉰ 조해성 물질은 방습하고 수분과의 접촉을 피한다.
  ㉱ 무기과산화물은 공기나 물과의 접촉을 피한다.
  ㉲ 제6류 위험물과 혼합하면 산화성이 증대된다.
⑥ 소화 방법
  ㉮ **제1류 위험물** : 물에 의한 **냉각소화**
  ㉯ **알칼리금속의 과산화물** : 마른모래, **탄산수소염류 분말약제**, 팽창질석, 팽창진주암

2) 각 위험물의 물성

① 아염소산염류

명칭	화학식	외관	분자량	분해 온도
아염소산칼륨	$KClO_2$	백색분말	106.5	160℃
아염소산나트륨	$NaClO_2$	무색 분말	90.5	120~130℃

㉮ **아염소산칼륨**
  ㉠ 백색의 침상결정 또는 분말이다.
  ㉡ 부식성과 조해성이 있다.
  ㉢ 고온에서 분해하면 이산화염소(ClO_2)의 유독가스가 발생한다.

$$3KClO_2 + 2HCl \rightarrow 3KCl + 2ClO_2 + H_2O_2$$

㉯ **아염소산나트륨**
  ㉠ 산과 반응하면 이산화염소(ClO_2)의 유독가스가 발생한다.

$$3NaClO_2 + 2HCl \rightarrow 3NaCl + 2ClO_2 + H_2O_2$$

  ㉡ 황, 유기물, 이황화탄소 등과 접촉 또는 혼합에 의하여 발화 또는 폭발한다.

② 염소산염류

명칭	화학식	분자량	비중	융점	분해 온도
염소산칼륨	$KClO_3$	122.5	2.32	약 368℃	400℃
염소산나트륨	$NaClO_3$	106.5	2.49	248℃	300℃
염소산암모늄	NH_4ClO_3	101.5	–	–	100℃

㉮ **염소산칼륨**
  ㉠ 무색의 단사정계 판상결정 또는 백색분말로서 상온에서 안정한 물질이다.
  ㉡ 가열, 충격, 마찰 등에 의해 폭발한다.

ⓒ 염소산칼륨은 분해하면 염화칼륨과 산소를 발생한다.

$$분해반응식 : 2KClO_3 \rightarrow 2KCl + 3O_2$$

ⓔ 산과 반응하면 이산화염소(ClO_2)의 유독가스를 발생한다.

$$2KClO_3 + 2HCl \rightarrow 2KCl + 2ClO_2 + H_2O_2$$

ⓜ **냉수, 알코올**에는 **녹지 않고, 온수나 글리세린에는 녹는다.**
ⓑ 목탄과 혼합하면 발화, 폭발의 위험이 있다.

㉯ **염소산나트륨**
 ㉠ 무색, 무취의 결정 또는 분말로서 물, 알코올, 에터에는 용해한다.
 ㉡ 조해성이 강하므로 수분과의 접촉을 피한다.
 ㉢ 염소산나트륨은 분해하면 염화나트륨(소금)과 산소를 발생한다.

$$2NaClO_3 \rightarrow 2NaCl + 3O_2$$

 ㉣ **산과 반응**하면 **이산화염소(ClO_2)의 유독가스**를 발생한다.

$$2NaClO_3 + 2HCl \rightarrow 2NaCl + 2ClO_2 + H_2O_2$$

㉰ **염소산암모늄**
 ㉠ 조해성이 있고 폭발성이 있다.
 ㉡ 수용액은 산성으로 금속을 부식시킨다.

③ **과염소산염류**

명칭	화학식	분자량	비중	융점	분해 온도
과염소산칼륨	$KClO_4$	138.5	2.52	400℃	400℃
과염소산나트륨	$NaClO_4$	122.5	2.02	482℃	400℃
과염소산암모늄	NH_4ClO_4	117.5	2.0	–	130℃

㉮ **과염소산칼륨**
 ㉠ 무색, 무취의 사방정계 결정으로서 물, 알코올, 에터에 녹지 않는다.
 ㉡ 탄소, 황, 유기물과 혼합하였을 때 가열, 마찰, 충격에 의하여 폭발한다.
 ㉢ 400℃에서 서서히 분해가 시작되어 610℃에서 완전 분해하여 산소(O_2)를 발생한다.

$$KClO_4 \rightarrow KCl + 2O_2$$

④ 과염소산나트륨
  ㉠ 백색의 결정으로서 조해성이 있다.
  ㉡ 물, 아세톤, 알코올에는 녹고, 에터에는 녹지 않는다.
④ 과염소산암모늄
  ㉠ 무색의 수용성 결정으로 충격에 비교적 안정하다.
  ㉡ 물, 에테인올, 아세톤에 잘 녹는다.
  ㉢ 폭약이나 성냥원료로 쓰인다.
  ㉣ 130℃에서 분해하기 시작하여 300℃에서 급격히 분해하여 폭발한다.

$$NH_4ClO_4 \rightarrow NH_4Cl + 2O_2$$
$$2NH_4ClO_4 \rightarrow N_2 + Cl_2 + 2O_2 + 4H_2O$$

④ 무기과산화물
  ㉮ 과산화물의 분류
    ㉠ 무기과산화물(제1류 위험물)
      • 알칼리금속의 과산화물(과산화칼륨, 과산화나트륨)
      • 알칼리금속외(알칼리토금속)의 과산화물(과산화칼슘, 과산화바륨, 과산화마그네슘)

명칭	화학식	분자량	비중	융점	분해 온도
과산화칼륨	K_2O_2	110	2.9	–	490℃
과산화나트륨	Na_2O_2	78	2.8	460℃	460℃
과산화칼슘	CaO_2	72	1.7	–	275℃
과산화바륨	BaO_2	169	4.95	450℃	840℃

    ㉡ 유기과산화물(제5류 위험물)
  ㉯ 과산화칼륨
    ㉠ 무색 또는 오렌지색의 결정이다.
    ㉡ 에틸알코올에 용해한다.
    ㉢ 피부 접촉 시 피부를 부식 시키고 탄산가스를 흡수하면 탄산염이 된다.
    ㉣ 소화방법 : 마른모래, 암분, 탄산수소염류 분말약제, 팽창질석, 팽창진주암
    ㉤ 과산화칼륨의 반응식
      • 분해 반응식 : $2K_2O_2 \rightarrow 2K_2O + O_2$
      • 물과의 반응 : $2K_2O_2 + 2H_2O \rightarrow 4KOH + O_2 +$ 발열
      • 탄산가스와의 반응 : $2K_2O_2 + 2CO_2 \rightarrow 2K_2CO_3 + O_2$
      • 초산과의 반응 : $K_2O_2 + 2CH_3COOH \rightarrow 2CH_3COOK + H_2O_2$(과산화수소)
      • 염산과의 반응 : $K_2O_2 + 2HCl \rightarrow 2KCl + H_2O_2$
      • 알코올과의 반응 : $K_2O_2 + 2C_2H_5OH \rightarrow 2C_2H_5OK + H_2O_2$
      • 황산과의 반응 : $K_2O_2 + H_2SO_4 \rightarrow K_2SO_4 + H_2O_2$
  ㉰ 과산화나트륨
    ㉠ 순수한 것은 백색이지만 보통은 황백색의 분말이다.

ⓛ 에틸알코올에 녹지 않고 흡습성이 있다.
　　ⓒ 목탄, 가연물과 접촉하면 발화되기 쉽다.
　　ⓔ 산과 반응하면 과산화수소를 생성한다.

$$Na_2O_2 + 2HCl \rightarrow 2NaCl + H_2O_2$$

　　ⓜ 물과 반응하면 산소가스를 발생하고 많은 열을 발생한다.

$$2Na_2O_2 + 2H_2O \rightarrow 4NaOH + O_2 + 발열$$

　　ⓗ 소화방법 : 마른모래, 탄산수소염류 분말약제, 팽창질석, 팽창진주암
　㉣ **과산화칼슘**
　　ⓞ 백색 분말로서 물, 알코올, 에테르에는 녹지 않는다.
　　ⓛ 수분과 접촉으로 산소를 발생한다.
　㉤ **과산화바륨**
　　ⓞ 백색 분말로서 냉수에는 약간 녹고, 묽은 산에는 녹는다.
　　ⓛ 수분과 접촉으로 산소를 발생한다.
　　ⓒ 유기물, 산과의 접촉을 피해야 한다.
⑤ **질산염류**

명칭	화학식	분자량	비중	융점	분해 온도
질산칼륨	KNO_3	101	2.1	339℃	400℃
질산나트륨	$NaNO_3$	85	2.27	308℃	380℃
질산암모늄	NH_4NO_3	80	1.73	165℃	220℃

　㉮ **질산칼륨**
　　ⓞ 무색, 무취의 결정 또는 백색결정으로 **초석**이라고도 한다.
　　ⓛ 물, 글리세린에 잘 녹으나, 알코올에는 녹지 않는다.
　　ⓒ 강산화제이며 가연물과 접촉하면 위험하다.
　　ⓔ **황과 숯가루와 혼합하여 흑색화약을 제조**한다.
　㉯ **질산나트륨**
　　ⓞ 무색, 무취의 결정으로 칠레초석이라고도 한다.
　　ⓛ 조해성이 있는 강산화제이다.
　　ⓒ 물, 글리세린에 잘 녹고, 무수알코올에는 녹지 않는다.
　　ⓔ 가연물, 유기물과 혼합하여 가열하면 폭발한다.
　㉰ **질산암모늄**
　　ⓞ 무색, 무취의 결정으로 조해성 및 흡수성이 강하다.
　　ⓛ 알코올에 녹고 물에 용해 시 **흡열반응**을 한다.
　　ⓒ 조해성이 있어 수분과 접촉을 피해야 한다.
　　ⓔ 유기물과 혼합하여 가열하면 폭발한다.

ⓜ 질산암모늄의 반응식
　　　　• 가열 시 : $NH_4NO_3 \rightarrow N_2O + 2H_2O$
　　　　• 폭발, 분해반응식 : $2NH_4NO_3 \rightarrow 4H_2O + 2N_2 + O_2$

⑥ **과망가니즈산염류**

명칭	화학식	분자량	비중	분해 온도
과망가니즈산칼륨	$KMnO_4$	158	2.7	200~250℃
과망가니즈산나트륨	$NaMnO_4$	142	–	170℃

　㉮ **과망가니즈산칼륨**
　　㉠ **흑자색의 주상결정**으로 산화력과 살균력이 강하다.
　　㉡ 물, 알코올에 녹으면 **진한 보라색**을 나타낸다.
　　㉢ 알코올, 에터, 글리세린 등 유기물과의 접촉을 피한다.
　　㉣ 목탄, 황 등의 환원성물질과 접촉 시 충격에 의해 폭발의 위험성이 있다.
　　㉤ **살균소독제, 산화제**로 이용된다.
　　㉥ 과망가니즈산칼륨의 반응식
　　　　• 분해반응식 : $2KMnO_4 \rightarrow K_2MnO_4$(망가니즈산칼륨) $+ MnO_2$(이산화망가니즈) $+ O_2$
　　　　• 묽은 황산과 반응식 : $4KMnO_4 + 6H_2SO_4 \rightarrow 2K_2SO_4 + 4MnSO_4 + 6H_2O + 5O_2$
　　　　• 진한 황산과 반응식 : $2KMnO_4 + H_2SO_4 \rightarrow K_2SO_4 + 2HMnO_4$(과망가니즈산)
　　　　• 염산과 반응식 : $2KMnO_4 + 16HCl \rightarrow 2KCl + 2MnCl_2 + 8H_2O + 5Cl_2$

　㉯ **과망가니즈산나트륨**
　　㉠ 적자색의 결정으로 물에 잘 녹는다.
　　㉡ 조해성이 강하므로 수분에 주의하여야 한다.

⑦ **다이크로뮴산염류**

명칭	화학식	분자량	비중	융점	분해 온도
다이크로뮴산칼륨	$K_2Cr_2O_7$	294	2.69	398℃	500℃
다이크로뮴산나트륨	$Na_2Cr_2O_7$	262	2.52	356℃	400℃
다이크로뮴산암모늄	$(NH_4)_2Cr_2O_7$	252	2.15	–	180℃

　㉮ **다이크로뮴산칼륨**
　　㉠ 등적색의 판상결정이다.
　　㉡ 물에 용해, 알코올에는 녹지 않는다.
　　㉢ 가열에 의해 삼산화이크로뮴(Cr_2O_3)과 크로뮴산칼륨(K_2CrO_4)으로 분해한다.

$$4K_2Cr_2O_7 \rightarrow 2Cr_2O_3 + 4K_2CrO_4 + 3O_2$$

　㉯ **다이크로뮴산나트륨**
　　㉠ 등적색의 결정이다.
　　㉡ 유기물과 혼합되어 있을 때 가열, 마찰에 의해 발화 또는 폭발한다.

㉰ 다이크로뮴산암모늄
  ㉠ 적색 또는 등적색(오렌지색)의 단사정계 침상결정이다.
  ㉡ 약 225℃에서 가열하면 분해하여 질소가스를 발생한다.
⑦ **무수크로뮴산, 삼산화크로뮴**(크로뮴의 산화물)
  ㉮ 물성

화학식	분자량	융점	분해 온도
CrO_3	100	196℃	250℃

  ㉯ 암적색의 침상결정으로 조해성이 있고 물, 알코올, 에터, 황산에 잘 녹는다.
  ㉰ 황, 목탄분, 적린, 금속분, 강력한 산화제, 유기물, 인, 목탄분, 피크린산, 가연물과 혼합하면 폭발의 위험이 있다.
  ㉱ 제4류 위험물과 접촉시 혼촉 발화하고 물과 접촉 시 격렬하게 발열한다.

2. 제2류 위험물

1) 제2류 위험물의 성질
  ① **종류**

류별	성질	품명	지정수량
제2류	가연성 고체	1. 황화인, 적린, 황	100 kg
		2. 철분, 금속분, 마그네슘	500 kg
		3. 인화성고체	1,000 kg

  ② **정의**
    ㉮ **황** : 순도가 **60중량% 이상**인 것을 말하며 순도측정을 하는 경우 불순물은 활석등 불연성물질과 수분으로 한정한다.
    ㉯ **철분** : 철의 분말로서 **53마이크로미터**의 표준체를 통과하는 것(50중량% 미만은 제외)
    ㉰ 금속분 : 알칼리금속·알칼리토류금속·철 및 마그네슘 외의 금속의 분말(구리분·니켈분 및 150μm 체를 통과하는 것이 50중량% 미만인 것은 제외)
    ㉱ **마그네슘에 해당하지 않는 것**
      ㉠ 2mm의 체를 통과하지 아니하는 덩어리 상태의 것
      ㉡ 직경 2mm 이상의 막대 모양의 것
    ㉲ 인화성고체 : 고형알코올 그 밖에 1기압에서 **인화점이 40℃ 미만**인 고체
  ③ **일반적인 성질**
    ㉮ 비교적 낮은 온도에서 착화하기 쉬운 가연성 고체이며 환원성물질이다.
    ㉯ 비중은 1보다 크고 물에는 녹지 않는다.
    ㉰ 연소 시 연소열이 크고 연소온도가 높고 연소속도가 빠르다.
  ④ **위험성**
    ㉮ 착화온도가 낮아 저온에서 발화하기가 쉽다.
    ㉯ 연소속도가 빠르고 연소 시 많은 열을 발생한다.

㉰ 수분과 접촉하면 자연발화하고 금속분은 산, 할로젠원소와 접촉하면 발열·발화한다.
⑤ **저장 및 취급방법**
　㉮ 화기를 피하고 불티, 불꽃, 고온체와의 접촉을 피한다.
　㉯ 산화제와의 혼합 또는 접촉을 피한다.
　㉰ 철분, 마그네슘, 금속분은 물, 습기, 산과의 접촉을 피하여 저장한다.
⑥ **소화 방법**
　㉮ 제2류 위험물 : 물에 의한 냉각소화
　㉯ **마그네슘, 철분, 금속분** : 마른모래, **탄산수소염류 분말약제**, 팽창질석, 팽창진주암

2) 각 위험물의 물성 및 특성
① 황화인
　㉮ 삼황화인
　　㉠ **황록색의 분말**로서 물, 염소, 염산, 황산에는 녹지 않고 이황화탄소, 알칼리, 질산에는 녹는다.
　　㉡ 삼황화인은 공기 중 약 100℃에서 발화하고 마찰에 의하여 자연발화 할 수 있다.

$$P_4S_3 + 8O_2 \rightarrow 2P_2O_5 + 3SO_2$$

　　㉢ 삼황화인은 자연발화성이므로 가열, 습기 방지 및 산화제와의 접촉을 피한다.
　　㉣ 용도는 성냥, 유기합성 등에 쓰인다.

항목 \ 종류	삼황화인	오황화인	칠황화인
화학식	P_4S_3	P_2S_5	P_4S_7
비점	407℃	514℃	523℃
융점	172.5℃	290℃	310℃
착화점	약 100℃	142℃	−

　㉯ 오황화인
　　㉠ **담황색의 결정**으로 조해성과 흡습성이 있다.
　　㉡ 알코올, 이황화탄소에 녹고 물 또는 알칼리에 분해하여 황화수소와 인산이 된다.

$$P_2S_5 + 8H_2O \rightarrow 5H_2S + 2H_3PO_4$$

　　㉢ 냉각소화는 적합하지 않고 분말, CO_2, 건조사 등으로 질식소화 한다.
　　㉣ 용도로는 **선광제, 윤활유 첨가제**, 의약품 등에 쓰인다.
　㉰ 칠황화인
　　㉠ 담황색 결정으로 조해성이 있다.
　　㉡ 이황화탄소에 약간 녹으며 냉수에서는 서서히 분해된다.
　　㉢ 더운 물에서는 급격히 분해하여 황화수소를 발생한다.

② **적린**(붉은인)
  ㉮ 물성

화학식	분자량	비중	착화점	융점
P	31	2.2	260℃	600℃

  ㉯ 황린의 동소체로 암적색의 분말이다.
  ㉰ 물, 알코올, 에터, CS_2, 암모니아에 녹지 않는다.
  ㉱ 강알칼리와 반응하여 유독성의 포스핀(PH_3, 인화수소)가스를 발생한다.
  ㉲ 이황화탄소(CS_2), 황(S), 질산(KNO_3), 질산나트륨($NaNO_3$), 암모니아(NH_3)와 접촉하면 발화한다.
  ㉳ 염소산 및 과염소산염류 등 강산화제와 혼합하면 불안정한 물질이 되어 약간의 가열, 충격, 마찰에 의해 폭발한다.
  ㉴ 공기 중에 방치하면 자연발화는 않지만 260℃ 이상 가열하면 발화하고 400℃ 이상에서 승화한다.
  ㉵ **연소하면 오산화인을 생성**한다.

$$4P + 5O_2 \rightarrow 2P_2O_5 (오산화인)$$

  ㉶ 다량의 물로 냉각소화 하며 소량의 경우 모래나 CO_2도 효과가 있다.

③ **황**
  ㉮ 황색의 결정 또는 미황색의 분말이다.
  ㉯ 물이나 산에는 녹지 않으나 알코올에는 조금 녹고 **고무상황을 제외하고는 CS_2에 잘 녹는다**.
  ㉰ 황의 동소체

항목 \ 종류	단사황	사방황	고무상황
결정형	바늘모양의 결정	팔면체	무정형
비중	1.96	2.07	–
착화점	–	–	360℃
용해도(물)	불용	불용	불용

  ㉱ 공기 중에서 연소하면 푸른빛을 내며 아황산가스(SO_2)를 발생한다.

$$S + O_2 \rightarrow SO_2$$

  ㉲ 분말상태로 밀폐 공간에서 공기 중 부유 시에는 **분진폭발**을 일으킨다.
  ㉳ 황화합물은 석유류의 불쾌한 냄새를 가지며 장치를 부식시킨다.
  ㉴ 화재시에는 다량의 물로 분무주수 한다.

④ 철분(Fe)
  ㉮ 은백색의 광택금속분말이다.
  ㉯ **물이나 산과 반응**하면 **수소가스**를 발생한다.

$$Fe + 2HCl \rightarrow FeCl_2 + H_2$$

  ㉰ 공기 중에서 서서히 산화하여 산화철(Fe_2O_3)되어 백색의 광택이 황갈색으로 변한다.
  ㉱ 주수소화는 절대금물이며 건조된 모래, 소금분말, 건조분말로 질식소화 한다.

⑤ 금속분
  ㉮ 종류

명칭	화학식	분자량	비중	비점
알루미늄	Al	27	2.7	2327℃
아연	Zn	65.4	7.0	907℃

  ㉯ 알루미늄
    ㉠ 백색의 경금속이다.
    ㉡ 수분, 할로젠원소, 산화제와 접촉하면 자연발화의 위험이 있다.
    ㉢ **산, 물과 반응**하면 **수소(H_2)가스**를 발생한다.

$$2Al + 6HCl \rightarrow 2AlCl_3 + 3H_2$$
$$2Al + 6H_2O \rightarrow 2Al(OH)_3 + 3H_2$$

    ㉣ 묽은 질산, 묽은 염산, 황산은 알루미늄분을 침식한다.
    ㉤ 연성과 전성이 가장 풍부하다.
    ㉥ 알루미늄분이 공기 중에 부유하면 **분진폭발의 위험**이 있다.
  ㉰ 아연
    ㉠ 은백색의 분말이다.
    ㉡ 공기 중에서 표면에 산화피막을 형성한다.

⑥ 마그네슘
  ㉮ 물성

화학식	분자량	비중	융점	비점
Mg	24.3	1.74	651℃	1100℃

  ㉯ 은백색의 광택이 있는 금속이다
  ㉰ Mg분이 공기 중에 부유하면 **분진폭발**의 위험이 있다.
  ㉱ **강산이나 물과 반응**하면 **수소가스**를 발생한다.

$$Mg + 2H_2O \rightarrow Mg(OH)_2 + H_2$$

㉣ 소화방법 : 마른모래, 탄산수소염류 등으로 질식소화
  ㉠ 이산화탄소와 반응하면 일산화탄소를 발생하므로 소화 적응성이 없다.

$$Mg + CO_2 \rightarrow MgO + CO$$

  ㉡ 할로젠화합물은 포스겐을 생성하므로 소화 적응성이 없다.

3. 제3류 위험물
1) 제3류 위험물의 특성
  ① **종류**

류별	성질	품명	위험등급	지정수량
제3류	자연발화성 물질 및 금수성물질	1. 칼륨, 나트륨, 알킬알루미늄, 알킬리튬	I	10 kg
		2. 황린	I	20 kg
		3. 알칼리금속(칼륨 및 나트륨을 제외한다) 및 알칼리토금속, 유기금속화합물(알킬알루미늄 및 알킬리튬을 제외한다)	II	50 kg
		4. 금속의 수소화물, 금속의 인화물, 칼슘 또는 알루미늄의 탄화물	III	300 kg
		5. 염소화규소화합물	III	300 kg

  ② **정의**
    자연발화성물질 및 금수성물질 : 고체 또는 액체로서 공기 중에서 발화의 위험성이 있거나 물과 접촉하여 발화하거나 가연성가스를 발생하는 위험성이 있는 것
  ③ **일반적인 성질**
    ㉮ 대부분 무기화합물이며 고체이고 일부는 액체이다.
    ㉯ 칼륨(K), 나트륨(Na), 알킬알루미늄, 알킬리튬은 물보다 가볍고 나머지는 물보다 무겁다.
    ㉰ 칼륨, 나트륨, 황린, 알킬알루미늄은 연소하고 나머지는 연소하지 않는다.
  ④ **위험성**
    ㉮ 황린을 제외한 금수성물질은 물과 반응하여 수소, 아세틸렌, 포스핀의 가연성 가스를 발생하고 발열한다.
    ㉯ 자연발화성물질은 물 또는 공기와 접촉하면 연소하여 가연성가스를 발생한다.
    ㉰ 강산화성 물질 또는 강산류와 접촉에 의해 위험성이 증가한다.
  ⑤ **저장 및 취급방법**
    ㉮ 저장용기는 공기 또는 수분과의 접촉을 피한다.
    ㉯ **칼륨**이나 **나트륨**은 **석유류**(등유, 경유, 유동파라핀) **속에 저장**한다.
  ⑥ **소화방법**
    ㉮ 황린은 주수소화가 가능하나 나머지는 물에 의한 냉각소화는 위험하다.
    ㉯ 소화약제는 마른모래, 탄산수소염류 분말약제가 적합하다.

2) 각 위험물의 물성 및 특성

① 칼륨

㉮ 물성

화학식	원자량	비점	융점	비중	불꽃색상
K	39	774℃	63.7℃	0.86	보라색

㉯ 은백색의 광택이 있는 무른 경금속으로 **보라색 불꽃**을 내면서 연소한다.
㉰ 물과 반응하면 가연성가스인 수소를 발생한다.
㉱ 할로젠 및 산소, 수증기 등과 접촉하면 발화위험이 있다.
㉲ **석유, 경유, 유동파라핀** 등의 **보호액**을 넣은 내통에 밀봉 저장한다.
㉳ 소화방법 : 마른 모래, 건조된 소금, 탄산수소염류분말에 의한 질식소화
㉴ 칼륨의 반응식
  ㉠ 연소 반응 : $4K + O_2 \rightarrow 2K_2O$(회백색)
  ㉡ 물과의 반응 : $2K + 2H_2O \rightarrow 2KOH + H_2$
  ㉢ 이산화탄소와 반응 : $4K + 3CO_2 \rightarrow 2K_2CO_3 + C$(폭발)
  ㉣ 사염화탄소와 반응 : $4K + CCl_4 \rightarrow 4KCl + C$(폭발)
  ㉤ 알코올과 반응 : $2K + 2C_2H_5OH \rightarrow 2C_2H_5OK$(칼륨에틸라이트) $+ H_2$
  ㉥ 초산과 반응 : $2K + 2CH_3COOH \rightarrow 2CH_3COOK + H_2$
  ㉦ 염소와 반응 : $2K + Cl_2 \rightarrow 2KCl$
  ※ 나트륨의 반응식은 K 대신에 Na를 대입하면 동일합니다.

② 나트륨

㉮ 물성

화학식	원자량	비점	융점	비중	불꽃색상
Na	23	880℃	97.7℃	0.97	노란색

㉯ 은백색의 광택이 있는 무른 경금속으로 **노란색 불꽃**을 내면서 연소한다.
㉰ **보호액**(석유, 경유, 유동파라핀)을 넣은 내통에 **밀봉 저장**한다.
㉱ 소화방법 : 마른 모래, 건조된 소금, 탄산수소염류분말에 의한 질식소화

③ 알킬알루미늄

㉮ 알킬기와 알루미늄의 화합물로서 유기금속 화합물이다.
㉯ 알킬기의 탄소 1개에서 4개까지의 화합물은 공기와 접촉하면 자연발화를 일으킨다.
㉰ 저장 용기의 상부는 불연성가스로 봉입하여야 한다.
㉱ **소화방법 : 팽창질석, 팽창진주암, 마른모래**
㉲ 공기와 물과의 반응식
  ㉠ **공기와의 반응**
    • 트라이메틸알루미늄 : $2(CH_3)_3Al + 12O_2 \rightarrow Al_2O_3 + 9H_2O + 6CO_2$
    • 트라이에틸알루미늄 : $2(C_2H_5)_3Al + 21O_2 \rightarrow Al_2O_3 + 15H_2O + 12CO_2$

ⓒ 물과의 반응
- 트라이메틸알루미늄 : $(CH_3)_3Al + 3H_2O \rightarrow Al(OH)_3 + 3CH_4$
- 트라이에틸알루미늄 : $(C_2H_5)_3Al + 3H_2O \rightarrow Al(OH)_3 + 3C_2H_6$

④ **알킬리튬**
㉮ 알킬리튬은 알킬기와 리튬금속의 화합물로 유기금속 화합물로 은백색의 연한 금속이다.
㉯ **자연발화성 물질 및 금수성물질**이다.
㉰ 물과 만나면 심하게 발열하고 가연성 메테인, 에테인, 뷰테인가스를 발생한다.
㉱ 종류 : 메틸리튬(CH_3Li), 에틸리튬(C_2H_5Li), 부틸리튬(C_4H_9Li)

⑤ **황린**
㉮ 물성

화학식	발화점	비점	융점	비중	증기비중
P_4	34℃	280℃	44℃	1.82	4.4

㉯ **백색** 또는 **담황색의 자연발화성 고체**이다.
㉰ 증기는 공기보다 무겁고 자극적이며 맹독성인 물질이다.
㉱ 벤젠, 알코올에는 일부 녹고, 이황화탄소(CS_2), 삼염화인, 염화황에는 잘 녹는다.
㉲ 물과 반응하지 않기 때문에 pH 9(약알칼리)정도의 **물속에 저장**하며 보호액이 증발되지 않도록 한다.

> **참고** 황린은 포스핀(PH_3)의 생성을 방지하기 위하여 pH 9인 물속에 저장한다.

㉳ 공기 중에서 연소하면 오산화인의 흰연기를 발생한다.

$$P_4 + 5O_2 \rightarrow 2P_2O_5$$

㉴ 강알칼리 용액과 반응하면 유독성의 포스핀가스(PH_3)를 발생한다.

$$P_4 + 3KOH + 3H_2O \rightarrow PH_3 + 3KH_2PO_2$$

㉵ 초기소화에는 물, 포, CO_2, 건조분말 소화약제가 유효하다.

⑥ **알칼리금속(K, Na 제외)류 및 알칼리토금속**

명칭	화학식	발화점	비점	융점	비중	불꽃색상
리튬	Li	179℃	1336℃	180℃	0.543	적색
칼슘	Ca	-	1420℃	845℃	1.55	황적색

㉮ 리튬과 칼슘은 은백색의 무른 경금속이다.
㉯ 리튬과 칼슘은 물과 반응하면 수소(H_2)가스를 발생한다.
  ㉠ 리튬 : $2Li + 2H_2O \rightarrow 2LiOH + H_2$
  ㉡ 칼슘 : $Ca + 2H_2O \rightarrow Ca(OH)_2 + H_2$

⑦ 금속의 수소화물

종류	화학식	형태	분자량	물과 반응시
수소화나트륨	NaH	은백색의 결정	24	수소가스 발생
수소화리튬	LiH	투명한 고체	7.9	수소가스 발생
수소화칼슘	CaH_2	무색 결정	42	수소가스 발생
수소화 알루미늄리튬	$LiAlH_4$	회백색 분말	37.9	수소가스 발생

⑧ 금속의 인화물

㉮ 인화칼슘(Ca_3P_2)

㉠ 융점 1600℃, 비중이 2.51이다.

㉡ 적갈색의 괴상 고체로서 인화석회라고도 한다.

㉢ 알코올, 에터에는 녹지 않는다.

㉣ **물이나 약산과 반응**하여 **포스핀**(PH_3)**의 유독성가스**를 발생한다.

$$Ca_3P_2 + 6H_2O \rightarrow 3Ca(OH)_2 + 2PH_3$$

㉯ **인화알루미늄**(AlP), **인화아연**(Zn_3P_2)

㉠ 인화알루미늄 : $AlP + 3H_2O \rightarrow Al(OH)_3 + PH_3$

㉡ 인화아연 : $Zn_3P_2 + 6H_2O \rightarrow 3Zn(OH)_2 + 2PH_3 \uparrow$

⑨ 칼슘 또는 알루미늄의 탄화물

㉮ **탄화칼슘**(카바이트, CaC_2)

㉠ **물과 반응**하면 가연성가스인 **아세틸렌**을 발생한다.

$$CaC_2 + 2H_2O \rightarrow Ca(OH)_2 + C_2H_2$$
(소석회, 수산화칼슘) (아세틸렌)

㉡ 700℃ 이상에서 반응한다.

$$CaC_2 + N_2 \rightarrow CaCN_2 + C$$
(석회질소)

㉢ **아세틸렌**은 **은, 수은, 마그네슘, 동**(구리)과 접촉하면 금속성 아세틸라이트를 생성하여 폭발의 위험이 있다.

$$C_2H_2 + 2Cu \rightarrow Cu_2C_2 + H_2$$

㉣ **아세틸렌의 연소반응식**

$$2C_2H_2 + 5O_2 \rightarrow 4CO_2 + 2H_2O$$

㉯ **탄호·알루미늄**(Al_4C_3)이 **물과 반응**하면 메테인가스를 발생한다.

$$Al_4C_3 + 12H_2O \rightarrow 4Al(OH)_3 + 3CH_4$$
$$\text{(수산화알루미늄)} \quad \text{(메테인)}$$

㉰ **탄호·망가니즈**(Mn_3C)이 **물과 반응**하면 메테인과 수소가스를 발생한다.

$$Mn_3C + 6H_2O \rightarrow 3Mn(OH)_2 + CH_4 + H_2$$

4. 제4류 위험물

1) 제4류 위험물의 특성

① 종류

류별	성질	품명		위험등급	지정수량
제4류	인화성 액체	1. 특수인화물		I	50ℓ
		2. 제1석유류	비수용성액체	II	200ℓ
			수용성액체	II	400ℓ
		3. 알코올류		II	400ℓ
		4. 제2석유류	비수용성액체	III	1,000ℓ
			수용성액체	III	2,000ℓ
		5. 제3석유류	비수용성액체	III	2,000ℓ
			수용성액체	III	4,000ℓ
		6. 제4석유류		III	6,000ℓ
		7. 동식물유류		III	10,000ℓ

- 특수인화물 : 이황화탄소, 다이에틸에터, 아세트알데하이드, 산화프로필렌, 아이소프렌, O-이소펜탄, 아이소프로필아민 등
- 제1석유류 : 아세톤, 휘발유, 벤젠, 톨루엔, 메틸에틸케톤(MEK), 초산메틸, 초산에틸, 의산메틸, 에틸벤젠, 사이클로헥산, 아세톤(수용성), 피리딘(수용성), 의산메틸(수용성), 사이안화수소(수용성), 아세트나이트릴(수용성) 등
- 제2석유류 : 등유, 경유, 테레핀유, 클로로벤젠, 스타이렌(스틸렌), 에틸벤젠, 크실렌, 장뇌유, 송근유, 초산(수용성), 의산(수용성), 아크릴산(수용성), 메틸셀로솔브(수용성), 에틸셀로솔브(수용성), 하이드라진(수용성) 등
- 제3석유류 중유, 크레오소오트유, 나이트로벤젠, 아닐린, 메타크레졸, 글리세린(수용성) 에틸렌글라이콜(수용성), 에테인올아민(수용성) 등
- 제4석유류 : 기어유, 실린더유, 윤활유, 담금질유, 절삭유, 가소제

② 분류
㉮ **특수인화물**
㉠ 1기압에서 **발화점이 100℃ 이하**인 것
㉡ **인화점이 영하 20℃ 이하**이고 **비점이 40℃ 이하**인 것

㉯ **제1석유류** : 1기압에서 **인화점이 21℃ 미만**인 것
㉰ **알코올류** : 1분자를 구성하는 탄소원자의 수가 1개부터 3개까지인 포화1가 알코올(변성알코올 포함)로서 메틸알코올, 에틸알코올, 프로필알코올이다
㉱ **제2석유류** : 1기압에서 **인화점이 21℃ 이상 70℃ 미만**인 것
㉲ 제3석유류 : 1기압에서 인화점이 70℃ 이상 200℃ 미만인 것
㉳ 제4석유류 : 1기압에서 인화점이 200℃ 이상 250℃ 미만의 것
㉴ **동식물유류** : 동물의 지육 등 또는 식물의 종자나 과육으로부터 추출한 것으로서 1기압에서 **인화점이 250℃ 미만**인 것

③ **일반적인 성질**
㉮ 대단히 인화하기 쉬운 **인화성 액체**이다.
㉯ 물에 녹지 않고 물보다 가벼운 것이 많다.
㉰ 증기비중은 공기보다 무거워서 낮은 곳에 체류한다.
㉱ 연소범위의 하한이 낮기 때문에 공기 중 소량 누설되어도 연소한다.

④ **위험성**
㉮ 인화의 위험이 높아 화기의 접근을 피할 것
㉯ 증기는 공기와 약간만 혼합되어도 연소한다.
㉰ 발화점이 낮고 연소범위의 하한이 낮다.
㉱ 전기 부도체이므로 정전기 발생에 주의하여야 한다.

⑤ **저장 및 취급방법**
㉮ 점화원 등 화기에 주의하여야 한다.
㉯ 누출방지를 위하여 밀폐용기의 사용하여야 한다.
㉰ 포말, 이산화탄소, 할로젠화합물, 분말소화약제로 질식소화 한다.
㉱ 수용성 위험물은 알코올형포(내알코올포, 알코올포) 소화약제를 사용한다.

2) **각 위험물의 물성 및 특성**

① **특수인화물**

명칭	화학식	지정수량	비중	비점	인화점	착화점	증기비중	연소범위
다이에틸에터	$C_2H_5OC_2H_5$	50ℓ	0.7	34℃	-40℃	180℃	2.55	1.7~48%
이황화탄소	CS_2	50ℓ	1.26	46℃	-30℃	90℃	2.62	1~50%
아세트알데하이드	CH_3CHO	50ℓ	0.78	21℃	-40℃	175℃	1.52	4.0~6.0%
산화프로필렌	CH_3CHCH_2O	50ℓ	0.82	35℃	-37℃	449℃	2.90	2.8~37%

㉮ **다이에틸에터**(Diethyl Ether, 에터)
㉠ 휘발성이 강한 무색, 투명한 특유의 향이 있는 액체이다.

ⓛ 알코올에 잘 녹고 물에는 약간 녹으며 증기는 마취성이 있다.
　　ⓒ 공기와 접촉하면 과산화물이 생성되므로 갈색병에 저장하여야 한다.

> **참고**
> - 과산화물 검출시약 : 10% 옥화칼륨(KI)용액(검출 시 황색)
> - 과산화물 제거시약 : 황산제일철 또는 환원철
> - 과산화물 생성 방지 : 40mesh의 구리망을 넣어 준다.

　　ⓔ 에터는 전기불량도체이므로 정전기 발생에 주의한다.
　　ⓜ 소화는 질식소화(이산화탄소, 할론, 포말)를 한다.
　　ⓗ 용기의 공간용적을 2% 이상으로 하여야 한다.

④ **이황화탄소**(Carbon Disulfide)
　　㉠ 순수한 것은 무색, 투명한 액체이며 시판용은 담황색이다.
　　㉡ 제4류 위험물 중 착화점이 낮고 증기는 유독하다.
　　㉢ 물에는 녹지 않고, 알코올, 에터, 벤젠 등의 유기용매에 잘 녹는다.
　　㉣ **가연성 증기 발생을 억제**하기 위하여 **물속에 저장**한다.
　　㉤ 연소 시 아황산가스를 발생하며 파란 불꽃을 나타낸다.
　　㉥ 물 또는 이산화탄소, 할론, 분말소화약제 등에 의한 질식소화 한다.

> **참고**
> - 연소반응식 : $CS_2 + 3O_2 \rightarrow CO_2 + 2SO_2$
> - 물과의 반응(150℃) : $CS_2 + 2H_2O \rightarrow CO_2 + 2H_2S$

④ **아세트알데하이드**(Acetaldehyde)
　　㉠ 무색, 투명한 액체이며 자극성 냄새가 난다.
　　㉡ 공기와 접촉하면 가압에 의해 폭발성의 과산화물을 생성한다.
　　㉢ **에틸알코올을 산화**하면 **아세트알데하이드**가 된다.
　　㉣ **펠링반응과 은거울반응**을 한다.
　　㉤ **구리**(Cu), **마그네슘**(Mg), **은**(Ag), **수은**(Hg)과 반응하면 **아세틸레이트를 생성**하므로 위험하다.
　　㉥ 저장용기 내부에는 불연성가스 또는 수증기 봉입장치를 할 것
　　㉦ 소화약제로는 알코올형포(내알코올포, 알코올포), 이산화탄소, 할론, 분말약제가 효과가 있다.

④ **산화프로필렌**(Propylene Oxide)
　　㉠ 무색, 투명한 자극성이 있는 액체이다.
　　㉡ 구리(Cu), 마그네슘(Mg), 은(Ag), 수은(Hg)과 반응하면 아세틸레이트를 생성하므로 위험하다.
　　㉢ 저장용기 내부에는 불연성가스 또는 수증기 봉입장치를 할 것
　　㉣ 소화약제로는 알코올형포(내알코올포, 알코올포), 이산화탄소, 할론, 분말약제가 효과가 있다.

② 제1석유류

명칭	화학식	지정수량	비중	비점	융점	인화점	착화점	연소범위
아세톤	$(CH_3)_2CO$	400ℓ	0.79	56℃	−94℃	−18.5℃	465℃	2.5~12.8%
휘발유	C_5H_{12}~C_9H_{20}	200ℓ	0.7~0.8	32~220℃	−90.5~−95.4℃	−43℃	280~456℃	1.2~7.6%
벤젠	C_6H_6	200ℓ	0.95	79℃	7℃	−11℃	498℃	1.4~8.0%
톨루엔	$C_6H_5CH_3$	200ℓ	0.86	110℃	−93℃	4℃	480℃	1.27~7.0%
메틸에틸케톤	$CH_3COC_2H_5$	200ℓ	0.8	80℃	−80℃	−7℃	505℃	1.8~10.0%
피리딘	C_5H_5N	400ℓ	0.99	115.4℃	−41.7℃	16℃	482℃	1.8~12.4%
초산메틸	CH_3COOCH_3	200ℓ	0.93	58℃	−98℃	−10℃	502℃	3.1~16%
초산에틸	$CH_3COOC_2H_5$	200ℓ	0.9	77.5℃	−84℃	−3℃	429℃	2.2~11.5%
의산메틸	$HCOOCH_3$	400ℓ	0.97	32℃	−100℃	−19℃	449℃	5~23%
의산에틸	$HCOOC_2H_5$	200ℓ	0.92	54℃	−80℃	−19℃	440℃	2.7~16.5%

㉮ **아세톤**(Acetone, DiMethyl Ketone)
　㉠ 무색, 투명한 휘발성이 강한 자극성 액체이다.
　㉡ 물에 잘 녹아 수용성으로서 지정수량이 400ℓ이다.
　㉢ 피부에 닿으면 **탈지작용**을 한다.
　㉣ 공기와 접촉하면 과산화물이 생성되므로 갈색병에 저장하여야 한다.
　㉤ 알코올형포(내알코올포, 알코올포), 분무상의 주수, 이산화탄소, 할론, 분말소화약제로 질식소화 한다.

㉯ **휘발유**(Gasoline)
　㉠ 무색, 투명한 휘발성이 강한 인화성 액체이다.
　㉡ 포화, 불포화탄화수소의 혼합물로서 지방족 탄화수소이다.
　㉢ 정전기에 의한 인화의 폭발우려가 있다.
　㉣ 이산화탄소, 할론, 분말, 포말(대량 일 때)로 질식소화를 한다.

㉰ **벤젠**(Benzene, 벤졸)
　㉠ 무색, 투명한 방향성을 갖는 액체로서. 증기의 농도가 2%이면 5분정도에 치사한다.
　㉡ 물에는 녹지 않고 알코올, 아세톤, 에터에는 녹는다.
　㉢ 비전도성이므로 정전기의 화재 발생 위험이 있다.
　㉣ 독성은 B(벤젠), T(톨루엔), X(크실렌)중에서 가장 크다.
　㉤ 이산화탄소, 할론, 분말, 포말로 질식소화를 한다.

㉣ **톨루엔**(Toluene, 메틸벤젠)
  ㉠ 무색, 투명한 독성이 있는 액체로서 증기는 마취성이 있다.
  ㉡ 물에 불용, 아세톤, 알코올 등 유기용제에는 잘 녹는다.
  ㉢ T.N.T의 원료로 사용하고, 산화하면 안식향산(벤조산)이 된다.

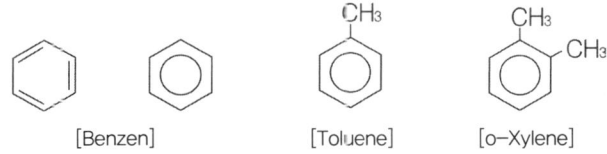

[B. T. X의 구조식]

㉤ **콜로디온**[Collodion, $C_{12}H_{16}O_6(NO_3)_4$–$C_{13}H_{17}(NO_3)_3$]
  ㉠ 질화도가 낮은 질화면(NC)에 부피비로 에테인올(3)과 에터(1)의 비율로 녹여 교질상태로 만든 것이다
  ㉡ 무색, 투명한 끈기 있는 액체이며 인화점은 –18℃이다.
  ㉢ 알코올형포(내알코올포, 알코올포), 이산화탄소, 분무주수 등으로 소화한다.

㉥ **메틸에틸케톤**(Methyl Ethyl Keton, MEK)
  ㉠ 휘발성이 강한 무색의 액체이다.
  ㉡ 물에는 잘 녹지만 비수용성으로 지정수량이 200ℓ 이다.
  ㉢ 물, 알코올, 에터. 벤젠 등 유기용제에 잘 녹고, 수지, 유지를 잘 녹인다.
  ㉣ 피부에 접촉 시 탈지작용을 한다.
  ㉤ 분무주수가 가능하고 알코올형포(내알코올포, 알코올포)로 질식소화를 한다

㉦ **피리딘**(pyridine)
  ㉠ 순수한 것은 무색의 액체이나 시판품은 불순물이 함유되어 있어 담황색을 띤다.
  ㉡ 약 알칼리 성을 나타내며 독성이 있다.
  ㉢ 산, 알칼리에 안정하고, 물, 알코올, 에터에 잘 녹는다.
  ㉣ 수용성으로 지정수량은 400ℓ이다.
  ㉤ 공기 중에 허용농도는 5ppm이다.
  ㉥ 알코올형포(내알코올포, 알코올포), 이산화탄소, 할론, 분말로 질식소화를 한다.

㉧ **초산에스터류**
  ㉠ **초산메틸**(Methyl Acetate, 아세트산메틸)
    • 무색, 투명한 휘발성 액체로서 마취성과 향긋한 냄새가 난다.
    • 물, 알코올, 에터 등에 잘 녹는다.
    • 초산에스터류 중 물에 가장 잘 녹는다.
    • 초산메틸이 가수분해하면 초산과 메틸알코올로 된다.

$$CH_3COOCH_3 + H_2O \rightarrow CH_3COOH + CH_3OH$$
(초산)   (메틸알코올)

    • 피부에 접촉하면 탈지작용을 한다.

- 알코올형포(내알코올포, 알코올포), 이산화탄소, 할론, 분말로 질식소화를 한다.

> **참고** **에스터류가 분자량이 증가할수록 나타나는 현상**
> - 인화점이 높아지고, 연소범위가 좁아진다.
> - 증기비중, 비점, 점도가 커진다.
> - 착화점, 수용성, 휘발성, 비중이 감소한다.
> - 이성질체가 많아진다.

ⓒ **초산에틸**(Ethyl Acetate, 아세트산에틸)
- 무색, 투명한 휘발성액체로서 과일의 향기가 난다.
- 알코올, 에터, 아세톤과 잘 섞이며 물에 약간 녹는다.
- 휘발성과 인화점이 −4℃로 인화성이 강하다.
- 초산에틸이 가수분해하면 초산(아세트산)과 에틸알코올로 된다.

$$CH_3COOC_2H_5 + H_2O \rightarrow CH_3COOH + C_2H_5OH$$
$$\text{(초산)} \quad \text{(에틸알코올)}$$

- 유지, 수지, 셀룰로스 유도체 등을 잘 녹인다.

㉣ **의산에스터류**
  ㉠ **의산메틸**(개미산메틸)
  - 향기를 가진 무색, 투명한 액체이다.
  - 증기는 마취성이 있으나 독성은 없다.
  - 에터, 벤젠, 에스터에 잘 녹으며 물에는 일부 녹는다.
  - 의산메틸이 가수분해하면 의산(폼산, 개미산)과 메틸알코올이 된다.

$$HCOOCH_3 + H_2O \rightarrow HCOOH + CH_3OH$$
$$\text{(의산)} \quad \text{(메틸알코올)}$$

  ㉡ **의산에틸**(개미산에틸)
  - 복숭아향의 냄새를 가진 무색, 투명한 액체이다.
  - 에터, 벤젠, 에스터에 잘 녹으며 물에는 일부 녹는다.
  - 의산에틸이 가수분해하면 의산과 에틸알코올이 된다.

$$HCOOC_2H_5 + H_2O \rightarrow HCOOH + C_2H_5OH$$
$$\text{(의산)} \quad \text{(에틸알코올)}$$

  ㉢ **의산프로필**($HCOOC_3H_7$)
  - 무색, 투명한 특유의 냄새가 나는 액체이다.
  - 물에 불용이며 기타 의산메틸의 기준에 준한다.

③ 알코올류

명칭	화학식	비중	증기비중	비점	인화점	착화점	연소범위
메틸알코올	CH_3OH	0.79	1.1	64.7℃	11℃	464℃	6.0~36%
에틸알코올	C_2H_5OH	0.79	1.59	80℃	13℃	423℃	3.1~27.7%
아이소프로필알코올	C_3H_7OH	0.78	2.07	83℃	12℃	–	2~12%

㉮ 메틸알코올(Methyl alcohol, Methanol, 목정)
  ㉠ 무색, 투명한 휘발성이 강한 액체이다.
  ㉡ 알코올류 중에서 물에 가장 잘 녹는다.
  ㉢ 메틸알코올은 독성이 있다.
  ㉣ 알칼리금속(Na)과 반응하면 수소를 발생한다.

$$2Na + 2CH_3OH \rightarrow 2CH_3ONa + H_2 \uparrow$$

  ㉤ **산화**하면 메틸알코올 → 폼알데하이드 → **폼산**(개미산)이 된다.
  ㉥ 화재 시에는 알코올형포(내알코올포, 알코올포)를 사용한다.

㉯ 에틸알코올(Ethyl alcohol, Ethanol, 주정)
  ㉠ 무색, 투명한 향의 냄새를 지닌 휘발성이 강한 액체이다.
  ㉡ 물에 잘 녹으므로 수용성이다.
  ㉢ 에테인올은 벤젠보다 탄소(C)의 함량이 적기 때문에 그을음이 적게 난다.
  ㉣ **산화**하면 에틸알코올 → 아세트알데하이드 → **초산**(아세트산)이 된다.
  ㉤ 에틸알코올은 아이오도폼반응을 한다.

> **참고** 수산화칼륨과 아이오딘를 가하여 아이오도폼(CHI_3)의 황색 침전이 생성되는 반응
> $C_2H_5OH + 6KOH + 4I_2 \rightarrow CHI_3 + 5KI + HCOOK + 5H_2O$
> (아이오도폼)

㉰ 아이소프로필알코올(Iso Propyl Alcohol)
  ㉠ 물과는 임의의 비율로 섞이며 아세톤, 에터 등 유기용제에 잘 녹는다.
  ㉡ 산화하면 아세톤이 되고, 탈수하면 프로필렌이 된다.

> **참고** 브틸알코올 : 제2석유류(비수용성)

④ 제2석유류

명칭	화학식	지정수량	비중	증기비중	인화점	착화점	연소범위
등유	C_9~C_{18}	1000ℓ	0.78~0.8	4~5	39℃ 이상	210℃ 이상	0.7~5.0%
경유	C_{15}~C_{20}	1000ℓ	0.82~0.84	4~5	41℃ 이상	257℃	0.6~7.5%

명칭	화학식	지정수량	비중	증기비중	인화점	착화점	연소범위
초산 (수용성)	CH_3COOH	2000ℓ	1.05	2.07	40℃	485℃	6.0~17%
의산 (수용성)	$HCOOH$	2000ℓ	1.2	1.59	55℃	540℃	18~51%
테레핀유	$C_{10}H_{16}$	1000ℓ	0.86	4.7	35℃	253℃	0.8~6%
스타이렌	$C_6H_5CH=CH_2$	1000ℓ	0.9	3.59	32℃	490℃	-
클로로벤젠	C_6H_5Cl	1000ℓ	1.1	3.88	27℃	638℃	-
메틸셀로솔브 (수용성)	$CH_3OCH_2CH_2OH$	2000ℓ	0.937	2.62	43℃	288℃	-
에틸셀로솔브 (수용성)	$C_2H_5OCH_2CH_2OH$	2000ℓ	0.93	3.10	40℃	238℃	-
하이드라진 (수용성)	N_2H_4	2000ℓ	1.01	1.1	38℃	-	-
부틸알코올	C_4H_9OH	1000ℓ	0.8	2.56	28.8℃	343.3℃	-

㉮ **등유**(Kerosine)
  ㉠ 무색 또는 담황색의 취기가 있는 액체이다.
  ㉡ 물에는 녹지 않고 석유계 용제에는 잘 녹는다.
  ㉢ 휘발유와 경유 사이에서 유출되는 포화·불포화 탄화수소의 혼합물이다.
  ㉣ 소화방법으로는 포말, 이산화탄소, 할론, 분말약제가 적합하다.

㉯ **경유**(디젤유)
  ㉠ 담황색 또는 담갈색의 액체로 등유와 비슷한 성질을 가진다.
  ㉡ 탄소수가 15개에서 20개까지의 포화·불포화 탄화수소의 혼합물이다.
  ㉢ 물에는 녹지 않고 석유계 용제에는 잘 녹는다.
  ㉣ 품질은 세탄값으로 정한다.
  ㉤ 소화방법으로는 포말, 이산화탄소, 할론, 분말약제가 적합하다.

㉰ **초산**(Acetic acid)
  ㉠ 무색, 투명하고 자극성 냄새와 신맛이 나는 액체이다.
  ㉡ 물, 알코올, 에터에 잘 녹고 물보다 무겁다.
  ㉢ 피부와 접촉하면 수포상의 화상을 입는다.
  ㉣ 3~5%의 수용액을 식초로 사용한다.
  ㉤ 저장용기는 내산성 용기를 사용하여야 한다.
  ㉥ 소화방법으로는 알코올형포(내알코올포, 알코올포), 이산화탄소, 할론, 분말약제가 적합하다.

㉱ **의산**(Formic acid)
  ㉠ 물에 잘 녹고 물보다 무겁다.
  ㉡ 초산보다 강한 산성을 나타낸다.
  ㉢ 피부와 접촉하면 수포상의 화상을 입는다.
  ㉣ 저장용기는 내산성 용기를 사용하여야 한다.

ⓓ 소화방법으로는 알코올형포(내알코올포, 알코올포), 이산화탄소, 할론, 분말약제가 적합하다.
　⑭ **크실렌**(Xylene)
　　㉠ 물성

구분	품명	구조식	인화점	착화점
o-크실렌	제2석유류	(벤젠고리 인접 CH₃, CH₃)	32℃	464℃
m-크실렌	제2석유류	(벤젠고리 meta CH₃, CH₃)	25℃	523℃
p-크실렌	제2석유류	(벤젠고리 para CH₃, CH₃)	25℃	529℃

　　㉡ 물에는 녹지 않고, 알코올, 에터, 벤젠등 유기용제에는 잘 녹는다.
　　㉢ 무색, 투명한 액체로서 톨루엔과 비슷하다.
　　㉣ BTX중에서 **독성이 가장 약하다.**
　　㉤ 크실렌의 이성질체로는 o-xylene, m-xylene, p-xylene가 있다.
　⑮ **테레핀유**(송정유)
　　㉠ 무색 또는 엷은 담황색의 액체이다.
　　㉡ 피넨($C_{10}H_{16}$)이 80~90% 함유된 소나무과 식물에 함유된 기름으로 송정유라고도 한다.
　　㉢ 물에 녹지 않고 알코올, 에터, 벤젠, 클로로폼에는 녹는다.
　　㉣ 공기 중에서 산화 중합하며 헝겊에 스며들어 자연발화 한다.
　⑯ **스타이렌**(Styrene)
　　㉠ 무색의 톡특한 냄새가 나는 액체이다.
　　㉡ 물에 녹지 않고 알코올, 에터, 이황화탄소에는 녹는다.
　　㉢ 빛, 가열, 과산화물과 중합 반응하여 무색의 고상물이 된다.
　⑰ **클로로벤젠**(Chlorobenzene)
　　㉠ 마취성이 있는 석유와 비슷한 냄새가 나는 무색액체이다.
　　㉡ 물에 녹지 않고 알코올, 에터 등 유기용제에는 녹는다.
　　㉢ 연소를 하면 염화수소가스를 발생한다.

$$C_6H_5Cl + 7O_2 \rightarrow 6CO_2 + 2H_2O + HCl$$

　⑱ **메틸셀로솔브**(Methyl Cellosolve)
　　㉠ 무색의 냄새가 나는 약간의 휘발성을 지닌 액체이다.
　　㉡ 물, 에터, 벤젠, 사염화탄소, 아세톤, 글리세린에 녹는다.

㊷ **에틸셀로솔브(Ethyl Cellosolve)**
  ㉠ 무색의 상쾌한 냄새가 나는 액체이다.
  ㉡ 가수분해하면 에틸알코올과 에틸렌글라이콜을 생성한다.

㊸ **하이드라진**
  ㉠ 무색의 맹독성 가연성 액체이다.
  ㉡ 물이나 알코올에는 잘 녹고 에터에는 녹지않는다.
  ㉢ 약알칼리성으로 공기 중에서 약 180℃에서 암모니아와 질소로 분해된다.

$$2N_2H_4 \rightarrow 2NH_3 + N_2 + H_2$$

㊹ **부틸알코올**
  ㉠ 무색, 투명한 포도주의 향기가 나는 무색의 액체이다.
  ㉡ 물에는 약간 녹고 아세톤, 에터에는 잘 녹는다.
  ㉢ 독성은 없다.
  ㉣ 부틸알코올은 4개의 이성질체를 가지고 있다.

⑤ **제3석유류**

명칭	화학식	지정수량	비중	융점	비점	인화점	착화점
직류중유	–	2000ℓ	0.85~0.93	–	–	60~150℃	254~405℃
분해중유	–	2000ℓ	0.95~0.97	–	–	70~150℃	380℃
크레오소트유	–	2000ℓ	1.03	–	194~400℃	73.9℃	336℃
에틸렌글라이콜 (수용성)	$CH_2(OH)CH_2(OH)$	4000ℓ	1.11	−13℃	198℃	120℃	398℃
글리세린 (수용성)	$C_3H_5(OH)_3$	4000ℓ	1.26	20℃	182℃	160℃	370℃
아닐린	$C_6H_5NH_2$	2000ℓ	1.02	−6℃	184℃	70℃	–
나이트로벤젠	$C_6H_5NO_2$	2000ℓ	1.2	–	211℃	88℃	482℃
메타크레졸	$C_6H_4CH_3OH$	2000ℓ	1.03	8℃	203℃	86℃	–

㉮ **중유**
  ㉠ 직류중유
    • 300~350℃ 이상의 중유의 잔류물과 경유의 혼합물이다.
    • 비중과 점도가 낮다.
    • 분무성이 좋고 착화가 잘된다.
  ㉡ 분해중유
    • 중유 또는 경유를 열분해하여 가솔린의 제조 잔유와 분해경유의 혼합물이다.
    • 비중과 점도가 높다.
    • 분무성이 나쁘다.

⑭ **크레오소트유**(타르유)
  ㉠ 황록색 또는 암갈색의 기름모양의 액체로서 타르류, 액체피치유라고도 한다.
  ㉡ 주성분은 나프탈렌, 안트라센으로서 증기는 유독하다.
  ㉢ 물에는 녹지 않고 알코올, 에터, 벤젠, 톨루엔에는 잘 녹는다.
  ㉣ 타르산이 함유되어 용기를 부식시키므로 내산성용기를 사용하여야 한다.
  ㉤ 방부제, 살충제의 원료로 사용된다.
  ㉥ 소화방법은 중유에 준한다.

⑮ **에틸렌글라이콜**(Ethyl Glycol)
  ㉠ 무색의 점성 액체로서 단맛이 난다.
  ㉡ 사염화탄소, 에터, 벤젠, 이황화탄소, 클로로폼에는 녹지 않고, 물, 알코올, 글리세린, 아세톤, 초산, 피리딘에는 잘 녹는다.
  ㉢ 2가 알코올로서 **독성이 있다**.
  ㉣ 무기산 및 유기산과 반응하여 에스터를 생성한다.

⑯ **글리세린**(Glycerine)
  ㉠ 무색, 무취의 점성 액체로서 흡수성이 있다.
  ㉡ 물, 알코올에는 잘 녹지만 벤젠, 에터, 클로로폼에는 잘 녹지 않는다.
  ㉢ 3가 알코올로서 **독성이 없으며** 단맛이 난다.
  ㉣ 소화방법으로는 분말, 이산화탄소, 사염화탄소가 효과적이다.

항목 \ 명칭	에틸렌글라이콜	글리세린
구조식	H H H－C－C－H OH OH	H H H H－C－C－C－H OH OH OH
외관	무색의 점성 액체	무색의 점성 액체
맛	단 맛	단 맛
용해도	물, 알코올에 용해	물, 알코올에 용해
OH의 개수	2가 알코올	3가 알코올
독성	있다	없다
소화방법	질식소화(알코올형포)	질식소화(알코올포)

⑰ **아닐린**(Aniline)
  ㉠ 황색 또는 담황색의 기름성의 액체이다.
  ㉡ 물에는 약간 녹고, 알코올, 아세톤, 에터, 벤젠에는 잘 녹는다.
  ㉢ 물보다 무겁고 독성이 강하다.

⑱ **나이트로벤젠**(Nitrobenzene)
  ㉠ 암갈색 또는 갈색의 특이한 냄새가 나는 액체이다.
  ㉡ 물에는 녹지 않으며 알코올, 벤젠, 에터에는 잘 녹는다.
  ㉢ 물보다 무겁고 증기는 독성이 있다.

ⓐ 메타크레졸(m-Cresol)
  ㉠ 무색 또는 황색의 페놀의 냄새가 나는 액체이다.
  ㉡ 물에는 녹지 않고, 알코올, 에터, 클로로폼에는 녹는다.
  ㉢ **크레졸**은 o-Cresol, m-Cresol, p-Cresol의 **3가지 이성질체**가 있다.

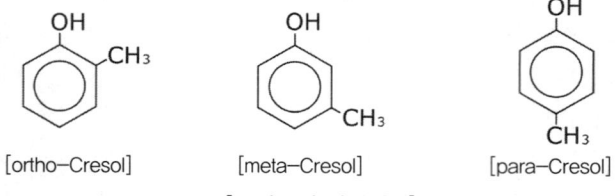

[크레졸의 이성질체]

⑥ 제4석유류
  ㉮ 종류
    ㉠ 윤활유 : 기어유, 실린더유, 터빈유, 모빌유, 엔진오일, 콤프레셔오일 등
    ㉡ 가소제 : DOP, DNP, DBP, DBS, DOS 등
  ㉯ 저장·취급
    ㉠ 실온에서 인화위험은 없으나 가열하면 연소위험이 증가한다.
    ㉡ 화기를 엄금하고 발생된 증기의 누설을 방지하고 환기를 잘 시킨다.
    ㉢ 가연성 물질, 강산화성 물질과 격리한다.
  ㉰ 소화방법
    ㉠ 초기화재 : 분말, 할론, 이산화탄소에 의한 질식소화가 적합하다.
    ㉡ 대형화재 : 포소화약제에 의한 질식소화가 적합하다.

⑦ 동식물유류
  ㉮ 종류

구분 \ 항목	아이오딘값	반응성	불포화도	종류
건성유	130 이상	크다	크다	해바라기유, 동유, 아마인유, 정어리기름, 들기름
반건성유	100~130	중간	중간	채종유, 목화씨기름(면실유), 참기름, 콩기름
불건성유	100 이하	적다	적다	야자유, 올리브유, 피마자유, 동백유

※ 아이오딘값 : 유지 100g에 흡수되는 아이오딘의 g수

  ㉯ 위험성
    ㉠ 상온에서 인화위험은 없으나 가열하면 연소위험이 증가한다.
    ㉡ 발생 증기는 공기보다 무겁고 연소범위 하한이 낮다.
    ㉢ **아마인유**는 **건성유**이므로 **자연발화 위험**이 있다.
  ㉰ 소화방법
    ㉠ 초기화재 : 분말, 할론, 이산화탄소가 유효하다.
    ㉡ 대형화재 : 포에 의한 질식소화를 한다.

5. 제5류 위험물

1) 제5류 위험물의 특성

① 종류

류별	성질	품명	지정수량
제5류	자기 반응성물질	1. 유기과산화물, 질산에스터류	저1종 : 10kg
		2. 하이드록실아민, 하이드록실아민염류	
		3. 나이트로화합물, 나이트로소화합물, 아조화합물, 다이아조화합물, 하이드라진 유도체	저2종 : 100kg

② 일반적인 성질
㉮ 위험물 자체가 산소와 가연물을 가지고 있는 **자기반응성 물질**이다.
㉯ 하이드라진 유도체를 제외하고는 **유기화합물**이다.
㉰ 유기과산화물을 제외하고는 질소를 함유한 유기질소 화합물이다.
㉱ 모두 가연성물질(고체, 액체)이고 연소할 때는 다량의 가스를 발생한다.

③ 위험성
㉮ 외부의 산소공급 없이도 자기연소 하므로 연소속도가 빠르다.
㉯ 나이트로화합물은 화기, 가열, 충격, 마찰에 민감하여 폭발위험이 있다.
㉰ 강산화제, 강산류와 혼합한 것은 발화를 촉진시키고 위험성도 증가한다.

④ 저장 및 취급방법
㉮ 점화원의 접촉, 가열, 충격, 마찰 등을 피한다.
㉯ 강산화제, 강산류, 기타 물질이 혼입되지 않도록 한다.
㉰ 소분하여 저장하고 용기의 파손 및 위험물의 누출을 방지한다.

2) 각 위험물의 물성 및 특성

① 유기과산화물(Organic Peroxide)

명칭	화학식	비중	융점	착화점
과산화벤조일	$(C_6H_5CO)_2O_2$	1.33	105℃	80℃
과산화메틸에틸케톤	$C_8H_{16}O_4$	1.06	20℃	555.5℃

㉮ **과산화벤조일**(Benzoyl Peroxide, 벤조일퍼옥사이드, BPO)
  ㉠ 무색, 무취의 백색 결정으로 강산화성 물질이다.
  ㉡ 물에는 녹지 않고, 알코올에는 약간 녹는다.
  ㉢ **프탈산디메틸(DMP), 프탈산디부틸(DBP)의 희석제**를 사용한다.
  ㉣ 발화되면 연소속도가 빠르고 건조상태에서는 위험하다.
  ㉤ 소화방법은 소량일 때에는 탄산가스, 분말, 건조된 모래로, 대량일 때에는 물이 효과적이다.

㉯ **과산화메틸에틸케톤**(Methyl Ethyl Keton Peroxide, MEKPO)
  ㉠ 무색, 특이한 냄새가 나는 기름 모양의 액체이다.
  ㉡ 물에 약간 녹고, 알코올, 에터, 케톤에는 잘 녹는다.

ⓒ 40℃ 이상에서 분해가 시작되어 110℃ 이상이면 발열하고 분해가스가 연소한다.

[과산화벤조일]   [과산화메틸에틸케톤]
[구조식]

② 질산에스터류

명칭	화학식	융점	비점	비중	착화점
나이트로셀룰로스	$[C_6H_7O_2(ONO_2)_3]_n$ $C_{24}H_{29}O_2(ONO_2)_{11}$	–	–	1.23	160℃
나이트로글리세린	$C_3H_5(ONO_2)_3$	2.8℃	218℃	1.6	–
나이트로글라이콜	$C_2H_4(ONO_2)_2$	−22℃	–	1.5	–
질산메틸	CH_3ONO_2	–	66℃	2.65 (증기비중)	–
질산에틸	$C_2H_5ONO_2$	–	88℃	3.14 (증기비중)	–

㉮ **나이트로셀룰로스**(Nitro Cellulose, NC)
  ㉠ 셀룰로스에 진한 황산과 진한질산의 혼산으로 반응시켜 제조한 것이다.
  ㉡ 저장 중에 **물 또는 알코올로 습윤**시켜 **저장**한다.
  ㉢ 가열, 마찰, 충격에 의하여 격렬히 연소, 폭발한다.
  ㉣ **질화도가 클수록 폭발성이 크다.**
  ㉤ 질화도는 나이트로셀룰로스 속에 함유된 질소의 함유량이다.
    • 강면약 : 질화도 N > 12.76%
    • 약면약 : 질화도 N < 10.18 12.76%
  ㉥ NC의 분해반응식

$$2C_{24}H_{29}O_9(ONO_2)_{11} \rightarrow 24CO_2 + 24CO + 17H_2 + 12H_2O + 11N_2$$

㉯ **나이트로글리세린**(Nitro Glycerine, NG)
  ㉠ 무색, 투명한 기름성 액체이고 공업용은 담황색이다.
  ㉡ 알코올, 에터, 벤젠, 아세톤, 등 유기용제에는 녹는다.
  ㉢ 상온에서 액체이고 겨울에는 동결한다.
  ㉣ 혀를 찌르는 듯한 단맛이 있다.
  ㉤ 폭발을 방지하기 위하여 다공성물질(규조토, 톱밥, 소맥분, 전분)에 흡수시킨다.
  ㉥ **규조토에 흡수시켜 다이너마이트를 제조할 때 사용**한다.
  ㉧ NG의 분해반응식

$$4C_3H_5(ONO_2)_3 \rightarrow 12CO_2 + 10H_2O + 6N_2 + O_2$$

④ 나이트로글리콜(Nitro Glycol)
  ㉠ 순수한 것은 무색이나 공업용은 담황색 또는 분홍색의 액체이다.
  ㉡ 알코올, 아세톤, 벤젠에는 잘 녹는다.
  ㉢ 산의 존재하에 분해가 촉진되며 폭발하는 수도 있다.

㉣ 질산메틸
  ㉠ 메틸알코올과 질산을 반응하여 질산메틸을 제조한다.

$$CH_3OH + HNO_3 \rightarrow CH_3ONO_2 + H_2O$$

  ㉡ 무색, 투명한 액체로서 단맛이 있으며 방향성을 갖는다.
  ㉢ 물에는 녹지 않고 알코올, 에터에는 잘 녹는다.
  ㉣ 폭발성은 없고 인화의 위험성은 있다.

㉤ 질산에틸
  ㉠ 에틸알코올과 질산을 반응하여 질산에틸을 제조한다.

$$C_2H_5OH + HNO_3 \rightarrow C_2H_5ONO_2 + H_2O$$

  ㉡ 무색, 투명한 액체로서 방향성을 갖는다.
  ㉢ 물에는 녹지 않고 알코올에는 잘 녹는다.
  ㉣ 10℃로서 인화점이 대단히 낮고 연소하기 쉽다.

③ 나이트로화합물

명칭	화학식	비점	융점	비중
트라이나이트로톨루엔	$C_6H_2CH_3(NO_2)_3$	280℃	80.1℃	1.0
트라이나이트로페놀	$C_6H_2(OH)(NO_2)_3$	-	121℃	1.8

㉮ 트라이나이트로톨루엔(Tri Nitro Toluene, TNT)
  ㉠ 담황색의 결정으로 강력한 폭약으로 폭발력의 기준이 되기도 한다.
  ㉡ 충격에는 민감하지 않으나 급격한 타격에 의하여 폭발한다.
  ㉢ 물에는 녹지 않고, 알코올에는 가열하면 녹고, 아세톤, 벤젠, 에터에는 잘 녹는다.
  ㉣ 일광에 의해 갈색으로 변하고 가열, 타격에 의하여 폭발한다.
  ㉤ 충격 감도는 피크린산보다 약하다.
  ㉥ TNT의 분해반응식

$$2C_6H_2CH_3(NO_2)_3 \rightarrow 2C + 3N_2 + 5H_2 + 12CO$$

㉯ 트라이나이트로페놀(Tri Nitro Phenol, 피크린산)
  ㉠ 광택 있는 **황색의 결정**으로 **쓴맛과 독성**이 있다.
  ㉡ 찬물에는 약간 녹고 알코올, 에터 온수에는 잘 녹는다.
  ㉢ 폭발속도는 7359m/sec이고 폭발온도는 3320℃이다.

㉣ 단독으로 가열, 마찰 충격에 안정하고 연소시 검은 연기를 내지만 폭발은 하지 않는다.
㉤ 금속염과 혼합은 폭발이 심하며 가솔린, 알코올, 아이오딘, 황과 혼합하면 마찰, 충격에 의하여 심하게 폭발한다.
㉥ **피크린산의 분해반응식**

$$2C_6H_2OH(NO_2)_3 \rightarrow 2C + 3N_2\uparrow + 3H_2\uparrow + 4CO_2\uparrow + 6CO\uparrow$$

[트라이나이트로톨루엔] [트라이나이트로페놀]
[구조식]

④ **나이트로소화합물**
  ㉮ 특성
    ㉠ 산소를 함유하고 있는 자기연소성, 폭발성 물질이다.
    ㉡ 대부분 불안정하며 연소속도가 빠르다.
    ㉢ 가열, 마찰, 충격에 의해 폭발의 위험이 있다.
  ㉯ 종류
    ㉠ 파라 다이니트로소 벤젠[para di Nitroso Benzene, $C_6H_4(NO)_2$]
    ㉡ 다이니트로소 레조르신[di Nitroso Resorcinol, $C_6H_2(OH)_2(NO)_2$]
    ㉢ 다이니트로소 펜타메틸렌테트라민[DPT, $C_5H_{10}N_4(NO)_2$]

⑤ **하이드라진 유도체**
  ㉮ 염산 하이드라진(Hydrazine Hydrochloride, $N_2H_4 \cdot HCl$)
    ㉠ 백색 결정성분말로서 흡습성이 강하다.
    ㉡ 물에 용해, 알코올에는 불용이다.
    ㉢ 질산은($AgNO_3$)용액을 가하면 백색침전(AgCl)이 생긴다.
  ㉯ 황산 하이드라진(di-Hydrazine Sulfate, $N_2H_4 \cdot H_2SO_4$)
    ㉠ 백색 또는 무색 결정성분말이다.
    ㉡ 물에 용해, 알코올에는 불용이다.

6. 제6류 위험물

1) 제6류 위험물의 특성

① 종류

류별	성질	품명	위험등급	지정수량
제6류	산화성액체	과염소산, 과산화수소, 질산, 할로젠간화합물	I	300 kg

② 정의
  ㉮ 과산화수소 : 농도가 **36중량%** 이상인 것
  ㉯ 질산 : 비중이 **1.49** 이상인 것
③ 일반적인 성질
  ㉮ 무기화합물로 이루어진 **산화성 액체**이다.
  ㉯ 무색, 투명하고 표준상태에서는 **모두가 액체**이다.
  ㉰ 비중은 1보다 크고 물에 녹기 쉽다.
  ㉱ 산소를 함유하고 있어 가연물의 연소를 돕는다.
  ㉲ 불연성 물질이며 가연물, 유기물 등과의 혼합으로 발화한다.
  ㉳ 증기는 유독하며 피부와 접촉 시 점막을 부식시킨다.
④ 위험성
  ㉮ 자신은 불연성 물질이지만 산화성이 커 다른 물질의 연소를 돕는다.
  ㉯ 강환원제, 일관 가연물과 혼합한 것은 접촉발화하거나 가열하면 위험하다.
  ㉰ 과산화수소를 제외하고 물과 접촉하면 심하게 발열한다.
⑤ **저장 및 취급방법**
  ㉮ 물과 접촉하면 많은 열을 발생하므로 위험하다.
  ㉯ 직사광선 차단, 강환원제, 유기물질, 가연성위험물과 접촉을 피한다.
  ㉰ 저장용기는 내산성용기를 사용하여야 한다.
  ㉱ 소화방법은 주수소화가 적합하다.

2) 각 위험물의 물성 및 특성

명칭	화학식	비점	융점	비중
과염소산	$HClO_4$	39℃	-112℃	1.76
과산화수소	H_2O_2	152℃	-17℃	1.463(100%)
질산	HNO_3	122℃	-42℃	1.49

① **과염소산**(Perchloric Acid)
  ㉮ 염소냄새가 나는 유동하기 쉬운 액체이다.
  ㉯ 흡습성이 강하며 가열하면 폭발하는 강산화제이다.
  ㉰ 물과 반응하면 심하게 발열하며 반응으로 생성된 혼합물도 강한 산화력을 가진다.
  ㉱ 불연성 물질이지만 자극성, 산화성이 매우 크다.
  ㉲ 강산화제, 환원제, 알코올류, 사이안화합물, 알칼리와의 접촉을 방지한다.
  ㉳ 다량의 물로 분무주수하거나 분말소화약제를 사용한다.
② **과산화수소**(Hydrogen Peroxide)
  ㉮ 무색, 투명한 점성이 있는 무색의 액체이다.
  ㉯ 물, 알코올, 에터에는 녹지만, 벤젠에는 녹지 않는다.
  ㉰ 물보다 무겁고 수용액 상태는 비교적 안정하다.
  ㉱ 농도 60% 이상은 충격, 마찰에 의해서도 단독으로 분해폭발 위험이 있다.

㊊ 나이트로글리세린, 하이드라진과 혼촉 하면 분해하여 발화, 폭발한다.
㊋ **저장용기**는 밀봉하지 말고 **구멍이 뚫린 마개**를 사용하여야 한다.

> **참고** 상온에서 서서히 분해하여 산소를 발생하여 폭발의 위험이 있어 통기를 위하여 구멍 뚫린 마개를 사용한다.

㊌ 과산화수소의 **안정제**로는 **인산**(H_3PO_4)**과 요산**($C_5H_4N_4O_3$)이 있다.

③ 질산
㉮ 흡습성이 강하여 습한 공기 중에서 발열하는 무색의 무거운 액체이다.
㉯ 자극성, 부식성이 강하며 비점이 낮다.
㉰ 진한질산을 **가열**하면 **적갈색의 갈색증기**(NO_2)가 발생한다.

$$4HNO_3 \rightarrow 2H_2O + 4NO_2\uparrow + O_2\uparrow$$

㉱ 목탄분, 천, 실, 솜 등에 스며들어 방치하면 자연발화 한다.
㉲ 강산화제, K, Na, NH_4OH, $NaClO_3$와 접촉 시 폭발위험이 있다.
㉳ 피부에 접촉시에는 **잔토프로테인 반응**을 한다.
㉴ 화재 시 다량의 물로 소화한다.

STEP 02 위험물안전관리법령

1. 위험물안전관리 기준

1) 위험물의 저장 기준
① 옥내저장소 또는 옥외저장소에는 있어서 유별을 달리하는 **위험물을 동일한 저장소**에 저장할 수 없는데 1m 이상 간격을 두고 **아래 유별을 저장할 수 있다.**
㉮ **제1류 위험물**(알칼리금속의 과산화물은 제외)과 **제5류 위험물**을 저장하는 경우
㉯ **제1류 위험물과 제6류 위험물**을 저장하는 경우
㉰ **제1류 위험물과 자연발화성물품**(황린 포함)을 저장하는 경우
㉱ 제2류 위험물 중 인화성고체와 제4류 위험물을 저장하는 경우
② **옥내저장소**에서 동일 품명의 위험물이더라도 자연발화 할 우려가 있는 위험물 또는 재해가 현저하게 증대할 우려가 있는 위험물을 다량 저장하는 경우에는 **지정수량의 10배 이하**마다 구분하여 상호간 **0.3m 이상의 간격**을 두어 저장하여야 한다.
③ 옥내(옥외)저장소에 **저장 시 높이**(아래 높이를 초과하지 말 것)
㉮ 기계에 의하여 하역하는 구조로 된 용기만을 겹쳐 쌓는 경우 : 6m
㉯ **제3석유류, 제4석유류, 동식물유류**를 수납하는 용기만을 겹쳐 쌓는 경우 : **4m**
㉰ 그 밖의 경우(특수인화물, 제1석유류, 제2석유류, 알코올류, 타류) : 3m
④ 옥내저장소에서는 용기에 수납하여 저장하는 위험물의 온도 : 55℃ 이하

⑤ 옥외저장소에서 위험물을 수납한 용기를 선반에 저장하는 경우 : 6m를 초과하지 말 것
⑥ 옥외저장탱크 · 옥내저장탱크 또는 지하저장탱크 중 **압력탱크 외의 탱크**에 저장
  ㉮ **산화프로필렌, 다이에틸에터를 저장 : 30℃ 이하**
  ㉯ **아세트알데하이드 : 15℃ 이하**
⑦ 옥외저장탱크 · 옥내저장탱크 또는 지하저장탱크 중 **압력탱크에 저장**
  ㉮ 아세트알데하이드 등 또는 다이에틸에터 등 : **40℃ 이하**
⑧ 아세트알데하이드 등 또는 다이에틸에터 등을 **이동저장탱크**에 저장하는 경우
  ㉮ **보냉장치가 있는 경우 : 비점 이하**
  ㉯ 보냉장치가 없는 경우 : 40℃ 이하
⑨ 이동저장탱크로부터 위험물을 저장 또는 취급하는 탱크에 **인화점이 40℃ 미만인** 위험물을 주입할 때에는 이동탱크저장소의 **원동기를 정지시킬 것**

2) 위험물의 운반기준

① **운반방법**(지정수량 이상 운반 시)
  ㉮ 60cm 이상 × 30cm 이상의 가로형 사각형
  ㉯ **흑색 바탕에 황색의 반사도료**로 "**위험물**"이라고 표시할 것
② **적재방법**
  ㉮ **고체위험물** : 운반용기 내용적의 **95% 이하**의 수납율로 수납할 것
  ㉯ **액체위험물** : 운반용기 내용적의 **98% 이하**의 수납율로 수납할 것
  ㉰ 적재위험물에 따른 조치
    ㉠ **차광성이 있는 것으로 피복**
      • 제1류 위험물
      • 제3류 위험물 중 자연발화성물질
      • 제4류 위험물 중 **특수인화물**
      • 제5류 위험물
      • **제6류 위험물**
    ㉡ **방수성이 있는 것으로 피복**
      • 제1류 위험물 중 **알칼리금속의 과산화물**
      • 제2류 위험물 중 **철분 · 금속분 · 마그네슘**
      • 제3류 위험물 중 **금수성 물질**
  ㉱ **운반용기의 외부 표시 사항**
    ㉠ 위험물의 품명, 위험등급, 화학명 및 수용성(제4류 위험물의 수용성인 것에 한함)
    ㉡ 위험물의 수량
    ㉢ **주의사항**
      • 제1류 위험물
        - **알칼리금속의 과산화물 : 화기 · 충격주의, 물기엄금, 가연물접촉주의**
        - 그 밖의 것 : 화기 · 충격주의, 가연물접촉주의
      • 제2류 위험물
        - **철분 · 금속분 · 마그네슘 : 화기주의, 물기엄금**

- 인화성고체 : 화기엄금
- 그 밖의 것 : 화기주의
- **제3류 위험물**
  - **자연발화성물질 : 화기엄금, 공기접촉엄금**
  - 금수성물질 : 물기엄금
- 제4류 위험물 : 화기엄금
- 제5류 위험물 : 화기엄금, 충격주의
- **제6류 위험물 : 가연물접촉주의**

③ 운반 시 위험물의 혼재 가능 기준

위험물의 구분	제1류	제2류	제3류	제4류	제5류	제6류
제1류		×	×	×	×	○
제2류	×		×	○	○	×
제3류	×	×		○	×	×
제4류	×	○	○		○	×
제5류	×	○	×	○		×
제6류	○	×	×	×	×	

※ 이 표는 지정수량의 1/10 이하의 위험물에 대하여는 적용하지 아니한다.

3) 위험물의 위험등급

① **위험등급 Ⅰ의 위험물**
  ㉮ **제1류 위험물** 중 아염소산염류, 염소산염류, 과염소산염류, 무기과산화물, 그 밖에 지정수량이 **50kg인 위험물**
  ㉯ **제3류 위험물** 중 **칼륨, 나트륨, 알킬알루미늄, 알킬리튬, 황린**, 그 밖에 지정수량이 10kg 또는 20kg인 위험물
  ㉰ 제4류 위험물 중 **특수인화물**
  ㉱ **제5류 위험물** 중 지정수량이 10kg인 위험물
  ㉲ 제6류 위험물

② **위험등급 Ⅱ의 위험물**
  ㉮ 제1류 위험물 중 **브로민산염류, 질산염류, 아이오딘산염류**, 그 밖에 지정수량이 **300kg 인 위험물**
  ㉯ 제2류 위험물 중 황화인, 적린, 황, 그 밖에 지정수량이 100kg인 위험물
  ㉰ 제3류 위험물 중 알칼리금속(칼륨, 나트륨 제외) 및 알칼리토금속, 유기금속화합물(알킬알루미늄 및 알킬리튬은 제외), 그 밖에 지정수량이 50kg인 위험물
  ㉱ **제4류 위험물** 중 **제1석유류, 알코올류**
  ㉲ 제5류 위험물 중 위험등급 Ⅰ에 정하는 위험물 외의 것

③ 위험등급Ⅲ의 위험물 : ① 및 ②에 정하지 아니한 위험물

2. 위험물제조소등의 위치, 구조설비기준

1) 제조소의 위치, 구조 및 설비의 기준(규칙 별표4)

① 제조소의 안전거리

건축물	안전거리
사용전압 7,000V 초과 35,000V 이하의 특고압가공전선	3m 이상
사용전압 35,000V 초과의 특고압가공전선	5m 이상
주거용으로 사용되는 것(제조소가 설치된 부지 내에 있는 것을 제외)	10m 이상
고압가스, 액화석유가스, 도시가스를 저장 또는 취급하는 시설	20m 이상
학교, 병원(종합병원, 병원, 치과병원, 한방병원 및 요양병원), 극장(공연장, 영화상영관으로서 수용인원 300명 이상), 복지시설(아동복지시설, 노인복지시설, 장애인복지시설, 한부모가족 복지시설), 어린이집, 성매매피해자 등을 위한 지원시설, 정신건강증진시설, 가정폭력피해자 보호시설로서 수용인원 20명 이상 수용할 수 있는 곳	30m 이상
지정문화유산, 천연기념물등	50m 이상

② 제조소의 보유공지

취급하는 위험물의 최대수량	공지의 너비
지정수량의 10배 이하	3m 이상
지정수량의 10배 초과	5m 이상

③ 제조소의 표지 및 게시판
  ㉮ "**위험물 제조소**"라는 표지를 설치할 것
    ㉠ 표지의 크기 : 한변의 길이 0.3m 이상, 다른 한변의 길이 0.6m 이상
    ㉡ 표지의 색상 : **백색바탕에 흑색 문자**
  ㉯ 방화에 관하여 필요한 사항을 게시한 게시판 설치할 것
    ㉠ 게시판의 크기 : 한 변의 길이 0.3m 이상, 다른 한 변의 길이 0.6m 이상
    ㉡ 기재 내용 : 위험물의 유별·품명 및 저장최대수량 또는 취급최대수량, 지정수량의 배수 및 안전관리자의 성명 또는 직명
    ㉢ 게시판의 색상 : 백색바탕에 흑색 문자
  ㉰ **주의사항**을 표시한 게시판 설치할 것

위험물의 종류	주의사항	게시판의 색상
제1류 위험물 중 알칼리금속의 과산화물 제3류 위험물 중 금수성물질	물기엄금	청색바탕에 백색문자
제2류 위험물(인화성 고체는 제외)	화기주의	적색바탕에 백색문자
제2류 위험물 중 인화성 고체 제3류 위험물 중 자연발화성물질 제4류 위험물 제5류 위험물	화기엄금	적색바탕에 백색문자
알칼리금속의 과산화물외의 제1류 위험물 제6류 위험물	주의사항은 별도의 표기 없음	

④ 건축물의 구조
　㉮ 지하층이 없도록 할 것
　㉯ **벽 · 기둥 · 바닥 · 보 · 서까래 및 계단 : 불연재료**(연소 우려가 있는 외벽은 개구부가 없는 내화구조의 벽으로 할 것)
　㉰ **지붕**은 폭발력이 위로 방출될 정도의 **가벼운 불연재료**로 덮어야 한다.
　㉱ 출입구와 비상구에는 60분+ 방화문 · 60분 방화문 또는 30분 방화문을 설치하여야 한다.

> **참고** 연소우려가 있는 외벽의 출입구 : 수시로 열 수 있는 자동폐쇄식의 60분+ 방화문 또는 60분 방화문 설치

　㉲ 액체의 위험물을 취급하는 건축물의 바닥 : 적당한 경사를 두고 그 최저부에 집유설비를 할 것

⑤ **채광 · 조명 및 환기설비**
　㉮ 채광설비 : 불연재료로 하고 연소의 우려가 없는 장소에 설치하되 **채광면적**을 **최소**로 할 것
　㉯ **환기설비**
　　㉠ **환기 : 자연배기방식**
　　㉡ 급기구는 해당 급기구가 설치된 실의 바닥면적 **150m²마다 1개 이상**으로 하되 **급기구의 크기**는 **800cm² 이상**으로 할 것. 다만 바닥면적 150m² 미만인 경우에는 다음의 크기로 할 것

바닥면적	급기구의 면적
60m² 미만	150cm² 이상
60m² 이상 90m² 미만	300cm² 이상
90m² 이상 120m² 미만	450cm² 이상
120m² 이상 150m² 미만	600cm² 이상

　　㉢ **급기구**는 낮은 곳에 설치하고 **가는 눈의 구리망으로 인화방지망**을 설치할 것
　　㉣ 환기구는 지붕위 또는 **지상 2m 이상**의 높이에 회전식 고정벤티레이터 또는 루프팬 방식(Roof fan : 지붕에 설치하는 배기장치)으로 설치할 것

　㉰ **배출설비**
　　㉠ 설치 장소 : 가연성 증기 또는 미분이 체류할 우려가 있는 건축물
　　㉡ 배출설비 : 국소방식
　　㉢ 배출설비는 배풍기(오염된 공기를 뽑아내는 통풍기), 배출닥트(공기배출 통로), 후드 등을 이용하여 강제적으로 배출하는 것으로 할 것
　　㉣ **배출능력**은 1시간당 배출장소 **용적의 20배 이상**인 것으로 할 것(전역방출방식 : 바닥면적 1m²당 18m³ 이상)
　　㉤ **급기구**는 높은 곳에 설치하고 가는 눈의 구리망으로 인화방지망을 설치할 것
　　㉥ **배출구**는 **지상 2m 이상**으로서 연소 우려가 없는 장소에 설치하고 화재시 자동으로 폐쇄되는 방화댐퍼(화재 시 연기 등을 차단하는 장치)를 설치할 것

ⓢ 배풍기 : 강제배기방식
⑥ **옥외시설의 바닥**(옥외에서 액체위험물을 취급하는 경우)
  ㉮ 바닥의 둘레에 높이 **0.15m 이상의 턱**을 설치할 것
  ㉯ 바닥의 최저부에 집유설비를 할 것
  ㉰ 위험물(20℃의 물 100g에 용해되는 양이 1g 미만인 것에 한함)을 취급하는 설비에는 집유설비에 유분리장치를 설치할 것
⑦ 정전기 제거설비
  ㉮ 접지에 의한 방법
  ㉯ 공기 중의 **상대습도를 70% 이상**으로 하는 방법
  ㉰ **공기를 이온화**하는 방법
⑧ **피뢰설비** : 지정수량의 10배 이상의 위험물을 제조소(제6류 위험물은 제외)에는 설치할 것
⑨ 방화상 유효한 담의 높이

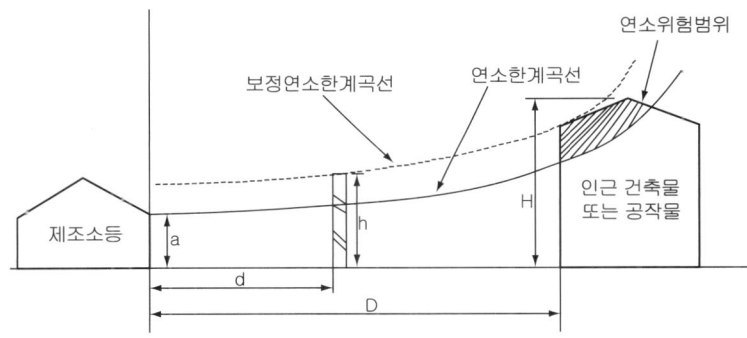

㉮ $H \leq pD^2 + a$인 경우 $h = 2$
㉯ $H > pD^2 + a$인 경우 $h = H - p(D^2 - d^2)$

- D : 제조소등과 인근건축물 또는 공작물과의 거리(m)
- H : 인근건축물 또는 공작물의 높이(m)
- a : 제조소등의 외벽의 높이(m)
- d : 제조소등과 방화상 유효한 담과의 거리(m)
- h : 방화상 유효한 담의 높이(m)
- p : 상수

※ 위에서 산출한 수치가 2미만 일 때에는 담의 높이를 2m로, 4이상 일 때에는 담의 높이를 4m로 할 것

⑩ **위험물 취급탱크**(지정수량 1/5 미만은 제외)
  ㉮ 위험물제조소의 **옥외에 있는 위험물 취급탱크**
    ㉠ **하나의 취급탱크** 주위에 설치하는 방유제의 용량 : 해당 탱크용량의 50% 이상
    ㉡ **2 이상의 취급탱크** 주위에 하나의 방유제를 설치하는 경우 방유제의 용량 : 해당 탱크 중 **용량이 최대인 것의 50%**에 나머지 **탱크용량 합계의 10%를 가산한** 양 이상이 되게 할 것
  ㉯ 위험물제조소의 **옥내에 있는 위험물 취급탱크**
    ㉠ 하나의 취급탱크의 주위에 설치하는 방유턱의 용량 : 해당 탱크용량 이상

ⓒ 2 이상의 취급탱크 주위에 설치하는 방유턱의 용량 : 최대 탱크용량 이상

> **참고** **방유제, 방유턱의 용량**
> - 위험물제조소의 옥외에 있는 위험물 취급탱크의 방유제의 용량
>   - 1기 일 때 : 탱크용량 × 0.5(50%)
>   - 2기 이상일 때 : 최대탱크용량 × 0.5 + (나머지 탱크 용량합계 × 0.1)
> - 위험물제조소의 옥내에 있는 위험물 취급탱크의 방유턱의 용량
>   - 1기 일 때 : 탱크용량 이상
>   - 2기 이상일 때 : 최대 탱크용량 이상

⑪ **하이드록실아민 등을 취급하는 제조소의 안전거리**

$$D = 51.1\sqrt[3]{N}$$

여기서   N : 지정수량의 배수(하이드록실아민의 지정수량 : 100kg)

2) **옥내저장소의 위치, 구조 및 설비의 기준**(규칙 별표5)
   ① 옥내저장소의 안전거리 : 제조소와 동일함
   ② **옥내저장소의 안전거리 제외 대상**
      ㉮ **제4석유류** 또는 **동식물유류**의 위험물을 저장 또는 취급하는 옥내저장소로서 **지정수량의 20배 미만**인 것
      ㉯ **제6류 위험물**을 저장 또는 취급하는 옥내저장소
   ③ 옥내저장소의 표지 및 게시판 : 제조소와 동일함
   ④ **옥내저장소의 보유공지**

저장 또는 취급하는 위험물의 최대수량	공지의 너비	
	벽·기둥 및 바닥이 내화구조로 된 건축물	그 밖의 건축물
지정수량의 5배 이하	–	0.5m 이상
지정수량의 5배 초과 10배 이하	1m 이상	1.5m 이상
지정수량의 10배 초과 20배 이하	2m 이상	3m 이상
지정수량의 20배 초과 50배 이하	3m 이상	5m 이상
지정수량의 50배 초과 200배 이하	5m 이상	10m 이상
지정수량의 200배 초과	10m 이상	15m 이상

⑤ 옥내저장소의 저장창고
   ㉮ 저장창고는 지면에서 처마까지의 높이(처마높이)가 6m 미만인 단층건물로 하고 그 바닥을 지반면보다 높게 하여야 한다.
   ㉯ **저장창고의 기준면적**

위험물을 저장하는 창고의 종류	기준면적
① 제1류 위험물 중 아염소산염류, 염소산염류, 과염소산염류, 무기과산화물, 그 밖에 지정수량이 50kg인 위험물	1,000m² 이하

위험물을 저장하는 창고의 종류	기준면적
② 제3류 위험물 중 칼륨, 나트륨, 알킬알루미늄, 알킬리튬, 그 밖에 지정수량이 10㎏인 위험물 및 황린 ③ 제4류 위험물 중 특수인화물, 제1석유류 및 알코올류 ④ 제5류 위험물 중 지정수량이 10㎏인 위험물 ⑤ 제6류 위험물	1,000㎡ 이하
①~⑤의 위험물외의 위험물을 저장하는 창고	2,000㎡ 이하

㉰ **저장창고의 벽·기둥 및 바닥은 내화구조**로 하고, **보와 서까래는 불연재료**로 하여야 한다.

 벽·기둥 및 바닥은 불연재료로 할 수 있는 경우
 • 지정수량의 10배 이하의 위험물의 저장창고
 • 제2류 위험물(인화성고체는 제외)
 • 제4류 위험물(인화점이 70℃ 미만은 제외)만의 저장창고

㉱ 저장창고는 지붕을 폭발력이 위로 방출될 정도의 가벼운 불연재료로 하고, 천장을 만들지 아니하여야 한다.

 지붕을 내화구조로 할 수 있는 경우
 • 제2류 위험물(분말상태의 것과 인화성고체는 제외)
 • 제6류 위험물

㉲ 저장창고의 출입구에는 60분+ 방화문·60분 방화문 또는 30분 방화문을 설치하되, 연소의 우려가 있는 외벽에 있는 출입구에는 수시로 열 수 있는 자동폐쇄식의 60분+ 방화문 또는 60분 방화문을 설치하여야 한다.

㉳ 저장창고에 **물의 침투를 막는 구조**로 하여야 하는 위험물
 ㉠ 제1류 위험물 중 **알칼리금속의 과산화물**
 ㉡ 제2류 위험물 중 **철분, 금속분, 마그네슘**
 ㉢ 제3류 위험물 중 **금수성물질**
 ㉣ **제4류 위험물**

㉴ 액상의 위험물의 저장창고의 바닥은 위험물이 스며들지 아니하는 구조로 하고, 적당하게 경사지게 하여 그 최저부에 집유설비를 하여야 한다.

㉵ **피뢰침 설치 : 지정수량의 10배 이상**의 저장창고(제6류 위험물은 제외)

⑥ 소규모 옥내저장소의 특례(지정수량의 50배 이하, 처마높이가 5m 미만인 것)
 ㉮ 보유공지

저장 또는 취급하는 위험물의 최대수량	공지의 너비
지정수량의 5배 이하	-
지정수량의 5배 초과 20배 이하	1m 이상
지정수량의 20배 초과 50배 이하	2m 이상

- ㈏ 저장창고 바닥면적 : 150m² 이하
- ㈐ 벽·기둥·바닥·보·지붕 : 내화구조
- ㈑ 출입구 : 수시로 개방할 수 있는 자동폐쇄방식의 60분+ 방화문 또는 60분 방화문을 설치
- ㈒ 저장창고에는 창을 설치하지 아니할 것

⑦ **고인화점**(인화점이 100℃ 이상) 위험물의 단층건물 옥내저장소의 특례
- ㉮ 지정수량의 20배를 초과하는 옥내저장소의 안전거리
  - ㉠ 주거용 : 10m 이상
  - ㉡ 고압가스, 액화석유가스, 도시가스를 저장 또는 취급시설 : 20m 이상
  - ㉢ 지정문화유산, 천연기념물등 : 50m 이상
- ㉯ 보유공지

저장 또는 취급하는 위험물의 최대수량	공지의 너비	
	해당 건축물의 벽·기둥 및 바닥이 내화구조로 된 경우	왼쪽 란에 정하는 경우 외의 경우
20배 이하	–	0.5m 이상
20배 초과 50배 이하	1m 이상	1.5m 이상
50배 초과 200배 이하	2m 이상	3m 이상
200배 초과	3m 이상	5m 이상

⑧ **지정과산화물**(제5류 위험물 중 유기과산화물)을 저장 또는 취급하는 옥내저장소
- ㉮ 담 또는 토제는 저장창고의 외벽으로부터 2m 이상 떨어진 장소에 설치할 것
- ㉯ 담 또는 토제의 높이는 저장창고의 처마높이 이상으로 할 것
- ㉰ 담은 두께 15cm 이상의 철근콘크리트조나 철골철근콘크리트조 또는 두께 20cm 이상의 보강콘크리트블록조로 할 것
- ㉱ 토제의 경사면의 경사도는 60도 미만으로 할 것
- ㉲ 저장창고는 150m2 이내마다 격벽으로 완전하게 구획할 것. 이 경우 해당 격벽은 두께 30cm 이상의 철근콘크리트조 또는 철골철근콘크리트조로 하거나 두께 40cm 이상의 보강콘크리트블록조로 하고, 해당 저장창고의 양측의 외벽으로부터 1m 이상, 상부의 지붕으로부터 50cm 이상 돌출하게 할 것
- ㉳ 저장창고의 외벽은 두께 20cm 이상의 철근콘크리트조나 철골철근콘크리트조 또는 두께 30cm 이상의 보강콘크리트블록조로 할 것
- ㉴ 저장창고 **지붕의 설치기준**
  - ㉠ 중도리(서까래 중간을 받치는 수평의 도리) 또는 **서까래의 간격은 30cm 이하**로 할 것
  - ㉡ 지붕의 아래쪽 면에는 한 변의 길이가 45cm 이하의 환강(丸鋼)·경량형강(輕量型鋼) 등으로 된 강제(鋼製)의 격자를 설치할 것
  - ㉢ 두께 5cm 이상, 너비 30cm 이상의 목재로 만든 받침대를 설치할 것
  - ㉣ 저장창고의 출입구에는 60분+ 방화문 또는 60분 방화문을 설치할 것
  - ㉤ **저장창고의 창**은 바닥면으로부터 **2m 이상의 높이**에 두되, 하나의 벽면에 두는 **창의 면적의 합계**를 해당 벽면의 면적의 **1/80 이내**로 하고, 하나의 **창의 면적을 0.4m²** 이내로 할 것

3) 옥외탱크저장소의 위치, 구조 및 설비의 기준(규칙 별표6)
   ① 옥외탱크저장소의 안전거리 : 제조소와 동일함
   ② **옥외탱크저장소의 보유공지**

저장 또는 취급하는 위험물의 최대수량	공지의 너비
지정수량의 500배 이하	3m 이상
지정수량의 500배 초과 1,000배 이하	5m 이상
지정수량의 1,000배 초과 2,000배 이하	9m 이상
지정수량의 2,000배 초과 3,000배 이하	12m 이상
지정수량의 3,000배 초과 4,000배 이하	15m 이상
지정수량의 4,000배 초과	해당 탱크의 수평단면의 최대지름(가로형은 긴변)과 높이 중 큰 것과 같은 거리 이상(단, 30m 초과 시 30m 이상으로, 15m 미만시 15m 이상으로 할 것)

   ㉮ 제6류 위험물을 저장 또는 취급하는 옥외저장탱크 : 표의 규정에 의한 보유공지의 1/3 이상(최소 1.5m 이상)
   ㉯ **제6류 위험물**을 저장 또는 취급하는 옥외저장탱크를 **동일구내에 2개 이상** 인접하여 설치하는 경우의 보유공지 : 표의 규정에 의하여 산출된 너비의 1/3×1/3 이상(최소 1.5m 이상)
   ㉰ **제6류 위험물외의 위험물**을 저장 또는 취급하는 옥외저장탱크(지정수량 4,000배 초과시 제외)를 동일한 방유제 안에 2개 이상 인접하여 설치하는 경우 : 표의 보유공지의 1/3 이상(최소 3m 이상)
   ㉱ 지정수량의 4,000배를 초과하여 위험물을 저장 또는 취급하는 옥외저장탱크에 있어서는 물분무설비로 방호조치를 하는 경우에는 표의 규정에 의한 보유공지의 1/2 이상의 너비로 할 수 있다.

   $$수원 = 원주길이 \times 37\ell/min \cdot m \times 20min = 2\pi r \times 37\ell/min \cdot m \times 20min$$

   ③ 옥외탱크저장소의 표지 및 게시판 : 제조소와 동일함
   ④ **특정옥외탱크저장소 등**
      ㉮ 특정 옥외저장탱크 : 액체위험물의 최대수량이 100만ℓ 이상의 옥외저장탱크
      ㉯ 준특정 옥외저장탱크 : 액체위험물의 최대수량이 50만ℓ 이상 100만ℓ 미만의 옥외저장탱크
      ㉰ 압력탱크 : 최대상용압력이 부압 또는 정압 5kPa를 초과하는 탱크
   ⑤ 옥외탱크저장소의 외부구조 및 설비
      ㉮ **옥외저장탱크**
         ㉠ 일반 옥외탱크와 준특정옥외탱크(특정 옥외탱크는 제외)의 두께 : **3.2mm 이상의 강철판**
         ㉡ **시험방법**
            • **압력탱크 : 최대상용압력의 1.5배의 압력으로 10분간 실시**하는 수압시험에서 이상이 없을 것

- 압력탱크외의 탱크 : **충수시험**
  ⓒ 특정옥외탱크의 용접부의 검사 : 방사선투과시험, 진공시험, 비파괴시험
㉯ **통기관**
  ㉠ **밸브 없는 통기관**
    - **지름**은 **30mm 이상**일 것
    - 끝부분은 수평면보다 **45도 이상** 구부려 **빗물 등의 침투를 막는 구조**로 할 것
    - 인화점이 38℃ 미만인 위험물만을 저장 또는 취급하는 탱크에 설치하는 통기관에는 화염방지장치를 설치하고, 그 외의 탱크에 설치하는 통기관에는 40메쉬(mesh) 이상의 구리망 또는 동등 이상의 성능을 가진 인화방지장치를 설치할 것. 다만, 인화점이 70℃ 이상인 위험물만을 해당 위험물의 인화점 미만의 온도로 저장 또는 취급하는 탱크에 설치하는 통기관에는 인화방지장치를 설치하지 않을 수 있다.
    - 가연성 증기를 회수하기 위한 밸브를 통기관에 설치하는 경우에 있어서는 당해 통기관의 밸브는 저장탱크에 위험물을 주입하는 경우를 제외하고는 항상 개방되어 있는 구조로 하는 한편, 폐쇄하였을 경우에 있어서는 10kPa 이하의 압력에서 개방되는 구조로 할 것. 이 경우 개방된 부분의 유효단면적은 777.15mm² 이상이어야 한다.
  ㉡ **대기밸브부착 통기관**
    - 5kPa 이하의 압력차이로 작동할 수 있을 것
    - 인화점이 38℃ 미만인 위험물만을 저장 또는 취급하는 탱크에 설치하는 통기관에는 화염방지장치를 설치하고, 그 외의 탱크에 설치하는 통기관에는 40메쉬(mesh) 이상의 구리망 또는 동등 이상의 성능을 가진 인화방지장치를 설치할 것. 다만, 인화점이 70℃ 이상인 위험물만을 해당 위험물의 인화점 미만의 온도로 저장 또는 취급하는 탱크에 설치하는 통기관에는 인화방지장치를 설치하지 않을 수 있다.
㉰ **인화점이 21℃ 미만인 위험물의 옥외저장탱크의 주입구**
  ㉠ 게시판의 크기 : 한변이 0.3m 이상, 다른 한변이 0.6m 이상
  ㉡ 게시판의 기재사항 : 옥외저장탱크 **주입구**, 위험물의 **유별**, **품명**, **주의사항**
  ㉢ 게시판의 색상 : **백색바탕에 흑색문자**(주의사항은 적색문자)
㉱ **옥외저장탱크의 펌프설비**
  ㉠ 펌프설비의 주위에는 **너비 3m 이상의 공지를 보유**할 것(제6류 위험물, 지정수량의 10배 이하 위험물은 제외)
  ㉡ 펌프설비로부터 옥외저장탱크까지의 사이에는 해당 옥외저장탱크의 보유공지 너비의 1/3 이상의 거리를 유지할 것
  ㉢ 펌프실의 벽, 기둥, 바닥, 보 : 불연재료
  ㉣ 펌프실의 지붕 : 폭발력이 위로 방출될 정도의 가벼운 불연재료로 할 것
  ㉤ 펌프실의 창 및 출입구에는 60분+ 방화문·60분 방화문 또는 30분 방화문을 설치할 것
  ㉥ 펌프실의 바닥의 주위에는 높이 **0.2m 이상의 턱**을 만들고 그 최저부에는 집유설비를 설치할 것

⑯ 지정수량의 10배 이상(단, 제6류 위험물은 제외)은 피뢰침 설치하여야 한다.
⑯ **이황화탄소의 옥외저장탱크**는 벽 및 바닥의 두께가 **0.2m 이상**이고 **철근콘크리트**의 수조에 넣어 보관한다.

⑥ **옥외탱크저장소의 방유제**
  ㉮ 방유제의 용량
    ㉠ 탱크가 하나일 때 : 탱크 용량의 110% 이상(인화성이 없는 액체위험물은 100%)
    ㉡ 탱크가 **2기 이상**일 때 : 탱크 중 용량이 **최대인 것의 용량의 110% 이상**(인화성이 없는 액체위험물은 100%)
  ㉯ **방유제의 높이** : 0.5m 이상 3m 이하, 두께 0.2m 이상, 지하매설깊이 1m 이상
  ㉰ 방유제 내의 면적 : 80,000m² 이하
  ㉱ 방유제 내에 설치하는 옥외저장탱크의 수는 10(방유제 내에 설치하는 모든 옥외저장탱크의 용량이 20만ℓ 이하이고, 위험물의 인화점이 70℃이상 200℃ 미만인 경우에는 20) 이하로 할 것(단, 인화점이 200℃ 이상인 옥외저장탱크는 제외)
  ㉲ 방유제 외면의 1/2 이상은 자동차 등이 통행할 수 있는 3m 이상의 노면 폭을 확보한 구내도로에 직접 접하도록 할 것
  ㉳ **방유제는 탱크의 옆판으로부터 일정 거리를 유지**할 것(단, 인화점이 200℃ 이상인 위험물은 제외)
    ㉠ **지름이 15m 미만**인 경우 : **탱크 높이의 1/3 이상**
    ㉡ **지름이 15m 이상**인 경우 : **탱크 높이의 1/2 이상**
  ㉴ 방유제의 재질 : 철근콘크리트
  ㉵ 방유제에는 배수구를 설치하고 개폐밸브를 방유제 밖에 설치할 것
  ㉶ 높이가 1m 이상이면 계단 또는 경사로를 약 50m마다 설치할 것

⑦ **위험물 성질에 따른 옥외탱크저장소의 특례**
  ① 알킬알루미늄 등의 옥외저장탱크에는 불활성의 기체를 봉입하는 장치를 설치할 것
  ② 아세트알데히드 등의 옥외저장탱크
    ㉠ 옥외저장탱크의 설비는 동(Cu), 마그네슘(Mg), 은(Ag), 수은(Hg)의 합금으로 만들지 아니할 것
    ㉡ 옥외저장탱크에는 냉각장치, 보냉장치, 불활성기체의 봉입장치를 설치할 것

4) **옥내탱크저장소의 위치, 구조 및 설비의 기준**(규칙 별표7)
  ① **옥내탱크저장소의 구조**
    ㉮ 옥내저장탱크의 탱크전용실은 단층 건축물에 설치할 것
    ㉯ **옥내저장탱크**와 탱크전용실의 벽과의 사이 및 **옥내저장탱크의 상호간**에는 **0.5m 이상**의 간격을 유지할 것
    ㉰ 옥내저장탱크의 용량(동일한 탱크전용실에 2 이상 설치하는 경우에는 각 탱크의 용량의 합계)은 지정수량의 40배(제4석유류 및 동식물유류 외의 제4류 위험물 : 20,000ℓ를 초과할 때에는 20,000ℓ) 이하일 것
    ㉱ **옥내저장탱크의 설치기준**
      ㉠ 압력탱크(최대상용압력이 부압 또는 정압 5kPa를 초과하는 탱크)외의 탱크 : 밸브 없는 통기관 설치할 것

ⓛ **통기관의 끝부분**은 건축물의 창·출입구 등의 **개구부로부터 1m 이상** 떨어진 옥외의 장소에 **지면으로부터 4m 이상의 높이**로 설치하되, 인화점이 40℃ 미만인 위험물의 탱크에 설치하는 통기관에 있어서는 부지경계선으로부터 1.5m 이상 이격할 것)
ⓒ 압력탱크 : 압력계 및 안전장치(안전밸브, 감압밸브, 안전밸브 경보장치, 파괴판) 설치할 것
ⓔ 탱크전용실을 건축물의 1층 또는 지하층에 설치하는 위험물 : 황화인, 적린, 덩어리 황, 황린, 질산
ⓜ 탱크전용실의 벽, 기둥, 바닥 : 내화구조, 보와 지붕 : 불연재료
ⓗ 액상의 위험물의 옥내저장탱크를 설치하는 탱크전용실의 바닥은 위험물이 침투하지 아니하는 구조로 하고, 적당한 경사를 두는 한편, 집유설비를 설치할 것
② 옥내탱크저장소의 표지 및 게시판 : 제조소와 동일함
③ 옥내탱크저장소의 탱크 전용실이 단층 건축물외에 설치하는 것
㉮ 옥내저장탱크는 탱크전용실에 설치할 것
㉯ **탱크전용실에 펌프설비를 설치**하는 경우에는 불연재료로 된 **턱을 0.2m 이상의 높이**로 설치할 것
㉰ 옥내저장탱크의 용량(동일한 탱크전용실에 옥내저장탱크를 2 이상 설치하는 경우에는 각 탱크의 용량의 합계)은 1층 이하의 층은 지정수량의 40배(제4석유류, 동식물유류외의 제4류 위험물에 있어서는 해당 수량이 2만ℓ초과할 때에는 2만ℓ) 이하, 2층 이상의 층은 지정수량의 10배(제4석유류, 동식물유류외의 제4류 위험물에 있어서는 해당 수량이 5000ℓ초과할 때에는 5000ℓ) 이하 일 것

> **참고** 다층건축물일 때 옥내저장탱크의 설치용량
> • 1층 이하의 층
>   - 제2석유류(인화점 38℃ 이상), 제3석유류 : 지정수량의 40배 이하(단, 20,000ℓ 초과 시 20,000ℓ로)
>   - 제4석유류, 동식물유류 : 지정수량의 40배 이하
> • 2층 이상의 층
>   - 제2석유류(인화점 38℃ 이상), 제3석유류 : 지정수량의 10배 이하(단, 5,000ℓ 초과 시 5,000ℓ로)
>   - 제4석유류, 동식물유류 : 지정수량의 10배 이하
>   ※용량 : 탱크전용실에 옥내저장탱크를 2 이상 설치 시 각 탱크의 용량의 합계

5) **지하탱크저장소의 위치, 구조 및 설비의 기준**(규칙 별표8)
① **지하탱크저장소의 기준**
㉮ 탱크전용실은 지하의 가장 가까운 벽·피트·가스관 등의 시설물 및 대지경계선으로부터 **0.1m 이상** 떨어진 곳에 설치할 것
㉯ 지하저장탱크의 윗 부분은 지면으로부터 **0.6m 이상 아래**에 있어야 한다.
㉰ 지하저장탱크를 **2 이상 인접해 설치하는 경우**에는 그 상호간에 **1m**(해당 2 이상의 지하저장탱크의 용량의 합계가 **지정수량의 100배 이하**인 때에는 0.5m) **이상의 간격**을 유지하여야 한다.
㉱ 지하저장탱크의 재질은 두께 3.2mm 이상의 강철판으로 할 것
㉲ **수압시험**
  ㉠ **압력탱크**(최대상용압력이 46.7kPa 이상인 탱크) **외의 탱크 : 70kPa의 압력으로 10분간**
  ㉡ 압력탱크 : 최대상용압력의 1.5배의 압력으로 10분간

⑷ 지하저장탱크의 주위에는 해당 탱크로부터의 **액체위험물의 누설을 검사하기 위한 관**을 다음의 각목의 기준에 따라 4개소 이상 적당한 위치에 설치하여야 한다.
  ㉠ 이중관으로 할 것. 다만, 소공이 없는 상부는 단관으로 할 수 있다.
  ㉡ 재료는 금속관 또는 경질합성수지관으로 할 것
  ㉢ **관은 탱크실 또는 탱크의 기초 위에 닿게 할 것**
  ㉣ 관의 밑부분으로부터 탱크의 중심 높이까지의 부분에는 소공이 뚫려 있을 것. 다만, 지하수위가 높은 장소에 있어서는 지하수위 높이까지의 부분에 소공이 뚫려 있어야 한다.
  ㉤ 상부는 물이 침투하지 아니하는 구조로 하고, 뚜껑은 검사시에 쉽게 열 수 있도록 할 것
⑸ 탱크전용실은 벽 및 바닥 : 두께 0.3m 이상의 콘크리트구조
⑹ 지하저장탱크에는 **과충전방지장치** 설치할 것
  ㉠ 탱크용량을 초과하는 위험물이 주입될 때 자동으로 그 주입구를 폐쇄하거나 위험물의 공급을 자동으로 차단하는 방법
  ㉡ 탱크용량의 **90%가 찰 때 경보음**을 울리는 방법
② 지하탱크저장소의 표지 및 게시판 : 제조소와 동일함

6) 간이탱크저장소의 위치, 구조 및 설비의 기준(규칙 별표9)

① 간이저장탱크의 기준
  ㉮ 위험물을 저장 또는 취급하는 간이탱크("간이저장탱크")는 옥외에 설치하여야 한다.
  ㉯ 전용실의 창 및 출입구의 기준
    ㉠ 탱크전용실의 창 및 출입구에는 60분+ 방화문·60분 방화문 또는 30분 방화문을 설치하는 동시에 연소의 우려가 있는 외벽에 두는 출입구에는 수시로 열 수 있는 자동폐쇄식의 60분+ 방화문 또는 60분 방화문을 설치할 것
    ㉡ 탱크전용실의 창 또는 출입구에 유리를 이용하는 경우에는 망입유리로 할 것
  ㉰ 전용실의 바닥 : 액상의 위험물의 옥내저장탱크를 설치하는 탱크전용실의 바닥은 위험물이 침투하지 아니하는 구조로 하고, 적당한 경사를 두는 한편, 집유설비를 설치할 것
  ㉱ 하나의 간이탱크저장소에 설치하는 **간이저장탱크는 그 수를 3 이하**로 하고, 동일한 품질의 위험물의 간이저장탱크를 2 이상 설치하지 아니하여야 한다.
  ㉲ **간이저장탱크의 용량은 600ℓ 이하**이어야 한다.
  ㉳ 간이저장탱크는 **두께 3.2mm 이상의 강판**으로 흠이 없도록 제작하여야 하며, **70kPa의 압력으로 10분간의 수압시험**을 실시하여 새거나 변형되지 아니하여야 한다.
  ㉴ 간이저장탱크에는 다음 각목의 기준에 적합한 밸브 없는 통기관을 설치하여야 한다.
    ㉠ **통기관의 지름**은 **25mm 이상**으로 할 것
    ㉡ 통기관은 옥외에 설치하되, 그 **끝부분의 높이는 지상 1.5m 이상**으로 할 것
    ㉢ 통기관의 끝부분은 수평면에 대하여 아래로 **45도 이상** 구부려 빗물 등이 침투하지 아니하도록 할 것
    ㉣ 가는 눈의 구리망 등으로 **인화방지장치**를 할 것
② 표지 및 게시판 : 제조소와 동일함

7) 이동탱크저장소의 위치, 구조 및 설비의 기준(규칙 별표10)

① 이동탱크저장소의 상치장소

㉮ 옥외에 있는 상치장소는 화기를 취급하는 장소 또는 인근의 건축물로부터 **5m 이상**(인근의 건축물이 1층인 경우에는 3m 이상)의 거리를 확보하여야 한다

㉯ 옥내에 있는 상치장소는 벽·바닥·보·서까래 및 지붕이 내화구조 또는 불연재료로 된 건축물의 1층에 설치하여야 한다.

② 이동저장탱크의 구조

㉮ 탱크의 두께 : 3.2mm 이상의 강철판

㉯ 수압시험
  ㉠ 압력탱크(최대상용압력이 46.7kPa 이상인 탱크)외의 탱크 : 70kPa의 압력으로 10분간
  ㉡ 압력탱크 : 최대상용압력의 1.5배의 압력으로 10분간

㉰ 이동저장탱크는 그 내부에 **4,000ℓ 이하마다 3.2mm 이상의 강철판** 또는 이와 동등 이상의 강도·내열성 및 내식성이 있는 금속성의 것으로 **칸막이를 설치**하여야 한다.

㉱ 칸막이로 구획된 각 부분에 설치 : 맨홀, 안전장치, 방파판을 설치(용량이 2,000ℓ 미만 : 방파판설치 제외)

  ㉠ 안전장치의 작동 압력
  - 상용압력이 20kPa 이하인 탱크 : 20kPa 이상 24kPa 이하의 압력
  - **상용압력이 20kPa을 초과 : 상용압력의 1.1배 이하의 압력**

  ㉡ 방파판
  - 두께 : 1.6mm 이상의 강철판
  - 하나의 구획부분에 2개 이상의 방파판을 이동탱크저장소의 진행방향과 평행으로 설치하되, 각 방파판은 그 높이 및 칸막이로부터의 거리를 다르게 할 것

㉲ **방호틀의 두께** : 2.3mm 이상의 강철판

> **참고** 이동탱크 저장소의 부속장치
> - 방호틀(2.3mm) : 탱크가 이탈이나 전복 시 부속장치(주입구, 맨홀, 안전장치) 보호
> - 측면틀(3.2mm) : 탱크가 이탈이나 전복 시 탱크 본체 파손 방지
> - 방파판(1.6mm) : 운송 중 내부의 위험물의 출렁임, 쏠림등을 완화하여 차량의 안전 확보
> - 칸막이(3.2mm) : 탱크 전복 시 탱크의 일부가 파손되더라도 전량의 위험물의 누출 방지

③ 배출밸브, 결합금속구 등

㉮ 수동식폐쇄장치에는 길이 15cm 이상의 레버를 설치할 것

㉯ 탱크의 배관의 끝부분에는 개폐밸브를 설치할 것

㉰ 이동탱크저장소에 주유설비를 설치하는 경우 설치 기준
  ㉠ 주입설비의 길이 : 50m 이내로 하고 그 끝부분에 축적되는 정전기 제거장치를 설치할 것
  ㉡ 분당 배출량 : 200ℓ 이하

④ 이동탱크저장소의 위험성 경고표지

㉮ 표지
  ㉠ 부착위치 : 이동탱크저장소의 전면 상단 및 후면 상단

    ⓒ **규격 및 형상** : 60cm 이상 × 30cm 이상의 가로형사각형
    ⓒ **색상 및 문자** : **흑색 바탕에 황색의 반사 도료로 "위험물"**이라 표기할 것
    ⓔ 위험물이면서 유해화학물질에 해당하는 품목의 경우에는 「화학물질관리법」에 따른 유해화학물질 표지를 위험물 표지와 상하 또는 좌우로 인접하여 부착할 것
- ④ UB번호
  - ㉠ 그림문자의 외부에 표기하는 경우
    - 부착위치 : 이동탱크저장소의 후면 및 양 측면(그림문자와 인접한 위치)
    - 규격 및 형상 : 30cm 이상 × 12cm 이상의 가로형사각형

    - 색상 및 문자 : 흑색 테두리 선(굵기 1cm)과 오렌지색으로 이루어진 바탕에 UN번호(글자의 높이 6.5cm 이상)를 표기할 것
  - ㉡ 그림문자의 내부에 표기하는 경우
    - 부착위치 : 이동탱크저장소의 후면 및 양 측면
    - 규격 및 형상 : 심벌 및 분류·구분의 번호를 가리지 않는 크기의 가로형사각형

    - 색상 및 문자 : 흰색 바탕에 흑색으로 UN번호(글자의 높이 6.5cm 이상)를 표기할 것
- ㉰ 그림문자
  - ㉠ 부착위치 : 이동탱크저장소의 후면 및 양 측면
  - ㉡ 규격 및 형상 : 25cm 이상 × 25cm 이상의 마름모 꼴

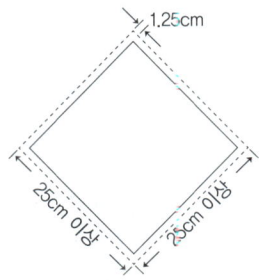

  - ㉢ 색상 및 문자 : 위험물의 품목별로 해당하는 심벌을 표기하고 그림문자의 하단에 분류·구분의 번호(글자의 높이 2.5cm 이상)를 표기할 것
  - ㉣ 위험물의 분류·구분별 그림문자의 세부기준 : 다음의 분류·구분에 따라 주위험성 및 부위험성에 해당되는 그림문자를 모두 표시할 것

⑤ 이동탱크저장소의 **접지도선** : **특수인화물, 제1석유류, 제2석유류**에는 접지도선을 설치하여야 한다.
⑥ **알킬알루미늄 등**을 저장 또는 취급하는 이동탱크저장소
  ㉮ **이동저장탱크의 두께** : **10mm 이상의 강판**
  ㉯ 수압시험 : 1MPa 이상의 압력으로 10분간 실시하여 새거나 변형하지 아니할 것
  ㉰ **이동저장탱크의 용량** : **1900ℓ 미만**
  ㉱ 안전장치 : 수압시험의 압력의 2/3를 초과하고 4/5를 넘지 아니하는 범위의 압력에서 작동할 것
  ㉲ **맨홀, 주입구의 뚜껑 두께** : **10mm 이상의 강판**
  ㉳ 이동저장탱크 : 불활성기체 봉입장치 설치
  ㉴ 이동저장 탱크의 외면 : 적색으로 도장

8) 옥외저장소의 위치, 구조 및 설비의 기준(규칙 별표11)
  ① 옥외저장소의 안전거리 : 제조소와 동일함
  ② 옥외저장소의 보유공지

저장 또는 취급하는 위험물의 최대수량	공지의 너비
지정수량의 10배 이하	3m 이상
지정수량의 10배 초과 20배 이하	5m 이상
지정수량의 20배 초과 50배 이하	9m 이상
지정수량의 50배 초과 200배 이하	12m 이상
지정수량의 200배 초과	15m 이상

※제4류 위험물 중 제4석유류와 제6류 위험물 : 보유공지의 1/3로 할 수 있다.

  ③ 옥외저장소의 표지 및 게시판 : 제조소와 동일함
  ④ 옥외저장소의 기준
    ㉮ 선반 : 불연재료
    ㉯ **선반의 높이** : **6m를 초과하지 말 것**
    ㉰ 과산화수소, 과염소산 저장하는 옥외저장소 : 불연성 또는 난연성의 천막 등을 설치하여 햇빛을 가릴 것
    ㉱ 덩어리 상태의 황을 저장 또는 취급하는 경우
      ㉠ 하나의 경계표시의 내부의 면적 : 100m² 이하
      ㉡ 2 이상의 경계표시를 설치하는 경우에 있어서는 각각의 경계표시 내부의 면적을 합산한 면적 : 1,000m² 이하(단, 지정수량의 200배 이상인 경우 : 10m 이상)
  ⑤ 인화성고체, 제1석유류, 알코올류의 옥외저장소의 특례
    ㉮ 인화성고체, 제1석유류, 알코올류를 저장 또는 취급하는 장소 : 살수설비 설치
    ㉯ 제1석유류 또는 알코올류를 저장 또는 취급하는 장소의 주위 : 배수구와 집유설비를 설치할 것. 이 경우 제1석유류(온도 20℃의 물 100g에 용해되는 양이 1g 미만의 것에 한한다)를 저장 또는 취급하는 장소에는 집유설비에 유분리장치를 설치할 것)

⑥ 옥외저장소에 저장할 수 있는 위험물
  ㉮ 제2류 위험물 중 **황, 인화성고체**(인화점이 0℃ 이상인 것에 한함)
  ㉯ 제4류 위험물 중 **제1석유류**(인화점이 0℃ 이상인 것에 한함), 제2석유류, 제3석유류, 제4석유류, **알코올류**, 동식물유류
  ㉰ **제6류 위험물**

9) 주유취급소의 위치, 구조 및 설비의 기준(규칙 별표13)
  ① 주유취급소의 주유공지
    ㉮ **주유공지 : 너비 15m 이상, 길이 6m 이상**
    ㉯ 공지의 바닥 : 주위 지면보다 높게 하고, 적당한 기울기, 배수구, 집유설비, 유분리장치를 설치
  ② 주유취급소의 토지 및 게시판

> ### 주유 중 엔진정지
> (황색바탕에 흑색문자)

  ③ 주유취급소의 저장 또는 취급 가능한 탱크
    ㉮ 자동차 등에 주유하기 위한 **고정주유설비**에 직접 접속하는 전용탱크로서 **50,000ℓ 이하**의 것
    ㉯ **고정급유설비**에 직접 접속하는 전용탱크로서 **50,000ℓ 이하**의 것
    ㉰ **보일러 등**에 직접 접속하는 전용탱크로서 **10,000ℓ 이하**의 것
    ㉱ 자동차 등을 점검·정비하는 작업장 등(주유취급소 안에 설치된 것에 한한다)에서 사용하는 폐유·윤활유 등의 위험물을 저장하는 탱크(폐유탱크)로서 용량(2 이상 설치하는 경우에는 각 용량의 합계)이 **2,000ℓ 이하**인 탱크
    ㉲ 고정주유설비 또는 고정급유설비에 직접 접속하는 **3기 이하**의 간이탱크
  ④ 고정주유설비 등
    ㉮ 주유취급소의 고정주유설비 또는 고정급유설비의 구조
      ㉠ 펌프기기의 배출량
        • **주유관 끝부분에서의 최대 배출량**
          - 제1석유류 : 분당 50ℓ 이하
          - 경유 : 분당 180ℓ 이하
          - 등유 : 분당 80ℓ 이하
        • 이동저장탱크에 주입하기 위한 고정급유설비의 펌프기기는 최대 배출량 : 분당 300ℓ 이하
    ㉯ 고정주유설비 또는 고정급유설비의 **주유관의 길이 : 5m**(현수식의 경우에는 지면위 0.5m의 수평면에 수직으로 내려 만나는 점을 중심으로 반경 3m) 이내로 하고 그 끝부분에는 축적된 정전기를 유효하게 제거할 수 있는 장치를 설치할 것

㉰ **고정주유설비 또는 고정급유설비의 설치 기준**
  ㉠ **고정주유설비**(중심선을 기점으로 하여)
    - **도로경계선까지 : 4m 이상**
    - **부지경계선 · 담 및 건축물의 벽까지 : 2m**(개구부가 없는 벽까지는 1m) **이상**
  ㉡ **고정급유설비**(중심선을 기점으로 하여)
    - 도로경계선까지 : 4m 이상
    - **부지경계선 · 담까지 : 1m**
    - 건축물의 벽까지 : 2m(개구부가 없는 벽까지는 1m) 이상 거리를 유지할 것

⑤ **주유취급소에 설치 할 수 있는 건축물**
  ㉮ 주유 또는 등유 · 경유를 채우기 위한 **작업장**
  ㉯ 주유취급소의 업무를 행하기 위한 **사무소**
  ㉰ 자동차 등의 **점검 및 간이정비를 위한 작업장**
  ㉱ 자동차 등의 **세정을 위한 작업장**
  ㉲ 주유취급소에 출입하는 사람을 대상으로 한 **점포 · 휴게음식점 또는 전시장**
  ㉳ 주유취급소의 관계자가 거주하는 **주거시설**
  ㉴ **전기자동차용 충전설비**

⑥ **주유취급소의 건축물의 구조**
  ㉮ 건축물은 벽 · 기둥 · 바닥 · 보 및 지붕 : 내화구조 또는 불연재료
  ㉯ 창 및 출입구 : 방화문 또는 불연재료로 된 문을 설치
  ㉰ 사무실 등의 창 및 출입구에 유리를 사용하는 경우에는 망입유리 또는 강화유리로 할 것(강화유리의 두께는 창에는 8mm 이상, 출입구에는 12mm 이상)
  ㉱ 자동차등의 점검 · 정비를 행하는 설비
    ㉠ 고정주유설비부터 4m 이상
    ㉡ 도로경계선으로부터 2m 이상 떨어지게 할 것
  ㉲ 자동차등의 세정을 행하는 설비
    ㉠ 증기세차기를 설치하는 경우 그 주위에 불연재료로 된 높이 1m 이상의 담을 설치하고 출입구가 고정주유설비에 면하지 아니하도록 할 것. 이 경우 고정주유설비부터 4m 이상 떨어지게 할 것
    ㉡ 증기세차기 외의 세차기를 설치하는 경우에는 고정주유설비로부터 4m 이상, 도로경계선으로부터 2m 이상 떨어지게 할 것

⑦ 고속국도 주유취급소의 특례
  고속국도의 도로변에 설치된 주유취급소의 탱크의 용량 : 60,000ℓ 이하

⑧ 고객이 직업 주유하는 주요취급소의 기준
  ㉮ 셀프용고정주유설비

종류	연속주유량	주유시간
휘발유	100ℓ 이하	4분 이하
경유	600ℓ 이하	12분 이하

㉯ 셀프용고정급유설비
  ㉠ 1회 연속급유량 : 100ℓ 이하
  ㉡ 1회 연속 급유시간의 상한 : 6분 이하

10) **판매취급소의 위치, 구조 및 설비의 기준**(규칙 별표14)
  ① **제1종 판매취급소**(지정수량의 20배 이하)의 기준
    ㉮ 제1종 판매취급소는 건축물의 1층에 설치할 것
    ㉯ 제1종 판매취급소의 용도로 사용하는 건축물의 부분은 보를 불연재료로 하고, 천장을 설치하는 경우에는 천장을 불연재료로 할 것
    ㉰ 제1종 판매취급소의 용도로 사용하는 부분의 창 및 출입구에는 60분+ 방화문·60분 방화문 또는 30분 방화문을 설치할 것
    ㉱ 위험물 배합실의 기준
      ㉠ **바닥면적**은 **6m² 이상 15m² 이하**일 것
      ㉡ **내화구조** 또는 **불연재료로 된 벽**으로 구획할 것
      ㉢ 바닥은 위험물이 침투하지 아니하는 구조로 하여 적당한 경사를 두고 **집유설비**를 할 것
      ㉣ **출입구**에는 수시로 열 수 있는 **자동폐쇄식의 60분+ 방화문 또는 60분 방화문**을 설치할 것
      ㉤ **출입구 문턱의 높이**는 바닥면으로부터 **0.1m 이상**으로 할 것
  ② **제2종 판매취급소**(지정수량의 40배 이하)의 기준
    ㉮ 제2종 판매취급소의 용도로 사용하는 부분은 벽·기둥·바닥 및 보를 내화구조로 하고, 천장이 있는 경우에는 이를 불연재료로 하며, 판매취급소로 사용되는 부분과 다른 부분과의 격벽은 내화구조로 할 것
    ㉯ 제2종 판매취급소의 용도로 사용하는 부분에 있어서 상층이 있는 경우에는 상층의 바닥을 내화구조로 하는 동시에 상층으로의 연소를 방지하기 위한 조치를 강구하고, 상층이 없는 경우에는 지붕을 내화구조로 할 것
    ㉰ 제2종 판매취급소의 용도로 사용하는 부분 중 연소의 우려가 없는 부분에 한하여 창을 두되, 해당 창에는 60분+ 방화문·60분 방화문 또는 30분 방화문을 설치할 것
    ㉱ 제2종 판매취급소의 용도로 사용하는 부분의 출입구에는 60분+ 방화문·60분 방화문 또는 30분 방화문을 설치할 것. 다만, 해당 부분중 연소의 우려가 있는 벽 또는 창의 부분에 설치하는 출입구에는 수시로 열 수 있는 자동폐쇄식의 60분+ 방화문 또는 60분 방화문을 설치할 것

11) **이송취급소의 위치, 구조 및 설비의 기준**(규칙 별표15)
  ① 설치장소 : 이송취급소는 다음 각목의 장소 외의 장소에 설치하여야 한다.
    ① 철도 및 도로의 터널 안
    ② 고속국도 및 자동차전용도로(「도로법」제54조의 3 제1항의 규정에 의하여 지정된 도로를 말한다)의 차도·갓길 및 중앙분리대
    ③ 호수·저수지 등으로서 수리의 수원이 되는 곳
    ④ 급경사지역으로서 붕괴의 위험이 있는 지역

② 배관설치의 기준
  ㉮ 지하매설
    ㉠ 배관은 그 외면으로부터 건축물·지하가·터널 또는 수도시설까지 각각 다음의 규정에 의한 안전거리를 둘 것. (다만, ㉮ 또는 ㉰의 공작물에 있어서는 적절한 누설확산방지조치를 하는 경우에 그 안전거리를 2분의 1의 범위 안에서 단축할 수 있다)
      • 건축물(지하가 내의 건축물을 제외한다) : 1.5m 이상
      • 지하가 및 터널 : 10m 이상
      • 수도법에 의한 수도시설(위험물의 유입우려가 있는 것에 한한다) : 300m 이상
    ㉡ 배관은 그 외면으로부터 다른 공작물에 대하여 0.3m 이상의 거리를 보유할 것
    ㉢ 배관의 외면과 지표면과의 거리는 산이나 들에 있어서는 0.9m 이상, 그 밖의 지역에 있어서는 1.2m 이상으로 할 것
  ㉯ 지상설치
    ㉠ 배관[이송기지(펌프에 의하여 위험물을 보내거나 받는 작업을 행하는 장소를 말한다.)의 구내에 설치되어진 것을 제외한다]은 다음의 기준에 의한 안전거리를 둘 것
      • 철도(화물수송용으로만 쓰이는 것을 제외) 또는 도로의 경계선으로부터 25m 이상
      • 종합병원, 병원, 치과병원, 한방병원, 요양병원, 공연장, 영화상영관, 복지시설(아동, 노인, 장애인, 모·부자)등 시설로부터 45m 이상
      • 지정문화유산, 천연기념물등 시설로부터 65m 이상
      • 고압가스, 액화석유가스, 도시가스 시설로부터 35m 이상
      • 「국토의 계획 및 이용에 관한 법률」에 의한 공공공지 또는 「도시공원법」에 의한 도시공원으로부터 45m 이상
      • 판매시설, 숙박시설, 위락시설 등 불특정다중을 수용하는 시설 중 연면적 1,000m² 이상인 것으로부터 45m 이상
      • 1일 평균 20,000명 이상 이용하는 기차역 또는 버스터미널로부터 45m 이상
      • 「수도법」에 의한 수도시설 중 위험물이 유입될 가능성이 있는 것으로부터 300m 이상
      • 주택 또는 내지와 유사한 시설 중 다수의 사람이 출입하거나 근무하는 것으로부터 25m 이상
    ㉡ 배관(이송기지의 구내에 설치된 것을 제외)의 양측면으로부터 해당 배관의 최대상용압력에 따라 다음 표에 의한 너비의 공지를 보유할 것

배관의 최대상용압력	공지의 너비
0.3MPa 미만	5m 이상
0.3MPa 이상 1MPa 미만	9m 이상
1MPa 이상	15m 이상

③ 기타 설비
  ㉮ 가연성증기의 체류방지조치 : 배관을 설치하기 위하여 설치하는 터널(높이 1.5m 이상인 것에 한한다)에는 가연성증기의 체류를 방지하는 조치를 하여야 한다.
  ㉯ **비파괴시험** : 배관 등의 용접부는 비파괴시험을 실시하여 합격할 것. 이 경우 이송기

지 내의 지상에 설치된 배관 등은 **전체 용접부의 20% 이상을 발췌**하여 시험할 수 있다.
- ㉰ **내압시험** : 배관 등은 **최대상용압력의 1.25배 이상의 압력**으로 **4시간 이상 수압**을 가하여 누설 그 밖의 이상이 없을 것
- ㉱ 압력안전장치 : 배관계에는 배관내의 압력이 최대상용압력을 초과하거나 유격작용 등에 의하여 생긴 압력이 최대상용압력의 1.1배를 초과하지 아니하도록 제어하는 장치를 설치할 것
- ㉲ 펌프 및 그 부속설비의 보유공지

펌프 등의 최대상용압력	공지의 너비
1MPa 미만	3m 이상
1MPa 이상 3MPa 미만	5m 이상
3MPa 이상	15m 이상

3. 제조소등의 소화설비, 경보설비기준

1) 위험물 제조소등의 소화난이도등급

① **소화난이도등급 Ⅰ**

㉮ 소화난이도등급 Ⅰ에 해당하는 제조소등

구분	제조소등의 규모, 저장 또는 취급하는 위험물의 품명 및 최대수량 등
제조소 및 일반취급소	연면적 1,000m² 이상인 것
	지정수량의 100배 이상인 것(고인화점위험물만을 100℃ 미만의 온도에서 취급하는 것 및 제48조의 위험물을 취급하는 것은 제외)
	지반면으로 부터 6m 이상의 높이에 위험물 취급설비가 있는 것(고인화점위험물만을 100℃ 미만의 온도에서 취급하는 것은 제외)
	일반취급소로 사용되는 부분 외의 부분을 갖는 건축물에 설치된 것(내화구조로 개구부 없이 구획 된 것 및 고인화점위험물만을 100℃ 미만의 온도에서 취급하는 것은 제외)
옥내저장소	지정수량의 150배 이상인 것(고인화점위험물만을 저장하는 것 및 제48조의 위험물을 저장하는 것은 제외)
	연면적 150m²을 초과하는 것(150m² 이내마다 불연재료로 개구부 없이 구획 된 것 및 인화성고체 외의 제2류 위험물 또는 인화점 70℃ 이상의 제4류 위험물만을 저장하는 것은 제외)
	처마높이가 6m 이상인 단층건물의 것
	옥내저장소로 사용되는 부분 외의 부분이 있는 건축물에 설치된 것(내화구조로 개구부 없이 구획 된 것 및 인화성고체 외의 제2류 위험물 또는 인화점 70℃ 이상의 제4류 위험물만을 저장하는 것은 제외)
옥외 탱크저장소	액표면적이 40m² 이상인 것(제6류 위험물을 저장하는 것 및 고인화점위험물만을 100℃ 미만의 온도에서 저장하는 것은 제외)
	지반면으로부터 탱크 옆판의 상단까지 높이가 6m 이상인 것(제6류 위험물을 저장하는 것 및 고인화점위험물만을 100℃ 미만의 온도에서 저장하는 것은 제외)
	지중탱크 또는 해상탱크로서 지정수량의 100배 이상인 것(제6류 위험물을 저장하는 것 및 고인화점위험물만을 100℃ 미만의 온도에서 저장하는 것은 제외)
	고체위험물을 저장하는 것으로서 지정수량의 100배 이상인 것

구분	제조소등의 규모, 저장 또는 취급하는 위험물의 품명 및 최대수량 등
옥내 탱크저장소	액표면적이 40m² 이상인 것(제6류 위험물을 저장하는 것 및 고인화점위험물만을 100℃ 미만의 온도에서 저장하는 것은 제외)
	바닥면으로부터 탱크 옆판의 상단까지 높이가 6m 이상인 것(제6류 위험물을 저장하는 것 및 고인화점위험물만을 100℃ 미만의 온도에서 저장하는 것은 제외)
	탱크전용실이 단층건물 외의 건축물에 있는 것으로서 인화점 38℃ 이상 70℃ 미만의 위험물을 지정수량의 5배 이상 저장하는 것(내화구조로 개구부 없이 구획된 것은 제외)
옥외저장소	덩어리상태의 황을 저장하는 것으로서 경계표시 내부의 면적(2 이상의 경계표시가 있는 경우에는 각 경계표시의 내부의 면적을 합한 면적)이 100m² 이상인 것
	별표 11 Ⅲ의 위험물을 저장하는 것으로서 지정수량의 100배 이상인 것
암반 탱크 저장소	액표면적이 40m² 이상인 것(제6류 위험물을 저장하는 것 및 고인화점위험물만을 100℃ 미만의 온도에서 저장하는 것은 제외)
	고체위험물을 저장하는 것으로서 지정수량의 100배 이상인 것
이송취급소	모든 대상

㉯ 소화난이도등급 Ⅰ의 제조소등에 설치하여야 하는 소화설비

구분	소화설비	
제조소 및 일반취급소	옥내소화전설비, 옥외소화전설비, 스프링클러설비 또는 물분무등소화설비(화재 발생시 연기가 충만할 우려가 있는 장소에는 스프링클러설비 또는 이동식 외의 물분무등소화설비에 한한다)	
옥내저장소	처마높이가 6m 이상인 단층건물 또는 다른 용도의 부분이 있는 건축물에 설치한 옥내저장소	스프링클러설비 또는 이동식 외의 물분무등소화설비
	그 밖의 것	옥외소화전설비, 스프링클러설비, 이동식 외의 물분무등소화설비 또는 이동식 포소화설비(포소화전을 옥외에 설치하는 것에 한한다)
옥외 탱크저장소	지중 탱크 또는 해상 탱크 외의 것	
	└ 황만을 저장·취급하는 것	물분무소화설비
	└ 인화점 70℃ 이상의 제4류 위험물만을 저장 취급하는 것	물분무소화설비 또는 고정식 포소화설비
	└ 그 밖의 것	고정식 포소화설비(포소화설비가 적응성이 없는 경우에는 분말소화설비)
	지중탱크	고정식 포소화설비, 이동식 이외의 불활성가스소화설비 또는 이동식 이외의 할로젠화합물소화설비
	해상탱크	고정식 포소화설비, 물분무소화설비, 이동식 이외의 불활성가스소화설비 또는 이동식 이외의 할로젠화합물소화설비

구분		소화설비
옥내 탱크저장소	황만을 저장 취급하는 것	물분무소화설비
	인화점 70℃ 이상의 제4류 위험물만을 저장 취급하는 것	물분무소화설비, 고정식 포소화설비, 이동식 이외의 불활성가스소화설비, 이동식 이외의 할로젠화합물소화설비 또는 이동식 이외의 분말소화설비
	그 밖의 것	고정식 포소화설비, 이동식 이외의 불활성가스소화설비, 이동식 이외의 할로젠화합물소화설비 또는 이동식 이외의 분말소화설비
옥외저장소 및 이송취급소		옥내소화전설비, 옥외소화전설비, 스프링클러설비 또는 물분무소화설비(화재발생시 연기가 충만할 우려가 있는 장소에는 스프링클러설비 또는 이동식 이외의 물분무등소화설비에 한한다)
암반 탱크저장소	황만을 저장 취급하는 것	물분무소화설비
	인화점 70℃ 이상의 제4류 위험물만을 저장 취급하는 것	물분무소화설비 또는 고정식 포소화설비
	그 밖의 것	고정식 포소화설비(포소화설비가 적응성이 없는 경우에는 분말소화설비)

② **소화난이도등급 Ⅱ**
㉮ 소화난이도등급 Ⅱ에 해당하는 제조소등

구분	제조소등의 규모, 저장 또는 취급하는 위험물의 품명 및 최대수량 등
제조소 및 일반취급소	연면적 600m² 이상인 것
	지정수량의 10배 이상인 것(고인화점위험물만을 100℃ 미만의 온도에서 취급하는 것 및 제48조의 위험물을 취급하는 것은 제외)
	별표 16 Ⅱ · Ⅲ · Ⅳ · Ⅴ · Ⅷ · Ⅸ 또는 Ⅹ의 일반취급소로서 소화난이도등급 Ⅰ의 제조소 등에 해당하지 아니하는 것(고인화점위험물만을 100℃ 미만의 온도에서 취급하는 것은 제외)
옥내저장소	단층건물 이외의 것
	별표 5 Ⅱ 또는 Ⅳ제1호의 옥내저장소
	지정수량의 10배 이상인 것(고인화점위험물만을 저장하는 것 및 제43조의 위험물을 저장하는 것은 제외)
	연면적 150m² 초과인 것
	별표 5 Ⅲ의 옥내저장소로서 소화난이도등급 Ⅰ의 제조소등에 해당하지 아니하는 것
옥외탱크저장소 옥내탱크저장소	소화난이도등급 Ⅰ의 제조소등 외의 것(고인화점위험물만을 100℃ 미만의 온도로 저장하는 것 및 제6류 위험물만을 저장하는 것은 제외)
옥외저장소	덩어리상태의 황을 저장하는 것으로서 경계표시 내부의 면적(2 이상의 경계표시가 있는 경우에는 각 경계표시의 내부의 면적을 합한 면적)이 5m² 이상 100m² 미만인 것
	별표 11 Ⅲ의 위험물을 저장하는 것으로서 지정수량의 10배 이상 100배 미만인 것
	지정수량의 100배 이상인 것(덩어리상태의 황 또는 고인화점위험물을 저장하는 것은 제외)

구분	제조소등의 규모, 저장 또는 취급하는 위험물의 품명 및 최대수량 등
주유취급소	옥내주유취급소
판매취급소	제2종 판매취급소

㉰ 소화난이도등급 Ⅱ의 제조소등에 설치하여야 하는 소화설비

제조소등의 구분	소화설비
제조소, 옥내저장소, 옥외저장소, 주유취급소, 판매취급소, 일반취급소	방사능력범위 내에 해당 건축물, 그 밖의 공작물 및 위험물이 포함되도록 대형소화기를 설치하고, 해당 위험물의 소요단위의 1/5 이상에 해당하는 능력단위의 소형소화기 등을 설치할 것
옥외탱크저장소 옥내탱크저장소	대형소화기 및 소형소화기 등을 각각 1개 이상 설치할 것

③ **소화난이도등급 Ⅲ**

㉮ 소화난이도등급 Ⅲ에 해당하는 제조소등

제조소등의 구분	제조소등의 규모, 저장 또는 취급하는 위험물의 품명 및 최대수량 등
제조소, 일반취급소	제48조의 위험물을 취급하는 것
	제48조의 위험물 외의 것을 취급하는 것으로서 소화난이도등급 Ⅰ 또는 소화난이도등급 Ⅱ의 제조소등에 해당하지 아니하는 것
옥내저장소	제48조의 위험물을 취급하는 것
	제48조의 위험물 외의 것을 취급하는 것으로서 소화난이도등급 Ⅰ 또는 소화난이도등급 Ⅱ의 제조소등에 해당하지 아니하는 것
지하탱크저장소 간이탱크저장소 이동탱크저장소	모든 대상
옥외저장소	덩어리 상태의 황을 저장하는 것으로서 경계표시 내부의 면적(2 이상의 경계표시가 있는 경우에는 각 경계표시의 내부의 면적을 합한 면적)이 5m² 미만인 것
	덩어리 상태의 황 외의 것을 저장하는 것으로서 소화난이도등급 Ⅰ 또는 소화난이도등급 Ⅱ의 제조소등에 해당하지 아니하는 것
주유취급소	옥내주유취급소 외의 것
제1종판매취급소	모든 대상

㉯ 소화난이도등급 Ⅲ의 제조소등에 설치하여야 하는 소화설비

제조소등의 구분	소화설비	설치기준	
지하탱크저장소	소형소화기등	능력단위의 수치가 3 이상	2개 이상
이동탱크저장소	자동차용 소화기	무상의 강화액 8ℓ 이상	2개 이상
		이산화탄소 3.2kg 이상	
		브로모클로로다이플루오로메테인(CF_2ClBr) 2ℓ 이상	
		브로모트라이플루오로메테인(CF_3Br) 2ℓ 이상	

제조소등의 구분	소화설비	설치기준	
이동탱크저장소	자동차용 소화기	다이브로모테트라플루오로에테인($C_2F_4Br_2$) 1ℓ 이상	2개 이상
		소화분말 3.3kg 이상	
	마른모래 및 팽창질석 또는 팽창진주암	마른모래 150ℓ 이상	
		팽창질석 또는 팽창진주암 640ℓ 이상	
그 밖의 제조소 등	소형소화기 등	능력단위의 수치가 건축물 그 밖의 공작물 및 위험물의 소요단위의 수치에 이르도록 설치할 것. 다만, 옥내소화전설비, 옥외소화전설비, 스프링클러설비, 물분무등소화설비 또는 대형소화기를 설치한 경우에는 당해 소화설비의 방사능력범위 내의 부분에 대하여는 소화기 등을 그 능력단위의 수치가 해당 소요단위의 수치의 1/5 이상이 되도록 하는 것으로 족하다.	

2) **전기설비의 소화설비** : 제조소등에 전기설비(전기배선, 조명기구 등은 제외)가 설치 된 경우 : **면적 100m²마다 소형소화기를 1개 이상** 설치할 것

3) **소요단위 및 능력단위**

   ① 소요단위 : 소화설비의 설치대상이 되는 건축물 그 밖의 공작물의 규모 또는 위험물의 양의 기준단위
   ② 능력단위 : ①의 소요단위에 대응하는 소화설비의 소화능력의 기준단위

4) **소요단위의 계산방법**

   ① **제조소 또는 취급소**의 건축물
   ㉮ 외벽이 **내화구조** : **연면적 100m²**를 1소요단위
   ㉯ 외벽이 **내화구조가 아닌 것** : **연면적 50m²**를 1소요단위
   ② **저장소**의 건축물
   ㉮ 외벽이 **내화구조** : **연면적 150m²**를 1소요단위
   ㉯ 외벽이 **내화구조가 아닌 것** : **연면적 75m²**를 1소요단위
   ㉰ 제조소등의 옥외에 설치된 공작물은 외벽이 내화구조인 것으로 간주하고 공작물의 최대수평투영면적을 연면적으로 간주하여 ① 및 ②의 규정에 의하여 소요단위를 산정할 것
   ③ **위험물은 지정수량의 10배 : 1소요단위**

$$소요단위 = \frac{저장량}{지정수량 \times 10}$$

5) 소화설비의 능력단위

소화설비	용량	능력단위
소화전용(專用)물통	8ℓ	0.3
수조(소화전용 물통 3개 포함)	80ℓ	1.5
수조(소화전용 물통 6개 포함)	190ℓ	2.5
마른 모래(삽 1개 포함)	50ℓ	0.5
팽창질석 또는 팽창진주암(삽 1개 포함)	160ℓ	1.0

4. 위험물안전관리법령

1) 위험물
   ① 위험물 : 인화성 또는 발화성 등의 성질을 가지는 것으로 대통령령이 정하는 물품
   ② **제조소등**
      ㉮ **제조소** : 위험물을 제조할 목적으로 지정수량 이상의 위험물을 취급하기 위하여 규정에 따른 허가를 받은 장소
      ㉯ **저장소** : 지정수량 이상의 위험물을 저장하기 위한 대통령령이 정하는 장소로서 허가를 받은 장소로서 옥내저장소, 옥외저장소, 옥내탱크저장소, 옥외탱크저장소, 지하탱크저장소, 이동탱크저장소, 암반탱크저장소, 간이탱크저장소
      ㉰ **취급소** : 지정수량 이상의 위험물을 제조외의 목적으로 취급하기 위한 대통령령이 정하는 장소로서 허가를 받은 장소로서 일반취급소, 주유취급소, 이송취급소, 판매취급소
   ③ 위험물의 취급
      ㉮ **지정수량이상의 위험물** : 제조소등에서 취급, **위험물안전관리법 적용**
      ㉯ **지정수량미만의 위험물** : 시 · 도의 조례

    둘 이상의 위험물을 같은 장소에서 저장 또는 취급하는 경우에 있어서 해당 장소에서 저장 또는 취급하는 각 위험물의 수량을 그 위험물의 지정수량으로 각각 나누어 얻은 수의 합계가 1 이상인 경우 해당 위험물은 지정수량 이상의 위험물로 본다.

   $$지정수량의\ 배수 = \frac{저장(취급)량}{지정수량}$$

2) 제조소등의 설치 및 후속절차
   ① **제조소등의 허가**
      ㉮ 제조소등을 설치하고자 하는 자 : 그 설치장소를 관할하는 특별시장 · 광역시장 또는 도지사(시 · 도지사)의 허가를 받아야 한다.
      ㉯ 제조소등의 위치 · 구조 또는 설비 가운데 행정안전부령이 정하는 사항을 변경하고자 하는 때에도 또한 같다.
      ㉰ 제조소등의 위치 · 구조 또는 설비의 변경 없이 제조소등에서 저장, 취급하는 위험물의 **품명 · 수량 또는 지정수량의 배수를 변경**하고자 하는 자는 변경하고자 하는 날의 **1일 전까지 시 · 도지사에게 신고**하여야 한다.

㉣ **신고를 하지 아니하고 변경할 수 있는 경우**
  ⊙ 주택의 난방시설(공동주택의 중앙난방시설을 제외한다)을 위한 저장소 또는 취급소
  ⓒ 농예용·축산용 또는 수산용으로 필요한 난방시설 또는 건조시설을 위한 **지정수량 20배 이하**의 저장소

② **완공검사**
  ㉮ 완공검사권자 : 제조소등마다 시·도지사가 행하는 완공검사를 받아 기술기준에 적합하다고 인정받은 후가 아니면 이를 사용하여서는 아니 된다
  ㉯ 완공검사합격확인증을 잃어버려 재교부를 받은 자가 완공검사합격확인증을 발견한 경우 10일이내에 시·도지사에게 제출하여야 한다.
  ㉰ **완공검사 신청시기**
    ⊙ 지하탱크가 있는 제조소등의 경우 : 해당 **지하탱크를 매설하기 전**
    ⓒ 이동탱크저장소의 경우 : 이동저장탱크를 완공하고 상시설치장소(상치장소)를 확보한 후
    ⓒ 이송취급소의 경우 : 이송배관 공사의 전체 또는 일부를 완료한 후. 다만, 지하·하천 등에 매설하는 이송배관의 공사의 경우에는 이송배관을 매설하기 전
    ㉣ 전체 공사가 완료된 후에는 완공검사를 실시하기 곤란한 경우 : 다음 각목에서 정하는 시기
      • 위험물설비 또는 배관의 설치가 완료되어 기밀시험 또는 내압시험을 실시하는 시기
      • 배관을 지하에 설치하는 경우에는 시·도지사, 소방서장 또는 기술원이 지정하는 부분을 매몰하기 직전
      • 기술원이 지정하는 부분의 비파괴시험을 실시하는 시기
    ㉲ ㉮~㉱에 해당하지 아니하는 제조소등의 경우 : 제조소등의 공사를 완료한 후

③ **탱크안전성능검사**
  ㉮ 안전성능검사 : 완공검사를 받기 전에 기술기준에 적합한지의 여부를 확인하기 위하여 시·도지사가 실시하는 탱크안전성능검사를 받아야 한다.
  ㉯ 탱크안전성능시험자 : 기술능력, 시설, 장비를 갖추고 시·도지사에게 등록
  ㉰ **등록사항 변경 시** : 30일 이내에 시·도지사에게 변경신고
  ㉱ **탱크안전성능검사 신청시기**
    ⊙ 기초·지반검사 : 위험물탱크의 기초 및 지반에 관한 공사의 개시 전
    ⓒ 충수·수압검사 : 위험물을 저장 또는 취급하는 탱크에 배관 그 밖의 부속설비를 부착하기 전
    ⓒ 용접부검사 : 탱크본체에 관한 공사의 개시 전
    ㉣ 암반탱크검사 : 암반탱크의 본체에 관한 공사의 개시 전

④ **지위승계 및 용도폐지**
  ㉮ 제조소등의 설치자의 **지위를 승계한 자** : 승계한 날부터 30일 이내에 시·도지사에게 신고
  ㉯ 제조소등의 관계인은 해당 제조소등의 **용도를 폐지한 때** : 용도를 폐지한 날부터 14일 이내에 시·도지사에게 신고

3) 행정처분

① 제조소등의 6월 이내의 사용정지 및 허가취소
  ㉮ 변경허가를 받지 아니하고 제조소등의 위치·구조 또는 설비를 변경한 때
  ㉯ 완공검사를 받지 아니하고 제조소등을 사용한 때
  ㉰ 수리·개조 또는 이전의 명령에 위반한 때
  ㉱ 위험물안전관리자를 선임하지 아니한 때
  ㉲ 대리자를 지정하지 아니한 때
  ㉳ 정기점검 및 정기검사를 하지 아니한 때

② **과징금 처분**
  ㉮ **과징금 부과권자 : 시·도지사**
  ㉯ 부과사유 : 제조소등에 대한 사용의 정지가 그 이용자에게 심한 불편을 주거나 그 밖에 공익을 해칠 우려가 있는 때
  ㉰ **과징금 금액 : 2억원 이하**

4) 정기점검의 대상인 제조소등

① 예방규정을 정하여야 하는 제조소 등
② 지하탱크저장소
③ 이동탱크저장소
④ 위험물을 취급하는 탱크로서 지하에 매설된 탱크가 있는 제조소, 주유취급소, 일반취급소

5) 행정감독

① 출입·검사등
  ㉮ 시·도지사, 소방본부장 또는 소방서장은 관계인에 대하여 필요한 보고 또는 자료제출을 명할 수 있으며, 관계공무원으로 하여금 해당 장소에 출입하여 그 장소의 위치·구조·설비 및 위험물의 저장·취급상황에 대하여 검사하게 하거나 관계인에게 질문을 할 수 있다
  ㉯ 개인의 주거는 관계인의 승낙을 얻은 경우 또는 화재발생의 우려가 커서 긴급한 필요가 있는 경우가 아니면 출입할 수 없다.
  ㉰ 국가기술자격증 또는 교육수료증의 제시 요구권자 : 소방공무원 또는 경찰공무원
  ㉱ **출입·검사 등은 그 장소의 공개시간이나 근무시간 내 또는 해가 뜬 후부터 해가 지기 전까지의 시간 내에 행하여야 한다**(다만, 건축물 그 밖의 공작물의 관계인의 승낙을 얻은 경우 또는 화재발생의 우려가 커서 긴급한 필요가 있는 경우에는 예외)
  ㉲ 출입·검사 등을 행하는 관계공무원은 관계인의 정당한 업무를 방해하거나 출입·검사 등을 수행하면서 알게 된 비밀을 다른 자에게 누설하여서는 아니 된다.
  ㉳ 시·도지사, 소방본부장 또는 소방서장은 탱크시험자에 대하여 필요한 보고 또는 자료제출을 명하거나 관계공무원으로 하여금 해당 사무소에 출입하여 업무의 상황·시험기구·장부, 서류와 그 밖의 물건을 검사하게 하거나 관계인에게 질문하게 할 수 있다.
  ㉴ 출입·검사 등을 하는 관계공무원은 그 권한을 표시하는 증표를 지니고 관계인에게 이를 내보여야 한다.
  ㉵ 제조소등의 사용 일시정지, 사용제한권자 : 시·도지사, 소방본부장 또는 소방서장

㉻ 청문 실시 내용
  ㉠ 제조소등 설치허가의 취소
  ㉡ 탱크시험자의 등록취소

② **벌칙**
  ㉮ **1년 이상 10년 이하의 징역** : 제조소등에서 위험물을 유출·방출 또는 확산시켜 사람의 생명·신체 또는 재산에 대하여 위험을 발생시킨 자
  ㉯ **무기 또는 5년 이상의 징역** : 제조소등에서 위험물을 유출·방출 또는 확산시켜 사람을 사망에 이르게 한 때
  ㉰ **무기 또는 3년 이상의 징역** : 제조소등에서 위험물을 유출·방출 또는 확산시켜 사람을 상해(傷害)에 이르게 한 때
  ㉱ **10년 이하의 징역 또는 금고나 1억원 이하의 벌금** : 업무상 과실로 제조소등에서 위험물을 유출·방출 또는 확산시켜 사람을 사상(死傷)에 이르게 한 자
  ㉲ **7년 이하의 금고 또는 7000만원 이하의 벌금** : 업무상 과실로 제조소등에서 위험물을 유출·방출 또는 확산시켜 사람의 생명·신체 또는 재산에 대하여 위험을 발생시킨 자
  ㉳ **5년 이하의 징역 또는 1억원 이하의 벌금** : 제조소등의 **설치허가를 받지 아니하고 제조소등을 설치한 자**
  ㉴ **3년 이하의 징역 또는 3천만원 이하의 벌금** : 저장소 또는 제조소등이 아닌 장소에 **지정수량 이상의 위험물을 저장 또는 취급한 자**
  ㉵ **1년 이하의 징역 또는 1000만원 이하의 벌금**
    ㉠ 탱크시험자로 등록하지 아니하고 탱크시험자의 업무를 한 자
    ㉡ 정기점검을 하지 아니하거나 점검기록을 허위로 작성한 관계인으로서 규정에 따른 허가를 받은 자
    ㉢ 정기검사를 받지 아니한 관계인으로서 허가를 받은 자
    ㉣ 자체소방대를 두지 아니한 관계인으로서 허가를 받은 자
  ㉶ **1,500만원 이하의 벌금**
    ㉠ 위험물의 저장 또는 취급에 관한 중요기준에 따르지 아니한 자
    ㉡ **변경허가를 받지 아니하고 제조소등을 변경한 자**
    ㉢ 제조소등의 완공검사를 받지 아니하고 위험물을 저장·취급한 자
    ㉣ **안전관리자**를 선임하지 아니한 관계인으로서 허가를 받은 자
    ㉤ 대리자를 지정하지 아니한 관계인으로서 허가를 받은 자
  ㉷ **1,000만원 이하의 벌금**
    ㉠ 위험물의 취급에 관한 안전관리와 감독을 하지 아니한 자
    ㉡ 안전관리자 또는 그 대리자가 **참여하지 아니한 상태에서 위험물을 취급한 자**
    ㉢ 변경한 예방규정을 제출하지 아니한 관계인으로서 허가를 받은 자
    ㉣ 위험물의 **운반에 관한 중요기준에 따르지 아니한 자**
    ㉤ 국가기술자격자 또는 안전교육을 받지 않고 위험물을 운송하는 자
    ㉥ 관계인의 정당한 업무를 방해하거나 출입·검사 등을 수행하면서 알게 된 비밀을 누설한 자

㉮ **500만원 이하의 과태료**
　㉠ 임시저장기간의 승인을 받지 아니한 자
　㉡ 위험물의 저장 또는 취급에 관한 세부기준을 위반한 자
　㉢ 위험물의 품명 등의 **변경신고를 기간 이내**에 하지 아니하거나 허위로 한 자
　㉣ 위험물재조소등의 **지위승계신고를 기간 이내**에 하지 아니하거나 허위로 한 자
　㉤ 제조소등의 폐지신고, 안전관리자의 선임신고 또는 **퇴직신고를 기간 이내**에 하지 아니하거나 허위로 한 자
　㉥ 등록사항의 변경신고를 기간 이내에 하지 아니하거나 허위로 한 자
　㉦ 위험물제조소등의 정기 점검결과를 기록·보존 하지 아니한 자
　㉧ 위험물의 운반에 관한 세부기준을 위반한 자
　㉨ **국가기술자격증** 또는 **교육수료증을 지니지** 아니하거나 위험물의 운송에 관한 기준을 따르지 아니한 자

6) 위험물안전관리자
　① 위험물안전관리자 **선임권자** : 제조소등의 관계인
　② 위험물안전관리자 선임신고 : 소방본부장 또는 소방서장에게 신고
　③ **해임 또는 퇴직 시 : 30일 이내에 재선임**
　④ 안전관리자 **선임 신고 : 14일 이내**
　⑤ 안전관리자 여행, 질병 기타사유로 직무 수행이 불가능 시 : 대리자 지정

7) 예방규정을 정하여야 하는 제조소등
　① **지정수량의 10배 이상**의 위험물을 취급하는 **제조소, 일반취급소**
　② **지정수량의 100배 이상**의 위험물을 저장하는 **옥외저장소**
　③ **지정수량의 150배 이상**의 위험물을 저장하는 **옥내저장소**
　④ **지정수량의 200배 이상**의 위험물을 저장하는 **옥외탱크저장소**
　⑤ **암반탱크저장소, 이송취급소**

8) 운송책임자의 감독, 지원을 받아 운송하여야 하는 위험물
　① 알킬알루미늄
　② 알킬리튬

> **참고** **위험물운송자** : 한국소방안전원에서 16시간의 교육을 받은 자

9) 자체소방대
   ① **자체소방대 설치 대상 : 제4류 위험물**을 취급하는 **제조소, 일반취급소**로서 **지정수량의 3000배 이상**의 위험물을 저장 또는 취급하는 경우
   ② 자체소방대를 두는 화학소방차 및 인원

사업소의 구분	화학소방자동차	자체소방대원의 수
지정수량의 3천배 이상 12만배 미만	1대	5인
지정수량의 12만배 이상 24만배 미만	2대	10인
지정수량의 24만배 이상 48만배 미만	3대	15인
지정수량의 48만배 이상	4대	20인
옥외탱크저장소에 지정수량의 50만배 이상	2대	10인

   ③ 자체소방대의 설치 제외대상인 일반취급소
      ㉮ 보일러, 버너 그 밖에 이와 유사한 장치로 위험물을 소비하는 일반취급소
      ㉯ 이동저장탱크 그 밖에 이와 유사한 것에 위험물을 주입하는 일반취급소
      ㉰ 용기에 위험물을 옮겨 담는 일반취급소
      ㉱ 유압장치, 윤활유순환장치 그 밖에 이와 유사한 장치로 위험물을 취급하는 일반취급소
      ㉲ 「광산보안법」의 적용을 받는 일반취급소

10) **탱크의 용량**

    > 탱크의 용량 = 탱크의 내용적 - 공간용적(탱크 내용적의 5/100 이상 10/100 이하)

    ① **타원형 탱크의 내용적**
       ㉮ **양쪽이 볼록한 것**

    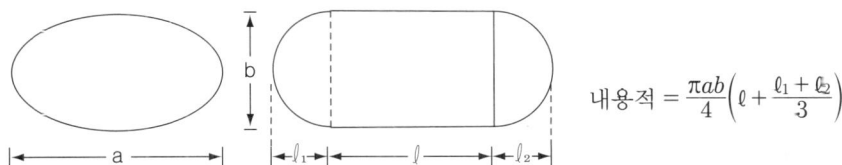

    내용적 $= \dfrac{\pi ab}{4}\left(\ell + \dfrac{\ell_1 + \ell_2}{3}\right)$

       ㉯ **한쪽은 볼록하고 다른 한쪽은 오목한 것**

    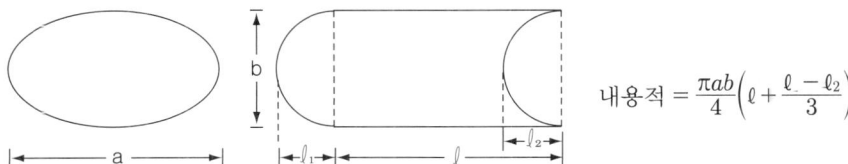

    내용적 $= \dfrac{\pi ab}{4}\left(\ell + \dfrac{\ell_1 - \ell_2}{3}\right)$

② 원통형 탱크의 내용적
  ㉮ 횡으로 설치한 것

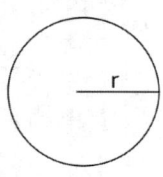 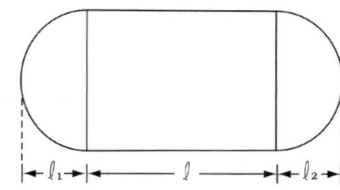

내용적 $= \pi r^2 \left(\ell + \dfrac{\ell_1 + \ell_2}{3} \right)$

  ㉯ 종으로 설치한 것

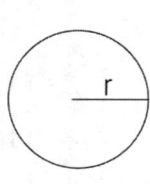 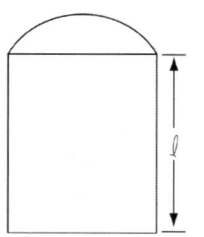

내용적 $= \pi r^2 \ell$

CHAPTER 02

최근기출문제

01 2016년 1회
02 2016년 2회
03 2016년 3회
04 2017년 1회
05 2017년 2회
06 2017년 3회
07 2018년 1회
08 2018년 2회
09 2018년 3회
10 2019년 1회
11 2019년 2회
12 2019년 3회
13 2020년 1·2회
14 2020년 3회
15 2021년 1회
16 2021년 2회
17 2021년 3회
18 2022년 1회
19 2022년 2회
20 2022년 3회
21 2023년 1회
22 2023년 2회
23 2023년 3회
24 2024년 1회
25 2024년 2회
26 2024년 3회
27 2025년 1회
28 2025년 2회
29 2025년 3회

2016년 1회 최근기출문제

1. 물질의 물리 · 화학적 성질

01 27℃에서 500mL에 6g의 비전해질을 녹인 용액의 삼투압은 7.4기압이었다. 이 물질의 분자량은 약 얼마인가?

① 20.78
② 39.89
③ 58.16
④ 77.65

🔍 **삼투압**
$$PV = nRT = \frac{W}{M}RT \qquad M = \frac{WRT}{PV}$$
$$\therefore M = \frac{WRT}{PV}$$
$$= \frac{6g \times 0.08205 \ell \cdot atm/g\text{-}mol \cdot K \times (273+27)K}{7.4atm \times 0.5\ell}$$
$$= 39.9$$

02 다음 화합물 가운데 기하학적 이성질체를 가지고 있는 것은?

① $CH_2=CH_2$
② $CH_3-CH_2-CH_2-OH$
③
```
    CH₃      CH₃
      \    /
       C=C
      /    \
    CH₃      CH₃
```
④ $CH_3-CH=CH-CH_3$

🔍 기하이성질체 : 원자들의 결합형태와 개수, 순서는 같으나 원자들의 공간위치가 다른 것으로 시스(cis)형과 트란스(trans)형이 있다. 알켄에서 주로 일어난다.

cis-1,2-디클로로에틸렌   trans-1,2-디클로로에틸렌

※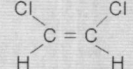
① 시스(cis)형 : ㉮ = ㉱, ㉯ = ㉰
② 트란스(trans)형 : ㉮ = ㉰, ㉯ = ㉱

03 pH에 대한 설명으로 옳은 것은?

① 건강한 사람의 혈액의 pH는 5.7이다.
② pH값은 산성용액에서 알칼리성용액보다 크다
③ pH가 7인 용액에 지시약 메틸오렌지를 넣으면 노란색을 띤다.
④ 알칼리성용액은 pH가 7보다 작다.

🔍 **pH**
- 수소이온지수(pH) : 수소이온농도의 역수를 상용대수로 나타낸 값
- pH가 7보다 작으면 산성, 7보다 크면 알칼리성이다.
- pH가 7인 용액에 지시약 메틸오렌지를 넣으면 노란색을 띤다.

04 에틸렌(C_2H_2)을 원료로 하지 않는 것은?

① 아세트산
② 염화비닐
③ 에탄올
④ 메탄올

🔍 에틸렌 제조시 원료 : 에탄올, 염화비닐, 아세트산 등

05 물 200g에 A물질 2.9g을 녹인 용액의 빙점은?(단, 물의 어는점 내림상수는 1.86℃/kg-mol이고, A물질의 분자량은 58이다.)

① -0.465℃
② -0.932℃
③ -1.871℃
④ -2.453℃

🔍 **빙점강하(ΔT_f)**
$$\Delta T_f = K_f \cdot m = K_f \times \frac{\frac{W_B}{M}}{W_A} \times 1000$$

여기서 K_f : 빙점강하계수(물 : 1.86), m : 몰랄농도
W_B : 용질의 무게, W_A : 용매의 무게, M : 분자량

$$\therefore \Delta T_f = 1.86 \times \frac{\frac{2.9g}{58}}{200g} \times 1000 = 0.465℃ \Rightarrow -0.465℃$$

06 3가지 기체 물질 A, B, C가 일정한 온도에서 다음과 같은 반응을 하고 있다. 평형에서 A, B, C가 각각 1몰, 2몰, 4몰이라면 평형상수 K의 값은?

$$A + 3B \rightarrow 2C + 열$$

① 0.5
② 2
③ 3
④ 4

🔍 평형상수 $K = \dfrac{[C]^2}{[A][B]^3} = \dfrac{4^2}{1 \times 2^3} = 2$

07 n 그램(g)의 금속을 묽은 염산에 완전히 녹였더니 m 몰의 수소가 발생하였다. 이 금속의 원자가를 2가로 하면 이 금속의 원자량은?

① $\dfrac{n}{m}$
② $\dfrac{2n}{m}$
③ $\dfrac{n}{2m}$
④ $\dfrac{2m}{n}$

🔍 수소 2g × m 몰 = 2m이므로 금속의 당량 = $\dfrac{n}{2m}$
∴ 원자량 = 당량 × 원자가 = $\dfrac{n}{2m} \times 2 = \dfrac{n}{m}$

08 20℃에서 4L를 차지하는 기체가 있다. 동일한 압력 40℃에서 몇 L를 차지하는가?

① 0.23
② 1.23
③ 4.27
④ 5.27

🔍 샤를의 법칙을 적용하면
$V_2 = V_1 \times \dfrac{T_2}{T_1} = 4\ell \times \dfrac{(273+40)K}{(273+20)K} = 4.27\ell$

09 다음 중 최외각 전자가 2개 또는 8개로써 불활성인 것은?

㉮ Na과 Br
㉯ N와 Cl
㉰ C와 B
㉱ He와 Ne

🔍 최외각전자 8개, 불활성기체 : 헬륨(He), 네온(Ne), 아르곤(Ar), 크립톤(Kr), 제논(Xe)

10 다음 물질중 C_2H_2와 첨가반응이 일어나지 않는 것은?

① 염소
② 수은
③ 브로민
④ 아이오딘

🔍 아세틸렌과 첨가반응이 일어나는 물질 : 염소, 브로민, 아이오딘 등 할로젠화합물

11 H_2O가 H_2S보다 비등점이 높은 이유는 무엇인가?

① 분자량이 적기 때문에
② 수소결합을 하고 있기 때문에
③ 공유결합을 하고 있기 때문에
④ 이온결합을 하고 있기 때문에

🔍 물, 플루오린화수소(HF), 암모니아(NH_3)는 수소결합을 하므로 황화수소와(H_2S)는 결합 형태가 다르기 때문에 끓는점이 높다.

12 산화에 의하여 카복실기를 가진 화합물을 만들 수 있는 것은?

① $CH_3-CH_2-CH_2-COOH$
② $CH_3-CH-CH_3$
　　　　|
　　　OH
③ $CH_3-CH_2-CH_2-OH$
④ CH_2-CH_2
　　|　　|
　OH　OH

🔍 2차 알코올 → 케톤(카복실기)
$2(CH_3-CH-CH_3) + O_2 \rightarrow 2(CH_3-CO-CH_3) + 2H_2O$
　　　|
　　OH

13 0.01N NaOH 용액 100mL에 0.02N HCl 55mL를 넣고 증류수를 넣어 전체 용액을 1000mL로 한 용액의 pH는?

① 3
② 4
③ 10
④ 11

> 혼합용액의 pH
> $NV = N'V'$
> $0.01N × 100ml = 0.02N × V'$
> $V' = \dfrac{0.01N × 100ml}{0.02N} = 50ml$
> 반응한 후 남은 0.02N HCl의 부피 = 55 - 50ml = 5ml
> 0.02N HCl 5ml에 녹아 있는 HCl의 무게
> $= 36.5g × 0.02N × \dfrac{5}{1,000} = 3.65 × 10^{-3}g$
> 여기서, 산의 농도는 $N = \dfrac{3.65 × 10^{-3}g}{36.5g} = 1 × 10^{-4}$
> $∴ pH = -\log[H^+] = -\log[1 × 10^{-4}] = 4 - \log 1 = 4 - 0 = 4$

14 다음의 그래프는 어떤 고체물질의 용해도 곡선이다. 100℃ 포화용액(비중 1.4) 100mL를 20℃의 포화용액으로 만들려면 몇 g의 물을 더 가해야 하는가?

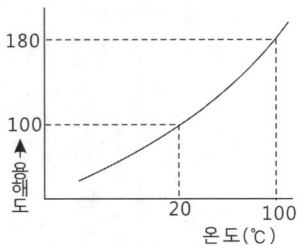

① 20g
② 40g
③ 60g
④ 80g

> 추가하는 물의 양
> • 100℃ 포화용액(비중 1.4) 100mL = 1.4g/ml × 100ml = 140g
> • 20℃ 포화용액 = 100g
> ∴ 140 - 100 = 40g

15 염(salt)을 만드는 화학반응식이 아닌 것은?

① $HCl + NaOH → NaCl + H_2O$
② $2NH_4OH + H_2SO_4 → (NH_4)_2SO_4 + 2H_2O$
③ $CuO + H_2 → Cu + H_2O$
④ $H_2SO_4 + Ca(OH)_2 + \_ → CaSO_4 + 2H_2O$

> NaCl, $(NH_4)_2SO_4$, $CaSO_4$는 염(salt)이다.

16 에테인(C_2H_6)을 연소시키면 이산화탄소(CO_2)와 수증기(H_2O)가 생성된다. 표준상태에서 에테인 30g을 반응시킬 때 발생하는 이산화탄소와 수증기의 분자수는 모두 몇 개인가?

① $6 × 10^{23}$개
② $12 × 10^{23}$개
③ $18 × 10^{23}$개
④ $30 × 10^{23}$개

> 에테인의 반응식
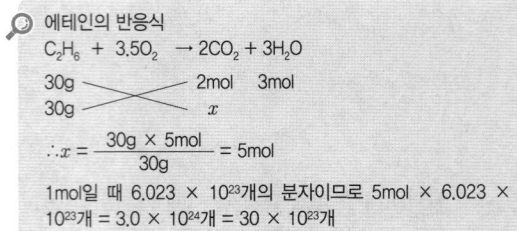
> 1mol일 때 $6.023 × 10^{23}$개의 분자이므로 5mol × 6.023 × 10^{23}개 = $3.0 × 10^{24}$개 = $30 × 10^{23}$개

17 일반적으로 환원제가 될 수 있는 물질이 아닌 것은?

① 수소를 내기 쉬운 물질
② 전자를 잃기 쉬운 물질
③ 산소와 화합하기 쉬운 물질
④ 발생기 산소를 내는 물질

> 환원제 : 자신은 산화되고 다른 물질을 환원시키는 물질

환원제의 조건	해당 물질
수소를 내기 쉬운 물질	H_2S
산소와 결합하기 쉬운 물질	SO_2, H_2
전자를 잃기 쉬운 물질	H_2SO_3
발생기수소를 내기 쉬운 물질	H_2, CO, H_2S, $C_2H_2O_4$

18 25g의 암모니아가 과잉의 황산과 반응하여 황산암모늄이 생성될 때 생성된 황산암모늄의 양은 약 얼마인가?(단, 황산암모늄의 물질량은 132g/mol이다.)

① 82g
② 86g
③ 92g
④ 97g

> 황산암모늄의 제법
> $2NH_3 + H_2SO_4 → (NH_4)_2SO_4$
> 2×17g ──── 132g
> 25g ──── x
> $∴ x = \dfrac{25 × 132}{2 × 17} = 97.05g$

19 d 오비탈이 수용할 수 있는 최대 전자의 총수는?

① 6
② 8
③ 10
④ 14

🔍 **최대 전자의 수**

오비탈 명칭	전자 수	궤도함수도표
s	2	s^2 ↿⇂
p	6	p^6 ↿⇂ ↿⇂ ↿⇂
d	10	d^{10} ↿⇂ ↿⇂ ↿⇂ ↿⇂ ↿⇂
f	14	f^{14} ↿⇂ ↿⇂ ↿⇂ ↿⇂ ↿⇂ ↿⇂ ↿⇂

20 표준상태에서 11.2L의 암모니아에 들어있는 질소는 몇 g인가?

① 7
② 8.5
③ 22.4
④ 14

🔍 표준상태에서 1 g-mol이 차지하는 부피는 22.4L이고 암모니아(NH_3)의 분자량은 17이다.
- 암모니아 mol = $\frac{11.2L}{22.4L}$ = 0.5mol
- 암모니아속의 질소는 하나이므로
  질소의 무게 = 0.5mol = 14g × 0.5 = 7g

2. 화재예방과 소화방법

21 자연발화가 잘 일어나는 조건에 해당하지 않는 것은?

① 주위 습도가 높을 것   ② 열전도율이 클 것
③ 주위 온도가 높을 것   ④ 표면적이 넓을 것

🔍 **자연발화가 잘 일어나는 조건**
- 주위 습도가 높을 것
- 열전도율이 적을 것
- 주위 온도가 높을 것
- 표면적이 넓을 것

22 주유취급소에 캐노피를 설치하고자 한다. 위험물안전관리법령에 따른 캐노피의 설치기준이 아닌 것은?

① 캐노피의 면적은 주유취급소 공지면적의 1/2 이하로 할 것
② 배관이 캐노피 내부를 통과할 경우에는 1개 이상의 점검구를 설치할 것
③ 캐노피 외부의 배관이 일광열의 영향을 받을 우려가 있는 경우에는 단열재로 피복할 것
④ 캐노피 외부의 점검이 곤란한 장소에 배관을 설치하는 경우에는 용접이음으로 할 것

🔍 **캐노피의 설치기준**
- 배관이 캐노피 내부를 통과할 경우에는 1개 이상의 점검구를 설치할 것
- 캐노피 외부의 배관이 일광열의 영향을 받을 우려가 있는 경우에는 단열재로 피복할 것
- 캐노피 외부의 점검이 곤란한 장소에 배관을 설치하는 경우에는 용접이음으로 할 것

23 알코올 화재 시 수성막포 소화약제는 알코올형포 소화약제에 비하여 소화효과가 낮다. 그 이유로서 가장 타당한 것은?

① 소화약제와 섞이지 않아서 연소면을 확대하기 때문에
② 알코올은 포와 반응하여 가연성가스를 발생하기 때문에
③ 알코올이 연료로 사용되어 불꽃의 온도가 올라가기 때문에
④ 수용성 알코올로 인해 포가 소멸되기 때문에

🔍 수용성 액체(알코올) 화재시 알코올형포(내알코올포, 알코올포) 외의 포 소화약제를 사용하면 포가 소멸(소포 : 거품이 꺼짐) 되므로 소화효과가 낮다.

24 분말 소화약제를 주성분을 바르게 연결한 것은?

① 1종 분말소화약제 - 탄산수소나트륨
② 2종 분말소화약제 - 인산암모늄
③ 3종 분말소화약제 - 탄산수소칼륨
④ 4종 분말소화약제 - 탄산수소칼륨 + 인산암모늄

🔍 **분말소화약제**

종류	주성분	적응화재	착색(분말의 색)
제1종 분말	NaHCO₃(중탄산나트륨, 탄산수소나트륨)	B, C급	백색
제2종 분말	KHCO₃(중탄산칼륨, 탄산수소칼륨)	B, C급	담회색
제3종 분말	NH₄H₂PO₄(인산암모늄, 제일인산암모늄)	A, B, C급	담홍색, 황색
제4종 분말	KHCO₃ + (NH₂)₂CO (탄산수소칼륨+요소)	B, C급	회색

25 다음 위험물의 저장창고에 화재가 발생하였을 때 소화방법으로 주수소화가 적당하지 않는 것은?

① NaClO₃ ② S
③ NaH   ④ TNT

🔍 수소화나트륨(NaH)은 물과 반응하면 수소가스를 발생하므로 위험하다.
NaH + H₂O → NaOH + H₂↑

26 가연물에 대한 일반적인 설명으로 옳지 않은 것은?

① 주기율표에서 0족의 원소는 가연물이 될 수 없다.
② 활성화에너지가 작을수록 가연물이 되기 쉽다.
③ 산화반응이 완결된 산화물은 가연물이 아니다.
④ 질소는 비활성 기체이므로 질소의 산화물은 존재하지 않는다.

🔍 질소는 불연성 기체로서 질소산화물(NO, NO₂, N₂O, N₂O₃ 등)은 여러 종류가 있다.

27 이산화탄소 소화약제에 대한 설명으로 틀린 것은?

① 장기간 저장하여도 변질, 부패 또는 분해를 일으키지 않는다.
② 한랭지에서 동결의 우려가 없고 전기 절연성이 있다.
③ 밀폐된 지역에서 방출 시 인명 피해의 위험이 있다.
④ 표면화재에는 적합하지 않다.

🔍 이산화탄소는 가스이므로 표면화재에 적합하다.

28 위험물안전관리법령상 물분무소화설비가 적응성이 있는 위험물은?

① 알칼리금속의 과산화물
② 금속분, 마그네슘
③ 금수성물질
④ 인화성 고체

🔍 물분무소화설비의 적응성
• 알칼리금속의 과산화물은 물과 반응하면 산소를 발생하므로 적합하지 않다.
• 금속분, 마그네슘은 물과 반응하면 수소를 발생하므로 적합하지 않다.
• 금수성물질은 물과 반응하면 수소, 아세틸렌, 포스핀가스를 발생하므로 적합하지 않다.

29 다음 제1류 위험물 중 물과의 접촉이 가장 위험한 것은?

① 아염소산나트륨
② 과산화나트륨
③ 과염소산나트륨
④ 다이크로뮴산암모늄

🔍 과산화나트륨은 물과 반응하면 산소를 발생하고 많은 열을 발생한다.
2Na₂O₂ + 2H₂O → 4NaOH + O₂↑ + 발열

30 최소 착화에너지를 측정하기 위해 콘덴서를 이용하여 불꽃 방전 실험을 하고자 한다. 콘덴서의 전기용량을 C, 방전전압을 V, 전기량을 Q라 할 때 필요한 최소 전기에너지 E를 옳게 나타낸 것은?

① $E = \dfrac{1}{2}CQ_2$ ② $E = \dfrac{1}{2}C^2V$
③ $E = \dfrac{1}{2}QV_2$ ④ $E = \dfrac{1}{2}CV^2$

🔍 최소착화에너지 $E = \dfrac{1}{2}CV^2$

31 할론 2402를 소화약제로 사용하는 이동식 할로젠화합물 소화설비는 20℃의 온도에서 하나의 노즐마다 분당 방사되는 소화약제의 양[Kg]은 얼마 이상으로 하여야 하는가?

① 5
② 35
③ 45
④ 50

🔍 이동식(호스릴식)의 할로젠화합물소화설비

소화약제의 종별	소화약제의 양	분당 방사량
할론 2402	50kg	45kg
할론 1211	45kg	40kg
할론 1301	45kg	35kg

32 물의 특성 및 소화효과에 관한 설명으로 틀린 것은?

① 이산화탄소보다 기화잠열이 크다.
② 극성분자이다.
③ 이산화탄소보다 비열이 작다.
④ 주된 소화효과가 냉각소화이다.

🔍 물의 비열은 1cal/g·℃로서 가장 크다.

33 분말 소화약제로 사용되는 탄산수소칼륨(중탄산칼륨)의 착색 색상은?

① 백색
② 담홍색
③ 청색
④ 담회색

🔍 탄산수소칼륨(중탄산칼륨)의 색상   담회색

34 불활성가스소화약제 중 "IG-55"의 성분 및 그 비율을 옳게 나타낸 것은?(단, 용량비 기준이다.)

① 질소 : 이산화탄소 = 55 : 45
② 질소 : 이산화탄소 = 50 : 50
③ 질소 : 아르곤 = 55 : 45
④ 질소 : 아르곤 = 50 : 50

🔍 불활성가스소화약제의 명명법
· 분류

종류	화학식
IG - 100	N_2
IG - 55	N_2(50%), Ar(50%)
IG - 541	N_2(52%), Ar(40%), CO_2(8%)

· 명명법

  Ⓧ Ⓨ Ⓩ
      └ CO_2의 농도(%) : 첫째자리 반올림, 생략가능
    └ Ar의 농도(%) : 첫째자리 반올림
  └ N_2의 농도(%) : 첫째자리 반올림

35 제1석유류를 저장하는 옥외탱크저장소에 특형 포방출구를 설치하는 경우 방출율은 액 표면적 1m²당 1분에 몇 리터 이상이어야 하는가?

① 9.5L
② 8.0L
③ 6.5L
④ 3.7L

🔍 포방출구방식

구분 \ 종류	I 형		II 형		특형		III형, IV형	
	포수용액량 (ℓ/m²)	방출율 (ℓ/m²·min)	포수용액량 (ℓ/m²)	방출율 (ℓ/m²·min)	포수용액량 (ℓ/m²)	방출율 (ℓ/m²·min)	포수용액량 (ℓ/m²)	방출율 (ℓ/m²·min)
제4류 위험물 중 인화점이 21℃ 미만인 것(제1석유류)	120	4	220	4	240	8	220	4
제4류 위험물 중 인화점이 21℃ 이상 70℃ 미만인 것(제2석유류)	80	4	120	4	160	8	120	4
제4류 위험물 중 인화점이 70℃ 이상인 것	60	4	100	4	120	8	100	4

36 화재 발생 시 소화방법으로 공기를 차단하는 것이 효과가 있으며 연소물질을 제거하거나 액체를 인화점 이하로 냉각시켜 소화할 수도 있는 위험물은?

① 제1류 위험물
② 제4류 위험물
③ 제5류 위험물
④ 제6류 위험물

🔍 제4류 위험물 : 질식소화(공기 차단)

37 위험물제조소에서 옥내소화전이 1층에 4개, 2층에 6개가 설치되어 있을 때 수원의 수량은 몇 이상이 되도록 설치하여야 하는가?

① 13000
② 15600
③ 39000
④ 46800

🔍 옥내저장소의 수원 = 소화전수(최대 5개) × 260ℓ/min × 30min
= 소화전수(최대 5개) × 7800ℓ
∴ 수원 = 5 × 7800ℓ = 39,000ℓ

38 위험물안전관리법령상 전기설비에 적응성이 없는 소화설비는?

① 포소화설비
② 불활성가스소화설비
③ 물분무소화설비
④ 할로젠화합물소화설비

🔍 포 소화설비는 A급, B급 화재에 적합하며 질식, 냉각효과가 있다.

39 드라이아이스의 성분을 옳게 나타낸 것은?

① H_2O
② CO_2
③ $H_2O + CO_2$
④ $N_2 + H_2O + CO_2$

🔍 드라이아이스의 성분 : CO_2(이산화탄소)

40 위험물안전관리법령에 따른 옥내소화전설비의 기준에서 펌프를 이용한 가압송수장치의 경우 펌프의 전양정 H는 소정의 산식에 의한 수치 이상이어야 한다. 전양정 H를 구하는 식으로 옳은 것은?(단, h_1은 소방용 호스의 마찰손실수두, h_2는 배관의 마찰손실수두, h_3는 낙차이며, h_1, h_2, h_3의 단위는 모두 m이다.)

① $H = h_1 + h_2 + h_3$
② $H = h_1 + h_2 + h_3 + 0.35m$
③ $H = h_1 + h_2 + h_3 + 35m$
④ $H = h_1 + h_2 + 0.35m$

🔍 옥내소화전설비의 전양정 $H = h_1 + h_2 + h_3 + 35m$

3. 위험물 성상 및 취급

41 염소산칼륨이 고온에서 완전 열분해할 때 주로 생성되는 물질은?

① 칼륨과 물 및 산소
② 염화칼륨과 산소
③ 이염화칼륨과 수소
④ 칼륨과 물

🔍 염소산칼륨의 분해반응식
$2KClO_3 \rightarrow 2KCl(염화칼륨) + 3O_2(산소)$

42 과산화나트륨의 위험성에 대한 설명으로 틀린 것은?

① 가열하면 분해하여 산소를 방출한다.
② 부식성 물질이므로 취급 시 주의해야 한다.
③ 물과 접촉하면 가연성 수소가스를 방출한다.
④ 이산화탄소와 반응을 일으킨다.

🔍 과산화나트륨이 물과 반응하면 조연성가스인 산소를 발생한다.
$2Na_2O_2 + 2H_2O \rightarrow 4NaOH + O_2\uparrow$

43 다음의 2가지 물질을 혼합하였을 때 위험성이 증가하는 경우가 아닌 것은?

① 과망가니즈산칼륨 + 황산
② 나이트로셀룰로스 + 알코올 수용액
③ 질산나트륨 + 유기물
④ 질산 + 에틸알코올

> 나이트로셀룰로스는 물 또는 알코올(에탄올, 아이소프로필알코올)에 습면시켜 저장한다.

44 위험물 제조소 건축물의 구조 기준이 아닌 것은?

① 출입구에는 60분+ 방화문·60분 방화문 또는 30분 방화문을 설치할 것
② 지붕은 폭발력이 위로 방출될 정도의 가벼운 불연재료로 덮을 것
③ 벽, 기둥, 바닥, 보, 서까래 및 계단은 불연재료로 하고 연소우려가 있는 외벽은 출입구외의 개구부가 없는 내화구조로 할 것
④ 산화성고체, 가연성고체 위험물을 취급하는 건축물의 바닥은 위험물이 스며들지 못하는 재료를 사용할 것

> 액체의 위험물을 취급하는 건축물의 바닥 : 적당한 경사를 두고 그 최저부에 집유설비를 할 것

45 위험물의 운반용기 재질 중 액체위험물의 외장용기로 사용할 수 없는 것은?

① 유리
② 나무
③ 파이버판
④ 플라스틱

> 액체위험물의 용기
> • 내장용기 : 유리, 플라스틱, 금속제용기
> • 외장용기 : 나무상자, 플라스틱상자, 파이어판상자, 금속제용기, 플라스틱용기, 금속제드럼 등

46 트라이에틸알루미늄(triethyl aluminmum) 분자식에 포함된 탄소의 개수는?

① 2
② 3
③ 5
④ 6

> 트라이에틸알루미늄(triethyl aluminmum) 분자식 : $(C_2H_5)_3Al$
> ※트라이에틸알루미늄에 포함된 각 원소의 개수
> 탄소(C) : 6개, 수소(H) : 15개

47 연소반응식을 위한 산소공급원이 될 수 없는 것은?

① 과망가니즈산칼륨
② 염소산칼륨
③ 탄화칼슘
④ 질산칼륨

> 산소공급원 : 제1류 위험물(과망가니즈산칼륨, 염소산칼륨, 질산칼륨)과 제6류 위험물
> ※탄화칼슘(CaC_2) : 제3류 위험물

48 옥외저장탱크·옥내저장탱크 또는 지하저장탱크 중 압력탱크에 저장하는 아세트알데하이드등의 온도는 몇 ℃ 이하로 유지하여야 하는가?

① 30
② 40
③ 55
④ 65

> 저장온도
> • 옥외저장탱크·옥내저장탱크 또는 지하저장탱크 중 압력탱크에 저장할 때 아세트알데하이드등 또는 다이에틸에터등 : 40℃ 이하
> • 옥외저장탱크·옥내저장탱크 또는 지하저장탱크 중 압력탱크 외에 저장할 때
> - 산화프로필렌, 다이에틸에터등 : 30℃ 이하
> - 아세트알데하이드등 : 15℃ 이하

49 외부의 산소공급이 없어도 연소하는 물질이 아닌 것은?

① 알루미늄의 탄화물
② 하이드록실아민
③ 유기과산화물
④ 질산에스터류

> 제5류 위험물은 자기연소성물질로서 산소가 없어도 연소한다.
> ※알루미늄의 탄화물 : 제3류 위험물(금수성물질)

50 셀룰로이드류를 다량으로 저장하는 경우 자연발화의 위험성을 고려하였을 때 다음 중 가장 적합한 장소는?

① 습도가 높고 온도가 낮은 곳
② 습도와 온도가 모두 낮은 곳

③ 습도와 온도가 모두 높은 곳
④ 습도가 낮고 온도가 높은 곳

> 온도와 습도가 낮으면 열이 한곳에 축척이 되지 않아 자연발화의 위험성을 고려할 수 있다.

51 이황화탄소의 인화점, 발화점, 끓는점에 해당하는 온도를 낮은 것부터 차례대로 나타낸 것은?

① 끓는점 < 인화점 < 발화점
② 끓는점 < 발화점 < 인화점
③ 인화점 < 끓는점 < 발화점
④ 인화점 < 발화점 < 끓는점

> 이황화탄소의 온도
>
> | 항목 | 온도 |
> |---|---|
> | 인화점 | -30℃ |
> | 끓는점 | 46℃ |
> | 발화점 | 90℃ |

52 물과 접촉 시 발생되는 가스의 종류가 나머지 셋과 다른 하나는?

① 나트륨
② 수소화칼슘
③ 인화칼슘
④ 수소화나트륨

> 물과 반응식
> - 나트륨 : $2Na + 2H_2O \rightarrow 2NaOH + H_2$
> - 수소화칼슘 : $CaH_2 + 2H_2O \rightarrow Ca(OH)_2 + 2H_2$
> - 인화칼슘 : $Ca_3P_2 + 6H_2O \rightarrow 3Ca(OH)_2 + 2PH_3$
> - 수소화나트륨 : $NaH + H_2O \rightarrow NaOH + H_2$

53 위험물안전관리법령에 따른 제4류 위험물 중 제1석유류에 해당하지 않는 것은?

① 등유   ② 벤젠
③ 메틸에틸케톤   ④ 톨루엔

> 제1석유류 : 벤젠, 메틸에틸케톤(MEK), 톨루엔
> ※ 등유 : 제2석유류

54 위험물안전관리법령에 따른 제1류 위험물과 제6류 위험물의 공통적 성질로 옳은 것은?

① 산화성물질이며 다른 물질을 환원시킨다.
② 환원성물질이며 다른 물질을 환원시킨다.
③ 산화성물질이며 다른 물질을 산화시킨다.
④ 환원성물질이며 다른 물질을 산화시킨다.

> 제1류와 제6류 위험물은 산화성물질이며 다른 물질을 산화시킨다.

55 위험물 운반 시 외부표시의 주의사항으로 틀린 것은?

① 제1류 위험물 중 알칼리금속의 과산화물 : 화기 · 충격주의, 물기엄금 및 가연물접촉주의
② 제2류 위험물 중 인화성 고체 : 화기엄금
③ 제4류 위험물 : 화기엄금
④ 제6류 위험물 : 물기엄금

> 제6류 위험물 : 가연물접촉주의

56 다음 제4류 위험물 중 인화점이 가장 낮은 것은?

① 아세톤
② 아세트알데하이드
③ 산화프로필렌
④ 다이에틸에터

> 인화점
>
> | 종류 | 인화점 | 종류 | 인화점 |
> |---|---|---|---|
> | 아세톤 | -18.5℃ | 아세트알데하이드 | -40℃ |
> | 산화프로필렌 | -37℃ | 다이에틸에터 | -40℃ |

57 제3류 위험물의 운반 시 혼재할 수 있는 위험물은 제 몇 류 위험물인가?(단, 각각 지정수량의 10배인 경우이다.)

① 제1류   ② 제2류
③ 제4류   ④ 제5류

> 운반 시 혼재가능 : 제1류 + 제6류, 제3류 + 제4류, 제5류 + 제2류 + 제4류

58. TNT의 폭발, 분해 시 생성물이 아닌 것은?

① CO
② N_2
③ SO_2
④ H_2

> TNT의 분해반응식
> $2C_6H_2CH_3(NO_2)_3 \rightarrow 2C + 3N_2\uparrow + 5H_2\uparrow + 12CO\uparrow$
> (탄소) (질소) (수소) (일산화탄소)

59. 1기압 27℃에서 아세톤 58g을 완전히 기화시키면 부피는 약 몇 L가 되는가?

① 22.4
② 24.6
③ 27.4
④ 58.0

> 이상기체상태방정식을 적용하면
> $PV = nRT = \frac{W}{M}RT$ $PM = \frac{W}{V}RT = \rho RT$
> 여기서 P : 압력(atm), V : 부피(ℓ), n : mol수, M : 분자량,
>   W : 무게, R : 기체상수(0.08205ℓ·atm/g-mol·K),
>   T : 절대온도 273+℃)
> $\therefore V = \frac{WRT}{PM} = \frac{58g \times 0.08205 \times (273+27)K}{1atm \times 58} = 24.6\ell$
> ※아세톤의 분자량 = CH_3COCH_3 = 12 + (1 × 3) + 12 + 16 + 12 + (1 × 3) = 58

60. 다음 중 증기비중이 가장 큰 것은?

① 벤젠
② 아세톤
③ 아세트알데하이드
④ 톨루엔

> 증기비중 = $\frac{분자량}{29}$
>
> | 종류 | 분자식 | 분자량 |
> |---|---|---|
> | 벤젠 | C_6H_6 | 78 |
> | 아세톤 | CH_3COCH_3 | 58 |
> | 아세트알데하이드 | CH_3CHO | 44 |
> | 톨루엔 | $C_6H_5CH_3$ | 92 |
>
> • 벤젠 : 증기비중 = $\frac{78}{29}$ = 2.69
> • 아세톤 : 증기비중 = $\frac{58}{29}$ = 2.0
> • 아세트알데하이드 : 증기비중 = $\frac{44}{29}$ = 1.52
> • 톨루엔 : 증기비중 = $\frac{92}{29}$ = 3.17

정답 최근기출문제 2016년 1회

01 ②	02 ④	03 ③	04 ④	05 ①
06 ②	07 ①	08 ③	09 ④	10 ②
11 ②	12 ②	13 ②	14 ②	15 ③
16 ④	17 ④	18 ④	19 ①	20 ①
21 ②	22 ①	23 ④	24 ①	25 ③
26 ④	27 ④	28 ④	29 ②	30 ④
31 ③	32 ②	33 ④	34 ④	35 ③
36 ②	37 ③	38 ①	39 ②	40 ③
41 ②	42 ②	43 ②	44 ④	45 ①
46 ④	47 ③	48 ②	49 ①	50 ②
51 ③	52 ②	53 ①	54 ③	55 ④
56 ④	57 ③	58 ③	59 ②	60 ④

2016년 2회 최근기출문제

1. 물질의 물리 · 화학적 성질

01 대기압하에서 열린 실린더에 있는 1g의 기체를 20℃에서 120℃까지 가열하면 기체가 흡수하는 열량은 몇 cal인가?(단, 기체의 비열은 4.97cal/g · ℃이다.)

① 97　　　　② 100
③ 497　　　④ 760

🔍 열량
$Q = mC\Delta t = 1g \times 4.97cal/g \cdot ℃ \times (120-20)℃ = 497cal$

02 분자구조에 대한 설명으로 옳은 것은?

① BF_3는 삼각 피라미드형이고 NH_3는 선형이다.
② BF_3는 평면 정삼각형이고 NH_3는 삼각 피라미드형이다.
③ BF_3는 굽은형(V형)이고 NH_3는 삼각 피라미드형이다.
④ BF_3는 평면 정삼각형이고 NH_3는 선형이다.

🔍 분자구조
・BF_3(삼불화붕소) : 평면 정삼각형
・NH_3(암모니아) : 삼각 피라미드형

03 다음은 열역학 제 몇 법칙에 대한 내용인가?

"0"K(절대영도)에서 물질의 엔트로피는 0이다.

① 열역학 제0법칙　　② 열역학 제1법칙
③ 열역학 제2법칙　　④ 열역학 제3법칙

🔍 열역학 제3법칙 : 0K(절대영도)에서 물질의 엔트로피는 0이다.

04 물(H_2O)의 끓는점이 황화수소(H_2S)의 끓는점보다 높은 이유는?

① 분자량이 작기 때문에
② 수소결합 때문에
③ pH가 높기 때문에
④ 극성결합 때문에

🔍 물, 플루오린화수소(HF), 암모니아(NH_3)는 수소결합을 하므로 황화수소와는 결합 형태가 다르기 때문에 끓는점이 높다.

05 비공유 전자쌍을 가장 많이 가지고 있는 것은?

① CH_4
② NH_3
③ H_2O
④ CO_2

🔍 이산화탄소(CO_2)는 비공유전자쌍(고립전자쌍) 4개로서 가장 많이 가지고 있다.

① CH_4	② NH_3	③ H_2O	④ CO_2
H:C:H (H 위아래)	H:N:H (H 아래)	H:Ö:H	Ö::C::Ö
없다	1개	2개	4개

06 NH_4Cl에서 배위결합을 하고 있는 부분을 옳게 설명한 것은?

① NH_3의 N-H 결합
② NH_3와 H^+과의 결합
③ NH_4^+와 Cl^-과의 결합
④ H^+과 Cl^-과의 결합

🔍 NH_4Cl은 배위결합은 NH_3와 H^+과의 결합이다.

07 다이크로뮴산이온($Cr_2O_7^{2-}$)에서 Cr의 산화수는?

① +3　　　② +6
③ +7　　　④ +12

🔍 $Cr_2O_7^{2-}$에서 Cr의 산화수　$2x + (-2 \times 7) = -2$
∴ $x = +6$

08 어떤 비전해질 12g을 물 60g에 녹였다. 이 용액이 −1.88℃의 빙점강하를 보였을 때 이 물질의 분자량을 계산하시오(단, 물의 K_f = 1.86, ΔT_f = 1.88임)

① 297
② 202
③ 198
④ 165

> 빙점강하(ΔT_f)
> $\Delta T_f = K_f \cdot m = K_f \times \dfrac{\frac{W_B}{M}}{W_A} \times 1000$
> $M = K_f \times \dfrac{W_B}{W_A \Delta T_f} \times 1000$
> 여기서 K_f : 빙점강하계수(물 : 1.86), m : 몰랄농도
> W_B : 용질의 무게, W_A : 용매의 무게, M : 분자량
> $\therefore M = K_f \times \dfrac{W_B}{W_A \Delta T_f} \times 1000 = 1.86 \times \dfrac{12}{60 \times 1.88} \times 1000$
> = 197.87

09 페놀 수산기(−OH)의 특성에 대한 설명으로 옳은 것은?

① 수용액이 강알칼리성이다.
② −OH기가 하나 더 첨가하면 물에 대한 용해도가 작아진다.
③ 카복실산과 반응하지 않는다.
④ $FeCl_3$용액과 정색반응을 한다.

> 페놀성 수산기는 $FeCl_3$용액과 특유한 정색 반응을 한다.

10 시약의 보관방법을 옳지 않은 것은?

① Na : 석유속에 보관
② NaOH : 공기가 잘 통하는 곳에 보관
③ P_4(흰인) : 물속에 보관
④ HNO_3 : 갈색병에 보관

> NaOH(수산화나트륨) : 수분과 접촉하면 조해성이 있어 밀폐, 밀봉용기에 저장

11 17g의 NH_3와 충분한 양의 황산이 반응하여 만들어지는 황산암모늄[$(NH_4)_2SO_4$]은 몇 g인가?

① 66g
② 106g
③ 115g
④ 132g

> 황산암모늄의 제법
> $2NH_3 + H_2SO_4 \rightarrow (NH_4)_2SO_4$
> $2 \times 17g$ — $132g$
> $17g$ — x
> $\therefore x = \dfrac{17 \times 132}{2 \times 17} = 66g$

12 다음에서 설명하는 물질의 명칭은?

- HCl과 반응하여 염산을 만든다.
- 나이트로벤젠을 수소를 환원하여 만든다.
- $CaOCl_2$ 용액에서 붉은 보라색을 띤다.

① 페놀
② 아닐린
③ 톨루엔
④ 벤젠술폰산

> 아닐린 : 나이트로벤젠을 수소를 환원하여 만든다.

13 다음의 반응에서 환원제로 쓰인 것은?

$$MnO_2 + 4HCl \rightarrow MnCl_2 + 2H_2O + Cl_2$$

① Cl_2
② $MnCl_2$
③ HCl
④ MnO_2

> 수소를 잃을 때가 산화이고 환원제는 자신은 산화되고 다른 물질을 환원시키는 물질
> ∴ HCl은 수소를 잃었으니까 환원제이다.

14 다음 중 원자가 전자의 배열이 $ns^2 np^2$인 것으로만 나열된 것은?(단, n은 2, 3, 4, …이다.)

① Ne, Ar
② Li, Na
③ C, Si
④ N, P

> 전자배열
> • C(6) : $1S^2, 2S^2, 2P^2$
> • Si(14) : $1S^2, 2S^2, 2P^6, 3S^2, 3P^2$

15 원자에서 복사되는 빛은 선 스펙트럼을 만드는데 이것으로부터 알 수 있는 사실은?

① 빛에 의한 광전자의 방출
② 빛이 파동의 성질을 가지고 있다는 사실

③ 전자껍질의 에너지의 불연속성
④ 원자핵 내부의 구조

🔍 원자에서 복사되는 빛은 선 스펙트럼을 만드는 과정에서 전자껍질의 에너지의 불연속성을 알 수 있다.

16 벤조산은 무엇을 산화하면 얻을 수 있는가?

① 톨루엔
② 나이트로벤젠
③ 트라이나이트로톨루엔
④ 페놀

🔍 톨루엔과 산화제를 작용시키면 산화하여 벤즈알데하이드가 되고 산화되어 벤조산(안식향산)이 된다.

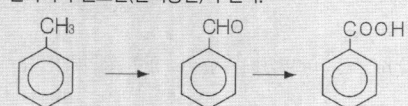

17 질산칼륨을 물에 용해시키면 용액의 온도가 떨어진다. 다음 사항 중 옳지 않은 것은?

① 용해시간과 용해도는 무관하다.
② 질산칼륨의 용해 시 열을 흡수한다.
③ 온도가 상승할수록 용해도는 증가한다.
④ 질산칼륨 포화용액을 냉각시키면 불포화용액이 된다.

🔍 질산칼륨 포화용액을 냉각시키면 과포화용액이 된다.

18 다음 화학반응으로부터 설명하기 어려운 것은?

$$2H_2(g) + O_2(g) \rightarrow 2H_2O(g)$$

① 반응물질 및 생성물질의 부피비
② 일정성분비의 법칙
③ 반응물질 및 생성물질의 몰수비
④ 배수비례의 법칙

🔍 일정성분비의 법칙(프루스트) : 순수한 화합물에 있어서 성분원소의 질량비는 항상 일정하다.
  $2H_2 + O_2 \rightarrow 2H_2O$
   4g   32g   36g
∴ H와 O사이의 4 : 32 = 1 : 8의 중량비가 성립한다.

19 볼타전지에서 갑자기 전류가 약해지는 현상을 "분극현상"이라 한다. 이 분극현상을 방지해 주는 감극제로 사용되는 물질은?

① MnO_2
② $CuSO_3$
③ $NaCl$
④ $Pb(NO_3)_2$

🔍 분극현상 감극제 : 이산화망가니즈(MnO_2)

20 다이클로로벤젠의 구조 이성질체수는 몇 개인가?

① 5   ② 4
③ 3   ④ 2

🔍 다이클로로벤젠의 이성질체 : 올소, 메타, 파라다이클로로벤젠의 3개

O-dichlorobenzene m-dichlorobenzene p-dichlorobenzene

2. 화재예방과 소화방법

21 위험물안전관리법령에서 정한 다음의 소화설비 중 능력단위가 가장 큰 것은?

① 팽창진주암 160L(삽 1개 포함)
② 수조 80L(소화전용물통 3개 포함)
③ 마른 모래 50L(삽 1개 포함)
④ 팽창질석 160L(삽 1개 포함)

🔍 소화설비의 능력단위

소화설비	용량	능력단위
소화전용(專用)물통	8ℓ	0.3
수조(소화전용 물통 3개 포함)	80ℓ	1.5
수조(소화전용 물통 6개 포함)	190ℓ	2.5
마른 모래(삽 1개 포함)	50ℓ	0.5
팽창질석 또는 팽창진주암(삽 1개 포함)	160ℓ	1.0

22 강화액소화기에 대한 설명으로 옳은 것은?

① 물의 유동성을 크게 하기 위하여 유화제를 첨가한 소화기이다.
② 물의 표면장력을 강화한 소화기이다.
③ 산·알칼리액을 주성분으로 한다.
④ 물의 소화효과를 높이기 위해 염류를 첨가한 소화기이다.

> 강화액소화기 : 물의 소화효과를 높이기 위해 염류(탄산칼륨)를 첨가한 소화기

23 소화약제 제조시 사용되는 성분이 아닌 것은?

① 에틸렌글라이콜   ② 탄산칼륨
③ 인산이수소암모늄   ④ 인화알루미늄

> 인화알루미늄(AIP) : 제3류 위험물

24 열의 전달에 있어서 열전달면적과 열전도도가 각각 2배로 증가한다면 다른 조건이 일정한 경우 전도에 의해 전달되는 열의 양은 몇 배가 되는가?

① 0.5배   ② 1배
③ 2배   ④ 4배

> 열전달면적과 열전도도를 각각 2배로 증가하며 전도에 의해 전달되는 열의 양은 4배로 된다.

25 가연성 가스와 증기의 농도를 연소 하한계 이하로 하여 소화하는 방법은 무엇인가?

① 희석소화   ② 제거소화
③ 질식소화   ④ 냉각소화

> 소화방법
> • 냉각소화 : 화재 현장에 물을 주수하여 발화점이하로 온도를 낮추어 소화하는 방법
> • 질식소화 : 공기 중의 산소를 21%에서 15% 이하로 낮추어 소화하는 방법(공기 차단)
> • 제거소화 : 화재 현장에서 가연물을 없애주어 소화하는 방법
> • 화학소화(부촉매효과) : 연쇄반응을 차단하여 소화하는 방법
> • 희석소화 : 알코올, 에터, 에스터, 케톤류 등 수용성 물질에 다량의 물을 방사하여 가연물의 농도를 낮추어 소화하는 방법

26 마그네슘에 화재가 발생하여 물을 주수하였다. 이에 대한 설명으로 옳은 것은?

① 냉각소화 효과에 의해서 화재가 진압된다.
② 주수된 물이 증발하여 질식소화 효과에 의해서 화재가 진압된다.
③ 수소가 발생하여 폭발 및 화재 확산의 위험성이 증가한다.
④ 물과 반응하여 독성가스를 발생한다.

> 마그네슘은 물과 반응하면 가연성가스인 수소를 발생하여 폭발 및 화재의 위험성이 증가한다.
> $Mg + 2H_2O \rightarrow Mg(OH)_2 + H_2$

27 위험물제조소등에 설치된 옥외소화전설비는 모두 옥외소화전(설치개수가 4개 이상인 경우는 4개의 옥외소화전)을 동시에 사용할 경우에 각 노즐 끝부분의 방수압력은 몇 kPa 이상이어야 하는가?

① 250   ② 300
③ 350   ④ 450

> 위험물제조소등의 방수압력, 방수량

항목 종류	방수량	방수압력	토출량	수원	비상전원
옥내소화전설비	260 ℓ/min	0.35 MPa	N(최대 5개) ×260ℓ/min	N(최대 5개) × 7.8m³ (260ℓ/min × 30min)	45분
옥외소화전설비	450 ℓ/min	0.35 MPa (350 kPa)	N(최대 4개) ×450ℓ/min	N(최대 4개) × 13.5m³ (450ℓ/min × 30min)	45분
스프링클러설비	80 ℓ/min	0.1 MPa	헤드수 ×80ℓ/min	헤드수 × 2.4m³ (80ℓ/min × 30min)	45분

28 불활성가스 소화약제 중 IG-100의 성분을 옳게 나타낸 것은?

① 질소 100%
② 질소 50%, 아르곤 50%
③ 질소 52%, 아르곤 40%, 이산화탄소 8%
④ 질소 52%, 이산화탄소 40%, 아르곤 8%

> **불활성가스 소화약제**
>
> | 소화약제 | 화학식 |
> |---|---|
> | 불연성·불활성기체혼합가스 (이하 "IG-100"이라 한다) | N_2 |
> | 불연성·불활성기체혼합가스 (이하 "IG-541"이라 한다) | N_2 : 52%, Ar : 40%, CO_2 : 8% |
> | 불연성·불활성기체혼합가스 (이하 "IG-55"이라 한다) | N_2 : 50%, Ar : 50% |

29 위험물안전관리법령상 제3류 위험물 중 금수성물질 이외의 것에 적응성이 있는 소화설비는?

① 할로젠화합물 소화설비
② 불활성가스 소화설비
③ 포 소화설비
④ 분말 소화설비

> **소화설비의 적응성(시행규칙 별표 17)**
>
> | 구분 | 대상물 구분 제3류 위험물 | |
> |---|---|---|
> | | 금수성물품 | 그 밖의 것 |
> | 옥내소화전설비 또는 옥외소화전설비 | - | ○ |
> | 스프링클러설비 | - | ○ |
> | 물분무소화설비 | - | ○ |
> | 포소화설비 | - | ○ |
> | 불활성가스소화설비 | - | - |
>
> ※제3류 위험물의 금수성물질을 제외한 것은 자연발화성물질이다. 그러면 알킬알루미늄등은 자연발화성물질로서 주수소화(스프링클러설비, 옥내소화전설비, 포소화설비)가 적합하다고 하는 것은 문제가 있다고 봅니다. 알킬알루미늄은 물과 반응하면 메테인과 에테인가스가 발생하므로 주수소화를 하면 위험하다. 단, 이 문제는 시행규칙 별표 17, 4. 소화설비의 적응성의 법대로 풀이하면 ③번이 정답이네요.

30 제1종 분말소화약제의 소화효과에 대한 설명으로 가장 거리가 먼 것은?

① 열분해 시 발생하는 이산화탄소와 수증기에 의한 질식효과
② 열분해 시 흡열반응에 의한 냉각효과
③ H^+이온에 의한 부촉매효과
④ 분말 분무에 의한 열방사의 차단효과

> 제3종 분말소화약제 : NH_4^+이온에 의한 부촉매효과

31 다음 ( )에 알맞은 수치를 옳게 나열한 것은?

> 위험물안전관리법령상 옥내소화전설비는 각 층을 기준으로 하여 당해 층의 모든 옥내 소화전(설치개수가 5개 이상인 경우는 5개의 옥내소화전)을 동시에 사용할 경우에 각 노즐 끝부분의 방수압력이 ( )kPa 이상이고, 방수량이 1분당 ( )ℓ 이상의 성능이 되도록 할 것

① 350, 260
② 260, 350
③ 450, 260
④ 260, 450

> **수계소화설비의 방수압력, 방수량**
>
> | 종류 \ 항목 | 방수량 | 방수압력 |
> |---|---|---|
> | 옥내소화전설비 | 260ℓ/min | 0.35MPa(350kPa) |
> | 옥외소화전설비 | 450ℓ/min | 0.35MPa(350kPa) |
> | 스프링클러설비 | 80ℓ/min | 0.1MPa |

32 다음 중 물을 소화약제로 사용하는 가장 큰 이유는?

① 기화잠열이 크므로
② 부촉매효과가 있으므로
③ 환원성이 있으므로
④ 기화하기 쉬우므로

> 물은 기화(증발)잠열과 비열이 크므로 소화약제로 사용하는 주된 이유이다.

33 위험물 일반취급소의 건축물의 연면적이 500m²인 경우 소요단위는? (단, 외벽이 내화구조이다.)

① 2단위
② 5단위
③ 10단위
④ 50단위

> **소요단위의 계산방법**
> • 제조소 또는 취급소의 건축물
> - 외벽이 내화구조 : 연면적 100m²를 1소요단위
> - 외벽이 내화구조가 아닌 것 : 연면적 50m²를 1소요단위
> • 저장소의 건축물
> - 외벽이 내화구조 : 연면적 150m²를 1소요단위
> - 외벽이 내화구조가 아닌 것 : 연면적 75m²를 1소요단위
> • 위험물은 지정수량의 10배 : 1소요단위
> ∴ 소요단위 = $\dfrac{연면적}{기준단위} = \dfrac{500m^2}{100m^2} = 5단위$

34 트라이에틸알루미늄의 화재 발생 시 물을 이용한 소화가 위험한 이유를 옳게 설명한 것은?

① 가연성가스인 수소가스를 발생하기 때문에
② 유독성인 포스핀가스를 발생하기 때문에
③ 유독성인 포스겐가스를 발생하기 때문에
④ 가연성인 에테인가스를 발생하기 때문에

🔍 트라이에틸알루미늄은 물과 반응하면 에테인가스(C_2H_6)를 발생하므로 위험하다.
$(C_2H_5)_3Al + 3H_2O \rightarrow Al(OH)_3 + 3C_2H_6$

35 불꽃의 표면온도가 300℃에서 360℃로 상승하였다면 300℃보다 약 몇 배의 열을 방출하는가?

① 1.49배
② 3배
③ 7.27배
④ 10배

🔍 복사에너지는 절대온도의 4제곱에 비례한다.
$T_1 : T_2 = (300 + 273K)^4 : (360 + 273K)^4$
$= 1.08 \times 10^{11} : 1.61 \times 10^{11} = 1 : 1.49$

36 인화점이 70℃ 이상인 제4류 위험물을 저장·취급하는 소화난이도 등급 Ⅰ의 옥외탱크저장소(지중탱크 또는 해상탱크외의 것)에 설치하는 소화설비는?

① 스프링클러설비
② 물분무소화설비
③ 간이스프링클러설비
④ 분말소화설비

🔍 소화난이도등급 Ⅰ의 제조소등에 설치하여야 하는 소화설비

구분			소화설비
옥외탱크저장소	지중탱크 또는 해상탱크 외의 것	황만을 저장·취급하는 것	물분무소화설비
		인화점 70℃ 이상의 제4류 위험물만을 저장 취급하는 것	물분무소화설비 또는 고정식 포소화설비
		그 밖의 것	고정식 포소화설비(포소화설비가 적응성이 없는 경우에는 분말소화설비)
	지중탱크		고정식 포소화설비, 이동식 이외의 이산화탄소소화설비 또는 이동식 이외의 할로젠화합물소화설비
	해상탱크		고정식 포소화설비, 물분무소화설비, 이동식 이외의 이산화탄소소화설비 또는 이동식 이외의 할로젠화합물소화설비

37 제4류 위험물의 소화방법에 대한 설명 중 틀린 것은?

① 공기 차단에 의한 질식소화가 효과적이다.
② 물분무소화도 적응성이 있다.
③ 수용성인 가연성 액체의 화재에는 수성막포에 의한 소화가 효과적이다.
④ 비중이 물보다 작은 위험물인 경우에는 주수소화가 효과가 떨어진다.

🔍 수용성인 액체 알코올형포(내알코올포, 알크올포)가 적합하다.

38 위험물안전관리법령상 이산화탄소 소화기가 적응성이 있는 위험물은?

① 트라이나이트로톨루엔
② 과산화나트륨
③ 철분
④ 인화성 고체

🔍 인화성 고체와 제4류 위험물은 질식효과가 있는 이산화탄소소화기가 적합하다.

39 위험물안전관리법령상 이산화탄소를 저장하는 저압식 저장용기에는 용기 내부의 온도를 어떤 범위로 유지할 수 있는 자동냉동기를 설치하여야 하는가?

① 영하 20℃ ~ 영하 18℃
② 영하 20℃ ~ 0℃
③ 영하 25℃ ~ 영하 18℃
④ 영하 25℃ ~ 0℃

🔍 이산화탄소를 저장하는 저압식저장용기의 설치 기준
- 이산화탄소를 저장하는 저압식저장용기에는 액면계 및 압력계를 설치할 것
- 이산화탄소를 저장하는 저압식저장용기에는 2.3MPa 이상의 압력 및 1.9MPa 이하의 압력에서 작동하는 압력경보장치를 설치할 것
- 이산화탄소를 저장하는 저압식저장용기에는 용기내부의 온도를 영하 20℃ 이상 영하 18℃ 이하로 유지할 수 있는 자동냉동기를 설치할 것
- 이산화탄소를 저장하는 저압식저장용기에는 파괴판을 설치할 것
- 이산화탄소를 저장하는 저압식저장용기에는 방출밸브를 설치할 것

40 위험물안전관리법령상 연소의 우려가 있는 위험물 제조소의 외벽의 기준으로 옳은 것은?

① 개구부가 없는 불연재료의 벽으로 하여야 한다.
② 개구부가 없는 내화구조의 벽으로 하여야 한다.
③ 출입구 외의 개구부가 없는 불연재료의 벽으로 하여야 한다.
④ 출입구 외의 개구부가 없는 내화구조의 벽으로 하여야 한다.

🔍 위험물제조소의 외벽은 출입구 외의 개구부가 없는 내화구조의 벽으로 하여야 한다.

3. 위험물 성상 및 취급

41 다음은 위험물안전관리법령에 관한 내용이다. 다음 ( )에 알맞은 수치의 합은?

> • 위험물안전관리자를 선임한 제조소등의 관계인은 그 안전관리자가 퇴직한 때에는 퇴직한 날부터 ( )일 이내에 다시 안전관리자를 선임하여야 한다.
> • 제조소등의 관계인은 당해 제조소등의 용도를 폐지한 때에는 행정안전부령이 정하는 바에 따라 제조소등의 용도를 폐지한 날부터 ( )일 이내에 시·도지사에게 신고하여야 한다.

① 30　　② 44
③ 49　　④ 62

🔍 일수 계산
• 위험물안전관리자 재선임 : 30일 이내
• 제조소 용도폐지신고 : 14일 이내
∴ 일수의 합 = 30 + 14 = 44일

42 제4류 위험물의 일반적인 성질 및 취급시 주의사항에 대한 설명 중 가장 거리가 먼 것은?

① 액체의 비중은 물보다 가벼운 것이 많다.
② 대부분 증기는 공기보다 무겁다.
③ 제1석유류에서 제4석유류는 비점으로 구분한다.
④ 정전기 발생에 주의하여 취급하여야 한다.

🔍 제4류 위험물의 분류는 인화점으로 구분한다.

43 과산화나트륨이 물과 반응하여 일어나는 변화는 다음 중 어느 것인가?

① 산화나트륨과 산소가 된다.
② 물을 흡수하여 탄산나트륨이 된다.
③ 산소를 방출하며 수산화나트륨이 된다.
④ 서서히 물에 녹아 과산화나트륨의 안정한 수용액이 된다.

🔍 과산화나트륨은 물과 반응하여 산소(O_2)를 방출하며 수산화나트륨(NaOH)이 된다.
$2Na_2O_2 + 2H_2O \rightarrow 4NaOH + O_2\uparrow$

44 다음과 같은 위험물을 저장할 경우 각각의 지정수량 배수의 총 합은 얼마인가?

> 클로로벤젠 : 1000L, 동식물유류 : 5000L,
> 제4석유류 : 12000L

① 2.5
② 3.0
③ 3.5
④ 4.0

🔍 각 물질의 지정수량

종류	분류	지정수량
클로로벤젠	제2석유류(비)	1,000ℓ
동식물유류	동식물유류	10,000ℓ
제4석유류	제4석유류	6,000ℓ

∴ 지정수량의 배수 = $\frac{저수량}{지정수량}$
$= \frac{1000ℓ}{1000ℓ} + \frac{5000ℓ}{10000ℓ} + \frac{12000ℓ}{6000ℓ} = 3.5$

45 위험물안전관리법령상 HCN의 품명으로 옳은 것은?

① 제1석유류　　② 제2석유류
③ 제3석유류　　④ 제4석유류

🔍 사이안화수소(HCN) : 제1석유류(수용성)

46 위험물안전관리법령상 다음 암반탱크의 공간용적은 얼마인가?

- 암반탱크의 내용적은 100억 리터
- 탱크내 용출하는 1일의 지하수의 양 : 2천만 리터

① 2천만 리터
② 1억 리터
③ 1억4천 리터
④ 10억 리터

🔍 암반탱크의 공간용적
해당 탱크내에 용출하는 7일간의 지하수의 양에 상당하는 용적과 해당 탱크 내용적의 1/100의 용적 중에서 큰 용적을 공간용적으로 한다.
① 7일간 용출하는 양 = 2천만ℓ × 7 = 1억 4천만ℓ
② 탱크 내용적의 1/100의 용적 = 100억ℓ × 1/100 = 1억 ℓ
∴ ①과 ②중의 큰 용적 : 1억 4천만ℓ

47 다음 중 물과 접촉시 유독성의 가스를 발생하지 않지만 화재의 위험성이 증가하는 것은?

① 인화칼슘
② 황린
③ 오황화인
④ 나트륨

🔍 나트륨은 물과 반응하면 가연성가스인 수소를 발생하므로 화재 위험성이 증가하다.

48 위험물안전관리법령에서 정하는 제조소와의 안전거리의 기준이 다음 중 가장 큰 것은?

① 「고압가스안전관리법」의 규정에 의하여 허가를 받거나 신고를 하여야 하는 고압가스저장시설
② 사용전압이 35,000V를 초과하는 특고압가공전선
③ 병원, 학교, 극장
④ 「문화유산의 보존 및 활용에 관한 법률」에 따른 지정문화유산

🔍 제조소등의 안전거리

건축물	안전거리
사용전압 7000V초과 35,000V이하 특고압 가공전선	3m 이상
사용전압 35,000V초과의 특고압가공전선	5m 이상
주거용으로 사용되는 것(제조소가 설치된 부지 내에 있는 것을 제외)	10m 이상
고압가스, 액화석유가스, 도시가스를 저장 또는 취급하는 시설	20m 이상
학교, 병원, 극장 그 밖에 다수인을 수용하는 시설로서 다음의 것은 30m 이상 • 학교 • 병원급의료기관[종합병원, 병원, 치과병원 한방병원 및 요양병원(정신병원)] • 공연장, 영화상영관 그밖에 유사한 시설로서 300명 이상의 인원을 수용할 수 있는 것 • 복지시설(아동복지시설, 노인복지시설, 장애인복지시설, 한부모가족복지시설), 어린이집 성매매피해자등을 위한 지원시설, 정신건강증진시설, 「가정폭력방지 및 피해자 보호등에 관한 법률」에 따른 보호시설, 그밖에 유사한 시설로서 20명 이상의 인원을 수용할 수 있는 것	30m 이상
지정문화유산, 천연기념물등	50m 이상

49 위험물의 운반에 관한 기준에서 위험물의 적재 시 혼재 가능한 위험물은?(단, 위험물 지정수량의 5배이다.)

① 과염산칼륨 – 황린
② 질산메틸 – 경유
③ 마그네슘 – 알킬알루미늄
④ 탄화칼슘 – 나이트로글리세린

🔍 운반 시 혼재 가능
• 혼재가능한 류별 : 제1류+제6류 위험물, 제3류+제4류 위험물, 제5류+제2류+제4류 위험물
• 위험물의 구분

종류	류별	종류	류별
과염소산칼륨	제1류 위험물	황린	제3류 위험물
질산메틸	제5류 위험물	경유	제4류 위험물
마그네슘	제2류 위험물	알킬알루미늄	제3류 위험물
탄화칼슘	제3류 위험물	나이트로글리세린	제5류 위험물

50 다음 중 지정수량이 나머지 셋과 다른 하나는?

① Fe분
② Zn분
③ Na
④ Mg

지정수량			
종류	명칭	류별	지정수량
Fe분	철분	제2류위험물	500kg
Zn분	아연분	제2류위험물(금속분)	500kg
Na	나트륨	제3류위험물	10kg
Mg	마그네슘	제2류위험물	500kg

51 다음 중 오황화인(P_2S_5)의 성질에 관한 설명이다. 옳은 것은?

① 물과 반응하면 불연성 기체가 발생된다.
② 담황색 결정으로서 흡습성과 조해성이 있다.
③ P_5S_2로 표현되며 물에 녹지 않는다.
④ 공기 중에서 자연 발화된다.

🔍 오황화인(P_2S_5) : 담황색 결정으로서 흡습성과 조해성이 있다.

52 다음은 위험물안전관리법령상 위험물의 운반에 관한 기준 중 적재방법에 관한 내용이다. ( ) 안에 적당한 내용으로 맞는 것은?

( ) 위험물 중 ( )℃ 이하의 온도에서 분해될 우려가 있는 것은 보냉 컨테이너에 수납하는 등 적정한 온도관리를 할 것

① 제5류, 25   ② 제5류, 55
③ 제6류, 25   ④ 제6류, 55

🔍 제5위험물 중 55℃ 이하의 온도에서 분해될 우려가 있는 것은 보냉 컨테이너에 수납하는 등 적정한 온도관리를 할 것

53 짚, 헝겊 등을 다음의 물질과 적셔서 대량으로 쌓아둘 경우 자연발화의 위험성이 제일 높은 것은?

① 동유
② 야자유
③ 올리브유
④ 피마자유

🔍 동유는 건성유로서 자연발화의 위험이 가장 높다.

54 위험물안전관리법령상 다음 사항을 참고하여 제조소의 소화설비의 소요단위의 합을 옳게 산출한 것은?

- 제조소 건축물의 연면적은 $3,000m^2$
- 제조소 건축물의 외벽은 내화구조이다.
- 제조소 허가 지정수량은 3,000배이다.
- 제조소의 옥외 공작물은 최대수평투영면적은 $500m^2$이다.

① 335   ② 395
③ 400   ④ 440

🔍 소요단위
- 제조소(내화구조)의 경우 : 연면적은 $100m^2$를 1소요단위
- 위험물 : 지정수량의 10배를 1소요단위
∴ 소요단위 $= \frac{3000m^2}{100m^2} + \frac{3000배}{10배} + \frac{500m^2}{100m^2} = 335단위$

55 다음 중 물과 반응하여 수소를 발생하지 않는 물질은?

① 칼륨
② 수소화붕소나트륨
③ 탄화칼슘
④ 수소화칼슘

🔍 탄화칼슘은 물과 반응하면 아세틸렌과 수산화칼슘을 생성한다.
$CaC_2 + 2H_2O \rightarrow Ca(OH)_2 + C_2H_2\uparrow$
(소석회, 수산화칼슘) (아세틸렌)

56 제4석유류를 저장하는 옥내탱크저장소의 기준으로 옳은 것은? (단, 단층건축물에 탱크전용실을 설치하는 경우이다.)

① 옥내저장탱크의 용량은 지정수량의 40배 이하일 것
② 탱크전용실은 벽, 기둥, 바닥, 보를 내화구조로 할 것
③ 탱크전용실에는 창을 설치하지 아니할 것
④ 탱크전용실에 펌프설비를 설치하는 경우에는 그 주위에 0.2m이상의 높이로 턱을 설치할 것

🔍 ②, ③, ④는 탱크전용실 외의 장소에 설치하는 기준이다.

57 인화칼슘의 성질이 아닌 것은?

① 적갈색의 고체이다
② 물과 반응하여 포스핀 가스를 발생한다.
③ 물과 반응하여 유독한 불연성가스를 발생한다.
④ 산과 반응하여 포스핀 가스를 발생한다.

> 인화칼슘이 물과 반응하면 유독성 가연성가스인 포스핀(인화수소, PH_3)가스를 발생한다.
> $Ca_3P_2 + 6H_2O \rightarrow 3Ca(OH)_2 + 2PH_3\uparrow$

58 이동저장탱크에 저장할 때 불연성가스를 봉입하여야 하는 위험물은?

① 메틸에틸케톤퍼옥사이드
② 아세트알데하이드
③ 아세톤
④ 트라이나이트로톨루엔

> 이동저장탱크에 아세트알데하이드를 저장할 때 불연성가스를 봉입하여야 한다.

59 위험물안전관리법령상 위험물 운반시에 혼재가 불가능한 것으로 이루어진 것은?(단, 지정수량의 1/10 초과한다.)

① 과산화나트륨과 황
② 황과 과산화벤조일
③ 황린과 휘발유
④ 과염소산과 과산화나트륨

> 운반 시 혼재가능 : 제1류 + 제6류, 제3류 + 제4류, 제5류 + 제2류 + 제4류

종류	류별	종류	류별
과산화나트륨	제1류 위험물	황	제2류 위험물
과산화벤조일	제5류 위험물	황린	제3류 위험물
휘발유	제4류 위험물	과염소산	제1류 위험물

60 위험물 주유취급소의 주유 및 급유공지의 바닥에 대한 기준이 옳지 않은 것은?

① 주위 지면보다 낮게 할 것
② 표면을 적당하게 경사지게 할 것
③ 배수구 및 집유설비를 설치할 것
④ 유분리장치를 설치할 것

> 주유취급소의 주유 및 급유공지
> • 공지의 바닥은 주위 지면보다 높게 할 것
> • 그 표면을 적당하게 경사지게 하여 새어나온 기름 그 밖의 액체가 공지의 외부로 유출되지 아니하도록 배수구, 집유설비 및 유분리장치를 설치하여야 한다.

정답 최근기출문제 2016년 2회

01 ③	02 ②	03 ④	04 ②	05 ④
06 ②	07 ②	08 ③	09 ④	10 ②
11 ①	12 ②	13 ③	14 ③	15 ③
16 ①	17 ④	18 ④	19 ①	20 ③
21 ②	22 ④	23 ②	24 ④	25 ①
26 ③	27 ③	28 ②	29 ②	30 ③
31 ①	32 ①	33 ②	34 ④	35 ①
36 ②	37 ③	38 ④	39 ①	40 ④
41 ②	42 ③	43 ③	44 ④	45 ①
46 ③	47 ④	48 ④	49 ②	50 ③
51 ②	52 ②	53 ①	54 ①	55 ③
56 ①	57 ③	58 ②	59 ①	60 ①

2016년 3회 최근기출문제

1. 물질의 물리 · 화학적 성질

01 다음 화학반응에서 밑줄 친 원소가 산화된 것은?

① H_2 + $\underline{Cl_2}$ → 2HCl
② 2$\underline{Zn}$ + O_2 → 2ZnO
③ 2KBr + $\underline{Cl_2}$ → 2KCl + Br_2
④ 2$\underline{Ag}^+$ + Cu → 2Ag + Cu^{++}

🔍 산화는 산소와 결합하는 것으로 Zn이 ZnO로 산소와 결합한 것이다.

02 발연황산이란 무엇인가?

① H_2SO_4의 농도가 98% 이상인 거의 순수한 황산
② 황산과 염산을 1:3의 비율로 혼합한 것
③ SO_3를 황산에 흡수시킨 것
④ 일반적인 황산을 총괄하는 것

🔍 발연황산 : SO_3를 황산에 흡수시킨 것

03 0.001N-HCl의 PH는?

① 2
② 3
③ 4
④ 5

🔍 pH = $-\log[H^+]$ = $-\log[1 \times 10^{-3}]$ = 3 - 0 = 3

04 0℃의 얼음 20g을 100℃의 수증기로 만드는데 필요한 열량은?(단, 융해열은 80cal/g, 기화열은 539cal/g이다.)

① 3600cal
② 11600cal
③ 12380cal
④ 14380cal

🔍 얼음 → 0℃물 → 100℃물 → 100℃수증기
Q = r·m + mCp⊿t + r·m
여기서 r : 얼음의 융해열(80cal/g), m : 무게(g),
Cp : 물의 비열(1cal/g·℃), ⊿t : 온도차(℃)
r : 물의 증발잠열(539cal/g)
∴ Q = r·m + mCp⊿t + r·m
= (80cal/g × 20g) + [20g × 1cal/g·℃ × (100 - 0)℃]
+ (539cal/g × 20g) = 14380cal

05 다음 중 $FeCl_3$과 반응하면 색깔이 보라색으로 되는 현상을 이용해서 검출하는 것은?

① CH_3OH
② C_6H_5OH
③ $C_6H_5NH_2$
④ $C_6H_5CH_3$

🔍 페놀(C_6H_5OH)은 $FeCl_3$(삼염화철)과 반응하면 색깔이 보라색으로 된다.

06 콜로이드 용액 중 소수콜로이드는?

① 녹말
② 아교
③ 단백질
④ 수산화철

🔍 콜로이드용액의 종류
• 소수콜로이드 : 물과의 친화력이 좋지 않고 소량의 전해질을 넣으면 침전이 일어나는 무기질 콜로이드(-콜로이드)로서 염화은, 수산화알루미늄, 수산화철, 흙탕물, 먹물 등이 있다
• 친수콜로이드 : 물과의 친화력이 좋고 다량의 전해질을 넣으면 침전이 일어나는 유기질 콜로이드 (+콜로이드)로서 비누, 녹말, 단백질, 아교, 젤라틴 등이 있다.

07 다음 중 유리기구 사용을 피해야 하는 화학반응은?

① $CaCO_3$ + HCl
② $NaCO_3$ + $Ca(OH)_2$
③ Mg + HCl
④ CaF_2 + H_2SO_4

🔍 형석(CaF_2)은 유리를 부식시키므로 사용은 적합하지 않다.

08 0℃, 1기압에서 1g의 수소가 들어 있는 용기에 산소 32g을 넣었을 때 용기의 총 내부압력은?(단, 온도는 일정하다)

① 1기압
② 2기압
③ 3기압
④ 4기압

> 수소의 체적을 구하고 총 내부압력을 구하면
> • 수소용기의 체적
>   이상기체상태방정식을 적용하면
> $PV = nRT = \frac{W}{M}RT$ $V = \frac{WRT}{PM}$
>   여기서 P : 압력(atm), V : 부피(ℓ), n : mol수, M : 분자량,
>   W : 무게, R : 기체상수(0.08205ℓ · atm/g-mol · K),
>   T : 절대온도(273+℃)
> $\therefore V = \frac{WRT}{PM} = \frac{1g \times 0.08205 \times (273+0)K}{1atm \times 2} = 11.2ℓ$
> • 총 내부압력
> $P = \frac{WRT}{VM} = \frac{32g \times 0.08205 \times 273K}{11.2ℓ \times 32} = 2atm$
>   ∴돌턴의 분압의 법칙에서 전체압력 = 1atm + 2atm = 3atm

09 다음의 평형계에서 압력을 증가시키면 반응에 어떤 영향이 나타나는가?

$$N_2(g) + 3H_2(g) \rightleftharpoons 2NH_3(g)$$

① 오른쪽으로 진행
② 왼쪽으로 진행
③ 무변화
④ 왼쪽과 오른쪽으로 모두 진행

> Le Chatelier 평형이동의 법칙
> $N_2 + 3H_2 \rightleftharpoons 2NH_3$
> • 온도
>   - 상승 : 온도가 내려가는 방향 (흡열반응쪽, ←)
>   - 강하 : 온도가 올라가는 방향 (발열반응쪽, →)
> • 압력
>   - 상승 : 분자수가 감소하는 방향 (몰수가 감소하는 방향, →)
>   - 강하 : 분자수가 증가하는 방향 (몰수가 증가하는 방향, ←)
> ※반응물의 몰수의 합과 생성물의 몰수의 합이 같으면 압력에는 영향을 받지 않는다.

10 $ns^2 np^5$의 전자구조를 가지지 않는 것은?

① F(원자번호 9)
② Cl(원자번호 17)
③ Se(원자번호 34)
④ I(원자번호 53)

> 전자배치
> • F(플루오린, 원자번호 9) : $1S^2, 2S^2, 2P^5$
> • Cl(염소, 원자번호 17) : $1S^2, 2S^2, 2P^6, 3S^2, 3P^5$
> • Se(셀렌, 셀레늄, 원자번호 34) : $1S^2, 2S^2, 2P^6, 3S^2, 3P^6, 4S^2, 3d^{10}, 4P^4$
> • I(아이오딘, 원자번호 53) : $1S^2, 2S^2, 2P^6, 3S^2, 3P^6, 4S^2, 3d^{10}, 4P^6, 5S^2, 4d^{10}, 5P^5$

11 100mL 메스플라스크로 10ppm 용액 100mL를 만들려고 한다. 1000ppm 용액 몇 mL를 추해야 하는가?

① 0.1
② 1
③ 10
④ 100

> ppm의 용액의 양
> $10 \times \frac{1}{10^6} \times 100ml = 1000 \times \frac{1}{10^6} \times x$
> ∴ $x = 1ml$

12 황산구리 수용액을 전기분해하여 음극에서 63.54g의 구리를 석출시키고자 한다. 10A의 전기를 흐르게 하면 전기분해에는 약 몇 시간이 소요되는가?(단, 구리의 원자량은 63.54 이다.)

① 2.72
② 5.36
③ 8.13
④ 10.8

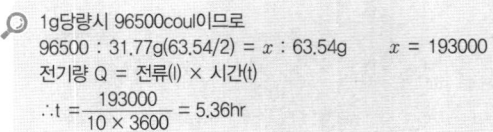

> 1g당량시 96500coul이므로
> 96500 : 31.77g(63.54/2) = x : 63.54g x = 193000
> 전기량 Q = 전류(I) × 시간(t)
> ∴ $t = \frac{193000}{10 \times 3600} = 5.36hr$

13 축중합반응에 의하여 나일론-66을 제조할 때 사용되는 주 원료는?

① 아디프산과 헥사메틸렌다이아민
② 아이소프렌과 아세트산
③ 염화비닐과 폴리에틸렌
④ 멜라민과 클로로벤젠

> 나일론-66의 제법 : 아디프산과 헥사메틸렌다이아민의 탈수, 축합, 중합반응에 의하여 제조한다.

14 표준상태를 기준으로 수소 2.24L 가 염소와 완전히 반응했다면 생성된 염화수소의 부피는 몇 L인가?

① 2.24　　② 4.48
③ 22.4　　④ 44.8

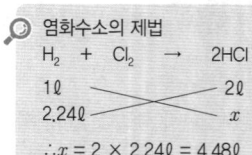
염화수소의 제법
$H_2 + Cl_2 \rightarrow 2HCl$
1ℓ　　2ℓ
2.24ℓ　　x
∴ $x = 2 \times 2.24ℓ = 4.48ℓ$

15 Ca^{2+} 이온의 전자배치를 옳게 나타낸 것은?

① $1s^2 2s^2 2p^6 3s^2 3p^6 3d^2$
② $1s^2 2s^2 2p^6 3s^2 3p^6 4s^2$
③ $1s^2 2s^2 2p^6 3s^2 3p^6 4s^2 3d^2$
④ $1s^2 2s^2 2p^6 3s^2 3p^6$

🔍 Ca^{2+}(원자번호 20) : $1S^2$, $2S^2$, $2P^6$, $3S^2$, $3P^6$, $4S^2$인데 2가 양이온으로 전자 2개를 잃으므로 18개의 전자를 가지므로 전자배치는 $1S^2$, $2S^2$, $2P^6$, $3S^2$, $3P^6$이다.

16 어떤 용액의 pH를 측정하였더니 4 이었다. 이 용액을 1000배 희석시킨 용액의 pH를 옳게 나타낸 것은?

① pH = 3　　② pH = 4
③ pH = 5　　④ 6 < pH < 7

🔍 PH가 4는 $[H^+] = 1 \times 10^{-4}$이다.
$[H^+] = \frac{(10^{-4} \times 1) + (10^{-7} \times 1000)}{1001} = 1.99 \times 10^{-7}$
∴ pH = $-\log[H^+] = 1.99 \times 10^{-7} = 7 - \log 1.99$
　　= $7 - 0.3 = 6.7$
그러므로 pH : 6 < pH < 7

17 다음 중 물이 산으로 작용하는 반응은?

① $3Fe + 4H_2O \rightarrow Fe_3O_4 + 4H_2$
② $NH_4^+ + H_2O \rightleftarrows NH_3 + H_3O^+$
③ $HCOOH + H_2O \rightarrow HCOO^- + H_3O^+$
④ $CH_3COO^- + H_2O \rightarrow CH_3COOH + OH^-$

🔍 초산이온이 물과 반응하여 초산이 되는 반응은 ④이다.

18 물 100g에 황산구리 결정($CuSO_4 \cdot 5H_2O$) 2g을 넣으면 몇 %용액이 되는가?(단, $CuSO_4$의 분자량은 160g/mol이다)

① 1.25%　　② 1.96%
③ 2.4%　　④ 4.42%

🔍 중량% = (2/160) × 100 = 1.25%

19 원소의 주기율표에서 같은 족에 속하는 원소들의 화학적 성질에는 비슷한 점이 많다. 이것과 관련 있는 설명은?

① 같은 크기의 반지름을 가지는 이온이 된다.
② 제일 바깥의 전자 궤도에 들어 있는 전자의 수가 같다.
③ 핵의 양 하전의 크기가 같다.
④ 원자번호를 8a + b라는 일반식으로 나타낼 수 있다.

🔍 제일 바깥의 전자 궤도에 들어 있는 전자의 수가 같으면 화학적 성질이 비슷하다.

20 다음 화합물 중 펩티드 결합이 들어있는 것은?

① 폴리염화비닐　　② 유지
③ 탄수화물　　④ 단백질

🔍 펩티드결합 : 단백질 중에 펩티드결합(-C-N-)을 말하며 나
　　　　　　　　　　　　　　　　　　 ‖ │
　　　　　　　　　　　　　　　　　　 O H
일론, 단백질(알부민), 양모가 펩티드 결합을 가지고 있다.

2. 화재예방과 소화방법

21 화재 예방을 위하여 이황화탄소는 액면 자체위에 물을 채워주는데 그 이유로 가장 타당한 것은?

① 공기와 접촉하면 발생하는 불쾌한 냄새를 방지하기 위하여
② 발화점을 낮추기 위하여
③ 불순물을 물에 용해시키기 위하여
④ 가연성 증기의 발생을 방지하기 위하여

> 이황화탄소는 가연성 증기의 발생을 방지하기 위하여 물 속에 저장한다.

22 액체 상태의 물이 1기압, 100℃ 수증기로 변하면 체적이 약 몇 배 증가하는가?

① 530 ~ 540
② 900 ~ 1100
③ 1600 ~ 1700
④ 2300 ~ 2400

> 물이 100℃의 수증기로 될 때 체적은 약 1700배 증가한다.

23 제1종 분말소화약제가 1차 열분해되어 표준상태를 기준으로 2m³의 탄산가스가 생성되었다. 몇 kg의 탄산수소나트륨이 사용되었는가? (단, 나트륨의 원자량은 23이다.)

① 15
② 18.75
③ 56.25
④ 75

> 제1종분말약제의 분해반응식
> $2NaHCO_3 \rightarrow Na_2CO_3 + H_2O + CO_2$
> 2 × 84kg   22.4m³
> x   2m³
> ∴ $x = \dfrac{2 \times 84kg \times 2m^3}{22.4m^3} = 15kg$

24 위험물안전관리법령상 제4류 위험물의 위험등급에 대한 설명으로 옳은 것은?

① 특수인화물은 위험등급Ⅰ, 알코올류는 위험등급Ⅱ이다.
② 특수인화물과 제1석유류는 위험등급Ⅰ이다.
③ 특수인화물은 위험등급Ⅰ, 그 이외에는 위험등급Ⅱ이다.
④ 제2석유류는 위험등급Ⅱ이다.

> 제4류 위험물의 위험등급
> • 등급 Ⅰ : 특수인화물
> • 등급 Ⅱ : 제1석유류, 알코올류
> • 등급 Ⅲ : 그 외의 것

25 소화기에 'B-2'라고 표시되어 있었다. 이 표시의 의미를 가장 옳게 나타낸 것은?

① 일반화재에 대한 능력단위 2단위에 적용되는 소화기
② 일반화재에 대한 무게단위 2단위에 적용되는 소화기
③ 유류화재에 대한 능력단위 2단위에 적용되는 소화기
④ 유류화재에 대한 무게단위 2단위에 적용되는 소화기

> B-2 : 유류화재에 대한 능력단위 2단위에 적용되는 소화기

26 위험물안전관리법령상 톨루엔의 화재에 적응성이 있는 소화방법은?

① 무상수(霧狀水) 소화기에 의한 소화
② 무상강화액소화기에 의한 소화
③ 봉상수(棒狀水) 소화기에 의한 소화
④ 봉상강화액소화기에 의한 소화

> 톨루엔은 물에 전혀 녹지 않기 때문에 무상강화액소화기에 의한 소화가 적합하다.

27 위험물안전관리법령상 방호대상물의 표면적이 70m²인 경우 물분무소화설비의 방사구역은 몇 m²로 하여야 하는가?

① 35
② 70
③ 150
④ 300

> 물분무소화설비의 방사구역은 150m² 이상(방호대상물의 표면적이 150m² 미만인 경우에는 당해 표면적)으로 할 것
> ∴ 표면적이 70m²이므로 70m²이다.

28 수성막포소화약제에 대한 설명으로 옳은 것은?

① 물보다 가벼운 유류의 화재에는 사용할 수 없다.
② 계면활성제를 사용하지 않고 수성의 막을 이용한다.
③ 내열성이 뛰어나고 고온의 화재일수록 효과적이다.

④ 일반적으로 플루오린계 계면활성제를 사용한다.

> 수성막포소화약제는 플루오린계통의 습윤제에 합성계면활성제가 첨가되어 있는 약제이다.

29 다음 중 증발잠열이 가장 큰 것은?

① 아세톤
② 사염화탄소
③ 이산화탄소
④ 물

> 물의 증발잠열은 539cal/g으로서 가장 크다.

30 위험물안전관리법령에 따른 불활성가스 소화설비의 저장용기 설치 기준으로 틀린 것은?

① 방호구역 외의 장소에 설치할 것
② 저장용기에는 안전장치(용기밸브에 설치되어 있는 것은 제외)를 설치할 것
③ 저장용기의 외면에 소화약제의 종류와 양, 제조년도 및 제조자를 표시할 것
④ 온도가 섭씨 40도 이하이고 온도 변화가 작은 장소에 설치할 것

> 불활성가스 소화설비의 저장용기에는 안전장치(용기밸브에 설치되어 있는 것을 포함)를 설치할 것

31 위험물안전관리법령상 옥내소화전설비의 기준에서 옥내소화전의 개폐밸브 및 호스접속구의 바닥면으로부터 설치 높이 기준으로 옳은 것은?

① 1.2m 이하
② 1.2m 이상
③ 1.5m 이하
④ 1.5m 이상

> 옥내소화전의 개폐밸브 및 호스접속구의 설치기준 : 바닥면으로부터 1.5m 이하

32 연소 및 소화에 대한 설명으로 틀린 것은?

① 공기 중의 산소 농도가 0% 까지 떨어져야만 연소가 중단되는 것은 아니다.
② 질식소화, 냉각소화 등은 물리적 소화에 해당한다.
③ 연소의 연쇄반응을 차단하는 것은 화학적 소화에 해당한다.
④ 가연물질에 상관없이 온도, 압력이 동일하면 한계산소량은 일정한 값을 가진다.

> 가연물에 따라 한계산소량이 다르다.

33 다음 [보기]의 물질 중 위험물안전관리법령상 제1류 위험물에 해당하는 것의 지정수량을 모두 합산한 값은?

> 퍼옥소이황산염류, 아이오딘산, 과염소산, 차아염소산염류

① 350kg
② 400kg
③ 650kg
④ 1350kg

> 위험물의 지정수량
>
> | 종류 | 류별 | 지정수량 |
> |---|---|---|
> | 퍼옥소아황산염류 | 제1류 위험물 | 300kg |
> | 아이오딘산 | 비 위험물 | – |
> | 과염소산 | 제6류 위험물 | 300kg |
> | 차아염소산염류 | 제1류 위험물 | 50kg |
>
> ∴ 제1류 위험물의 지정수량의 합계 = 300kg + 50kg = 350kg

34 이산화탄소 소화기의 장·단점에 대한 설명으로 틀린 것은?

① 밀폐된 공간에서 사용 시 질식으로 인명피해가 발생할 수 있다.
② 전도성이어서 전류가 통하는 장소에서의 사용은 위험하다.
③ 자체의 압력으로 방출할 수가 있다.
④ 소화후 소화약제에 대한 오손이 없다.

> 이산화탄소 소화기는 전기화재에 적합하고, 전기가 흐르지 않으면 A급 화재이므로 적합하지 않다.

35 다음 위험물을 보관하는 창고에 화재가 발생하였을 때 물을 사용하여 소화하면 위험성이 증가하는 것은?

① 질산암모늄
② 탄화칼슘
③ 과염소산나트륨
④ 셀룰로이드

> 카바이트(탄화칼슘)는 물과 반응하여 아세틸렌가스를 발생하므로 위험하다.
> $CaC_2 + 2H_2O \rightarrow Ca(OH)_2 + C_2H_2$
> (카바이트) (물) (소석회) (아세틸렌)

36 위험물안전관리법령상 이동식 불활성가스 소화설비의 호스접속구는 모든 방호대상물에 대하여 당해 방호 대상물의 각 부분으로부터 하나의 호스접속구까지의 수평거리가 몇 m 이하가 되도록 설치하여야 하는가?

① 5
② 10
③ 15
④ 20

> 이동식 불활성가스 소화설비의 호스접속구 : 수평거리 15m 이하마다 설치

37 분말소화약제의 소화효과로 가장 거리가 먼 것은?

① 질식효과
② 냉각효과
③ 제거효과
④ 방사열 차단효과

> 분말소화약제의 소화효과 : 질식효과, 냉각효과, 부촉매효과

38 제2류 위험물의 화재에 대한 일반적인 특징으로 옳은 것은?

① 연소 속도가 빠르다.
② 산소를 함유하고 있어 질식소화는 효과가 없다.
③ 화재 시 자신이 환원되고 다른 물질을 산화시키다.
④ 연소열이 거의 없어 초기 화재 시 발견이 어렵다.

> 제2류 위험물은 착화온도가 낮고 연소 속도가 빠르다.

39 위험물안전관리법령상 인화성고체와 질산에 공통적으로 적응성이 있는 소화설비는?

① 불활성가스소화설비
② 할로젠화합물소화설비
③ 탄산수소염류분말소화설비
④ 포소화설비

> 제2류 위험물(인화성 고체)과 제6류 위험물(질산)은 냉각소화(포 소화설비)가 적합하다.

40 이산화탄소를 이용한 질식소화에 있어서 아세톤의 한계산소농도(vol%)에 가장 가까운 값은?

① 15
② 18
③ 21
④ 25

> 질식소화 시 아세톤의 한계산소농도(vo%) : 15% 이하

3. 위험물 성상 및 취급

41 산화제와 혼합되어 연소할 때 자외선을 많이 포함하는 불꽃을 내는 것은?

① 셀룰로이드
② 나이트로셀룰로스
③ 마그네슘분
④ 글리세린

> 마그네슘(제2류 위험물)은 제1류 위험물인 산화성고체와 혼합하면 위험하다.

42 위험물안전관리법령상 시·도의 조례가 정하는 바에 따라, 관할소방서장의 승인을 받아 지정수량 이상의 위험물을 임시로 제조소 등이 아닌 장소에서 취급할 때 며칠 이내의 기간동안 취급할 수 있는가?

① 7
② 30
③ 90
④ 180

> 위험물 임시저장 기간 : 90일 이내

43 위험물안전관리법령상 제1류 위험물 중 알칼리금속의 과산화물의 운반용기 외부에 표시하여야 하는 주의사항을 모두 나타낸 것은?

① "화기엄금", "충격주의", 및 "가연물접촉주의"
② "화기·충격주의", "물기엄금" 및 "가연물접촉주의"
③ "화기주의" 및 "물기엄금"
④ "화기엄금" 및 "물기엄금"

> 알칼리금속의 과산화물의 주의사항 : 화기·충격주의, 물기엄금 및 가연물접촉주의

44 제4류 제2석유류 비수용성인 위험물 180,000리터를 저장하는 옥외저장소의 경우 설치하여야 하는 소화설비의 기준과 소화기 개수를 설명한 것이다. ( ) 안에 들어갈 숫자의 합은?

- 해당 옥외저장소는 소화난이도등급Ⅱ에 해당하며 소화설비의 기준은 방사능력 범위 내에 공작물 및 위험물이 포함되도록 대형수동식소화기를 설치하고 당해 위험물의 소요단위의 ( )에 해당하는 능력단위의 소형수동식소화기를 설치하여야 한다.
- 해당 옥외저장소의 경우 대형수동식 소화기와 설치하고자 하는 소형수동식 소화기의 능력단위가 2라고 가정할 때 비치하여야 하는 소형수동식 소화기의 최소 개수는 ( )개이다.

① 9.2 ② 4.5
③ 9   ④ 10

> 옥외저장소의 소화기 갯수
> 소화난이도등급Ⅱ의 제조소등에 설치하여야 하는 소화설비
>
> | 제조소 등의 구분 | 소화설비 |
> |---|---|
> | 제조소, 옥내저장소, 옥외저장소, 주유취급소, 판매취급소, 일반취급소 | 방사능력범위 내에 당해 건축물, 그 밖의 공작물 및 위험물이 포함되도록 대형수동식소화기를 설치하고, 당해 위험물의 소요단위의 1/5 이상에 해당하는 능력단위의 소형수동식소화기등을 설치할 것 |
>
> 먼저 소요단위를 계산하면
> 소요단위 = $\frac{저장량}{지정수량 \times 10}$
> · 제4류 위험물 제2석유류의 비수용성의 지정수량 : 1000ℓ
> ∴ 소요단위 = $\frac{저장량}{지정수량 \times 10} = \frac{180,000ℓ}{1,000ℓ \times 10} = 18$단위
> · 능력단위 2단위의 소화기 설치할려면
> ∴ 소화기 개수 = $\frac{18단위}{2단위} = 9$개
> ∴ 숫자 합계 = 0.2(1/5) + 9 = 9.2

45 과염소산과 과산화수소의 공통된 성질이 아닌 것은?

① 비중이 1보다 크다.
② 물에 녹지 않는다.
③ 산화제이다.
④ 산소를 포함한다.

> 과염소산과 과산화수소는 물에 잘 녹는다.

46 이동저장탱크로부터 위험물을 저장 또는 취급하는 탱크에 인화점이 몇 ℃ 미만인 위험물을 주입할 때에는 이동탱크저장소의 원동기를 정지시켜야 하는가?

① 21
② 40
③ 71
④ 200

> 원동기 정지 : 인화점 40℃ 미만인 위험물

47 위험물안전관리법령에서 정의한 철분의 정의로 옳은 것은?

① "철분"이라 함은 철의 분말로서 53마이크로미터의 표준체를 통과하는 것이 50중량퍼센트 미만인 것은 제외한다.
② "철분"이라 함은 철의 분말로서 50마이크로미터의 표준체를 통과하는 것이 53중량퍼센트 미만인 것은 제외한다.
③ "철분"이라 함은 철의 분말로서 53마이크로미터의 표준체를 통과하는 것이 50부피퍼센트 미만인 것은 제외한다.
④ "철분"이라 함은 철의 분말로서 50마이크로미터의 표준체를 통과하는 것이 53부피퍼센트 미만인 것은 제외한다.

> 철분 : 철의 분말로서 53마이크로미터의 표준체를 통과하는 것이 50중량퍼센트 미만인 것은 제외한다.

48 위험물의 적재 방법에 관한 기준으로 틀린 것은?

① 위험물은 규정에 의한 바에 따라 재해를 발생시킬 우려가 있는 물품과 함께 적재하지 아니하여야 한다.
② 적재하는 위험물의 성질에 따라 일광의 직사 또는 빗물의 침투를 방지하기 위하여 유효하게 피복하는 등 규정에서 정하는 기준에 따른 조치를 하여야 한다.
③ 증기발생·폭발에 대비하여 운반용기의 수납구를 옆 또는 아래로 향하게 하여야 한다.
④ 위험물을 수납한 운반용기가 전도·낙하 또는 파손되지 아니하도록 적재하여야 한다.

🔍 운반용기는 수납구를 위로 향하게 하여 적재하여야 한다.

49 위험물안전관리법령상 위험물의 운반용기 외부에 표시해야 할 사항이 아닌 것은?(단, 용기의 용적인 10L이며 원칙적인 경우에 한한다.)

① 위험물의 화학명
② 위험물의 지정수량
③ 위험물의 품명
④ 위험물의 수량

🔍 운반용기 외부 표시사항 : 품명, 위험등급, 화학명 및 수용성(제4류 위험물), 수량, 주의사항

50 물과 접촉되었을 때 연소범위의 하한값이 2.5vol%인 가연성가스가 발생하는 것은?

① 금속나트륨   ② 인화칼슘
③ 과산화칼륨   ④ 탄화칼슘

🔍 아세틸렌(C_2H_2)의 연소범위 : 2.5 ~ 81%
$CaC_2 + 2H_2O \rightarrow Ca(OH)_2 + C_2H_2$

51 제3류 위험물 중 금수성물질의 위험물제조소에 설치하는 주의사항 게시판의 색상 및 표시내용으로 옳은 것은?

① 청색바탕 – 백색문자, "물기엄금"
② 청색바탕 – 백색문자, "물기주의"
③ 백색바탕 – 청색문자, "물기엄금"
④ 백색바탕 – 청색문자, "물기주의"

🔍 제조소에서 제3류 위험물의 주의사항
• 자연발화성 물질 : 화기엄금(적색바탕 – 백색문자)
• 금수성물질 : 물기엄금(청색바탕 – 백색문자)

52 일반취급소 1층에 옥내소화전 6개, 2층에 옥내소화전 5개, 3층에 옥내소화전 5개를 설치하고자 한다. 위험물안전관리법령상 이 일반취급소에 설치되는 옥내소화전에 있어서 수원의 수량은 얼마 이상이어야 하는가?

① $13m^3$
② $15.6m^3$
③ $39m^3$
④ $46.8m^3$

🔍 옥내소화전설비의 방수량, 방수압력, 수원 등

방수량	방수압력	토출량	수원	비상전원
260 ℓ/min 이상	0.35 MPa 이상	N(최대 5개) ×260ℓ/min	N(최대 5개) × $7.8m^3$ (260ℓ/min × 30min)	45분

∴ 수원 = N(최대 5개) × $7.8m^3$ = 5 × $7.8m^3$ = $39m^3$

53 제조소등의 관계인은 당해 제조소등의 용도를 폐지한 때에는 행정안전부령이 정하는 바에 따라 제조소등의 용도를 폐지한 날부터 며칠 이내에 시·도지사에게 신고하여야 하는가?

① 5일
② 7일
③ 14일
④ 21일

🔍 제조소 용도폐지 신고 : 폐지한 날부터 14일 이내에 시·도지사에게 신고

54 적재 시 일광의 직사를 피하기 위하여 차광성이 있는 피복으로 가려야 하는 것은?

① 메탄올   ② 과산화수소
③ 철분   ④ 가솔린

🔍 적재위험물에 따른 조치
- 차광성이 있는 것으로 피복
  - 제1류 위험물
  - 제3류 위험물 중 자연발화성물질
  - 제4류 위험물 중 특수인화물
  - 제5류 위험물
  - 제6류 위험물(과산화수소)
- 방수성이 있는 것으로 피복
  - 제1류 위험물 중 알칼리금속의 과산화물
  - 제2류 위험물 중 철분·금속분·마그네슘
  - 제3류 위험물 중 금수성 물질

55 삼황화인과 오황화인의 공통 연소생성물을 모두 나타낸 것은?

① H_2S, SO_2
② P_2O_5, H_2S
③ SO_2, P_2O_5
④ H_2S, SO_2, P_2O_5

🔍 연소반응식
- 삼황화인 : $P_4S_3 + 8O_2 \rightarrow 2P_2O_5 + 3SO_2\uparrow$
- 오황화인 : $P_2S_5 + 7.5O_2 \rightarrow P_2O_5 + 5SO_2\uparrow$

56 위험물안전관리법령에 따른 위험물제조소의 안전거리 기준으로 틀린 것은?

① 주택으로부터 10m 이상
② 학교로부터 30m 이상
③ 지정문화유산으로부터 30m 이상
④ 병원으로부터 30m 이상

🔍 지정문화유산, 천연기념물등 안전거리 : 50m 이상

57 다음 물질 중 인화점이 가장 낮은 것은?

① CS_2
② $C_2H_5OC_2H_5$
③ CH_3COCH_3
④ CH_3OH

🔍 제4류 위험물의 인화점

종류	명칭	품명	인화점
CS_2	이황화탄소	특수인화물	-30℃
$C_2H_5OC_2H_5$	에터	제1석유류	-40℃
CH_3COCH_3	아세톤	제1석유류	-18.5℃
CH_3OH	메탄올	알코올류	11℃

58 지정수량에 따른 제4류 위험물 옥외탱크저장소 주위의 보유공지 너비의 기준으로 틀린 것은?

① 지정수량의 500배 이하 – 3m 이상
② 지정수량의 500배 초과 1000배 이하 – 5m 이상
③ 지정수량의 1000배 초과 2000배 이하 – 9m 이상
④ 지정수량의 2000배 초과 3000배 이하 – 15m 이상

🔍 옥외탱크저장소의 보유공지

저장 또는 취급하는 위험물의 최대수량	공지의 너비
지정수량의 500배 이하	3m 이상
지정수량의 500배 초과 1,000배 이하	5m 이상
지정수량의 1,000배 초과 2,000배 이하	9m 이상
지정수량의 2,000배 초과 3,000배 이하	12m 이상
지정수량의 3,000배 초과 4,000배 이하	15m 이상
지정수량의 4,000배 초과	당해 탱크의 수평단면의 최대지름(가로형인 경우에는 긴변)과 높이 중 큰 것과 같은 거리 이상(단, 30m 초과시 30m 이상으로, 15m 미만시 15m 이상으로 할 것)

59 위험물안전관리법령에서는 위험물을 제조 외의 목적으로 취급하기 위한 장소와 그에 따른 취급소의 구분을 4가지로 정하고 있다. 다음 중 법령에서 정한 취급소의 구분에 해당되지 않는 것은?

① 주유취급소
② 특수취급소
③ 일반취급소
④ 이송취급소

🔍 취급소 : 일반취급소, 주유취급소, 판매취급소, 이송취급소

60 위험물의 취급 중 소비에 관한 기준으로 틀린 것은?

① 열처리 작업은 위험물이 위험한 온도에 이르지 아니하도록 하여 실시하여야 한다.
② 담금질 작업은 위험물이 위험한 온도에 이르지 아니하도록 하여 실시하여야 한다.
③ 분사도장 작업은 방화상 유효한 격벽 등으로 구획한 안전한 장소에 하여야 한다.
④ 버너를 사용하는 경우에는 버너의 역화를 유지하고 위험물이 넘치지 아니하도록 하여야 한다.

🔍 버너를 사용하는 경우에는 버너의 역화를 방지하고 위험물이 넘치지 아니하도록 하여야 한다.

정답 최근기출문제 2016년 3회

01 ②	02 ③	03 ②	04 ④	05 ②
06 ④	07 ④	08 ③	09 ①	10 ③
11 ②	12 ②	13 ①	14 ②	15 ④
16 ④	17 ④	18 ①	19 ②	20 ④
21 ④	22 ③	23 ①	24 ①	25 ③
26 ②	27 ②	28 ④	29 ④	30 ②
31 ③	32 ④	33 ①	34 ②	35 ②
36 ③	37 ③	38 ①	39 ④	40 ①
41 ③	42 ③	43 ②	44 ①	45 ②
46 ②	47 ①	48 ③	49 ②	50 ②
51 ①	52 ③	53 ③	54 ②	55 ③
56 ③	57 ②	58 ④	59 ②	60 ④

2017년 1회 최근기출문제

1. 물질의 물리 · 화학적 성질

01 모두 염기성 산화물로만 나타낸 것은?
① CaO, Na$_2$O
② K$_2$O, SO$_2$
③ CO$_2$, SO$_3$
④ Al$_2$O$_3$, P$_2$O$_5$

🔍 산화물의 종류
- 염기성 산화물 : CaO, CuO, BaO, MgO, Na$_2$O, K$_2$O, Fe$_2$O$_3$
- 산성 산화물 : CO$_2$, SO$_2$, SO$_3$, NO$_2$, SiO$_2$, P$_2$O$_5$
- 양쪽성 산화물 : ZnO, Al$_2$O$_3$, SnO, PbO, Sb$_2$O$_3$

02 다음 이원자 분자 중 결합에너지 값이 가장 큰 것은?
① H$_2$
② N$_2$
③ O$_2$
④ F$_2$

🔍 결합에너지의 값 : 삼중결합 > 이중결합 > 단일결합

종류	결합	종류	결합
수소(H$_2$)	단일결합	질소(N$_2$)	삼중결합
산소(O$_2$)	이중결합	플루오린(F$_2$)	단일결합

03 액체 공기에서 질소 등을 분리하여 산소를 얻는 방법은 다음 중 어떤 성질을 이용한 것인가?
① 용해도
② 비등점
③ 색상
④ 압축율

🔍 액체공기 중에서 질소 등을 분리하여 산소를 얻는 방법은 비등점(비점)을 이용하는 것으로 액체공기는 산소 $-183°C$, 질소는 $-195°C$에서 분별증류하여 분리한다.

04 CH$_4$ 16g 중에는 C가 몇 mol 포함되었는가?
① 1
② 4
③ 16
④ 22.4

🔍 C(탄소)가 1개이므로 원자량 12g/12 = 1 mol이다.

05 KMnO$_4$에서 Mn의 산화수는 얼마인가?
① +3
② +5
③ +7
④ +9

🔍 과망가니즈산칼륨의 산화수
KMnO$_4$ (+1) + x + (-2)×4 = 0   x(Mn) = +7

06 황산구리 결정(CuSO$_4$ · 5H$_2$O) 25g을 100g의 물에 녹였을 때 몇 wt% 농도의 황산구리(CuSO$_4$) 수용액이 되는가?(단, CuSO$_4$의 분자량은 160이다)
① 1.28%
② 1.60%
③ 12.8%
④ 16.0%

🔍 황산구리 수용액의 wt%= $\frac{25g}{(25+100)g} \times \frac{160}{250} \times 100 = 12.8\%$

07 pH가 2인 용액은 pH가 4인 용액과 비교하면 수소이온농도가 몇 배인 용액이 되는가?
① 100배
② 2배
③ 10^{-1}배
④ 10^{-2}배

🔍 pH = $-\log[H^+]$이므로
- pH = 2 ⇒ $[H^+]$ = 0.01
- pH = 4 ⇒ $[H^+]$ = 0.0001
∴ 0.01과 0.0001은 100배의 차이다.

08 일정한 온도하에서 물질 A와 B가 반응을 할 때 A의 농도만 2배로 하면 반응속도가 2배가 되고 B의 농도만 2배로 하면 반응속도가 4배로 된다. 이 반응의 속도식은?(단, 반응속도 상수는 k 이다.)
① V = k[A][B]^2
② V = k[A]^2[B]
③ V = k[A][B]$^{0.5}$
④ V = k[A][B]

🔍 반응속도 V=K[A][B]^2(A의 농도를 2배로 하면 반응속도는 2배, B의 농도를 2배로 하면 반응속도는 4배로 된다.)

09
$CH_3COOH \rightarrow CH_3COO^- + H^+$의 반응식에서 전리평형상수 K는 다음과 같다. K 값을 변화시키기 위한 조건으로 옳은 것은?

$$K = \frac{[CH_3COO^-][H^+]}{[CH_3COOH]}$$

① 온도를 변화시킨다.
② 압력을 변화시킨다.
③ 농도를 변화시킨다.
④ 촉매양을 변화시킨다.

🔍 초산의 반응에서 평형상수 K를 변화시키는 유일한 방법은 온도를 변화시키는 것이다.

10
다음 화합물 수용액 농도가 모두 0.5M 일 때 끓는점이 가장 높은 것은?

① $C_6H_{12}O_6$(포도당)
② $C_{12}H_{22}O_{11}$(설탕)
③ $CaCl_2$(염화칼슘)
④ $NaCl$(염화나트륨)

🔍 끓는점

종류	명칭	끓는점
$C_6H_{12}O_6$	포도당	수용액 : 100℃부근
$C_{12}H_{22}O_{11}$	설탕	원액 : ≒660℃
$CaCl_2$	염화칼슘	원액 : ≒1600℃
NaCl	염화나트륨	원액 : ≒1400℃

11
C-C-C-C을 뷰테인이라고 한다면 C=C-C-C-의 명명은?(단, C와 결합된 원소는 H이다.)

① 1-부텐
② 2-부텐
③ 1,2-부텐
④ 3,4-부텐

🔍 명명
• 뷰테인(C_4H_{10})
• 1-Butene
• 2-Butene
 - cis형
 - trans형

12
포화 탄화수소에 해당하는 것은?

① 톨루엔
② 에틸렌
③ 프로페인
④ 아세틸렌

🔍 포화탄화수소의 일반식은 C_nH_{2n+2}로서 메테인, 에테인, 프로페인을 말한다.

13
염화철(Ⅲ)($FeCl_3$) 수용액과 반응하여 정색반응을 일으키지 않는 것은?

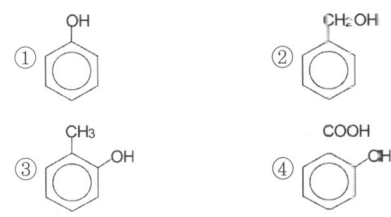

🔍 페놀성 수산기 : $FeCl_3$용액과 특유한 정색반응(보라색)을 한다.

14
비누화 값이 작은 지방에 대한 설명으로 옳은 것은?

① 분자량이 작으며, 저급 지방산의 에스터이다.
② 분자량이 작으며, 고급 지방산의 에스터이다.
③ 분자량이 크며, 저급 지방산의 에스터이다.
④ 분자량이 크며, 고급 지방산의 에스터이다.

🔍 비누화 값이 작은 지방은 고급 지방산의 에스터이며 분자량이 크다.

15
P 오비탈에 대한 설명 중 옳은 것은?

① 원자핵에서 가장 가까운 오비탈이다.
② s 오비탈보다는 약간 높은 모든 에너지 준위에서 발견된다.
③ X, Y의 2방향을 축으로 하여 한 원형 오비탈이다.
④ 오비탈의 수는 3개, 들어갈 수 있는 최대 전자수는 6개이다.

> 오비탈
> - 원자핵에서 가장 가까운 것은 s 오비탈이다.
> - p 오비탈은 s오비탈보다는 약간 낮은 모든 에너지 준위에서 발견된다.
> - p 오비탈은 잘록한 아령모양이다.
> - p 오비탈의 수는 3개, 들어갈 수 있는 최대 전자수는 6개이다.

16 기체 A 5g은 27℃, 380mmHg에서 부피가 6000mL이다. 이 기체의 분자량(g/mol)은 약 얼마인가?(단, 이상기체로 가정한다.)

① 24 ② 41
③ 64 ④ 123

> 이상기체상태방정식
> $PV = \frac{W}{M}RT$
> 여기서 P : (380mmHg/760mmHg = 0.5atm),
>   V : 부피(6000mℓ = 6ℓ), M : 분자량(g), W : 무게(5g)
>   R : 기체상수(0.08205ℓ·atm/g-mol·K)
>   T : 절대온도(273 +27℃ = 300K)
> $\therefore M = \frac{WRT}{PV} = \frac{5 \times 0.08205 \times 300}{0.5 \times 6} = 41.02$

17 다음 중 완충용액에 해당하는 것은?

① CH_3COONa와 CH_3COOH
② NH_4Cl와 HCl
③ CH_3COONa와 $NaOH$
④ $HCOONa$와 Na_2SO_4

> 완충 용액(buffer solution) : 산이나 염기를 가해도 공통 이온 효과에 의해 그 용액의 pH가 크게 변하지 않는 용액으로 아세트산(CH_3COOH)과 아세트산나트륨(CH_3COONa)은 수용액에서 이온화하여 모두 아세트산 이온(CH_3COO^-)을 형성한다.

18 다음 분자 중 가장 무거운 분자의 질량은 가장 가벼운 분자의 몇 배인가?(단, Cl의 원자량은 35.5 이다.)

| H_2, | Cl_2, | CH_4, | CO_2 |

① 4배 ② 22배
③ 30.5배 ④ 35.5배

> 분자량
>
> | 항목
종류 | 명칭 | 분자량 | 무거운 순서 |
> |---|---|---|---|
> | H_2 | 수소 | 2 | 4 |
> | Cl_2 | 염소 | 71 | 1 |
> | CH_4 | 메테인 | 16 | 3 |
> | CO_2 | 이산화탄소 | 44 | 2 |
>
> $\therefore \frac{가장 무거운 분자질량}{가장 가벼운 분자질량} = \frac{염소}{수소} = \frac{71}{2} = 35.5배$

19 다음 물질의 수용액을 같은 전기량으로 전기분해해서 금속을 석출한다고 가정할 때 석출되는 금속의 질량이 가장 많은 것은?(단, 괄호 안의 값은 석출되는 금속의 원자량이다.)

① $CuSO_4$(Cu = 64)
② $NiSO_4$(Ni = 59)
③ $AgNO_3$(Ag = 108)
④ $Pb(NO_3)_2$(Pb = 207)

> 금속의 질량
> - $CuSO_4$(Cu = 64), 질량 = 64/2 = 32g
> - $NiSO_4$(Ni = 59), 질량 = 59/1 = 59g
> - $AgNO_3$(Ag = 108), 질량 = 108/1 = 108g
> - $Pb(NO_3)_2$(Pb = 207), 질량 = 207/2 = 103.5g

20 25℃에서 $Cd(OH)_2$염의 물용해도는 1.7×10^{-5}mol/L이다. $Cd(OH)_2$염의 용해도곱상수, Ksp를 구하면 약 얼마인가?

① 2.0×10^{-14}
② 2.2×10^{-12}
③ 2.4×10^{-10}
④ 2.6×10^{-8}

> 수산화카드뮴의 반응식
> $Cd(OH)_2 \rightleftharpoons Cd^{++} + 2OH^-$
> - $Cd^{++} = 1.7 \times 10^{-5}$mol/L
> - $OH^- = 2 \times 1.7 \times 10^{-5}$mol/L $= 3.4 \times 10^{-5}$mol/L
> ※ Ksp = $[Cd^{++}][OH^-]^2 = 1.7 \times 10^{-5} \times (3.4 \times 10^{-5})^2$
> $= 1.97 \times 10^{-14}$

2. 화재예방과 소화방법

21 특정옥외탱크저장소라 함은 옥외탱크저장소 중 저장 또는 취급하는 액체 위험물의 최대수량이 얼마 이상의 것을 말하는가?

① 50만 리터 이상
② 100만 리터 이상
③ 150만 리터 이상
④ 200만 리터 이상

> 특정옥외탱크저장소 : 최대수량이 100만ℓ 이상

22 양초(파라핀)의 연소형태는?

① 표면연소   ② 분해연소
③ 자기연소   ④ 증발연소

> 양초(파라핀) : 증발연소

23 다량의 비수용성 제4류 위험물의 화재 시 물로 소화하는 것이 적합하지 않은 이유는?

① 가연성 가스를 발생한다.
② 연소면을 확대한다.
③ 인화점이 내려간다.
④ 물이 열분해한다.

> 제4류 위험물의 비수용성 화재 시 주수소화하면 연소(화재)면 확대로 위험하다.

24 제4류 위험물을 취급하는 제조소에서 지정수량의 몇 배 이상을 취급할 경우 자체소방대를 설치하여야 하는가?

① 1000배   ② 2000배
③ 3000배   ④ 4000배

> 제조소나 일반취급소에서 지정수량의 3,000배 이상의 제4류 위험물을 취급할 경우 자체소방대를 설치하여야 한다.

25 위험물안전관리법령상 제2류 위험물인 철분에 적응성이 있는 소화설비는?

① 포소화설비
② 탄산수소염류 분말소화설비
③ 할로젠화합물소화설비
④ 스프링클러설비

> 철분 : 탄산수소염류 분말약제, 팽창질석, 팽창진주암

26 위험물제조소에 옥내소화전이 가장 많이 설치된 층의 옥내소화전 설치개수가 2개이다. 위험물안전관리법령의 옥내소화전설비 설치기준에 의하면 수원의 수량은 얼마 이상이 되어야 하는가?

① $7.8m^3$ ② $15.6m^3$
③ $20.6m^3$ ④ $78m^3$

> 옥내소화전설비의 수원
> ※수원 = 소화전수(최대 5개) × $7.8m^3$
> ∴수원 = 2 × $7.8m^3$ = $15.6m^3$

27 트라이에틸알루미늄이 습기와 반응할 때 발생되는 가스는?

① 수소
② 아세틸렌
③ 에테인
④ 메테인

> 트라이에틸알루미늄의 반응식
> • 물과 접촉 : $(C_2H_5)_3Al + 3H_2O \rightarrow Al(OH)_3 + 3C_2H_6 \uparrow$
> • 공기 중 : $2(C_2H_5)_3Al + 21O_2 \rightarrow Al_2O_3 + 12CO_2 + 15H_2O$
> ※에테인 : C_2H_6

28 일반적으로 다량의 수주를 통한 소화가 가장 효과적인 화재는?

① A급화재   ② B급화재
③ C급화재   ④ D급화재

> 주수소화 : A급(일반)화재

29 프로페인 2m³이 완전 연소할 때 필요한 이론 공기량은 약 몇 m³인가?(단, 공기 중 산소농도는 21vol% 이다.)

① 23.81
② 35.72
③ 47.62
④ 71.43

🔍 프로페인의 연소반응식
$C_3H_8 + 5O_2 \rightarrow 3CO_2 + 4H_2O$
2m³ : 5 × 22.4m³
22.4m³ : x

$x = \dfrac{2m^3 \times 5 \times 22.4m^3}{22.4m^3} = 10m^3$ (이론 산소량)

∴ 이론공기량 = $\dfrac{10m^3}{0.21} = 47.62m^3$

30 탄산수소칼륨 소화약제가 열분해 반응시 생성되는 물질이 아닌 것은?

① K_2CO_3 ② CO_2
③ H_2O ④ KNO_3

🔍 탄산수소칼륨의 열분해
$2KHCO_3 \rightarrow K_2CO_3 + CO_2 + H_2O$

31 포소화약제와 분말소화약제의 공통적인 주요 소화 효과는?

① 질식효과
② 부촉매효과
③ 제거효과
④ 억제효과

🔍 소화효과
• 포소화약제 : 질식, 냉각효과
• 분말소화약제 : 질식, 냉각, 억제효과

32 위험물안전관리법령상 지정수량의 3천배 초과 4천배 이하의 위험물을 저장하는 옥외탱크저장소에 확보하여야 하는 보유공지의 너비는 얼마인가?

① 6m 이상   ② 9m 이상
③ 12m 이상   ④ 15m 이상

🔍 옥외탱크저장소의 보유공지

저장 또는 취급하는 위험물의 최대수량	공지의 너비
지정수량의 500배 이하	3m 이상
지정수량의 500배 초과 1,000배 이하	5m 이상
지정수량의 1,000배 초과 2,000배 이하	9m 이상
지정수량의 2,000배 초과 3,000배 이하	12m 이상
지정수량의 3,000배 초과 4,000배 이하	15m 이상
지정수량의 4,000배 초과	당해 탱크의 수평단면의 최대지름(가로형인 경우에는 긴변)과 높이 중 큰 것과 같은 거리 이상. 다만, 30m 초과의 경우에는 30m 이상으로 할 수 있고, 15m 미만의 경우에는 15m 이상으로 하여야 한다.

33 과산화나트륨의 화재 시 적응성이 있는 소화설비로만 나열된 것은?

① 포소화기, 건조사
② 건조사, 팽창질석
③ 이산화탄소소화기, 건조사, 팽창질석
④ 포소화기, 건조사, 팽창질석

🔍 과산화나트륨(Na_2O_2) : 건조사, 팽창질석, 팽창진주암

34 소화약제의 종류에 해당하지 않는 것은?

① CF_2BrCl ② $NaHCO_3$
③ NH_4BrO_3 ④ CF_3Br

🔍 브로민산암모늄(NH_4BrO_3) : 제1류 위험물 브로민산염류

35 화재예방 시 자연발화를 방지하기 위한 일반적인 방법으로 옳지 않은 것은?

① 통풍을 방지한다.
② 저장실의 온도를 낮춘다.
③ 습도가 높은 장소를 피한다.
④ 열의 축적을 막는다.

🔍 통풍을 방지하면 자연발화의 원인이 된다.

36 불활성기체소화약제 중 IG-541의 구성 성분을 옳게 나타낸 것은?

① 헬륨, 네온, 아르곤
② 질소, 아르곤, 이산화탄소
③ 질소, 이산화탄소, 헬륨
④ 헬륨, 네온, 이산화탄소

🔍 불활성기체소화약제

종류	성분
IG-541	• 질소 : 52% • 아르곤 : 40% • 이산화탄소 : 8%
IG-55	• 질소 : 50% • 아르곤 : 50%
IG-100	• 질소 : 100%

37 분말소화약제의 분해반응식 이다. ( ) 안에 알맞은 것은?

$$2NaHCO_3 \rightarrow (\quad) + CO_2 + H_2O$$

① 2NaCO
② 2NaCO$_2$
③ Na$_2$CO$_3$
④ Na$_2$CO$_4$

🔍 제1종 분말 분해 : $2NaHCO_3 \rightarrow Na_2CO_3 + CO_2 + H_2O$

38 다음 소화설비 중 능력 단위가 1.0인 것은?

① 삽 1개를 포함한 마른모래 50L
② 삽 1개를 포함한 마른모래 150L
③ 삽 1개를 포함한 팽창질석 100L
④ 삽 1개를 포함한 팽창질석 160L

🔍 소화설비의 능력단위

소화설비	용량	능력단위
소화전용(專用)물통	8ℓ	0.3
수조(소화전용 물통 3개 포함)	80ℓ	1.5
수조(소화전용 물통 6개 포함)	190ℓ	2.5
마른 모래(삽 1개 포함)	50ℓ	0.5
팽창질석 또는 팽창진주암(삽 1개 포함)	160ℓ	1.0

39 폐쇄형 스프링클러헤드 부착장소의 평상시의 최고 주위온도가 39℃ 이상 64℃ 미만 일 때 표시온도의 범위로 옳은 것은?

① 58℃ 이상 79℃ 미만
② 79℃ 이상 121℃ 미만
③ 121℃ 이상 162℃ 미만
④ 162℃ 이상

🔍 부착장소의 최고주위온도에 따른 헤드의 표시온도

부착장소의 최고주위온도(℃)	표시온도(℃)
28 미만	58 미만
28 이상 39 미만	58 이상 79 미만
39 이상 64 미만	79 이상 121 미만
64 이상 106 미만	121 이상 162 미만
106 이상	162 이상

40 제2류 위험물의 일반적인 특징에 대한 설명으로 가장 옳은 것은?

① 비교적 낮은 온도에서 연소하기 쉬운 물질이다.
② 위험물 자체 내에 산소를 갖고 있다.
③ 연소속도가 느리지만 지속적으로 연소한다.
④ 대부분 물보다 가볍고 물에 잘 녹는다.

🔍 제2류 위험물은 비교적 낮은 온도에서 연소하기 쉬운 물질이다.

3. 위험물 성상 및 취급

41 옥외저장소에서 저장할 수 없는 위험물은?(단, 시·도 조례에서 별도로 정하는 위험물 또는 국제해상위험물규칙에 적합한 용기에 수납된 위험물은 제외한다.)

① 과산화수소
② 아세톤
③ 에탄올
④ 황

🔍 제2류 위험물(인화성고체는 인화점이 0℃ 이상), 제4류 위험물은 제1석유류(인화점 0℃ 이상)과 알코올류, 제2~제4석유류, 동식물유류, 제6류 위험물은 옥외저장소에 저장할 수 있다.
※ 아세톤 : -18℃

42 탄화칼슘에 대한 설명으로 틀린 것은?

① 화재 시 이산화탄소소화기가 적응성이 있다.
② 비중은 약 2.2로 물보다 무겁다.
③ 질소 중에서 고온으로 가열하면 $CaCN_2$가 얻어진다.
④ 물과 반응하면 아세틸렌 가스가 발생한다.

🔍 **탄화칼슘**
- 탄화칼슘은 이산화탄소 소화기는 적합하지 않고 팽창질석, 팽창진주암이 적합하다.
- 비중은 약 2.2로 물보다 무겁다.
- 질소 중에서 고온(약 700℃)으로 가열하면 $CaCN_2$가 얻어진다.
  $CaC_2 + N_2 \rightarrow CaCN_2$(석회질소) $+ C$
- 탄화칼슘은 물과 반응하면 아세틸렌가스를 발생한다.
  $CaC_2 + 2H_2O \rightarrow Ca(OH)_2 + C_2H_2 \uparrow$ (아세틸렌)

43 그림과 같은 타원형 탱크의 내용적은 약 몇 m^3인가?

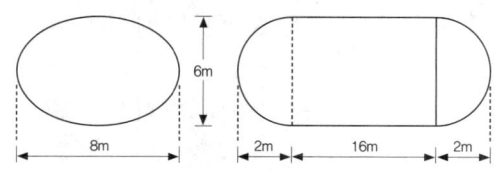

① 453　　② 553
③ 653　　④ 753

🔍 내용적 $= \dfrac{\pi ab}{4}\left(\ell + \dfrac{\ell_1 + \ell_2}{3}\right)$
$= \dfrac{\pi \times 8 \times 6}{4}\left(16 + \dfrac{2+2}{3}\right) = 653 m^3$

44 옥외탱크저장소에서 취급하는 위험물의 최대수량에 따른 보유 공지너비가 틀린 것은?(단, 원칙적인 경우에 한한다.)

① 지정수량의 500배 이하 - 3m 이상
② 지정수량의 500배 초과 1000배 이하 - 5m 이상
③ 지정수량의 1000배 초과 2000배 이하 - 9m 이상
④ 지정수량의 2000배 초과 3000배 이하 - 15m 이상

🔍 옥외탱크저장소의 보유공지

저장 또는 취급하는 위험물의 최대수량	공지의 너비
지정수량의 500배 이하	3m 이상
지정수량의 500배 초과 1,000배 이하	5m 이상
지정수량의 1,000배 초과 2,000배 이하	9m 이상
지정수량의 2,000배 초과 3,000배 이하	12m 이상
지정수량의 3,000배 초과 4,000배 이하	15m 이상
지정수량의 4,000배 초과	당해 탱크의 수평단면의 최대지름(가로형인 경우에는 긴변)과 높이 중 큰 것과 같은 거리 이상. 다만, 30m 초과의 경우에는 30m 이상으로 할 수 있고, 15m 미만의 경우에는 15m 이상으로 하여야 한다.

45 동식물유류에 대한 설명으로 틀린 것은?

① 아이오딘값이 작을수록 자연발화의 위험성이 높아진다.
② 아이오딘값이 130 이상인 것은 건성유이다.
③ 건성유에는 아마인유, 들기름 등이 있다.
④ 인화점이 물의 비점보다 낮은 것도 있다.

🔍 아이오딘값이 클수록 자연발화의 위험성이 높아진다.

46 과산화수소의 저장방법으로 옳은 것은?

① 분해를 막기 위해 하이드라진을 넣고 완전히 밀전하여 보관한다.
② 분해를 막기 위해 하이드라진을 넣고 가스가 빠지는 구조로 마개를 하여 보관한다.
③ 분해를 막기 위해 요산을 넣고 완전히 밀전하여 보관한다.
④ 분해를 막기 위해 요산을 넣고 가스가 빠지는 구조로 마개를 하여 보관한다.

🔍 과산화수소는 분해를 막기 위해 요산을 넣고 가스가 빠지는 구조로 마개를 하여 보관한다.

47 염소산칼륨에 대한 설명으로 옳은 것은?

① 강한 산화제이며 열분해하여 염소를 발생한다.
② 폭약의 원료로 사용된다.
③ 점성이 있는 액체이다.
④ 녹는점이 700℃ 이상이다.

🔍 염소산칼륨의 특성
- 무색의 단사정계 판상결정 또는 백색분말로서 상온에서 안정한 물질이다.
- 녹는점이 약 368℃ 이상이다.
- 열분해반응식
  $2KClO_3 \rightarrow KCl + KClO_4 + O_2 \uparrow$
  (염소산칼륨) (염화칼륨) (과염소산칼륨) (산소)
- 산과 반응하면 이산화염소(ClO_2)의 유독가스를 발생한다.
  $2KClO_3 + 2HCl \rightarrow 2KCl + 2ClO_2 + H_2O_2 \uparrow$
- 냉수, 알코올에는 녹지 않고, 온수나 글리세린에는 용해한다.
- 이산화망가니즈(MnO_2)과 접촉하면 분해가 촉진되어 산소를 방출한다.

48 위험물제조소등의 안전거리의 단축기준과 관련하여 $H \leq pD^2 + a$인 경우 방화상 유효한 담의 높이는 2m 이상으로 한다. 다음 중 a에 해당되는 것은?

① 인근 건축물의 높이(m)
② 제조소등의 외벽의 높이(m)
③ 제조소등과 공작물과의 거리(m)
④ 제조소등과 방화상 유효한 담과의 거리(m)

🔍 방화상 유효한 담의 높이

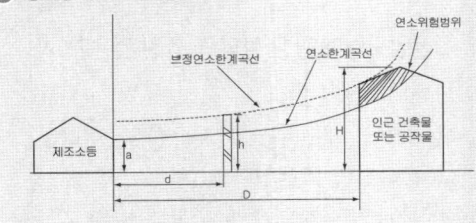

① $H \leq pD^2 + a$인 경우 h = 2
② $H > pD^2 + a$인 경우 $h = H - p(D^2 - d^2)$
여기서, D : 제조소등과 인근 건축물 또는 공작물과의 거리(m)
  H : 인근 건축물 또는 공작물의 높이(m)
  a : 제조소등의 외벽의 높이(m)
  d : 제조소등과 방화상 유효한 담과의 거리(m)
  h : 방화상 유효한 담의 높이(m)
  p : 상수(생략)

49 다음 물질 중 지정수량이 400L인 것은?

① 폼산 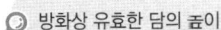 ② 벤젠
③ 톨루엔 ④ 벤즈알데하이드

🔍 제4류 위험물의 지정수량

종류	품명	지정수량
폼산	제1석유류(수용성)	400ℓ
벤젠	제1석유류(비수용성)	200ℓ
톨루엔	제1석유류(비수용성)	200ℓ
벤즈알데하이드	제2석유류(비수용성)	1,000ℓ

50 벤젠에 진한 질산과 진한 황산의 혼산을 반응시켜 얻어지는 화합물은?

① 피크린산 ② 아닐린
③ TNT ④ 나이트로벤젠

🔍 벤젠에 혼산(진한질산과 진한황산)을 가하면 나이트로벤젠($C_6H_5NO_2$)이 된다.

51 셀룰로이드의 자연발화 형태를 가장 옳게 나타낸 것은?

① 잠열에 의한 발화 ② 미생물에 의한 발화
③ 분해열에 의한 발화 ④ 흡착열에 의한 발화

🔍 자연발화의 형태
- 산화열에 의한 발화 : 석탄, 건성유, 고무분말
- 분해열에 의한 발화 : 셀룰로이드, 나이트로셀룰로스
- 미생물에 의한 발화 : 퇴비, 먼지
- 흡착열에 의한 발화 : 목탄, 활성탄

52 다음과 같은 물질이 서로 혼합되었을 때 발화 또는 폭발의 위험성이 가장 높은 것은?

① 벤조일퍼옥사이드와 질산
② 이황화탄소와 증류수
③ 금속나트륨과 석유
④ 금속칼륨과 유동성 파라핀

🔍 보호액

종류	저장방법
이황화탄소	물속
나트륨, 칼륨	등유, 경유, 유동파라핀 속
나이트로셀룰로스	물 또는 알코올로 습면

∴ 벤조일퍼옥사이드(제5류 위험물)와 질산(제6류 위험물)이 혼합하면 위험하다.

53 다음 중 조해성이 있는 황화인만 모두 선택하여 나열한 것은?

$$P_4S_3, \ P_2S_5, \ P_4S_7$$

① P_4S_3, P_2S_5
② P_4S_3, P_4S_7
③ P_2S_5, P_4S_7
④ P_4S_3, P_2S_5, P_4S_7

🔍 삼황화인(P_4S_3)만 조해성이 없다.

54 위험물안전관리법령상 위험등급 I의 위험물이 아닌 것은?

① 염소산염류
② 황화인
③ 알킬리튬
④ 과산화수소

🔍 위험등급

종류	류별	지정수량	위험등급
염소산염류	제1류 위험물	50kg	I
황화인	제2류 위험물	100kg	II
알킬리튬	제3류 위험물	10kg	I
과산화수소	제6류 위험물	300kg	I

55 가솔린 저장량이 2000L일 때 소화설비 설치를 위한 소요단위는?

① 1
② 2
③ 3
④ 4

🔍 소요단위 = 저장수량 ÷ (지정수량 × 10)
= 2,000/(200 × 10) = 1단위
※가솔린의 지정수량 : 200ℓ

56 위험물안전관리법령상 은, 수은, 동, 마그네슘 및 이의 합금으로 된 용기를 사용하여서는 안되는 물질은?

① 이황화탄소
② 아세트알데하이드
③ 아세톤
④ 다이에틸에터

🔍 산화프로필렌(CH_3CHOCH_2), 아세트알데하이드(CH_3CHO)는 구리, 마그네슘, 수은, 은과 반응하면 아세틸레이트를 형성하여 중합반응을 하므로 위험하다.

57 금속칼륨의 일반적인 성질로 옳지 않은 것은?

① 은백색의 연한 금속이다.
② 알코올 속에 저장한다.
③ 물과 반응하여 수소가스를 발생한다.
④ 물보다 가볍다.

🔍 칼륨
• 특성

화학식	원자량	비점	융점	비중	불꽃색상
K	39	774℃	63.7℃	0.86	보라색

• 은백색의 광택이 있는 무른 경금속으로 보라색 불꽃을 내면서 연소한다.
• 할로젠 및 산소, 수증기 등과 접촉하면 발화위험이 있다.
• 습기 존재 하에서 CO와 접촉하면 폭발한다.
• 석유, 경유, 유동파라핀 등의 보호액을 넣은 내통에 밀봉 저장한다.
• 칼륨은 물과 반응하면 수산화칼륨과 수소가스를 발생한다.
$2K + 2H_2O \rightarrow 2KOH + H_2\uparrow$

58 다음 중 물과 접촉했을 때 위험성이 가장 큰 것은?

① 금속칼륨
② 황린
③ 과산화벤조일
④ 다이에틸에터

🔍 금속칼륨은 물과 반응하면 가연성가스인 수소를 발생하므로 위험하다.
$2K + 2H_2O \rightarrow 2KOH + H_2\uparrow$

59 질산암모늄에 관한 설명 중 틀린 것은?

① 상온에서 고체이다.
② 폭약의 제조 원료로 사용할 수 있다.
③ 흡습성과 조해성이 있다.
④ 물과 반응하여 발열하고 다량의 가스를 발생한다.

🔍 질산암모늄
• 물성

화학식	분자량	비중	융점	분해 온도
NH_4NO_3	80	1.73	165℃	220℃

• 무색, 무취의 결정이다
• 조해성 및 흡수성이 강하다.
• 물, 알코올에 녹는다(물에 용해 시 흡열반응)
• 급격한 가열 또는 충격으로 분해 폭발한다.
• 조해성이 있어 수분과 접촉을 피할 것
• 유기물과 혼합하여 가열하면 폭발한다.

60 산화프로필렌 300L, 메탄올 400L, 벤젠 200L를 저장하고 있는 경우 각각 지정수량배수의 총합은 얼마인가?

① 4
② 6
③ 8
④ 10

- 지정수량 배수의 합

  지정수량의 배수 = $\dfrac{\text{저장수량}}{\text{지정수량}} + \dfrac{\text{저장수량}}{\text{지정수량}} + \cdots$

- 지정수량

종류	품명	지정수량
산화프로필렌	특수인화물	50ℓ
메탄올	알코올류	400ℓ
벤젠	제1석유류(비수용성류)	200ℓ

∴ 지정수량의 배수 = $\dfrac{300ℓ}{50ℓ} + \dfrac{400ℓ}{400ℓ} + \dfrac{200ℓ}{200ℓ} = 8$배

정답 최근기출문제 2017년 1회

01 ①	02 ②	03 ②	04 ①	05 ③
06 ③	07 ①	08 ①	09 ①	10 ③
11 ①	12 ③	13 ②	14 ④	15 ④
16 ②	17 ③	18 ④	19 ③	20 ①
21 ②	22 ④	23 ②	24 ③	25 ②
26 ②	27 ②	28 ①	29 ③	30 ④
31 ①	32 ④	33 ②	34 ③	35 ①
36 ②	37 ③	38 ④	39 ②	40 ①
41 ②	42 ①	43 ③	44 ④	45 ①
46 ④	47 ②	48 ②	49 ①	50 ④
51 ③	52 ①	53 ③	54 ①	55 ①
56 ②	57 ②	58 ①	59 ④	60 ③

2017년 2회 최근기출문제

1. 물질의 물리·화학적 성질

01 산성 산화물에 해당하는 것은?

① CaO
② Na_2O
③ CO_2
④ MgO

> 산화물의 종류
> • 산성 산화물 : CO_2, SO_2, SO_3, NO_2, SiO_2, P_2O_5
> • 염기성 산화물 : CaO, CuO, BaO, MgO, Na_2O, K_2O, Fe_2O_3
> • 양쪽성 산화물 : ZnO, Al_2O_3, SnO, PbO, Sb_2O_3

02 다음 화합물의 0.1mol 수용액 중에서 가장 약한 산성을 나타내는 것은?

① H_2SO_4
② HCl
③ CH_3COOH
④ HNO_3

> 같은 몰이니까 황산(H_2SO_4), 염산(HCl), 질산(HNO_3)은 3대 강산이고 초산(CH_3COOH)은 약산(pH = 5 정도)이다.

03 다음 반응식에서 브뢴스테드의 산·염기 개념으로 볼 때 산에 해당하는 것은?

$$H_2O + NH_3 \leftrightarrows OH^- + NH_4^+$$

① NH_3와 NH_4^+
② NH_3와 OH^-
③ H_2O와 OH^-
④ H_2O와 NH_4^+

> 산의 정의
> • 아레니우스 : 물에 녹아 수소이온[H^+]을 내는 물질
> • 루이스 : 비공유 전자쌍을 받을 수 있는 물질
> • 브뢴스테드 : 양성자[H^+]를 줄 수 있는 물질

04 같은 몰 농도에서 비전해질 용액은 전해질 용액보다 비등점 상승도의 변화추이가 어떠한가?

① 크다.
② 작다.
③ 같다.
④ 전해질 여부와 무관하다.

> 몰수가 같을 때에는 비전해질보다 전해질의 비점상승도가 낮다.

05 다음 화학반응식 중 실제로 반응이 오른쪽으로 진행되는 것은?

① $2KI + F_2 \rightarrow 2KF + I_2$
② $2KBr + I_2 \rightarrow 2KI + Br_2$
③ $2KF + Br_2 \rightarrow 2KBr + F_2$
④ $2KCl + Br_2 \rightarrow 2KBr + Cl_2$

> 반응방향
> • Q(반응지수)<K(평형상수) : 반응물에 대한 생성물의 초기농도비가 매우 작아서 평형에 도달하기 위하여 왼쪽에서 오른쪽(반응물의 소모)으로 진행(정방향)한다.
> • Q(반응지수)>K(평형상수) : 반응물에 대한 생성물의 초기농도비가 매우 커서 평형에 도달하기 위하여 오른쪽에서 왼쪽(생성물의 소모)으로 진행한다.

06 나일론(Nylon 6, 6)에는 다음 어느 결합이 들어 있는가?

① $-S-S-$
② $-O-$
③ $\begin{matrix} O \\ \| \\ -C-O- \end{matrix}$
④ $\begin{matrix} O & H \\ \| & | \\ -C-N- \end{matrix}$

> 나일론 : 펩티드결합 $\begin{matrix} O & H \\ \| & | \\ -C-N- \end{matrix}$

07 0.1N $KMnO_4$ 용액 500mL를 만들려면 $KMnO_4$ 몇 g이 필요한가?(단, 원자량은 K : 39, Mn : 55, O : 16이다.)

① 15.8g ② 7.9g
③ 1.58g ④ 0.89g

> 0.1N $KMnO_4$ 용액 500ml를 조제하려면
> 1N — 31.6g(158/5) — 1000ml
> 0.1N — x — 500ml
> ∴ $x = \dfrac{0.1 \times 31.6 \times 500}{1 \times 1000} = 1.58g$
> ※ $KMnO_4$ 1g당량은 158/5 = 31.6g이다.
> ※ 공단에서 정답 발표시 전항이 정답인데 "대한약전"책에 보면 제조하는 방법이 나와 있으니 저자는 정답이 ③번 이라고 봅니다.

08 황산구리 수용액을 Pt 전극을 써서 전기분해하여 음극에서 63.5g의 구리를 얻고자 한다. 10A의 전류를 약 몇 시간 흐르게 하여야 하는가?(단, 구리의 원자량은 63.5g 이다.)

① 2.36 ② 5.36
③ 8.16 ④ 9.16

> 1g 당량시 96500coul이므로
> 96500 : 31.75(63.5/2) = x : 63.5g   x = 193000
> 전기량 Q = 전류(I) × 시간(t)
> ∴ $t = \dfrac{193000}{10 \times 3600} = 5.36hr$

09 물 2.5L 중에 어떤 불순물이 10mg 함유되어 있다면 약 몇 ppm으로 나타낼 수 있는가?

① 0.4 ② 1
③ 4   ④ 40

> $ppm = \dfrac{1}{10^6}$ 이므로
> 문제에서 $\dfrac{10mg}{2.5\ell} = \dfrac{10mg}{2.5kg} = 4ppm$

10 표준 상태에서 기체 A 1L의 무게는 1.964g이다. A의 분자량은?

① 44 ② 16
③ 4   ④ 2

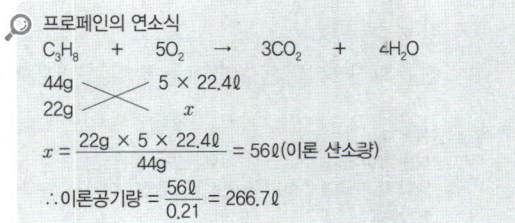

> 이상기체상태방정식
> $PV = \dfrac{W}{M}RT$ $M = \dfrac{WRT}{PV}$
> 여기서 P : 압력(1atm), V : 부피(ℓ), M : 분자량(g),
> W : 무게(1.964g), T : 절대온도(273K),
> R : 기체상수(0.08205 $\ell \cdot atm/g\text{-}mol \cdot K$)
> ∴ $M = \dfrac{WRT}{PV} = \dfrac{1.964 \times 0.08205 \times 273}{1 \times 1} = 44$

11 C_3H_8 22.0g을 완전연소 시켰을 때 필요한 공기의 부피는 약 얼마인가?(단, 0℃, 1기압 기준이며, 공기 중의 산소량은 21% 이다.)

① 56L   ② 112L
③ 224L ④ 267L

> 프로페인의 연소식
> $C_3H_8 + 5O_2 \rightarrow 3CO_2 + 4H_2O$
> 44g — 5 × 22.4ℓ
> 22g — x
> $x = \dfrac{22g \times 5 \times 22.4\ell}{44g} = 56\ell$ (이론 산소량)
> ∴ 이론공기량 = $\dfrac{56\ell}{0.21} = 266.7\ell$

12 화약제조에 사용되는 물질인 질산칼륨에서 N의 산화수는 얼마인가?

① +1 ② +3
③ +5 ④ +7

> 질산칼륨(KNO_3)의 산화수
> KNO_3 1 + x + (−2 × 3) = 0   X = +5

13 이온결합 물질의 일반적인 성질에 관한 설명 중 틀린 것은?

① 녹는점이 비교적 높다.
② 단단하며 부스러지기 쉽다.
③ 고체와 액체 상태에서 모두 도체이다.
④ 물과 같이 극성용매에 용해되기 쉽다.

> 이온결합의 특성
> • 이온결합 화합물에는 분자의 형태가 존재하지 않는다.
> • 비점(끓는점)과 융점(녹는점)이 높다.
> • 결정상태는 전기전도성이 없으나 수용액이나 용융상태에서는 전기전도성이 크다.
> • 극성용매에 잘 녹는다.
> • 용융상태에서는 전해질이다.

14 전형원소 내에서 원소의 화학적 성질이 비슷한 것은?

① 원소의 족이 같은 경우
② 원소의 주기가 같은 경우
③ 원자 번호가 비슷한 경우
④ 원자의 전자수가 같은 경우

> 원소의 족이 같은 경우 화학적 성질이 비슷하다.

15 볼타 전지에 관한 설명으로 틀린 것은?

① 이온화 경향이 큰 쪽의 물질이 (-)극이다.
② (+)극에서는 방전시 산화 반응이 일어난다.
③ 전자는 도선을 따라 (-)극에서 (+)극으로 이동한다.
④ 전류의 방향은 전자의 이동 방향과 반대이다.

> 볼타전지
> • 아연(Zn)판과 구리(Cu)판을 도선으로 연결하고 묽은 황산을 넣어 두 전극에서 산화, 환원반응으로 전기에너지로 변환시키는 장치
> • 분극현상 : 볼타전지에서 갑자기 전류가 약해지는 현상
> • 분극현상의 감극제 : 이산화망가니즈(MnO_2)
> • Zn판(-극)에서는 산화, Cu판(+극)에서는 환원이 일어난다.
>   (-) Zn ∥ H_2SO_4 ∥ Cu(+)

16 탄소와 모래를 전기로에 넣어서 가열하면 연마제로 쓰이는 물질이 생성된다. 이에 해당하는 것은?

① 카보런덤
② 카바이드
③ 카본블랙
④ 규소

> 카보런덤: 규사(모래)와 코크스(탄소)를 전기로에서 약 2,000℃에서 반응시켜 만든 물질로서 고온과 약품에도 잘 견디어 연마재(研磨材), 내화재(耐火材) 따위로 쓰인다.

17 어떤 금속 1.0g을 묽은 황산에 넣었더니 표준상태에서 560mL의 수소가 발생하였다. 이 금속의 원자가는 얼마인가?(단, 금속의 원자량은 40으로 가정한다.)

① 1가
② 2가
③ 3가
④ 4가

> $Mg + H_2SO_4 \rightarrow MgSO_4 + H_2$
> 수소 = $\frac{0.56ℓ}{22.4ℓ} \times 2g = 0.05g$이므로
> 금속의 당량 = 1g/0.05 = 20g당량
> ∴ 원자가 = $\frac{원자량}{당량} = \frac{40}{20} = 2$가

18 불꽃 반응 시 보라색을 나타내는 금속은?

① Li
② K
③ Na
④ Ba

> 금속의 불꽃반응

원소	불꽃색상	원소	불꽃색상
리튬(Li)	적색	나트륨(Na)	노랑색
칼륨(K)	보라색	칼슘(ca)	황적색
스트론튬(Sr)	심적색	구리(Cu)	청록색
바륨(Ba)	황록색		

19 다음 화학식의 IUPAC 명명법에 따른 올바른 명명법은?

$$CH_3 - CH_2 - CH - CH_2 - CH_3$$
$$|$$
$$CH_3$$

① 3 - 메틸펜탄
② 2, 3 ,5, - 트라이메틸 헥세인
③ 아이소뷰테인
④ 1,4 - 헥세인

> 명명법(3-methyl pentane)
>   1   2   3   4   5
> $CH_3 - CH_2 - CH - CH_2 - CH_3$
> |
> CH_3

20 주기율표에서 원소를 차례대로 나열할 때 기준이 되는 것은?

① 원자의 부피
② 원자핵의 양성자수
③ 원자가 전자수
④ 원자 반지름의 크기

> 주기율표에서 원소를 차례대로 나열할 때 원자번호(양성자수)가 기준이 된다.

2. 화재예방과 소화방법

21 포소화약제의 혼합 방식 중 포원액을 송수관에 압입하기 위하여 포원액용 펌프를 별도로 설치하여 혼합하는 방식은?

① 라인 프로포셔너 방식
② 프레져 프로포셔너 방식
③ 펌프 프로포셔너 방식
④ 프레져 사이드 프로포셔너 방식

> 포소화설비의 혼합장치
> - 펌프 프로포셔너 방식(pump proportioner, 펌프 혼합방식)펌프의 토출관과 흡입관사이의 배관도중에 설치한 흡입기에 펌프에서 토출된 물의 일부를 보내고 농도조정 밸브에서 조정된 포소화약제의 필요량을 포소화약제 탱크에서 펌프 흡입측으로 보내어 약제를 혼합하는 방식
> - 라인 프로포셔너 방식(line proportioner, 관로 혼합방식)펌프와 발포기의 중간에 설치된 벤츄리관의 벤츄리 작용에 따라 포 소화약제를 흡입·혼합하는 방식. 이 방식은 옥외 소화전에 연결 주로 1층에 사용하며 원액 흡입력 때문에 송수압력의 손실이 크고, 토출측 호스의 길이, 포원액 탱크의 높이 등에 민감하므로 아주 정밀설계와 시공을 요한다.
> - 프레져 프로포셔너 방식(pressure proportioner, 차압 혼합방식)펌프와 발포기의 중간에 설치된 벤츄리관의 벤츄리작용과 펌프 가압수의 포소화약제 저장탱크에 대한 압력에 따라 포소화약제를 흡입 혼합하는 방식. 현재 우리나라에서는 3% 단백포 차압혼합방식을 많이 사용하고 있다.
> - 프레져 사이드 프로포셔너 방식(pressure side proportioner, 압입 혼합방식)펌프의 토출관에 압입기를 설치하여 포소화약제 압입용 펌프로 포소화약제를 압입시켜 혼합하는 방식

22 할로젠 화합물 소화약제의 조건으로 옳은 것은?

① 비점이 높을 것
② 기화되기 쉬울 것
③ 공기보다 가벼울 것
④ 연소성이 좋을 것

> 할로젠화합물소화약제의 구비조건
> - 비점이 낮고 기화되기 쉬울 것
> - 공기보다 무겁고 불연성일 것
> - 증발잔유물이 없어야 할 것

23 자연발화가 일어나는 물질과 대표적인 에너지원의 관계로 옳지 않은 것은?

① 셀룰로이드 - 흡착열에 의한 발열
② 활성탄 - 흡착열에 의한 발열
③ 퇴비 - 미생물에 의한 발열
④ 먼지 - 미생물에 의한 발열

> 자연발화의 형태
> - 산화열에 의한 발화 : 석탄, 건성유, 고무분말
> - 분해열에 의한 발화 : 셀룰로이드, 나이트로셀룰로스
> - 미생물에 의한 발화 : 퇴비, 먼지
> - 흡착열에 의한 발화 : 목탄, 활성탄

24 소화기와 주된 소화효과가 옳게 짝지어진 것은?

① 포 소화기 - 제거소화
② 할로젠화합물 소화기 - 냉각소화
③ 탄산가스 소화기 - 억제소화
④ 분말 소화기 - 질식소화

> 분말 소화기 - 질식소화

25 위험물안전관리법령상 물분무등소화설비에 포함되지 않는 것은?

① 포소화설비
② 분말소화설비
③ 스프링클러설비
④ 불활성가스소화설비

> 물분무등소화설비 : 물분무소화설비, 도소화솥비, 불활성가스소화설비, 할로젠화합물소화설비, 분말소화설비

26 위험물에 화재가 발생하였을 경우 물과의 반응으로 인해 주수소화가 적당하지 않은 것은?

① CH_3ONO_2
② $KClO_3$
③ Li_2O_2
④ P

> 주수소화 가능여부
>
> | 종류 | 명칭 | 류별 | 주수여부 |
> |---|---|---|---|
> | CH_3ONO_2 | 질산메틸 | 제5류 위험물 | 가능 |
> | $KClO_3$ | 염소산칼륨 | 제1류 위험물 | 가능 |
> | Li_2O_2 | 과산화리튬 | 제1류 위험물 | 불가능 |
> | P | 적린 | 제2류 위험물 | 가능 |

27 과염소산 1몰을 모두 기체로 변환하였을 때 질량은 1기압, 50℃를 기준으로 몇 g인가?(단, Cl의 원자량은 35.5이다.)

① 5.4
② 22.4
③ 100.5
④ 224

> 과염소산의 분해반응식 : $HClO_4 \rightarrow HCl + 2O_2$
> ∴ $HClO_4 \rightarrow HCl + 2O_2$
>   1mol   36.5g   2 × 32g
> ※ 질량 = 36.5g + 64g = 100.5g

28 다음에서 설명하는 소화약제에 해당하는 것은?

- 무색, 무취이며 비전도성이다.
- 증기상태의 비중은 약 1.5이다.
- 임계온도는 약 31℃이다.

① 탄산수소나트륨
② 이산화탄소
③ 할론 1301
④ 황산화알루미늄

> 이산화탄소
> - 무색, 무취이며 비전도성이다.
> - 증기상태의 비중은 약 1.5이다.
> - 임계온도는 약 31℃이다.

29 자연발화에 영향을 주는 인자로 가장 거리가 먼 것은?

① 수분
② 증발열
③ 발열량
④ 열전도율

> 자연발화 영향 인자 : 수분, 발열량, 열전도율, 공기의 유동, 퇴적방법

30 위험물안전관리법령상 소화설비의 적응성에서 이산화탄소소화기가 적응성이 있는 것은?

① 제1류 위험물
② 제3류 위험물
③ 제4류 위험물
④ 제5류 위험물

> 제4류 위험물의 적응성 : 무상강화액소화기, 포소화기, 이산화탄소소화기

31 경보설비는 지정수량 몇 배 이상의 위험물을 저장, 취급하는 제조소등에 설치하는가?

① 2
② 4
③ 8
④ 10

> 경보설비는 지정수량의 10배 이상이면 설치하여야 한다.

32 탄화칼슘 60000kg을 소요단위로 산정하면?

① 10단위
② 20단위
③ 30단위
④ 40단위

> 위험물의 경우 지정수량의 10배를 1소요단위로 한다.
> ∴ 소요단위 = 저장수량/(지정수량 × 10)
>   = 60,000kg/(300kg × 10) = 20단위
> ※ 탄화칼슘의 지정수량 : 300kg

33 고체의 일반적인 연소형태에 속하지 않는 것은?

① 표면연소
② 확산연소
③ 자기연소
④ 증발연소

> 확산연소 : 기체의 연소

34 주된 연소형태가 표면연소인 것은?

① 황
② 종이
③ 금속분
④ 나이트로셀룰로스

> 표면연소 : 목탄, 코크스, 숯, 금속분 등 열분해에 의하여 가연성가스를 발생하지 않고 그 물질 자체가 연소하는 현상

35 위험물의 화재위험에 대한 설명으로 옳은 것은?

① 인화점이 높을수록 위험하다.
② 착화점이 높을수록 위험하다.
③ 착화에너지가 작을수록 위험하다.
④ 연소열이 작을수록 위험하다.

🔍 위험물의 화재위험

제반사항	위험성
온도, 압력	높을수록 위험
인화점, 착화점, 융점, 비점, 비열, 착화에너지	낮을수록 위험
연소범위	넓을수록 위험
연소속도, 증기압, 연소열	클수록 위험

36 외벽이 내화구조인 위험물저장소 건축물의 연면적이 1500m²인 경우 소요단위는?

① 6   ② 10
③ 13   ④ 14

🔍 소요단위의 계산방법
• 제조소 또는 취급소의 건축물
  – 외벽이 내화구조 : 연면적 100m²를 1소요단위
  – 외벽이 내화구조가 아닌 것 : 연면적 50m²를 1소요단위
• 저장소의 건축물
  – 외벽이 내화구조 : 연면적 150m²를 1소요단위
  – 외벽이 내화구조가 아닌 것 : 연면적 75m²를 1소요단위
• 위험물은 지정수량의 10배 : 1소요단위
∴ 소요단위 = 1500m²/150m² = 10단위

37 중유의 주된 연소 형태는?

① 표면연소   ② 분해연소
③ 증발연소   ④ 자기연소

🔍 분해연소 : 중유

38 제5류 위험물의 화재 시 일반적인 조치사항으로 알맞은 것은?

① 분말소화약제를 이용한 질식소화가 효과적이다.
② 할로겐화합물 소화약제를 이용한 냉각소화가 효과적이다.
③ 이산화탄소를 이용한 질식소화가 효과적이다.
④ 다량의 주수에 의한 냉각소화가 효과적이다.

🔍 제5류 위험물은 다량의 주수에 의한 냉각소화가 효과적이다.

39 Halon 1301에 해당하는 화학식은?

① CH_3Br
② CF_3Br
③ CBr_3F
④ CH_3Cl

🔍 Halon 1301 : CF_3Br

40 소화약제의 열분해 반응식으로 옳은 것은?

① $NH_4H_2PO_4 \rightarrow HPO_3 + NH_3 + H_2O$
② $2KNO_3 \rightarrow 2KNO_2 + O_2$
③ $KClO_4 \rightarrow KCl + 2O_2$
④ $2CaHCO_3 \rightarrow 2CaO + H_2CC_3$

🔍 제3종 분말의 열분해반응식
$NH_4H_2PO_4 \rightarrow HPO_3 + NH_3 + H_2O$

3. 위험물 성상 및 취급

41 금속칼륨 20kg, 금속나트륨 40kg, 탄화칼슘 600kg 각각의 지정수량 배수의 총합은 얼마인가?

① 2   ② 4
③ 6   ④ 8

🔍 • 지정수량의 합
  지정수량의 배수 = $\frac{저장수량}{지정수량} + \frac{저장수량}{지정수량} + \cdots$
• 제3류 위험물의 지정수량

종류	품명	지정수량
금속칼륨	–	10kg
금속나트륨	–	10kg
탄화칼슘	칼슘의 탄화물	300kg

∴ 지정수량의 배수 = $\frac{20kg}{10kg} + \frac{40kg}{10kg} + \frac{600kg}{300kg}$ = 8배

42 다음 중 C₅H₅N에 대한 설명으로 틀린 것은?

① 순수한 것은 무색이고 악취가 나는 액체이다.
② 상온에서 인화의 위험이 있다.
③ 물에 녹는다.
④ 강한 산성을 나타낸다.

> 피리딘(pyridine)
> • 물성
>
> | 화학식 | 비중 | 비점 | 융점 | 인화점 | 착화점 | 연소범위 |
> |---|---|---|---|---|---|---|
> | C₅H₅N | 0.99 | 115.4℃ | -41.7℃ | 16℃ | 482℃ | 1.8 ~ 12.4% |
>
> • 순수한 것은 무색의 액체로 강한 악취와 독성이 있다.
> • 약 알칼리성을 나타내며 수용액상태에서도 인화의 위험이 있다.
> • 산, 알칼리에 안정하고, 물, 알코올, 에테르에 잘 녹는다(수용성).

43 물에 녹지 않고 물보다 무거우므로 안전한 저장을 위해 물 속에 저장하는 것은?

① 다이에틸에터
② 아세트알데하이드
③ 산화프로필렌
④ 이황화탄소

> 이황화탄소(CS₂)는 물에 녹지 않고 물보다 1.26배 무거우므로 안전한 저장을 위해 물 속에 저장한다.

44 알루미늄의 연소생성물을 옳게 나타낸 것은?

① Al₂O₃
② Al(OH)₃
③ Al₂O₃, H₂O
④ Al(OH)₃, H₂O

> 알루미늄의 연소반응 : 2Al + 3O₂ → Al₂O₃

45 다음 물질을 적셔서 얻은 헝겊을 대량으로 쌓아 두었을 경우 자연발화의 위험성이 가장 큰 것은?

① 아마인유
② 땅콩기름
③ 야자유
④ 올리브유

> 자연발화는 건성유(아마인유)가 잘 일어난다.
>
> | 구분 | 아이오딘값 | 반응성 | 불포화도 | 종류 |
> |---|---|---|---|---|
> | 건성유 | 130 이상 | 크다 | 크다 | 해바라기유, 동유, 아마인유, 정어리기름, 들기름 |
> | 반건성유 | 100~130 | 중간 | 중간 | 채종유, 목화씨기름, 참기름, 콩기름 |
> | 불건성유 | 100 이하 | 적다 | 적다 | 야자유, 올리브유, 피마자유, 동백유 |

46 염소산나트륨이 열분해하였을 때 발생하는 기체는?

① 나트륨
② 염화수소
③ 염소
④ 산소

> 염소산나트륨의 열분해 : 2NaClO₃ → 2NaCl + 3O₂

47 트라이나이트로페놀의 성질에 대한 설명 중 틀린 것은?

① 폭발에 대비하여 철, 구리로 만든 용기에 저장한다.
② 휘황색을 띤 침상결정이다.
③ 비중이 약 1.8로 물보다 무겁다.
④ 단독으로는 테트릴보다 충격, 마찰에 둔감한 편이다.

> 피크린산(트라이나이트로페놀)은 건조하고 서늘한 장소에 보관하여야 하고 철, 구리의 금속용기는 위험하다.

48 [그림]과 같은 위험물을 저장하는 탱크의 내용적은 약 몇 m³인가?(단, r은 10m, ℓ은 25m이다.)

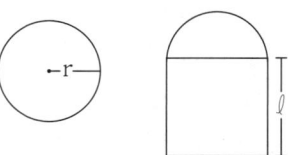

① 3612
② 4754
③ 5812
④ 7854

> 종으로 설치된 경우의 내용적 = πr²ℓ = 3.14 × 10² × 25m
> = 7854m³

49 충격 마찰에 예민하고 폭발 위력이 큰 물질로 뇌관의 첨장약으로 사용되는 것은?

① 나이트로글라이콜
② 나이트로셀룰로스
③ 테트릴
④ 질산메틸

> 테트릴 : 충격 마찰에 예민하고 폭발 위력이 큰 물질로 뇌관의 첨장약

50 다음은 위험물안전관리법령상 제조소등에서의 위험물의 저장 및 취급에 관한 기준 중 저장 기준의 일부이다. ( ) 안에 알맞은 것은?

> 옥내저장소에 있어서 위험물은 규정에 의한 바에 따라 용기에 수납하여 저장하여야 한다. 다만, ( )과 별도의 규정에 의한 위험물에 있어서는 그러하지 아니하다.

① 동식물유류
② 덩어리 상태의 황
③ 고체 상태의 알코올
④ 고화된 제4석유류

> 옥내저장소에 있어서 위험물은 V의 규정에 의한 바에 따라 용기에 수납하여 저장하여야 한다. 다만, 덩어리 상태의 황과 제48조의 규정에 의한 위험물에 있어서는 그러하지 아니하다.

51 메틸에틸케톤의 저장 또는 취급 시 유의할 점으로 가장 거리가 먼 것은?

① 통풍을 잘 시킬 것
② 찬 곳에 저장할 것
③ 직사일광을 피할 것
④ 저장 용기에는 증기 배출을 위해 구멍을 설치할 것

> 메틸에틸케톤은 제4류 위험물 제1석유류로서 저장용기에는 구멍이 있으면 유증기가 배출되므로 위험하다.
> ※제6류 위험물인 과산화수소는 저장 시 구멍 뚫린 마개를 사용한다.

52 과산화수소의 성질 또는 취급방법에 관한 설명 중 틀린 것은?

① 햇빛에 의하여 분해한다.
② 인산, 요산 등의 분해방지 안정제를 넣는다.
③ 공기와의 접촉은 위험하므로 저장용기는 밀전(密栓)하여야 한다.
④ 에탄올에 녹는다.

> 과산화수소는 저장용기는 밀봉하지 말고 구멍이 있는 마개를 사용하여야 한다.

53 마그네슘 리본에 불을 붙여 이산화탄소 기체 속에 넣었을 때 일어나는 현상은?

① 즉시 소화된다.
② 연소를 지속하여 유독성의 기체를 발생한다.
③ 연소를 지속하며 수소 기체를 발생한다.
④ 산소를 발생하며 서서히 소화된다.

> 마그네슘이 이산화탄소와 반응하면 산화마그네슘과 일산화탄소(CO)가 생성된다.
> $Mg + CO_2 \rightarrow MgO + CO$

54 금속나트륨에 대한 설명으로 옳은 것은?

① 청색 불꽃을 내며 연소한다.
② 경도가 높은 중금속에 해당한다.
③ 녹는점이 100℃보다 낮다.
④ 25% 이상의 알코올수용액에 저장한다.

> 금속나트륨
> • 물성

화학식	원자량	비점	녹는점	비중	불꽃색상
Na	23	880℃	97.7℃	0.97	노란색

> • 은백색의 광택이 있는 무른 경금속이다.
> • 칼륨과 나트륨은 등유, 경유 유동성파라핀 속에 저장한다.

55 염소산칼륨의 성질에 대한 설명 중 옳지 않은 것은?

① 비중은 약 2.3으로 물보다 무겁다.
② 강산과의 접촉은 위험하다.

③ 열분해 하면 산소와 염화칼륨이 생성된다.
④ 냉수에도 매우 잘 녹는다.

> **염소산칼륨의 성질**
> - 무색 단사정계 판상결정 또는 백색분말
> - 냉수, 알코올에 녹지 않고, 온수나 글리세린에는 녹는다.
> - 강산과의 접촉은 위험하다
> - 열분해반응식(540~560℃)
> $2KClO_3 \rightarrow KCl + KClO_4 + O_2 \uparrow$
>   (염소산칼륨) (염화칼륨) (과염소산칼륨) (산소)

56 위험물안전관리법령상 유별을 달리하는 위험물의 혼재기준에서 제6류 위험물과 혼재할 수 있는 위험물의 유별에 해당하는 것은?(단, 지정수량의 1/10을 초과하는 경우이다.)

① 제1류　　　② 제2류
③ 제3류　　　④ 제4류

> **운반 시 혼재 가능**
> - 제1류 + 제6류 위험물
> - 제3류 + 제4류 위험물
> - 제5류 + 제2류 + 제4류 위험물

57 자기반응성물질의 일반적인 성질로 옳지 않은 것은?

① 강산류와의 접촉은 위험하다.
② 연소속도가 대단히 빨라서 폭발성이 있다.
③ 물질자체가 산소를 함유하고 있어 내부연소를 일으키기 쉽다.
④ 물과 격렬하게 반응하여 폭발성가스를 발생한다.

> 자기반응성물질(제5류 위험물)은 물에 녹는 물질이 많다.

58 다음 중 에틸알코올의 인화점(℃)에 가장 가까운 것은?

① -4℃　　　② 3℃
③ 13℃　　　④ 27℃

> **알코올의 인화점**
>
> | 종류 | 인화점 | 종류 | 인화점 |
> |---|---|---|---|
> | 메틸알코올 | 11℃ | 에틸알코올 | 13℃ |
> | 프로필알코올 | 12℃ | | |

59 자연발화를 방지하는 방법으로 가장 거리가 먼 것은?

① 통풍이 잘되게 할 것
② 열의 축적을 용이하지 않게 할 것
③ 저장실의 온도를 낮게 할 것
④ 습도를 높게 할 것

> 자연발화를 방지하기 위하여 습도를 낮게 하여야 한다.

60 다음 중 일반적인 연소의 형태가 나머지 셋과 다른 하나는?

① 나프탈렌　　　② 코크스
③ 양초　　　　　④ 황

> 증발연소 : 나프탈렌, 양초, 황
> ※ 표면연소 : 코크스

정답 최근기출문제 2017년 2회

01 ③	02 ③	03 ④	04 ②	05 ①
06 ④	07 ③	08 ②	09 ③	10 ①
11 ④	12 ③	13 ③	14 ①	15 ②
16 ①	17 ②	18 ②	19 ①	20 ②
21 ④	22 ②	23 ①	24 ④	25 ③
26 ②	27 ③	28 ②	29 ②	30 ③
31 ④	32 ②	33 ②	34 ③	35 ③
36 ②	37 ②	38 ④	39 ②	40 ①
41 ④	42 ④	43 ②	44 ①	45 ①
46 ④	47 ①	48 ④	49 ③	50 ②
51 ②	52 ③	53 ②	54 ③	55 ④
56 ①	57 ④	58 ③	59 ④	60 ②

2017년 3회 최근기출문제

1. 물질의 물리 · 화학적 성질

01 밑줄 친 원소의 산화수가 +5인 것은?

① H$_3$PO$_4$ ② KMnO$_4$
③ K$_2$Cr$_2$O$_7$ ④ K$_3$[Fe(CN)$_6$]

> 산화수
> - H$_3$PO$_4$의 산화수
> $(+1 \times 3) + x + (-2) \times 4 = 0$ $x(P) = +5$
> - KMnO$_4$의 산화수
> $(+1) + x + (-2) \times 4 = 0$ $x(Mn) = +7$
> - K$_2$Cr$_2$O$_7$의 산화수
> $(+1 \times 2) + 2x + [(-2) \times 7] = 0$ $x(Cr) = +6$
> - K$_3$[Fe(CN)$_6$]의 산화수
> $(+1 \times 3) + x + (-1) \times 6 = 0$ $x(P) = +3$

02 탄소와 수소로 되어 있는 유기화합물을 연소시켜 CO$_2$ 44g, H$_2$O 27g을 얻었다. 이 유기화합물의 탄소와 수소 몰비율(C:H)은 얼마인가?

① 1 : 3 ② 1 : 4
③ 3 : 1 ④ 4 : 1

> 탄소와 수소 몰비율
> - CO$_2$(44g) 중 C의 함유량 = $44g \times \dfrac{12g}{44g}$ = 12g
> - H$_2$O(18g) 중 H의 함유량 = $27g \times \dfrac{2g}{18g}$ = 3g
> ∴ C : H = $\dfrac{12g}{12} : \dfrac{3g}{1}$ = 1 : 3

03 미지농도의 염산 용액 100mL를 중화하는데 0.2N NaOH 용액 250mL가 소모되었다. 이 염산의 농도는?

① 0.05 ② 0.2
③ 0.25 ④ 0.5

> 중화적정 : NV = N′V′
> 공식에 대입하면 N × 100ml = 0.2 × 250ml
> ∴ N = $\dfrac{0.2 \times 250}{100}$ = 0.5N

04 탄소수가 5개인 포화탄화수소 펜테인의 구조이성질체 수는 몇 개인가?

① 2개 ② 3개
③ 4개 ④ 5개

> 펜테인의 구조이성질체(3가지)
> CH$_3$-CH$_2$-CH$_2$-CH$_2$-CH$_3$ [n-pentan]
> CH$_3$-CH$_2$-CH-CH$_3$ / CH$_3$ [iso-pentan]
> CH$_3$-C(CH$_3$)$_2$-CH$_3$ [neo-pentan]

05 25℃에서 어떤 물질이 포화용액 90g 속에 어떤 물질이 30g 녹아 있다. 이 온도에서 이 물질의 용해도는 얼마인가?

① 30 ② 33
③ 50 ④ 63

> 용해도 = $\dfrac{용질}{용매} \times 100 = \dfrac{30}{90-30} \times 100 = 50$

06 다음 물질 중 산성이 가장 센 물질은?

① 아세트산 ② 벤젠술폰산
③ 페놀 ④ 벤조산

> 벤젠술폰산(C$_6$H$_5$SO$_3$H)은 벤젠과 황산이 반응하여 생성하므로 산성이 세다.

07 다음 중 침전을 형성하는 조건은?

① 이온곱 > 용해도곱
② 이온곱 = 용해도곱
③ 이온곱 < 용해도곱
④ 이온곱 + 용해도곱 = 1

> 침전생성 : 이온곱 > 용해도곱

08 어떤 기체가 탄소원자 1개당 2개의 수소원자를 함유하고 0℃, 1기압에서 밀도가 1.25g/L일 때 이 기체에 해당하는 것은?

① CH_2
② C_2H_4
③ C_3H_6
④ C_4H_8

> **이상기체상태방정식**
> $PV = \frac{W}{M}RT$, $PM = \frac{W}{V}RT = \rho RT$, $M = \frac{\rho RT}{P}$
> 여기서 P : 압력(atm), V : 부피(ℓ), M : 분자량, W : 무게,
> R : 기체상수(0.08205ℓ·atm/g-mol·K)
> T : 절대온도(273+℃)
> ∴ $M = \frac{\rho RT}{P} = \frac{1.25 \times 0.08205 \times (273+0)K}{1atm} = 28.0(C_2H_4)$

09 집기병 속에 물에 적신 빨간 꽃잎을 넣고 어떤 기체를 채웠더니 얼마 후 꽃잎이 탈색되었다. 이와 같은 색을 탈색(표백)시키는 성질을 가진 기체는?

① He
② CO_2
③ N_2
④ Cl_2

> 염소(Cl_2) : 탈색제

10 방사선에서 γ선과 비교한 α선에 대한 설명 중 틀린 것은?

① γ선보다 투과력이 강하다.
② γ선보다 형광작용이 강하다.
③ γ선보다 감광작용이 강하다.
④ γ선보다 잰리작용이 강하다.

> γ선 : 방사선의 파장이 가장 짧고 투과력과 방출속도가 가장 크다.

11 탄산 음료수 병 마개를 열면 거품이 솟아오르는 이유를 가장 올바르게 설명한 것은?

① 수증기가 생성되기 때문이다.
② 이산화탄소가 분해 되기 때문이다.
③ 용기 내부압력이 줄어들어 기체의 용해도가 감소하기 때문이다.
④ 온도가 내려가게 되어 기체의 포화 용해도가 감소하기 때문이다.

> 탄산 음료수병 마개를 열면 용기 내부압력이 줄어들어 기체의 용해도가 감소하기 때문이다.

12 어떤 주어진 양의 기체의 부피가 21℃, 1.4atm에서 250ml이다. 온도가 49℃로 상승되었을 때의 부피가 300ml라고 하면 이 때의 압력은 약 얼마인가?

① 1.35atm
② 1.28atm
③ 1.21atm
④ 1.16atm

> **보일-샤를의 법칙을 적용하면**
> $V_2 = V_1 \times \frac{P_1}{P_2} \times \frac{T_2}{T_1}$ $P_2 = P_1 \times \frac{V_1}{V_2} \times \frac{T_2}{T_1}$
> ∴ $P_2 = P_1 \times \frac{V_1}{V_2} \times \frac{T_2}{T_1} = 1.4atm \times \frac{250ml}{300ml} \times \frac{(273+49)K}{(273+21)K}$
> $= 1.28atm$

13 다음과 같은 순서로 커지는 성질이 아닌 것은?

$$F_2 < Cl_2 < Br_2 < I_2$$

① 구성원자의 전기음성도
② 녹는점
③ 끓는점
④ 구성원자의 반지름

> $F_2 < Cl_2 < Br_2 < I_2$ 일 때
> • 소화효과   • 녹는점
> • 끓는점   • 구성원자의 반지름
> • 전기음성도 : $F_2 > Cl_2 > Br_2 > I_2$

14 금속의 특징에 대한 설명 중 틀린 것은?

① 고체 금속은 연성과 전성이 있다.
② 고체상태에서 결정구조를 형성한다.
③ 반도체, 절연체에 비하여 전기전도도가 크다.
④ 상온에서 모두 고체이다.

> 금속은 대부분 고체이다.

15 산소와 같은 족의 원소가 아닌 것은?

① S
② Se
③ Te
④ Bi

> 산소족(6A족)원소 : O, S, Se, Te, Po
> ※비스무스(Bi) : 질소족 원소

16 공기 중에 포함되어 있는 질소와 산소의 부피비는 0.79 : 0.21이므로 질소와 산소의 분자수의 비도 0.79 : 0.21이다. 이와 관계 있는 법칙은?

① 아보가드로의 법칙
② 일정성분비의 법칙
③ 배수비례의 법칙
④ 질량보존의 법칙

> **법칙**
> - 일정성분비의 법칙(프루스트) : 순수한 화합물에 있어서 성분 원소의 질량비는 항상 일정하다.
> - 배수비례의 법칙(돌턴) : 두 원소가 결합하여 2개 이상의 화합물을 만들 때 다른 원소의 질량과 결합하는 원소의 질량사이에는 간단한 정수비가 성립한다.
> - 질량보존의 법칙(돌턴)
>   - 모든 물질은 더 이상 쪼갤 수 없는 원자라는 작은 입자로 되어 있다.
>   - 같은 원소의 원자는 크기, 질량 등 모든 성질은 같다.
> - 아보가드로의 법칙 : 모든 기체는 일정한 압력과 온도에서 같은 부피에 들어 있는 입자수(분자수)는 같다.

17 다음 중 두 물질을 섞었을 때 용해성이 가장 낮은 것은?

① C_6H_6과 H_2O
② $NaCl$과 H_2O
③ C_2H_5OH과 H_2O
④ C_2H_5OH과 CH_3OH

> **용해성**
>
> | 종류 | 명칭 | 물에 대한 용해성 |
> |---|---|---|
> | C_6H_6 | 벤젠 | 녹지않는다 |
> | NaCl | 염화나트륨 | 녹는다 |
> | C_2H_5OH | 에틸알코올 | 녹는다 |
> | CH_3OH | 메틸알코올 | 녹는다 |
>
> ∴ 벤젠과 물은 전혀 혼합이 되지 않는다(거의 녹지 않는다.)

18 다음 물질 1g을 각각 1kg의 물에 녹였을 때 빙점강하가 가장 큰 것은?

① CH_3OH
② C_2H_5OH
③ $C_3H_5(OH)_3$
④ $C_6H_{12}O_6$

> **빙점강하(ΔT_f)**
>
> $\Delta T_f = K_f \cdot m = K_f \times \dfrac{\frac{W_B}{M}}{W_A} \times 1000$
>
> 여기서 K_f : 빙점강하계수(물 : 1.86), m : 몰랄농도
> W_B : 용질의 무게, W_A : 용매의 무게, M : 분자량
> ∴ 빙점강하는 분자량에 반비례하므로 분자량이 작은 것은 빙점강하가 크다.
>
> | 종류 | 명칭 | 분자량 |
> |---|---|---|
> | CH_3OH | 메틸알코올 | 32 |
> | C_2H_5OH | 에틸알코올 | 46 |
> | $C_3H_5(OH)_3$ | 글리세린 | 92 |
> | $C_6H_{12}O_6$ | 포도당 | 180 |

19 $[OH^-] = 1 \times 10^{-5} mol/\ell$인 용액의 pH와 액성으로 옳은 것은?

① pH = 5, 산성
② pH = 5, 알칼리성
③ pH = 9, 산성
④ pH = 9, 알칼리성

> $[H^+][OH^-] = 1 \times 10^{-14}$에서 $[OH^-] = 1 \times 10^{-5} mol/\ell$
> $[H^+] = \dfrac{1 \times 10^{-14}}{1 \times 10^{-5}} = 1 \times 10^{-9} mol/\ell$
> $pH = -\log[H^+] = -\log 1 \times 10^{-9} = 9 - \log 1 = 9 - 0 = 9$(알칼리성)

20 원자번호가 11이고 중성자수가 12인 나트륨의 질량수는?

① 11
② 12
③ 23
④ 24

> 질량수 = 원자번호 + 중성자수 = 11 + 12 = 23

● **2. 화재예방과 소화방법**

21 불활성가스소화약제 중 IG-541의 구성 성분이 아닌 것은?

① N_2
② Ar
③ He
④ CO_2

🔍 **불활성가스소화약제의 명명법**
- 분류

종류	화학식
IG – 100	N_2
IG – 55	$N_2(50\%)$, $Ar(50\%)$
IG – 541	$N_2(52\%)$, $Ar(40\%)$, $CO_2(8\%)$

- 명명법
  Ⓧ Ⓨ Ⓩ
  └─ CO_2의 농도(%) : 첫째자리 반올림, 생략가능
  └─ Ar의 농도(%) : 첫째자리 반올림
  └─ N_2의 농도(%) : 첫째자리 반올림

22 위험물안전관리법령에서 정한 물분무소화설비의 설치기준에서 물분무소화설비의 방사구역은 몇 m^2 이상으로 하여야 하는가?(단, 방호대상물의 표면적이 $150m^2$ 이상인 경우이다.)

① 35 ② 70
③ 150 ④ 300

🔍 물분무소화설비의 방사구역은 $150m^2$ 이상(방호대상물의 표면적이 $150m^2$ 미만인 경우에는 당해 표면적)으로 할 것

23 이산화탄소소화기는 어떤 현상에 의해서 온도가 내려가 드라이아이스를 생성하는가?

① 주울-톰슨효과 ② 사이펀
③ 표면장력 ④ 모세관

🔍 이산화탄소소화기는 주울-톰슨효과에 의하여 드라이아이스가 생성된다.

24 Halon 1301, Halon 1211, Halon 2402 중 상온, 상압에서 액체상태인 Halon 소화약제로만 나열한 것은?

① Halon 1211
② Halon 2402
③ Halon 1301, Halon 1211
④ Halon 2402, Halon 1211

🔍 상온에서 액체 : Halon 2402
※상온에서 기체 : Halon 1301, Halon 1211

25 연소형태가 나머지 셋과 다른 하나는?

① 목탄 ② 메탄올
③ 파라핀 ④ 황

🔍 목탄 : 표면연소
※증발연소 : 메탄올, 파라핀, 황

26 연소 시 온도에 따른 불꽃의 색상이 잘못된 것은?

① 적색 : 약 850℃ ② 황적색 : 약 1100℃
③ 휘적색 : 약 1200℃ ④ 백적색 : 약 1300℃

🔍 연소의 색과 온도

색상	온도(℃)	색상	온도(℃)
담암적색	520	암적색	700
적색	850	휘적색	950
황적색	1100	백적색	1300
휘백색	1500 이상		

27 스프링클러 설비의 장점이 아닌 것은?

① 소화약제가 물이므로 소화약제의 비용이 절감된다.
② 초기 시공비가 매우 적게 든다.
③ 화재 시 사람의 조작 없이 작동이 가능하다.
④ 초기화재의 진화에 효과적이다.

🔍 스프링클러 설비는 초기 시공비가 많이 든다.

28 능력단위가 1단위의 팽창질석(삽 1개 포함)은 용량이 몇 L인가?

① 160 ② 130
③ 90 ④ 60

🔍 소화설비의 능력단위

소화설비	용량	능력단위
소화전용(專用)물통	8ℓ	0.3
수조(소화전용 물통 3개 포함)	80ℓ	1.5
수조(소화전용 물통 6개 포함)	190ℓ	2.5
마른 모래(삽 1개 포함)	50ℓ	0.5
팽창질석 또는 팽창진주암(삽 1개 포함)	160ℓ	1.0

29 할로젠화합물 중 CH_3I에 해당하는 할론 번호는?

① 1031
② 1301
③ 13001
④ 10001

> 할론 명명
> 할론 1 0 0 0 1
>   ↑ ↑ ↑ ↑ ↑
>   A B C D E
> 여기서, A : C(탄소)의 수   B : F(플루오린)의 수
>   C : Cl(염소)의 수   D : Br(브로민)의 수
>   E : I(아이오딘)의 수
> ∴ 할론 10001 : CH_3I
> ※ 할론 10001 : 현장에서는 본적이 없습니다.

30 물통 또는 수조를 이용한 소화가 공통적으로 적응성이 있는 위험물은 제 몇 류 위험물인가?

① 제2류 위험물
② 제3류 위험물
③ 제4류 위험물
④ 제5류 위험물

> 제5류 위험물(자기반응성 물질) : 냉각소화(물통, 수조)

31 표준상태에서 벤젠 2mol이 완전연소 하는데 필요한 이론 공기요구량은 몇 L인가?(단, 공기 중 산소는 21vol%이다.)

① 168
② 336
③ 1600
④ 3200

> 벤젠의 연소반응식
> $C_6H_6 + 7.5O_2 → 6CO_2 + 3H_2O$
> 1mol   7.5 × 22.4ℓ
> 2mol   x
> $x = \frac{2 × 7.5 × 22.4}{1} = 336ℓ$ (이론산소량)
> ∴ 이론공기량 = $\frac{336ℓ}{0.21} = 1600ℓ$

32 제3종 분말소화약제에 대한 설명으로 틀린 것은?

① A급을 제외한 모든 화재에 적응성이 있다.
② 주성분은 $NH_4H_2PO_4$의 분자식으로 표현된다.
③ 제1인산암모늄이 주성분이다.
④ 담홍색(또는 황색)으로 착색되어 있다.

> 분말소화약제
>
> | 종류 | 주성분 | 적응화재 | 착색(분말의 색) |
> |---|---|---|---|
> | 제1종 분말 | $NaHCO_3$(중탄산나트륨, 탄산수소나트륨) | B, C급 | 백색 |
> | 제2종 분말 | $KHCO_3$(중탄산칼륨, 탄산수소칼륨) | B, C급 | 담회색 |
> | 제3종 분말 | $NH_4H_2PO_4$(인산암모늄, 제일인산암모늄) | A, B, C급 | 담홍색, 황색 |
> | 제4종 분말 | $KHCO_3 + (NH_2)_2CO$ | B, C급 | 회색 |

33 위험물을 저장하기 위해 제작한 이동저장탱크의 내용적이 20000L인 경우 위험물 허가를 위해 산정할 수 있는 이 탱크의 최대용량은 지정수량의 몇 배인가?(단, 저장하는 위험물은 비수용성 제2석유류이며 비중은 0.8, 차량의 최대적재량은 15톤이다.)

① 21배
② 18.75배
③ 12배
④ 9.375배

> 제2석유류(비수용성)의 지정수량 : 1000ℓ
> • 무게로 환산하면 : 1000ℓ × 0.8kg/ℓ = 800kg
>   비중 0.8이면 0.8g/cm³ = 0.8kg/ℓ
> • 지정수량의 배수 = 15000kg ÷ 800kg = 18.75배
> ※ 참고로 탱크의 용적을 계산하면
> $ρ = \frac{W}{V}$ $V = \frac{W}{ρ} = \frac{15000kg}{0.8kg/ℓ} = 18750ℓ$
> 공간용적은 $\frac{18750ℓ}{20000ℓ} × 100 = 93.75\%$(공간용적 : 6.25%)

34 위험물안전관리법령상 전역방출방식 또는 국소방출방식의 분말소화설비의 기준에서 가압식의 분말소화설비에는 얼마 이하의 압력으로 조정할 수 있는 압력조정기를 설치하여야 하는가?

① 2.0MPa
② 2.5MPa
③ 3.0MPa
④ 5.0MPa

> 분말 소화약제의 가압용 가스용기에는 2.5MPa 이하의 압력에서 조정이 가능한 압력조정기를 설치하여야 한다.

35 다음 중 점화원이 될 수 없는 것은?

① 전기스파크
② 증발잠열
③ 마찰열
④ 분해열

○ 증발(기화)잠열은 액체가 기체로 될 때 발생하는 열로서 점화원이 될 수 없다.

36 그림과 같은 타원형 위험물탱크의 내용적은 약 얼마인가? (단, 단위는 m이다.)

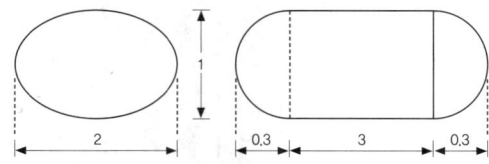

① $5.03m^3$ ② $7.52m^3$
③ $9.03m^3$ ④ $19.05m^3$

○ 양쪽이 볼록한 타원형 탱크의 내용적
∴ 내용적 $= \dfrac{\pi ab}{4}\left(\ell + \dfrac{\ell_1 + \ell_2}{3}\right)$
$= \dfrac{\pi \times 2 \times 1}{4}\left(3 + \dfrac{0.3 + 0.3}{3}\right)$
$= 5.024m^3$

37 대통령령이 정하는 제조소등의 관계인이 그 제조소 등에 대하여 연 몇 회 이상 정기점검을 실시해야 하는가?(단, 특정옥외탱크저장소의 정기점검은 제외한다.)

① 1   ② 2
③ 3   ④ 4

○ 위험물제조소등의 정기점검 : 연 1회 이상

38 위험물 화재 발생 시 적응성이 있는 소화설비의 연결로 틀린 것은?

① 마그네슘 - 포소화기
② 황린 - 포소화기
③ 인화성고체 - 이산화탄소소화기
④ 등유 - 이산화탄소소화기

○ 마그네슘 - 탄산수소염류 분말소화기

39 위험물안전관리법령상 전역방출방식의 분말소화설비에서 분사헤드의 방사 압력은 몇 MPa 이상이어야 하는가?

① 0.1   ② 0.5
③ 1   ④ 3

○ 분말소화설비
• 전역방출방식의 분사헤드 : 0.1MPa 이상
• 전역방출방식, 국소방출방식의 방사시간 : 30초 이내

40 전기설비에 화재가 발생하였을 경우에 위험물안전관리법령상 적응성을 가지는 소화설비는?

① 물분무소화설비   ② 포 소화기
③ 봉상강화액소화기   ④ 건조사

○ 전기설비 : 물분무소화설비, 불활성가스소화설비, 할로젠화합물소화설비, 분말소화설비, 무상강화액소화기

• **3. 위험물 성상 및 취급**

41 황의 연소생성물과 그 특성을 옳게 나타낸 것은?

① SO_2, 유독가스   ② SO_2, 청정가스
③ H_2S, 유독가스   ④ H_2S, 청정가스

○ 황의 연소 : $S + O_2 \rightarrow SO_2$(이산화황, 유독가스)

42 위험물안전관리법령에 의한 위험물제조소의 설치기준으로 옳지 않은 것은?

① 위험물을 취급하는 기계, 기구, 그 밖의 설비는 위험물이 새거나 넘치거나 비산하는 것을 방지할 수 있는 구조로 하여야 한다.
② 위험물을 가열하거나 냉각하는 설비 또는 위험물 취급에 수반하여 온도변화가 생기는 설비에는 온도 측정장치를 설치하여야 한다.
③ 위험물을 취급함에 있어서 정전기가 발생할 우려가 있는 설비에는 정전기를 유효하게 제거할 수 있는 설비를 설치하여야 한다.

④ 위험물을 취급하는 동관을 지하에 설치하는 경우에는 지진·풍압·지반침하 및 온도변화에 안전한 구조의 지지물에 설치하여야 한다.

> 위험물제조소의 배관
> - 배관의 재질은 한국산업규격의 유리섬유강화플라스틱·고밀도폴리에틸렌 또는 폴리우레탄으로 할 것
> - 배관을 지상에 설치하는 경우에는 지진·풍압·지반침하 및 온도변화에 안전한 구조의 지지물에 설치하되, 지면에 닿지 아니하도록 하고 배관의 외면에 부식방지를 위한 도장을 하여야 한다. 다만, 불변강관 또는 부식의 우려가 없는 재질의 배관의 경우에는 부식방지를 위한 도장을 아니 할 수 있다.
> - 배관을 지하에 매설하는 경우의 기준
>   - 금속성 배관의 외면에는 부식방지를 위하여 도복장·코팅 또는 전기방식 등의 필요한 조치를 할 것
>   - 배관의 접합부분(용접에 의한 접합부 또는 위험물의 누설의 우려가 없다고 인정되는 방법에 의하여 접합된 부분을 제외한다)에는 위험물의 누설여부를 점검할 수 있는 점검구를 설치할 것
>   - 지면에 미치는 중량이 당해 배관에 미치지 아니하도록 보호할 것

43 다음 구조식 중 제4류 위험물 제2석유류에 해당되는 것은?

> 위험물의 종류
> - 벤젠 : 제4류 위험물 제1석유류
> - 사이클로헥세인 : 제4류 위험물 제1석유류
> - 톨루엔 : 제4류 위험물 제1석유류
> - 벤즈알데하이드 : 제4류 위험물 제2석유류

44 다음 중 위험물 중 가연성 액체를 옳게 나타낸 것은?

HNO_3, $HClO_4$, H_2O_2

① $HClO_4$, HNO_3
② HNO_3, H_2O_2
③ HNO_3, $HClO_4$, H_2O_2
④ 모두 가연성이 아님

> 제6류 위험물(불연성) : HNO_3(질산), $HClO_4$(과염소산), H_2O_2(과산화수소)

45 산화프로필렌에 대한 설명으로 틀린 것은?

① 무색의 휘발성 액체이고 물에 녹는다.
② 인화점이 상온 이하이므로 가연성 증기 발생을 억제하여 보관해야 한다.
③ 은, 마그네슘 등의 금속과 반응하여 폭발성 혼합물을 생성한다.
④ 증기압이 낮고 연소범위가 좁아서 위험성이 높다.

> 산화프로필렌(Propylene Oxide)
> - 특성
>
> | 화학식 | 증기압 | 비중 | 비점 | 인화점 | 착화점 | 연소범위 |
> |---|---|---|---|---|---|---|
> | CH_3CHCH_2O | 538mmHg (25℃) | 0.82 | 34℃ | -37℃ | 449℃ | 2.8~37% |
>
> - 무색, 투명한 자극성 액체이다.
> - 구리(Cu), 마그네슘(Mg), 은(Ag), 수은(Hg)과 반응하면 아세틸레이트를 생성한다.
> - 저장용기 내부에는 불연성가스 또는 수증기 봉입장치를 할 것
> - 소화약제는 알코올용포, 이산화탄소, 분말소화가 효과가 있다.

46 황린과 적린의 공통점으로 옳은 것은?

① 독성
② 발화점
③ 연소생성물
④ CS_2에 대한 용해성

> 적린과 황린의 비교
>
> | 종류 | 적린 | 황린 |
> |---|---|---|
> | 화학식 | P | P |
> | 색상 | 암적색의 분말 | 담황색의 고체 |
> | 냄새 | 마늘과 비슷한 냄새 | 냄새가 없다 |
> | 독성 | 맹독성 | 무독성 |
> | 용해성 | 물, 알코올, 에터, CS_2, 암모니아에 불용 | • 벤젠, 알코올에는 일부 용해
• 이황화탄소(CS_2), 삼염화린, 염화황에는 용해 |
> | 연소반응식 | $4P + 5O_2 \rightarrow P_2O_5$ (흰 연기 발생) | $P_4 + 5O_2 \rightarrow P_2O_5$ (흰 연기 발생) |
> | 녹는점 | 44℃ | 600℃ |
> | 발화점 | 260℃ | 34℃ |
> | 소화방법 | 주수소화 | 주수소화 |

47 질산나트륨을 저장하고 있는 옥내저장소(내화구조의 격벽으로 완전히 구획된 실이 2 이상 있는 경우에는 동일한 실)에 함께 저장하는 것이 법적으로 허용되는 것은?(단, 위험물을 유별로 정리하여 서로 1m 이상의 간격을 두는 경우이다)

① 적린
② 인화성고체
③ 동식물유류
④ 과염소산

> 저장(옥내저장소, 옥외저장소) 시 혼재가능
> • 제1류 위험물(알칼리금속의 과산화물 또는 이를 함유한 것을 제외한다)과 제5류 위험물을 저장하는 경우
> • 제1류 위험물(질산나트륨)과 제6류 위험물(과염소산)을 저장하는 경우
> • 제1류 위험물과 제3류 위험물 중 자연발화성물질(황린 또는 이를 함유한 것에 한한다)을 저장하는 경우
> • 제2류 위험물 중 인화성고체와 제4류 위험물을 저장하는 경우

48 위험물안전관리법령상 옥외탱크저장소의 위치·구조 및 설비의 기준에서 간막이 둑을 설치할 경우 그 용량의 기준으로 옳은 것은?

① 간막이 둑안에 설치된 탱크의 용량은 110% 이상일 것
② 간막이 둑안에 설치된 탱크의 용량 이상일 것
③ 간막이 둑안에 설치된 탱크의 용량은 10% 이상일 것
④ 간막이 둑안에 설치된 탱크의 간막이 둑 높이 이상 부분의 용량 이상일 것

> 용량이 1,000만ℓ 이상인 옥외저장탱크의 방유제에는 탱크마다 설치하는 간막이 둑 설치기준
> • 간막이 둑의 높이는 0.3m(방유제내에 설치되는 옥외저장탱크의 용량의 합계가 2억ℓ를 넘는 방유제에 있어서는 1m)이상으로 하되, 방유제의 높이보다 0.2m 이상 낮게 할 것
> • 간막이 둑은 흙 또는 철근콘크리트로 할 것
> • 간막이 둑의 용량은 간막이 둑안에 설치된 탱크의 용량의 10% 이상일 것

49 위험물을 저장 또는 취급하는 탱크의 용량산정 방법에 관한 설명으로 가장 옳은 것은?

① 탱크의 내용적에서 공간용적을 뺀 용적으로 한다.
② 탱크의 공간용적에서 내용적을 뺀 용적으로 한다.
③ 탱크의 공간용적에 내용적을 더한 용적으로 한다.
④ 탱크의 볼록하거나 오목한 부분을 뺀 내용적으로 한다.

> 탱크의 용량 = 탱크의 내용적 − 공간용적(5 ~ 10%)

50 위험물안전관리법령상 제5류 위험물의 지정수량이 다른 것은?

① 트라이나이트로페놀
② 셀룰로이드
③ 과산화벤조일
④ 황산디하이드라진

> 지정수량
>
> | 종류 | 품명 | 지정수량 |
> |---|---|---|
> | 트라이나이트로페놀 (피크린산) | 나이트로화합물 (제1종) | 10kg |
> | 셀룰로이드 | 질산에스터류(제2종) | 100kg |
> | 과산화벤조일 | 유기과산화물(제2종) | 100kg |
> | 황산디하이드라진 | 하이드라진 유도체(제2종) | 100kg |

51 금속칼륨의 일반적인 성질에 대한 설명으로 틀린 것은?

① 칼로 자를 수 있는 무른 금속이다.
② 에탄올과 반응하여 조연성 기체(산소)를 발생한다.
③ 물과 반응하여 가연성 기체를 발생한다.
④ 물보다 가벼운 은백색의 금속이다.

> 칼륨
> • 물성
>
> | 화학식 | 원자량 | 비점 | 융점 | 비중 | 불꽃색상 |
> |---|---|---|---|---|---|
> | K | 39 | 774°C | 63.7°C | 0.86 | 보라색 |
>
> • 은백색의 광택이 있는 무른 경금속으로 보라색 불꽃을 내면서 연소한다.
> • 할로젠 및 산소, 수증기 등과 접촉하면 발화위험이 있다.
> • 석유, 경유, 유동파라핀 등의 보호액을 넣은 내통에 밀봉 저장한다.
> ※칼륨의 반응식]
> • 물과의 반응 : $2K + 2H_2O \rightarrow 2KOH + H_2\uparrow$
> • 알코올과 반응 : $2K + 2C_2H_5OH \rightarrow 2C_2H_5OK + H_2\uparrow$
> (칼륨에틸라이트)

52 제5류 위험물 중 위험성 유무와 등급에 따라 제1종으로 분류된 질산에스터류의 지정수량은?

① 10kg
② 100kg
③ 150kg
④ 200kg

제5류 위험물의 종류 및 지정수량

유별	성질	품명	지정수량
제5류	자기 반응성 물질	1 유기과산화물 2 질산에스터루 3 나이트로화합물 4 나이트로소화합물 5 아조화합물 6 다이아조화합물 7 하이드라진 유도체 8 하이드록실아민 9 하이드록실아민염류 10. 그 밖에 행정안전부령으로 정하는 것	제1종 : 10kg 제2종 : 100kg

53 다음에서 설명하는 위험물을 옳게 나타낸 것은?

- 지정수량은 2000L이다.
- 로켓의 연료, 플라스틱 발포제 등으로 사용된다.
- 암모니아와 비슷한 냄새가 나고 녹는점은 약 2℃이다.

① N_2H_4
② $C_6H_5CH=CH_2$
③ NH_4ClO_4
④ C_3H_5Br

하이드라진(N_2H_4)
• 물성

화학식	품경	지정수량	인화점	녹는점
N_2H_4	제2석유류 (수용성)	2000ℓ	38℃	2℃

• 무색의 맹독성 가연성 액체이다.
• 로켓의 연료, 플라스틱 발포제등으로 사용된다.
• 암모니아와 비슷한 냄새가 나고 물이나 알코올에 잘녹는다.

54 다음 중 물과 반응하여 산소와 열을 발생하는 것은?

① 염소산칼륨
② 과산화나트륨
③ 금속나트륨
④ 과산화벤조일

과산화나트륨과 물과의 반응
$2Na_2O_2 + 2H_2O \rightarrow 4NaOH + O_2\uparrow$

55 동·식물류에 대한 설명 중 틀린 것은?

① 아이오딘값이 클수록 자연발화의 위험이 크다.
② 아마인유는 불건성유이므로 자연발화 위험이 낮다.
③ 동·식물유는 제류 위험물에 속한다.
④ 아이오딘값이 130 이상인 것이 건성유이므로 저장할 때 주의한다.

아마인유는 건성유이므로 자연발화 위험이 있다.

56 다음 표의 빈칸(㉮, ㉯)에 알맞은 품명은?

품명	지정수량
㉮	100kg
㉯	1,000kg

① ㉮ : 철분, ㉯ : 인화성고체
② ㉮ : 적린, ㉯ : 인화성고체
③ ㉮ : 철분, ㉯ : 마그네슘
④ ㉮ : 적린, ㉯ : 마그네슘

제2류 위험물의 지정수량

품명	지정수량
황화인, 적린, 황	100kg
철분, 금속분, 마그네슘	500kg
인화성 고체	1,000kg

57 다음 위험물 중 인화점이 가장 높은 것은?

① 메탄올
② 휘발유
③ 아세트산메틸
④ 메틸에틸케톤

제4류 위험물의 인화점

종류	품명	인화점
메탄올	알코올류	11℃
휘발유	제1석유류 (비수용성)	-43℃
아세트산메틸	제1석유류 (비수용성)	-10℃
메틸에틸케톤	제1석유류 (비수용성)	-7℃

58 다음 중 제1류 위험물의 과염소산염류에 속하는 것은?

① $KClO_3$
② $NaClO_4$
③ $HClO_4$
④ $NaClO_2$

위험물의 분류

종류	명칭	류별	품명
$KClO_3$	염소산칼륨	제1류 위험물	염소산염류
$NaClO_4$	과염소산나트륨	제1류 위험물	과염소산염류
$HClO_4$	과염소산	제6류 위험물	–
$NaClO_2$	아염소산나트륨	제1류 위험물	아염소산염류

59 다음 [보기]의 물질 중 위험물안전관리법상 제6류 위험물에 해당하는 것은 모두 몇 개인가?

- 비중 1.49인 질산
- 비중 1.7인 과염소산
- 물 60g, 과산화수소 40g을 혼합한 수용액

① 1개
② 2개
③ 3개
④ 없음

제6류 위험물
- 질산(비중 : 1.49 이상)
- 과염소산(특별한 기준이 없다)
- 과산화수소(36중량% 이상)

※ 물 60g, 과산화수소 40g을 혼합한 수용액

중량% = $\dfrac{용질}{용액} \times 100 = \dfrac{40}{(60g + 40g)} \times 100 = 40\%$

60 지정수량 이상의 위험물을 차량으로 운반하는 경우에는 차량에 설치하는 표지의 색상에 관한 내용으로 옳은 것은?

① 흑색바탕에 청색의 도료로 "위험물"이라고 표기할 것
② 흑색바탕에 황색의 반사도료로 "위험물"이라고 표기할 것
③ 적색바탕에 흰색의 반사도료로 "위험물"이라고 표기할 것
④ 적색바탕에 흑색의 도료로 "위험물"이라고 표기할 것

운반 시 위험물의 표지 : 흑색바탕에 황색의 반사도료

정답 최근기출문제 2017년 3회

01 ①	02 ①	03 ④	04 ②	05 ③
06 ②	07 ①	08 ②	09 ④	10 ①
11 ③	12 ②	13 ①	14 ④	15 ④
16 ①	17 ①	18 ①	19 ④	20 ③
21 ③	22 ③	23 ①	24 ②	25 ①
26 ③	27 ②	28 ①	29 ④	30 ④
31 ③	32 ①	33 ②	34 ②	35 ②
36 ①	37 ①	38 ①	39 ①	40 ①
41 ①	42 ④	43 ④	44 ④	45 ④
46 ③	47 ④	48 ③	49 ①	50 ①
51 ②	52 ①	53 ①	54 ②	55 ②
56 ②	57 ①	58 ②	59 ③	60 ②

2018년 1회 최근기출문제

1. 물질의 물리 · 화학적 성질

01 다음 중 전리도가 가장 커지는 것은?

① 농도와 온도가 일정할 때
② 농도가 진하고 온도가 높을수록
③ 농도가 묽고 온도가 높을수록
④ 농도가 진하고 온도가 낮을수록

🔍 농도가 묽고 온도가 높을수록 전리도가 커진다.

02 불순물로 식염을 포함하고 있는 NaOH 3.2g을 물에 녹여 100mℓ로 한 다음 그 50mℓ를 중화하는데 1N의 염산이 20mℓ 필요했다. 이 NaOH의 농도(순도)는 약 몇 %인가?

① 10
② 20
③ 33
④ 50

🔍 먼저 중화 전 NaOH의 농도를 구하면

| 1N | 40g | 1000mℓ |
| x | 3.2g | 100mℓ |

$x = \dfrac{1 \times 3.2 \times 1000}{40 \times 100} = 0.8N$

∴중화적정공식으로 풀면
$NV = N'V'$
$0.8N \times 50mℓ \times x = 1N \times 20mℓ$
∴ $x = 0.5 = 50\%$

03 다음 중 양쪽성 산화물에 해당하는 것은?

① NO_2
② Al_2O_3
③ MgO
④ Na_2O

🔍 양쪽성 산화물 : 양쪽성 원소의 산화물로서 산이나 염기와 반응하여 염과 물을 생성하는 물질(Al_2O_3, ZnO, PbO)

04 1기압에서 2L의 부피를 차지하는 어떤 이상기체를 온도의 변화없이 압력을 4기압으로 하면 부피는 얼마가 되겠는가?

① 8L
② 2L
③ 1L
④ 0.5L

🔍 보일의 법칙을 이용하면
$V_2 = V_1 \times \dfrac{P_1}{P_2} = 2ℓ \times \dfrac{1}{4} = 0.5ℓ$

05 결합력이 큰 것부터 작은 순서로 나열한 것은?

① 공유결합 > 수소결합 > 반데르발스결합
② 수소결합 > 공유결합 > 반데르발스결합
③ 반데르발스결합 > 수소결합 > 공유결합
④ 수소결합 > 반데르발스결합 > 공유결합

🔍 결합력의 세기 : 공유결합 > 수소결합 > 반데르발스결합

06 다음 중 아르곤(Ar)과 같은 전자수를 갖는 이온들로 이루어진 것은?

① NaCl
② MgO
③ KF
④ CaS

🔍 아르곤(Ar, 8족원소)은 황화칼슘(CaS)과 같은 전자수가 8개이다.

07 Rn은 α선 및 β선을 2번씩 방출하고 다음과 같이 변했다. 마지막 Po의 원자번호는 얼마인가?(단, Rn의 원자번호는 86, 원자량은 222이다)

$$Rn \xrightarrow{\alpha} Po \xrightarrow{\alpha} Pb \xrightarrow{\beta} Bi \xrightarrow{\beta} Po$$

① 78
② 81
③ 84
④ 87

α붕괴 및 β붕괴
- 원소가 α붕괴하면 원자번호 2감소, 질량수 4가 감소한다.
- 원소가 β붕괴하면 원자번호 1증가, 질량수는 변화가 없다.
- ∴ Rn(원자번호 86)이 α붕괴 2번하면 원자번호 4감소(원자번호 82)하고 β붕괴 2번하면 원자번호 2증가하므로 최종 원자번호는 84가 된다.

08 다음 물질 중 비점이 약 198℃인 무색 액체이고, 약간 단맛이 있으며 합성섬유와 부동액의 원료로 사용하는 것은?

① CH_3CHCl_2
② CH_3COCH_3
③ $(CH_3)_2CO$
④ $C_2H_4(OH)_2$

에틸렌글라이콜(Ethyl Glycol)
- 물성

화학식	품명	지정수량	비중	비점	인화점	착화점
CH_2OHCH_2OH	제3석유류(수용성)	4,000L	1.11	198℃	120℃	398℃

- 무색의 끈기 있는 흡습성의 액체이다.
- 2가 알코올로서 독성이 있으며 단맛이 난다.
- 합성섬유와 부동액의 원료로 사용한다.

09 지시약으로 사용되는 페놀프탈레인 용액은 산성에서 어떤 색을 띠는가?

① 적색
② 청색
③ 무색
④ 황색

지시약

지시약	변색 산성색	변색 염기성색	변색 pH
티몰블루(Thiomol blue)	적색	노랑색	1.2 ~ 1.8
메틸오렌지(M.O)	적색	오렌지색	3.1 ~ 4.4
메틸레드(M.R)	적색	노랑색	4.8 ~ 6.0
브로모티몰블루	노랑색	청색	6.0 ~ 7.6
페놀레드	노랑색	적색	6.4 ~ 8.0
페놀프탈레인(P.P)	무색	적색	8.0 ~ 9.6

10 산소의 산화수가 가장 큰 것은?

① O_2
② $KClO_4$
③ H_2SO_4
④ H_2O_2

산소의 산화수
- 산소(O_2) : 단체의 산화수는 0이다.
- 과염소산칼륨($KClO_4$) : 과산화물이 아닌 산소의 산화수는 -2이다.
- 황산(H_2SO_4) : 과산화물이 아닌 산소의 산화수는 -2이다.
- 과산화수소(H_2O_2) : 과산화물에서 산소의 산화수는 -1이다.

11 다음 중 방향족 화합물이 아닌 것은?

① 톨루엔
② 아세톤
③ 크레졸
④ 아닐린

구조식

종류	화학식	구조식	구분
톨루엔	$C_6H_5CH_3$		방향족화합물
아세톤	CH_3COCH_3		지방족화합물
m-크레졸	$C_6H_4CH_3OH$		방향족화합물
아닐린	$C_6H_5NH_2$		방향족화합물

12 반투막을 이용해서 콜로이드 입자를 전해질이나 작은 분자로부터 분리 정제하는 것을 무엇이라 하는가?

① 틴들
② 브라운 운동
③ 투석
④ 전기영동

투석 : 반투막을 이용하여 콜로이드 입자를 전해질이나 작은 분자로부터 분리 정제하는 것

13 어떤 기체의 확산속도가 $SO_2(g)$의 2배이다. 이 기체의 분자량은 얼마인가?(단, 원자량은 S : 32, O : 16이다.)

① 8
② 16
③ 32
④ 64

그레이엄의 확산속도법칙
$$\frac{U_B}{U_A} = \sqrt{\frac{M_A}{M_B}} = \frac{2}{1} = \sqrt{\frac{64}{M_B}}$$
∴ $M_B = 16$
여기서, U_B : 어떤 기체의 확산속도, U_A : SO_2의 확산속도
M_B : 어떤 기체의 분자량, M_A : SO_2의 분자량

14 다음 중 배수비례의 법칙이 성립하는 화합물을 나열한 것은?

① CH_4, CCl_4
② SO_2, SO_3
③ H_2O, H_2S
④ NH_3, BH_3

> 배수비례의 법칙 : SO_2, SO_3

15 다음 중 밑줄 친 원자의 산화수 값이 나머지 셋과 다른 하나는?

① $\underline{Cr}_2O_7^{2-}$
② $\underline{P}_3PO_4$
③ H$\underline{N}$O$_3$
④ H$\underline{Cl}$O$_3$

> 원자의 산화수
> - $Cr_2O_7^{2-}$: $2x + (-2) \times 7 = -2$ $x = +6$
> - H_3PO_4 : $(+1) \times 3 + x + (-2) \times 4 = 0$ $x = +5$
> - HNO_3 : $(+1) + x + (-2 \times 3) = 0$ $x = +5$
> - $HClO_3$: $(+1) + x + (-2) \times 3 = 0$ $x = +5$

16 다음 중 CH_3COOH와 C_2H_5OH의 혼합물에 소량의 진한 황산을 가하여 가열하였을 때 주로 생성되는 물질은?

① 아세트산에틸
② 메테인산에틸
③ 글리세롤
④ 다이에틸에터

> 아세트산과 에틸알코올이 반응하면 아세트산에틸($CH_3COOC_2H_5$)과 물이 생성된다.
> $CH_3COOH + C_2H_5OH \rightarrow CH_3COOC_2H_5 + H_2O$

17 다음 중 비극성분자는 어느 것인가?

① HF
② H_2O
③ NH_3
④ CH_4

> 비극성분자 : 메테인(CH_4)

18 에탄올 20.0g과 물 40.0g을 함유한 용액에서 에탄올의 몰분율은 약 얼마인가?

① 0.090
② 0.164
③ 0.444
④ 0.896

> 몰분율
> 몰분율 = $\dfrac{각\ 성분의\ 몰수}{전체\ 몰수}$, 몰수 = $\dfrac{무게}{분자량}$
> - 에탄올의 몰수 = $\dfrac{무게}{분자량}$ = $\dfrac{20g}{46g}$ = 0.43478mol
> - 물의 몰수 = $\dfrac{무게}{분자량}$ = $\dfrac{40g}{18g}$ = 2.22222mol
> ∴ 에탄올의 몰분율 = $\dfrac{0.43478}{2.22222 + 0.43478}$ = 0.164
> - 에탄올(C_2H_5OH)의 분자량 = $(12 \times 2) + (1 \times 5) + 16 + 1 = 46$
> - 물(H_2O)의 분자량 = $(1 \times 2) + 16 = 18$

19 어떤 금속(M) 8g을 연소시키니 11.2g의 산화물이 얻어졌다. 이 금속의 원자량이 140이라면 이 산화물의 화학식은?

① M_2O_3
② MO
③ MO_2
④ M_2O_7

> 금속의 당량을 X, 산소의 당량 8이므로
> 금속 : 산소 ⇒ 8 : (11.2 - 8) = x : 8 $x = 20$
> 금속의 원자가 = $\dfrac{원자량}{당량}$ = $\dfrac{140}{20}$ = 7
> ∴ 금속의 원자가가 7가이므로 화학식은 M_2O_7이다.

20 구리를 석출하기 위하여 $CuSO_4$ 용액에 0.5F의 전기량을 흘렸을 때 약 몇 g의 구리가 석출되겠는가?(단, 원자량은 Cu : 64, S : 32, O : 16이다.)

① 16
② 32
③ 64
④ 128

> Cu는 원자가가 2가이므로 구리(Cu) 64g을 석출하기 위하여 2F의 전기량이 필요하므로
> 2F : 64g = 0.5F : x
> ∴ $x = \dfrac{64 \times 0.5}{2} = 16g$

2. 화재예방과 소화방법

21 질식효과를 위해 포의 성질로서 갖추어야 할 조건으로 가장 거리가 먼 것은?

① 기화성이 좋을 것
② 부착성이 있을 것

③ 유동성이 좋을 것
④ 바람 등에 견디고 응집성과 안정성이 있을 것

> **포말의 조건**
> - 기름보다 가볍고 유류와의 접착성이 좋아야 할 것
> - 바람 등에 견디는 응집성과 안정성이 있어야 할 것
> - 열에 대한 센막을 가지며 유동성이 좋아야 할 것
> - 독성이 적을 것

22 위험물안전관리법령상 위험물저장소 건축물의 외벽이 내화구조인 것은 연면적 얼마를 1 소요단위로 하는가?

① $50m^2$
② $75m^2$
③ $100m^2$
④ $150m^2$

> **저장소의 건축물 소요단위의 계산방법**
> - 외벽이 내화구조 : 연면적 $150m^2$를 1소요단위
> - 외벽이 내화구조가 아닌 것 : 연면적 $75m^2$를 1소요단위

23 가연성고체 위험물의 화재에 대한 설명으로 틀린 것은?

① 적린과 황은 물에 의한 냉각소화를 한다.
② 금속분, 철분, 마그네슘이 연소하고 있을 때에는 주수해서는 안 된다.
③ 금속분, 철분, 마그네슘, 황화인은 마른모래, 팽창질석 등으로 소화를 한다.
④ 금속분, 철분, 마그네슘의 연소 시에는 수소와 유독가스를 발생하므로 충분한 안전거리를 확보해야 한다.

> 금속분, 철분, 마그네슘은 물과 반응 시 수소가스를 발생한다.
> $Mg + 2H_2O \rightarrow Mg(OH)_2 + H_2$

24 CO_2에 대한 설명으로 옳지 않는 것은?

① 무색, 무취의 기체로서 공기보다 무겁다.
② 물에 용해 시 약 알칼리성을 나타낸다.
③ 농도에 따라서 질식을 유발할 위험성이 있다.
④ 상온에서도 압력을 가해 액화시킬 수 있다.

> 이산화탄소(CO_2)는 물에 녹으면 산성을 나타낸다.

25 인화성 액체의 화재의 분류로 옳은 것은?

① A급 화재
② B급 화재
③ C급 화재
④ D급 화재

> **화재의 분류**
>
> | 급수 | 종류 | 색상 | 적응성 |
> |---|---|---|---|
> | A급 화재 | 일반화재 | 백색 | 나무, 목재등 |
> | B급 화재 | 유류화재 | 황색 | 인화성 액체 |
> | C급 화재 | 전기화재 | 청색 | 전기실, 발전기실 |
> | D급 화재 | 금속화재 | 무색 | 금속분, 마그네슘 등 |

26 칼륨, 나트륨, 탄화칼슘의 공통적으로 옳은 것은?

① 연소생성물이 동일하다.
② 화재 시 대량의 물로 소화한다.
③ 물과 반응하면 가연성가스를 발생한다.
④ 위험물안전관리법령에서 정한 지정수량이 같다.

> **칼륨, 나트륨, 탄화칼슘의 비교**
>
> | 종류\항목 | 류별 | 품명 | 물과 반응 | 소화방법 |
> |---|---|---|---|---|
> | 칼륨 | 제3류 위험물 | - | $2K + 2H_2O \rightarrow 2KOH + H_2$ | 마른모래, 탄산수소염류분말 |
> | 나트륨 | 제3류 위험물 | - | $2Na + 2H_2O \rightarrow 2NaOH + H_2$ | 마른모래, 탄산수소염류분말 |
> | 탄화칼슘 | 제3류 위험물 | 칼슘의 탄화물 | $CaC_2 + 2H_2O \rightarrow Ca(OH)_2 + C_2H_2$ | 마른모래, 탄산수소염류분말 |

27 과산화칼륨이 다음과 같이 반응하였을 때 공통적으로 포함된 물질(기체)의 종류가 나머지 셋과 다른 하나는?

① 가열하여 열분해 하였을 때
② 물(H_2O)과 반응하였을 때
③ 염산(HCl)과 반응하였을 때
④ 이산화탄소(CO_2)와 반응하였을 때

> **과산화칼륨의 반응식**
> - 분해 반응식 : $2K_2O_2 \rightarrow 2K_2O + O_2\uparrow$
> - 물과의 반응 : $2K_2O_2 + 2H_2O \rightarrow 4KOH + O_2\uparrow$
> - 염산과의 반응 : $K_2O_2 + 2HCl \rightarrow 2KCl + H_2O_2$
> - 이산화탄소와 반응 : $2K_2O_2 + 2CO_2 \rightarrow 2K_2CO_3 + O_2\uparrow$

28 위험물안전관리법령상 전역방출방식 또는 국소방출방식의 불활성가스 소화설비의 저장용기 설치 기준으로 틀린 것은?

① 온도가 40℃ 이하이고 온도 변화가 작은 장소에 설치할 것
② 저장용기의 외면에 소화약제의 종류와 양, 제조년도 및 제조자를 표시할 것
③ 직사일광 및 빗물이 침투할 우려가 적은 장소에 설치할 것
④ 방호구역 내의 장소에 설치할 것

🔍 위험물에서 저장용기는 방호구역 외의 장소에 설치할 것

29 공기포 발포배율을 측정하기 위해 중량: 340g, 용량: 1800mL의 포 시료 용기에 가득히 포를 채취하여 측정한 용기의 무게가 540g이었다면 발포배율은?
(단, 포 수용액의 비중은 1로 가정한다.)

① 3배　　② 5배
③ 7배　　④ 9배

🔍 발포배율 = $\frac{1800}{540 - 340} = 9$배

30 수소의 공기 중 연소범위에 가장 가까운 값을 나타낸 것은?

① 2.5~82.0vol%
② 5.3~13.9vol%
③ 4.0~74.5vol%
④ 12.5~55.0vol%

🔍 수소의 연소범위 : 4.0~75vol%
※연소범위는 약간의 차이가 있을 수 있습니다.

31 위험물안전관리법령상 소화설비의 구분에서 물분무등소화설비에 속하는 것은?

① 포소화설비
② 옥내소화전설비
③ 스프링클러설비
④ 옥외소화전설비

🔍 물분무등소화설비 : 물분무소화설비, 포소화설비, 불활성가스소화설비, 할로겐화합물소화설비, 분말소화설비
※소방에서 물분무등소화설비 : 물분무소화설비, 미분무소화설비, 포소화설비, 이산화탄소소화설비, 할론소화설비, 할로겐화합물 및 불활성기체소화설비, 분말소화설비, 강화액소화설비, 고체에어로졸소화설비

32 위험물안전관리법령상 옥내소화전설비의 설치기준에 따르면 수원의 수량은 옥내소화전이 가장 많이 설치된 층의 옥내소화전 설치개수(설치개수가 5개 이상인 경우에는 5개)에 몇 m³를 곱한 양 이상이 되도록 설치하여야 하는가?

① 2.3　　② 2.6
③ 7.8　　④ 13.5

🔍 옥내소화전설비의 수원 = N(최대 5개) × 7.8m³
260ℓ/min × 30min = 7800ℓ = 7.8m³

33 물리적 소화에 의한 소화효과(소화방법)에 속하지 않는 것은?

① 제거효과　　② 질식효과
③ 냉각효과　　④ 억제효과

🔍 억제(부촉매)효과 : 화학적인 소화방법
※물리적인 소화방법 : 질식, 냉각, 희석, 제거소화

34 위험물안전관리법령상 제3류 위험물 중 금수성물질에 적응성이 있는 소화기는?

① 할로젠화합물소화기
② 인산염류분말소화기
③ 이산화탄소소화기
④ 탄산수소염류분말소화기

🔍 금수성물질의 소화약제 : 탄산수소염류분말, 다른모래 등

35 마그네슘 분말이 이산화탄소소화약제와 반응하여 생성될 수 있는 유독기체의 분자량은?

① 28　　② 32
③ 40　　④ 44

> 마그네슘이 이산화탄소와 반응하면 일산화탄소(CO)가 생성되므로 적응성이 없다.
> $Mg + CO_2 \rightarrow MgO + \underline{CO}$
> (분자량: 28)

36 위험물안전관리법령상 간이소화용구(기타 소화설비)인 팽창질석은 삽을 상비한 경우 몇 L가 능력단위 1.0인가?

① 70L
② 100L
③ 130L
④ 160L

> 소화설비의 능력단위
>
> | 소화설비 | 용량 | 능력단위 |
> |---|---|---|
> | 소화전용(專用)물통 | 8ℓ | 0.3 |
> | 수조(소화전용 물통 3개 포함) | 80ℓ | 1.5 |
> | 수조(소화전용 물통 6개 포함) | 190ℓ | 2.5 |
> | 마른 모래(삽 1개 포함) | 50ℓ | 0.5 |
> | 팽창질석 또는 팽창진주암 (삽 1개 포함) | 160ℓ | 1.0 |

37 물이 일반적으로 소화약제로 사용될 수 있는 특징에 대한 설명 중 틀린 것은?

① 증발잠열이 크기 때문에 냉각시키는데 효과적이다.
② 물을 사용한 봉상수소화기는 A급, B급 및 C급 화재의 진압이 적응성이 뛰어나다.
③ 비교적 쉽게 구해서 이용이 가능하다.
④ 펌프, 호스 등을 이용하여 이송이 비교적 용이하다.

> 물을 사용한 무상수소화기는 A급, B급 및 C급 화재의 진압이 적응성이 뛰어나다.

38 할로젠화합물 소화약제 중 HFC-23의 화학식은?

① CF_3I
② CHF_3
③ $CF_3CH_2CF_3$
④ C_4F_{10}

> 할로젠화합물 및 불활성기체 소화약제의 종류(소방법령)
>
> | 소화 약제 | 화학식 |
> |---|---|
> | 퍼플루오로뷰테인 (이하"FC-3-1-10"이라 한다) | C_4F_{10} |
> | 하이드로클로로플루오로카본혼합제 (이하 "HCFC BLEND A"라 한다) | HCFC-123($CHCl_2CF_3$) : 4.75%
HCFC-22($CHClF_2$) : 82%
HCFC-124($CHClFCF_3$) : 9.5%
$C_{10}H_{16}$: 3.75% |
> | 클로로테트라플루오로에테인 (이하"HCFC-124"라 한다) | $CHClFCF_3$ |
> | 펜타플루오로에테인 (이하 "HFC-125"라 한다) | CHF_2CF_3 |
> | 헵타플루오로프로페인 (이하"HFC-227ea"라 한다) | CF_3CHFCF_3 |
> | 트라이플루오로메테인 (이하 "HFC-23"라 한다) | CHF_3 |
> | 헥사플루오로프로페인 (이하"HFC-236fa"라 한다) | $CF_3CH_2CF_3$ |
> | 트라이플루오로이오다이드 (이하"FIC-13I1"라 한다) | CF_3I |
> | 불연성·불활성기체혼합가스 (이하"IG-01"이라 한다) | Ar |
> | 불연성·불활성기체혼합가스 (이하"IG-100"이라 한다) | N_2 |
> | 불연성·불활성기체혼합가스 (이하"IG-541"이라 한다) | N_2 : 52%, Ar : 40%, CO_2 : 8% |
> | 불연성·불활성기체혼합가스 (이하"IG-55"이라 한다) | N_2 : 50%, Ar : 50% |
> | 도데카플루오로-2-메틸펜테인-3-원(이하"FK-5-1-12"이라한다) | $CF_3CF_2C(O)CF(CF_3)_2$ |
>
> ※ 위험물안전관리법령에서 할로젠화합물소화설비는 HFC-227ea, HFC-23, HFC-125의 3종만 해당되고 이 문제와 같이 나머지는 소방관련법령에서 찾아야 합니다.

39 다음 중 보통의 포소화약제보다 알코올용 포소화약제가 더 큰 소화효과를 볼 수 있는 대상물질은?

① 경유
② 메틸알코올
③ 등유
④ 가솔린

> 알코올용 포소화약제 : 수용성액체에 적합(알코올, 아세톤, 아세톤, 사이안화수소, 의산, 초산 등)

40 연소의 3요소 중 하나에 해당하는 역할이 나머지 셋과 다른 위험물은?

① 과산화수소   ② 과산화나트륨
③ 질산칼륨   ④ 황린

> 산소공급원 : 제6류 위험물(과산화수소), 제1류 위험물(과산화나트륨, 질산칼륨)
> ※ 황린 : 제3류 위험물의 자연발화성물질

3. 위험물 성상 및 취급

41 다음 중 발화점이 가장 높은 것은?

① 등유   ② 벤젠
③ 다이에틸에터   ④ 휘발유

> 위험물의 발화점
> | 종류 | 발화점 | 종류 | 발화점 |
> |---|---|---|---|
> | 등유 | 210℃ 이상 | 벤젠 | 498℃ |
> | 다이에틸에터 | 180℃ | 휘발유 | 280~456℃ |

42 위험물안전관리법령에 따른 질산에 대한 설명으로 틀린 것은?

① 지정수량은 300kg이다.
② 위험등급은 Ⅰ이다.
③ 농도가 36wt%이상인 것에 한하여 위험물로 간주한다.
④ 운반 시 제1류 위험물과 혼재할 수 있다.

> 질산(HNO_3)
> • 지정수량 : 300kg
> • 위험등급 : I
> • 운반 시 혼재 : 제1류 위험물과 제6류 위험물(질산)은 가능
> • 비중 : 1.49 이상(제6류 위험물)

43 위험물안전관리법령상 옥내저장소의 안전거리를 두지 않을 수 있는 경우는?

① 지정수량 20배 이상의 동식물유류
② 지정수량 20배 미만의 특수인화물
③ 지정수량 20배 미만의 제4석유류

④ 지정수량 20배 이상의 제5류 위험물

> 옥내저장소의 안전거리 제외 대상
> • 제4석유류 또는 동식물유류를 지정수량 20배미만의 위험물을 저장 또는 취급하는 옥내저장소
> • 제6류 위험물을 저장 또는 취급하는 옥내저장소

44 다음 중 아이오딘값이 가장 작은 것은?

① 아마인유   ② 들기름
③ 정어리기름   ④ 야자유

> 동식물유류의 분류
> | 구분 | 아이오딘값 | 반응성 | 불포화도 | 종류 |
> |---|---|---|---|---|
> | 건성유 | 130 이상 | 크다 | 크다 | 들기름, 동유, 아마인유, 정어리기름 |
> | 반건성유 | 100~130 | 중간 | 중간 | 채종유, 목화씨기름, 참기름, 콩기름 |
> | 불건성유 | 100 이하 | 적다 | 적다 | 야자유, 올리브유, 피마자유, 동백유 |

45 휘발유의 일반적인 성질에 대한 설명으로 틀린 것은?

① 인화점은 0℃보다 낮다.
② 액체비중은 1보다 작다.
③ 증기비중은 1보다 작다.
④ 연소범위는 약 1.2~7.6%이다.

> 휘발유
> | 품명 | 인화점 | 액체비중 | 증기비중 | 연소범위 |
> |---|---|---|---|---|
> | 제1석유류 | -43℃ | 0.7~0.8 | 3~4 | 1.2~7.6% |

46 다음 위험물의 지정수량 배수의 총합은?

> • 휘발유 : 2,000ℓ
> • 경유 : 4,000ℓ
> • 등유 : 40,000ℓ

① 18   ② 32
③ 46   ④ 54

> **지정수량 배수의 총합**
> • 지정수량
>
> | 종류 | 품명 | 지정수량 |
> |---|---|---|
> | 휘발유 | 제1석유류(비수용성) | 200ℓ |
> | 경유 | 제2석유류(비수용성) | 1,000ℓ |
> | 등유 | 제2석유류(비수용성) | 1,000ℓ |
>
> • 지정수량의 배수 = $\frac{저장수량}{지정수량} + \frac{저장수량}{지정수량} + \cdots$
> $= \frac{2,000ℓ}{200ℓ} + \frac{4,000ℓ}{1,000ℓ} + \frac{40,000ℓ}{1,000ℓ} = 54배$

47 과산화벤조일에 대한 설명으로 틀린 것은?

① 벤조일퍼옥사이드라고도 한다.
② 상온에서 고체이다.
③ 산소를 포함하지 않는 환원성 물질이다.
④ 희석제를 첨가하여 폭발성을 낮출 수 있다.

> **과산화벤조일(BPO)**
> • 벤조일퍼옥사이드라고도 한다.
> • 상온에서 고체이다.
> • 산소를 포함하는 자기반응성 물질이다.

48 취급하는 장치가 구리나 마그네슘으로 되어 있을 때 반응을 일으켜서 폭발성의 아세틸라이드를 생성하는 물질은?

① 이황화탄소   ② 아이소프로필알코올
③ 산화프로필렌   ④ 아세톤

> 산화프로필렌이나 아세트알데하이드는 구리(Cu), 마그네슘(Mg), 은(Ag), 수은(Hg)과의 합금을 사용하면 아세틸레이트를 생성한다.

49 다음 제4류 위험물 중 연소범위가 가장 넓은 것은?

① 아세트알데하이드   ② 산화프로필렌
③ 휘발유   ④ 아세톤

> **연소범위**
>
> | 종류 | 하한계(%) | 상한계(%) |
> |---|---|---|
> | 아세트알데하이드 | 4.0 | 60.0 |
> | 산화프로필렌 | 2.8 | 37.0 |
> | 휘발유 | 1.2 | 7.6 |
> | 아세톤 | 2.5 | 12.8 |
> | 아세틸렌(C_2H_2) | 2.5 | 81.0 |

50 제조소에서 위험물을 취급함에 따라 정전기를 유효하게 제거할 수 있는 방법으로 가장 거리가 먼 것은?

① 접지에 의한 방법
② 공기중의 상대습도를 70% 이상으로 하는 방법
③ 공기를 이온화하는 방법
④ 부도체 재료를 사용하는 방법

> **정전기 제거방법**
> • 접지할 것
> • 상대습도를 70% 이상으로 할 것
> • 공기를 이온화할 것

51 인화칼슘이 물과 반응하였을 때 발생하는 기체는?

① 수소   ② 산소
③ 포스핀   ④ 포스겐

> 인화칼슘은 물과 반응하면 수산화칼슘과 포스핀(PH_3)의 독성가스를 발생한다.
> $Ca_3P_2 + 6H_2O \rightarrow 2PH_3 + 3Ca(OH)_2$

52 다음 위험물안전관리법령에서 정한 지정수량이 가장 작은 것은?

① 염소산염류   ② 브로민산염류
③ 인화성고체   ④ 금속의 인화물

> **지정수량**
>
> | 항목\종류 | 류별 | 지정수량 |
> |---|---|---|
> | 염소산염류 | 제1류 위험물 | 50kg |
> | 브로민산염류 | 제1류 위험물 | 300kg |
> | 인화성 고체 | 제2류 위험물 | 1,000kg |
> | 금속의 인화물 | 제3류 위험물 | 300kg |

53 과산화수소 용액의 분해를 방지하기 위한 방법으로 가장 거리가 먼 것은?

① 햇빛을 차단한다.   ② 암모니아를 가한다.
③ 인산을 가한다.   ④ 요산을 가한다.

> **과산화수소의 분해방지**
> • 인산(H_3PO_4), 요산($C_5H_4N_4O_3$)의 안정제 첨가
> • 햇빛을 차단하여 분해를 방지

54 다음 위험물 중 보호액으로 물을 사용하는 것은?

① 황린 ② 적린
③ 루비듐 ④ 오황화인

> 보호액
>
> | 종류 | 저장방법 |
> |---|---|
> | 황린, 이황화탄소 | 물속 |
> | 나트륨, 칼륨 | 등유, 경유, 유동파라핀 속 |
> | 나이트로셀룰로스 | 물 또는 알코올로 습면 |

55 위험물안전관리법령상 위험물의 지정수량이 틀리게 짝지어진 것은?

① 황화인 – 50kg ② 적린 – 100kg
③ 철분 – 500kg ④ 금속분 – 500kg

> 제2류 위험물의 지정수량
>
> | 종류 | 지정수량 | 종류 | 지정수량 |
> |---|---|---|---|
> | 황화인 | 100kg | 적린 | 100kg |
> | 철분 | 500kg | 금속분 | 500kg |

56 이황화탄소를 물속에 저장하는 이유로 가장 타당한 것은?

① 공기와 접촉하면 즉시 폭발하므로
② 가연성증기 발생을 방지하므로
③ 온도의 상승을 방지하므로
④ 불순물을 물에 용해시키므로

> 이황화탄소는 가연성증기 발생을 억제하기 위하여 물속에 저장한다.

57 질산염류의 일반적인 성질에 대한 설명으로 옳은 것은?

① 무색 액체이다.
② 물에 잘 녹는다.
③ 물에 녹을 때 흡열반응을 나타내는 물질은 없다.
④ 과염소산염류보다 충격, 가열에 불안정하여 위험성이 크다.

> 질산염류의 특성
> • 대부분 무색의 결정으로 물에 녹고 조해성이 있는 것이 많다.
> • 질산암모늄은 물에 용해 시 흡열반응을 한다.
> • 과염소산염류보다 충격, 가열에 안정하다.

58 다음 중 황린의 연소생성물은?

① 삼황화인 ② 인화수소
③ 오산화인 ④ 오황화인

> 황린은 연소하면 오산화인(P_2O_5)의 흰 연기가 발생한다.
> $P_4 + 5O_2 \rightarrow 2P_2O_5$

59 금속칼륨의 보호액으로 적당하지 않는 것은?

① 유동파라핀 ② 등유
③ 경유 ④ 에탄올

> 금속 칼륨, 나트륨 : 등유, 경유, 유동파라핀 속에 저장

60 휘발유를 저장하던 이동저장탱크에 탱크의 상부로부터 등유나 경유를 주입할 때 액표면이 주입관의 선단을 넘는 높이가 될 때까지 그 주입관내의 유속을 몇 m/s 이하로 하여야 하는가?

① 1 ② 2
③ 3 ④ 5

> 이동탱크저장소에 등유나 경우 주입 시 유속 : 1m/s 이하

정답	최근기출문제 2018년 1회			
01 ③	02 ④	03 ②	04 ④	05 ①
06 ④	07 ③	08 ④	09 ③	10 ①
11 ②	12 ③	13 ②	14 ②	15 ①
16 ①	17 ④	18 ②	19 ④	20 ①
21 ①	22 ④	23 ②	24 ②	25 ②
26 ③	27 ③	28 ②	29 ②	30 ③
31 ①	32 ③	33 ④	34 ②	35 ③
36 ④	37 ②	38 ②	39 ②	40 ④
41 ②	42 ④	43 ②	44 ②	45 ③
46 ④	47 ③	48 ③	49 ①	50 ④
51 ②	52 ①	53 ②	54 ①	55 ①
56 ②	57 ②	58 ③	59 ④	60 ①

1. 물질의 물리·화학적 성질

01 메테인에 직접 염소를 작용시켜 클로로폼을 만드는 반응을 무엇이라 하는가?
① 환원반응
② 부가반응
③ 치환반응
④ 탈수소반응

> 메테인(CH_4)의 3개 수소원자를 직접 염소원자로 치환하여 클로로폼을 만든다.

02 1N-NaOH 100mL 수용액으로 10wt% 수용액을 만들려고 할 때의 방법으로 다음 중 가장 적합한 것은?
① 36mL의 증류수 혼합
② 40mL의 증류수 혼합
③ 60mL의 수분 증발
④ 64mL의 수분 증발

> • 1N-NaOH 100mL 수용액 중 NaOH의 무게
> 1N : 40g : 1,000ml
> 1N : x : 100ml
> ∴ $x = \dfrac{1N \times 40g \times 100ml}{1N \times 1,000ml} = 4g$
> • 증발시켜야 할 수분의 양
> 중량(wt)% = $\dfrac{용질}{용매 + 용질} \times 100$
> 10(wt)% = $\dfrac{4g}{x + 4g} \times 100$
> $10(x + 4g) = 4g \times 100$
> $10x + 40g = 400g$ ∴ $x = 36g$
> 물의 비중은 1이므로 증발시켜야 할 수분의 양
> = 100ml − 36ml = 64ml

03 다음 중 산성염으로만 묶은 것은?
① $NaHSO_4$, $Ca(HCO_3)_2$
② $Ca(OH)Cl$, $Cu(OH)Cl$
③ $NaCl$, $Cu(OH)Cl$
④ $Ca(OH)Cl$, $CaCl_2$

> 산성염 : 황산수소나트륨($NaHSO_4$), 탄산수소나트륨($NaHCO_3$)

04 엿당을 포도당으로 변화시키는데 필요한 효소는?
① 말타아제
② 아밀라아제
③ 지마아제
④ 리파아제

> 말타아제 : 이당류의 일종인 맥아당을 포도당으로 가수분해시키는 효소

05 다음 중 산성 산화물에 해당하는 것은?
① BaO
② CO_2
③ CaO
④ MgO

> 산성 산화물 : CO_2, SO_2, P_2O_5, SiO_2 등

06 다음의 반응 중 평형상태가 압력의 영향을 받지 않는 것은?
① $N_2 + O_2 \leftrightarrow 2NO$
② $NH_3 + HCl \leftrightarrow NH_4Cl$
③ $2CO + O_2 \leftrightarrow 2CO_2$
④ $2NO_2 \leftrightarrow N_2O_4$

> 평형상태에서 압력의 변화
> 평형상태에서 외부의 조건(온도, 압력, 농도)이 변화시키면 이 변화를 방해하는 방향으로 평형이 이동한다.
> $A_2(g) + 2B_2(g) \rightleftharpoons 2AB_2(g) + 열$
> • 압력상승 : 분자수가 감소하는 방향(몰수가 감소하는 방향, →)
> • 압력강하 : 분자수가 증가하는 방향(몰수가 증가하는 방향, ←)
> ∴ 몰수가 반응물이 1mol, 생성물도 1mol이니까 압력의 변화가 없다.

07 한 분자 내에 배위결합과 이온결합을 동시에 가지고 있는 것은?
① NH_4Cl
② C_2H_6
③ CH_3OH
④ $NaCl$

> NH_4Cl(염화암모늄) : 한 분자 내에 배위결합과 이온결합을 동시에 가지고 있는 물질

08 공업적으로 에틸렌을 PdCl₂ 촉매하에 산화시킬 때 주로 생성되는 물질은?

① CH_3OCH_3 ② CH_3CHO
③ $HCOOH$ ④ C_3H_7OH

> 아세트알데하이드(CH_3CHO)는 에틸렌을 PdCl₂ 촉매 하에 산화시킬 때 생성된다.

09 주기율표에서 3주기 원소들의 일반적인 물리·화학적 성질 중 오른쪽으로 갈수록 감소하는 성질들로만 이루어진 것은?

① 비금속성, 전자흡수성, 이온화에너지
② 금속성, 전자방출성, 원자반지름
③ 비금속성, 이온화에너지, 전자친화도
④ 전자친화도, 전자흡수성, 원자반지름

> 원소의 성질
>
> | 구분
항목 | 같은 주기에서 원자번호가 증가할수록
(왼쪽에서 오른쪽으로) |
> |---|---|
> | 금속성 | 감소한다 |
> | 원자반지름 | 작아진다 |
> | 전자방출성 | 감소한다 |
> | 이온화에너지 | 증가한다 |

10 A는 B 이온과 반응하나 C 이온과는 반응하지 않고 D는 C이온과 반응한다고 할 때 A, B, C, D 이온의 환원력의 세기는?

① $B > A > C > D$ ② $D > C > A > B$
③ $B > D > A > C$ ④ $C > A > D > B$

> 환원력 : A는 B 이온과 반응하나 C 이온과는 반응하지 않고 D는 C이온과 반응한다면 $D > C > A > B$

11 다음과 같은 전자배치를 갖는 원자 A와 B에 대한 설명으로 옳은 것은?

- A : $1S^2, 2S^2, 2P^6, 3S^2$
- B : $1S^2, 2S^2, 2P^6, 3S^1, 3P^1$

① A와 B는 다른 종류의 원자이다.
② A는 홀원자이고, B는 이원자 상태인 것을 알 수 있다.
③ A와 B는 동위원소로서 전자배열이 다르다.
④ A에서 B로 변할 때 에너지를 흡수한다.

> 전자배치
> • Mg(원자번호 12) : $1S^2, 2S^2, 2P^6, 3S^2$
> • Al(원자번호 13) : $1S^2, 2S^2, 2P^6, 3S^2, 3P^1$
> ∴ A에서 B로 변할 때 에너지를 흡수한다.

12 배수비례의 법칙이 적용 가능한 화합물을 옳게 나열한 것은?

① CO, CO_2
② HNO_3, HNO_2
③ H_2NO_4, H_2NO_3
④ O_2, O_3

> 배수비례의 법칙 : 두 원소가 결합하여 2개 이상의 화합물을 만들 때 다른 원소의 질량과 결합하는 원소의 질량사이에는 간단한 정수비가 성립한다. 그러므로 CO와 CO_2, SO_2와 SO_3이다.

13 어떤 기체의 확산 속도는 SO_2의 2배이다. 이 기체의 분자량은 얼마인가?

① 4   ② 8
③ 16   ④ 32

> 그레이엄의 확산 속도법칙
> $$\frac{U_B}{U_A} = \sqrt{\frac{M_A}{M_B}}$$
> 여기서, A : 어떤 기체, B : 이산화황(SO_2)으로 가정을 하면
> $$\frac{1}{2} = \sqrt{\frac{M_A}{64}}$$
> ∴ $M_A = 16$

14 가수분해가 되지 않는 염은?

① $NaCl$
② NH_4Cl
③ CH_3COONa
④ CH_3COONH_4

> NaCl(소금)은 가수분해 되지 않는다.

15 30wt%인 진한 HCl의 비중은 1.1이다. 진한 HCl의 몰농도는 얼마인가?(단, HCl의 화학식량은 36.5이다.)

① 7.21
② 9.04
③ 11.36
④ 13.08

🔍 몰농도
∴ 몰농도 $M = \dfrac{10ds}{분자량} = \dfrac{10 \times 1.1 \times 30}{36.5} = 9.04M$
(d : 비중, s : %농도)

16 다음 반응식에 관한 사항 중 옳은 것은?

$$SO_2 + 2H_2S \rightarrow 2H_2O + 3S$$

① SO_2는 산화제로 작용
② H_2S는 환원제로 작용
③ SO_2는 촉매로 작용
④ H_2S는 촉매로 작용

🔍 산소를 잃을 때는 환원이므로 이산화황(SO_2)은 산화제로 작용한다.

17 방사성 원소에서 방출되는 방사선 중 전기장의 영향을 받지 않아 휘어지지 않는 선은?

① α선
② β선
③ γ선
④ α, β, γ선

🔍 γ선 : 방사선 중 전기장의 영향을 받지 않아 휘어지지 않는 선으로 방사선의 파장이 가장 짧고 투과력과 방출속도가 가장 크다.

18 다음 물질 중 감광성이 가장 큰 것은?

① HgO
② CuO
③ $NaNO_3$
④ AgCl

🔍 염화은(AgCl)은 감광성이 가장 크다.

19 1패러데이(Faraday)의 전기량으로 물을 전기분해 하였을 때 생성되는 기체 중 산소 기체는 0℃, 1기압에서 몇 L인가?

① 5.6
② 11.2
③ 22.4
④ 44.8

🔍 물을 전기분해하면 산소가 1mol이 발생하므로 산소 1g당량 5.6ℓ이다.

20 다음 중 물의 끓는점을 높이기 위한 방법으로 가장 타당한 것은?

① 순수한 물을 끓인다.
② 물을 저으면서 끓인다.
③ 감압하에 끓인다.
④ 밀폐된 그릇에서 끓인다.

🔍 밀폐된 그릇에서 물을 끓이면 물의 끓는점(비점)을 높일 수 있다.

• **2. 화재예방과 소화방법**

21 불활성가스 소화설비에 의한 소화적응성이 없는 것은?

① $C_3H_5(ONO_2)_3$
② $C_6H_4(CH_3)_2$
③ CH_3COCH_3
④ $C_2H_5OC_2H_5$

🔍 소화적응성

종류	명칭	류별 및 품명	소화설비
$C_3H_5(ONO_2)_3$	나이트로글리세린	제5류 위험물 질산에스터류	수계소화설비 (냉각소화)
$C_6H_4(CH_3)_2$	크실렌	제4류 위험물 제2석유류 (비수용성)	질식소화 (질식소화)
CH_3COCH_3	아세톤	제4류 위험물 제1석유류 (수용성)	질식소화 (질식소화)
$C_2H_5OC_2H_5$	에터	제4류험물 특수인화물	질식소화 (질식소화)

22 과산화나트륨 저장장소에서 화재가 발생하였다. 과산화나트륨을 고려하였을 때 다음 중 가장 적합한 소화약제는?

① 포 소화약제
② 할로젠화합물
③ 건조사
④ 물

> 과산화나트륨(Na_2O_2)의 소화약제 : 건조사(마른모래), 팽창질석, 팽창진주암, 탄산수소염류분말

23 벤조일퍼옥사이드의 화재 예방상 주의 사항에 대한 설명 중 틀린 것은?

① 열, 충격 및 마찰에 의해 폭발할 수 있으므로 주의한다.
② 진한 질산, 진한 황산과의 접촉을 피한다.
③ 비활성의 희석제를 첨가하면 폭발성을 낮출 수 있다.
④ 수분과 접촉하면 폭발의 위험이 있으므로 주의한다.

> 벤조일퍼옥사이드(과산화벤조일)는 물에 녹지 않고 마찰, 충격으로 폭발의 위험이 있다.

24 위험물제조소등에 옥내소화전설비를 압력수조를 이용한 가압송수장치로 설치하는 경우 압력수조의 최소압력은 몇 MPa인가?(단, 소방용 호스의 마찰손실수두압은 3.2MPa, 배관의 마찰손실수두압은 2.2MPa, 낙차의 환산수두압은 1.79MPa이다.)

① 5.4
② 3.99
③ 7.19
④ 7.54

> 압력수조를 이용한 가압송수장치
> $P = p_1 + p_2 + p_3 + 0.35MPa$
> 여기서 P : 필요한 압력 (단위 MPa)
> p_1 : 소방용호스의 마찰손실수두압 (단위 MPa)
> p_2 : 배관의 마찰손실수두압 (단위 MPa)
> p_3 : 낙차의 환산수두압 (단위 MPa)
> ∴ P = 3.2 + 2.2 + 1.79 + 0.35MPa = 7.54MPa

25 다음은 위험물안전관리법령상 위험물제조소등에 설치하는 옥내소화전설비의 설치표시 기준 중 일부이다. ( )에 알맞은 수치를 차례대로 옳게 나타낸 것은?

옥내소화전함의 상부의 벽면에 적색의 표시등을 설치하되 당해 표시등의 부착면과 ( ) 이상의 각도가 되는 방향으로 ( ) 떨어진 곳에서 용이하게 식별이 가능하도록 할 것

① 5°, 5m
② 5°, 10m
③ 15°, 5m
④ 15°, 10m

> 옥내소화전 설비의 위치표시등 불빛은 부착면과 15도 이상의 각도가 되는 방향으로 10m 이내에서 쉽게 식별할 수 있을 것

26 연소 이론에 대한 설명으로 가장 거리가 먼 것은?

① 착화온도가 낮을수록 위험성이 크다.
② 인화점이 낮을수록 위험성이 크다.
③ 인화점이 낮은 물질은 착화점도 낮다.
④ 폭발한계가 넓을수록 위험성이 크다.

> 인화점이 낮은 물질은 착화점도 낮은 것은 아니고 위험물에 따라 다르다.

종류	인화점	착화점
등유	39℃ 이상	210℃ 이상
휘발유	-43℃	280~456℃

27 다이에틸에터 2000L와 아세톤 4000L를 옥내저장소에 저장하고 있다면 총 소요단위는 얼마인가?

① 5
② 6
③ 50
④ 60

> 소요단위
> • 제4류 위험물의 지정수량
>
> | 종류 | 품명 | 지정수량 |
> |---|---|---|
> | 다이에틸에터 | 특수인화물 | 50ℓ |
> | 아세톤 | 제1석유류(수용성) | 400ℓ |
>
> • 소요단위 = $\frac{저장량}{지정수량 \times 10} = \frac{2,000ℓ}{50ℓ \times 10} + \frac{4,000ℓ}{400ℓ \times 10}$
> = 5단위

28 벤젠에 관한 일반적인 성질로 틀린 것은?

① 무색투명한 휘발성 액체로 증기는 마취성과 독성이 있다.
② 불을 붙이면 그을음을 많이 내고 연소한다.
③ 겨울철에는 응고하여 인화의 위험이 없지만 상온에서는 액체상태로 인화의 위험이 높다.
④ 진한 황산과 질산으로 나이트로화 시키면 나이트로벤젠이 된다.

> 벤젠의 인화점은 −11℃로서 겨울철에 7℃ 이하가 되면 응고되므로 인화의 위험이 있다.

29 위험물안전관리법령상 제5류 위험물에 적응성이 있는 소화설비는?

① 분말을 방사하는 대형소화기
② CO_2를 방사하는 소형소화기
③ 할로젠화합물을 방사하는 대형소화기
④ 스프링클러설비

> 제5류 위험물의 소화설비 : 수계소화설비(옥내소화전설비, 옥외소화전설비, 스프링클러설비)

30 전역방출방식의 할로젠화합물 소화설비의 분사헤드에서 할론1211을 방사하는 경우의 방사 압력은 얼마 이상으로 하는가?

① 0.1MPa ② 0.2MPa
③ 0.3MPa ④ 0.9MPa

> 분사헤드의 방사압력

약제종류	방사압력
할론2402	0.1MPa
할론1211	0.2MPa
할론1301	0.9MPa

31 위험물안전관리법령상 마른모래(삽 1개 포함) 50L의 능력단위는?

① 0.3 ② 0.5
③ 1.0 ④ 1.5

> 소화설비의 능력단위

소화설비	용량	능력단위
소화전용(專用)물통	8ℓ	0.3
수조(소화전용 물통 3개 포함)	80ℓ	1.5
수조(소화전용 물통 6개 포함)	190ℓ	2.5
마른 모래(삽 1개 포함)	50ℓ	0.5
팽창질석 또는 팽창진주암(삽 1개 포함)	160ℓ	1.0

32 이산화탄소 소화기에 대한 설명으로 옳은 것은?

① C급 화재에는 적응성이 없다.
② 다량의 물질이 연소하는 A급 화재에 가장 효과적이다.
③ 밀폐되지 않는 공간에서 사용할 때 가장 소화효과가 좋다.
④ 방출용 동력이 별도로 필요치 않다.

> 이산화탄소 소화기
> • C급 화재에는 적응성이 있고 A급 화재에는 적응성이 없다.
> • 밀폐된 공간에서 사용할 때 가장 소화효과가 좋다(사람에는 아주 위험하다.).
> • 방출용 동력이 별도로 필요치 않다.

33 위험물안전관리법령상 염소산염류에 대해 적응성이 있는 소화설비는?

① 탄산수소염류 분말소화설비
② 포소화설비
③ 불활성가스소화설비
④ 할로젠화합물소화설비

> 염소산염류는 수계소화설비(옥내소화전설비, 옥외소화전설비, 포소화설비)가 적합하다.

34 분말소화약제의 착색 색상으로 옳은 것은?

① $NH_4H_2PO_4$: 담홍색
② $NH_4H_2PO_4$: 백색
③ $KHCO_3$: 담홍색
④ $KHCO_3$: 백색

분말소화약제

종류	주성분	적응화재	착색(분말의 색)
제1종 분말	$NaHCO_3$(중탄산나트륨, 탄산수소나트륨)	B, C급	백색
제2종 분말	$KHCO_3$(중탄산칼륨, 탄산수소칼륨)	B, C급	담회색
제3종 분말	$NH_4H_2PO_4$(인산암모늄, 제일인산암모늄)	A, B, C급	담홍색, 황색
제4종 분말	$KHCO_3 + (NH_2)_2CO$ (탄산수소칼륨+요소)	B, C급	회색

35 이산화탄소 소화약제의 소화작용을 옳게 나열한 것은?

① 질식소화, 부촉매소화
② 부촉매소화, 제거소화
③ 부촉매소화, 냉각소화
④ 질식소화, 냉각소화

🔍 이산화탄소 소화약제의 소화작용 : 질식소화, 냉각소화

36 다음 중 자연발화의 원인으로 가장 거리가 먼 것은?

① 기화열에 의한 발열
② 산화열에 의한 발열
③ 분해열에 의한 발열
④ 흡착열에 의한 발열

🔍 자연발화의 형태 : 산화열, 분해열, 흡착열, 미생물에 의한 발열

37 10℃의 물 2g을 100℃의 수증기로 만드는데 필요한 열량은?

① 180cal
② 340cal
③ 719cal
④ 1258cal

🔍 열량
$Q = mC_p \Delta t + r \cdot m$
여기서, m : 무게(2g), Cp : 물의 비열(1cal/g · ℃)
Δt : 온도차(100-10 = 90℃),
r : 물의 증발잠열(539cal/g)
∴ Q = 현열 + 증발잠열 = $mC_p \Delta t + r \cdot m$
= [(2g×1cal/g · ℃ × (100 - 10℃)] + (539cal/g × 2g)
= 1258cal

38 불활성가스 소화약제 중 IG-541의 구성성분이 아닌 것은?

① N_2
② Ar
③ Ne
④ CO_2

🔍 불활성가스 소화약제(위험물 세부기준)

종류	화학식
IG-55	N_2 : 50%, Ar : 50%
IG-100	N_2
IG-541	N_2 : 52%, Ar : 40%, CO_2 : 8%

39 어떤 가연물의 착화에너지가 24cal일 때 이것을 일에너지의 단위로 환산하면 약 몇 Joule인가?

① 24
② 42
③ 84
④ 100

🔍 24cal × 4.184J/cal = 100.42J
※ 1cal = 4.184Joule

40 금속나트륨의 연소 시 소화방법으로 가장 적절한 것은?

① 팽창질석을 사용하여 소화한다.
② 분무상의 물을 뿌려 소화한다.
③ 이산화탄소를 방사하여 소화한다.
④ 물로 적신 헝겊으로 피복하여 소화한다.

🔍 나트륨의 소화약제 : 건조사, 팽창질석, 팽창진주암, 탄산수소염류분말소화약제

3. 위험물 성상 및 취급

41 다음 중 메탄올의 연소범위에 가장 가까운 것은?

① 약 1.4 ~ 5.6vol%
② 약 7.3 ~ 36vol%
③ 약 20.3 ~ 66vol%
④ 약 42.0 ~ 77vol%

🔍 메탄올의 연소범위 : 약 7.3 ~ 36vol%

42 연면적 1000m²이고 외벽이 내화구조인 위험물취급소의 소화설비 소요단위는 얼마인가?

① 50
② 10
③ 20
④ 100

🔍 소요단위 산정

구분	제조소, 일반취급소		저장소		위험물
외벽의 기준	내화구조	비내화구조	내화구조	비내화구조	
기준	연면적 100m²	연면적 50m²	연면적 150m²	연면적 75m²	지정수량의 10배

∴ 소요단위 = $\frac{연면적}{기준면적}$ = $\frac{1000m²}{100m²}$ = 10단위

43 다음 위험물 중 가열시 분해온도가 가장 낮은 물질은?

① $KClO_3$
② Na_2O_2
③ NH_4ClO_4
④ KNO_3

🔍 분해온도

종류	명칭	분해온도
$KClO_3$	염소산칼륨	400℃
Na_2O_2	과산화나트륨	460℃
NH_4ClO_4	과염소산암모늄	130℃
KNO_3	질산칼륨	400℃

44 위험물의 저장 및 취급에 대한 설명으로 틀린 것은?

① H_2O_2 : 직사광선을 차단하고 찬 곳에 저장한다.
② MgO_2 : 습기의 존재하에서 산소를 발생하므로 특히 방습에 주의한다.
③ $NaNO_3$: 조해성이 있으므로 습기에 주의한다.
④ K_2O_2 : 물과 반응하지 않으므로 물속에 저장한다.

🔍 과산화칼륨(K_2O_2)은 물과 반응하면 산소를 발생하므로 위험하다.
$2K_2O_2 + 2H_2O \rightarrow 4KOH + O_2 \uparrow$

45 다음 중 황린이 자연발화하기 쉬운 가장 큰 이유는?

① 끓는점이 낮고 증기의 비중이 작기 때문에
② 산소와 결합력이 강하고 착화온도가 낮기 때문에
③ 녹는점이 낮고 상온에서 액체로 되어 있기 때문에
④ 인화점이 낮고 가연성물질이기 때문에

🔍 황린은 산소와 결합력이 강하고 착화온도가 낮기 때문에 자연발화하기 쉽다.

46 옥내저장소에서 위험물 용기를 겹쳐 쌓는 경우에 있어서 제4류 위험물 중 제3석유류만을 수납하는 용기를 겹쳐 쌓을 수 있는 높이는 최대 몇 m인가?

① 3
② 4
③ 5
④ 6

🔍 옥내저장소에 저장 시 높이(아래 높이를 초과하지 말 것)
- 기계에 의하여 하역하는 구조로 된 용기만을 겹쳐 쌓는 경우 : 6m
- 제4류 위험물 중 제3석유류, 제4석유류, 동식물유류를 수납하는 용기만을 겹쳐 쌓는 경우 : 4m
- 그 밖의 경우(특수인화물, 제1석유류, 제2석유류, 알코올류, 타류) : 3m

47 위험물안전관리법령에 따른 위험물 저장기준으로 틀린 것은?

① 이동탱크저장소에는 설치허가증과 운송허가증을 비치하여야 한다.
② 지하저장탱크의 주된 밸브는 위험물을 넣거나 빼낼 때 외에는 폐쇄하여야 한다.
③ 아세트알데하이드를 저장하는 이동저장탱크에는 탱크 안에 불활성가스를 봉입하여야 한다.
④ 옥외저장탱크 주위에 설치된 방유제의 내부에 물이나 유류가 괴었을 경우에는 즉시 배출하여야 한다.

🔍 이동탱크저장소에는 완공검사합격확인증 및 정기점검기록을 비치하여야 한다.

48 제5류 위험물 중 나이트로화합물에서 나이트로기(nitro group)를 옳게 나타낸 것은?

① $-NO$
② $-NO_2$
③ $-NO_3$
④ $-NON_3$

> 관능기(작용기)
>
> | 작용기 | 명칭 |
> |---|---|
> | $-NO$ | 나이트로소기 |
> | $-NO_2$ | 나이트로기 |
> | $-NO_3$ | 질산기 |
> | $-NH_2$ | 아미노기 |
> | $-N=N-$ | 아조기 |

49 위험물안전관리법령상 다음⟨보기⟩의 ( ) 안에 알맞은 수치는?

> 이동저장탱크로부터 위험물을 저장 또는 취급하는 탱크에 인화점이 ( )℃ 미만인 위험물을 주입할 때에는 이동탱크저장소의 원동기를 정지시킬 것

① 40
② 50
③ 60
④ 70

> 이동저장탱크로 인화점 40℃ 미만인 위험물을 주입할 때 원동기를 정지시켜야 한다.

50 위험물안전관리법령상 위험물의 운반에 관한 기준에 따르면 위험물은 규정에 의한 운반용기에 법령에서 정한 기준에 따라 수납하여 적재하여야 한다. 다음 중 적용 예외의 경우에 해당하는 것은?(단, 지정수량의 2배인 경우이며 위험물을 동일 구내에 있는 제조소등의 상호간에 운반하기 위하여 적재하는 경우는 제외한다.)

① 덩어리 상태의 황을 운반하기 위하여 적재하는 경우
② 금속분을 운반하기 위하여 적재하는 경우
③ 삼산화크로뮴을 운반하기 위하여 적재하는 경우
④ 염소산나트륨을 운반하기 위하여 적재하는 경우

> 적재방법
> 위험물은 규정에 의한 운반용기에 다음 각목의 기준에 따라 수납하여 적재하여야 한다. 다만, 덩어리 상태의 황을 운반하기 위하여 적재하는 경우 또는 위험물을 동일구내에 있는 제조소등의 상호간에 운반하기 위하여 적재하는 경우에는 그러하지 아니하다(중요 기준).

51 다음 2가지 물질을 혼합하였을 때 그로 인한 발화 또는 폭발의 위험성이 가장 낮은 것은?

① 아염소산나트륨과 티오황산나트륨
② 질산과 이황화탄소
③ 아세트산과 과산화나트륨
④ 나트륨과 등유

> 나트륨의 보호액 : 등유, 경유, 유동파라핀

52 위험물이 물과 접촉하였을 때 발생하는 기체를 옳게 연결한 것은?

① 인화칼슘 - 포스핀
② 과산화칼륨 - 아세틸렌
③ 나트륨 - 산소
④ 탄화칼슘 - 수소

> 물과의 반응식
> • 인화칼슘 : $Ca_3P_2 + 6H_2O \rightarrow 3Ca(OH)_2 + 2PH_3$(포스핀)
> • 과산화칼륨 : $2Na_2O_2 + 2H_2O \rightarrow 4NaOH - O_2$(산소)
> • 나트륨 : $2Na + 2H_2O \rightarrow 2NaOH + H_2$(수소)
> • 탄화칼슘 : $CaC_2 + 2H_2O \rightarrow Ca(OH)_2 - C_2H_2$(아세틸렌)

53 제4류 위험물인 동식물유류의 취급방법이 잘못된 것은?

① 액체의 누설을 방지하여야 한다.
② 화기 접촉에 의한 인화에 주의하여야 한다.
③ 아마인유는 섬유등에 흡수되어 있으면 매우 안정하므로 취급하기 편리하다.
④ 가열할 때 증기는 인화되지 않도록 조치하여야 한다.

> 아마인유는 자연발화의 위험이 있으므로 섬유등과 접촉을 피한다.

54 최대 아세톤 150톤을 옥외탱크저장소에 저장할 경우 보유공지의 너비는 몇 m 이상으로 하여야 하는가?(단, 아세톤의 비중은 0.79이다.)

① 3 ② 5
③ 9 ④ 12

> **보유공지**
> - 아세톤의 무게를 부피로 환산하면(비중 0.79 = 0.79g/cm³ = 0.79kg/ℓ)
>   ∴ 밀도 $\rho = \dfrac{W(무게)}{V(부피)}$, $V = \dfrac{W}{\rho} = \dfrac{150,000 kg}{0.79 kg/\ell} = 189873.42\ell$
> - 아세톤의 지정수량은 400ℓ[제4류 위험물 제1석유류(수용성)]이다.
>   지정수량의 배수 = $\dfrac{189873.42\ell}{400\ell}$ = 474.68배
> - 옥외탱크저장소의 보유공지
>
> | 저장 또는 취급하는 위험물의 최대수량 | 공지의 너비 |
> |---|---|
> | 지정수량의 500배 이하 | 3m 이상 |
>
> ∴ 지정수량의 배수가 500배 이하(474.68배)이므로 보유공지는 3m 이상이다.

55 연소범위가 2.8~37%로 구리, 은, 마그네슘과 접촉 시 아세틸라이드를 생성하는 물질은?

① 아세트알데하이드
② 알킬알루미늄
③ 산화프로필렌
④ 콜로디온

> **산화프로필렌(Propylene Oxide)**
> - 물성
>
> | 분자식 | 지정수량 | 분자량 | 비중 | 비점 | 인화점 | 착화점 | 연소범위 |
> |---|---|---|---|---|---|---|---|
> | CH₃CHCH₂O | 50L | 58 | 0.82 | 35℃ | -37℃ | 449℃ | 2.8~37% |
>
> - 무색, 투명한 자극성 액체이다.
> - 구리(Cu), 마그네슘(Mg), 은(Ag), 수은(Hg)과 반응하면 아세틸레이트를 생성한다.
> - 저장용기 내부에는 불연성가스 또는 수증기 봉입장치를 할 것

56 금속 과산화물을 묽은 산에 반응시켜 생성되는 물질로서 석유와 벤젠에 불용성이고 표백작용과 살균작용을 하는 것은?

① 과산화나트륨 ② 과산화수소
③ 과산화벤조일 ④ 과산화칼륨

> **과산화수소(H_2O_2)** : 금속과산화물을 묽은 산에 반응시켜 생성되는 물질로서 석유와 벤젠에 녹지 않고 표백작용과 살균작용을 하는 제6류 위험물

57 위험물안전관리법령상 제5류 위험물 중 질산에스터류에 해당하는 것은?

① 나이트로벤젠
② 나이트로셀룰로스
③ 트라이나이트로페놀
④ 트라이나이트로톨루엔

> **위험물의 분류**
>
> | 종류 | 품명 |
> |---|---|
> | 나이트로벤젠 | 제4류 위험물 제3석유류 |
> | 나이트로셀룰로스(NC) | 질산에스터류 |
> | 트라이나이트로페놀(피크린산) | 나이트로화합물 |
> | 트라이나이트로톨루엔(TNT) | 나이트로화합물 |

58 제5류 위험물 제조소에 설치하는 표지 및 주의사항을 표시한 게시판의 바탕색상을 각각 옳게 나타낸 것은?

① 표지 : 백색, 주의사항을 표시한 게시판 : 백색
② 표지 : 백색, 주의사항을 표시한 게시판 : 적색
③ 표지 : 적색, 주의사항을 표시한 게시판 : 백색
④ 표지 : 적색, 주의사항을 표시한 게시판 : 적색

> **제조소등의 표지 및 주의사항**
> - 표지의 바탕은 백색으로, 문자는 흑색으로 할 것
> - 제조소등의 주의사항
>
> | 위험물의 종류 | 주의사항 | 게시판의 색상 |
> |---|---|---|
> | 제2류 위험물 중 인화성 고체
제3류 위험물 중 자연발화성물질
제4류 위험물
제5류 위험물 | 화기엄금 | 적색바탕에 백색문자 |

59 다음 위험물 중 물에 가장 잘 녹는 것은?

① 적린   ② 황
③ 벤젠   ④ 아세톤

> 적린, 황, 벤젠은 물에 녹지 않고 아세톤은 물에 잘 녹는다.

60 다음 중 물에 대한 용해도가 가장 낮은 물질은?

① $NaClO_3$ ② $NaClO_4$
③ $KClO_4$ ④ NH_4ClO_4

> $NaClO_3$(염소산나트륨), $NaClO_4$(과염소산나트륨), NH_4ClO_4(과염소산암모늄)은 물에 녹고 $KClO_4$(과염소산칼륨)은 물에 녹지 않는다.

정답 최근기출문제 2018년 2회

01 ③	02 ④	03 ①	04 ①	05 ②
06 ①	07 ①	08 ②	09 ②	10 ②
11 ④	12 ①	13 ③	14 ①	15 ②
16 ①	17 ③	18 ④	19 ①	20 ④
21 ①	22 ③	23 ④	24 ④	25 ④
26 ③	27 ①	28 ③	29 ④	30 ②
31 ②	32 ④	33 ②	34 ①	35 ④
36 ①	37 ④	38 ③	39 ④	40 ①
41 ②	42 ②	43 ③	44 ④	45 ②
46 ②	47 ①	48 ②	49 ①	50 ①
51 ④	52 ①	53 ②	54 ①	55 ③
56 ②	57 ②	58 ②	59 ④	60 ③

2018년 3회 최근기출문제

1. 물질의 물리 · 화학적 성질

01 방사능 붕괴의 형태 중 $^{226}_{88}Ra$이 α 붕괴할 때 생기는 원소는?

① $^{222}_{86}Rn$
② $^{232}_{90}Th$
③ $^{231}_{91}Pa$
④ $^{238}_{92}U$

> α 붕괴하면 원자번호 2감소 질량수 4감소하므로
> $_{88}Ra^{226}$(α 붕괴) → $_{86}Rn^{222}$(라돈)

02 pH=9인 수산화나트륨 용액 100mL 속에는 나트륨이온이 몇 개 들어있는가?(단, 아보가드로수는 6.02×10^{23}이다.)

① 6.02×10^9개
② 6.02×10^{17}개
③ 6.02×10^{18}개
④ 6.02×10^{21}개

> 나트륨이온
> pH = 9인 NaOH는 [OH⁻] = 1×10^{-9}이므로
> [H⁺][OH⁻] = 10^{-14}
> [H⁺] = $\frac{10^{-14}}{[OH^-]} = \frac{10^{-14}}{1 \times 10^{-9}} = 1 \times 10^{-5}$
> ∴ 나트륨이온 = 0.00001N × 0.1L × 6.0238×10^{23}
> = 6.0238×10^{17}

03 1몰의 질소와 3몰의 수소를 촉매와 같이 용기 속에 밀폐하고 일정한 온도로 유지하였더니 반응물질의 50%가 암모니아로 변하였다. 이때의 압력은 최초 압력의 몇 배가 되는가?(단, 용기의 부피는 변하지 않는다.)

① 0.5
② 0.75
③ 1.25
④ 변하지 않는다.

> 이상기체상태방정식 PV = nRT
> • 암모니아의 반응식
> - 100% 반응 N₂ + 3H₂ → 2NH₃
> - 50% 반응 N₂ + 3H₂ → NH₃ + 0.5N₂ + 1.5H₂
> • 반응물질의 mol 수 = 질소 1mol + 수소 3mol = 4mol
> • 생성물질의 mol 수 = 암모니아 1mol + 질소 0.5mol + 수소 1.5mol = 3mol
> ∴ 이상기체 상태방정식에서 압력(P)은 n(mol)에 비례하므로 압력
> = $\frac{3mol}{4mol}$ = 0.75

04 다음과 같은 반응에서 평형을 왼쪽으로 이동시킬 수 있는 조건은?

$$A_2(g) + 2B_2(g) \rightleftarrows 2AB_2(g) + 열$$

① 압력감소, 온도감소
② 압력증가, 온도증가
③ 압력감소, 온도증가
④ 압력증가, 온도감소

> 반응
> • 온도
> - 상승 : 온도가 내려가는 방향(흡열반응쪽, ←)
> - 강하 : 온도가 올라가는 방향(발열반응쪽, →)
> • 압력
> - 상승 : 분자수가 감소하는 방향(몰수가 감소하는 방향, →)
> - 강하 : 분자수가 증가하는 방향(몰수가 증가하는 방향, ←)

05 다음 pH 값에서 알칼리성이 가장 큰 것은?

① pH = 1
② pH = 6
③ pH = 8
④ pH = 13

> pH
> • 산성 : pH < 7
> • 중성 : pH = 7
> • 알칼리성 : pH > 7
> ※ pH = 13 : 강알칼리성

06 우유의 pH는 25℃에서 6.4이다. 우유 속의 수소이온농도는?

① $1.98 \times 10^{-7}M$
② $2.98 \times 10^{-7}M$
③ $3.98 \times 10^{-7}M$
④ $4.98 \times 10^{-7}M$

> 수소이온농도
> pH = −log[H⁺]
> 6.4 = −log[H⁺]
> [H⁺] = $10^{-6.4}$ = 3.98×10^{-7}

07 20개의 양성자와 20개의 중성자를 가지고 있는 것은?

① Zr
② Ca
③ Ne
④ Zn

> 칼슘의 원자량 ; 40
> • 양성자수 = 원자번호 = 20
> • 중성자수 = 질량수 − 원자번호 = 40 − 20 = 20

08 다음 화합물 가운데 환원성이 없는 것은?

① 젖당 ② 과당
③ 설탕 ④ 엿당

> 환원성이 있는 것 : 젖당, 과당, 엿당, 포도당

09 주기율표에서 제2주기에 있는 원소 성질 중 왼쪽에서 오른쪽으로 갈수록 감소하는 것은?

① 원자핵의 하전량
② 원자가 전자의 수
③ 원자의 반지름
④ 전자껍질의 수

> 원소의 성질
>
> | 구분
항목 | 같은 주기에서 원자번호가 증가할수록
(왼쪽에서 오른쪽으로) | 같은 족에서 원자번호가 증가할수록
(윗쪽에서 아래쪽으로) |
> |---|---|---|
> | 원자반지름 | 작아진다 | 커진다 |
> | 이온화에너지 | 증가한다 | 감소한다 |
> | 전기음성도 | 증가한다 | 감소한다 |
> | 이온반지름 | 작아진다 | 커진다 |
> | 비금속성 | 증가한다 | 감소한다 |

10 물 450g에 NaOH 80g이 녹아있는 용액에서 NaOH의 몰분율은?(단, Na의 원자량은 23이다.)

① 0.074 ② 0.178
③ 0.200 ④ 0.450

> 몰분율
> • 물의 몰수 = $\frac{무게}{분자량}$ = $\frac{450g}{18g}$ = 25mol
> • 수산화나트륨(양잿물)의 몰수 = $\frac{무게}{분자량}$ = $\frac{80g}{40g}$ = 2mol
> ※ 물의 분자량(H_2O) = (1 × 2) + 16 = 18
> ※ 수산화나트륨의 분자량(NaOH) = 23 + 16 + 1 = 40
> ∴ NaOH 몰분율 = $\frac{각\ 성분의\ 몰수}{전체\ 몰수}$ = $\frac{2}{25+2}$ = 0.074

11 다음 할로젠족 분자 중 수소와의 반응성이 가장 높은 것은?

① Br_2 ② F_2
③ Cl_2 ④ I_2

> 할로젠원소
> • 산의 세기 : HI > HBr > HCl > HF
> • 산화력의 순서 : F_2 > Cl_2 > Br_2 > I_2

12 다음 물질 중 동소체의 관계가 아닌 것은?

① 흑연과 다이아몬드
② 산소와 오존
③ 수소와 중수소
④ 황린과 적린

> 동소체 : 같은 원소로 되어 있으나 성질과 모양이 다른 것
>
> | 원소 | 동소체 | 연소생성물 |
> |---|---|---|
> | 탄소(C) | 다이아몬드, 흑연 | 이산화탄소(CO_2) |
> | 황(S) | 사방황, 단사황, 고무상황 | 이산화황(SO_2) |
> | 인(P) | 적린(붉은인), 황린(흰인) | 오산화인(P_2O_5) |
> | 산소(O) | 산소, 오존 | − |

13 95wt% 황산의 비중은 1.84 이다. 이 황산의 몰 농도는 약 얼마인가?

① 8.9 ② 9.4
③ 17.8 ④ 18.8

> %농도 → 몰농도로 환산
> 몰농도 M = $\frac{10ds}{분자량}$ (d : 비중, s : 농도%)
> ∴ 몰농도 M = $\frac{10 \times 1.84 \times 95}{98}$ = 17.8

14 헥세인(C_6H_{14})의 구조이성질체의 수는 몇 개인가?

① 3개 ② 4개
③ 5개 ④ 9개

> 헥세인(C_6H_{14})의 이성질체 : 5개

15 벤젠의 유도체인 TNT의 구조식을 옳게 나타낸 것은?

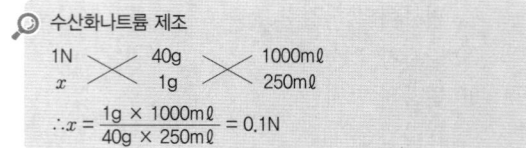

🔍 구조식

[TNT 및 피크린산 구조식]

16 $K_2Cr_2O_7$에서 Cr의 산화수를 구하면?

① +2 ② +4
③ +6 ④ +8

🔍 다이크로뮴산칼륨($K_2Cr_2O_7$)의 크로뮴의 산화수
$[(+1)\times2] + 2x + [(-2)\times7] = 0$
$\therefore x(Cr) = +6$

17 다음 반응식에서 산화된 성분은?

$$MnO_2 + 4HCl \rightarrow MnCl_2 + 2H_2O + Cl_2$$

① Mn ② O
③ H   ④ Cl

🔍 산화와 환원

구분 관계	산화	환원
산소	산소와 결합할 때 $S + O_2 \rightarrow SO_2$	산소를 잃을 때 $MgO + H_2 \rightarrow Mg + H_2O$
수소	수소를 잃을 때 $H_2S + Br_2 \rightarrow 2HBr + S$	수소와 결합할 때 $H_2S + Br_2 \rightarrow 2HBr + S$

18 다음 중 기하 이성질체가 존재하는 것은?

① C_5H_{12} ② $CH_3CH = CHCH_3$
③ C_3H_7Cl ④ $CH \equiv CH$

🔍 기하이성질체는 2중 결합을 축으로 하여 동일한 원자나 기를 가지는 것으로 원자들의 결합형태와 개수, 순서는 같으나 원자들의 공간위치가 다른 것으로 시스(cis)형(원자단이 같은 쪽에 있는 것)와 트란스(trans)형(원자단이 다른 쪽에 있는 것)이 있다.

19 NaOH 1g이 물에 녹아 메스플라스크에서 250mL의 눈금을 나타낼 때 NaOH 수용액의 농도는?

① 0.1N ② 0.3N
③ 0.5N ④ 0.7N

🔍 수산화나트륨 제조
1N ✕ 40g ✕ 1000mℓ
x ✕ 1g ✕ 250mℓ
$\therefore x = \dfrac{1g \times 1000m\ell}{40g \times 250m\ell} = 0.1N$

20 이상기체상수 R 값이 0.082 라면 그 단위로 옳은 것은?

① $\dfrac{atm \cdot mol}{L \cdot K}$ ② $\dfrac{mmHg \cdot mol}{L \cdot K}$
③ $\dfrac{atm \cdot L}{mol \cdot K}$ ④ $\dfrac{mmHg \cdot L}{mol \cdot K}$

🔍 기체상수(R)= 0.08205ℓ · atm/g-mol · K, 0.08205m³ · atm/kg-mol · K

2. 화재예방과 소화방법

21 물을 소화약제로 사용하는 이유는?

① 물은 가연물과 화학적으로 결합하기 때문
② 물은 분해되어 질식성 가스를 방출하므로
③ 물은 기화열이 커서 냉각 능력이 크기 때문에
④ 물은 산화성이 강하기 때문에

🔍 물은 비열(1cal/g · ℃)과 기화열(539cal/g)이 크기 때문에 소화약제로 이용한다.

22 주된 소화효과가 산소공급원의 차단에 의한 소화가 아닌 것은?

① 포소화기
② 건조사
③ CO_2 소화기
④ Halon 1211 소화기

🔍 할론소화기의 주된 소화효과 : 부촉매 효과

23 알코올 화재 시 보통의 포 소화약제는 알코올용포 소화약제에 비하여 소화효과가 낮다. 그 이유로서 가장 타당한 것은?

① 소화약제와 섞이지 않아서 연소면을 확대하기 때문에
② 알코올은 포와 반응하여 가연성가스를 발생하기 때문에
③ 알코올이 연료로 사용되어 불꽃의 온도가 올라가기 때문에
④ 수용성 알코올로 인해 포가 파괴하기 때문에

🔍 알코올 화재는 알코올용포 소화약제(수용성 액체)가 적합하고 다른 포 소화약제는 포가 소포(거품이 거짐)되므로 적합하지 않다.

24 위험물안전관리법령에서 정한 다음의 소화설비 중 능력단위가 가장 큰 것은?

① 팽창진주암 160L(삽 1개 포함)
② 수조 80L(소화전용 물통 3개 포함)
③ 마른 모래 50L(삽 1개 포함)
④ 팽창질석 160L(삽 1개 포함)

🔍 소화설비의 능력단위

소화설비	용량	능력단위
소화전용(專用)물통	8ℓ	0.3
수조(소화전용 물통 3개 포함)	80ℓ	1.5
수조(소화전용 물통 6개 포함)	190ℓ	2.5
마른 모래(삽 1개 포함)	50ℓ	0.5
팽창질석 또는 팽창진주암 (삽 1개 포함)	160ℓ	1.0

25 "Halon 1301"에서 각 숫자가 나타내는 것을 틀리게 표시한 것은?

① 첫째자리 숫자 "1" – 탄소의 수
② 둘째자리 숫자 "3" – 플루오린의 수
③ 셋째자리 숫자 "0" – 아이오딘의 수
④ 넷째자리 숫자 "1" – 브로민의 수

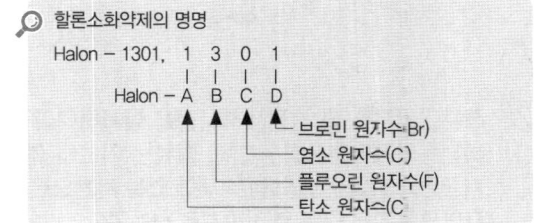

26 다음 중 제6류 위험물의 안전한 저장·취급을 위해 주의할 사항으로 가장 타당한 것은?

① 가연물과 접촉시키지 않는다
② 0℃ 이하에서 보관한다.
③ 공기와의 접촉을 피한다.
④ 분해방지를 위해 금속분을 첨가하여 저장한다.

🔍 제6류 위험물은 가연물과의 접촉·혼합이나 분해를 촉진하는 물품과의 접근 또는 과열을 피하여야 한다.

27 제1종 분말소화약제의 소화효과에 대한 설명으로 가장 거리가 먼 것은?

① 열 분해시 발생하는 이산화탄소와 수증기에 의한 질식효과
② 열 분해시 흡열반응에 의한 냉각효과
③ H^+ 이온에 의한 부촉매 효과
④ 분말 분무에 의한 열방사의 차단효과

🔍 제1종 분말소화약제는 나트륨염(Na^+) 금속이온에 의한 부촉매 효과가 있다.

28 위험물제조소등에 설치하는 이동식 불활성가스소화설비의 소화약제 양은 하나의 노즐마다 몇 kg 이상으로 하여야 하는가?

① 30   ② 50
③ 60   ④ 90

🔍 이동식 불활성가스소화설비의 소화약제 : 하나의 노즐 당 90kg 이상

29 표준관입시험 및 평판재하시험을 실시하여야 하는 특정옥외저장탱크의 지반의 범위는 기초의 외측이 지표면과 접하는 선의 범위 내에 있는 지반으로서 지표면으로부터 깊이 몇 m까지로 하는가?

① 10   ② 15
③ 20   ④ 25

🔍 표준관입시험 및 평판재하시험을 실시하여야 하는 특정옥외저장탱크의 지반의 범위는 기초의 외측이 지표면과 접하는 선의 범위 내에 있는 지반으로서 지표면으로부터 깊이 15m까지로 한다.(세부기준 제42조)

30 위험물안전관리법령상 소화설비의 적응성에서 제6류 위험물에 적응성이 있는 소화설비는?

① 옥외소화전설비
② 불활성가스소화설비
③ 할로젠화합물소화설비
④ 분말소화설비(탄산수소염류)

🔍 제6류 위험물(냉각소화) : 수계소화설비(옥내소화전설비, 옥외소화전설비)

31 위험물안전관리법령상 제2류 위험물 중 철분의 화재에 적응성이 있는 소화설비는?

① 물분무소화설비
② 포소화설비
③ 탄산수소염류 분말소화설비
④ 할로젠화합물소화설비

🔍 철분, 마그네슘 : 탄산수소염류 분말소화설비

32 위험물안전관리법령상 옥외소화전설비의 옥외소화전이 3개 설치되었을 경우 수원의 수량은 몇 m³ 이상이 되어야 하는가?

① 7   ② 20.4
③ 40.5   ④ 100

🔍 옥외소화전설비의 수원 = 소화전의 수(최대 4개) × 13.5m³
(450ℓ/min × 30min = 13500ℓ = 13.5m³)
∴ 수원 = 소화전의 수(최대 4개) × 13.5m³ = 3 × 13.5m³
= 40.5m³

33 포소화설비의 가압송수장치에서 압력수조의 압력 산출시 필요 없는 것은?

① 낙차의 환산 수두압
② 배관의 마찰손실 수두압
③ 노즐선의 마찰손실 수두압
④ 소방용 호스의 마찰손실 수두압

🔍 압력수조를 이용한 가압송수장치
$P = p_1 + p_2 + p_3 + p_4$
여기서, P : 필요한 압력 (단위 MPa)
p_1 : 고정포방출구의 설계압력 또는 이동식포소화설비 노즐방사압력 (단위 MPa)
p_2 : 배관의 마찰손실수두압 (단위 MPa)
p_3 : 낙차의 환산수두압 (단위 MPa)
p_4 : 소방용호스의 마찰손실수두압 (단위 MPa)

34 열의 전달에 있어서 열전달면적과 열전도도가 각각 2배로 증가한다면, 다른 조건이 일정한 경우 전도에 의해 전달되는 열의 양은 몇 배가 되는가?

① 0.5배   ② 1배
③ 2배   ④ 4배

🔍 열전달면적과 열전도도를 각각 2배로 증가하며 전도에 의해 전달되는 열의 양은 4배로 된다.
열전달 양 $Q = kA\Delta t$ (k : 열전도도, A : 열전달면적)

35 고체가연물의 일반적인 연소형태에 해당하지 않는 것은?

① 등심연소   ② 증발연소
③ 분해연소   ④ 표면연소

🔍 고체의 연소 : 표면연소, 분해연소, 증발연소, 자기연소

36 금속분의 화재 시 주수소화를 할 수 없는 이유는?

① 산소가 발생하기 때문에
② 수소가 발생하기 때문에
③ 질소가 발생하기 때문에
④ 이산화탄소가 발생하기 때문에

> 금속분(알루미늄)이 물과 반응하면 수소(H_2)를 발생하므로 위험하다.
> $2Al + 6H_2O \rightarrow 2Al(OH)_3 + 3H_2\uparrow$

37 위험물의 취급을 주된 작업내용으로 하는 다음의 장소에 스프링클러설비를 설치할 경우 확보하여야 하는 1분당 방사밀도는 몇 L/m^2 이상이어야 하는가? (단, 내화구조의 바닥 및 벽에 의하여 2개의 실로 구획되고, 각 실의 바닥면적은 500m^2이다.)

- 취급하는 위험물 : 제4류 제3석유류
- 위험물을 취급하는 장소의 바닥면적 : 1000m^2

① 8.1
② 12.2
③ 13.9
④ 16.3

> 방사밀도

살수기준면적 (m^2)	방사밀도(ℓ/m^2분)		비고
	인화점 38℃ 미만	인화점 38℃ 이상	
279 미만	16.3 이상	12.2 이상	살수기준면적은 내화구조의 벽 및 바닥으로 구획된 하나의 실의 바닥면적을 말하고, 하나의 실의 바닥면적이 465m^2 이상인 경우의 살수기준면적은 465m^2로 한다. 다만, 위험물의 취급을 주된 작업내용으로 하지 아니하고 소량의 위험물을 취급하는 설비 또는 부분이 넓게 분산되어 있는 경우에는 방사밀도는 8.2 ℓ/m^2분 이상, 살수기준 면적은 279m^2 이상으로 할 수 있다.
279 이상 372 미만	15.5 이상	11.8 이상	
372 이상 465 미만	13.9 이상	9.8 이상	
465 이상	12.2 이상	8.1 이상	

※제3석유류의 인화점 : 70℃ 이상 200℃ 미만

38 다음 중 소화약제가 아닌 것은?

① CF_3Br
② $NaHCO_3$
③ C_4F_{10}
④ N_2H_4

> 소화약제

종류	명칭	약제명
CF_3Br	할론 1301	할론소화약제
$NaHCO_3$	중탄산나트륨	분말소화약제 화학포소화약제
C_4F_{10}	퍼플루오로부테인 (FC-3-1-10)	할로겐화합물 및 불활성 기체
N_2H_4	하이드라진	제4류 위험물 제2석유류

39 가연물에 대한 일반적인 설명으로 옳지 않은 것은?

① 주기율표에서 0족의 원소는 가연물이 될 수 없다.
② 활성화 에너지가 작을수록 가연물이 되기 쉽다.
③ 산화 반응이 완결된 산화물은 가연물이 아니다.
④ 질소는 비활성 기체이므로 질소의 산화물은 존재하지 않는다.

> 질소는 불연성 기체로서 질소산화물(NO, NO_2, N_2O 등)은 여러 종류가 있다.

40 메탄올에 대한 설명으로 틀린 것은?

① 무색, 투명한 액체이다.
② 완전 연소하면 CO_2와 H_2O가 생성된다.
③ 비중 값이 물보다 작다.
④ 산화하면 폼산을 거쳐 최종적으로 폼알데하이드가 된다.

> 메틸알코올의 산화 반응식
> 메틸알코올 $CH_3OH \underset{환원}{\overset{산화}{\rightleftharpoons}} HCHO$(폼알데하이드) $\underset{환원}{\overset{산화}{\rightleftharpoons}} HCOOH$(폼산)

3. 위험물 성상 및 취급

41 다음 물질 중 증기비중이 가장 작은 것은?

① 이황화탄소
② 아세톤
③ 아세트알데하이드
④ 다이에틸에터

🔍 증기비중

종류	화학식	분자량	증기비중
이황화탄소	CS_2	76	76/29 = 2.62
아세톤	CH_3COCH_3	58	58/29 = 2.0
아세트알데하이드	CH_3CHO	44	44/29 = 1.52
다이에틸에터	$C_2H_5OC_2H_5$	74	74/29 = 2.55

∴ 증기비중은 분자량이 적은 것이 적다.

42 위험물 제조소의 배출설비의 배출능력은 1시간당 배출장소 용적의 몇 배 이상인 것으로 해야 하는가?(단, 전역방식의 경우는 제외한다.)

① 5   ② 10
③ 15   ④ 20

🔍 제조소의 배출설비의 배출능력은 1시간당 배출장소 용적의 20배 이상인 것으로 할 것(전역방출방식 : 바닥면적 $1m^2$당 $18m^3$ 이상)

43 운반할 때 빗물의 침투를 방지하기 위하여 방수성이 있는 피복으로 덮어야 하는 위험물은?

① TNT   ② 이황화탄소
③ 과염소산   ④ 마그네슘

🔍 방수성이 있는 것으로 피복
- 제1류 위험물 중 알칼리금속의 과산화물
- 제2류 위험물 중 철분·금속분·마그네슘
- 제3류 위험물 중 금수성 물질

44 위험물안전관리법령에서 정한 위험물의 지정수량으로 틀린 것은?

① 적린 : 100kg   ② 황화인 : 100kg
③ 마그네슘 : 100kg ④ 금속분 : 500kg

🔍 제2류 위험물의 지정수량

종류	지정수량	종류	지정수량
적린	100kg	황화인	100kg
마그네슘	500kg	금속분	500kg

45 제4석유류를 저장하는 옥내탱크저장소의 기준으로 옳은 것은?(단, 단층건축물에 탱크전용실을 설치하는 경우이다.)

① 옥내저장탱크의 용량은 지정수량의 40배 이하일 것
② 탱크전용실은 벽, 기둥, 바닥, 보를 내화구조로 할 것
③ 탱크전용실에는 창을 설치하지 아니할 것
④ 탱크전용실에 펌프설비를 설치하는 경우에는 그 주위에 0.2m 이상의 높이로 턱을 설치할 것

🔍 옥내탱크저장소의 기준
- 옥내저장탱크의 용량은 지정수량의 40배 이하일 것
- 탱크전용실은 벽, 기둥, 바닥을 내화구조로 하고 보를 불연재료로 할 것
- 탱크전용실의 창 또는 출입구에는 60분+ 방화문·60분 방화문 또는 30분 방화문을 설치하는 동시에 연소우려가 있는 외벽에 두는 출입구에는 수시로 열 수 있는 자동폐쇄식의 60분+ 방화문 또는 60분 방화문을 설치할 것
- 탱크전용실에 설치하는 경우에는 펌프설비를 견고한 기초 위에 고정시킨다음 그 주위에 불연재료로 된 턱을 탱크전용실의 문턱높이 이상으로 설치할 것

46 위험물안전관리법령에 따른 제4류 위험물 중 제1석유류에 해당하지 않는 것은?

① 등유   ② 벤젠
③ 메틸에틸케톤   ④ 톨루엔

🔍 제4류 위험물

종류	품명	종류	품명
등유	제2석유류	벤젠	제1석유류
메틸에틸케톤	제1석유류	톨루엔	제1석유류

47 외부의 산소공급 없어도 연소하는 물질이 아닌 것은?

① 알루미늄의 탄화물   ② 과산화벤조일
③ 유기과산화물   ④ 질산에스터

> 제5류 위험물 : 자기연소성물질(가연물과 산소를 동시에 함유하고 있는 물질)
> ※알루미늄의 탄화물 : 제3류 위험물

48 다음 중 물과 반응하여 산소를 발생하는 것은?

① $KClO_3$
② Na_2O_2
③ $KClO_4$
④ CaC_2

> 물과 반응
> • 염소산칼륨($KClO_3$) : 물에 녹지 않는다.
> • 과산화나트륨 : $2Na_2O_2 + 2H_2O \rightarrow 4NaOH + O_2\uparrow$ + 발열
> • 과염소산칼륨($KClO_4$) : 물에 녹지 않는다.
> • 탄화칼슘(CaC_2) : $CaC_2 + 2H_2O \rightarrow Ca(OH)_2 + C_2H_2\uparrow$

49 연소생성물로 이산화황이 생성되지 않는 것은?

① 황린
② 삼황화인
③ 오황화인
④ 황

> 연소반응식
> • 황린 : $P_4 + 5O_2 \rightarrow 2P_2O_5$
> • 삼황화인 : $P_4S_3 + 8O_2 \rightarrow 2P_2O_5 + 3SO_2\uparrow$
> • 오황화인 : $2P_2S_5 + 15O_2 \rightarrow 2P_2O_5 + 5SO_2\uparrow$
> • 황 : $S + O_2 \rightarrow SO_2\uparrow$ (이산호황, 유독가스)

50 동식물유의 일반적인 성질로 옳은 것은?

① 자연발화의 위험은 없지만 점화원에 의해 쉽게 인화된다.
② 대부분 비중 값이 물보다 크다.
③ 인화점이 100℃보다 높은 물질이 많다.
④ 아이오딘값이 50 이하인 건성유는 자연발화 위험이 높다.

> 동·식물유 : 인화점이 250℃ 미만인 것으로 100℃ 보다 높은 물질이 많다.

51 적린의 성상에 관한 설명 중 옳은 것은?

① 물과 반응하여 고열을 발생한다.
② 공기 중에 방치하면 자연발화 한다.
③ 강산화제와 혼합하면 마찰·충격에 의해서 발화할 위험이 있다.
④ 이황화탄소, 암모니아 등에 매우 잘 녹는다.

> 적린은 제2류 위험물로서 강산화제와 혼합하면 마찰·충격에 의해서 발화할 위험이 있다.

52 질산나트륨 90kg, 황 70kg, 클로로벤젠 2000L, 각각의 지정수량의 배수의 총합은?

① 2
② 3
③ 4
④ 5

> 지정수량
>
> | 종류 | 품명 | 지정수량 |
> |---|---|---|
> | 질산나트륨 | 제1류 위험물 질산염류 | 300kg |
> | 황 | 제2류 위험물 | 100kg |
> | 클로로벤젠 | 제4류 위험물 제2석유류, 비수용성 | 1000ℓ |
>
> ∴지정수량의 배수 = 저장량/지정수량
> = $\frac{90kg}{300kg} + \frac{70kg}{100kg} + \frac{2000ℓ}{1000ℓ}$ = 3.0배

53 다음 중 인화점이 가장 낮은 것은?

① 실린더유
② 가솔린
③ 벤젠
④ 메탈알코올

> 제4류 위험물의 인화점
>
> | 종류 | 품명 | 인화점 |
> |---|---|---|
> | 실린더유 | 제4석유류 | 250℃ 미만 |
> | 가솔린 | 제1석유류 | −43 ~ −20℃ |
> | 벤젠 | 제1석유류 | −11℃ |
> | 메탈알코올 | 알코올류 | 11℃ |

54 위험물 지하탱크저장소의 탱크전용실 설치기준으로 틀린 것은?

① 철근콘크리트 구조의 벽은 두께 0.3m 이상으로 한다.
② 지하저장탱크와 탱크전용실의 안쪽과의 사이는 50cm 이상의 간격을 유지한다.
③ 철근콘크리트 구조의 바닥은 두께 0.3m 이상으로 한다.
④ 벽, 바닥 등에 적정한 방수 조치를 강구한다.

🔍 지하저장탱크와 탱크전용실의 안쪽과의 사이는 10cm 이상의 간격을 유지하여야 한다.

55 위험물안전관리법령상 과산화수소가 제6류 위험물에 해당하는 농도 기준으로 옳은 것은?

① 36wt% 이상 ② 36vol% 이상
③ 1.49wt% 이상 ④ 1.49vol% 이상

🔍 제6류 위험물
- 과산화수소 : 농도가 36wt% 이상
- 질산 : 비중이 1.49 이상

56 나이트로소화합물의 성질에 관한 설명으로 옳은 것은?

① -NO 기를 가진 화합물이다.
② 나이트로기를 3개 이하로 가진 화합물이다.
③ -NO₂ 기를 가진 화합물이다.
④ -N=N- 기를 가진 화합물이다.

🔍 화합물의 구분
- 나이트로소화합물 : -NO (나이트로소)기를 가진 화합물
- 나이트로화합물 : -NO₂ (나이트로)기를 가진 화합물
- 아조화합물 : -N=N- (아조)기를 가진 화합물

57 벤젠에 대한 설명으로 틀린 것은?

① 물보다 비중값이 작지만, 증기비중 값은 공기보다 크다.
② 공명구조를 가지고 있는 포화탄화수소이다.
③ 연소 시 검은 연기가 심하게 발생한다.
④ 겨울철에 응고된 고체상태에서도 인화의 위험이 있다.

🔍 벤젠은 공명 혼성구조로 안정한 방향족 화합물이다.

58 탄화칼슘이 물과 반응했을 때 반응식을 옳게 나타낸 것은?

① 탄화칼슘 + 물 → 수산화칼슘 + 수소
② 탄화칼슘 + 물 → 수산화칼슘 + 아세틸렌
③ 탄화칼슘 + 물 → 칼륨 + 수소
④ 탄화칼슘 + 물 → 칼륨 + 아세틸렌

🔍 탄화칼슘이 물과 반응식
$CaC_2 + 2H_2O \rightarrow Ca(OH)_2 + C_2H_2 \uparrow$
(탄화칼슘) (물) (수산화칼슘) (아세틸렌)

59 제1류 위험물에 관한 설명으로 틀린 것은?

① 조해성이 있는 물질이 있다.
② 물보다 비중이 큰 물질이 많다.
③ 대부분 산소를 포함하는 무기화합물이다.
④ 분해하여 방출된 산소에 의해 자체 연소한다.

🔍 제1류 위험물은 분해하면 산소는 방출하나 연소하지 않는다.

60 인화칼슘이 물 또는 염산과 반응하였을 때 공통적으로 생성되는 물질은?

① $CaCl_2$ ② $Ca(OH)_2$
③ PH_3 ④ H_2

🔍 인화칼슘이 물 또는 염산과 반응하면 포스핀(PH_3, 인화수소)을 발생한다.
- 물과 반응 : $Ca_3P_2 + 6H_2O \rightarrow 3Ca(OH)_2 + 2PH_3 \uparrow$
- 염산과 반응 : $Ca_3P_2 + 6HCl \rightarrow 3CaCl_2 + 2PH_3 \uparrow$

정답 최근기출문제 2018년 3회

01 ①	02 ②	03 ②	04 ③	05 ④
06 ③	07 ②	08 ③	09 ③	10 ①
11 ②	12 ③	13 ③	14 ③	15 ①
16 ③	17 ④	18 ②	19 ①	20 ③
21 ②	22 ④	23 ②	24 ④	25 ②
26 ①	27 ②	28 ②	29 ②	30 ①
31 ③	32 ③	33 ③	34 ④	35 ①
36 ②	37 ①	38 ②	39 ④	40 ④
41 ③	42 ④	43 ②	44 ③	45 ①
46 ①	47 ①	48 ②	49 ①	50 ③
51 ③	52 ②	53 ②	54 ②	55 ①
56 ①	57 ②	58 ②	59 ④	60 ③

2019년 1회 최근기출문제

1. 물질의 물리 · 화학적 성질

01 분자식이 같으면서도 구조가 다른 유기화합물을 무엇이라고 하는가?

① 이성질체　　② 동소체
③ 동위원소　　④ 방향족화합물

🔍 이성질체 : 분자식은 같으나 구조식이 다른 화합물

02 물 500g중에 설탕($C_{12}H_{22}O_{11}$) 171g이 녹아 있는 설탕물의 몰랄농도는?

① 2.0　　② 1.5
③ 1.0　　④ 0.5

🔍 몰랄농도
몰랄농도(m) = $\dfrac{\text{용질의 몰수(무게/분자량)}}{\text{용매의 질량(g)}} \times 1000$
여기서, 설탕($C_{12}H_{22}O_{11}$)의 분자량 = $(12 \times 12) + (1 \times 22) + (16 \times 11) = 342$
∴ 몰랄농도 = $\dfrac{(171/342)}{500} \times 1000 = 1.0$

03 다음 중 불균일 혼합물은 어느 것인가?

① 공기　　② 소금물
③ 화강암　　④ 사이다

🔍 불균일 혼합물 : 화강암

04 기체상태의 염화수소는 어떤 화학결합으로 이루어진 화합물인가?

① 극성 공유결합　　② 이온 결합
③ 비극성 공유결합　　④ 배위 공유결합

🔍 극성 공유결합 : 염화수소, 물, 염소 등

05 다음 반응식은 산화-환원 반응이다. 산화된 원자와 환원된 원자를 순서대로 옳게 표현한 것은?

$$3Cu + 8HNO_3 \rightarrow 3Cu(NO_3)_2 + 2NO + 4H_2O$$

① Cu, N　　② N, H
③ O, Cu　　④ N, Cu

🔍 산화, 환원
• 산화 : 산소와 결합할 때이므로 Cu이다.
• 환원 : 산소를 잃을 때이므로 N이다.

06 다음 중 수용액의 pH가 가장 작은 것은?

① 0.01N HCl　　② 0.1N HCl
③ 0.01N CH_3COOH　　④ 0.1N NaOH

🔍 수용액의 pH
pH = $-\log[H^+]$
• 0.01N HCl의 pH = $-\log[1 \times 10^{-2}] = 2 - \log 1 = 2 - 0 = 2$
• 0.1N HCl의 pH = $-\log[1 \times 10^{-1}] = 1 - \log 1 = 1 - 0 = 1$
• 0.01N CH_3COOH의 pH = $-\log[1 \times 10^{-2}] = 2 - \log 1 = 2 - 0 = 2$
• 0.1N NaOH는 $[OH^-] = 0.1$이므로 $[H^+] = 1 \times 10^{-13}$이다.
pH = $-\log[1 \times 10^{-13}] = 13 - \log 1 = 13 - 0 = 13$

07 메틸알코올과 에틸알코올이 각각 다른 시험관에 들어 있다. 이 두 가지를 구별할 수 있는 실험방법은?

① 금속 나트륨을 넣어 본다.
② 환원시켜 생성물을 비교하여 본다.
③ KOH와 I_2의 혼합용액을 넣고 가열하여 본다.
④ 산화시켜 나온 물질에 은거울 반응시켜 본다.

🔍 에틸알코올의 검출반응 : 아이오도폼 반응
※아이오도폼 반응
에틸알코올에 KOH(NaOH)와 I_2의 혼합용액을 넣어 노란색 침전물(아이오도폼)이 생성되는 반응
$C_2H_5OH + 6KOH + 4I_2 \rightarrow CHI_3 + 5KI + HCOOK + 5H_2O$
(아이오도폼)

08 다음 반응식을 이용하여 구한 $SO_2(g)$의 몰 생성열은?

$$S(s) + 1.5O_2 \rightarrow SO_3(g) \quad \Delta H^0 = -94.5\text{kcal}$$
$$2SO_2(s) + O_2 \rightarrow 2SO_3(g) \quad \Delta H^0 = -47\text{kcal}$$

① −71kcal
② −47.5kcal
③ 71kcal
④ 47.5kcal

🔍 생성열 = (−94.5) − (−47/2) = −71kcal

09 20%의 소금물을 전기분해하여 수산화나트륨 1몰을 얻는데 1A의 전류를 몇 시간 통해야 하는가?

① 13.4
② 26.8
③ 53.6
④ 104.2

🔍 시간(t)
1g당량 시 96500C이므로
전기량 Q = 전류(I) × 시간(t)

시간 $t = \dfrac{\text{전기량}(Q)}{\text{전류}(I)}$

∴ $t = \dfrac{96,500}{1 \times 3,600} = 26.8\text{hr}$

10 다음 물질 중 벤젠 고리를 함유하고 있는 것은?

① 아세틸렌
② 아세톤
③ 메테인
④ 아닐린

🔍 구조식

종류	화학식	구조식	구분
아세틸렌	C_2H_2	HC≡CH	지방족화합물
아세톤	CH_3COCH_3	H-C(H)(H)-C(=O)-C(H)(H)-H	지방족화합물
메테인	CH_4	H-C(H)(H)-H	지방족화합물
아닐린	$C_6H_5NH_2$	(벤젠고리-NH₂)	방향족화합물

11 할로젠화수소의 결합에너지 크기를 비교하였을 때 옳게 표시된 것은?

① HI > HBr > HCl > HF
② HBr > HI > HF > HCl
③ HF > HCl > HBr > HI
④ HCl > HBr > HF > HI

🔍 할로젠화수소의 결합에너지 크기 : HF > HCl > HBr > HI

12 27°C에서 부피가 2L인 고무풍선 속의 수소기체 압력이 1.23atm이다. 이 풍선 속에 몇 mol의 수소기체가 들어 있는가?(단, 이상기체라고 가정한다.)

① 0.01
② 0.05
③ 0.10
④ 0.25

🔍 이상기체상태 방정식을 적용하면
$PV = nRT = \dfrac{W}{M}RT \quad n = \dfrac{PM}{RT}$

여기서 P : 압력(1.23atm), V : 부피(2ℓ), M : 분자량(수소, H_2 = 2),
W : 무게(g), T : 절대온도(273+27°C = 300K),
R : 기체상수(0.08205ℓ · atm/g - mol · K)

∴ $n = \dfrac{PV}{RT} = \dfrac{1.23 \times 2}{0.08205 \times 300} = 0.1\text{mol}$

13 20°C에서 600mL의 부피를 차지하고 있는 기체를 압력의 변화 없이 온도를 40°C로 변화시키면 부피는 얼마로 변하겠는가?

① 300mL
② 641mL
③ 836mL
④ 1200mL

🔍 샤를의 법칙을 적용하면
$V_2 = V_1 \times \dfrac{T_2}{T_1}$

여기서, V_1 : 처음의 부피, V_2 : 나중의 부피
T_1 : 처음의 온도, T_2 : 나중의 온도

∴ $V_2 = V_1 \times \dfrac{T_2}{T_1} = 600\text{m}\ell \times \dfrac{(273+40)\text{K}}{(273+20)\text{K}} = 641\text{m}\ell$

14 질산칼륨 수용액 속에 소량의 염화나트륨이 불순물로 포함되어 있다. 용해도 차이를 이용하여 이 불순물을 제거하는 방법으로 가장 적당한 것은?

① 증류
② 막분리
③ 재결정
④ 전기분해

🔍 재결정 : 질산칼륨 수용액 속에 소량의 염화나트륨의 불순물을 제거하는 방법

15 다음 중 동소체 관계가 아닌 것은?

① 적린과 황린
② 산소와 오존
③ 물과 과산화수소
④ 다이아몬드와 흑연

🔍 동소체 : 같은 원소로 되어 있으나 성질과 모양이 다른 단체

원소	동소체	연소생성물
탄소(C)	다이아몬드, 흑연	이산화탄소(CO_2)
황(S)	사방황, 단사황, 고무상황	이산화황(SO_2)
인(P)	적린(붉은인), 황린,흰인	오산화인(P_2O_5)
산소(O)	산소, 오존	-

16 다음은 원소의 원자번호와 원소기호를 표시한 것이다. 전이원소만으로 나열된 것은?

① $_{20}Ca$, $_{21}Sc$, $_{22}Ti$
② $_{21}Sc$, $_{22}Ti$, $_{29}Cu$
③ $_{26}Fe$, $_{30}Zn$, $_{38}Sr$
④ $_{21}Sc$, $_{22}Ti$, $_{38}Sr$

🔍 전이원소는 원자번호 21번~29번, 39번~47번으로서 전자궤도에 들어갈 수 있는 전자수가 최대수보다 작은 금속원소의 집단이다.

원자번호	기호	명칭	원자번호	기호	명칭
21	Sc	스칸듐	22	Ti	티탄
23	V	바나듐	24	Cr	크로뮴
25	Mn	망가니즈	26	Fe	철
27	Co	코발트	28	Ni	니켈
29	Cu	구리			

17 다음 중 반응이 정반응으로 진행되는 것은?

① $Pb^{2+} + Zn \rightarrow Zn^{2+} + Pb$
② $I_2 + 2Cl^- \rightarrow 2I^- + Cl_2$
③ $2Fe^{3+} + 3Cu \rightarrow 3Cu^{2+} + 2Fe$
④ $Mg^{2+} + Zn \rightarrow Zn^{2+} + Mg$

🔍 이온화경향이 Pb보다 Zn이 크므로 전자를 내어 Zn^{+2}가 되고 Pb^{+2}는 전자를 받아 중성이 되므로 정반응으로 반응이 진행한다.

18 용매분자들이 반투막을 통해서 순수한 용매나 묽은 용액으로부터 좀 더 농도가 높은 용액쪽으로 이동하는 알짜이동을 무엇이라 하는가?

① 총괄이동
② 등방성
③ 국부이동
④ 삼투

🔍 삼투 : 용매분자들이 반투막을 통해서 농도가 낮은 쪽에서 높은 쪽으로 물(용매)이 확산에 의해 이동하는 알짜이동

19 물이 브뢴스테드의 산으로 작용한 것은?

① $HCl + H_2O \rightleftharpoons H_3O^+ + Cl^-$
② $HCOOH + H_2O \rightleftharpoons HCOO^- + H_3O^+$
③ $NH_3 + H_2O \rightleftharpoons NH_4^+ + OH^-$
④ $3Fe + 4H_2O \rightleftharpoons Fe_3O_4 + 4H_2$

🔍 산의 정의
- 아레니우스 : 물에 녹아 수소이온[H^+]을 내는 물질
- 루이스 : 비공유 전자쌍을 받을 수 있는 물질
- 브뢴스테드 : 양성자[H^+]를 줄 수 있는 물질

20 수산화칼슘에 염소가스를 흡수시켜 만드는 물질은?

① 표백분
② 수소화칼슘
③ 염화수소
④ 과산화칼슘

🔍 표백분 : $Ca(OH)_2$[수산화칼슘]에 염소가스를 흡수시켜 분말로서 산화력을 가지면 살균제로 사용된다.

2. 화재예방과 소화방법

21 제6류 위험물인 질산에 대한 설명으로 틀린 것은?

① 강산이다.
② 물과 접촉 시 발열한다.
③ 불연성 물질이다.
④ 열분해 시 수소를 발생한다.

🔍 질산
- 제6류 위험물로서 강산이고 불연성이다.
- 물과 접촉 시 많은 열을 발생한다.
- 분해반응식
  $4HNO_3 \rightarrow 2H_2O(물) + 4NO_2(이산화질소) + O_2(산소)$

22 다음 A ~ D중 분말소화약제로만 나타낸 것은?

| A : 탄산수소나트륨 | B : 탄산수소칼륨 |
| C : 황산구리 | D : 제1인산암모늄 |

① A, B, C, D
② A, D
③ A, B, C
④ A, B, D

🔍 분말 소화약제의 종류

종류	주성분	착색	적응화재
제1종 분말	탄산수소나트륨 (NaHCO₃)	백색	B, C급
제2종 분말	탄산수소칼륨(KHCO₃)	담회색	B, C급
제3종 분말	제일인산암모늄 (NH₄H₂PO₄)	담홍색, 황색	A, B, C급
제4종 분말	탄산수소칼륨 + 요소 [KHCO₃+(NH₂)₂CO]	회색	B, C급

23 이산화탄소소화설비의 소화약제 방출방식 중 전역방출방식 소화설비에 대한 설명으로 옳은 것은?

① 발화위험 및 연소위험이 적고 광대한 실내에서 특정장치나 기계만을 방호하는 방식
② 일정 방호구역 전체에 방출하는 경우 해당부분의 구획을 밀폐하여 불연성가스를 방출하는 방식
③ 일반적으로 개방되어 있는 대상물에 대하여 설치하는 방식
④ 사람이 용이하게 소화활동을 할 수 있는 장소에서 호스를 연장하여 소화활동을 행하는 방식

🔍 가스계소화설비의 방출방식
- 전역방출방식 : 배관 및 분사헤드가 실내에 고정되어 일정 방호구역 전체에 방출하는 경우 해당부분의 구획을 밀폐하여 약제(불연성가스)를 방출하는 방식
- 국소방출방식 : 배관 및 분사헤드가 실내에 고정되어 화재 발생 시 방호대상물에 약제를 방출하는 방식
- 호스릴 방식 : 배관 및 분사헤드가 실내에 고정되어 있지 않고 호스를 이동하면서 약제를 방출하는 방식

24 알루미늄분이 연소 시 주수하면 위험한 이유를 옳게 설명한 것은?

① 물에 녹아 산이 된다.
② 물과 반응하여 유독가스가 발생한다.
③ 물과 반응하여 수소가스가 발생한다.
④ 물과 반응하여 산소가스가 발생한다.

🔍 알루미늄이 물과 반응하면 수소(H_2)가스를 발생한다.
$2Al + 6H_2O \rightarrow 2Al(OH)_3 + 3H_2$

25 제1종 분말소화약제가 1차 열분해되어 표준상태를 기준으로 $2m^3$의 탄산가스가 생성되었다. 몇 kg의 탄산수소나트륨이 사용되었는가?(단, 나트륨의 원자량은 23이다.)

① 15
② 18.75
③ 56.25
④ 75

🔍 제1종 분말약제의 분해반응식
$2NaHCO_3 \rightarrow Na_2CO_3 + H_2O + CO_2$
$2 \times 84kg$ ────── $22.4m^3$
x ────── $2m^3$

$\therefore x = \dfrac{2 \times 84kg \times 2m^3}{22.4m^3} = 15kg$

26 클로로벤젠 300,000L의 소요단위는 얼마인가?

① 20
② 30
③ 200
④ 300

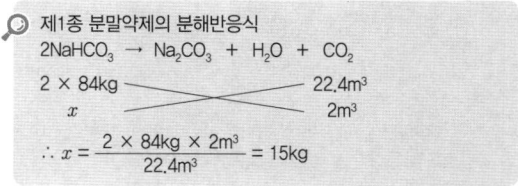
클로로벤젠(C_6H_5Cl)은 제4류 위험물 제2석유류(비수용성)로서 지정수량 1,000ℓ이다.
$\therefore 소요단위 = \dfrac{저장량}{지정수량 \times 10} = \dfrac{300,000ℓ}{1,000ℓ \times 10} = 30단위$

27 가연성물질이 공기 중에서 연소할 때의 연소형태에 대한 설명으로 틀린 것은?

① 공기와 접촉하는 표면에서 연소가 일어나는 것을 표면연소라 한다.
② 황의 연소는 표면연소이다.
③ 산소공급원을 가진 물질 자체가 연소하는 것을 자기연소라 한다.
④ TNT의 연소는 자기연소이다.

🔍 증발연소 : 황, 나프탈렌, 왁스, 파라핀 등과 같이 고체를 가열하면 열분해는 일어나지 않고 고체가 액체로 되어 일정온도가 되면 액체가 기체로 변화하여 기체가 연소하는 현상
※황 : 증발연소, TNT : 자기연소

28 소화약제로서 물이 갖는 특성에 대한 설명으로 옳지 않은 것은?

① 유화효과(emulsification effect)도 기대할 수 있다.
② 증발잠열이 커서 기화 시 다량 열을 제거한다.
③ 기화팽창률이 커서 질식효과가 있다.
④ 용융잠열이 커서 주수 시 냉각효과가 뛰어나다.

🔍 물을 소화약제로 사용하는 이유 : 기화(증발)잠열과 비열이 크므로

29 제1류 위험물 중 알칼리금속 과산화물의 화재에 적응성이 있는 소화약제는?

① 인산염류 분말   ② 이산화탄소
③ 탄산수소염류 분말 ④ 할로젠화합물

🔍 알칼리금속의 과산화물 소화약제 : 탄산수소염류 분말, 건조된 모래

30 가연성가스의 폭발범위에 대한 일반적인 설명으로 틀린 것은?

① 가스의 온도가 높아지면 폭발범위는 넓어진다.
② 폭발한계농도 이하에서 폭발성 혼합가스를 생성한다.
③ 공기 중에서보다 산소 중에서 폭발범위가 넓어진다.
④ 가스압이 높아지면 하한값은 크게 변하지 않으나 상한값은 높아진다.

🔍 가연성가스는 폭발하한계 이상 폭발상한계 이하에서만 폭발한다.

31 할로젠화합물 소화약제가 전기화재에 사용될 수 있는 이유에 대한 다음 설명 중 가장 적합한 것은?

① 전기적으로 부도체이다.
② 액체의 유동성이 좋다.
③ 탄산가스와 반응하여 포스겐을 만든다.
④ 증기의 비중이 공기보다 작다.

🔍 할로젠화합물 소화약제(가스계 소화약제)는 전기 부도체이므로 전기화재에 사용할 수 있다.

32 위험물제조소등에 설치하는 포 소화설비의 기준에 따르면 포헤드 방식의 포헤드는 방호대상물의 표면적 1m² 당 방사량이 몇 L/min 이상의 비율로 계산한 양의 포 수용액을 표준 방사량으로 방사할 수 있도록 설치하여야 하는가?

① 3.5   ② 4
③ 6.5   ④ 9

🔍 포헤드방식의 포헤드 설치기준
• 포헤드는 방호대상물의 모든 표면이 포헤드의 유효사정 내에 있도록 설치할 것
• 방호대상물의 표면적(건축물의 경우에는 바닥면적) 9m²당 1개 이상의 헤드를, 방호대상물의 표면적 1m²당의 방사량이 6.5L/min 이상의 비율로 계산한 양의 포수용액을 표준방사량으로 방사할 수 있도록 설치 할 것
• 방사구역은 100m² 이상(방호대상물의 표면적이 100m² 미만인 경우에는 당해 표면적)으로 할 것

33 위험물안전관리법령상 정전기를 유효하게 제거하기 위해서는 공기 중의 상대습도는 몇 % 이상 되게 하여야 하는가?

① 40%   ② 50%
③ 60%   ④ 70%

🔍 정전기 방지법
• 접지할 것
• 상대습도를 70% 이상으로 할 것
• 공기를 이온화할 것

34 적린과 오황화인의 공통 연소생성물은?

① SO_2
② H_2S
③ P_2O_5
④ H_3PO_4

> 적린과 오황화인은 연소하면 오산화인(P_2O_5)의 연소생성물이 같다.
> • 적린 : $4P + 5O_2 \rightarrow 2P_2O_5$
> • 오황화인 : $2P_2S_5 + 15O_2 \rightarrow 2P_2O_5 + 10SO_2$

35 인화알루미늄의 화재 시 주수소화를 하면 발생하는 가연성 기체는?

① 아세틸렌
② 메테인
③ 포스겐
④ 포스핀

> 인화알루미늄(AlP)이 물과 반응하면 포스핀(인화수소, PH_3)을 발생한다.
> $AlP + 3H_2O \rightarrow Al(OH)_3 + PH_3 \uparrow$

36 전기불꽃 에너지 공식에서 ( )에 알맞은 것은?
(단, Q : 전기량, V : 방전전압, C : 전기용량이다.)

$$E = \frac{1}{2}(\quad) = \frac{1}{2}(\quad)$$

① QV, CV
② QC, CV
③ QV, CV^2
④ QC, QV^2

> 전기불꽃 에너지
> $E = \frac{1}{2}QV = \frac{1}{2}CV^2$
> 여기서, C : 정전용량(Farad), V : 방전전압(Volt), Q : 전기량(Coulomb)

37 위험물제조소등의 스프링클러설비의 기준에 있어 개방형스프링클러헤드는 스프링클러헤드의 반사판으로부터 하방과 수평방향으로 각각 몇 m의 공간을 보유하여야 하는가?

① 하방 : 0.3m, 수평방향 : 0.45m
② 하방 : 0.3m, 수평방향 : 0.3m
③ 하방 : 0.45m, 수평방향 : 0.45m
④ 하방 : 0.45m, 수평방향 : 0.3m

> 개방형스프링클러헤드의 설치기준
> • 방호대상물의 모든 표면이 헤드의 유효사정 내에 있도록 설치할 것
> • 스프링클러헤드의 반사판으로부터 하방으로 0.45m, 수평방향으로 0.3m의 공간을 보유할 것

38 벤젠과 톨루엔의 공통점이 아닌 것은?

① 물에 녹지 않는다.
② 냄새가 없다.
③ 휘발성 액체이다.
④ 증기는 공기보다 무겁다.

> 벤젠과 톨루엔은 제4류 위험물 제1석유류(비수용성)로서 특유한 냄새가 난다.

39 강화액 소화약제에 소화력을 향상시키기 위하여 첨가하는 물질로 옳은 것은?

① 탄산칼륨
② 질소
③ 사염화탄소
④ 아세틸렌

> 물의 소화효과를 높이기 위해 탄산칼륨(K_2CO_3)를 첨가한 소화약제가 강화액 소화약제이다.

40 일반적으로 고급 알코올황산에스터염을 기포제로 사용하며 냄새가 없는 황색의 액체로서 밀폐 또는 준밀폐 구조물의 화재시 고팽창포로 사용하여 화재를 진압할 수 있는 포 소화약제는?

① 단백포 소화약제
② 합성계면활성제 포소화약제
③ 알코올형 포소화약제
④ 수성막 포소화약제

> 합성계면활성제포 : 고급 알코올황산에스터염을 기포제로 사용하며 냄새가 없는 황색의 액체로서 밀폐 또는 준밀폐 구조물의 화재 시 고팽창포로 사용하는 포 소화약제

3. 위험물 성상 및 취급

41 다음 물질 중 인화점이 가장 낮은 것은?

① 톨루엔
② 아세톤
③ 벤젠
④ 다이에틸에터

🔍 인화점(특수인화물이 인화점이 가장 낮다.)

종류	품명	인화점
톨루엔	제1석유류	4℃
아세톤	제1석유류	-18.5℃
벤젠	제1석유류	-11℃
다이에틸에터	특수인화물	-40℃

42 위험물안전관리법령에서 정한 위험물의 운반에 관한 설명으로 옳은 것은?

① 위험물을 화물차량으로 운반하면 특별히 규제받지 않는다.
② 승용차량으로 위험물을 운반할 경우에만 운반의 규제를 받는다.
③ 지정수량 이상의 위험물을 운반할 경우에만 운반의 규제를 받는다.
④ 위험물을 운반할 경우 그 양의 다소를 불문하고 운반의 규제를 받는다.

🔍 위험물을 운반할 경우 그 양의 다소를 불문하고 운반의 규제를 받는다.

43 위험물안전관리법령상 시·도의 조례가 정하는 바에 따라, 관할소방서장의 승인을 받아 지정수량 이상의 위험물을 임시로 제조소 등이 아닌 장소에서 취급할 때 며칠 이내의 기간 동안 취급할 수 있는가?

① 7
② 30
③ 90
④ 180

🔍 위험물 임시저장 기간 : 관할 소방서장의 승인을 받고 90일 이내

44 제6류 위험물의 취급 방법에 대한 설명 중 옳지 않은 것은?

① 가연성 물질과의 접촉을 피한다.
② 지정수량의 $\frac{1}{10}$을 초과할 경우 제2류 위험물과의 혼재를 금한다.
③ 피부와 접촉하지 않도록 주의한다.
④ 위험물제조소에는 "화기엄금" 및 "물기엄금" 주의사항을 표시한 게시판을 반드시 설치하여야 한다.

🔍 위험물제조소등 : 제1류 위험물의 알칼리금속의 과산화물외와 제6류 위험물은 제조소등에는 주의사항을 표시한 게시판을 설치할 필요가 없다.
※운반 시 제6류 위험물의 주의사항 : 가연물접촉주의

45 다음 중 오황화인의 성질에 관한 설명이다. 옳은 것은?

① 물과 반응하면 불연성 기체가 발생된다.
② 담황색 결정으로서 흡습성·조해성이 있다.
③ P_5S_2로 표현되며 물에 녹지 않는다.
④ 공기 중 상온에서 쉽게 자연 발화된다.

🔍 오황화인(P_2S_5)
- 담황색 결정으로서 흡습성과 조해성이 있다.
- 물 또는 알칼리에 분해하여 황화수소(H_2S)와 인산(H_3PO_4)이 된다.
- $P_2S_5 + 8H_2O \rightarrow 5H_2S + 2H_3PO_4$

46 다음은 위험물안전관리법령에서 정한 아세트알데하이드등을 취급하는 제조소의 특례에 관한 내용이다. ( ) 안에 해당하지 않는 물질은?

아세트알데하이드등을 취급하는 설비는 ( )·( )·( )·마그네슘 또는 이들을 성분으로 하는 합금을 만들지 아니할 것

① Ag
② Hg
③ Cu
④ Fe

🔍 아세트알데하이드등은 구리(Cu), 마그네슘(Mg), 은(Ag), 수은(Hg)과 반응하면 아세틸레이트를 생성하므로 위험하다.

47 물과 접촉하였을 때 에테인이 발생되는 물질은?

① CaC_2
② $(C_2H_5)_3Al$
③ $C_6H_3(NO_2)_3$
④ $C_2H_5ONO_2$

> 물과 반응
> • 탄화칼슘 : $CaC_2 + 2H_2O \rightarrow Ca(OH)_2 + C_2H_2$(아세틸렌)
> • 트라이에틸알루미늄 : $(C_2H_5)_3Al + 3H_2O \rightarrow Al(OH)_3 + 3C_2H_6$(에테인)
> • 트라이나이트로벤젠[$C_6H_3(NO_2)_3$], 질산에틸[$C_2H_5ONO_2$]은 물과 반응하지 않는다.

48 위험물안전관리법령에 근거한 위험물 운반 및 수납 시 주의사항에 대한 설명 중 틀린 것은?

① 위험물을 수납하는 용기는 위험물이 누설되지 않게 밀봉시켜야 한다.
② 온도 변화로 가스가 발생해 운반용기 안의 압력이 상승할 우려가 있는 경우(발생한 가스가 위험성이 있는 경우는 제외)에는 가스 배출구가 설치된 운반용기에 수납할 수 있다.
③ 액체위험물은 운반용기 내용적의 98% 이하의 수납율로 수납하되 55℃의 온도에서 누설되지 아니하도록 충분한 공간 용적을 유지하도록 하여야 한다.
④ 고체위험물은 운반용기 내용적의 98% 이하의 수납율로 수납하여야 한다.

> 운반용기의 수납율
> • 고체 : 95% 이하
> • 액체 : 98% 이하

49 인화칼슘이 물과 반응하여 발생하는 기체는?

① 포스겐
② 포스핀
③ 메테인
④ 이산화황

> 인화칼슘은 물과 반응하면 수산화칼슘과 포스핀(인화수소, PH_3)의 독성가스를 발생한다.
> $Ca_3P_2 + 6H_2O \rightarrow 3Ca(OH)_2 + 2PH_3$

50 제1류 위험물 중 무기과산화물 150kg, 질산염류 300kg, 다이크로뮴산염류 3000kg을 저장하려 한다. 각각 지정수량의 배수의 총합은 얼마인가?

① 5 ② 6
③ 7 ④ 8

> 지정수량
>
> | 종류 | 류별 | 지정수량 |
> | --- | --- | --- |
> | 무기과산화물 | 제1류 위험물 | 50kg |
> | 질산염류 | 제1류 위험물 | 300kg |
> | 다이크로뮴산염류 | 제1류 위험물 | 1,000kg |
>
> ∴ 지정수량의 배수 = $\frac{저장수량}{지정수량}$
> = $\frac{150kg}{50kg} + \frac{300kg}{300kg} + \frac{3,000kg}{1,000kg}$ = 7배

51 아염소산나트륨이 완전 열분해하였을 때 발생하는 기체는?

① 산소
② 염화수소
③ 수소
④ 포스겐

> 아염소산나트륨(NaClO)이 열분해하면 NaCl(염화나트륨)과 산소(O_2)가스를 발생한다.
> $2NaClO \rightarrow 2NaCl + O_2$

52 제2류 위험물과 제5류 위험물의 공통적인 성질은?

① 가연성 물질이다.
② 강한 산화제이다.
③ 액체물질이다.
④ 산소를 함유한다.

> 제2류 위험물과 제5류 위험물은 가연성 물질이다.

53 다음 중 연소범위가 가장 넓은 것은?

① 휘발유
② 톨루엔
③ 에틸알코올
④ 다이에틸에터

> 연소범위
>
> | 종류 | 연소범위 | 종류 | 연소범위 |
> | --- | --- | --- | --- |
> | 휘발유 | 1.2 ~ 7.6% | 톨루엔 | 1.27 ~ 7.0% |
> | 에틸알코올 | 3.1 ~ 27.7% | 다이에틸에터 | 1.7 ~ 48% |

54 위험물제조소의 배출설비 기준 중 국소방식의 경우 배출능력은 1시간당 배출장소 용적의 몇 배 이상인 것으로 하여야 하는가?

① 10배
② 20배
③ 30배
④ 40배

> 국소방식의 배출설비의 배출능력 : 1시간당 배출장소 용적의 20배 이상

55 묽은 질산에 녹고 비중이 약 2.7인 은백색의 금속은?

① 아연분
② 마그네슘분
③ 안티몬분
④ 알루미늄분

> 알루미늄분의 물성

화학식	외관	분자량	비중	묽은 질산
Al	은백색의 금속	27	2.7	녹는다

56 동식물유류에 대한 설명으로 틀린 것은?

① 건성유는 자연발화의 위험성이 높다.
② 불포화도가 클수록 아이오딘값이 크며 산화되기 쉽다.
③ 아이오딘값이 130 이하인 것이 건성유이다.
④ 1기압에서 인화점이 섭씨 250도 미만이다.

> 아이오딘값이 130 이상인 것은 건성유이다.

57 황린에 대한 설명으로 틀린 것은?

① 백색 또는 담황색으로 고체이며 증기는 독성이 있다.
② 물에 녹지 않고 이황화탄소에는 녹는다.
③ 공기 중에서 산화되어 오산화인이 된다.
④ 녹는점이 적린과 비슷하다.

> 적린과 황린의 비교

구분 항목	적린	황린
색상	암적색	백색, 담황색
발화점	260℃	34℃
녹는점	600℃	44℃
유독성	약하다	심하다
용해성	물에 녹지 않는다.	물에 녹지 않고 이황화탄소에는 녹는다.
연소생성물	P_2O_5	P_2O_5

58 과산화나트륨이 물과 반응할 때의 변화를 가장 옳게 설명한 것은?

① 산화나트륨과 수소를 발생한다.
② 물을 흡수하여 탄산나트륨이 된다.
③ 산소를 방출하며 수산화나트륨이 된다.
④ 서서히 물에 녹아 과산화나트륨의 안정한 수용액이 된다.

> 과산화나트륨이 물과 반응하면 수산화나트륨(NaOH)과 산소(O_2)를 발생한다.
> $2Na_2O_2 + 2H_2O \rightarrow 4NaOH + O_2$

59 유기과산화물에 대한 설명으로 틀린 것은?

① 소화방법으로는 질식소화가 가장 효과적이다.
② 벤조일퍼옥사이드, 메틸에틸케톤퍼옥사이드 등이 있다.
③ 저장 시 고온체나 화기의 접근을 피한다.
④ 지정수량은 10kg이다.

> 유기과산화물 소화 : 냉각소화

60 메틸에틸케톤의 취급방법에 대한 설명으로 틀린 것은?

① 쉽게 연소하므로 화기접근을 금한다.
② 직사광선을 피하고 통풍이 잘 되는 곳에 저장한다.
③ 탈지작용이 있으므로 피부에 접촉하지 않도록 주의한다.
④ 유리용기를 피하고 수지, 섬유소등의 재질로 된 용기에 저장한다.

🔍 메틸에틸케톤은 유리용기에 저장한다.

정답 최근기출문제 2019년 1회				
01 ①	02 ③	03 ③	04 ①	05 ①
06 ②	07 ③	08 ①	09 ②	10 ④
11 ③	12 ③	13 ②	14 ③	15 ③
16 ②	17 ①	18 ④	19 ③	20 ①
21 ④	22 ④	23 ②	24 ③	25 ①
26 ②	27 ②	28 ④	29 ③	30 ②
31 ①	32 ③	33 ④	34 ③	35 ④
36 ③	37 ④	38 ②	39 ①	40 ②
41 ④	42 ④	43 ③	44 ④	45 ②
46 ④	47 ②	48 ④	49 ②	50 ③
51 ①	52 ①	53 ④	54 ②	55 ④
56 ③	57 ④	58 ③	59 ①	60 ④

2019년 2회 최근기출문제

1. 물질의 물리 · 화학적 성질

01 황의 산화수가 나머지 셋과 다른 하나는?

① Ag_2S
② H_2SO_4
③ SO_4^{2-}
④ $Fe_2(SO_4)_3$

🔍 황(S)의 산화수
- Ag_2S : $(1 \times 2) + x = 0$, $x = -2$
- H_2SO_4 : $(1 \times 2) + x + (-2 \times 4) = 0$, $x = 6$
- SO_4^{2-} : $x + (-2 \times 4) = -2$, $x = 6$
- $Fe_2(SO_4)_3$: $(3 \times 2) + [3x + (-2 \times 4)] \times 3 = 0$, $x = 6$

02 다음 물질 중 이온결합을 하고 있는 것은?

① 얼음
② 흑연
③ 다이아몬드
④ 염화나트륨

🔍 이온결합 : 양이온과 음이온사이의 정전력에 의한 결합으로 염화나트륨, 염화칼륨, 산화칼슘등

03 H_2O가 H_2S보다 비등점이 높은 이유는?

① 이온결합을 하고 있기 때문에
② 수소결합을 하고 있기 때문에
③ 공유결합을 하고 있기 때문에
④ 분자량이 적기 때문에

🔍 물은 수소결합을 하므로 황화수소(H_2S)보다 비등점(끓는점)이 높다.

04 황산구리용액에 10A의 전류를 1시간 통하면 구리(원자량 = 63.54)를 몇 g석출하겠는가?

① 7.2g
② 11.85g
③ 23.7g
④ 31.77g

🔍 석출된 구리양
$C = A \times sec = 10A \times 3,600s = 36,000C$
$36,000/96,500 = 0.373F$
1g당량 = 63.6/2 = 31.8g
1F는 1g당량이므로 1F : 31.8g = 0.373F : x
$x = 31.8 \times 0.373 = 11.86g$

05 순수한 옥살산($C_2H_2O_4 \cdot 2H_2O$)결정 6g을 물에 녹여서 500mL의 용액을 만들었다. 이 용약의 농도는 몇 M인가?

① 0.1
② 0.2
③ 0.3
④ 0.4

🔍 용액의 농도

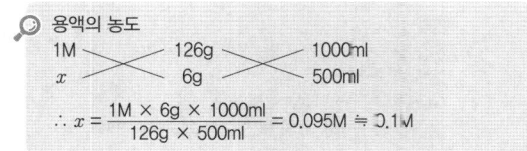

$\therefore x = \dfrac{1M \times 6g \times 1000ml}{126g \times 500ml} = 0.095M ≒ 0.1M$

06 먹물에 아교나 젤라틴을 약간 풀어주면 탄소입자가 쉽게 침전되지 않는다. 이 때 가해준 아교는 무슨 콜로이드로 작용하는가?

① 서스펜션
② 소수
③ 복합
④ 보호

🔍 보호콜로이드 : 소수콜로이드에 친수콜로이드(아교, 젤라틴, 단백질)를 풀어주면 탄소입자가 침전이 일어나지 않도록 하는 콜로이드

07 비금속원소와 금속원소 사이의 결합은 일반적으로 어떤 결합에 해당되는가?

① 공유결합
② 금속결합
③ 비금속결합
④ 이온결합

🔍 이온결합 : 비금속원소와 금속원소 사이의 정전력에 의한 결합으로 NaCl, KCl, CaO, MgO 등이 있다.

08 실제기체는 어떤 상태일 때 이상기체방정식에 잘 맞는가?

① 온도가 높고 압력이 높을 때
② 온도가 낮고 압력이 낮을 때
③ 온도가 높고 압력이 낮을 때
④ 온도가 낮고 압력이 높을 때

> 실제기체는 온도가 높고 압력이 낮을 때 이상기체방정식에 잘 맞는다.

09 화학반응속도를 증가시키는 방법으로 옳지 않은 것은?

① 온도를 높인다.
② 부촉매를 가한다.
③ 반응물 온도를 높게 한다.
④ 반응물 표면적을 크게 한다.

> 화학반응속도를 증가시키는 방법
> • 온도를 높인다.
> • 촉매를 가하면 반응속도를 빨리한다.
> • 농도나 표면적을 크게 하면 반응속도를 증가시킨다.

10 네슬러 시약에 의하여 적갈색으로 검출되는 물질은 어느 것인가?

① 질산이온 ② 암모늄이온
③ 아황산이온 ④ 일산화탄소

> 네슬러 시약은 암모늄 이온이 유무를 테스트하기 위한 시약으로 암모늄 이온과 반응하면 적갈색의 침전물이 생긴다.

11 산(Acid)의 성질을 설명한 것 중 틀린 것은?

① 수용액 속에서 H^+를 내는 화합물이다.
② pH 값이 작을수록 강산이다.
③ 금속과 반응하여 수소를 발생하는 것이 많다.
④ 붉은색 리트머스 종이를 푸르게 변화시킨다.

> 산의 성질
> • 수용액 속에서 H^+를 내는 화합물이다.
> • pH 값이 작을수록 강산이다
> • 금속과 반응하여 수소를 발생하는 것이 많다.
> • 리트머스종이는 청색에서 적색으로 변한다.

12 황이 산소와 결합하여 SO_2를 만들 때에 대한 설명으로 옳은 것은?

① 황은 환원되었다.
② 황은 산화되었다.
③ 불가능한 반응이다.
④ 산소는 산화되었다.

> $S + O_2 \to SO_2$일 때 S는 산화(산소와 결합)되었다.

13 다음 밑줄 친 원소 중 산화수가 +5인 것은?

① Na$_2$<u>Cr</u>$_2$O$_7$ ② K$_2$<u>S</u>O$_4$
③ K<u>N</u>O$_3$ ④ <u>Cr</u>O$_3$

> 산화수
> • $Na_2Cr_2O_7$: $(+1) \times 2 + 2x + (-2) \times 7 = 0$ $x = +6$
> • K_2SO_4 : $(+1) \times 2 + x + (-2) \times 4 = 0$ $x = +6$
> • KNO_3 : $(+1) + x + (-2) \times 3 = 0$ $x = +5$
> • CrO_3 : $x + (-2) \times 3 = 0$ $x = +6$

14 AgCl의 용해도는 0.0016g/L이다. 이 AgCl의 용해도곱(solubility product)은 약 얼마인가?(단, 원자량은 각각 Ag 108, Cl 35.5이다.)

① 1.24×10^{-10} ② 2.24×10^{-10}
③ 1.12×10^{-5} ④ 4×10^{-4}

> 염화은(AgCl)의 반응식
> $AgCl \rightleftharpoons Ag^{++} + Cl^-$
> • AgCl의 분자량 : $108 + 35.5 = 143.5$
> • 용해도곱 $= \left(\dfrac{0.0016}{143.5}\right)^2 = 1.24 \times 10^{-10}$

15 0.1M 아세트산 용액의 해리도를 구하면 약 얼마인가?(단, 아세트산의 해리상수는 1.8×10^{-5}이다.)

① 1.8×10^{-5} ② 1.8×10^{-2}
③ 1.3×10^{-5} ④ 1.3×10^{-2}

> 해리도
> $K_a = 1.8 \times 10^{-5} = \dfrac{[H^+][CH_3COO^-]}{[CH_3COOH]} = \dfrac{x^2}{0.1}$
> $x = [H^+] = 1.34 \times 10^{-3}M$
> ∴ 해리도 $= \dfrac{1.34 \times 10^{-3}}{0.1} = 0.0134 = 1.34 \times 10^{-2}$

16 NH_4Cl에서 배위결합을 하고 있는 부분을 옳게 설명한 것은?

① NH_3의 N-H 결합
② NH_3와 H^+과의 결합
③ NH_4^+와 Cl^-과의 결합
④ H^+과 Cl^-과의 결합

🔍 NH_4Cl(염화암모늄)은 NH_3와 H^+과의 배위결합이다.

17 자철광 제조법으로 빨갛게 달군 철에 수증기를 통할 때의 반응식으로 옳은 것은?

① $3Fe + 4H_2O \rightarrow Fe_3O_4 + 4H_2$
② $2Fe + 3H_2O \rightarrow Fe_2O_3 + 3H_2$
③ $Fe + H_2O \rightarrow FeO + H_2$
④ $Fe + 2H_2O \rightarrow FeO_2 + 2H_2$

🔍 달군 철에 수증기를 통할 때의 반응식
$3Fe + 4H_2O \rightarrow Fe_3O_4 + 4H_2$

18 다음 반응속도식에서 2차 반응인 것은?

① $V = k[A]^{\frac{1}{2}}[B]^{\frac{1}{2}}$
② $V = k[A][B]$
③ $V = k[A][B]^2$
④ $V = k[A]^2[B]^2$

🔍 반응속도식
· 1차 반응 : $V=k[A]$
· 2차 반응 : $V=k[A][B]$

19 불꽃반응 결과 노란색을 나타내는 미지의 시료를 녹인 용액에 $AgNO_3$용액을 넣으니 백색침전이 생겼다. 이 시료의 성분은?

① Na_2SO_4 ② $CaCl_2$
③ $NaCl$ ④ KCl

🔍 나트륨의 불꽃색상 : 노란색
염화나트륨과 질산은($AgNO_3$)이 반응하면 염화은($AgCl$)의 백색 침전이 생성된다.
$NaCl + AgNO_3 \rightarrow AgCl + NaNO_3$
염화은(백색침전)

20 다음 화학반응 중 H_2O가 염기로 작용한 것은?

① $CH_3COOH + H_2O \rightarrow CH_3COO^- + H_3O^+$
② $NH_3 + H_2O \rightarrow NH_4^+ + OH^-$
③ $CO_3^{-2} + 2H_2O \rightarrow H_2CO_3 + 2OH^-$
④ $Na_2O + H_2O \rightarrow 2NaOH$

🔍 양성자(H^+)를 받을 수 있는 물질이 염기이다.

2. 화재예방과 소화방법

21 A, B, C급 화재에 적응성이 있으며 열분해 되어 부착성이 좋은 메타인산을 만드는 분말소화약제는?

① 제1종
② 제2종
③ 제3종
④ 제4종

🔍 제3종 분말열분해반응식
$NH_4H_2PO_4 \rightarrow HPO_3(메타인산) + NH_3 + H_2O$

22 정전기를 유효하게 제거할 수 있는 설비를 설치하고자 할 때 위험물안전관리법령에서 정한 정전기 제거방법의 기준으로 옳은 것은?

① 공기 중의 상대습도를 70% 이상으로 하는 방법
② 공기 중의 상대습도를 70% 미만으로 하는 방법
③ 공기 중의 절대습도를 70% 이상으로 하는 방법
④ 공기 중의 상대습도를 70% 미만으로 하는 방법

🔍 정전기 제거 방법 : 상대습도를 70% 이상으로 할 것

23 자연발화가 일어날 수 있는 조건으로 가장 옳은 것은?

① 주위의 온도가 낮을 것
② 표면적이 작을 것
③ 열전도율이 작을 것
④ 발열량이 작을 것

🔍 열전도율이 적을수록 자연발화가 잘 일어난다.

24 다음은 제4류 위험물에 해당하는 물품의 소화방법을 설명한 것이다. 소화효과가 가장 떨어지는 것은?

① 산화프로필렌 : 알코올용포로 질식소화 한다.
② 아세톤 : 수성막포를 이용하여 질식소화 한다.
③ 이황화탄소 : 탱크 또는 용기 내부에서 연소하고 있는 경우에는 물을 사용하여 질식소화 한다.
④ 다이에틸에터 : 이산화탄소 소화설비를 이용하여 질식소화 한다.

🔍 아세톤, 피리딘등 수용성 액체는 알코올용포 소화약제로 질식소화 한다.

25 피리딘 20,000리터에 대한 소화설비의 소요단위는?

① 5단위 ② 10단위
③ 15단위 ④ 100단위

🔍 소요단위 = $\dfrac{저장량}{지정수량 \times 10}$ = $\dfrac{20,000ℓ}{400ℓ \times 10}$ = 5단위

※ 피리딘[제4류 위험물 제1석유류(수용성)]의 지정수량 : 400ℓ

26 위험물제조소등에 설치하는 포소화설비에 있어서 포헤드 방식의 포헤드는 방호대상물의 표면적(m²) 얼마 당 1개 이상의 포헤드를 설치하여야 하는가?

① 3 ② 6
③ 9 ④ 12

🔍 포헤드의 설치기준
• 포헤드는 방호대상물의 모든 표면이 포헤드의 유효사정 내에 있도록 설치할 것
• 방호대상물의 표면적(건축물의 경우에는 바닥면적) 9m²당 1개 이상의 헤드를, 방호대상물의 표면적 1m²당의 방사량이 6.5ℓ/min 이상의 비율로 계산한 양의 포수용액을 표준방사량으로 방사할 수 있도록 설치 할 것
• 방사구역은 100m² 이상(방호대상물의 표면적이 100m² 미만인 경우에는 당해 표면적)으로 할 것

27 탄소 1mol이 완전 연소하는데 필요한 최소 이론공기량은 약 몇 L인가?(단, 0℃, 1기압 기준이며 공기 중 산소의 농도는 21vol%이다.)

① 10.7 ② 22.4
③ 107 ④ 224

🔍 이론 공기량
$C + O_2 \rightarrow CO_2$
1mol   22.4ℓ (이론산소량)
∴ 공기 중 산소의 농도는 21vol%이므로
이론공기량 = 22.4ℓ ÷ 0.21 = 106.7ℓ

28 위험물 제조소에 옥내소화전설비를 3개 설치하였다. 수원의 양은 몇 m³ 이상이어야 하는가?

① 7.8m³
② 9.9m³
③ 10.4m³
④ 23.4m³

🔍 옥내소화전설비의 수원
소화전의 수(최대 5개) × 7.8m³ = 3 × 7.8m³ = 23.4m³

29 위험물안전관리법령상 옥내소화전설비의 비상전원은 자가발전설비 또는 축전지설비로 옥내소화전설비를 유효하게 몇 분 이상 작동할 수 있어야 하는가?

① 10분
② 20분
③ 45분
④ 60분

🔍 위험물안전관리법령상 옥내소화전설비의 비상전원 : 45분 이상

30 수성막포 소화약제를 수용성 알코올화재 시 사용하면 소화효과가 떨어지는 가장 큰 이유는?

① 유독가스가 발생하므로
② 화염의 온도가 높으므로
③ 알코올은 포와 반응하여 가연성가스를 발생하므로
④ 알코올이 포 속의 물을 탈취하여 포가 파괴되므로

🔍 수용성 알코올화재 시 수성막포 소화약제를 사용하면 포가 파괴되므로 적합하지 않다.

31 위험물안전관리법령상 제6류 위험물에 적응성 있는 소화설비는?

① 옥내소화전설비
② 불활성가스소화설비
③ 할로젠화합물소화설비
④ 탄산수소염류 분말소화설비

🔍 제6류 위험물 : 냉각소화(옥내소호·전설비, 스프링클러설비)

32 인산염등을 주성분으로 한 분말소화약제의 착색은?

① 백색
② 담홍색
③ 검은색
④ 회색

🔍 인산염의 분말 : 제3종 분말(약제의 착색 : 담홍색)

33 위험물안전관리법령상 위험물과 적응성이 있는 소화설비가 잘못 짝지어진 것은?

① K - 탄산수소염류 분말소화설비
② $C_2H_5OC_2H_5$ - 불활성가스소화설비
③ Na - 건조사
④ CaC_2 - 물통

🔍 CaC_2(탄화칼슘)은 물과 반응하면 가연성 가스인 아세틸렌을 발생, 소화약제로는 마른모래나 탄산수소염류 분말소화약제를 사용한다.

34 다음 각 위험물의 저장소에서 화재가 발생하였을 때 물을 사용하여 소호할 수 있는 물질은?

① K_2O_2
② CaC_2
③ Al_4C_3
④ P_4

🔍 물과 반응
• 과산화칼륨(K_2O_2) : $2K_2O_2 + 2H_2O \rightarrow 4KOH + O_2$(산소)
• 탄화칼슘(CaC_2) : $CaC_2 + 2H_2O \rightarrow Ca(OH)_2 + C_2H_2$(아세틸렌)
• 탄화알루미늄(Al_4C_3) : $Al_4C_3 + 12H_2O \rightarrow 4Al(OH)_3 + 3CH_4$(메테인)
• 황린(P_4) : 물 속에 저장한다.

35 위험물안전관리법령상 소화설비의 설치기준에서 제조소등에 전기설비(전기배선, 조명기구등은 제외)가 설치된 경우에는 해당 장소의 면적 몇 m^2마다 소형수동식 소화기를 1개 이상 설치하여야 하는가?

① 50
② 75
③ 100
④ 150

🔍 제조소등에 전기설비 : 면적 $100m^2$마다 소형수동식 소화기를 1개 이상 설치할 것

36 위험물안전관리법령상 이동저장탱크(압력탱크)에 대해 실시하는 수압시험은 용접부에 대한 어떤 시험으로 대신할 수 있는가?

① 비파괴시험과 기밀시험
② 비파괴시험과 충수시험
③ 충수시험과 기밀시험
④ 방폭시험과 충수시험

🔍 이동저장탱크의 수압시험
• 압력탱크(46.7kPa 이상인 탱크)외의 탱크 : 70kPa의 압력으로 10분간의 수압시험을 실시하여 새거나 변형되지 아니할 것
• 압력탱크 : 최대상용압력의 1.5배의 압력으로 10분간의 수압시험을 실시하여 새거나 변형되지 아니 할 것. 이 경우 수압시험은 용접부에 대한 비파괴시험과 기밀시험으로 대신할 수 있다.

37 다음 [보기]에서 열거한 위험물의 지정수량을 모두 합한 값은?

> 과아이오딘산, 과아이오딘산염류, 과염소산, 과염소산염류

① 450kg
② 500kg
③ 950kg
④ 1200kg

🔍 위험물의 지정수량

종류	류별	지정수량
과아이오딘산	제1류 위험물	300kg
과아이오딘산염류	제1류 위험물	300kg
과염소산	제6류 위험물	300kg
과염소산염류	제1류 위험물	50kg

∴ 지정수량의 합 : 300kg + 300kg + 300kg + 50kg = 950kg

38 다음 중 화재 시 다량의 물에 의한 냉각소화가 가장 효과적인 것은?

① 금속의 수소화물
② 알칼리금속의 과산화물
③ 유기과산화물
④ 금속분

> 제5류 위험물인 유기과산화물 : 물에 의한 냉각소화

39 위험물안전관리법령상 옥내소화전설비의 기준으로 옳지 않은 것은?

① 소화전함은 화재 발생 시 화재 등에 의한 피해의 우려가 많은 장소에 설치하여야 한다.
② 호스접속구는 바닥으로부터 1.5m 이하의 높이에 설치한다.
③ 가압송수장치의 시동을 알리는 표시등은 적색으로 한다.
④ 별도의 정해진 조건을 충족하는 경우는 가압송수장치의 시동표시등을 설치하지 않을 수 있다.

> 소화전함은 화재 발생 시 화재 등에 의한 피해의 우려가 없는 장소에 설치하여야 한다.

40 불활성가스 소화약제 중 IG-55의 구성성분을 모두 나타낸 것은?

① 질소
② 이산화탄소
③ 질소와 아르곤
④ 질소, 아르곤, 이산화탄소

> 불활성가스 소화약제의 분류

종류	화학식
IG - 01	Ar(아르곤)
IG - 55	N_2(50%), Ar(50%)
IG - 100	N_2(질소)
IG - 541	N_2(52%), Ar(40%), CO_2(이산화탄소)(8%)

3. 위험물 성상 및 취급

41 아세톤과 아세트알데하이드에 대한 설명으로 옳은 것은?

① 증기비중은 아세톤이 아세트알데하이드보다 작다.
② 위험물안전관리법령상 품명은 서로 다르지만 지정수량은 같다.
③ 인화점과 발화점 모두 아세트알데하이드가 아세톤보다 낮다.
④ 아세톤의 비중은 물 보다 작지만 아세트알데하이드는 물보다 크다.

> 아세톤과 아세트알데하이드의 비교

종류항목	아세톤	아세트알데하이드
품명	제1석유류(수용성)	특수인화물
화학식	CH_3COCH_3	CH_3CHO
지정수량	400ℓ	50ℓ
인화점	-18.5℃	-40℃
발화점	465℃	175℃
액체비중	0.79	0.78
증기비중	2.0	1.52

42 다음 중 특수인화물이 아닌 것은?

① CS_2
② $C_2H_5OC_2H_5$
③ CH_3CHO
④ HCN

> 제4류 위험물의 종류

종류	명칭	품명	지정수량
CS_2	이황화탄소	특수인화물	50ℓ
$C_2H_5OC_2H_5$	다이에틸에터	특수인화물	50ℓ
CH_3CHO	아세트알데하이드	특수인화물	50ℓ
HCN	사이안화수소	제1석유류(수용성)	400ℓ

43 위험물안전관리법령상 주유취급소에서의 위험물 취급기준에 따르면 자동차 등에 인화점 몇 ℃ 미만의 위험물을 주유할 때에는 자동차등의 원동기를 정지시켜야 하는가?(단, 원칙적인 경우에 한한다.)

① 21
② 25
③ 40
④ 80

> 이동저장탱크로부터 위험물을 저장 또는 취급하는 탱크에 인화점이 40℃ 미만인 위험물을 주입할 때에는 이동저장탱크의 원동기를 정지시킬 것

44 $C_2H_5OC_2H_5$의 성질 중 틀린 것은?

① 전기 양도체이다.
② 물에는 잘 녹지 않는다.
③ 유동성의 액체로 휘발성이 크다.
④ 공기에 장시간 방치 시 폭발성 과산화물을 생성할 수 있다.

> 제4류 위험물인 다이 에틸에터($C_2H_5OC_2H_5$)는 전기부도체이다.

45 다음 중 자연발화의 위험성이 제일 높은 것은?

① 야자유
② 올리브유
③ 아마인유
④ 피마자유

> 아마인유는 아이오딘값이 130 이상(건성유)으로 자연발화의 위험이 크다.

46 고체 위험물은 운반용기 내용적의 몇 % 이하의 수납율로 수납하여야 하는가?

① 90
② 95
③ 98
④ 99

> 운반용기의 수납율
> • 고체 : 95% 이하
> • 액체 : 98% 이하

47 황린이 연소할 때 발생하는 가스와 수산화나트륨 수용액과 반응하였을 때 발생하는 가스를 차례대로 나타낸 것은?

① 오산화인, 인화수소
② 인화수소, 오산화인
③ 황화수소, 수소
④ 수소, 인화수소

> 황린의 반응식
> • 연소반응식 : $P_4 - 5O_2 \rightarrow 2P_2O_5$(오산화인)
> • 수산화나트륨 수용액과 반응 :
> $P_4 + 3KOH + 3H_2O \rightarrow PH_3$(인화수소) $+ 3KH_2PO_2$

48 제4류 위험물의 일반적인 성질에 대한 설명 중 가장 거리가 먼 것은?

① 인화되기 쉽다.
② 인화점, 발화점이 낮은 것은 위험하다.
③ 증기는 대부분 공기보다 가볍다.
④ 액체비중은 대로 물보다 가볍고 물에 녹이 어려운 것이 많다.

> 제4류 위험물인 사이안화수소(HCN, 27/29 = 0.93)만 증기는 공기보다 가볍고 나머지는 공기보다 무겁다.

49 위험물안전관리법령상 지정수량의 10배를 초과하는 위험물을 취급하는 제조소에 확보하여야 하는 보유공지의 너비의 기준은 얼마인가?

① 1m 이상
② 3m 이상
③ 5m 이상
④ 7m 이상

> 제조소의 보유공지
>
> | 취급하는 위험물의 최대수량 | 공지의 너비 |
> | --- | --- |
> | 지정수량의 10배 이하 | 3m 이상 |
> | 지정수량의 10배 초과 | 5m 이상 |

50 과산화칼륨에 대한 설명으로 옳지 않은 것은?

① 염산과 반응하여 과산화수소를 생성한다.
② 탄산가스와 반응하여 산소를 생성한다.
③ 물과 반응하여 수소를 발생한다.
④ 물과 접촉을 피하고 밀전하여 저장한다.

> 과산화칼륨의 반응식
> • 분해 반응식 : $2K_2O_2 \rightarrow 2K_2O + O_2\uparrow$
> • 물과의 반응 : $2K_2O_2 + 2H_2O \rightarrow 4KOH + O_2$(산소)$\uparrow$
> • 탄산가스와의 반응 : $2K_2O_2 + 2CO_2 \rightarrow 2K_2CO_3 + O_2\uparrow$
> • 염산과의 반응 : $K_2O_2 + 2HCl \rightarrow 2KCl + H_2O_2$

51 염소산칼륨이 고온에서 완전 열분해할 때 주로 생성되는 물질은?

① 칼륨과 물 및 산소
② 염화칼륨과 산소
③ 아염화칼륨과 산소
④ 칼륨과 물

> 염소산칼륨은 완전 열분해하여 염화칼륨(KCl)과 산소(O_2)를 발생한다.
> $2KClO_3 \rightarrow 2KCl + 3O_2$

52 위험물안전관리법령상 위험물의 운반에 관한 기준에서 적재하는 위험물의 성질에 따라 직사광선으로부터 보호하기 위하여 차광성이 있는 피복으로 가려야 하는 위험물?

① S
② Mg
③ C_6H_6
④ $HClO_4$

> 차광성이 있는 것으로 피복하여야 하는 위험물
> • 제1류 위험물
> • 제3류 위험물 중 자연발화성물질
> • 제4류 위험물 중 특수인화물
> • 제5류 위험물
> • 제6류 위험물(과염소산, $HClO_4$)

53 연소 시에는 푸른 불꽃을 내며 산화제와 혼합되어 있을 때 가열이나 충격등에 의하여 폭발할 수 있으며 흑색화약의 원료로 사용되는 물질은?

① 적린
② 마그네슘
③ 황
④ 아연분

> 황 : 연소 시 푸른 불꽃을 내고 흑색화약의 원료로 사용

54 다음과 같은 성질을 갖는 위험물 예상할 수 있는 것은?

• 지정수량 : 400L
• 증기비중 : 2.07
• 인화점 : 12℃
• 녹는점 : -89.5℃

① 메탄올
② 벤젠
③ 아이소프로필알코올
④ 휘발유

> 아이소프로필알코올의 물성
>
> | 종류 | 화학식 | 지정수량 | 증기비중 | 인화점 | 녹는점 |
> |---|---|---|---|---|---|
> | 아이소프로필알코올 | C_3H_7OH | 400L | 2.07 | 12℃ | -89.5℃ |

55 제5류 위험물 중 상온(25℃)에서 동일한 물리적 상태(고체, 액체, 기체)로 존재하는 것으로만 나열된 것은?

① 나이트로글리세린, 나이트로셀룰로스
② 질산메틸, 나이트로글리세린
③ 트라이나이트로톨루엔, 질산메틸
④ 나이트로글라이콜, 트라이나이트로톨루엔

> 25℃에서 물리적인 상태
>
> | 종류 | 상태 |
> |---|---|
> | 나이트로글리세린 | 액체 |
> | 나이트로셀룰로스 | 고체 |
> | 질산메틸 | 액체 |
> | 트라이나이트로톨루엔 | 고체 |
> | 나이트로글라이콜 | 액체 |

56 금속칼륨에 관한 설명 중 틀린 것은?

① 연해서 칼로 자를 수가 있다.
② 물 속에 넣을 때 서서히 녹아 탄산칼슘이 된다.
③ 공기 중에서 빠르게 산화하여 피막을 형성하고 광택을 잃는다.
④ 등유, 경유 등의 보호액 속에 저장한다.

> 칼륨
> • 은백색의 광택이 있는 무른 경금속이다.
> • 물이나 에탄올과 반응하여 가연성 기체(수소)를 발생한다.
>   - 물과의 반응 : $2K + 2H_2O \rightarrow 2KOH + H_2\uparrow$
>   - 알코올과 반응 : $2K + 2C_2H_5OH \rightarrow 2C_2H_5OK + H_2\uparrow$
> • 등유, 경유, 유동파라핀 등의 보호액 속에 밀봉 저장한다.

57 과산화수소의 성질에 대한 설명 중 틀린 것은?

① 에터에 녹지 않으며 벤젠에 녹는다.
② 산화제이지만 환원제로서 작용하는 경우도 있다.
③ 물보다 무겁다.
④ 분해방지제로 인산, 요산등을 사용할 수 있다.

> 과산화수소(H_2O_2)는 물, 알코올, 에터에는 녹지만 벤젠에는 녹지 않는다.

58 위험물안전관리법령상 $C_6H_2(NO_2)_3OH$의 품명에 해당하는 것은?

① 유기과산화물   ② 질산에스터류
③ 나이트로화합물   ④ 아조화합물

🔍 나이트로화합물 : 피크린산[$C_6H_2OH(NO_2)_3$]

59 위험물을 저장 또는 취급하는 탱크의 용량은?

① 탱크의 내용적에서 공간용적을 뺀 용적으로 한다.
② 탱크의 내용적으로 한다.
③ 탱크의 공간용적으로 한다.
④ 탱크의 내용적에 공간용적을 더한 용적으로 한다.

🔍 탱크의 용량 = 탱크의 내용적 − 공간용적

60 P_4S_7에 고온의 물을 가하면 분해된다. 이 때 주로 발생하는 유독물질의 명칭은?

① 아황산   ② 황화수소
③ 인화수소   ④ 오산화인

🔍 칠황화인(P_4S_7)에 고온의 물을 가하면 급격히 분해되어 황화수소(H_2S)와 인산을 발생한다.

정답 최근기출문제 2019년 2회

01 ①	02 ④	03 ②	04 ②	05 ①
06 ④	07 ④	08 ③	09 ②	10 ②
11 ④	12 ②	13 ③	14 ①	15 ④
16 ②	17 ①	18 ②	19 ③	20 ①
21 ③	22 ①	23 ③	24 ②	25 ①
26 ③	27 ③	28 ④	29 ③	30 ④
31 ①	32 ②	33 ④	34 ④	35 ③
36 ①	37 ③	38 ③	39 ①	40 ③
41 ③	42 ④	43 ③	44 ①	45 ③
46 ②	47 ①	48 ③	49 ③	50 ③
51 ③	52 ④	53 ③	54 ③	55 ②
56 ②	57 ①	58 ③	59 ①	60 ②

2019년 3회 최근기출문제

1. 물질의 물리·화학적 성질

01 다음과 같은 경향성을 나타내지 않는 것은?

$$Li < Na < K$$

① 원자번호
② 원자반지름
③ 제1차 이온화에너지
④ 전자수

> **Li < Na < K의 경향성**
>
> | 족
주기 | 1A | 경향 |
> |---|---|---|
> | 분류 | 알칼리금속 | |
> | 1 | ^{1}H(수소) | 같은 족에서 분자량이 증가할수록 원자번호, 원자반지름, 전자수는 커지고 제1차 이온화에너지는 감소한다. |
> | 2 | ^{3}Li(리튬) | |
> | 3 | ^{11}Na(나트륨) | |
> | 4 | ^{19}K(칼륨) | |

02 금속은 열, 전기를 잘 전도한다. 이와 같은 물리적 특성을 갖는 가장 큰 이유는?

① 금속의 원자 반지름이 크다.
② 자유전자를 가지고 있다.
③ 비중이 대단히 크다.
④ 이온화 에너지가 매우 크다.

> 금속은 자유전자를 가지고 있어 열이나 전기를 잘 전도한다.

03 어떤 원자핵에서 양성자의 수가 3이고, 중성자의 수가 2일 때 질량수는 얼마인가?

① 1　　② 3
③ 5　　④ 7

> 질량수 = 중성자수 + 양성자수 = 2 + 3 = 5

04 상온에서 1L의 순수한 물에는 H^+과 OH^-가 각각 몇 g 존재하는가?(단, H의 원자량은 1.008×10^{-7}g/mol이다.)

① 1.008×10^{-7}, 17.008×10^{-7}
② $1000 \times \dfrac{1}{18}$, $1000 \times \dfrac{17}{18}$
③ 18.016×10^{-7}, 18.016×10^{-7}
④ 17.008×10^{-14}, 17.008×10^{-14}

> 순수한 물 1L에 존재하는 H^+과 OH^-의 양
> - H^+의 양 = 1.008×10^{-7}g
> - OH^-의 양 = $16 + 1.008 \times 10^{-7}$g = 17.008×10^{-7}g

05 n그램(g)의 금속을 묽은 염산에 완전히 녹였더니 m몰의 수소가 발생하였다. 이 금속의 원자가를 2가로 하면 이 금속의 원자량은?

① $\dfrac{n}{m}$　　② $\dfrac{2n}{m}$
③ $\dfrac{n}{2m}$　　④ $\dfrac{2m}{n}$

> 금속의 원자량
> - 수소 2g × m몰 = 2m이므로 금속의 당량 = $\dfrac{n}{2m}$
> - 금속의 원자량 = 당량 × 원자가 = $\dfrac{n}{2m} \times 2 = \dfrac{n}{m}$

06 질산나트륨의 물 100g에 대한 용해도는 80℃에서 148g, 20℃에서 88g이다. 80℃의 포화용액 100g을 70g으로 농축시켜서 20℃로 냉각시키면, 약 몇 g의 질산나트륨이 석출되는가?

① 29.4　　② 40.3
③ 50.6　　④ 59.7

> 석출된 질산나트륨의 무게
> 용액 = 용질 + 용매 = 148g + 100g = 248g
> 80℃의 포화용액 100g 중
> - 질산나트륨의 무게 = $\dfrac{148g}{248g} \times 100 = 59.68g$
> - 물의 무게 = 100g - 59.68g = 40.32g
> - 증발된 물의 무게 = 100g - 70g = 30g
> - 잔류한 물의 무게 = 40.32g - 30g = 10.32g
> - 20℃ 질산나트륨의 용해도
> $88g = \dfrac{x}{10.32g} \times 100$
> x(녹을 수 있는 용질의 무게) = $\dfrac{88g \times 10.32}{100} = 9.08g$
> ∴ 20℃에서 석출되는 질산나트륨의 무게
>   = 59.68g - 9.08g = 50.6g

07 20℃에서 NaCl 포화용액을 잘 설명한 것은?(단, 20℃에서 NaCl의 용해도는 36이다.)

① 용액 100g 중에 NaCl이 36g 녹아 있을 때
② 용액 100g 중에 NaCl이 136g 녹아 있을 때
③ 용액 136g 중에 NaCl이 36g 녹아 있을 때
④ 용액 136g 중에 NaCl이 136g 녹아 있을 때

🔍 NaCl 포화용액 : NaCl수용액 136g 중에 NaCl이 36g 녹아 있다.

08 다음 중 $KMnO_4$의 Mn의 산화수는?

① +1
② +3
③ +5
④ +7

🔍 과망가니즈산칼륨($KMnO_4$)의 산화수
$(+1) + x + (-2) \times 4 = 0$ ∴ x(Mn) = +7

09 다음 중 배수비례의 법칙이 성립되지 않는 것은?

① H_2O와 H_2O_2
② SO_2와 SO_3
③ N_2O와 NO
④ O_2와 O_3

🔍 배수비례의 법칙 : 두 원소가 결합하여 2개 이상의 화합물을 만들 때 다른 원소의 질량과 결합하는 원소의 질량사이에는 간단한 정수비가 성립한다. 그러므로 H_2O와 H_2O_2, SO_2와 SO_3, N_2O와 NO 등이 있다.

10 [H⁺] = 2 × 10⁻⁶M인 용액의 pH는 약 얼마인가?

① 5.7
② 4.7
③ 3.7
④ 2.7

🔍 pH = −log[H⁺] = −log[2 × 10⁻⁶] = 6 − log2 = 6 − 0.3 = 5.7

11 다음은 열역학 제 몇 법칙에 대한 내용인가?

"0K(절대영도)에서 물질의 엔트로피는 0이다."

① 열역학 제0법칙
② 열역학 제1법칙
③ 열역학 제2법칙
④ 열역학 제3법칙

🔍 열역학 제3법칙 : "0"K(절대영도)에서 물질의 엔트로피는 0이다.

12 다음과 같은 구조를 가진 전지를 무엇이라 하는가?

$(-)Zn \parallel H_2SO_4 \parallel Cu(+)$

① 볼타전지
② 다니엘전지
③ 건전지
④ 납축전지

🔍 볼타전지
• 정의 : 아연(Zn)판과 구리(Cu)판을 도선으로 연결하고 묽은 황산을 넣어 두 전극에서 산화, 환원반응으로 전기에너지로 변환시키는 장치
• 산화, 환원현상 : Zn판(−극)에서는 산화, Cu판(+극)에서는 환원이 일어난다.
$(-)Zn \parallel H_2SO_4 \parallel Cu(+)$

13 프로페인 1kg을 완전 연소시키기 위해 표준상태의 산소가 약 몇 m³가 필요한가?

① 2.55
② 5
③ 7.55
④ 10

🔍 프로페인의 연소반응식
$C_3H_8 + 5O_2 \rightarrow 3CO_2 + 4H_2O$
44kg   5 × 22.4m³
1kg x
∴ $x = \dfrac{1kg \times 5 \times 22.4m^3}{44kg} = 2.55m^3$

14 메테인에 염소를 작용시켜 클로로폼을 만드는 반응을 무엇이라 하는가?

① 중화반응
② 부가반응
③ 치환반응
④ 환원반응

🔍 클로로폼($CHCl_3$) : 메테인(CH_4)의 3개 수소원자를 직접 염소원자로 치환한 화합물

15 제3주기에서 음이온이 되기 쉬운 경향성은?(단, 0족 (18족)기체는 제외한다.)

① 금속성이 큰 것
② 원자의 반지름이 큰 것
③ 최외각 전자수가 많은 것
④ 염기성 산화물을 만들기 쉬운 것

🔍 제3주기에서 원자의 반지름이 작을수록 최외각 전자수가 많으면 음이온이 되기 쉽다.

16 황산구리(Ⅱ) 수용액을 전기분해할 때 63.5g의 구리를 석출시키는데 필요한 전기량은 몇 F인가?(단, Cu의 원자량은 63.5이다)

① 0.635F
② 1F
③ 2F
④ 63.5F

🔍 Cu는 원자가가 2가이므로 구리(Cu) 63.5g을 석출하기 위하여 2F의 전기량이 필요하다.

17 수성가스(water gas)의 주성분을 옳게 나타낸 것은?

① CO_2, CH_4
② CO, H_2
③ CO_2, H_2, O_2
④ H_2, H_2O

🔍 수성가스(water gas)의 주성분 : CO, H_2

18 다음의 염을 물에 녹일 때 염기성을 띠는 것은?

① Na_2CO_3
② $NaCl$
③ NH_4Cl
④ $(NH_4)SO_4$

🔍 탄산나트륨(Na_2CO_3)은 물에 녹였을 때 염기성을 나타낸다.

19 콜로이드 용액을 친수콜로이드와 소수콜로이드로 구분할 때 소수콜로이드에 해당하는 것은?

① 녹말
② 아교
③ 단백질
④ 수산화철(Ⅲ)

🔍 소수콜로이드 : 물과의 친화력이 좋지 않고 소량의 전해질을 넣으면 침전이 일어나는 무기질 콜로이드(-콜로이드)로서 염화은, 수산화알루미늄, 수산화철, 흙탕물, 먹물 등이 있다.
※친수콜로이드 : 비누, 녹말, 단백질, 아교, 젤라틴

20 기하이성질체 때문에 극성 분자와 비극성 분자를 가질 수 있는 것은?

① C_2H_4
② C_2H_3Cl
③ $C_2H_2Cl_2$
④ C_2HCl_3

🔍 비닐리덴클로라이드($C_2H_2Cl_2$)는 유기염소화합물로서 기하이성질체 때문에 극성 분자와 비극성 분자를 가질 수 있다.

● **2. 화재예방과 소화방법**

21 과산화수소 보관 장소에 화재가 발생하였을 때 소화방법으로 틀린 것은?

① 마른 모래로 소화한다.
② 환원성 물질을 사용하여 중화 소화한다.
③ 연소의 상황에 따라 분무주수도 효과가 있다.
④ 다량의 물을 사용하여 소화할 수 있다.

🔍 과산화수소는 산화성물질이므로 환원성 물질과 중화하면 위험하다.

22 할로젠화합물 소화약제의 구비조건과 거리가 먼 것은?

① 전기절연성이 우수할 것
② 공기보다 가벼울 것
③ 증발 잔유물이 없을 것
④ 인화성이 없을 것

🔍 할로젠화합물 소화약제의 구비조건
• 비점이 낮고 기화되기 쉬울 것
• 공기보다 무겁고 불연성일 것
• 증발잔유물이 없어야 할 것

23 강화액 소화기에 대한 설명으로 옳은 것은?

① 물의 유동성을 강화하기 위한 유화제를 첨가한 소화기이다.
② 물의 표면장력을 강화하기 위해 탄소를 첨가한 소화기이다.
③ 산·알칼리 액을 주성분으로 하는 소화기이다.
④ 물의 소화효과를 높이기 위해 염류를 첨가한 소화기이다.

> 강화액소화기 : 물의 소화효과를 높이기 위해 탄산칼륨(K_2CO_3)인 염류를 첨가한 소화기

24 위험물제조소등에 펌프를 이용한 가압송수장치를 사용하는 옥내소화전을 설치하는 경우 펌프의 전양정은 몇 m인가?(단, 소방용 호스의 마찰손실수두는 6m, 배관의 마찰손실수두는 1.7m, 낙차는 32m이다.)

① 56.7
② 74.7
③ 64.7
④ 39.87

> 옥내소화전설비의 전양정
> 전양정 $H = h_1 + h_2 + h_3 + 35m$
> 여기서, H : 전양정(m)
> h_1 : 소방호스의 마찰손실수두(6m)
> h_2 : 배관의 마찰손실수두(1.7m)
> h_3 : 낙차(32m)
> ∴ H = 6m + 1.7m + 32m + 35m = 74.7m

25 불활성가스 소화약제 중 IG-541의 구성성분이 아닌 것은?

① 질소
② 브로민
③ 아르곤
④ 이산화탄소

> 불연성·불활성가스 소화약제

소화 약제	화학식
IG-01	Ar(100%)
IG-55	N_2 : 50%, Ar : 50%
IG-100	N_2(100%)
IG-541	N_2(질소) : 52%, Ar(아르곤) : 40%, CO_2(이산화탄소) : 8%

26 자체소방대에 두어야 하는 화학소방자동차 중 포수용액을 방사하는 화학소방자동차는 법정 화학소방자동차 대수의 얼마 이상이어야 하는가?

① 1/3
② 2/3
③ 1/5
④ 2/5

> 자체소방대에 두어야 하는 화학소방자동차 중 포수용액을 방사하는 화학소방자동차는 법정 화학소방자동차 대수의 2/3 이상이어야 한다.

27 경보설비를 설치하여야 하는 장소에 해당되지 않는 것은?

① 지정수량의 100배 이상의 제3류 위험물을 저장·취급하는 옥내저장소
② 옥내주유취급소
③ 연면적 500m²이고 취급하는 위험물의 지정수량이 100배인 제조소
④ 지정수량 10배 이상의 제4류 위험물을 저장·취급하는 이동탱크저장소

> 제조소등의 경보설비
> • 지정수량 10배 이상 : 자동화재탐지설비, 비상경보설비, 비상방송설비, 확성장치 중 1개
> • 제조소등별로 설치하여야 하는 경보설비의 종류

제조소등의 구분	제조소등의 규모, 저장 또는 취급하는 위험물의 종류 및 최대수량 등	경보설비
제조소 및 일반취급소	• 연면적 500m² 이상인 것 • 옥내에서 지정수량의 100배 이상을 취급하는 것(고인화점 위험물만을 100℃ 미만의 온도에서 취급하는 것을 제외한다)	자동화재탐지설비
옥내저장소	• 지정수량의 100배 이상을 저장 또는 취급하는 것(고인화점위험물만을 저장 또는 취급하는 것을 제외한다) • 저장창고의 연면적이 150m²를 초과하는 것[당해 저장창고가 연면적 150m² 이내마다 불연재료의 격벽으로 개구부 없이 완전히 구획된 것과 제2류 또는 제4류의 위험물(인화성고체 및 인화점이 70℃ 미만인 제4류 위험물을 제외한다)만을 저장 또는 취급하는 것에 있어서는 저장창고의 연면적이 500m² 이상의 것에 한한다] • 처마높이가 6m 이상인 단층건물의 것	
주유취급소	옥내주유취급소	

28 위험물안전관리법령상 옥내소화전설비에 관한 기준에 대해 다음 ( )에 알맞은 수치를 옳게 나열한 것은?

> 옥내소화전설비는 각층을 기준으로 하여 당해 층의 모든 옥내소화전(설치개수가 5개 이상인 경우는 5개의 옥내소화전)을 동시에 사용할 경우에 각 노즐 끝부분의 방수압력이 (ⓐ)kPa 이상이고 방수량이 1분당 (ⓑ)L 이상의 성능이 되도록 할 것

① ⓐ 350, ⓑ 260　　② ⓐ 450, ⓑ 260
③ ⓐ 350, ⓑ 450　　④ ⓐ 450, ⓑ 450

🔍 위험물제조소등의 방수압력등

종류 \ 구분	방수압력	방수량
옥내소화전설비	350kPa 이상	260ℓ/min
옥외소화전설비	350kPa 이상	450ℓ/min
스프링클러설비	100kPa 이상	80ℓ/min

29 연소의 주된 형태가 표면 연소에 해당하는 것은?

① 석탄　　② 목탄
③ 목재　　④ 황

🔍 표면연소 : 목탄, 코크스, 숯, 금속분 등이 열분해에 의하여 가연성가스를 발생하지 않고 그 물질 자체가 연소하는 현상
※ 석탄, 목재 : 분해연소, 황 : 증발연소

30 제1류 위험물 중 알칼리금속의 과산화물을 저장 또는 취급하는 위험물제조소에 표시하여야 하는 주의사항은?

① 화기엄금　　② 물기엄금
③ 화기주의　　④ 물기주의

🔍 제조소등의 주의사항

위험물의 종류	주의사항	게시판의 색상
제1류 위험물 중 알칼리금속의 과산화물 제3류 위험물 중 금수성물질	물기엄금	청색바탕에 백색문자
제2류 위험물(인화성 고체는 제외)	화기주의	적색바탕에 백색문자
제2류 위험물 중 인화성 고체 제3류 위험물 중 자연발화성물질 제4류 위험물 제5류 위험물	화기엄금	적색바탕에 백색문자

31 제1인산암모늄 분말 소화약제의 색상과 적응화재를 옳게 나타낸 것은?

① 백색, BC급
② 담홍색, BC급
③ 백색, ABC급
④ 담홍색, ABC급

🔍 분말소화약제

종류	주성분	적응화재	착색(분말의 색)
제1종 분말	$NaHCO_3$(중탄산나트륨, 탄산수소나트륨)	B, C급	백색
제2종 분말	$KHCO_3$(중탄산칼륨, 탄산수소칼륨)	B, C급	담회색
제3종 분말	$NH_4H_2PO_4$(인산암모늄, 제일인산암모늄)	A, B, C급	담홍색, 황색
제4종 분말	$KHCO_3 + (NH_2)_2CO$ (탄산수소칼륨+요소)	B, C급	회색

32 마그네슘 분말의 화재 시 이산화탄소 소화약제는 소화적응성이 없다. 그 이유로 가장 적합한 것은?

① 분해반응에 의하여 산소가 발생하기 때문이다.
② 가연성의 일산화탄소 또는 탄소가 생성되기 때문이다.
③ 분해반응에 의하여 수소가 발생하고 이 수소는 공기 중의 산호와 폭명반응을 하기 때문이다.
④ 가연성의 아세틸렌가스가 발생하기 때문이다.

🔍 마그네슘은 이산화탄소소화약제와 반응하면 산화마그네슘(MgO)과 일산화탄소(CO)가 발생하므로 소화에 적응성이 없다.
$Mg + CO_2 \rightarrow MgO + CO$

33 자연발화가 잘 일어나는 조건에 해당하지 않는 것은?

① 주위 습도가 높을 것
② 열전도율이 클 것
③ 주위 온도가 높을 것
④ 표면적이 넓을 것

🔍 열전도율이 적을수록(열이 한곳에 모인다) 자연발화가 잘 일어난다.

34 제조소 건축물로 외벽이 내화구조인 것의 1소요단위는 연면적이 몇 m²인가?

① 50
② 100
③ 150
④ 1000

> 소요단위

구분	제조소, 일반취급소		저장소		위험물
외벽의 기준	내화구조	비내화구조	내화구조	비내화구조	
기준	연면적 100m²	연면적 50m²	연면적 150m²	연면적 75m²	지정수량의 10배

35 분말소화약제 중 열분해 시 부착성이 있는 유리상의 메타인산이 생성되는 것은?

① $NaPO_4$
② $(NH_4)_3PO_4$
③ $NaHCO_3$
④ $NH_4H_2PO_4$

> 제3종분말 열분해반응식
> $NH_4H_2PO_4 \rightarrow HPO_3$(메타인산) $+ NH_3 + H_2O$

36 종별 분말소화약제에 대한 설명으로 틀린 것은?

① 제1종은 탄산수소나트륨을 주성분으로 한 분말
② 제2종은 탄산수소나트륨과 탄산칼슘을 주성분으로 한 분말
③ 제3종은 제일인산암모늄을 주성분으로 한 분말
④ 제4종은 탄산수소칼륨과 요소와의 반응물을 주성분으로 한 분말

> 분말소화약제

종류	주성분
제1종 분말	$NaHCO_3$(중탄산나트륨, 탄산수소나트륨)
제2종 분말	$KHCO_3$(중탄산칼륨, 탄산수소칼륨)
제3종 분말	$NH_4H_2PO_4$(인산암모늄, 제일인산암모늄)
제4종 분말	$KHCO_3$(탄산수소칼륨)+$(NH_2)_2CO$(요소)

37 위험물제조소에 옥내소화전을 각 층에 8개씩 설치하도록 할 때 수원의 최소 수량은 얼마인가?

① $13m^3$
② $20.8m^3$
③ $39m^3$
④ $62.4m^3$

> 옥내소화전설비의 방수량 등
>
> | 방수량 | 방수압력 | 토출량 | 수원 |
> |---|---|---|---|
> | 260ℓ/min 이상 | 0.35MPa 이상 | N(최대 5개) ×260ℓ/min | N(최대 5개)×7.8m³ (260ℓ/min×30min) |
>
> ∴ 수원 = N(최대 5개) × 7.8m³ = 5 × 7.8m³ = 39m³

38 제3류 위험물의 소화방법에 대한 설명으로 옳지 않은 것은?

① 제3류 위험물은 모두 물에 의한 소화가 불가능하다.
② 팽창질석은 제3류 위험물에 적응성이 있다.
③ K, Na의 화재 시에는 물을 사용할 수 없다.
④ 할로젠화합물소화설비는 제3류 위험물에 적응성이 없다.

> 제3류 위험물인 황린은 주수소화가 가능하다.

39 위험물안전관리법령상 위험물 저장·취급 시 화재 또는 재난을 방지하기 위하여 자체소방대를 두어야 하는 경우가 아닌 것은?

① 지정수량의 3천배 이상의 제4류 위험물을 저장·취급하는 제조소
② 지정수량의 3천배 이상의 제4류 위험물을 저장·취급하는 일반제조소
③ 지정수량의 2천배의 제4류 위험물을 취급하는 일반취급소와 지정수량의 1천배의 제4류 위험물을 취급하는 제조소가 동일한 사업소에 있는 경우
④ 지정수량의 3천배 이상의 제4류 위험물을 저장·취급하는 옥외탱크저장소

> 지정수량의 3000배 이상인 제4류 위험물을 취급하는 제조소와 일반취급소에는 자체소방대 두어야 한다.

40 이산화탄소 소화기 사용 중 소화기 방출구에서 생길 수 있는 물질은?

① 포스겐
② 일산화탄소
③ 드라이아이스
④ 수소가스

🔍 이산화탄소 소화기는 약제를 액체로 저장했다가 사용하면 소화기 방출구에서 드라이아이스가 생긴다.

3. 위험물 성상 및 취급

41 위험물을 적재, 운반할 때 방수성 덮개를 하지 않아도 되는 것은?

① 알칼리금속의 과산화물
② 마그네슘
③ 나이트로화합물
④ 탄화칼슘

🔍 방수성이 있는 것으로 피복
 • 제1류 위험물 중 알칼리금속의 과산화물
 • 제2류 위험물 중 철분 · 금속분 · 마그네슘
 • 제3류 위험물 중 금수성 물질(탄화칼슘)

42 오황화인이 물과 작용해서 발생하는 기체는?

① 이황화탄소
② 황화수소
③ 포스겐가스
④ 인화수소

🔍 오황화인은 물과 반응하면 황화수소(H_2S)와 인산(H_3PO_4)이 된다.
$P_2S_5 + 8H_2O \rightarrow 5H_2S + 2H_3PO_4$

43 제5류 위험물에 해당하지 않는 것은?

① 나이트로셀룰로오스
② 나이트로글리세린
③ 나이트로벤젠
④ 질산메틸

🔍 위험물의 종류

종류	류별
나이트로셀룰로오스	제5류 위험물
나이트로글리세린	제5류 위험물
나이트로벤젠	제4류 위험물
질산메틸	제5류 위험물

44 어떤 공장에서 아세톤과 메탄올을 18L 용기에 각각 10개, 등유를 200L 드럼으로 3드럼을 저장하고 있다면 각각의 지정수량 배수의 총 합은 얼마인가?

① 1.3
② 1.5
③ 2.3
④ 2.5

🔍 지정수량의 배수
 • 위험물의 지정수량

종류	품명	지정수량
아세톤	제1석유류(수용성)	400L
메탄올	알코올류	400L
등유	제2석유류(비수용성)	1,000L

 • 지정수량의 배수 = $\dfrac{저장수량}{지정수량}$
 = $\dfrac{18L \times 10}{400L} + \dfrac{18L \times 10}{400L} + \dfrac{200L \times 3}{1,000L}$
 = 1.5배

45 질산암모늄이 가열분해하여 폭발이 되었을 때 발생되는 물질이 아닌 것은?

① 질소
② 물
③ 산소
④ 수소

🔍 질산암모늄의 분해반응식
$2NH_4NO_3 \rightarrow 2N_2(질소) + O_2(산소) + 4H_2O(물)$

46 다음 과망가니즈산칼륨과 혼촉하였을 때 위험성이 가장 낮은 물질은?

① 물
② 다이에틸에터
③ 글리세린
④ 염산

🔍 과망가니즈산칼륨($KMnO_4$)은 물에 녹는다.

47 위험물안전관리법령상 제4류 위험물 1기압에서 인화점이 21℃인 물질은 석유류에 해당하는가?

① 제1석유류　　② 제2석유류
③ 제3석유류　　④ 제4석유류

> 제4류 위험물의 분류
> • 제1석유류 : 인화점이 21℃ 미만
> • 제2석유류 : 인화점이 21℃ 이상 70℃ 미만
> ※ 인화점이 21℃인 물질 : 제2석유류(인화점이 21℃ 이상이므로)

48 다음 중 증기비중이 가장 큰 물질은?

① C_6H_6　　② CH_3OH
③ $CH_3COC_2H_5$　　④ $C_3H_5(OH)_3$

> 분자량이 클수록 증기비중(증기비중 = 분자량/29)은 크다.
>
> | 종류 | 명칭 | 분자량 | 증기비중 |
> |---|---|---|---|
> | C_6H_6 | 벤젠 | 78 | 78/29 = 2.69 |
> | CH_3OH | 메틸알코올 | 32 | 32/29 = 1.10 |
> | $CH_3COC_2H_5$ | 메틸에틸케톤 | 72 | 72/29 = 2.48 |
> | $C_3H_5(OH)_3$ | 글리세린 | 92 | 92/29 = 3.17 |

49 금속칼륨의 성질에 대한 설명으로 옳은 것은?

① 중금속류에 속한다.
② 이온화경향이 큰 금속이다.
③ 물 속에 보관한다.
④ 고광택을 내므로 장식용으로 많이 쓰인다.

> 칼륨(K)
> • 은백색의 광택이 있는 무른 경금속으로 보라색 불꽃을 내면서 연소한다.
> • 석유, 경유, 유동파라핀 등의 보호액을 넣은 내통에 밀봉 저장한다.
> • 금속의 이온화경향
>   K Ca Na Al Zn Fe Ni Sn Pb Cu Hg Ag Pt Au
>   ← 크다　　　　　　　　　　　　　작다 →

50 질산칼륨에 대한 설명 중 틀린 것은?

① 무색의 결정 또는 백색분말이다.
② 비중이 약 0.81, 녹는점은 약 200℃이다.
③ 가열하면 열분해하여 산소를 방출한다.
④ 흑색화약의 원료로 사용된다.

> 질산칼륨의 물성
>
> | 화학식 | 지정수량 | 분자량 | 비중 | 녹는점 |
> |---|---|---|---|---|
> | KNO_3 | 300kg | 101 | 2.1 | 339℃ |

51 가연성 물질이며 산소를 다량 함유하고 있기 때문에 자기연소가 가능한 물질은?

① $C_6H_2CH_3(NO_2)_3$
② $CH_3COC_2H_5$
③ $NaClO_4$
④ HNO_3

> 제5류 위험물(산소와 가연물을 동시에 가지고 있는 위험물)은 자기연소가 가능하다.
>
> | 종류 | 명칭 | 류별 |
> |---|---|---|
> | $C_6H_2CH_3(NO_2)_3$ | TNT | 제5류 위험물 |
> | $CH_3COC_2H_5$ | 메틸에틸케톤 | 제4류 위험물 |
> | $NaClO_4$ | 과염소산나트륨 | 제1류 위험물 |
> | HNO_3 | 질산 | 제6류 위험물 |

52 물과 접촉하면 위험한 물질로만 나열된 것은?

① CH_3CHO, CaC_2, $NaClO_4$
② K_2O_2, $K_2Cr_2O_7$, CH_3CHO
③ K_2O_2, Na, CaC_2
④ Na, $K_2Cr_2O_7$, $NaClO_4$

> 물과 반응하여 조연성가스인 산소와 가연성가스인 수소, 아세틸렌이 발생하면 위험하다.
> • 과산화칼륨 : $2K_2O_2 + 2H_2O \rightarrow 4KOH + O_2$(산소)
> • 나트륨 : $2Na + 2H_2O \rightarrow 2NaOH + H_2$(수소)
> • 탄화칼슘 : $CaC_2 + 2H_2O \rightarrow Ca(OH)_2 + C_2H_2$(아세틸렌)

53 위험물안전관리법령상 지정수량의 각각 10배를 운반할 때 혼재할 수 있는 위험물은?

① 과산화나트륨과 과염소산
② 과망가니즈산칼륨과 적린
③ 질산과 알코올
④ 과산화수소와 아세톤

🔍 **위험물 운반 시 혼재 여부**
- 위험물의 분류

명칭	류별	명칭	류별
과산화나트륨	제1류	과염소산	제6류
과망가니즈산칼륨	제1류	적린	제2류
질산	제6류	알코올	제4류
과산화수소	제6류	아세톤	제4류

- 혼재가능한 류별
  - 1류 위험물 + 제6류 위험물
  - 3류 위험물 + 제4류 위험물
  - 5류 위험물 + 제2류 위험물 + 제4류 위험물

54 황화인에 대한 설명으로 틀린 것은?

① 고체이다.
② 가연성 물질이다.
③ P_4S_3, P_2S_5 등의 물질이 있다.
④ 물질에 따른 지정수량은 50kg, 100kg 등이 있다.

🔍 황화인[삼황화인(P_4S_3), 오황화인(P_2S_5), 칠황화인(P_4S_7)]의 지정수량 : 100kg

55 질산과 과염소산의 공통 성질과 옳은 것은?

① 강한 산화력과 환원력이 있다.
② 물과 접촉하면 반응이 없으므로 화재 시 주수소화가 가능하다.
③ 가연성물질이다.
④ 모두 산소를 함유하고 있다.

🔍 질산(HNO_3)과 과염소산($HClO_4$)의 공통성질
- 제6류 위험물로서 물에 잘 녹는다.
- 산화제이고 산소를 포함한다.
- 불연성물질이다.

56 다음 중 위험물의 저장 또는 취급에 관한 기술상의 기준과 관련하여 시·도의 조례에 의해 규제를 받는 경우는?

① 등유 2,000L를 저장하는 경우
② 중유 3,000L를 저장하는 경우
③ 윤활유 5,000L를 저장하는 경우
④ 휘발유 400L를 저장하는 경우

🔍 **규제대상**
- 지정수량 미만 : 시·도의 조례 기준 적용
- 지정수량 이상 : 위험물안전관리법 적용
※지정수량의 배수를 계산하면

종류	품명	지정수량
등유	제2석유류(비수용성)	1,000L
중유	제3석유류(비수용성)	2,000L
윤활유	제4석유류	6,000L
휘발유	제1석유류(비수용성)	200L

- 등유 2,000L를 저장하는 경우
  $$지정수량의 배수 = \frac{저장량}{지정수량} = \frac{2,000L}{1,000L} = 2.0배$$
- 중유 3,000L를 저장하는 경우
  $$지정수량의 배수 = \frac{저장량}{지정수량} = \frac{3,000L}{2,000L} = 1.5배$$
- 윤활유 5,000L를 저장하는 경우
  $$지정수량의 배수 = \frac{저장량}{지정수량} = \frac{5,000L}{6,000L}$$
  $$= 0.83배(시·도의조례)$$
- 휘발유 400L를 저장하는 경우
  $$지정수량의 배수 = \frac{저장량}{지정수량} = \frac{400L}{200L} = 2.0배$$

57 위험물제조소 등의 안전거리의 단축기준과 관련해서 $H \leq pD^2 + a$인 경우 방화상 유효한 담의 높이는 2m 이상으로 한다. 다음 중 a에 해당되는 것은?

① 인근 건축물의 높이(m)
② 제조소 등의 외벽의 높이(m)
③ 제조소 등과 공작물과의 거리(m)
④ 제조소 등과 방화상 유효한 담과의 거리(m)

🔍 방화상 유효한 담의 높이

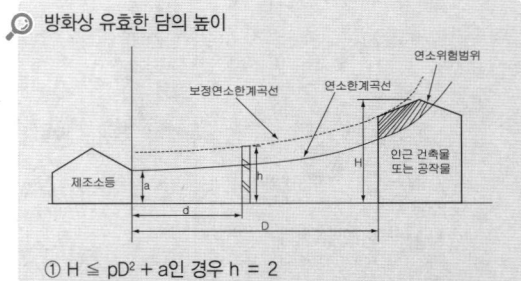

① $H \leq pD^2 + a$인 경우 h = 2
② $H > pD^2 + a$인 경우 $h = H - p(D^2 - d^2)$
여기서, D : 제조소등과 인근 건축물 또는 공작물과의 거리(m)
H : 인근 건축물 또는 공작물의 높이(m)
a : 제조소등의 외벽의 높이(m)
d : 제조소등과 방화상 유효한 담과의 거리(m)
h : 방화상 유효한 담의 높이(m)
p : 상수(생략)

58 위험물제조소는 문화유산의 보존 및 활용에 관한 법률에 따른 지정문화유산으로부터 몇 m 이상의 안전거리를 두어야 하는가?

① 20m
② 30m
③ 40m
④ 50m

🔍 제조소의 안전거리

건축물	안전거리
사용전압 7000V 초과 35,000V 이하의 특고압 가공전선	3m 이상
사용전압 35,000V 초과의 특고압 가공전선	5m 이상
주거용으로 사용도는 것(제조소가 설치된 부지 내에 있는 것을 제외)	10m 이상
고압가스, 액화석유가스, 도시가스를 저장 또는 취급하는 시설	20m 이상
학교, 병원(병원급 의료기관), 극장(공연장, 영화상영관 및 그 밖의 이와 유사한 시설로서 수용인원 300명 이상을 수용할 수 있는 것), 복지시설(아동복지시설, 노인복지시설, 장애인복지시설, 한부모가족복지시설), 어린이집, 성매매피해자등을 위한 지원시설, 정신건강증진시설 및 그 밖의 이와 유사한 시설로서 수용인원 20명 이상 수용할 수 있는 것	30m 이상
지정문화유산, 천연기념물등	50m 이상

59 아세트알데하이드의 저장 시 주의할 사항으로 틀린 것은?

① 구리나 마그네슘 합금 용기에 저장한다.
② 화기를 가까이 하지 않는다.
③ 용기의 파손에 유의한다.
④ 찬 곳에 저장한다.

🔍 아세트알데하이드(CH_3CHO)는 구리(Cu), 마그네슘(Mg), 수은(Hg), 은(Au)과 반응하면 아세틸레이트를 생성하므로 위험하다.

60 가솔린에 대한 설명 중 틀린 것은?

① 비중은 물보다 작다.
② 증기비중은 공기보다 크다.
③ 전기에 대한 도체이므로 정전기 발생으로 인한 화재를 방지해야 한다.
④ 물에는 녹지 않지만 유기 용제에 녹고 유지 등을 녹인다.

🔍 가솔린(제4류 위험물)
• 비중은 물보다 작다.
• 증기비중은 공기보다 크다(3~4배 크다).
• 전기에 대한 부도체이므로 정전기 발생으로 인한 화재를 방지해야 한다.
• 물에는 녹지 않지만 유기 용제에 녹고 유지 등을 녹인다.

정답 최근기출문제 2019년 3회

01 ③	02 ②	03 ③	04 ①	05 ①
06 ③	07 ③	08 ④	09 ④	10 ①
11 ④	12 ①	13 ①	14 ③	15 ③
16 ③	17 ②	18 ①	19 ④	20 ③
21 ②	22 ②	23 ④	24 ②	25 ②
26 ②	27 ②	28 ①	29 ②	30 ②
31 ④	32 ②	33 ②	34 ②	35 ④
36 ②	37 ②	38 ①	39 ②	40 ③
41 ③	42 ②	43 ③	44 ②	45 ④
46 ①	47 ②	48 ④	49 ②	50 ②
51 ①	52 ②	53 ①	54 ④	55 ④
56 ③	57 ②	58 ④	59 ①	60 ③

2020년 1·2회 최근기출문제

1. 물질의 물리·화학적 성질

01 물 200g에 A 물질 2.9g을 녹인 용액의 어는점은? (단, 물의 어는점 내림 상수는 1.86℃·kg/mol 이고, A 물질의 분자량은 58이다.)

① -0.017℃
② -0.465℃
③ -0.932℃
④ -1.871℃

> 용액의 어는점
> $\Delta T_f = K_f \times \dfrac{\frac{W_B}{M}}{W_A} \times 1000$
> 여기서, ΔT_f : 용액의 어는점
> K_f : 빙점강하계수(물 : 1.86)
> W_B : 용질의 무게(2.9g)
> W_A : 용매의 무게(200g)
> M : 분자량(58)
> $\therefore \Delta T_f = 1.86 \times \dfrac{\frac{2.9g}{58}}{200g} \times 1000 = 0.465℃ \to -0.465℃$

02 다음과 같은 기체가 일정한 온도에서 반응을 하고 있다. 평형에서 기체 A, B, C가 각각 1몰, 2몰, 4몰이라면 평형상수 K의 값은 얼마인가?

$$A + 3B \to 2C + 열$$

① 0.5
② 2
③ 6
④ 8

> 평형상수
> $K = \dfrac{[C]^2}{[A][B]^3}$
> 여기서 A를 1몰, B를 2몰, C를 4몰이라고 할 때
> 평형상수 $K = \dfrac{[C]^2}{[A][B]^3} = \dfrac{4^2}{1 \times 2^3} = 2$

03 0.01N CH_3COOH의 전리도가 0.01이면 pH는 얼마인가?

① 2
② 4
③ 6
④ 8

> $pH = -\log[H^+] = -\log 1 \times 10^{-4} = 4 - \log 1 = 4 - 0 = 4$
> 여기서, $[H^+] = c \cdot \alpha = 0.01N \times 0.01 = 1 \times 10^{-4}$

04 액체나 기체 안에서 미소 입자가 불규칙적으로 계속 움직이는 것을 무엇이라 하는가?

① 틴들 현상
② 다이알리시스
③ 브라운 운동
④ 전기영동

> 브라운 운동 : 액체나 기체 안에서 미소 입자가 불규칙적으로 계속 움직이는 것

05 다음 중 파장이 가장 짧으면서 투과력이 가장 강한 것은?

① α-선
② β-선
③ γ-선
④ χ-선

> γ선 : 파장이 가장 짧으면서 투과력과 방출속도가 가장 크다.

06 1패러데이(Faraday)의 전기량으로 물을 전기분해 하였을 때 생성되는 수소기체는 0℃, 1기압에서 얼마의 부피를 갖는가?

① 5.6L
② 11.2L
③ 22.4L
④ 44.8L

> 물의 전기분해
> $2H_2O \to 2H_2 + O_2$
>   (-극) (+극)
> $\therefore$ 물을 전기분해하면 수소가 2mol이 발생하므로 수소의 부피는 11.2ℓ이다.

07 구리줄을 불에 달구어 약 50℃ 정도의 메탄올에 담그면 자극성 냄새가 나는 기체가 발생한다. 이 기체는 무엇인가?

① 폼알데하이드 ② 아세트알데하이드
③ 프로페인 ④ 다이에틸에터

> 구리줄을 불에 달구어 약 50℃ 정도의 메탄올에 담그면 자극성 냄새의 폼알데하이드(HCHO)가 발생한다.

08 다음의 금속원소를 반응성이 큰 순서부터 나열한 것은?

$$Na, Li, Cs, K, Rb$$

① Cs > Rb > K > Na > Li
② Li > Na > K > Rb > Cs
③ K > Na > Rb > Cs > Li
④ Na > K > Rb > Cs > Li

> 같은 족에서 원자번호가 클수록 반응성은 커진다.
> (Cs > Rb > K > Na > Li)

09 "기체의 확산속도는 기체의 밀도(또는 분자량)의 제곱근에 반비례한다."라는 법칙과 연관성이 있는 것은?

① 미지의 기체 분자량을 측정에 이용할 수 있는 법칙이다.
② 보일-샤를이 정립한 법칙이다.
③ 기체상수 값을 구할 수 있는 법칙이다.
④ 이 법칙은 기체상태방정식으로 표현된다.

> 그레이엄의 확산속도법칙 : 확산속도는 분자량의 제곱근에 반비례, 밀도의 제곱근에 반비례 한다.
> $$\frac{U_B}{U_A} = \sqrt{\frac{M_A}{M_B}} = \sqrt{\frac{d_A}{d_B}}$$
> 여기서, U_B : B기체의 확산속도 U_A : A기체의 확산속도
> M_B : B기체의 분자량 M_A : A기체의 분자량
> d_B : B기체의 밀도 d_A : A기체의 밀도

10 다음 물질 중에서 염기성인 것은?

① $C_6H_5NH_2$ ② $C_6H_5NO_2$
③ C_6H_5OH ④ C_6H_5COOH

> 액성의 분류
>
> | 종류 | 명칭 | 액성 |
> |---|---|---|
> | $C_6H_5NH_2$ | 아닐린 | 염기성 |
> | $C_6H_5NO_2$ | 나이트로벤젠 | 산성 |
> | C_6H_5OH | 페놀 | 산성 |
> | C_6H_5COOH | 벤조산 | 산성 |

11 다음의 반응에서 환원제로 쓰인 것은?

$$MnO_2 + 4HCl \rightarrow MnCl_2 + 2H_2O + Cl_2$$

① Cl_2 ② $MnCl_2$
③ HCl ④ MnO_2

> 환원제란 자신은 산화되고 다른 물질을 환원시키는 물질로서 HCl은 수소를 잃고 자신은 산화되므로 환원제이다.

12 ns^2np^5의 전자구조를 가지지 않은 것은?

① F(원자번호 9) ② Cl(원자번호 17)
③ Se(원자번호 34) ④ I(원자번호 53)

> 전자배치
>
> | 종류 | 명칭 | 원자번호 | 전자구조 |
> |---|---|---|---|
> | F | 플루오린 | 9 | $1S^2, 2S^2, 2P^5$ |
> | Cl | 염소 | 17 | $1S^2, 2S^2, 2P^6, 3S^2, 3P^5$ |
> | Se | 셀렌 | 34 | $1S^2, 2S^2, 2P^6, 3S^2, 3P^6, 4S^2, 3d^{10}, 4P^4$ |
> | I | 아이오딘 | 53 | $1S^2, 2S^2, 2P^6, 3S^2, 3P^6, 4S^2, 3d^{10}, 4P^6, 5S^2, 4d^{10}, 5P^5$ |

13 98% H_2SO_4 50g에서 H_2SO_4에 포함된 산소 원자 수는?

① 3×10^{23}개 ② 6×10^{23}개
③ 9×10^{23}개 ④ 1.2×10^{24}개

> 산소분자수
> • 황산의 분자수 = $\frac{50g \times 0.98}{98g} \times 6.02 \times 10^{23}$
>   = 3.01×10^{23} 분자
> • 산소의 원자수를 결정하려면 황산에 포함된 4개의 산소원자가 들어 있으므로
> $3.01 \times 10^{23} \times 4 = 1.20 \times 10^{24}$개

14 질소와 수소로 암모니아를 합성하는 반응의 화학반응식은 다음과 같다. 암모니아의 생성률을 높이기 위한 조건은?

$$N_2 + 3H_2 \rightarrow 2NH_3 + 22.1\text{kcal}$$

① 온도와 압력을 낮춘다.
② 온도는 낮추고, 압력은 높인다.
③ 온도를 높이고, 압력은 낮춘다.
④ 온도와 압력을 높인다.

🔍 암모니아의 반응
$$N_2 + 3H_2 \rightleftharpoons 2NH_3$$
• 온도
 - 상승 : 온도가 내려가는 방향(흡열반응쪽, ←)
 - 강하 : 온도가 올라가는 방향(발열반응쪽, →)
• 압력
 - 상승 : 분자수가 감소하는 방향(몰수가 감소하는 방향, →)
 - 강하 : 분자수가 증가하는 방향(몰수가 증가하는 방향, ←)

15 pH가 2인 용액은 pH가 4인 용액과 비교하면 수소이온농도가 몇 배인 용액이 되는가?

① 100배 ② 2배
③ 10^{-1}배 ④ 10^{-2}배

🔍 pH = $-\log[H^+]$이므로
• $[H^+]$ = 0.01은
 pH = $-\log[H^+]$ = $-\log 1 \times 10^{-2}$ = $2 - \log 1$ = $2 - 0$ = 2
• $[H^+]$ = 0.0001은
 pH = $-\log[H^+]$ = $-\log 1 \times 10^{-4}$ = $4 - \log 1$ = $4 - 0$ = 4
∴ pH 2와 4는 수소이온농도가 0.01과 0.0001이므로 100배의 차이가 난다.

16 다음 그래프는 어떤 고체물질의 온도에 따른 용해도 곡선이다. 이 물질의 포화용액을 80℃에서 0℃로 내렸더니 20g의 용질이 석출되었다. 80℃에서 이 포화용액의 질량은 몇 g인가?

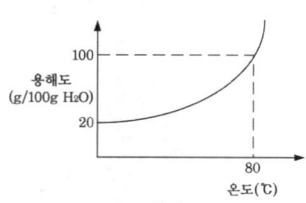

① 50g ② 75g
③ 100g ④ 150g

🔍 포화용액 질량
• 80℃와 0℃에서 용해도 차이는 100-20g = 80g
 문제에서 20g이 석출되었으니까 80g-20g = 60g이 녹았다
• 포화용액 질량 = $\frac{80g}{(100+60)g} \times 100 = 50g$

17 중성원자가 무엇을 잃으면 양이온으로 되는가?

① 중성자 ② 핵전하
③ 양성자 ④ 전자

🔍 중성원자가 전자를 잃으면 양이온이 된다.

18 2차 알코올을 산화시켜서 얻어지며, 환원성이 없는 물질은?

① CH_3COCH_3 ② $C_2H_5OC_2H_5$
③ CH_3OH ④ CH_3OCH_3

🔍 2차 알코올(R_2-OH)이 산화하면 케톤(R-CO-R')이 된다.
※ 케톤류 : 아세톤(CH_3COCH_3), 메틸에틸케톤($CH_3COC_2H_5$)

19 다음은 표준 수소전극과 짝지어 얻은 반쪽반응 표준 환원 전위값이다. 이들 반쪽전지를 짝지었을 때 얻어지는 전지의 표준 전위차 E°는?

$$Cu^{2+} + 2e^- \rightarrow Cu \quad E° = +0.34V$$
$$Ni^{2+} + 2e^- \rightarrow Ni \quad E° = -0.23V$$

① +0.11V ② -0.11V
③ +0.57V ④ -0.57V

🔍 표준 전위차 E° = 0.34 - (-0.23) = +0.57V

20 다이에틸에터는 에탄올과 진한 황산의 혼합물을 가열하여 제조할 수 있는데 이것을 무슨 반응이라고 하는가?

① 중합 반응 ② 축합 반응
③ 산화 반응 ④ 에스터화 반응

🔍 다이에틸에터는 에탄올과 진한 황산을 넣고 약 140℃로 가열하여 축합반응에 의하여 제조한다.

2. 화재예방과 소화방법

21 1기압, 100℃에서 물 36g이 모두 기화되었다. 생성된 기체는 약 몇 L 인가?

① 11.2
② 22.4
③ 44.8
④ 61.2

> 이상기체상태방정식
> $PV = \frac{W}{M}RT \qquad V = \frac{WRT}{PM}$
> 여기서 P : 압력(atm), V : 부피(ℓ), M : 분자량(H_2O=18),
> W : 무게(g), R : 기체상수(0.08205ℓ·atm/g-mol·K),
> T : 절대온도(273 + ℃ = 273 + 100 = 373K)
> $\therefore V = \frac{WRT}{PM} = \frac{36 \times 0.08205 \times 373}{1 \times 18} = 61.2L$

22 스프링클러설비에 관한 설명으로 옳지 않은 것은?

① 초기화재 진화에 효과가 있다.
② 살수밀도와 무관하게 제4류 위험물에는 적응성이 없다.
③ 제1류 위험물 중 알칼리금속과산화물에는 적응성이 없다.
④ 제5류 위험물에는 적응성이 있다.

> 스프링클러설비는 살수밀도에 따라 제4류 위험물에는 적응성이 달라진다.

23 표준상태에서 프로페인 2m³이 완전 연소할 때 필요한 이론 공기량은 몇 m³인가?(단, 공기 중 산소농도는 21vol%이다.)

① 23.81
② 35.72
③ 47.62
④ 71.43

> 이론공기량
> $C_3H_8 + 5O_2 \rightarrow 3CO_2 + 4H_2O$
> $1 \times 22.4m^3 \quad 5 \times 22.4m^3$
> $2m^3 \qquad\qquad x$
> $x = \frac{2m^3 \times 5 \times 22.4m^3}{1 \times 22.4m^3} = 10m^3$ (이론산소량)
> $\therefore$ 이론공기량 $= \frac{10Cm^3}{0.21} = 47.62m^3$

24 묽은 질산이 칼슘과 반응하였을 때 발생하는 기체는?

① 산소
② 질소
③ 수소
④ 수산화칼슘

> 질산과 칼슘의 반응
> $2HNO_3 + Ca \rightarrow Ca(NO_3)_2 + H_2$(수소)

25 소화기와 주된 소화효과가 옳게 짝지어진 것은?

① 포 소화기 - 제거소화
② 할로젠화합물 소화기 - 냉각소화
③ 탄산가스 소화기 - 억제소화
④ 분말 소화기 - 질식소화

> 소화효과
> • 질식효과 : 포, 이산화탄소, 분말소화기
> • 억제효과 : 할로젠화합물소화기

26 인화점이 70℃ 이상인 제4류 위험물을 저장·취급하는 소화난이도등급 Ⅰ의 옥외탱크저장소(지중탱크 또는 해상탱크 외의 것)에 설치하는 소화설비는?

① 스프링클러소화설비
② 물분무소화설비
③ 간이 소화설비
④ 분말소화설비

> 소화난이도등급 Ⅰ의 제조소등에 설치하여야 하는 소화설비

제조소등의 구분		소화설비
옥외탱크저장소	지중탱크 또는 해상탱크 외의 것	황만을 저장 취급하는 것	물분무소화설비
		인화점 70℃ 이상의 제4류 위험물만을 저장 취급하는 것	물분무소화설비 또는 고정식 포소화설비
		그 밖의 것	고정식 포소화설비(포소화설비가 적응성이 없는 경우에는 분말소화설비)
	지중탱크		고정식 포소화설비, 이동식 이외의 이산화탄소소화설비 또는 이동식 이외의 할로젠화합물소화설비
	해상탱크		고정식 포소화설비, 물분무소화설비, 이동식 이외의 이산화탄소소화설비 또는 이동식 이외의 할로젠화합물소화설비

27 Na_2O_2와 반응하여 제6류 위험물을 생성하는 것은?

① 아세트산 ② 물
③ 이산화탄소 ④ 일산화탄소

> 과산화나트륨의 반응
> • 아세트산(초산) : $Na_2O_2 + 2CH_3COOH \rightarrow 2CH_3COONa + H_2O_2$(과산화수소-제6류 위험물)
> • 물 : $2Na_2O_2 + 2H_2O \rightarrow 4NaOH + O_2$(산소)
> • 이산화탄소 : $2Na_2O_2 + 2CO_2 \rightarrow 2Na_2CO_3 + O_2$
> • 일산화탄소 : $2Na_2O_2 + 2CO \rightarrow 2Na_2CO_3$

28 다음 물질의 화재 시 내알코올포를 사용하지 못하는 것은?

① 아세트알데하이드
② 알킬리튬
③ 아세톤
④ 에탄올

> 알코올형포(내알코올포, 알코올포) : 수용성액체[아세톤, 아세트알데하이드, 피리딘, 알코(메탄올, 에탄올, 프로필알코올)]에 적합

29 다음 중 고체 가연물로서 증발연소를 하는 것은?

① 숯 ② 나무
③ 나프탈렌 ④ 나이트로셀룰로스

> 연소
>
> | 물질 | 연소의 종류 |
> |---|---|
> | 숯 | 표면연소 |
> | 나무 | 분해연소 |
> | 나프탈렌 | 증발연소 |
> | 나이트로셀룰로스 | 자기연소 |

30 이산화탄소의 특성에 관한 내용으로 틀린 것은?

① 전기의 전도성이 있다.
② 냉각 및 압축에 의하여 액화될 수 있다.
③ 공기보다 약 1.52배 무겁다.
④ 일반적으로 무색, 무취의 기체이다.

> 이산화탄소(CO_2) : 무색, 무취의 기체, 비전도성, 액체로 저장, 공기보다 1.52배 무겁다.

31 위험물안전관리법령상 분말소화설비의 기준에서 가압용 또는 축압용 가스로 알맞은 것은?

① 산소 또는 수소
② 수소 또는 질소
③ 질소 또는 이산화탄소
④ 이산화탄소 또는 산소

> 분말소화설비의 기준에서 가압용 또는 축압용 가스 : 질소 또는 이산화탄소

32 위험물제조소에서 옥내소화전이 1층에 4개, 2층에 6개가 설치되어 있을 때 수원의 수량은 몇 L 이상이 되도록 설치하여야 하는가?

① 13000 ② 15600
③ 39000 ④ 46800

> 옥내소화전설비의 수원
> 소화전수(최대 5개) × $7.8m^3$ = 5 × $7.8m^3$ = $39m^3$ = 39,000ℓ
> ※ $1m^3$ = 1000ℓ

33 Halon 1301에 대한 설명 중 틀린 것은?

① 비점은 상온보다 낮다.
② 액체 비중은 물보다 크다.
③ 기체 비중은 공기보다 크다.
④ 100℃에서도 압력을 가해 액화시켜 저장할 수 있다.

> Halon 1301은 임계온도가 67℃이므로 기체를 액화시켜 저장할 수 있다.

34 위험물안전관리법령상 제조소등에서의 위험물의 저장 및 취급에 관한 기준에 따르면 보냉장치가 있는 이동저장탱크에 저장하는 다이에틸에터의 온도는 얼마 이하로 유지하여야 하는가?

① 비점 ② 인화점
③ 40℃ ④ 30℃

> 아세트알데하이드등 또는 다이에틸에터등을 저장하는 이동저장탱크에 저장하는 경우
> • 보냉장치가 있는 경우 : 비점 이하
> • 보냉장치가 없는 경우 : 40℃ 이하

35 과산화수소의 화재예방 방법으로 틀린 것은?

① 암모니아와의 접촉은 폭발의 위험이 있으므로 피한다.
② 완전히 밀전·밀봉하여 외부 공기와 차단한다.
③ 불투명 용기를 사용하여 직사광선이 닿지 않게 한다.
④ 분해를 막기 위해 분해방지 안정제를 사용한다.

🔍 과산화수소는 구멍 뚫린 마개를 사용하여야 한다.

36 위험물안전관리법령에 따른 옥내소화전설비의 기준에서 펌프를 이용한 가압수송장치의 경우 펌프의 전양정(H)을 구하는 식으로 옳은 것은?(단, h_1은 소방용호스의 마찰손실수두, h_2는 배관의 마찰손실수두, h_3은 낙차이며, h_1, h_2, h_3의 단위는 모두 m이다.)

① $H = h_1 + h_2 + h_3$
② $H = h_1 + h_2 + h_3 + 0.35m$
③ $H = h_1 + h_2 + h_3 + 35m$
④ $H = h_1 + h_2 + 0.35m$

🔍 옥내소화전설비, 옥외소화전설비의 전양정
$H = h_1 + h_2 + h_3 + 35m$

37 분말소화약제인 제1인산암모늄(인산이수소암모늄)의 열분해 반응을 통해 생성되는 물질로 부착성 막을 만들어 공기를 차단시키는 역할을 하는 것은?

① HPO_3
② PH_3
③ NH_3
④ P_2O_3

🔍 제3종 분말분해반응식
$NH_4H_2PO_4 \rightarrow HPO_3$(메타인산) + NH_3 + H_2O
∴ 제3종 분말소화약제는 열분해 시 부착성이 있는 유리상의 메타인산을 생성한다.

38 점화원 역할을 할 수 없는 것은?

① 기화열
② 산화열
③ 정전기불꽃
④ 마찰열

🔍 기화열, 액화열은 점화원이 될 수 없다.

39 일반적으로 다량의 주수를 통한 소화가 가장 효과적인 화재는?

① A급 화재
② B급 화재
③ C급 화재
④ D급 화재

🔍 A급 화재 : 냉각효과(주수소화)

40 소화 효과에 대한 설명으로 옳지 않은 것은?

① 산소공급원 차단에 의한 소화는 제거효과이다.
② 가연물질의 온도를 떨어뜨려서 소화하는 것은 냉각효과이다.
③ 촛불을 입으로 바람을 불어 끄는 것은 제거효과이다.
④ 물에 의한 소화는 냉각효과이다.

🔍 소화효과
- 질식효과 : 산소공급원 차단에 의한 소화
- 제거효과 : 촛불을 입으로 바람을 불어 끄는 것(화재현장에서 가연물 제거)
- 냉각효과 : 가연물질의 온도를 떨어뜨려서 소화(물에 의한 소화)

3. 위험물 성상 및 취급

41 짚, 헝겊 등을 다음의 물질과 적셔서 대량으로 쌓아두었을 경우 자연발화의 위험성이 가장 높은 것은?

① 동유
② 야자유
③ 올리브유
④ 피마자유

🔍 자연발화는 건성유(동유)가 잘 일어난다.

구분	아이오딘값	반응성	불포화도	종류
건성유	130 이상	크다	크다	해바라기유, 아마인유, 동유, 정어리기름, 들기름
반건성유	100~130	중간	중간	채종유, 목화씨기름, 참기름, 콩기름
불건성유	100 이하	적다	적다	야자유, 올리브유, 피마자유, 동백유

42 다음 중 제1류 위험물에 해당하는 것은?

① 염소산칼륨
② 수산화칼륨
③ 수소화칼륨
④ 아이오딘화칼륨

🔍 위험물의 분류

종류	화학식	류별
염소산칼륨	$KClO_3$	제1류 위험물
수산화칼륨	KOH	비위험물
수소화칼륨	KH	제3류 위험물
아이오딘화칼륨	KIO_3	제1류 위험물

43 제4류 위험물 중 제1석유류란 1기압에서 인화점이 몇 ℃인 것을 말하는가?

① 21℃ 미만
② 21℃ 이상
③ 70℃ 미만
④ 70℃ 이상

🔍 제1석유류 : 1기압에서 인화점이 21℃ 미만인 것

44 삼황화인과 오황화인의 공통 연소생성물을 모두 나타낸 것은?

① H_2S, SO_2
② P_2O_5, H_2S
③ SO_2, P_2O_5
④ H_2S, SO_2, P_2O_5

🔍 연소반응식

종류	연소반응식	공통 연소생성물
삼황화인	$P_4S_3 + 8O_2 \rightarrow 2P_2O_5 + 3SO_2\uparrow$	P_2O_5, SO_2
오황화인	$P_2S_5 + 7.5O_2 \rightarrow P_2O_5 + 5SO_2\uparrow$	P_2O_5, SO_2

45 주유취급소의 표지 및 게시판의 기준에서 "위험물 주유취급소" 표지와 "주유중엔진정지" 게시판의 바탕색을 차례대로 옳게 나타낸 것은?

① 백색, 백색
② 백색, 황색
③ 황색, 백색
④ 황색, 황색

🔍 게시판의 색상

주의사항	게시판의 색상
위험물 주유취급소	백색바탕 흑색문자
주유 중 엔진정지	황색바탕 흑색문자

46 제6류 위험물인 과산화수소의 농도에 따른 물리적 성질에 대한 설명으로 옳은 것은?

① 농도와 무관하게 밀도, 끓는점, 녹는점이 일정하다.
② 농도와 무관하게 밀도는 일정하나, 끓는점과 녹는점은 농도에 따라 달라진다.
③ 농도와 무관하게 끓는점, 녹는점은 일정하나, 밀도는 농도에 따라 달라진다.
④ 농도에 따라 밀도, 끓는점, 녹는점이 달라진다.

🔍 과산화수소는 제6류 위험물인 36중량% 이상을 말하는 것이므로 농도에 따라 밀도, 끓는점, 녹는점이 달라진다.

47 트라이나이트로페놀의 성질에 대한 설명 중 틀린 것은?

① 폭발에 대비하여 철, 구리로 만든 용기에 저장한다.
② 휘황색을 띤 침상결정이다.
③ 비중이 약 1.8로 물보다 무겁다.
④ 단독으로는 테트릴보다 충격, 마찰에 둔감한 편이다.

🔍 트라이나이트로페놀(피크린산)은 철, 구리로 만든 용기에 저장하면 폭발의 위험이 있다.

48 적린에 대한 설명으로 옳은 것은?

① 발화 방지를 위해 염소산칼륨과 함께 보관한다.
② 물과 격렬하게 반응하여 열을 발생한다.
③ 공기 중에 방치하면 자연발화한다.
④ 산화제와 혼합한 경우 마찰·충격에 의해서 발화한다.

🔍 적린(제2류 위험물)은 산화제(제1류 위험물)와 혼합하면 마찰·충격에 의해서 발화한다.

49 위험물안전관리법령상 위험물의 취급 중 소비에 관한 기준에 해당되지 않는 것은?

① 분사도장작업은 방화상 유효한 격벽 등으로 구획된 안전한 장소에서 실시할 것
② 버너를 사용하는 경우에는 버너의 역화를 방지할 것
③ 반드시 규격용기를 사용할 것
④ 열처리작업은 위험물이 위험한 온도에 이르지 아니하도록 하여 실시할 것

> 위험물의 취급 중 소비에 관한 기준
> • 분사도장작업은 방화상 유효한 격벽 등으로 구획된 안전한 장소에서 실시할 것
> • 담금질 또는 열처리 작업은 위험물이 위험한 온도에 이르지 아니하도록 하여 실시할 것
> • 버너를 사용하는 경우에는 버너의 역화를 방지하고 위험물이 넘치지 아니하도록 할 것

50 다이에틸에터 중의 과산화물을 검출할 때 그 검출시약과 정색반응의 색이 옳게 짝지어진 것은?

① 아이오딘화칼륨용액 – 적색
② 아이오딘화칼륨용액 – 황색
③ 브로민화칼륨용액 – 무색
④ 브로민화칼륨용액 – 청색

> 과산화물 검출시약과 정색반응
>
> | 검출시약 | 정색반응 |
> |---|---|
> | 아이오딘화칼륨용액 | 황색 |

51 제1류 위험물로서 조해성이 있으며 흑색화약의 원료로 사용하는 것은?

① 염소산칼륨
② 과염소산나트륨
③ 과망가니즈산암모늄
④ 질산칼륨

> 질산칼륨(KNO_3)은 제1류 위험물로서 조해성이 있으며 흑색화약의 원료로 사용한다.

52 다음 중 3개 이상의 이성질체가 존재하는 물질은?

① 아세톤
② 톨루엔
③ 벤젠
④ 자일렌(크실렌)

> 크실렌은 이성질체가 3종류가 있고 나머지는 없다.

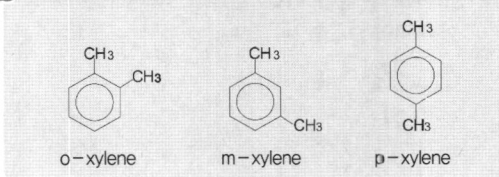
o-xylene   m-xylene   p-xylene

53 위험물을 저장 또는 취급하는 탱크의 용량산정 방법에 관한 설명으로 옳은 것은?

① 탱크의 내용적에서 공간용적을 뺀 용적으로 한다.
② 탱크의 공간용적에서 내용적을 뺀 용적으로 한다.
③ 탱크의 공간용적에 내용적을 더한 용적으로 한다.
④ 탱크의 볼록하거나 오목한 부분을 뺀 용적으로 한다.

> 탱크의 용량 = 내용적 - 공간용적(5~10%)

54 물과 반응하였을 때 발생하는 가연성 가스의 종류가 나머지 셋과 다른 하나는?

① 탄화리튬
② 탄화마그네슘
③ 탄화칼슘
④ 탄화알루미늄

> 위험물과 물의 반응
> • 탄화리튬 : $Li_2C_2 + 2H_2O \rightarrow 2LiOH + C_2H_2$(아세틸렌)
> • 탄화마그네슘 : $MgC_2 + 2H_2O \rightarrow Ma(OH)_2 + C_2H_2$(아세틸렌)
> • 탄화칼슘 : $CaC_2 + 2H_2O \rightarrow Ca(OH)_2 + C_2H_2$(아세틸렌)
> • 탄화알루미늄 : $Al_4C_3 + 12H_2O \rightarrow 4Al(OH)_3 + 3CH_4$(메테인)

55 칼륨과 나트륨의 공통 성질이 아닌 것은?

① 물보다 비중 값이 작다.
② 수분과 반응하여 수소를 발생한다.
③ 광택이 있는 무른 금속이다.
④ 지정수량이 50kg이다.

> 칼륨(K)과 나트륨(Na)의 지정수량 : 10kg

56 옥내탱크저장소에서 탱크상호간에는 얼마 이상의 간격을 두어야 하는가?(단, 탱크의 점검 및 보수에 지장이 없는 경우는 제외한다.)

① 0.5m
② 0.7m
③ 1.0m
④ 1.2m

> 옥내탱크저장소의 간격
> • 저장탱크와 탱크전용실의 벽과의 사이 : 0.5m 이상
> • 저장탱크 상호간의 간격 : 0.5m 이상

57 인화칼슘의 성질에 대한 설명 중 틀린 것은?

① 적갈색의 괴상고체이다.
② 물과 격렬하게 반응한다.
③ 연소하여 불연성의 포스핀가스를 발생한다.
④ 상온의 건조한 공기 중에서는 비교적 안정하다.

> 인화칼슘(Ca_3P_2)은 연소는 하지 않고 물과 반응하면 포스핀(인화수소, PH_3)의 독성가스를 발생한다.
> $Ca_3P_2 + 6H_2O \rightarrow 2PH_3 + 3Ca(OH)_2$

58 주유취급소에서 고정주유설비는 도로경계선과 몇 m 이상 거리를 유지하여야 하는가?(단, 고정주유설비의 중심선을 기점으로 한다.)

① 2
② 4
③ 6
④ 8

> 주유취급소의 고정주유설비 또는 고정급유설비의 설치 기준
> • 고정주유설비(중심선을 기점으로 하여)
>   – 도로경계선까지 : 4m 이상
>   – 부지경계선·담 및 건축물의 벽까지 : 2m(개구부가 없는 벽으로부터는 1m) 이상
> • 고정급유설비(중심선을 기점으로 하여)
>   – 도로경계선까지 : 4m 이상
>   – 부지경계선·담까지 : 1m
>   – 건축물의 벽까지 : 2m(개구부가 없는 벽으로부터는 1m) 이상 거리를 유지할 것

59 제4류 위험물 중 제1석유류를 저장, 취급하는 장소에서 정전기를 방지하기 위한 방법으로 볼 수 없는 것은?

① 가급적 습도를 낮춘다.
② 주위 공기를 이온화시킨다.
③ 위험물 저장, 취급설비를 접지시킨다.
④ 사용기구 등은 도전성 재료를 사용한다.

> 정전기 방지법
> • 접지에 의한 방법
> • 상대습도를 70% 이상 높이는 방법
> • 공기를 이온화하는 방법

60 4몰의 나이트로글리세린이 고온에서 열분해·폭발하여 이산화탄소, 수증기, 질소, 산소의 4가지 가스를 생성할 때 발생되는 가스의 총 몰수는?

① 28
② 29
③ 30
④ 31

> 나이트로글리세린의 분해반응식
> $4C_3H_5(ONO_2)_3 \rightarrow 12CO_2 + 10H_2O + 6N_2 + O_2$
>   12 + 10 + 6 + 1 = 29mol

정답 최근기출문제 2020년 1·2회

01 ②	02 ②	03 ②	04 ③	05 ③
06 ②	07 ①	08 ①	09 ①	10 ①
11 ②	12 ③	13 ④	14 ②	15 ①
16 ①	17 ④	18 ①	19 ③	20 ②
21 ④	22 ②	23 ②	24 ③	25 ④
26 ②	27 ①	28 ②	29 ③	30 ②
31 ②	32 ③	33 ④	34 ①	35 ②
36 ③	37 ①	38 ①	39 ①	40 ①
41 ①	42 ①	43 ①	44 ③	45 ②
46 ④	47 ①	48 ④	49 ③	50 ①
51 ④	52 ④	53 ①	54 ④	55 ④
56 ①	57 ③	58 ②	59 ①	60 ②

2020년 3회 최근기출문제

1. 물질의 물리 · 화학적 성질

01 황산 수용액 400mL 속에 순황산이 98g 녹아 있다면 이 용액의 농도는 몇 N 인가?

① 3　　　　② 4
③ 5　　　　④ 6

> 황산의 N 농도
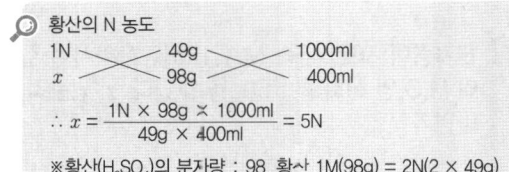
> ∴ $x = \dfrac{1N \times 98g \times 1000ml}{49g \times 400ml} = 5N$
> ※ 황산(H_2SO_4)의 분자량 : 98, 황산 1M(98g) = 2N(2 × 49g)

02 질량수 52인 크로뮴의 중성자수와 전자수는 각각 몇 개 인가? (단, 크로뮴의 원자번호는 24이다.)

① 중성자수 24, 전자수 24
② 중성자수 24, 전자수 52
③ 중성자수 28, 전자수 24
④ 중성자수 52, 전자수 24

> 중성자수와 전자수
> • 중성자수 = 질량수 − 양성자수(원자번호, 전자수)
> 　　　　　 = 52 − 24 = 28
> • 전자수 = 원자번호 24

03 1패러데이(Faraday)의 전기량으로 물을 전기분해 하였을 때 생성되는 기체 중 산소기체는 0℃, 1기압에서 몇 L 인가?

① 5.6　　　　② 11.2
③ 22.4　　　　④ 44.8

> 물의 전기분해
> $2H_2O \rightarrow 2H_2 + O_2$
> 　　　　　(−극)　(+극)
> 물을 전기분해하면 수소가 1mol이 발생하므로 산소(+극)는 1g 당량 5.6ℓ가 발생하고 수소(−극)는 11.2ℓ가 발생한다.

04 다음 중 방향족 탄화수소가 아닌 것은?

① 에틸렌
② 톨루엔
③ 아닐린
④ 안트라센

> 방향족 탄화수소

종류	화학식	구조식	탄화수소 구분
에틸렌	C_2H_4	$CH_2=CH_2$	지방족 탄화수소
톨루엔	$C_6H_5CH_3$	(CH₃-벤젠)	방향족 탄화수소
아닐린	$C_6H_5NH_2$	(NH₂-벤젠)	방향족 탄화수소
안트라센	$C_{14}H_{10}$	(3개 벤젠고리)	방향족 탄화수소

05 다음 보기의 벤젠 유도체 가운데 벤젠의 치환반응으로부터 직접 유도할 수 없는 것은?

　　ⓐ −Cl　　ⓑ −OH　　ⓒ −SO_3H

① ⓐ　　　　② ⓑ
③ ⓒ　　　　④ ⓐ, ⓑ, ⓒ

> 벤젠의 치환반응
> • 나이트로화 : 벤젠을 진한질산과 반응하여 나이트로벤젠 생성하는 반응
> 　(벤젠) + HNO_3 →(H_2SO_4)→ (벤젠)−NO_2 + H_2O
> 　　　　　　　　　　　　　　　　니트로벤젠
> • 할로젠화 : 벤젠과 염소와 반응하여 클로로벤젠을 생성하는 반응
> 　(벤젠) + Cl_2 →(Fe)→ (벤젠)−C + HCl
> 　　　　　　　　　　　　클로로벤젠
> • 술폰화 : 벤젠과 황산을 반응하여 벤젠술폰산을 생성하는 반응
> 　(벤젠) + H_2SO_4 →(SO_3 가열)→ 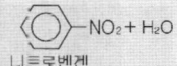 −SO_3H + H_2O
> 　　　　　　　　　　　　　　　　　벤젠술폰산

06 전자배치가 1s² 2s² 2p⁶ 3s² 3p⁵인 원자의 M 껍질에는 몇 개의 전자가 들어 있는가?

① 2 ② 4
③ 7 ④ 17

> 🔍 **전자껍질**
>
> | 전자껍질 | K껍질 (n=1, n:양자수) | L껍질 (n=2) | M껍질 (n=3) | N껍질 (n=4) |
> |---|---|---|---|---|
> | 오비탈 | s
1s² | s, p
2s², 2p⁶ | s, p, d
3s², 3p⁶, 3d¹⁰ | s, p, d, f
4s², 4p⁶, 4d¹⁰, 4f¹⁴ |
> | 최대 수용 전자수(2n²) | 2 | 8 | 18 | 32 |
>
> ※M껍질에는 3s², 3p⁶, 3d¹⁰인데 문제에서 3s²sp⁵이므로 7개이다.

07 원자번호가 7인 질소와 같은 족에 해당되는 원소의 원자번호는?

① 15 ② 16
③ 17 ④ 18

> 🔍 **원소의 원자번호**
>
> | 족
주기 | 15(5A) |
> |---|---|
> | 분류 | 질소족 |
> | 1 | |
> | 2 | 7(원자번호)
N(질소) |
> | 3 | 15
P(인) |
> | 4 | 33
As(비소) |
> | 5 | 51
Sb(안티몬) |
> | 6 | 83
Bi(비스무트) |

08 다음 물질 1g을 1kg의 물에 녹였을 때 빙점강하가 가장 큰 것은?(단, 빙점강하 상수값(어는점 내림상수)은 동일하다고 가정한다)

① CH₃OH ② C₂H₅OH
③ C₃H₅(OH)₃ ④ C₆H₁₂O₆

> 🔍 **빙점강하(ΔTf)**
>
> $$\Delta T_f = K_f \times \frac{\frac{W_B}{M}}{W_A} \times 1000$$
>
> 여기서, ·K_f: 빙점강하계수(물: 1.86), ·W_B: 용질의 무게,
> ·W_A: 용매의 무게, ·M: 분자량
> ∴빙점강하는 분자량에 반비례하므로 분자량이 작은 메틸알코올이 빙점강하가 크다.
>
> | 종류 | 명칭 | 분자량 |
> |---|---|---|
> | CH₃OH | 메틸알코올 | 32 |
> | C₂H₅OH | 에틸알코올 | 46 |
> | C₃H₅(OH)₃ | 글리세린 | 92 |
> | C₆H₁₂O₆ | 포도당 | 180 |

09 원자량이 56인 금속 M 1.12g을 산화시켜 실험식이 M_xO_y인 산화물 1.60g을 얻었다. x, y는 각각 얼마인가?

① $x=1, y=2$ ② $x=2, y=3$
③ $x=3, y=2$ ④ $x=2, y=1$

> 🔍 금속의 당량을 X, 산소의 당량 8이므로
> 금속 : 산소 = 1.12 : (1.60 − 1.12) = x : 8 x = 18.7
> 금속의 원자가 = 원자량/당량 = 56/18.7 ≒ 3
> ∴금속의 원자가가 3가이므로 화학식은 Mn₂O₃이다.
> (x = 2, y = 3)

10 일정한 온도 하에서 물질 A와 B가 반응을 할 때 A의 농도만 2배로 하면 반응속도가 2배가 되고 B의 농도만 2배로 하면 반응속도가 4배로 된다. 이 경우 반응속도식은?(단, 반응속도 상수는 k이다.)

① V=k[A][B]² ② V=k[A]²[B]
③ V=k[A][B]⁰·⁵ ④ V=k[A][B]

> 🔍 반응속도 V=k[A][B]²
> 이 식은 A의 농도를 2배로 하면 반응속도는 2배, B의 농도를 2배로 하면 반응속도는 4배로 된다.

11 지방이 글리세린과 지방산으로 되는 것과 관련이 깊은 반응은?

① 에스테르화 ② 가수분해
③ 산화 ④ 아미노화

> 🔍 지방이 가수분해하여 글리세린과 지방산을 생성한다.

12 다음 각 화합물 1mol이 완전연소할 때 3mol의 산소를 필요로 하는 것은?

① $CH_3 - CH_3$
② $CH_2 = CH_2$
③ C_6H_6
④ $CH \equiv CH$

🔍 화합물 1mol의 연소반응식
- 에테인 : $C_2H_6 + 3.5O_2 \rightarrow 2CO_2 + 3H_2O$
- 에틸렌 : $C_2H_4 + 3O_2 \rightarrow 2CO_2 + 2H_2O$
- 벤젠 : $C_6H_6 + 7.5O_2 \rightarrow 6CO_2 + 3H_2O$
- 아세틸렌 : $C_2H_2 + 2.5O_2 \rightarrow 2CO_2 + H_2O$

13 다음 중 물이 산으로 작용하는 반응은?

① $NH_4^+ + H_2O \rightarrow NH_3 + H_3O^+$
② $HCOOH + H_2O \rightarrow HCOO^- + H_3O^+$
③ $CH_3COO^- + H_2O \rightarrow CH_3COOH + OH^-$
④ $HCl + H_2O \rightarrow H_3O^+ + Cl^-$

🔍 초산에스터류와 물이 작용할 때 물 분자에서 하나의 수소원자가 산(CH_3COOH)으로 작용한다.

14 액체 0.2g을 기화시켰더니 그 증기의 부피가 97℃, 740mmHg에서 80mL였다. 이 액체의 분자량에 가장 가까운 값은?

① 40
② 46
③ 78
④ 121

🔍 이상기체상태방정식
$PV = \frac{W}{M}RT \qquad M = \frac{WRT}{PV}$

여기서 P : 압력($\frac{740mmHg}{760mmHg} \times 1atm = 0.974atm$),
V : 부피(80mL = 0.08ℓ), M : 분자량(g), W : 무게(0.2g),
R : 기체상수(0.08205 ℓ·atm/g-mol·K),
T : 절대온도(273 + 97℃ = 370K)

$\therefore M = \frac{WRT}{PV} = \frac{0.2 \times 0.08205 \times 370}{0.974 \times 0.08} = 77.92g$

15 다음 밑줄 친 원소 중 산화수가 +5인 것은?

① $Na_2\underline{Cr}_2O_7$
② $K_2\underline{S}O_4$
③ $K\underline{N}O_3$
④ $\underline{Cr}O_3$

🔍 산화수
- $Na_2Cr_2O_7$: $(+1) \times 2 + 2x + (-2) \times 7 = 0$ $\therefore x = +6$
- K_2SO_4 : $(+1) \times 2 + x + (-2) \times 4 = 0$ $\therefore x = +6$
- KNO_3 : $(+1) + x + (-2) \times 3 = 0$ $\therefore x = +5$
- CrO_3 : $x + (-2) \times 3 = 0$ $\therefore x = +6$

16 $[OH^-] = 1 \times 10^{-5}$ mol/L 인 용액의 pH와 액성으로 옳은 것은?

① pH = 5, 산성
② pH = 5, 알칼리성
③ pH = 9, 산성
④ pH = 9, 알칼리성

🔍 pH와 액성
$[H^+][OH^-] = 10^{-14}$, pH + pOH = 14
$[H^+][OH^-] = 10^{-14}$에서 $[OH^-] = 10^{-5}$mol/ℓ
$\qquad [H^+] = 10^{-9}$ mol/ℓ
$\therefore pH = -\log[H^+] = -\log 1 \times 10^{-9} = 9 - \log 1$
$\qquad = 9 - 0 = 9$(약알칼리성)

17 다음 화합물 중에서 가장 작은 결합각을 가지는 것은?

① BF_3
② NH_3
③ H_2
④ $BeCl_2$

🔍 결합각은 NH_3(암모니아)가 107°로 가장 작다.

18 백금 전극을 사용하여 물을 전기분해할 때 (+)극에서 5.6L의 기체가 발생하는 동안 (-)극에서 발생하는 기체의 부피는?

① 2.8L
② 5.6L
③ 11.2L
④ 22.4L

🔍 물의 전기분해
$2H_2O \rightarrow 2H_2 + O_2$
$\qquad$ (-극) (+극)
물을 전기분해하면 산소가 1mol이 발생하므로 산소(+극)는 1g 당량 5.6ℓ가 발생하고 수소(-극)는 11.2ℓ가 발생한다.

19 방사성 원소인 U(우라늄)이 다음과 같이 변화되었을 때의 붕괴 유형은?

$$^{238}_{92}U \rightarrow {^{234}_{90}}Th + {^{4}_{2}}He$$

① α붕괴　　② β붕괴
③ γ붕괴　　④ R붕괴

🔍 원소가 α붕괴하면 원자번호 2감소, 질량수 4감소한다.
$^{238}_{92}U \rightarrow {^{234}_{90}}Th$

20 다음에서 설명하는 법칙은 무엇인가?

> 일정한 온도에서 비휘발성이며, 비전해질인 용질이 녹은 묽은 용액의 증기 압력 내림은 일정량의 용매에 녹아 있는 용질의 몰 수에 비례한다.

① 헨리의 법칙
② 라울의 법칙
③ 아보가드로의 법칙
④ 보일-샤를의 법칙

🔍 라울의 법칙 : 비전해질인 용질이 녹은 묽은 용액의 증기 압력 내림은 일정량의 용매에 녹아 있는 용질의 몰수에 비례한다.

• 2. 화재예방과 소화방법

21 위험물안전관리법령상 이동탱크저장소에 의한 위험물의 운송 시 위험물운송자가 위험물안전카드를 휴대하지 않아도 되는 물질은?

① 휘발유
② 과산화수소
③ 경유
④ 벤조일퍼옥사이드

🔍 위험물(제4류 위험물에 있어서는 특수인화물 및 제1석유류에 한한다)을 운송하게 하는 자는 위험물안전카드를 위험물운송자로 하여금 휴대하게 할 것
※경유 : 제4류 위험물 제2석유류

22 전역방출방식의 할로젠화합물소화설비 중 하론 1301을 방사하는 분사헤드의 방사압력은 얼마 이상이어야 하는가?

① 0.1MPa
② 0.2MPa
③ 0.5MPa
④ 0.9MPa

🔍 가스소화설비의 분사헤드 방사압력

종류	방사압력
할론2402	0.1MPa 이상
할론1211	0.2MPa 이상
할론1301	0.9MPa 이상

23 포 소화약제의 종류에 해당되지 않는 것은?

① 단백포 소화약제
② 합성계면활성제포 소화약제
③ 수성막포 소화약제
④ 액표면포 소화약제

🔍 포소화약제 : 단백포, 수성막포, 알코올용포, 합성계면활성제포, 플루오린화단백포

24 위험물제조소의 환기설비 설치 기준으로 옳지 않은 것은?

① 환기구는 지붕 위 또는 지상 2m 이상의 높이에 설치할 것
② 급기구는 바닥면적 150m²마다 1개 이상으로 할 것
③ 환기는 자연배기방식으로 할 것
④ 급기구는 높은 곳에 설치하고 인화방지망을 설치할 것

🔍 환기설비의 급기구는 낮은 곳에 설치하고 가는 눈의 구리망 등으로 인화방지망을 설치할 것

25 위험물안전관리법령상 알칼리금속과산화물의 화재에 적응성이 없는 소화설비는?

① 건조사
② 물통
③ 탄산수소염류 분말소화설비
④ 팽창질석

> 알칼리금속의 과산화물(제1류 위험물)인 과산화칼륨과 과산화나트륨은 물과 반응하면 산소를 발생하므로 물통은 적응성이 없다.

26 주된 연소형태가 분해연소인 것은?

① 금속분
② 황
③ 목재
④ 피크린산

> 분해연소 : 석탄, 종이, 목재, 플라스틱 등

27 이산화탄소 소화기의 장·단점에 대한 설명으로 틀린 것은?

① 밀폐된 공간에서 사용 시 질식으로 인명피해가 발생할 수 있다.
② 전도성이어서 전류가 통하는 장소에서의 사용은 위험하다.
③ 자체의 압력으로 방출할 수가 있다.
④ 소화 후 소화약제에 의한 오손이 없다.

> 가스계 소화약제는 비전도성이다.

28 마그네슘 분말이 이산화탄소 소화약제와 반응하여 생성될 수 있는 유독기체의 분자량은?

① 26
② 28
③ 32
④ 44

> 마그네슘(Mg)은 이산화탄소(CO_2)와 반응하면 유독성 기체인 일산화탄소(CO)가 생성된다.
> $Mg + CO_2 \rightarrow MgO + CO$ (분자량 : 28)

29 다음 위험물의 저장창고에서 화재가 발생하였을 때 주수에 의한 냉각소화가 적절치 않은 위험물은?

① $NaClO_3$
② Na_2O_2
③ $NaNO_3$
④ $NaBrO_3$

> 과산화나트륨(Na_2O_2)은 물과 반응하면 산소(O_2)를 발생하므로 적합하지 않다.
> $2Na_2O_2 + 2H_2O \rightarrow 4NaOH + O_2\uparrow$

30 위험물안전관리법령상 전역방출방식 또는 국소방출방식의 분말소화설비의 기준에서 가압식의 분말소화설비에는 얼마 이하의 압력으로 조정할 수 있는 압력조정기를 설치하여야 하는가?

① 2.0MPa
② 2.5MPa
③ 3.0MPa
④ 5MPa

> 분말 소화약제의 가압용 가스용기에는 2.5MPa 이하의 압력에서 조정이 가능한 압력조정기를 설치하여야 한다.

31 화재 종류가 옳게 연결된 것은?

① A급 화재 – 유류화재
② B급 화재 – 섬유화재
③ C급 화재 – 전기화재
④ D급 화재 – 플라스틱화재

> 화재의 종류

종류	명칭	색상
A급	일반화재	백색
B급	유류화재	황색
C급	전기화재	청색
D급	금속화재	무색

32 다음 중 발화점에 대한 설명으로 가장 옳은 것은?

① 외부에서 점화했을 때 발화하는 최저온도
② 외부에서 점화했을 때 발화하는 최고온도
③ 외부에서 점화하지 않더라도 발화하는 최저온도
④ 외부에서 점화하지 않더라도 발화하는 최고온도

🔍 발화점 : 외부에서 점화하지 않더라도 발화하는 최저온도

33 분말소화약제인 탄산수소나트륨 10kg이 1기압, 270℃에서 방사되었을 때 발생하는 이산화탄소의 양은 약 몇 m^3인가?

① 2.65
② 3.65
③ 18.22
④ 36.44

🔍 탄산수소나트륨($NaHCO_3$)의 분해반응식
$2NaHCO_3 \rightarrow Na_2CO_3 + H_2O + CO_2$
$2 \times 84kg$ \ $44kg$
$10kg$ \ x
$\therefore x = \dfrac{10kg \times 44kg}{2 \times 84kg} = 2.62kg$

이상기체상태방정식을 적용하면
$PV = nRT = \dfrac{W}{M}RT$ \ $V = \dfrac{WRT}{PM}$
여기서 P : 압력(1atm), V : 부피(m^3), M : 분자량(CO_2 = 44),
W : 무게(2.62kg),
R : 기체상수(0.08205$m^3 \cdot atm/kg-mol \cdot K$)
T : 절대온도(273 + 270℃ = 543K)
∴ 이산화탄소의 부피
$V = \dfrac{WRT}{PM} = \dfrac{2.62 \times 0.08205 \times 543K}{1atm \times 44} = 2.65m^3$

34 이산화탄소가 불연성인 이유를 옳게 설명한 것은?

① 산소와의 반응이 느리기 때문이다.
② 산소와 반응하지 않기 때문이다.
③ 착화되어도 곧 불이 꺼지기 때문이다.
④ 산화반응이 일어나도 열 발생이 없기 때문이다.

🔍 이산화탄소(CO_2)는 산소와 더 이상 반응하지 않기 때문에 불연성이다.

35 드라이아이스 1kg이 완전히 기화하면 약 몇 몰의 이산화탄소가 되겠는가?

① 22.7
② 51.3
③ 230.1
④ 515.0

🔍 몰수
$mol = \dfrac{무게}{분자량} = \dfrac{1000g}{44} = 22.7g-mol$
※ CO_2(드라이아이스)의 분자량 : 44

36 질산의 위험성에 대한 설명으로 옳은 것은?

① 화재에 대한 직·간접적인 위험성은 없으나 인체에 묻으면 화상을 입는다.
② 공기 중에서 스스로 자연발화 하므로 공기에 노출되지 않도록 한다.
③ 인화점 이상에서 가연성 증기를 발생하여 점화원이 있으면 폭발한다.
④ 유기물질과 혼합하면 발화의 위험성이 있다.

🔍 질산은 유기물질과 혼합하면 발화의 위험성이 있다.

37 특수인화물이 소화설비 기준 적용상 1 소요단위가 되기 위한 용량은?

① 50L
② 100L
③ 250L
④ 500L

🔍 특수인화물의 지정수량 50L이다.
$소요단위 = \dfrac{저장수량}{지정수량 \times 10}$
$1 = \dfrac{x}{50 \times 10}$ \ $\therefore x = 500L$

38 수성막포소화약제에 대한 설명으로 옳은 것은?

① 물보다 비중이 작은 유류의 화재에는 사용할 수 없다.
② 계면활성제를 사용하지 않고 수성의 막을 이용한다.
③ 내열성이 뛰어나고 고온의 화재일수록 효과적이다.
④ 일반적으로 플루오린계 계면활성제를 사용한다.

🔍 수성막포소화약제는 플루오린계통의 습윤제에 합성계면활성제가 첨가되어 있는 약제이다.

39 분말소화기에 사용되는 소화약제의 주성분이 아닌 것은?

① $NH_4H_2PO_4$　　② Na_2SO_4
③ $NaHCO_3$　　④ $KHCO_3$

🔍 분말 소화약제의 종류

종류	주성분	착색	적응 화재
제1종 분말	탄산수소나트륨 ($NaHCO_3$)	백색	B, C급
제2종 분말	탄산수소칼륨 ($KHCO_3$)	담회색	B, C급
제3종 분말	제일인산암모늄 ($NH_4H_2PO_4$)	담홍색, 황색	A, B, C급
제4종 분말	탄산수소칼륨 + 요소 [$KHCO_3+(NH_2)_2CO$]	회색	B, C급

40 위험물제조소 등에 설치하는 옥외소화전설비에 있어서 옥외소화전함은 옥외소화전으로부터 보행거리 몇 m 이하의 장소에 설치하는가?

① 2　　② 3
③ 5　　④ 10

🔍 옥외소화전설비의 옥외소화전함은 옥외소화전으로부터 보행거리 5m 이하의 장소에 설치하여야 한다.

3. 위험물 성상 및 취급

41 온도 및 습도가 높은 장소에서 취급할 때 자연발화의 위험이 가장 큰 물질은?

① 아닐린　　② 황화인
③ 질산나트륨　　④ 셀룰로이드

🔍 셀룰로이드는 온도와 습도가 높으면 자연발화가 일어난다.

42 과염소산칼륨과 적린을 혼합하는 것이 위험한 이유로 가장 타당한 것은?

① 마찰열이 발생하여 과염소산칼륨이 자연발화할 수 있기 때문에
② 과염소산칼륨이 연소하면서 생성된 연소열이 적린을 연소시킬 수 있기 때문에
③ 산화제인 과염소산칼륨과 가연물인 적린이 혼합하면 가열, 충격 등에 의해 연소·폭발할 수 있기 때문에
④ 혼합하면 용해되어 액상 위험물이 되기 때문에

🔍 과염소산칼륨(제1류 위험물)은 적린(제2류 위험물)과 혼합하면 마찰·충격에 의해서 폭발할 위험이 있다.

43 다음 중 물이 접촉되었을 때 위험성(반응성)이 가장 작은 것은?

① Na_2O_2　　② Na
③ MgO_2　　④ S

🔍 물과 반응
- 과산화나트륨 : $2Na_2O_2 + 2H_2O \rightarrow 4NaOH + O_2$
- 나트륨 : $2Na + 2H_2O \rightarrow 2NaOH + H_2$
- 과산화마그네슘 : $2MgO_2 + 2H_2O \rightarrow 2Mg(OH)_2 + O_2$
- 황(S)은 물과 반응하지 않는다.

44 위험물안전관리법령상 위험물저조소의 위험물을 취급하는 건축물의 구성부분 중 반드시 내화구조로 하여야 하는 것은?

① 연소의 우려가 있는 기둥
② 바닥
③ 연소의 우려가 있는 외벽
④ 계단

🔍 위험물제조소의 건축물의 구조
- 불연재료 : 벽, 기둥, 바닥, 보, 서까래, 계단
- 개구부가 없는 내화구조의 벽 : 연소 우려가 있는 외벽

45 저장·수송할 때 타격 및 마찰에 의한 폭발을 막기 위해 물이나 알코올로 습면시켜 취급하는 위험물은?

① 나이트로셀룰로스　　② 과산화벤조일
③ 글리세린　　④ 에틸렌글라이콜

🔍 보호액

종류	저장방법
이황화탄소	물속
나트륨, 칼륨	등유, 경유, 유동파라핀 속
나이트로셀룰로스	물 또는 알코올로 습면

46 위험물안전관리법령상 위험물의 취급기준 중 소비에 관한 기준으로 틀린 것은?

① 열처리 작업은 위험물이 위험한 온도에 이르지 아니하도록 하여 실시하여야 한다.
② 담금질 작업은 위험물이 위험한 온도에 이르지 아니하도록 하여 실시하여야 한다.
③ 분사도장 작업은 방화상 유효한 격벽 등으로 구획한 안전한 장소에서 하여야 한다.
④ 버너를 사용하는 경우에는 버너의 역화를 유지하고 위험물이 넘치지 아니하도록 하여야 한다.

🔍 버너를 사용하는 경우에는 버너의 역화를 방지하고 위험물이 넘치지 아니하도록 하여야 한다.

47 탄화칼슘은 물과 반응하면 어떤 기체가 발생하는가?

① 과산화수소 ② 일산화탄소
③ 아세틸렌 ④ 에틸렌

🔍 탄화칼슘이 물과 반응하면 가연성가스인 아세틸렌가스를 발생한다.
$CaC_2 + 2H_2O \rightarrow Ca(OH)_2 + C_2H_2\uparrow$
(수산화칼슘) (아세틸렌)

48 다음 위험물 중 인화점이 약 -37℃인 물질로서 구리, 은, 마그네슘 등의 금속과 접촉하면 폭발성 물질인 아세틸라이드를 생성하는 것은?

① CH_3CHOCH_2 ② $C_2H_5OC_2H_5$
③ CS_2 ④ C_6H_6

🔍 산화프로필렌(Propylene Oxide)은 구리(Cu), 마그네슘(Mg), 은(Ag), 수은(Hg)과 반응하면 아세틸레이트를 생성한다.

49 물보다 무겁고, 물에 녹지 않아 저장 시 가연성 증기 발생을 억제하기 위해 수조 속의 위험물탱크에 저장하는 물질은?

① 다이에틸에터 ② 에탄올
③ 이황화탄소 ④ 아세트알데하이드

🔍 이황화탄소(CS_2)는 저장 시 가연성 증기발생을 억제하기 위해 수조 속의 위험물 탱크에 저장한다.

50 제4류 위험물을 저장하는 이동탱크저장소의 탱크 용량이 19,000L일 때 탱크의 칸막이는 최소 몇 개를 설치해야 하는가?

① 2 ② 3
③ 4 ④ 5

🔍 칸막이는 4000ℓ 이하마다 설치하여야 하므로
19,000ℓ ÷ 4000ℓ = 4.75 ⇒ 5칸이다.
따라서, 탱크의 칸막이는 4개이다.

51 다음 위험물 중에서 인화점이 가장 낮은 것은?

① $C_6H_5CH_3$
② $C_6H_5CHCH_2$
③ CH_3OH
④ CH_3CHO

🔍 인화점

종류	명칭	인화점
$C_6H_5CH_3$	톨루엔	4℃
$C_6H_5CHCH_2$	스타이렌(스틸렌)	32℃
CH_3OH	메틸알코올	11℃
CH_3CHO	아세트알데하이드	-40℃

52 황린이 자연발화하기 쉬운 이유에 대한 설명으로 가장 타당한 것은?

① 끓는점이 낮고 증기압이 높기 때문에
② 인화점이 낮고 조연성 물질이기 때문에
③ 조해성이 강하고 공기 중의 수분에 의해 쉽게 분해되기 때문에
④ 산소와 친화력이 강하고 발화온도가 낮기 때문에

🔍 황린은 산소와 친화력이 강하고 발화온도(34℃)가 낮기 때문에 자연발화 하기가 쉽다.

53 염소산칼륨에 대한 설명 중 틀린 것은?

① 촉매 없이 가열하면 약 400℃에서 분해한다.
② 열분해하여 산소를 방출한다.
③ 불연성물질이다.
④ 물, 알코올, 에터에 잘 녹는다.

> 염소산칼륨은 냉수, 알코올에는 녹지 않고, 온수나 글리세린에는 녹는다.

54 금속나트륨의 일반적인 성질로 옳지 않은 것은?

① 은백색의 연한 금속이다.
② 알코올 속에 저장한다.
③ 물과 반응하여 수소가스를 발생한다.
④ 물보다 비중이 작다.

> 나트륨(Na)은 등유, 경유, 유동파라핀 속에 저장한다.

55 [보기] 중 칼륨과 트라이에틸알루미늄의 공통 성질을 모두 나타낸 것은?

ⓐ 고체이다.
ⓑ 물과 반응하여 수소를 발생한다.
ⓒ 위험물안전관리법령상 위험등급이 I이다.

① ⓐ
② ⓑ
③ ⓒ
④ ⓑ, ⓒ

> 칼륨과 트라이에틸알루미늄의 성질

종류	화학식	류별	외관	위험등급	물과 반응
칼륨	K	제3류 위험물	고체	I	$2K + 2H_2O \rightarrow 2KOH + H_2$(수소)
트라이에틸알루미늄	$(C_2H_5)_3Al$	제3류 위험물	액체	I	$(C_2H_5)_3Al + 3H_2O \rightarrow Al(OH)_3 + 3C_2H_6$(에테인)

56 1기압 27℃에서 아세톤 58g을 완전히 기화시키면 부피는 약 몇 L가 되는가?

① 22.4
② 24.6
③ 27.4
④ 58.0

> 부피를 구하면
> $PV = nRT = \dfrac{W}{M}RT$, $V = \dfrac{WRT}{PM}$
> 여기서 P : 압력(1atm), V : 부피(ℓ),
> M : 분자량(CH_3COCH_3 = 58), W : 무게(58g),
> R : 기체상수(0.08205ℓ·atm/g-mol·K),
> T : 절대온도(273 + ℃ = 273 + 27 = 300K)
> $\therefore V = \dfrac{WRT}{PM} = \dfrac{58 \times 0.08205 \times 300}{1 \times 58} = 24.6 \ell$

57 위험물안전관리법령상 제4류 위험물 옥외저장탱크의 대기밸브부착 통기관은 몇 kPa 이하의 압력차이로 작동할 수 있어야 하는가?

① 2
② 3
③ 4
④ 5

> 옥외저장탱크의 대기밸브부착 통기관은 5kPa 이하의 압력차이로 작동할 수 있어야 한다.

58 다이에틸에터를 저장, 취급할 때의 주의사항에 대한 설명으로 틀린 것은?

① 장시간 공기와 접촉하고 있으면 과산화물이 생성되어 폭발의 위험이 생긴다.
② 연소범위는 가솔린보다 좁지만 인화점과 착화온도가 낮으므로 주의하여야 한다.
③ 정전기 발생에 주의하여 취급해야 한다.
④ 화재 시 CO_2 소화설비가 적응성이 있다.

> 다이에틸에터와 휘발유 비교

종류	연소범위	인화점	착화점
다이에틸에터	1.7 ~ 48%	-40℃	180℃
휘발유	1.2 ~ 7.6%	-43℃	280 ~ 456℃

59 위험물안전관리법령상 제6류 위험물에 해당하는 물질로서 햇빛에 의해 갈색의 연기를 내며 분해할 위험이 있으므로 갈색병에 보관해야 하는 것은?

① 질산
② 황산
③ 염산
④ 과산화수소

> 질산은 햇빛에 의해 갈색의 연기를 내며 분해할 위험이 있으므로 갈색병에 보관한다.

60 그림과 같은 위험물 탱크에 대한 내용적 계산방법으로 옳은 것은?

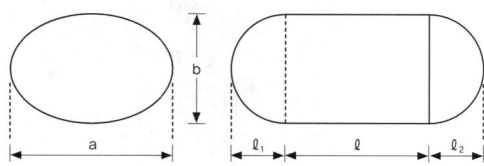

① $\dfrac{\pi ab}{3}\left(\ell + \dfrac{\ell_1 + \ell_2}{3}\right)$ ② $\dfrac{\pi ab}{4}\left(\ell + \dfrac{\ell_1 + \ell_2}{3}\right)$

③ $\dfrac{\pi ab}{4}\left(\ell + \dfrac{\ell_1 + \ell_2}{4}\right)$ ④ $\dfrac{\pi ab}{3}\left(\ell + \dfrac{\ell_1 + \ell_2}{4}\right)$

🔍 내용적 = $\dfrac{\pi ab}{4}\left(\ell + \dfrac{\ell_1 + \ell_2}{3}\right)$

정답 최근기출문제 2020년 3회

01 ③	02 ③	03 ①	04 ①	05 ②
06 ③	07 ①	08 ①	09 ②	10 ①
11 ②	12 ②	13 ③	14 ②	15 ③
16 ④	17 ②	18 ③	19 ①	20 ②
21 ③	22 ④	23 ④	24 ④	25 ②
26 ③	27 ②	28 ②	29 ②	30 ②
31 ②	32 ③	33 ①	34 ②	35 ①
36 ④	37 ④	38 ④	39 ②	40 ③
41 ④	42 ③	43 ④	44 ③	45 ①
46 ④	47 ③	48 ①	49 ②	50 ②
51 ④	52 ④	53 ④	54 ②	55 ③
56 ②	57 ④	58 ②	59 ①	60 ②

2021년 1회 복원문제

1. 물질의 물리·화학적 성질

01 산소와 같은 족의 원소가 아닌 것은?
① S
② Se
③ Te
④ Bi

> 산소족(6A족)원소 : O, S, Se, Te, Po
> ※ 비스무스(Bi) : 질소족 원소

02 0.0001N-HCl의 pH는?
① 2
② 3
③ 4
④ 5

> $pH = -\log[H^+] = -\log[1 \times 10^{-4}] = 4 - \log 1 = 4 - 0 = 4$

03 다음 중 전자배치가 다른 것은?
① Ar
② F^-
③ Na^+
④ Ne

> 전자배치
> • Ar(원자번호18) : $1S^2, 2S^2, 2P^6, 3S^2, 3P^6$
> • F(플루오린, 원자번호 9) : $1S^2, 2S^2, 2P^5$인데 1가 음이온으로 전자 1개를 얻어 10개의 전자를 가지므로 $1S^2, 2S^2, 2P^6$가 된다.
> • Na(원자번호 11) : $1S^2, 2S^2, 2P^6, 3S^1$인데 1가 양이온으로 전자 1개를 잃으므로 10개의 전자를 가지므로 전자배치는 $1S^2, 2S^2, 2P^6$가 된다.
> • Ne(원자번호 10)의 전자배치 : $1S^2, 2S^2, 2P^6$

04 방사선 동위원소의 반감기가 20일 때 40일이 지난 후 남은 원소의 분율은?
① 1/2
② 1/3
③ 1/4
④ 1/6

> 반감기 : 방사선 원소가 붕괴하여 양이 1/2이 될 때까지 걸리는 시간
> $$m = M\left(\frac{1}{2}\right)^{\frac{t}{T}}$$
> 여기서 m : 붕괴후의 질량, M : 처음 질량, t : 경과시간, T : 반감기
> $\therefore m = 1\left(\frac{1}{2}\right)^{\frac{40}{20}} = \frac{1}{4}$

05 NaOH 수용액 100mL를 중화하는데 2.5N의 HCl 80mL가 소요되었다. NaOH 용액의 농도(N)는?
① 1
② 2
③ 3
④ 4

> NV = N'V'
> $x \times 100mL = 2.5N \times 80mL$
> $\therefore x = 2N$

06 8g의 메테인을 완전연소 시키는데 필요한 산소분자의 수는?
① 6.02×10^{23}
② 1.204×10^{23}
③ 6.02×10^{24}
④ 1.204×10^{24}

> 메테인의 연소반응식
> $CH_4 + 2O_2 \rightarrow CO_2 + 2H_2O$
> 산소의 몰수를 계산하면
> $CH_4 + 2O_2 \rightarrow CO_2 + 2H_2O$
> 1mol   2mol
> 0.5(8g)mol 1mol
> ∴ 메테인 0.5mol과 산소 1mol이 반응하므로
> $1mol \times 6.0238 \times 10^{23} = 6.0238 \times 10^{23}$

07 분자식 $HClO_4$의 명명으로 옳은 것은?
① 염소산
② 아염소산
③ 차아염소산
④ 과염소산

> 분자식
>
> | 종류 | 지정수량 | 종류 | 지정수량 |
> |---|---|---|---|
> | 차아염소산 | HClO | 아염소산 | $HClO_2$ |
> | 염소산 | $HClO_3$ | 과염소산 | $HClO_4$ |

08 구리선의 밀도가 7.81g/mL이고 질량이 3.72g이다. 이 구리선의 부피(mL)는 얼마인가?

① 0.48
② 2.09
③ 1.48
④ 3.09

> 🔍 **구리선의 부피**
> $\rho = \dfrac{W}{V}$, $V = \dfrac{W}{\rho}$
> 여기서 ρ : 밀도(g/ml), W : 무게(g), V : 부피(ml)
> $\therefore V = \dfrac{W}{\rho} = \dfrac{3.72g}{7.81g/ml} = 0.48ml$

09 탄소 3g이 산소 16g 중에서 완전연소 되었다면 연소한 후 혼합 기체의 부피는 표준상태에서 몇 L가 되는가?

① 5.6
② 6.8
③ 11.2
④ 22.4

> 🔍 **연소반응식**
> C + O₂ → CO₂
> 12g 32g   44g
> 3g   8g   11g
> 여기서 산소가 16g을 반응하더라도 16 - 8 = 8g은 미반응물이므로
> 표준상태에서 부피 = $\left(\dfrac{3}{12} + \dfrac{8}{32}\right) \times 22.4\ell = 11.2\ell$

10 불꽃 반응시 노랑색을 나타내는 것은?

① Li
② K
③ Na
④ Ba

> 🔍 **금속의 불꽃반응**
>
> | 원소 | 불꽃색상 | 원소 | 불꽃색상 |
> |---|---|---|---|
> | 리튬(Li) | 적색 | 나트륨(Na) | 노랑색 |
> | 칼륨(K) | 보라색 | 칼슘(Ca) | 황적색 |
> | 스트론튬(Sr) | 심적색 | 구리(Cu) | 청록색 |
> | 바륨(Ba) | 황록색 | | |

11 어떤 기체의 확산 속도는 SO₂의 2배이다. 이 기체의 분자량은 얼마인가?

① 8
② 16
③ 32
④ 64

> 🔍 **그레이엄의 확산 속도법칙**
> $\dfrac{U_B}{U_A} = \sqrt{\dfrac{M_A}{M_B}}$
> A : 어떤 기체, B : 이산화황(SO₂)으로 가정을 하면
> $\therefore M_A = M_B \times \left(\dfrac{u_B}{u_A}\right)^2 = 64 \times \left(\dfrac{1}{2}\right)^2 = 16$

12 25℃에서 83% 해리된 0.1N HCl의 pH는 얼마인가?

① 1.08
② 1.52
③ 2.02
④ 2.25

> 🔍 $[H^+] = 0.1 \times 0.83 = 0.083 = 8.3 \times 10^{-2}$
> $pH = -\log[H^+] = -\log 8.3 \times 10^{-2} = 2 - \log 8.3$
> $= 2 - 0.919 = 1.08$

13 730mmHg, 100℃에서 257mL, 부피의 용기 속에 어떤 기체가 채워져 있다. 그 무게는 1.67g이다. 이 물질의 분자량은 얼마인가?

① 28
② 56
③ 207
④ 257

> 🔍 **이상기체상태방정식**
> $PV = \dfrac{W}{M}RT$ $M(분자량) = \dfrac{WRT}{PV}$
> 여기서 P : 압력 $\left(\dfrac{730mmHg}{760mmHg} \times 1atm = 0.96atm\right)$
> V : 부피(257㎖ = 0.257ℓ)
> M : 분자량(g/g-mol)
> W : 무게(1.67g)
> R : 기체상수(0.082205ℓ · atm/g-mol · K)
> T : 절대온도(273+℃ = 273+100 = 373K)
> $\therefore M = \dfrac{WRT}{PV} = \dfrac{1.67 \times 0.08205 \times 373K}{0.96atm \times 0.257\ell} = 207.15$

14 공기의 평균분자량은 약 29라고 한다. 이 평균 분자량을 계산하는데 관계된 원소는?

① 산소, 수소
② 탄소, 수소
③ 산소, 질소
④ 질소, 탄소

> 🔍 **공기의 조성** : 산소(O₂) 21%, 질소(N₂) 79%, 아르곤(Ar) 1%
> ※ 공기의 평균분자량
> $(32 \times 0.21) + (28 \times 0.79) + (40 \times 0.01) = 28.94$
>
> | 항목
종류 | 화학식 | 분자량 |
> |---|---|---|
> | 산소 | O₂ | 32 |
> | 질소 | N₂ | 28 |
> | 아르곤 | Ar | 40 |

15 다음 중 비극성분자는 어느 것인가?

① HF
② H₂O
③ NH₃
④ CH₄

> 비극성분자 : 메테인(CH₄)
> ※극성분자 : 플루오린화수소(HF), 물(H₂O), 암모니아(NH₃)

16 물 200g에 A물질 2.9g을 녹인 용액의 빙점은?(단, 물의 어는점 내림상수는 1.86℃/kg-mol이고, A물질의 분자량은 58이다.)

① −0.465℃
② −0.932℃
③ −1.871℃
④ −2.453℃

> 빙점강하(ΔT_f)
> $\Delta T_f = K_f \cdot m = K_f \times \dfrac{\dfrac{W_B}{M}}{W_A} \times 1000$
>
> 여기서 K_f: 빙점강하 계수(물 : 1.86), m: 몰랄농도
> W_B: 용질의 무게, W_A: 용매의 무게, M: 분자량
>
> $\therefore \Delta T_f = 1.86 \times \dfrac{\dfrac{2.9g}{58}}{200g} \times 1000 = 0.465℃ \Rightarrow -0.465℃$

17 어떤 금속(M) 8g을 연소시키니 11.2g의 산화물이 얻어졌다. 이 금속의 원자량이 140이라면 이 산화물의 화학식은?

① M₂O₃
② MO
③ MO₂
④ M₂O₇

> 금속의 당량을 x, 산소의 당량 8이므로
> 금속 : 산소 ⇒ 8 : (11.2 − 8) = x : 8 x = 20
> 금속의 원자가 = 원자량/당량 = 140/20 = 7
> ∴ 금속의 원자가가 7가이므로 화학식은 M₂O₇이다.

18 다음 밑줄 친 원소 중 산화수가 +5인 것은?

① Na₂<u>Cr</u>₂O₇
② K₂<u>S</u>O₄
③ K<u>N</u>O₃
④ <u>Cr</u>O₃

> 산화수
> ① Na₂Cr₂O₇ (+1) × 2 + 2x + (−2) × 7 = 0 x = +6
> ② K₂SO₄ (+1) × 2 + x + (−2) × 4 = 0 x = +6
> ③ KNO₃ (+1) + x + (−2) × 3 = 0 x = +5
> ④ CrO₃ x + (−2) × 3 = 0 x = +6

19 1기압에서 2L의 부피를 차지하는 어떤 이상기체를 온도의 변화 없이 압력을 4기압으로 하면 부피는 얼마가 되겠는가?

① 2.0ℓ
② 1.5ℓ
③ 1.0ℓ
④ 0.5ℓ

> 보일의 법칙을 적용하면
> $V_2 = V_1 \times \dfrac{P_1}{P_2}$
> $\therefore V_2 = V_1 \times \dfrac{P_1}{P_2} = 2\ell \times \dfrac{1}{4} = 0.5\ell$

20 커플링(coupling) 반응 시 생성되는 작용기는?

① −NH₂
② −CH₃
③ −COOH
④ −N=N−

> 커플링(coupling) 반응 시 생성되는 작용기 : 다조기(−N=N−)

작용기	명칭
−NH₂	아미노기
−CH₃	메틸기
−COOH	카복실산기
−N=N−	아조기

2. 화재예방과 소화방법

21 자연발화가 일어날 수 있는 조건으로 가장 옳은 것은?

① 주위의 온도가 낮을 것
② 표면적이 작을 것
③ 열전도율이 작을 것
④ 발열량이 작을 것

> 자연발화의 조건
> • 주위의 온도가 높을 것
> • 열전도율이 적을 것
> • 발열량이 클 것
> • 표면적이 넓을 것

22 할로젠화합물인 Halon 1301의 분자식은?

① CH₃Br
② CCl₄
③ CF₂Br₂
④ CF₃Br

분자식	명칭	분자식	명칭
CH_3Br	할론 1001	CCl_4	할론 104
CF_2Br_2	할론 1202	CF_3Br	할론 1301

23 이산화탄소 소화설비의 저압식 저장용기에 설치하는 압력경보장치의 작동압력은?

① 1.9MPa 이상의 압력 및 1.5MPa 이하의 압력
② 2.3MPa 이상의 압력 및 1.9MPa 이하의 압력
③ 3.75MPa 이상의 압력 및 2.3MPa 이하의 압력
④ 4.5MPa 이상의 압력 및 3.75MPa 이하의 압력

> 이산화탄소소화설비의 저압식 저장용기의 설치기준
> • 저압식 저장용기에는 액면계 및 압력계를 설치할 것
> • 저압식 저장용기에는 2.3MPa 이상의 압력 및 1.9MPa 이하의 압력에서 작동하는 압력경보장치를 설치할 것
> • 저압식 저장용기에는 용기내부의 온도를 영하 20℃ 이상 영하 18℃ 이하로 유지할 수 있는 자동냉동기를 설치할 것
> • 저압식 저장용기에는 파괴판과 방출밸브를 설치할 것

24 위험물안전관리법령상 지정수량의 3천배 초과 4천배이하의 위험물을 저장하는 옥외탱크저장소에 확보하여야 하는 보유공지는 얼마인가?

① 6m 이상
② 9m 이상
③ 12m 이상
④ 15m 이상

> 옥외탱크저장소의 보유공지
>
> | 저장 또는 취급하는 위험물의 최대수량 | 공지의 너비 |
> |---|---|
> | 지정수량의 500배 이하 | 3m 이상 |
> | 지정수량의 500배 초과 1,000배 이하 | 5m 이상 |
> | 지정수량의 1,000배 초과 2,000배 이하 | 9m 이상 |
> | 지정수량의 2,000배 초과 3,000배 이하 | 12m 이상 |
> | 지정수량의 3,000배 초과 4,000배 이하 | 15m 이상 |
> | 지정수량의 4,000배 초과 | 당해 탱크의 수평단면의 최대지름(가로형인 경우에는 긴변)과 높이 중 큰 것과 같은 거리 이상(단, 30m 초과시 30m 이상으로, 15m 미만시 15m 이상으로 할 것) |

25 위험물제조소에서 화기엄금 및 화기주의를 표시하는 게시판의 바탕색과 문자색을 옳게 연결한 것은?

① 백색바탕 – 청색문자
② 청색바탕 – 백색문자
③ 적색바탕 – 백색문자
④ 백색바탕 – 적색문자

> 제조소등의 주의사항
>
> | 위험물의 종류 | 주의사항 | 게시판의 색상 |
> |---|---|---|
> | 제1류 위험물 중 알칼리금속의 과산화물
제3류 위험물 중 금수성물질 | 물기엄금 | 청색바탕에 백색문자 |
> | 제2류 위험물(인화성 고체는 제외) | 화기주의 | 적색바탕에 백색문자 |
> | 제2류 위험물 중 인화성 고체
제3류 위험물 중 자연발화성물질
제4류 위험물
제5류 위험물 | 화기엄금 | 적색바탕에 백색문자 |

26 위험물안전관리법령상 옥외소화전설비에서 옥외소화전함은 옥외소화전으로부터 보행거리 몇 m 이하의 장소에 설치하여야 하는가?

① 5m 이하
② 10m 이하
③ 20m 이하
④ 40m 이하

> 옥외소화전함은 옥외소화전으로부터 보행거리 5m 이하의 장소에 설치하여야 한다.

27 제조소 또는 취급소의 건축물로 외벽이 내화구조인 것은 연면적 몇 m를 1소요 단위로 규정하는가?

① 100m   ② 200m
③ 300m   ④ 400m

> 소요단위
> • 제조소 또는 취급소용 건축물
>   – 외벽이 내화구조인 경우 : 연면적 100m²
>   – 외벽이 내화구조가 아닌 경우 : 연면적 50m²
> • 저장소용 건축물
>   – 외벽이 내화구조인 경우 : 연면적 150m²
>   – 외벽이 내화구조가 아닌 경우 : 연면적 75m²
> • 위험물의 경우 : 지정수량의 10배

28 수소화나트륨 저장 창고에 화재가 발생하였을 때 주수소화가 부적합한 이유로 옳은 것은?

① 발열반응을 일으키고 수소를 발생한다.
② 수화반응을 일으키고 수소를 발생한다.
③ 중화반응을 일으키고 수소를 발생한다.
④ 중합반응을 일으키고 수소를 발생한다.

> 수소화나트륨은 물과 반응하면 가연성가스인 수소를 발생하고 많은 열을 발생한다.
> $NaH + H_2O \rightarrow NaOH + H_2\uparrow$

29 불활성가스소화약제 중 "IG-55"의 성분 및 그 비율을 옳게 나타낸 것은?(단, 용량비 기준이다.)

① 질소 : 이산화탄소 = 55 : 45
② 질소 : 이산화탄소 = 50 : 50
③ 질소 : 아르곤 = 55 : 45
④ 질소 : 아르곤 = 50 : 50

> 불활성가스소화약제의 명명법
> • 분류
>
> | 종류 | 화학식 |
> |---|---|
> | IG – 01 | Ar |
> | IG – 100 | N_2 |
> | IG – 55 | N_2(50%), Ar(50%) |
> | IG – 541 | N_2(52%), Ar(40%), CO_2(8%) |
>
> • 명명법
> ⓧ ⓨ ⓩ
> ─ CO_2(이산화탄소)의 농도(%) : 첫째자리 반올림, 생략가능
> ─ Ar(아르곤)의 농도(%) : 첫째자리 반올림
> ─ N_2(질소)의 농도(%) : 첫째자리 반올림

30 다음 중 이황화탄소의 액면 위에 물을 채워두는 이유로 가장 적합한 것은?

① 자연분해를 방지하기 위해
② 화재 발생 시 물로 소화를 하기 위해
③ 불순물을 물에 용해시키기 위해
④ 가연성 증기의 발생을 방지하기 위해

> 이황화탄소는 가연성증기의 발생을 방지하기 위하여 물 속에 저장한다.

31 수성막포 소화약제를 수용성 알코올 화재 시 사용하면 소화효과가 떨어지는 가장 큰 이유는?

① 유독가스가 발생하므로
② 화염의 온도가 높으므로
③ 알코올은 포와 반응하여 가연성 가스를 발생하므로
④ 알코올은 소포성을 가지므로

> 수용성 액체는 알코올형포(내알코올포, 알코올포) 소화약제가 적합하고 다른 수성막포 소화약제를 사용하면 소포(거품이 꺼짐)되므로 적합하지 않다.

32 분말소화기의 각 종별 소화약제 주성분이 옳게 연결된 것은?

① 제1종 분말 : $KHCO_3$
② 제2종 분말 : $NaHCO_3$
③ 제3종 분말 : $NH_4H_2PO_4$
④ 제4종 분말 : $NaHCO_3 + (NH_2)_2CO$

> 분말소화약제
>
> | 종류 | 주성분 | 적응화재 | 착색(분말의 색) |
> |---|---|---|---|
> | 제1종 분말 | $NaHCO_3$(중탄산나트륨, 탄산수소나트륨) | B, C급 | 백색 |
> | 제2종 분말 | $KHCO_3$(중탄산칼륨, 탄산수소칼륨) | B, C급 | 담회색 |
> | 제3종 분말 | $NH_4H_2PO_4$(인산암모늄, 제일인산암모늄) | A, B, C급 | 담홍색 |
> | 제4종 분말 | $KHCO_3 + (NH_2)_2CO$(요소) | B, C급 | 회색 |

33 위험물안전관리법령상 전역방출방식 또는 국소방출방식의 불활성가스 소화설비의 저장용기 설치 기준으로 틀린 것은?

① 온도가 40℃ 이하이고 온도 변화가 작은 장소에 설치할 것
② 저장용기의 외면에 소화약제의 종류와 양, 제조년도 및 제조자를 표시할 것
③ 직사일광 및 빗물이 침투할 우려가 적은 장소에 설치할 것
④ 방호구역 내의 장소에 설치할 것

○ **불활성가스 소화설비의 저장용기 설치 기준**
- 방호구역 외의 장소에 설치할 것
- 저장용기에는 안전장치(용기밸브에 설치되어 있는 것은 포함)를 설치할 것
- 저장용기의 외면에 소화약제의 종류와 양, 제조년도 및 제조자를 표시할 것
- 온도가 40℃ 이하이고 온도 변화가 작은 장소에 설치할 것
- 직사일광 및 빗물이 침투할 우려가 적은 장소에 설치할 것

○ **가연물의 분류**

종류	명칭	류별	성질	연소여부
CS_2	이황화탄소	제4류 위험물	인화성 액체	○
H_2O_2	과산화수소	제6류 위험물	불연성 액체	×
CO_2	이산화탄소	비 위험물	산화완결반응	×
He	헬륨	비 위험물	불활성기체	×

34 제1종 분말소화약제가 1차 열분해하였을 때 표준상태를 기준으로 $10m^3$의 탄산가스가 생성되었다. 몇 kg의 탄산수소나트륨이 사용되었는가?(단, 나트륨의 원자량은 23이다.)

① 18.75
② 37
③ 56.25
④ 75

○ **제1종분말약제의 분해반응식**
$2NaHCO_3 \rightarrow Na_2CO_3 + H_2O + CO_2$
2 × 84kg   22.4m^3
x $10m^3$

$\therefore x = \dfrac{2 \times 84kg \times 10m^3}{22.4m^3} = 75kg$

35 표준상태에서 적린 8mol이 완전 연소하여 오산화인을 만드는데 필요한 이론공기량은 약 몇 L인가?(단, 공기 중 산소는 21vol%이다.)

① 1066.7
② 806.7
③ 234
④ 22.4

○ 공기 중에서 연소 시 오산화인의 흰 연기를 발생한다.
$4P + 5O_2 \rightarrow 2P_2O_5$
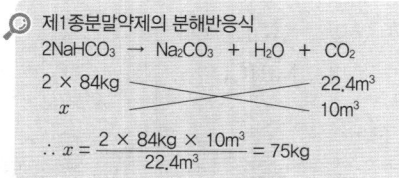
4mol   5mol × 22.4ℓ
8mol   x

$\therefore x = \dfrac{8mol \times 5 \times 22.4ℓ}{4mol} = 224ℓ$ (이론 산소량)

∴ 이론공기량 = 224ℓ ÷ 0.21 = 1066.7ℓ

36 다음 중 가연물이 될 수 있는 것은?

① CS_2
② H_2O_2
③ CO_2
④ He

37 클로로벤젠 300,000L의 소요단위는 얼마인가?

① 20
② 30
③ 200
④ 300

○ 클로로벤젠은 제4위험물 제2석유류(비수용성)로서 지정수량 1,000ℓ이다.

∴ 소요단위 = $\dfrac{저장량}{지정수량 \times 10} = \dfrac{300,000ℓ}{1,000ℓ \times 10} = 30$단위

38 위험물제조소에서 취급하는 제4류 위험물의 최대수량의 합이 지정수량의 15만배 인 사업소에 두어야 할 자체소방대의 화학소방자동차와 자체소방대원의 수는 각각 얼마로 규정되어 있는가?(단, 상호응원협정을 체결한 경우는 제외한다.)

① 1대, 5명
② 2대, 10명
③ 3대, 15명
④ 4대, 20명

○ **자체소방대에 두는 화학소방자동차 및 인원(시행령 별표 8)**

사업소의 구분	화학소방자동차	자체소방대원의 수
1. 제조소 또는 일반취급소에서 취급하는 제4류 위험물의 최대수량의 합이 지정수량의 3천배 이상 12만배 미만인 사업소	1대	5인
2. 제조소 또는 일반취급소에서 취급하는 제4류 위험물의 최대수량의 합이 지정수량의 12만배 이상 24만배 미만인 사업소	2대	10인
3. 제조소 또는 일반취급소에서 취급하는 제4류 위험물의 최대수량의 합이 지정수량의 24만배 이상 48만배 미만인 사업소	3대	15인
4. 제조소 또는 일반취급소에서 취급하는 제4류 위험물의 최대수량의 합이 지정수량의 48만배 이상인 사업소	4대	20인
5. 옥외탱크저장소에 저장하는 제4류 위험물의 최대 수량이 지정수량의 50만배 이상인 사업소	2대	10인

39 위험물안전관리법령상 마른모래(삽 1개 포함) 50L의 능력단위는?

① 0.3
② 0.5
③ 1.0
④ 1.5

🔍 소화설비의 능력단위

소화설비	용량	능력단위
소화전용(專用)물통	8ℓ	0.3
수조(소화전용 물통 3개 포함)	80ℓ	1.5
수조(소화전용 물통 6개 포함)	190ℓ	2.5
마른 모래(삽 1개 포함)	50ℓ	0.5
팽창질석 또는 팽창진주암(삽 1개 포함)	160ℓ	1.0

40 위험물제조소에 가장 많이 설치된 층의 옥내소화전 설치 개수가 2개이다. 위험물안전관리법령의 옥내소화전설비 설치기준에 의하면 수원의 수량은 얼마 이상이 되어야 하는가?

① $10.6m^3$
② $15.6m^3$
③ $20.6m^3$
④ $25.6m^3$

🔍 옥내소화전설비의 수량, 방수압력, 수원 등

항목	방수량	방수압력	토출량	수원	비상전원
옥내소화전설비	260ℓ/min 이상	0.35MPa 이상	N(최대 5개) ×260ℓ/min	N(최대 5개) × $7.8m^3$ (260ℓ/min × 30min)	45분

∴ 수원 = N(최대 5개) × $7.8m^3$ = 2 × $7.8m^3$ = $15.6m^3$

3. 위험물 성상 및 취급

41 액체 위험물은 운반용기 내용적의 몇 % 이하의 수납율로 수납하여야 하는가?

① 94%
② 95%
③ 98%
④ 99%

🔍 운반용기의 수납율
• 고체 : 95% 이하
• 액체 : 98% 이하

42 옥내저장소에서 위험물 용기를 겹쳐 쌓는 경우에 있어서 제4류 위험물 중 제3석유류만을 수납하는 용기를 겹쳐 쌓을 수 있는 높이는 최대 몇 m인가?

① 3
② 4
③ 5
④ 6

🔍 옥내저장소에 저장 시 높이(아래 높이를 초과하지 말 것)
• 기계에 의하여 하역하는 구조로 된 용기만을 겹쳐 쌓는 경우 : 6m
• 제4류 위험물 중 제3석유류, 제4석유류, 동식물유류를 수납하는 용기만을 겹쳐 쌓는 경우 : 4m
• 그 밖의 경우(특수인화물, 제1석유류 제2석유류, 알코올류) : 3m

43 위험물안전관리법령상 위험물의 운반에 관한 기준에 따라 차광성이 있는 피복으로 가리는 조치를 하여야 하는 위험물에 해당하지 않는 것은?

① 특수인화물
② 제1석유류
③ 제1류 위험물
④ 제6류 위험물

🔍 차광성이 있는 것으로 피복
• 제1류 위험물
• 제3류 위험물 중 자연발화성물질
• 제4류 위험물 중 특수인화물
• 제5류 위험물
• 제6류 위험물

44 위험물안전관리법령에 따라 지정수량의 10배의 위험물을 운반할 때 혼재가 가능한 것은?

① 제1류 위험물과 제2류 위험물
② 제2류 위험물과 제3류 위험물
③ 제3류 위험물과 제4류 위험물
④ 제5류 위험물과 제6류 위험물

🔍 운반 시 혼재 가능
• 제1류 위험물과 제6류 위험물
• 제5류 위험물과 제4류 위험물과 제2류 위험물
• 제3류 위험물과 제4류 위험물

45 위험물안전관리법령상 지정수량이 나머지 셋과 다른 하나는?

① 적린
② 황화인
③ 황
④ 마그네슘

제2류 위험물의 지정수량

종류	지정수량	종류	지정수량
적린	100kg	황	100kg
황화인	100kg	마그네슘	500kg

46 위험물안전관리법령상 위험물을 수납한 운반용기의 외부에 표시하여야 할 사항이 아닌 것은?

① 위험등급
② 위험물의 수량
③ 위험물의 품명
④ 안전관리자의 이름

🔍 운반용기 외부표시 사항
 • 위험물의 품명
 • 위험물의 등급
 • 위험물의 화학명 및 수용성(제4류 위험물)
 • 위험물의 수량
 • 위험물의 주의사항

47 다음 중 증기비중이 가장 큰 것은?

① 벤젠
② 아세톤
③ 아세트알데하이드
④ 톨루엔

🔍 증기비중 = 분자량/29

종류	분자식	분자량
벤젠	C_6H_6	78
아세톤	CH_3COCH_3	58
아세트알데하이드	CH_3CHO	44
톨루엔	$C_6H_5CH_3$	92

① 벤젠 증기비중 = $\frac{78}{29}$ = 2.69
② 아세톤 증기비중 = $\frac{58}{29}$ = 2.0
③ 아세트알데하이드 증기비중 = $\frac{44}{29}$ = 1.52
④ 톨루엔 증기비중 = $\frac{92}{29}$ = 3.17

48 짚, 헝겊 등을 다음의 물질과 적셔서 대량으로 쌓아 둘 경우 자연발화의 위험성이 제일 높은 것은?

① 동유
② 야자유
③ 올리브유
④ 피마자유

🔍 동유는 건성유로서 자연발화의 위험이 가장 높다.

49 물과 접촉하였을 때 에테인이 발생되는 물질은?

① CaC_2
② $(C_2H_5)_3Al$
③ $C_6H_3(NO_2)_3$
④ $C_2H_5ONO_2$

🔍 물과 반응
 • 탄화칼슘 : $CaC_2 + 2H_2O \rightarrow Ca(OH)_2 + C_2H_2$(아세틸렌)
 • 트라이에틸알루미늄
  $(C_2H_5)_3Al + 3H_2O \rightarrow Al(OH)_3 + 3C_2H_6$(에테인)
 • 트라이나이트로벤젠[$C_6H_3(NO_2)_3$], 질산에틸($C_2H_5ONO_2$)은 물에 녹지 않는다.

50 위험물안전관리법령 중 위험물의 운반에 관한 기준에 따라 운반용기의 외부에 주의사항으로 "가연물접촉주의"를 표시하였다. 어떤 위험물에 해당하는가?

① 제1류 위험물 중 알칼리금속의 과산화물
② 제2류 위험물 중 철분·금속분·마그네슘
③ 제3류 위험물 중 자연발화성물질
④ 제6류 위험물

🔍 제6류 위험물 운반 시 주의사항 : 가연물접촉주의

51 옥외저장소에서 저장할 수 없는 위험물은?(단, 시·도 조례에서 정하는 위험물 또는 국제해상위험물규칙에 적합한 용기에 수납된 위험물은 제외한다.)

① 과산화수소
② 아세톤
③ 에탄올
④ 황

🔍 옥외저장소에 저장할 수 있는 위험물(시행령 별표2)
 • 제2류 위험물 중 황, 인화성고체(인화점이 0℃ 이상인 것에 한함)
 • 제4류 위험물 중 제1석유류(인화점이 0℃ 이상인 것에 한함), 제2석유류, 제3석유류, 제4석유류, 알코올류, 동·식물유류
 • 제6류 위험물
 ※아세톤 : 제4류 위험물 제1석유류(인화점 : -18.5℃)

52 산화프로필렌 400L, 메탄올 400L, 벤젠 400L를 저장하고 있는 경우 각각 지정수량배수의 총 합은 얼마인가?

① 4
② 6
③ 8
④ 11

○ 지정수량의 배수

지정수량의 배수 = 저장수량 / 지정수량

• 지정수량

종류	품명	지정수량
산화프로필렌	특수인화물	50ℓ
메탄올	알코올류	400ℓ
벤젠	제1석유류 비수용성	200ℓ

• 지정수량의 배수

= 저장수량/지정수량 = 400ℓ/50ℓ + 400ℓ/400ℓ + 400ℓ/200ℓ = 11배

53 물보다 무겁고 비수용성인 위험물로 이루어진 것은?

① 메타크레졸, 나이트로벤젠
② 이황화탄소, 글리세린
③ 에틸렌글라이콜, 아닐린
④ 초산에틸, 클로로벤젠

○ 제4류 위험물의 비중과 수용성 여부

종류	비중	품명	수용성 여부
메타크레졸	1.03	제3석유류	비수용성
나이트로벤젠	1.2	제3석유류	비수용성
글리세린	1.26	제3석유류	수용성
에틸렌글라이콜	1.113	제3석유류	수용성
아닐린	1.02	제3석유류	비수용성
초산에틸	0.9	제1석유류	비수용성
클로로벤젠	1.11	제2석유류	비수용성

54 과산화벤조일에 대한 설명으로 틀린 것은?

① 벤조일퍼옥사이드라고도 한다.
② 상온에서 고체이다.
③ 산소를 포함하지 않는 환원성 물질이다.
④ 희석제를 첨가하여 폭발성을 낮출 수 있다.

○ 과산화벤조일(BPO)은 산소를 포함하는 자기반응성 물질이다.

55 위험물안전관리법령상 제5류 위험물 중 질산에스터류에 해당하는 것은?

① 나이트로벤젠
② 나이트로셀룰로스
③ 트라이나이트로페놀
④ 트라이나이트로톨루엔

○ 위험물의 분류

종류	품명	지정수량
나이트로벤젠	제4류 위험물 제3석유류	200ℓ
나이트로셀룰로스(제1종)	질산에스터류	10kg
트라이나이트로페놀(제1종)	나이트로화합물	10kg
트라이나이트로톨루엔(제1종)	나이트로화합물	10kg

56 제조소등의 관계인은 당해 제조소등의 용도를 폐지한 때에는 행정안전부령이 정하는 바에 따라 제조소등의 용도를 폐지한 날부터 며칠 이내에 시·도지사에게 신고하여야 하는가?

① 5일　　② 7일
③ 14일　　④ 21일

○ 제조소 용도폐지 신고 : 폐지한 날부터 14일 이내에 시·도지사에게 신고

57 위험물제조소등의 안전거리의 단축기준과 관련하여 $H \leq pD^2 + a$인 경우 방화상 유효한 담의 높이는 2m 이상으로 한다. 다음 중 H에 해당되는 것은?

① 인근 건축물의 높이(m)
② 제조소등의 외벽의 높이(m)
③ 제조소등과 공작물과의 거리(m)
④ 제조소등과 방화상 유효한 담과의 거리(m)

○ 방화상 유효한 담의 높이

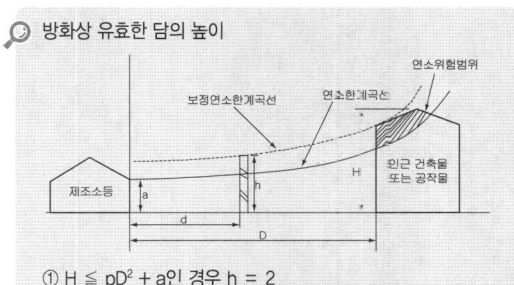

① $H \leq pD^2 + a$인 경우 h = 2
② $H > pD^2 + a$인 경우 $h = H - p(D^2 - d^2)$
여기서, D : 제조소등과 인근 건축물 또는 공작물과의 거리(m)
　　　　H : 인근 건축물 또는 공작물의 높이(m)
　　　　a : 제조소등의 외벽의 높이(m)
　　　　d : 제조소등과 방화상 유효한 담과의 거리(m)
　　　　h : 방화상 유효한 담의 높이(m)
　　　　p : 상수

58 옥외저장탱크·옥내저장탱크 또는 지하저장탱크 중 압력탱크에 저장하는 아세트알데하이드등의 온도는 몇 ℃이하로 유지하여야 하는가?

① 30　　② 40
③ 55　　④ 65

🔍 저장온도

저장탱크		저장온도
옥외저장탱크·옥내저장탱크 또는 지하저장탱크 중 압력탱크 저장 시	아세트알데하이드 등 다이에틸에터 등	40℃ 이하
옥외저장탱크·옥내저장탱크 또는 지하저장탱크 중 압력탱크 외에 저장 시	산화프로필렌 다이에틸에터 등	30℃ 이하
	아세트알데하이드 등	15℃ 이하

59 다음 위험물 중 가열시 분해온도가 가장 낮은 물질은?

① $KClO_3$　　② Na_2O_2
③ NH_4ClO_4　　④ KNO_3

🔍 분해온도

종류	명칭	분해온도
$KClO_3$	염소산칼륨	400℃
Na_2O_2	과산화나트륨	460℃
NH_4ClO_4	과염소산암모늄	130℃
KNO_3	질산칼륨	400℃

60 다음 그림과 같은 타원형 탱크의 내용적은 약 몇 m³인가?

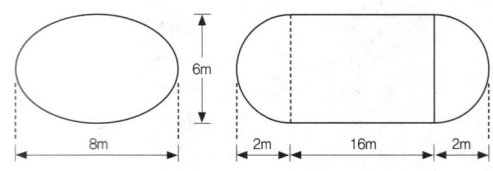

① 453　　② 553
③ 653　　④ 753

🔍 양쪽이 볼록한 타원형 탱크의 내용적

$$\therefore 내용적 = \frac{\pi ab}{4}\left(\ell + \frac{\ell_1 + \ell_2}{3}\right)$$
$$= \frac{\pi \times 8m \times 6m}{4}\left(16m + \frac{2m + 2m}{3}\right)$$
$$= 653.5 m^3$$

정답 복원문제 2021년 1회

01 ④	02 ③	03 ①	04 ③	05 ②
06 ①	07 ④	08 ①	09 ③	10 ③
11 ②	12 ①	13 ③	14 ③	15 ④
16 ①	17 ④	18 ③	19 ④	20 ④
21 ③	22 ④	23 ②	24 ④	25 ③
26 ①	27 ①	28 ①	29 ③	30 ④
31 ④	32 ③	33 ④	34 ④	35 ①
36 ①	37 ②	38 ②	39 ②	40 ②
41 ③	42 ②	43 ②	44 ②	45 ④
46 ④	47 ④	48 ①	49 ②	50 ④
51 ②	52 ④	53 ①	54 ③	55 ②
56 ③	57 ①	58 ②	59 ③	60 ③

2021년 2회 복원문제

1. 물질의 물리·화학적 성질

01 다음의 변화 중 에너지가 가장 많이 필요한 경우는?

① 100℃의 물 1몰을 100℃ 수증기로 변화시킬 때
② 0℃의 얼음 1몰을 50℃ 물로 변화시킬 때
③ 0℃의 물 1몰을 100℃ 물로 변화시킬 때
④ 0℃의 얼음 10g을 100℃ 물로 변화시킬 때

> 에너지(열량)을 계산하면
> ① 100℃의 물 1몰을 100℃ 수증기로 변화시킬 때
> $Q = 18g \times 539cal = 9702cal$
> ② 0℃의 얼음 1몰을 50℃ 물로 변화시킬 때
> $Q = r \cdot m + mc\Delta t = (80ca/g \times 18g) + [18g \times 1cal/g \times (50-0)℃] = 2340cal$
> ③ 0℃의 물 1몰을 100℃ 물로 변화시킬 때
> $Q = mc\Delta t = 18g \times 1cal/g \times (100-0)℃ = 1800cal$
> ④ 0℃의 얼음 10g을 100℃ 물로 변화시킬 때
> $Q = r \cdot m + mc\Delta t = (80ca/g \times 10g) + [10g \times 1cal/g \times (100-0)℃] = 1800cal$

02 물 2.5L 중에 어떤 불순물이 10mg 함유되어 있다면 약 몇 ppm으로 나타낼 수 있는가?

① 0.4   ② 1
③ 4   ④ 40

> ppm 단위를 환산하면
> $ppm = \frac{mg}{kg} = \frac{1}{10^6}$, 물 2.5ℓ = 2.5kg이다.
> $\therefore \frac{10mg}{2.5\ell} = \frac{10mg}{2.5kg} = \frac{10mg}{2.5kg \times 10^6 mg/kg}$
> $= \frac{1mg}{10^6 mg/kg} \times \frac{10mg}{2.5kg} = 4ppm$

03 대기압 하에서 열린 실린더에 있는 1g의 기체를 20℃에서 120℃까지 가열하면 기체가 흡수하는 열량은 몇 cal인가?(단, 기체의 비열은 4.97cal/g·℃이다.)

① 97   ② 100
③ 497   ④ 760

> 열량 $Q = mc\Delta t$
> 여기서, m : 무게(g), c : 비열(cal/g·℃), Δt : 온도차(℃)
> $\therefore Q = mc\Delta t = 1g \times 4.97cal/g·℃ \times (120-20)℃ = 497cal$

04 반투막을 이용해서 콜로이드 입자를 전해질이나 작은 분자로부터 분리 정제하는 것을 무엇이라 하는가?

① 틴들
② 브라운 운동
③ 투석
④ 전기 영동

> 투석 : 반투막을 이용하여 콜로이드 입자를 전해질이나 작은 분자로부터 분리 정제하는 것

05 표준상태를 기준으로 수소 2.24L가 염소와 완전히 반응했다면 생성된 염화수소의 부피는 몇 L인가?

① 2.24   ② 4.48
③ 22.4   ④ 44.8

> 염화수소의 제법
> $H_2 + Cl_2 \rightarrow 2HCl$
> $1\ell \times 2.24\ell \quad\quad 2\ell \times 2.24\ell$
> $2.24\ell \quad\quad\quad\quad x$
> $\therefore x = \frac{2.24\ell \times (2 \times 22.4)\ell}{1 \times 22.4\ell} = 4.48\ell$

06 알케인족 탄화수소의 일반식을 옳게 나타낸 것은?

① C_nH_{2n} ② C_nH_{2n+2}
③ C_nH_{2n+1} ④ C_nH_{2n-2}

> 알케인족(Alkane) 원소 : C_nH_{2n+2}
> ※알카인족 탄화수소 : C_nH_{2n-2}

07 방사능 붕괴의 형태 중 $^{226}_{88}Ra$이 α 붕괴할 때 생기는 원소는?

① $^{222}_{86}Rn$ ② $^{232}_{90}Th$
③ $^{231}_{91}Pa$ ④ $^{238}_{92}U$

> $^{226}_{88}Ra$(라듐)원소가 α붕괴하면 원자번호 2감소, 질량수 4감소한다.[$^{226}_{88}Ra$(라돈)]

08 다음 물질 중 수용액에서 약한 산성을 나타내며 염화제이철 수용액과 정색반응을 하는 것은?

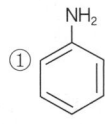 ①   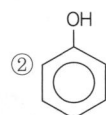 ②

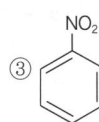 ③   ④

🔍 페놀(석탄산) : 특유의 냄새를 가진 무색의 결정으로 물에 조금 녹아 약한 산성을 나타내며 FeCl₃(염화제이철)용액과 정색반응(자색→청색)을 한다.

09 다이크로뮴산이온($Cr_2O_7^{2-}$)에서 Cr의 산화수는?

① +3   ② +6
③ +7   ④ +12

🔍 Cr의 산화수 $2x + (-2 \times 7) = -2$
∴ $x = (14 - 2)/2 = +6$

10 다음 화합물 중 수용액에서 산성의 세기가 가장 큰 것은?

① HF   ② HCl
③ HBr ④ HI

🔍 할로젠족 원소
• 산성의 세기, 부촉매효과 : HI > HBr > HCl > HF
• 산화력, 반응성의 순서 : F₂ > Cl₂ > Br₂ > I₂

11 다음 중 양쪽성 산화물에 해당하는 것은?

① NO_2 ② Al_2O_3
③ MgO ④ Na_2O

🔍 양쪽성 산화물 : 양쪽성원소의 산화물로서 산이나 염기와 반응하여 염과 물을 생성하는 물질
※양쪽성산화물 : ZnO, Al₂O₃, SnO, PbO, Sb₂O₃

12 아세토페논의 화학식에 해당하는 것은?

① C_6H_5OH ② $C_6H_5NO_2$
③ $C_6H_5CH_3$ ④ $C_6H_5COCH_3$

🔍 위험물

종류	명칭	종류	명칭
C₆H₅OH	페놀	C₆H₅NO₂	나이트로벤젠
C₆H₅CH₃	톨루엔	C₆H₅COCH₃	아세토페논

13 다음 물질 중 이온결합을 하고 있는 것은?

① 얼음
② 흑연
③ 다이아몬드
④ 염화나트륨

🔍 이온결합 : NaCl(염화나트륨), KCl(염화칼륨), CaO(산화칼슘), MgO(산화마그네슘)

14 다음 금속들 중에서 황산아연 수용액 속에 넣어 아연을 분리시킬 수 있는 것은?

① 철   ② 칼슘
③ 니켈 ④ 구리

🔍 칼슘(Ca) 중에서 황산아연(ZnSO₄) 수용액에 넣어 아연을 분리시킬 수 있다.
Ca + ZnSO₄ → CaSO₄ + Zn

15 다음 중 방향족화합물이 아닌 것은?

① 톨루엔   ② 아세톤
③ 크레졸   ④ 아닐린

🔍 구조식

종류	화학식	구조식	구분
톨루엔	C₆H₅CH₃	(CH₃-벤젠고리)	방향족화합물
아세톤	CH₃COCH₃	H-C-C-C-H	지방족화합물
m-크레졸	C₆H₄CH₃OH	(OH, CH₃-벤젠고리)	방향족화합물
아닐린	C₆H₅NH₂	(NH₂-벤젠고리)	방향족화합물

16 다음 중 원자가 전자의 배열이 $ns^2 np^2$인 것으로만 나열된 것은?(단, n은 2, 3, 4, …이다.)

① Ne, Ar
② Li, Na
③ C, Si
④ N, P

> 전전자배열
> • Ne(원자번호 10) : $1S^2, 2S^2, 2P^6$
> • Ar(원자번호 18) : $1S^2, 2S^2, 2P^6, 3S^2, 3P^6$
> • Li(원자번호 3) : $1S^2, 2S^1$
> • Na(원자번호 11) : $1S^2, 2S^2, 2P^6, 3S^1$
> • C(원자번호 6) : $1S^2, 2S^2, 2P^2$
> • Si(원자번호 14) : $1S^2, 2S^2, 2P^6, 3S^2, 3P^2$
> • N(원자번호 7) : $1S^2, 2S^2, 2P^3$
> • P(원자번호 15) : $1S^2, 2S^2, 2P^3, 3S^2, 3P^3$

17 다음 작용기 중에서 메틸(methyl)기에 해당하는 것은?

① $-C_2H_5$
② $-COCH_3$
③ $-NH_2$
④ $-CH_3$

> 작용기
>
> | 종류 | 명칭 | 종류 | 명칭 |
> |---|---|---|---|
> | $-C_2H_5$ | 에틸(ethyl)기 | $-COCH_3$ | 아세틸(acetyl)기 |
> | $-NH_2$ | 아미노(amino)기 | $-CH_3$ | 메틸(methyl)기 |

18 다음 중 원자번호가 7인 질소와 같은 족에 해당되는 원소의 원자번호는?

① 15   ② 16
③ 17   ④ 18

> 질소(원자번호 7, N)원소와 같은 족 : P(15), As(33), Sb(51), Bi(83)

19 고체상의 물질이 액체상과 평형에 있을 때의 온도와 액체의 증기압과 외부압력이 같게 되는 온도를 각각 옳게 표시한 것은?

① 끓는점과 어는점   ② 전이점과 끓는점
③ 어는점과 끓는점   ④ 용융점과 어는점

> 정의
> • 어는점 : 고체상의 물질이 액체상과 평형에 있을 때의 온도
> • 끓는점 : 액체의 증기압과 외부압력이 같게 되는 온도

20 다음 중 물에 대한 소금의 용해가 물리적 변화라고 할 수 있는 근거로 가장 옳은 것은?

① 소금과 물이 결합한다.
② 용액이 증발하면 소금이 남는다.
③ 용액이 증발할 때 다른 물질이 생성된다.
④ 소금이 물에 녹으면 보이지 않게 된다.

> 소금물은 온도를 올리면 물은 증발되고 소금만 남게 되는 것은 물리적인 변화라 할 수 있다.
> ※소금물(수용액) = 소금(용질) + 물(용매)

● **2. 화재예방과 소화방법**

21 할로젠화합물 소화약제의 공통적인 특성이 아닌 것은?

① 잔사가 남지 않는다.
② 전기전도성이 좋다.
③ 소화농도가 낮다.
④ 침투성이 우수하다.

> 할로젠화합물 소화약제는 전기 부도체이다.

22 다음 중 과산화나트륨의 화재 시 소화방법으로 가장 적당한 것은?

① 포소화약제   ② 물
③ 마른모래   ④ 할로젠화합물

> 무기과산화물(과산화나트륨)의 소화약제 : 마른모래, 탄산수소염류분말약제, 팽창질석, 팽창진주암

23 다음은 제4류 위험물에 해당하는 물품의 소화방법을 설명한 것이다. 소화효과가 가장 떨어지는 것은?

① 산화프로필렌 : 알코올 포로 질식소화한다.
② 아세트알데하이드 : 수성막포를 이용하여 질식소화한다.

③ 이황화탄소 : 탱크 또는 용기 내부에서 연소하고 있는 경우에는 물을 유입하여 질식소화한다.
④ 다이에틸에터 : 불활성가스소화설비를 이용하여 질식소화한다.

> 아세트알데하이드는 제4류 위험물의 특수인화물로 물에 잘 녹으므로 알코올형포(내알코올포, 알코올포)로 질식소화한다.

24 프로페인가스 3ℓ를 완전연소 시키려면 공기가 약 몇 ℓ가 필요한가?(단, 공기 중 산소는 20%이다.)

① 15
② 25
③ 50
④ 75

> 프로페인의 연소반응식
> $C_3H_8 + 5O_2 \rightarrow 3CO_2 + 4H_2O$
> $1 \times 22.4\ell \quad 5 \times 22.4\ell$
> $3\ell \quad\quad\quad x$
> $\therefore x = \dfrac{3\ell \times (5 \times 22.4)\ell}{1 \times 22.4\ell} = 15\ell \Rightarrow$ 이론산소의 부피
> ※ 필요한 공기량을 구하면 $15\ell \div 0.2 = 75\ell$

25 물통 또는 수조를 이용한 소화가 공통적으로 적응성이 있는 위험물은 제 몇 류 위험물인가?

① 제2류 위험물
② 제3류 위험물
③ 제4류 위험물
④ 제5류 위험물

> 위험물의 소화
>
> | 종류 | 소화방법 |
> | --- | --- |
> | 제1류 위험물 | 냉각소화 |
> | 제2류 위험물 | 냉각소화 |
> | 제3류 위험물 | 질식소화 |
> | 제4류 위험물 | 질식소화 |
> | 제5류 위험물 | 냉각소화 |
> | 제6류 위험물 | 냉각소화 |
>
> ※제1류 위험물은 냉각소화가 가능하나 무기과산화물은 질식소화가 적합하다.
> ※제2류 위험물은 냉각소화가 가능하나 마그네슘, 철분, 금속분은 적합하지 않다.
> ※제3류 위험물은 황린만 냉각소화가 가능하다.

26 제1종 분말소화약제가 1차 열분해되어 표준상태를 기준으로 $44.8m^3$의 탄산가스가 생성되었다. 몇 kg의 탄산수소나트륨이 사용되었는가?(단, 나트륨의 원자량은 23이다.)

① 56.25
② 112.5
③ 168
④ 336

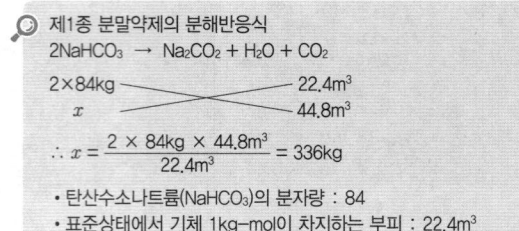

> 제1종 분말약제의 분해반응식
> $2NaHCO_3 \rightarrow Na_2CO_2 + H_2O + CO_2$
> $2 \times 84kg \quad\quad\quad\quad\quad\quad 22.4m^3$
> $\quad x \quad\quad\quad\quad\quad\quad\quad\quad 44.8m^3$
> $\therefore x = \dfrac{2 \times 84kg \times 44.8m^3}{22.4m^3} = 336kg$
> • 탄산수소나트륨($NaHCO_3$)의 분자량 : 84
> • 표준상태에서 기체 1kg-mol이 차지하는 부피 : $22.4m^3$

27 고정식 포소화설비의 포방출구의 형태 중 고정지붕구조의 위험물탱크에 적합하지 않은 것은?

① 특형
② II형
③ III형
④ IV형

> 고정식 방출구의 종류
>
> | 종류 | 구조 | 포주입방법 |
> | --- | --- | --- |
> | I형 | 고정지붕구조(CRT) | 상부포주입법 |
> | II형 | 고정지붕구조(CRT) | 상부포주입법 |
> | 특형 | 부상지붕구조(FRT) | 상부포주입법 |
> | III형 | 고정지붕구조(CRT) | 저부포주입법 |
> | IV형 | 고정지붕구조(CRT) | 저부포주입법 |
>
> ※ CRT : Cone roof tank, FRT : Floating roof tank

28 화재의 종류에서 D급 화재에 속하는 것은?

① 일반화재
② 유류화재
③ 전기화재
④ 금속화재

> 화재의 종류
>
> | 급수 | 종류 | 원형색상 |
> | --- | --- | --- |
> | A급 화재 | 일반화재 | 백색 |
> | B급 화재 | 유류화재 | 황색 |
> | C급 화재 | 전기화재 | 청색 |
> | D급 화재 | 금속화재 | 무색 |

29. 제6류 위험물의 소화방법으로 틀린 것은?

① 마른모래로 소화한다.
② 환원성 물질을 사용하여 중화 소화한다.
③ 연소의 상황에 따라 분두주수도 효과가 있다.
④ 과산화수소 화재 시 다량의 물을 사용하여 희석소화 할 수 있다.

🔍 제6류 위험물은 산화성 액체로서 제2류 위험물인 환원성 물질과 접촉하면 위험하다.

30. 물을 소화약제로 사용하는 장점이 아닌 것은?

① 구하기가 쉽다.
② 취급이 간편하다.
③ 기화잠열이 크다.
④ 비열이 작다.

🔍 물을 소화약제로 사용하는 이유
- 구하기가 쉽다.
- 취급이 간편하다.
- 비열과 기화잠열이 크다.

31. 이산화탄소를 이용한 질식소화에 있어서 아세톤의 한계산소농도(vol%)에 가장 가까운 것은?

① 15
② 18
③ 21
④ 25

🔍 질식소화 시 산소의 유효한계농도 : 15% 이하

32. 포말 화학소방차 1대의 포말방사능력 및 포수용액 비치량으로 옳은 것은?

① 2,000ℓ/min, 비치량 10만ℓ 이상
② 1,500ℓ/min, 비치량 5만ℓ 이상
③ 1,000ℓ/min, 비치량 3만ℓ 이상
④ 500ℓ/min, 비치량 1만ℓ 이상

🔍 화학소방자동차에 갖추어야 하는 소화능력 및 설비의 기준(시행규칙 별표 23)

화학소방자동차의 구분	소화능력 및 설비의 기준
포수용액 방사차	포수용액의 방사능력이 매분 2,000ℓ 이상일 것
	소화약액탱크 및 소화약액혼합장치를 비치할 것
	10만ℓ 이상의 포수용액을 방사할 수 있는 양의 소화약제를 비치할 것
분말 방사차	분말의 방사능력이 매초 35kg 이상일 것
	분말탱크 및 가압용 가스설비를 비치할 것
	1,400kg 이상의 분말을 비치할 것
할로젠화합물 방사차	할로젠화합물의 방사능력이 매초 40kg 이상일 것
	할로젠화합물탱크 및 가압용 가스설비를 비치할 것
	1,000kg 이상의 할로젠화합물을 비치할 것
이산화탄소 방사차	이산화탄소의 방사능력이 매초 40kg 이상일 것
	이산화탄소저장용기를 비치할 것
	3,000kg 이상의 이산화탄소를 비치할 것
제독차	가성소다 및 규조토를 각각 50kg 이상 비치할 것

33. 분진폭발에 대한 설명으로 옳지 않은 것은?

① 밀폐공간 내 분진운이 부유할 때 폭발위험성이 있다.
② 충격, 마찰도 착화에너지가 될 수 있다.
③ 2차, 3차 폭발의 발생우려가 없으므로 1차 폭발소화에 주력하여야 한다.
④ 산소의 농도가 증가하면 대형화 될 수 있다.

🔍 분진폭발 : 고체의 미립자가 공기 중에서 착화에너지를 얻어 폭발하는 현상으로 2차, 3차 폭발의 발생우려가 있다.
※ 분진폭발 : 마그네슘, 금속분, 밀가루, 황 등

34. 건축물의 외벽이 내화구조로 된 저장소는 연면적 몇 m²를 1소요단위로 하는가?

① 50   ② 75
③ 100   ④ 150

> 제조소등의 1소요단위 산정

제조소, 일반취급소		저장소	
내화구조	비내화구조	내화구조	비내화구조
연면적 100m²	연면적 50m²	연면적 150m²	연면적 75m²

35 이동식 포소화설비를 옥외에 설치하였을 때 방사량은 몇 L/min 이상으로 30분간 방사 할 수 있는 양이어야 하는가?

① 100　② 200
③ 300　④ 400

> 이동식 포소화설비(위험물안전관리에 관한 세부기준 제133조)
> 이동식 포소화설비는 4개(호스접속구가 4개 미만인 경우에는 그 개수)의 노즐을 동시에 사용할 경우

방사압력	방사량		방사시간
	옥내에 설치	옥외에 설치	
0.35MPa	200ℓ/min 이상	400ℓ/min 이상	30분

36 올바른 소화기 사용법으로 가장 거리가 먼 것은?

① 적응화재에 사용할 것
② 바람을 등지고 사용할 것
③ 가까이에서는 화재위험이 있어 먼 거리에서 사용할 것
④ 양옆으로 비로 쓸 듯이 골고루 사용할 것

> 소화기 사용법
> • 적응화재에 사용할 것
> • 바람을 등지고 풍상에서 풍하로 방사할 것
> • 성능에 따라서 불 가까이 접근하여 사용할 것
> • 비로 쓸 듯이 양옆으로 골고루 사용할 것

37 공기포 발포배율을 측정하기 위해 중량 180g, 용량 1800㎖의 포 수집 용기에 가득히 포를 채취하여 측정한 용기의 무게가 540g이었다면 발포배율은?(단, 포 수용액의 비중은 1로 가정한다.)

① 3배　② 5배
③ 7배　④ 9배

> 발포배율 = $\dfrac{용량}{포의 중량}$ = $\dfrac{1800ml}{540g - 180g}$ = 5.0배

38 분말소화약제 중 제일인산암모늄의 특징이 아닌 것은?

① 금속화재에 사용할 수 있다.
② 전기화재에 사용할 수 있다.
③ 유류화재에 사용할 수 있다.
④ 목재화재에 사용할 수 있다.

> 제3종 분말의 성상

종류	주성분	적응 화재	착색
제3종 분말	$NH_4H_2PO_4$ (제일인산암모늄)	A급(일반화재) B급(유류화재) C급(전기화재)	담홍색, 황색

39 연소이론에 관한 용어의 정의 중 틀린 것은?

① 발화점은 가연물을 가열할 때 점화원 없이 발화하는 최저의 온도이다.
② 연소점은 5초 이상 연소상태를 유지할 수 있는 최저의 온도이다.
③ 하나의 위험물은 발화점, 인화점, 연소점의 순서로 온도가 높다.
④ 인화점은 가연성 증기를 형성하여 점화원이 가해졌을 때 가연성 증기가 연소범위 하한에 도달하는 최저의 온도이다.

> 발화(착화)점 : 가연물을 가열할 때 점화원 없이 발화하는 최저의 온도
> ※ 발화점 > 연소점 > 인화점

40 다음 중 소화약제의 구성성분으로 사용하지 않는 것은?

① 제1인산암모늄
② 탄산수소나트륨
③ 황산알루미늄
④ 인화알루미늄

> 소화약제의 구성성분
> ① 제1인산암모늄 : 제3종 분말약제
> ② 탄산수소나트륨 : 제2종 분말약제
> ③ 황산알루미늄 : 화학포 소화약제
> ※ 인화알루미늄(AlP) : 제3류 위험물의 금속의 인화물

3. 위험물 성상 및 취급

41 다음 중 지정수량이 400L가 아닌 위험물은?

① 아세톤
② 부틸알코올
③ 메틸알코올
④ 에틸알코올

🔍 지정수량

종류	품명	지정수량
아세톤	제4류 위험물 제1석유류(수용성)	400ℓ
부틸알코올	제4류 위험물 제2석유류(비수용성)	1,000ℓ
메틸알코올	제4류 위험물 알코올류	400ℓ
에틸알코올	제4류 위험물 알코올류	400ℓ

42 과산화수소의 성질 및 취급방법에 관한 설명 중 틀린 것은?

① 햇빛에 의해서 분해되어 산소를 방출한다.
② 인산, 요산 등의 분해방지 안정제를 넣는다.
③ 저장 용기는 공기가 통하지 않게 마개로 막아 둔다.
④ 단독으로 폭발할 수 있는 농도는 약 60% 이상이다.

🔍 저장용기는 상온에서 서서히 분해하여 산소를 발생하므로 폭발의 위험이 있어 공기가 통하게 한다.

43 다음 ( ) 안에 알맞은 수치는?(단, 인화점이 200℃ 이상인 위험물은 제외한다.)

옥외저장탱크의 지름이 15m 미만인 경우에 방유제는 탱크의 옆판으로부터 탱크 높이의 ( ) 이상 이격하여야 한다.

① $\frac{1}{3}$ ② $\frac{1}{2}$
③ $\frac{1}{4}$ ④ $\frac{2}{3}$

🔍 방유제는 탱크의 옆판으로부터 일정 거리를 유지할 것(단, 인화점이 200℃ 이상인 위험물은 제외)
• 지름이 15m 미만인 경우 : 탱크 높이의 1/3 이상
• 지름이 15m 이상인 경우 : 탱크 높이의 1/2 이상

44 지정수량 이상의 위험물을 차량으로 운반하는 경우 해당 차량에 표지를 설치하여야 한다. 다음 중 직사각형 표지규격으로 옳은 것은?

① 장변 길이 : 0.6m 이상, 단변 길이 : 0.3m 이상
② 장변 길이 : 0.4m 이상, 단변 길이 : 0.3m 이상
③ 가로, 세로 모두 0.3m 이상
④ 가로, 세로 모두 0.4m 이상

🔍 운반차량의 표지의 규격
• 긴 변의 길이 : 0.6m 이상
• 짧은 변의 길이 : 0.3m 이상

45 황린 90kg, 마그네슘 750kg, 칼륨 100kg을 저장할 때 각각의 지정수량 배수의 총합은 얼마인가?

① 6 ② 10
③ 12 ④ 16

🔍 위험물의 지정수량

종류	품명	지정수량
황린	제3류 위험물	20kg
마그네슘	제2류 위험물	500kg
칼륨	제3류 위험물	10kg

※ 지정배수 = $\frac{90kg}{20kg} + \frac{750kg}{500kg} + \frac{100kg}{10kg}$ = 16배

46 과산화나트륨의 저장 및 취급방법에 대한 설명 중 틀린 것은?

① 물과의 반응성 때문에 물의 접촉을 피해야 한다.
② 용기는 수분이 들어가지 않게 밀전 및 밀봉 저장한다.
③ 가열 및 충격·마찰을 피하고 유기물질의 혼입을 막는다.
④ 직사광선을 받는 곳이나 습한 곳에 저장한다.

> 과산화나트륨(Na_2O_2)는 수분이나 습기와 접촉하면 산소를 발생하므로 위험하다.
> $2Na_2O_2 + 2H_2O \rightarrow 4NaOH + O_2\uparrow$

47 과산화수소의 운반 시 운반용기의 외부에 표시해야 하는 주의사항은?

① 물기엄금
② 화기엄금
③ 가연물접촉주의
④ 충격주의

> 운반 시 표시하여야 할 주의사항

류별	항목	주의사항
제1류 위험물	알칼리금속의 과산화물	화기·충격주의, 물기엄금, 가연물접촉주의
	그 밖의 것	화기·충격주의, 가연물접촉주의
제2류 위험물	철분, 금속분, 마그네슘	화기주의, 물기엄금
	인화성고체	화기엄금
	그 밖의 것	화기주의
제3류 위험물	자연발화성물질	화기엄금, 공기접촉엄금
	금수성물질	물기엄금
제4류 위험물		화기엄금
제5류 위험물		화기엄금, 충격주의
제6류 위험물(과산화수소)		가연물접촉주의

48 금속칼륨의 성질에 대한 설명으로 옳은 것은?

① 화학적 활성이 강한 금속이다.
② 극히 산화하기 어려운 금속이다.
③ 금속 중에서 가장 단단한 금속이다.
④ 금속 중에서 가장 무거운 금속이다.

> 칼륨(K)은 화학적으로 활성이 강한 무른 금속이다.

49 다음 중 제1석유류에 해당하는 것은?

① 아세톤
② 경유
③ 메틸알코올
④ 나이트로벤젠

> 제4류 위험물의 분류

종류	구분	종류	구분
아세톤	제1석유류 (수용성)	경유	제2석유류 (비수용성)
메틸알코올	알코올류	나이트로벤젠	제3석유류 (비수용성)

50 다음은 위험물의 성질에 대한 설명이다. 각 위험물에 대한 옳은 설명으로만 나열된 것은?

A. 건조공기와 상온에서 반응한다.
B. 물과 작용하여 유독성가스를 발생한다.
C. 물과 작용하여 수산화칼슘을 만든다.
D. 비중이 1 이상이다.

① K : A, B, D
② Ca_3P_2 : B, C, D
③ Na : A, C, D
④ CaC_2 : A, B, D

> 인화칼슘(인화석회)
> • 물성

화학식	분자량	융점	비중
Ca_3P_2	182	1600℃	2.51

> • 물과 반응하면 수산화칼슘[$Ca(OH)_2$]과 포스핀(PH_3)의 유독성 가스를 발생한다.
> $Ca_3P_2 + 6H_2O \rightarrow 3Ca(OH)_2 + 2PH_3\uparrow$

51 다음 중 착화온도가 가장 낮은 것은?

① 황린
② 이황화탄소
③ 삼황화인
④ 오황화인

> 착화온도

종류	착화온도	종류	착화온도
황린	34℃	이황화탄소	90℃
삼황화인	100℃	오황화인	142℃

52 제4류 위험물 옥외탱크저장소 주위의 보유공지 너비의 기준으로 틀린 것은?

① 지정수량의 500배 이하 - 3m 이상
② 지정수량의 500배 초과 1,000배 이하 - 5m 이상
③ 지정수량의 1,000배 초과 2,000배 이하 - 8m 이상
④ 지정수량의 2,000배 초과 3,000배 이하 - 12m 이상

옥외탱크저장소의 보유공지

저장 또는 취급하는 위험물의 최대수량	공지의 너비
지정수량의 500배 이하	3m 이상
지정수량의 500배 초과 1,000배 이하	5m 이상
지정수량의 1,000배 초과 2,000배 이하	9m 이상
지정수량의 2,000배 초과 3,000배 이하	12m 이상
지정수량의 3,000배 초과 4,000배 이하	15m 이상
지정수량의 4,000배 초과	해당 탱크의 수평단면의 최대지름(가로형인 경우에는 긴변)과 높이 중 큰 것과 같은 거리 이상(단, 30m 초과시 30m 이상으로, 15m 미만시 15m 이상으로 할 것)

53 다음 화학 구조식 중 아닐린의 구조식은?

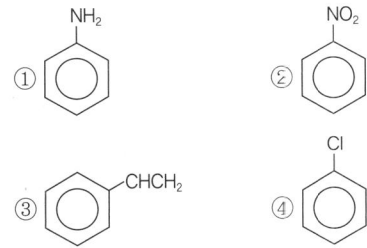

구조식

종류	화학식	구조식
아닐린	$C_6H_5NH_2$	(NH₂-벤젠)
나이트로벤젠	$C_6H_5NO_2$	(NO₂-벤젠)
스틸렌	$C_6H_5CHCH_2$	(CH=CH₂-벤젠)
클로로벤젠	C_6H_5Cl	(Cl-벤젠)

54 이동탱크저장소의 탱크 용량이 얼마 이하마다 그 내부에 3.2mm 이상의 안전칸막이를 설치해야 하는가?

① 2,000ℓ 이하
② 3,000ℓ 이하
③ 4,000ℓ 이하
④ 5,000ℓ 이하

이동탱크저장소의 탱크 용량이 4,000ℓ 이하마다 안전칸막이를 설치하여 운전시 출렁임을 방지한다.

55 아염소산나트륨의 위험성으로 옳지 않은 것은?

① 단독으로 폭발 가능하고 분해온도 이상에서는 산소를 발생한다.
② 비교적 안정하나 시판품은 140℃ 이상의 온도에서 발열 반응을 일으킨다
③ 유기물, 금속분 등 환원성 물질과 접촉하면 즉시 폭발한다.
④ 수용액 중에서 강력한 환원력이 있다.

아염소산나트륨($NaClO_2$)의 수용액은 강한 산성이다.

56 트라이나이트로톨루엔에 관한 설명 중 틀린 것은?

① TNT라고 한다.
② 피크린산에 비해 충격, 마찰에 둔감하다.
③ 물에 녹아 발열·발화한다.
④ 폭발시 다량의 가스를 발생한다.

트라이나이트로톨루엔(TriNitroToluene TNT)
• 피크린산에 비해 충격, 마찰에 둔감하다
• 물에 녹지 않고, 알코올에는 가열하면 녹고, 아세톤, 벤젠, 에터에는 잘 녹는다.
• 폭발시 다량의 가스를 발생한다.

57 다음 위험물 중 혼재할 수 없는 위험물은?(단, 지정수량의 $\frac{1}{10}$ 초과 위험물이다.)

① 적린과 경유
② 나트륨과 등유
③ 톨루엔과 나이트로셀룰로스
④ 과산화칼륨과 크실렌

🔍 운반 시 유별을 달리하는 위험물의 혼재기준(별표 19 관련)

위험물의 구분	제1류	제2류	제3류	제4류	제5류	제6류
제1류		×	×	×	×	○
제2류	×		×	○	○	×
제3류	×	×		○	×	×
제4류	×	○	○		○	×
제5류	×	○	×	○		×
제6류	○	×	×	×	×	

[비고] 1. "×"표시는 혼재할 수 없음을 표시한다.
2. "○"표시는 혼재할 수 있음을 표시한다.
3. 이 표는 지정수량의 $\frac{1}{10}$ 이하의 위험물에 대하여는 적용하지 아니한다.

∴ 문제에서 보면
① 적린(제2류)과 경유(제4류)
② 나트륨(제3류)과 등유(제4류)
③ 톨루엔(제4류)과 나이트로셀룰로스(제5류)
④ 과산화칼륨(제1류)과 크실렌(제4류)

58 다음 중 물과 접촉시켰을 때 위험성이 가장 큰 것은?

① 황
② 다이크로뮴산칼륨
③ 질산암모늄
④ 과산화나트륨

🔍 과산화나트륨(Na_2O_2)은 물과 반응하면 산소가스를 발생하고 많은 열을 발생한다.
$2Na_2O_2 + 2H_2O \rightarrow 4NaOH + O_2\uparrow + 발열$

59 탄화칼슘이 물과 반응하여 아세틸렌가스가 발생하는 반응식으로 옳은 것은?

① $CaC_2 + 2H_2O \rightarrow Ca(OH)_2 + C_2H_2$
② $CaC_2 + H_2O \rightarrow CaO + C_2H_2$
③ $2CaC_2 + 6H_2O \rightarrow 2Ca(OH)_3 + 2C_2H_3$
④ $CaC_2 + 3H_2O \rightarrow CaCO_3 + 2CH_3$

🔍 탄화칼슘(CaC_2)은 물과 아세틸렌(C_2H_2)가스를 발생시킨다.
$CaC_2 + 2H_2O \rightarrow Ca(OH)_2 + C_2H_2\uparrow$
(탄화칼슘) (물) (수산화칼슘) (아세틸렌)

60 다음 위험물 중 제4류 위험물 중 인화점이 가장 낮은 것은?

① 이황화탄소
② 에터
③ 벤젠
④ 아세톤

🔍 제4류 위험물의 인화점

종류	분류	인화점
이황화탄소	특수인화물	-30℃
에터	특수인화물	-40℃
벤젠	제1석유류	-11℃
아세톤	제1석유류	-18.5℃

정답 복원문제 2021년 2회

01 ①	02 ③	03 ③	04 ③	05 ②
06 ②	07 ①	08 ②	09 ③	10 ④
11 ②	12 ④	13 ④	14 ②	15 ②
16 ③	17 ④	18 ①	19 ③	20 ②
21 ②	22 ③	23 ②	24 ④	25 ④
26 ④	27 ①	28 ④	29 ②	30 ④
31 ①	32 ①	33 ②	34 ④	35 ④
36 ③	37 ②	38 ①	39 ③	40 ④
41 ②	42 ③	43 ①	44 ①	45 ④
46 ④	47 ③	48 ①	49 ①	50 ②
51 ①	52 ④	53 ①	54 ③	55 ④
56 ③	57 ④	58 ④	59 ①	60 ②

2021년 3회 복원문제

1. 물질의 물리 · 화학적 성질

01 어떤 물질이 산소 50wt%, 황 50wt%로 구성되어 있다. 이 물질의 실험식을 옳게 나타낸 것은?

① SO
② SO_2
③ SO_3
④ SO_4

> 원자량은 산소(O) 16, 황(S)은 32이다.
> 산소 : 황 = $\frac{무게}{원자량}$: $\frac{무게}{원자량}$ = $\frac{50}{16}$: $\frac{50}{32}$ = 3.125 : 1.5625
> = 2 : 1이므로
> 실험식은 SO_2이다.

02 볼타 전지에 관한 설명으로 틀린 것은?

① 이온화 경향이 큰 쪽의 물질이 (-)극이다.
② (+)극에서는 방전시 산화 반응이 일어난다.
③ 전자는 도선을 따라 (-)극에서 (+)극으로 이동한다.
④ 전류의 방향은 전자의 이동 방향과 반대이다.

> 볼타전지
> • 정의 : 아연(Zn)판과 구리(Cu)판을 도선으로 연결하고 묽은 황산을 넣어 두 전극에서 산화, 환원 반응으로 전기에너지로 변환시키는 장치
> • 특성
> - 이온화 경향이 큰 쪽의 물질이 (-)극이다.
> - 전자는 도선을 따라 (-)극에서 (+)극으로 이동한다.
> - Zn판(-극)에서는 산화, Cu판(+극)에서는 환원이 일어난다.
> (-) Zn ‖ H_2SO_4 ‖ Cu(+)

03 수성가스(water gas)의 주성분을 옳게 나타낸 것은?

① CO_2, CH_4
② CO, H_2
③ CO_2, H_2, O_2
④ H_2, H_2O

> 수성가스(Water Gas)의 주성분 : 수소(H_2), 일산화탄소(CO)

04 액체 공기에서 질소 등을 분리하여 산소를 얻는 방법은 다음 중 어떤 성질을 이용한 것인가?

① 용해도
② 비등점
③ 색상
④ 압축율

> 액체공기는 비등점(비점)을 이용하여 분별 증류하면 산소 -183℃, 질소는 -195℃에서 분리된다.

05 다음 물질을 석출시키는데 필요한 전기량이 0.1F에 가장 가까운 것은?(단, 원자량은 Cu 63.5, Ag 108, Cl 35.5이다.)

① 구리 3.18g
② 은 0.54g
③ 산소 11.2L(0℃, 1기압)
④ 염소 5.6L(0℃, 2기압)

> F(Faraday) : 1g 당량을 얻는데 필요한 전기량
> F = $\frac{석출량}{당량}$ = $\frac{석출량}{원자량/원자가}$
> • Cu^{++}는 2가이므로 1g 당량 = $\frac{63.5}{2}$ = 31.75g
> ∴ $\frac{3.18g}{31.75g}$ = 0.1F
> • Ag^+은 1가이므로 1g 당량 = $\frac{108}{1}$ = 108g
> ∴ $\frac{0.54g}{108g}$ = 0.005F
> • 산소 1mol = 22.4ℓ =32g/8 = 4g당량 = 4F
> ∴ 11.2ℓ = 2F
> • 염소 1F = 0.5mol
> 1mol = 22.4ℓ 이므로 5.6ℓ/22.4ℓ =0.25mol 이다.
> 이것을 F로 고치면 1F : 0.5mol = x : 0.25mol
> ∴ x = 0.5F

06 염소원자의 최외각 전자수는 몇 개인가?

① 1
② 2
③ 7
④ 8

> 염소(Cl)는 제7족 원소이므로 최외각 전자수는 7개이다.
> 최외각 전자수 = 족수 = 원자가전자 = 가전자

07 95% 황산의 비중 1.84일 때 이 황산의 몰농도는 약 얼마인가?(단, S의 원자량은 32이다.)

① 17.8M
② 16.8M
③ 15.8M
④ 14.8M

> %농도를 몰농도(M)로 환산하면
> $M농도 = \dfrac{10ds}{분자량}$
> 여기서 d : 비중, s : 농도(%)
> $\therefore M = \dfrac{10ds}{분자량} = \dfrac{10 \times 1.84 \times 95}{98} = 17.8M$
> ※ 황산(H_2SO_4)의 분자량 : 98

08 페놀 수산기(-OH)의 특성에 대한 설명으로 옳은 것은?

① 수용액이 강알칼리성이다.
② 2가 이상이 되면 물에 대한 용해도가 작아진다.
③ 카복실산과 반응하지 않는다.
④ $FeCl_3$용액과 정색반응을 한다.

> 페놀성 수산기는 약 알칼리성이며 $FeCl_3$용액과 특유한 정색 반응을 한다.

09 프로페인 10kg을 완전연소 시키기 위해 표준상태의 산소가 약 몇 m^3이 필요한가?

① 25.5
② 51.0
③ 75.5
④ 100

> 프로페인의 연소반응식
> $C_3H_8 + 5O_2 \rightarrow 3CO_2 + 4H_2$
> 44kg ╲ 5 × 22.4m^3
> 10kg ╱ x
> $\therefore x = \dfrac{10kg \times 5 \times 22.4m^3}{44kg} = 25.45m^3$

10 다음 중 알칼리성용액에서 색깔을 나타내는 지시약은?

① 메틸오렌지   ② 페놀프탈레인
③ 메틸레드   ④ 티몰블루

> 지시약 : 산과 염기의 중화 적정 시 종말점(end point)을 알아내기 위하여 용액의 액성을 나타내는 시약

지시약	변색		변색 pH
	산성색	염기성색	
티몰블루 (Thiomol blue)	적색	노랑색	1.2 ~ 1.8
메틸오렌지(M.O)	적색	오렌지색	3.1 ~ 4.4
메틸레드(M.R)	적색	노랑색	4.8 ~ 6.0
브로모티몰블루	노랑색	청색	6.0 ~ 7.6
페놀레드	노랑색	적색	6.4 ~ 8.0
페놀프탈레인 (P.P)	무색	적색	8.0 ~ 9.6

> ※ 산성용액에서 색깔을 나타내는 지시약 : MO(메틸오렌지), MR(메틸레드), 티몰블루

11 다음 중 극성 분자에 해당하는 것은?

① CO_2 ② CH_4
③ C_6H_6 ④ H_2O

> 극성분자 : 분자 내부에서 전하의 전기 쌍극자 모멘트를 갖는 분자로서 물(H_2O), 플루오린화수소(HF), 암모니아(NH_3), 에틸알코올(C_2H_5OH), 염화수소(HCL), 아세톤(CH_3COCH_3)등이 있다.
> ※ 비극성 분자 : 분자 속의 양전하의 중심과 음전하의 중심이 일치하여 분자 구조가 대칭성을 보이는 분자로서 메테인, 벤젠, 이황화탄소 등이 있다.

12 다음 물질에 대한 설명 중 틀린 것은?

① 물은 산소와 수소의 혼합물이다.
② 산소와 수은은 단체이다.
③ 염화나트륨은 염소와 나트륨의 화합물이다.
④ 산소와 오존은 동소체이다.

> 물질 설명
> • 물은 산소와 수소의 화합물이다.(H_2O)
> • 산소(O_2)와 수은(Hg)은 하나의 원소로 된 단체이다.
> • 염화나트륨(소금)은 염소와 나트륨의 화합물이다(Na + Cl → NaCl).
> • 산소(O_2)와 오존(O_3)은 동소체이다.

13 $Fe(CN)_6^{4-}$와 4개의 K^+이온으로 이루어진 물질 $K_4Fe(CN)_6$을 무엇이라고 하는가?

① 착화합물   ② 할로젠화합물
③ 유기혼합물   ④ 수소화합물

착화합물은 $Fe(CN)_6^{4-}$와 4개의 K^+이온으로 이루어진 물질 $[K_4Fe(CN)_6]$이다.

14 반감기가 5일인 미지 시료가 2g있을 때 10일이 경과하면 남은 양은 몇 g인가?

① 2
② 1
③ 0.5
④ 0.25

반감기 : 방사선 원소가 붕괴하여 양이 1/2이 될 때 까지 걸리는 시간

$$m = M\left(\frac{1}{2}\right)^{\frac{t}{T}}$$

여기서 m : 붕괴후의 질량, M : 처음 질량, t : 경과시간, T : 반감기

$$\therefore m = M\left(\frac{1}{2}\right)^{\frac{t}{T}} = 2g \times \left(\frac{1}{2}\right)^{\frac{10}{5}} = 0.5$$

15 다음 물질 중 -CONH-의 결합을 하는 것은?

① 천연고무
② 나이트로셀룰로스
③ 알부민
④ 전분

펩티드결합 : 단백질 중에 펩티드(-CONH-)를 가지고 있는 것을 말하며 나일론, 알부민, 양모등에 있다.

16 CO_2 44g을 만들려면 C_3H_8 분자가 약 몇 개 완전 연소해야 하는가?

① 2.01×10^{23}
② 2.01×10^{22}
③ 6.02×10^{23}
④ 6.02×10^{22}

프로페인의 연소반응식
$C_3H_8 + 5O_2 \rightarrow 3CO_2 + 4H_2O$
1g-mol이 차지하는 분자수는 6.0238×10^{23}개이므로
프로페인 : 이산화탄소의 몰비는 1 : 3이므로
∴ 이산화탄소(CO_2) 1몰(44g)을 만들 때 프로페인의 분자수는
6.0238×10^{23}개 ÷ 3 = 2.01×10^{23}

17 다음 중 산성이 가장 약한 산은?

① HCl
② H_2SO_4
③ H_2CO_3
④ HNO_3

탄산(H_2CO_3)은 이산화탄소가 물에 녹아서 생기는 약한 산(酸) 수용액으로만 존재한다.

산의 구분	해당 물질
강산	염산(HCL), 황산(H_2SO_4), 질산(HNO_3)
약산	초산(CH_3COOH), 의산($HCOOH$), 인산(H_3PO_4)

18 다음 보기의 벤젠 유도체 가운데 벤젠의 치환반응으로부터 직접 유도할 수 없는 것은?

| ⓐ $-Cl$ | ⓑ $-OH$ | ⓒ $-SO_3H$ | ⓓ $-NH_2$ |

① ⓐ, ⓑ
② ⓑ, ⓓ
③ ⓐ, ⓒ
④ ⓒ, ⓓ

수산기(-OH)와 아미노기($-NH_2$)는 벤젠에서 직접 유도할 수 없다.
• 페놀의 제법(쿠멘법)

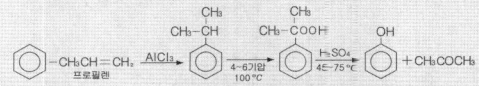

• 아닐린의 제법 : 벤젠을 나이트로화하여 ㄴ-이트로벤젠을 수소로서 환원하여 제조한다.

19 수소 1.2몰과 염소 2몰이 반응할 경우 생성되는 염화수소의 몰수는?

① 1.2
② 2
③ 2.4
④ 4.8

염화수소의 제조
$H_2 + Cl_2 \rightarrow 2HCl$
1mol   1mol
1.2mol 1.2mol

1 : 1의 반응이므로 → 2.4mol이 생성된다.
∴ 수소 1.2mol(2.4g)과 염소 1.2mol(85.2g)을 반응시키면 정상반응인데 염소 2mol(142g)이 반응하면 나머지 0.8mol(56.8g)은 미반응물로 제품에 섞여 나온다.

20 다음 중 물의 끓는점을 높이기 위한 방법으로 가장 타당한 것은?

① 순수한 물을 끓인다.
② 물을 저으면서 끓인다.
③ 감압하에 끓인다.
④ 밀폐된 그릇에서 끓인다.

밀폐된 그릇에서 물을 끓이면 끓는점(비점)을 높일 수 있다.

2. 화재예방과 소화방법

21 소화설비의 구분에서 물분무등소화설비에 속하는 것은?

① 포 소화설비
② 옥내소화전설비
③ 스프링클러설비
④ 연결송수관설비

> 물분무등소화설비 : 물분무소화설비, 포소화설비, 불활성가스소화설비, 할로젠화합물소화설비, 분말소화설비
> ※ 위험물은 불활성가스소화설비이고, 소방에서는 이산화탄소 소화설비로 보면 됩니다.

22 그림과 같은 타원형 위험물탱크의 내용적은 약 얼마인가?(단, 단위는 m이다.)

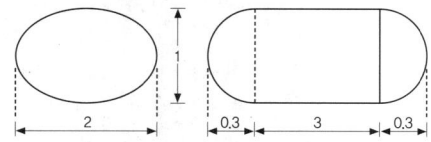

① $5.03m^3$
② $7.52m^3$
③ $9.03m^3$
④ $19.05m^3$

> 내용적 $= \dfrac{\pi ab}{4}\left(\ell + \dfrac{\ell_1 + \ell_2}{3}\right)$
> $= \dfrac{\pi \times 2 \times 1}{4}\left(3 + \dfrac{0.3 + 0.3}{3}\right)$
> $= 5.03m^3$

23 다음의 물품을 저장하는 창고에 불활성가스 소화설비를 설치하고자 한다. 가장 부적합한 경우는?

① 톨루엔
② 동·식물유류
③ 고형 알코올
④ 과산화칼륨

> 과산화칼륨은 마른모래, 팽창질석, 팽창알루미늄, 탄산수소염류 분말약제소화기가 적합하다.

24 Halon 1301 속에 함유되지 않은 원소는?

① C
② Cl
③ Br
④ F

> 할론 1301은 CF_3Br로서 Cl(염소)가 없다.
>
> | 약제 | 화학식 | 약제 | 화학식 |
> | --- | --- | --- | --- |
> | 할론 1301 | CF_3Br | 할론 1211 | CF_2ClBr |
> | 할론 1011 | CH_2ClBr | 할론 2402 | $C_2F_4Br_2$ |

25 스프링클러헤드 부착장소의 평상시의 최고주위온도가 39℃ 이상 64℃ 미만일 때 표시온도의 범위로 옳은 것은?

① 58℃ 이상 79℃ 미만
② 79℃ 이상 121℃ 미만
③ 121℃ 이상 162℃ 미만
④ 162℃ 이상

> 부착장소의 최고주위온도에 따른 헤드의 표시온도
>
> | 부착장소의 최고주위온도(℃) | 표시온도(℃) |
> | --- | --- |
> | 28 미만 | 58 미만 |
> | 28 이상 39 미만 | 58 이상 79 미만 |
> | 39 이상 64 미만 | 79 이상 121 미만 |
> | 64 이상 106 미만 | 121 이상 162 미만 |
> | 106 이상 | 162 이상 |

26 강화액 소화기에 한랭지역 및 겨울철에도 얼지 않도록 첨가하는 물질은 무엇인가?

① 탄산칼륨
② 질소
③ 사염화탄소
④ 아세틸렌

> 강화액 소화약제는 물에 탄산칼륨(K_2CO_3)을 첨가하여 만든 소화약제로서 응고점이 영하 20℃이하이므로 겨울철이나 한랭지역에 사용한다.

27 다이에틸에터 2000L와 아세톤 4000L를 옥내저장소에 저장하고 있다면 총 소요단위는 얼마인가?

① 5
② 6
③ 7
④ 8

> 제4류 위험물의 지정수량
>
> | 종류 | 품명 | 지정수량 |
> | --- | --- | --- |
> | 다이에틸에터 | 제4류 특수인화물 | 50L |
> | 아세톤 | 제1석유류(수용성) | 400L |
>
> ∴ 소요단위 $= \dfrac{\text{저장수량}}{\text{지정수량} \times 10}$
> $= \dfrac{2000\ell}{50\ell \times 10} + \dfrac{4000\ell}{400 \times 10} = 5$소요단위
> ※위험물의 소요단위 : 지정수량의 10배

28 다음 위험물에 화재가 발생하였을 때 주수소화를 하면 수소가스가 발생하는 것은?

① 황화린
② 적린
③ 마그네슘
④ 황

🔍 주수소화
- 황화린은 3종류가 있으나 물에 의하여 분해되는 것도 있다.
- 적린(P)과 황(S)은 주수소화가 가능하다.
- 마그네슘(Mg)분은 물과 반응하면 수소가스(H_2)를 발생한다.
  $Mg + 2H_2O \rightarrow Mg(OH)_2 + H_2$

29 스프링클러설비에 방사구역마다 제어밸브를 설치하고자 한다. 바닥면으로부터 높이 기준으로 옳은 것은?

① 0.8m 이상 1.5m 이하
② 1.0m 이상 1.5m 이하
③ 0.5m 이상 0.8m 이하
④ 1.5m 이상 1.8m 이하

🔍 스프링클러설비의 제어밸브 : 바닥으로부터 0.8m 이상 1.5m 이하

30 포소화설비의 가압송수 장치에서 압력수조의 압력 산출 시 필요 없는 것은?

① 낙차의 환산 수두압
② 배관의 마찰손실 수두압
③ 노즐 끝부분의 마찰손실 수두압
④ 소방용 호스의 마찰손실 수두압

🔍 압력수조를 이용하는 가압송수장치
$P = p_1 + p_2 + p_3 + p_4$
여기서, P : 필요한 압력(단위 MPa)
  p_1 : 고정식포방출구의 설계압력 또는 이동식포소화설비 노즐방사압력(단위 MPa)
  p_2 : 배관의 마찰손실수두압(단위 MPa)
  p_3 : 낙차의 환산수두압(단위 MPa)
  p_4 : 이동식소화설비의 소방용 호스의 마찰손실수두압(단위 MPa)

31 공기 중 산소는 부피백분율과 질량백분율로 각각 약 몇 %인가?

① 79%, 21%
② 21%, 23%
③ 23%, 21%
④ 21%, 79%

🔍 공기 중 산소농도
- 부피백분율 : 21%
- 질량백분율 : 23%

32 제4류 위험물을 취급하는 제조소에서 지정수량의 몇 배 이상을 취급할 경우 자체소방대를 설치하여야 하는가?

① 1000배
② 2000배
③ 3000배
④ 4000배

🔍 제4류 위험물을 취급하는 제조소나 일반 취급소에는 지정수량의 3000배 이상을 취급할 경우 자체소방대를 편성하여야 한다.

33 포 소화약제의 종류에 해당하지 않는 것은?

① 단백포 소화약제
② 합성계면활성제포 소화약제
③ 수성막포 소화약제
④ 액표면포 소화약제

🔍 포 소화약제의 종류
- 단백포 소화약제
- 알코올형포(내알코올포, 알코올포) 소화약제
- 합성계면활성제포 소화약제
- 수성막포 소화약제
- 플루오린화단백포 소화약제

34 폭굉 유도 거리(DID)가 짧아지는 요건에 해당되지 않은 것은?

① 정상 연소 속도가 큰 혼합가스일 경우
② 관속에 방해물이 없거나 관경이 큰 경우
③ 압력이 높을 경우
④ 점화원의 에너지가 클 경우

🔍 폭굉유도거리(DID)
- 정의 : 최초의 완만한 연소가 격렬한 폭굉으로 발전할 때까지의 거리
- 폭굉유도거리가 짧아지는 요인
  - 압력이 높을수록
  - 관경이 작을수록
  - 관속에 장애물이 있는 경우
  - 점화원의 에너지가 강할수록
  - 정상연소속도가 큰 혼합물일수록

35 다음 중 분진 폭발을 일으킬 위험성이 가장 낮은 물질은?

① 알루미늄 분말
② 석탄
③ 밀가루
④ 시멘트 분말

> 시멘트분말, 생석회(CaO)는 분진폭발하지 않는다.

36 가연성 가스의 폭발 범위에 대한 일반적인 설명으로 틀린 것은?

① 가스의 온도가 높아지면 폭발 범위는 넓어진다.
② 폭발한계농도 이하에서 폭발성 혼합가스를 생성한다.
③ 공기 중에서보다 산소 중에서 폭발 범위가 넓어진다.
④ 가스압이 높아지면 하한값은 크게 변하지 않으나 상한 값은 높아진다.

> 가연성가스의 폭발범위
> • 하한계가 낮을수록, 상한계가 높을수록 위험하다.
> • 가스의 온도나 압력이 상승하면 하한계는 변하지 않고, 상한계는 증가하므로 위험하다.
> • 연소범위가 넓을수록 위험하다.
> • 공기 중에서보다 산소 중에서 폭발범위가 넓어진다.

37 과산화나트륨과 혼재가 가능한 위험물은?(단, 지정수량 이상인 경우이다.)

① 에터
② 마그네슘분
③ 탄화칼슘
④ 과염소산

> 운반 시 유별을 달리하는 위험물의 혼재기준(별표 19 관련)
> • 제1류 위험물 + 제6류 위험물
> • 제3류 위험물 + 제4류 위험물
> • 제5류 위험물 + 제2류 위험물 + 제4류 위험물
> ∴ 문제에서 주어진 위험물을 보면
>
> | 종류 | 류별 | 종류 | 류별 |
> |---|---|---|---|
> | 에터 | 제4류 위험물 | 마그네슘분 | 제2류 위험물 |
> | 탄화칼슘 | 제3류 위험물 | 과염소산 | 제6류 위험물 |
>
> ※ 운반 시 1류 위험물(과산화나트륨)과 6류 위험물(과염소산)은 혼재가 가능하다.

38 다음 중 무색, 무취이고 전기적으로 비전도성이며 공기보다 약 1.5배 무거운 성질을 가지는 소화약제는?

① 분말소화약제
② 이산화탄소 소화약제
③ 포소화약제
④ 할론 1301 소화약제

> 이산화탄소(CO_2) : 무색, 무취이고 전기적으로 비전도성이며 증기비중이 1.5로 공기보다 무겁다.

39 탄산수소나트륨과 황산알루미늄 수용액의 화학반응으로 인해 생성되지 않는 것은?

① 황산나트륨
② 탄산수소알루미늄
③ 수산화알루미늄
④ 이산화탄소

> 화학포 소화기의 반응식
> $6NaHCO_3 + A_2(SO_4)_3 + 18H_2O$
> (탄산수소나트륨) (황산알루미늄)
> $\rightarrow 3Na_2SO_4 + 2A(OH)_3 + 6CO_2\uparrow + 18H_2O$
> (황산나트륨) (수산화알루미늄) (이산화탄소)

40 다음 중 자기연소를 하는 위험물은?

① 톨루엔
② 메틸알코올
③ 다이에틸에터
④ 나이트로글리세린

> 자기연소 : 나이트로글리세린, TNT, 셀룰로이드 등 제5류 위험물의 연소
> ※ 톨루엔, 메틸알코올, 다이에틸에터 : 증발연소

3. 위험물 성상 및 취급

41 다음 위험물 중 물속에 저장해야 안전한 것은?

① 황린   ② 적린
③ 루비듐   ④ 오황화인

> 황린은 공기와 접촉을 피하기 위하여 물속에 저장한다.

42 금속나트륨에 대한 설명으로 틀린 것은?

① 제3류 위험물이다.
② 융점은 약 297℃이다.
③ 은백색의 가벼운 금속이다.
④ 물과 반응하여 수소를 발생한다.

> 나트륨
> • 성상
>
> | 화학식 | 원자량 | 비점 | 융점 | 비중 | 불꽃색상 |
> |---|---|---|---|---|---|
> | Na | 23 | 880℃ | 97.7℃ | 0.97 | 노란색 |
>
> • 제3류 위험물로서 은백색의 무른 경금속이다.
> • 물과 반응하여 수소(H_2)를 발생한다.
> $2Na + 2H_2O \rightarrow 2NaOH + H_2$

43 칼륨과 물이 반응할 때 생성되는 것은 무엇인가?

① 수산화칼륨, 산소
② 수산화칼륨, 수소
③ 산소, 수소
④ 산화칼륨, 산소

> 칼륨과 물과의 반응식
> $2K + 2H_2O \rightarrow 2KOH + H_2\uparrow$
> (수산화칼륨) (수소)

44 황화린에 대한 설명 중 잘못된 것은?

① P_4S_3는 황색 결정 덩어리로 조해성이 있고, 공기 중 약 50℃에서 발화한다.
② P_2S_5는 담황색 결정으로 조해성이 있고, 알칼리와 분해하여 가연성가스를 발생한다.
③ P_4S_7 담황색 결정으로 조해성이 있고, 온수에 녹아 유독한 H_2S를 발생한다.
④ P_4S_3과 P_2S_5의 연소생성물은 모두 P_2O_5와 SO_2이다.

> 삼황화인(P_4S_3)
> • 황록색의 결정 또는 분말이다.
> • 공기 중 약 100℃에서 발화한다

45 다음 중 지정수량을 틀리게 나타낸 것은?

① 다이크로뮴산염류 - 1,000kg
② 제2석유류(비수용성) - 2,000L
③ 하이드록실아민염류 - 100kg
④ 제4석유류 - 6000L

> 위험물의 지정수량
>
> | 종류 | 지정수량 |
> |---|---|
> | 다이크로뮴산염류 | 1,000kg |
> | 제2석유류(비수용성) | 1,000L |
> | 하이드록실아민염류 | 100kg |
> | 제4석유류 | 6,000L |

46 위험물의 적재 방법에 관한 기준으로 틀린 것은?

① 위험물은 규정에 의한 바에 따라 재해를 발생시킬 우려가 있는 물품과 함께 적재하지 아니하여야 한다.
② 적재하는 위험물의 성질에 따라 일광의 직사 또는 빗물의 침투를 방지하기 위하여 유효하게 피복하는 등 규정에서 정하는 기준에 따른 조치를 하여야 한다.
③ 운반용기는 수납구를 옆으로 향하게 하여 나란히 적재한다.
④ 위험물을 수납한 운반용기가 전도·낙하 또는 파손되지 아니하도록 적재하여야 한다.

> 운반용기의 수납구를 위로 향하게 하여 적재하여야 한다.

47 1기압 27℃에서 아세톤 58g을 완전히 기화시키면 부피는 약 몇 L가 되는가?

① 22.4
② 24.6
③ 27.4
④ 58.0

> 이상기체 상태방정식
> $PV = nRT = \dfrac{W}{M}RT$, $V = \dfrac{WRT}{PM}$
> 여기서 P : 압력(1atm), V : 부피(ℓ), n : mol수
> M : 분자량(CH_3COCH_3 = 58), W : 무게(58g),
> R : 기체상수(0.08205 ℓ·atm/g-mol·K),
> T : 절대온도(273+℃)
> $\therefore V = \dfrac{WRT}{PM} = \dfrac{58g \times 0.08205 \ell \cdot atm/g\text{-}mol \cdot K \times (273+27)K}{1 \times 58}$
> = 24.6ℓ

48 제4류 위험물의 저장·취급 시 주의사항으로 틀린 것은?

① 화기 접촉을 금한다.
② 증기의 누설을 피한다.
③ 냉암소에 저장한다.
④ 정전기 축적 설비를 한다.

> 제4류 위험물은 인화성 액체이므로 정전기 제거하기 위하여 정전기 방지를 하여야 한다.

49 제1석유류, 제2석유류, 제3석유류를 구분하는 주요 기준이 되는 것은?

① 인화점　　② 발화점
③ 비등점　　④ 비중

> 제4류 위험물 : 인화점으로 구분한다.

50 다음은 어떤 위험물에 대한 내용인가?

- 지정수량 : 400ℓ
- 증기비중 : 2.07
- 인화점 : 12℃
- 녹는점 : -89.5℃

① 메탄올　　② 에탄올
③ 아이소프로필알코올　④ 부틸알코올

> 아이소프로필알코올(Iso Propyl alcohol)의 물성

화학식	지정수량	증기비중	녹는점	인화점	연소범위
C_3H_7OH	400L	2.07	-89.5℃	12℃	2.0 ~ 12.0%

51 질산과 과염소산의 공통적인 성질에 대한 설명 중 틀린 것은?

① 가연성 물질이다.
② 산화제이다.
③ 무기화합물이다.
④ 산소를 함유하고 있다.

> 질산(NHO_3)과 과염소산($HClO_4$)
> - 제6류 위험물로서 불연성이다.
> - 산화성 액체이고 산소를 함유하는 무기화합물이다.

52 지정수량의 10배를 초과하는 위험물을 취급하는 제조소에 확보하여야 하는 보유공지의 너비는?

① 1m 이상　　② 3m 이상
③ 5m 이상　　④ 7m 이상

> 제조소의 보유공지

취급하는 위험물의 최대수량	공지의 너비
지정수량의 10배 이하	3m 이상
지정수량의 10배 초과	5m 이상

53 다음 중 제5류 위험물에 해당하지 않는 것은?

① 나이트로글라이콜
② 나이트로글리세린
③ 트라이나이트로톨루엔
④ 나이트로톨루엔

> 나이트로톨루엔($CH_3C_6H_4NO_2$) : 제4류 제3석유류(비수용성)

54 다음 위험물 중 인화점이 약 -37℃인 물질로서 구리, 은, 마그네슘 등의 금속과 접촉하면 폭발성 물질인 아세틸라이드를 생성하는 것은?

① $CH_3-CH-CH_2$
　　　　＼　／
　　　　　O
② $C_2H_5OC_2H_5$
③ CS_2
④ C_6H_6

> 산화프로필렌(Propylene Oxide)
> • 물성

화학식	분자량	비중	비점	인화점	착화점	연소범위
CH_3CHCH_2O	58	0.82	35℃	-37℃	449℃	2.8 ~ 37%

> • 무색, 투명한 자극성 액체이다.
> • 구리(Cu), 마그네슘(Mg), 은(Ag), 수은(Hg)과 반응하면 아세틸레이트를 생성한다.

55 메틸에틸케톤의 저장 또는 취급 시 유의할 점으로 가장 거리가 먼 것은?

① 통풍을 잘 시킬 것
② 찬 곳에 저장할 것
③ 일광의 직사를 피할 것
④ 저장 용기에는 증기 배출을 위해 구멍을 설치할 것

> 메틸에틸케톤(MEK) : 밀봉하여 건조하고 서늘한 장소에 저장
> ※ 과산화수소 : 구멍 뚫린 마개 사용

56 제3류 위험물 중 금수성물질 위험물제조소에는 어떤 주의사항을 표시한 게시판을 설치하여야 하는가?

① 물기엄금
② 물기주의
③ 화기엄금
④ 화기주의

> 제조소등의 주의사항
>
> | 위험물의 종류 | 주의사항 | 게시판의 색상 |
> |---|---|---|
> | 제1류 위험물 중 알칼리금속의 과산화물
제3류 위험물 중 금수성물질 | 물기엄금 | 청색바탕에 백색문자 |
> | 제2류 위험물(인화성 고체는 제외) | 화기주의 | 적색바탕에 백색문자 |
> | 제2류 위험물 중 인화성 고체
제3류 위험물 중 자연발화성물질
제4류 위험물
제5류 위험물 | 화기엄금 | 적색바탕에 백색문자 |

57 다음 중에서 제2석유류에 속하지 않는 것은?

① 등유
② CH_3COOH
③ CH_3CHO
④ $HCOOH$

> 제4류 위험물의 분류
>
> | 종류 | 명칭 | 품명 |
> |---|---|---|
> | 등유 | – | 제2석유류(비) |
> | CH_3COOH | 초산 | 제2석유류(수) |
> | CH_3CHO | 아세트알데하이드 | 특수인화물 |
> | $HCOOH$ | 의산 | 제2석유류(수) |

58 다음 중 저장할 때 상부에 물을 덮어서 저장하는 것은?

① 다이에틸에터
② 아세트알데하이드
③ 산화프로필렌
④ 이황화탄소

> 이황화탄소, 황린은 상부에 물로 덮어서 저장한다.

59 다음 중 나이트로기(-NO_2)를 1개만 가지고 있는 것은?

① 피크린산
② 나이트로글리세린
③ 나이트로벤젠
④ TNT

> 화학식
>
> | 종류 | 화학식 |
> |---|---|
> | 피크린산 | $C_6H_2OH(NO_2)_3$ |
> | 나이트로글리세린 | $C_3H_5(ONO_2)_3$ |
> | 나이트로벤젠 | $C_6H_5NO_2$ |
> | TNT | $C_6H_2CH_3(NO_2)_3$ |
>
> ∴ 나이트로벤젠은 나이트로기(-NO_2)가 1개인데 나머지는 3개로 구성되어 있다.

60 탄화칼슘과 물이 반응하였을 때 생성되는 물질은?

① 산화칼슘, 수소
② 산화칼슘, 포스핀
③ 수산화칼슘, 수소
④ 수산화칼슘, 아세틸렌

> 탄화칼슘(카바이트)은 물과 반응하여 아세틸렌(C_2H_2)가스를 발생시킨다.
> $CaC_2 + 2H_2O \rightarrow Ca(OH)_2 + C_2H_2 \uparrow$
> (탄화칼슘) (물)   (수산화칼슘) (아세틸렌)

정답 복원문제 2021년 3회

01 ②	02 ②	03 ②	04 ②	05 ①
06 ③	07 ①	08 ④	09 ①	10 ②
11 ④	12 ①	13 ①	14 ③	15 ③
16 ①	17 ①	18 ②	19 ③	20 ④
21 ①	22 ①	23 ④	24 ②	25 ②
26 ①	27 ①	28 ②	29 ①	30 ②
31 ②	32 ①	33 ④	34 ①	35 ④
36 ②	37 ④	38 ②	39 ②	40 ④
41 ①	42 ②	43 ②	44 ①	45 ②
46 ③	47 ①	48 ④	49 ①	50 ③
51 ①	52 ①	53 ①	54 ①	55 ④
56 ①	57 ③	58 ④	59 ③	60 ④

2022년 1회 복원문제

1. 물질의 물리 · 화학적 성질

01 다음 화학식의 올바른 명명법은?

$$CH_3 - CH_2 - CH - CH_2 - CH_3$$
$$|$$
$$CH_3$$

① 3-메틸펜테인
② 2, 3, 5-트라이메틸 헥세인
③ 아이소뷰테인
④ 1, 4-헥세인

🔍 3-Methyl pentane(3번에 methyl기가 결합되어 있고 C가 5개이면 펜테인이다.)
$$\begin{matrix}1 & 2 & 3 & 4 & 5\\ CH_3 - & CH_2 - & CH - & CH_2 - & CH_3\\ & & | & & \\ & & CH_3 & & \end{matrix}$$

02 방사성 동위원소의 반감기가 20일 때 40일이 지난 후 남은 원소의 분율은?

① 1/2
② 1/3
③ 1/4
④ 1/6

🔍 반감기
$$m = M\left(\frac{1}{2}\right)^{\frac{t}{T}}$$
여기서, m : 붕괴 후의 질량, M : 처음 질량, t : 경과시간, T : 반감기
$$\therefore m = 1 \times \left(\frac{1}{2}\right)^{\frac{40}{20}} = \frac{1}{4}$$

03 3N 황산용액 200mL 중에는 몇 g의 H_2SO_4를 포함하고 있는가?(단 S의 원자량은 32이다.)

① 29.4
② 58.8
③ 98.0
④ 117.6

🔍 황산 1N은 물 1000ml 속에 49g이 녹아 있는 것이다.
1N ─── 49g ─── 1000ml
3N ─── x ─── 200ml
$$\therefore x = \frac{3N \times 49g \times 200ml}{1N \times 1000ml} = 29.4g$$

04 Mg^{24}의 전자수는 몇 개인가?

① 2
② 10
③ 12
④ 6×10^{23}

🔍 Mg는 원자량이 24이고, 원자번호 12(Mg^{++})로서 2개의 전자를 잃어 12 − 2 = 10개가 된다.

05 0.001N-HCl의 pH는?

① 2
② 3
③ 4
④ 5

🔍 [H+] = 0.001N = 1×10^{-3}
$\therefore$ pH = $-\log[H^+]$ = $-\log[1 \times 10^{-3}]$ = 3−0 = 3

06 관능기와 그 명칭을 나타낸 것 중 틀린 것은?

① −OH : 하이드록시기
② $-NH_2$: 암모니아기
③ −CHO : 알데하이드기
④ $-NO_2$: 나이트로기

🔍 관능기의 명칭

종류	명칭	종류	명칭
−OH	하이드록시기	$-NH_2$	아미노기
−CHO	알데하이드기	$-NO_2$	나이트로기

07 어떤 기체의 무게는 30g인데 같은 조건에서 같은 부피의 이산화탄소의 무게가 11g이었다. 이 기체의 분자량은?

① 110
② 120
③ 130
④ 140

🔍 $\dfrac{M_B}{M_A} = \dfrac{W_B}{W_A}$ 공식에서

$\therefore M_B = M_A \times \dfrac{W_B}{W_A} = 44 \times \dfrac{30g}{11g} = 120g$

08 아말감을 만들 때 사용되는 금속은?

① Sn
② Ni
③ Fe
④ Co

🔍 아말감 : 수은(Hg)과 철(Fe), 백금(Pt), 망가니즈(Mn), 코발트(Co), 니켈(Ni)을 제외한 다른 금속과의 합금

09 다음 핵화학 반응식에서 산소(O)의 원자번호는 얼마인가?

$$^{14}_{7}N + ^{4}_{2}He \rightarrow O + ^{1}_{1}H$$

① 2
② 6
③ 8
④ 12

🔍 반응 전과 반응 후의 원자번호는 같아야 하므로
$^{14}_{7}N + ^{4}_{2}He \rightarrow ^{17}_{8}O + ^{1}_{1}H$

10 Alkane의 일반식 표현이 올바른 것은?

① C_2H_{2n-2}
② C_2H_{2n}
③ C_2H_{2n+2}
④ C_2H_n

🔍 탄화수소계의 일반식

종류	일반식
알케인	C_2H_{2n+2}
알켄	C_2H_{2n}
알카인	C_2H_{2n-2}

11 물리적 변화보다는 화학적 변화에 해당하는 것은?

① 증류
② 발효
③ 승화
④ 융융

🔍 화학적인 변화 : 화학반응에 의하여 물질의 성분이 변화시키는 것으로 발효가 해당된다.

12 25.0g의 물속에 2.85의 설탕($C_{12}H_{22}O_{11}$)이 녹아있는 용액의 끓는점은?(단, 물의 끓는점 오름 상수는 0.52이다.)

① 100.0℃
② 100.08℃
③ 100.17℃
④ 100.34℃

🔍 비점상승도(ΔT_b)를 구하면

$\Delta T_b = K_b \cdot m = K_b \times \dfrac{\dfrac{W_B}{M}}{W_A} \times 1000$

$M = K_b \times \dfrac{W_B}{W_A \Delta T_b} \times 1000$

여기서 K_b : 비점상승계수(물 : 0.52), m : 몰랄농도
W_B : 용질의 무게, W_A : 용매의 무게,
M : 분자량($C_{12}H_{22}O_{11}$: 342)

$\therefore \Delta T_b = K_b \cdot m = K_b \times \dfrac{\dfrac{W_B}{M}}{W_A} \times 1000$

$= 0.52 \times \dfrac{\dfrac{2.85}{342}}{25.0} \times 1000 = 0.17℃ \Rightarrow 100.17℃$

13 분자를 이루고 있는 원자단을 나타내며 그 분자의 특성을 밝힌 화학식을 무엇이라 하는가?

① 시성식
② 구조식
③ 실험식
④ 분자식

🔍 시성식 : 분자를 이루고 있는 원자단(관능기)을 나타내며 그 분자의 특성을 밝힌 화학식

14 곧은 사슬 포화탄화수소의 일반적인 경향으로 옳은 것은?

① 탄소수가 증가할수록 비점은 증가하나 빙점은 감소한다.
② 탄소수가 증가하면 비점과 빙점이 모두 감소한다.
③ 탄소수가 증가할수록 빙점은 증가하나 비점은 감소한다.
④ 탄소수가 증가하여 비점과 빙점이 모두 증가한다.

> 곧은 사슬 포화탄화수소는 탄소수가 증가하여 비점(끓는점)과 빙점(어는점)이 모두 증가한다.

15 다이아몬드의 결합 형태는?

① 금속결합 ② 이온결합
③ 공유결합 ④ 수소결합

> 다이아몬드의 결합 : 공유결합

16 다음에서 설명하는 물질의 명칭은?

- HCl과 반응하여 염산염을 만든다.
- 나이트로벤젠을 수소로 환원하여 제조한다.
- CaOCl$_2$ 용액에서 붉은 보라색을 띤다.

① 페놀 ② 아닐린
③ 톨루엔 ④ 벤젠술폰산

> 아닐린의 특성
> - 나이트로벤젠을 수소로 환원하여 제조한다.
>
>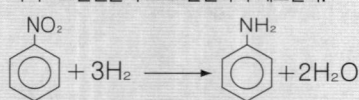
>
> - HCl과 반응하여 염산염을 만든다.
> - CaOCl$_2$(표백분)용액에서 붉은 보라색을 띤다.

17 물의 끓는점을 낮출 수 있는 방법으로 옳은 것은?

① 밀폐된 그릇에서 물을 끓인다.
② 열전도도가 높은 용기를 사용한다.
③ 소금을 넣어준다.
④ 외부 압력을 낮추어 준다.

> 개방된 그릇에서 물을 가열하거나 외부의 압력을 낮추면 비점을 낮출 수 있다.

18 20℃에서 NaCl 포화용액을 잘 설명한 것은?(단, 20℃에서 NaCl의 용해도는 36 이다.)

① 용액 100g 중에 NaCl이 36g 녹아 있을 때
② 용액 100g 중에 NaCl이 136g 녹아 있을 때
③ 용액 136g 중에 NaCl이 36g 녹아 있을 때
④ 용액 136g 중에 NaCl이 136g 녹아 있을 때

> 용해도 : 용매 100g에 녹을 수 있는 용질의 g수
> ∴ NaCl 포화용액은 용액 136g 중에 NaCl이 36g 녹아 있을 때를 말한다.

19 산화-환원에 대한 설명 중 틀린 것은?

① 한 원소의 산화수가 증가하였을 때 산화되었다고 한다.
② 전자를 잃은 반응을 산화라 한다.
③ 산화제는 다른 화학종을 환원시키며, 그 자신의 산화수는 증가하는 물질을 말한다.
④ 중성인 화합물에서 모든 원자와 이온들의 산화수의 합은 0이다.

> 산화제 : 자신은 환원되고 다른 물질을 산화시키는 물질로서 산화수가 감소하는 물질을 말한다.

20 25g의 암모니아가 과잉의 황산과 반응하여 황산암모늄이 생성될 때 생성된 황산암모늄의 양은 약 얼마인가?

① 82g ② 86g
③ 92g ④ 97g

> 황산암모늄의 제법
>
>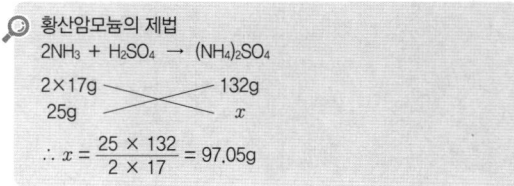

2. 화재예방과 소화방법

21 다음 중 할로젠화합물소화기가 적응성이 있는 것은?

① 나트륨
② 철분
③ 아세톤
④ 질산에틸

> 할로젠화합물소화기는 B급(유류화재), C급(전기화재)에 적합하므로 아세톤은 유류화재이다.

22 전역방출방식 분말소화설비의 분사헤드는 기준에서 정하는 소화약제의 양을 몇 초 이내에 균일하게 방사해야 하는가?

① 10   ② 15
③ 20   ④ 30

> 분말소화설비 분사헤드의 방사시간
> • 전역방출방식의 방사 시간 : 30초 이내
> • 국소방출방식의 방사 시간 : 30초 이내

23 분말 소화약제에 해당하는 착색이 틀린 것은?

① 탄산수소나트륨 – 백색
② 제1인산암모늄 – 청색
③ 탄산수소칼륨 – 담회색
④ 탄산수소칼륨과 요소와의 반응물 – 회색

> 분말소화약제의 종류

종류	화학식	약제명	착색	적응화재
제1종 분말	$NaHCO_3$	탄산수소나트륨	백색	B, C급
제2종 분말	$KHCO_3$	탄산수소칼륨	담회색	B, C급
제3종 분말	$NH_4H_2PO_4$	제1인산암모늄	담홍색	A, B, C급
제4종 분말	$KHCO_3 + (NH_2)_2CO$	탄산수소칼륨 + 요소	회색	B, C급

24 소화약제 또는 그 구성성분으로 사용되지 않는 물질은?

① CF_2ClBr ② $CO(NH_2)_2$
③ KNO_3 ④ K_2CO_3

> 소화약제의 구분

종류	명칭	약제명
CF_2ClBr	할론 1211	할로젠화합물
$CO(NH_2)_2$	요소	제4종 분말
KNO_3	질산칼륨(질산염류)	제1류 위험물
K_2CO_3	탄산칼륨	강화액

25 옥외저장소에 선반을 설치하는 경우에 선반의 높이는 몇 m를 초과하지 않아야 하는가?

① 3   ② 4
③ 5   ④ 6

> 옥외저장소에 선반을 설치하는 경우에 선반의 높이는 6m를 초과하지 말아야 한다.

26 위험물제조소에서 옥내소화전이 가장 많이 설치된 층의 옥내소화전 설치개수가 3개이다. 수원의 수량은 몇 개가 되도록 설치하여야 하는가?

① 2.6
② 7.8
③ 15.6
④ 23.4

> 옥내소화전설비의 수원
> = N(최대 5개) × 7.8m³ = 3 × 7.8m³ = 23.4m³

27 과산화나트륨의 화재 시 적응성이 있는 소화설비는?

① 포소화기
② 건조사
③ 이산화탄소소화기
④ 물통

> 과산화나트륨(무기과산화물)의 소화약제 : 건조사, 팽창질석, 팽창진주암

28 포소화설비의 기준에서 고가수조를 이용하는 가압송수장치를 설치할 때 고가수조에 반드시 설치하지 않아도 되는 것은?

① 배수관   ② 압력계
③ 맨홀   ④ 수위계

🔍 **수조의 설치부속물**
- 고가수조에는 수위계, 배수관, 오버플로우용 배수관, 보급수관 및 맨홀을 설치할 것
- 압력수조에는 압력계, 수위계, 배수관, 보급수관, 통기관 및 맨홀을 설치할 것

29 전기불꽃 에너지 공식에서 ( )에 알맞은 것은?(단, Q는 전기량, V는 방전전압, C는 전기용량을 나타낸다.)

$$E = \frac{1}{2}(\quad) = \frac{1}{2}(\quad)$$

① QV, CV
② QC, CV
③ QV, CV^2
④ QC, QV^2

🔍 **전기불꽃 에너지**
$E = \frac{1}{2}QV = \frac{1}{2}CV^2$
여기서 Q : 전기량, V : 방전전압, C : 전기용량

30 주된 연소형태가 분해 연소에 해당하는 물질은?
① 황
② 금속분
③ 목재
④ 피크린산

🔍 **연소형태**

종류	연소형태	종류	연소형태
황	증발연소	금속분	표면연소
목재	분해연소	피크린산	자기연소

31 착화점에 대한 설명으로 가장 옳은 것은?
① 외부에서 점화하지 않더라도 발화하는 최저온도
② 외부에서 점화했을 때 발화하는 최저온도
③ 외부에서 점화했을 때 발화하는 최고온도
④ 외부에서 점화하지 않더라도 발화하는 최고온도

🔍 **착화점(발화점)** : 외부에서 점화하지 않더라도 발화하는 최저온도

32 위험물의 저장액(보호액)으로서 잘못된 것은?
① 황린 – 물
② 인화석회 – 물
③ 금속나트륨 – 등유
④ 나이트로셀룰로스 – 함수알코올

🔍 인화석회는 물과 반응하면 가연성가스인 포스핀(PH$_3$)을 발생하므로 위험하다.
$Ca_3P_2 + 6H_2O \rightarrow 3Ca(OH)_2 + 2PH_3 \uparrow$
(수산화칼슘) (포스핀)

33 분진 폭발을 일으킬 위험성이 가장 낮은 물질은?
① 대리석 분말
② 커피분말
③ 알루미늄분말
④ 밀가루

🔍 **분진폭발** : 황, 마그네슘분, 알루미늄분, 커피분말, 밀가루, 플라스틱분등
※ 대리석분말, 석회석(생석회)는 분진폭발하지 않는다.

34 이산화탄소 소화약제 저장용기의 설치장소로 적당하지 않은 곳은?
① 방호구역 외의 장소
② 온도가 40℃ 이상이고 온도변화가 적은 장소
③ 빗물이 침투할 우려가 적은 장소
④ 직사일광을 피한 장소

🔍 **이산화탄소 저장용기의 설치 기준**
- 방호구역 외의 장소에 설치할 것
- 온도가 40℃ 이하이고 온도 변화가 적은 장소에 설치할 것
- 직사일광 및 빗물이 침투할 우려가 적은 장소에 설치할 것

35 다음 중 산화성고체 위험물이 아닌 것은?
① NaClO$_3$
② AgNO$_3$
③ KBrO$_3$
④ HClO$_4$

🔍 **산화성고체 : 제1류 위험물**

종류	명칭	품명	구분
NaClO$_3$	염소산나트륨	염소산염류	제1류 위험물
AgNO$_3$	질산은	질산염류	제1류 위험물
KBrO$_3$	브로민산칼륨	브로민산염류	제1류 위험물
HClO$_4$	과염소산	–	제6류 위험물

36 탄화칼슘 60,000kg를 소요단위로 산정하려면?

① 10단위 ② 20단위
③ 30단위 ④ 40단위

> **소요단위**
> • 탄화칼슘(제3류 위험물의 칼슘의 탄화물)의 지정수량 : 300kg
>
> 소요단위 = $\dfrac{저장량}{지정수량 \times 10}$
>
> • 소요단위 = $\dfrac{저장량}{지정수량 \times 10} = \dfrac{60,000kg}{300kg \times 10}$ = 20단위

37 질식효과를 위해 포의 성질로서 갖추어야 할 조건으로 가장 거리가 먼 것은?

① 기화성이 좋을 것
② 부착성이 있을 것
③ 유동성이 좋을 것
④ 바람 등에 견디고 응집성과 안정성이 있을 것

> **포의 성질을 갖추어야 할 조건**
> • 기름보다 가벼우며, 유류와의 접착성이 좋을 것
> • 바람 등에 견디는 응집성과 안정성이 있을 것
> • 열에 대한 센막을 가지며 유동성이 좋을 것
> • 독성이 적을 것

38 물분무소화설비가 적응성이 있는 위험물은?

① 알칼리금속의 과산화물
② 금속분, 마그네슘
③ 금수성물질
④ 인화성고체

> **소화약제의 적응성**
>
> | 종류 | 소화약제 | 종류 | 소화약제 |
> |---|---|---|---|
> | 알칼리금속의 과산화물 | 다른모래 | 금속분, 마그네슘 | 마른모래 |
> | 금수성물질 | 다른모래 | 인화성고체 | 물분무 소화설비 |

39 화재의 위험성이 감소한다고 판단되는 경우는?

① 착화온도가 낮아지고 인화점이 낮아질수록
② 폭발 하한값이 작아지고 폭발범위가 넓어질수록
③ 주변 온도가 낮을수록
④ 산소농도가 높을수록

> **화재위험성**
> • 착화온도와 인화점이 낮아질수록 위험하다.
> • 폭발 하한값이 작아지고 폭발범위가 넓어질수록 위험하다.
> • 주변의 온도가 낮을수록 안전하다.
> • 산소의 농도가 높을수록 위험하다.

40 지정수량의 몇 배 이상의 위험물을 저장 또는 취급하는 제조소등에는 화재발생시 이를 알릴 수 있는 경보설비를 설치하여야 하는가?

① 5배 ② 10배
③ 50배 ④ 100배

> 지정수량의 10배 이상을 취급하는 제조소 등는 경보설비(자동화재탐지설비, 비상방송설비, 비상경보설비, 확성장치)를 설치하여야 한다.

3. 위험물 성상 및 취급

41 염소산나트륨의 위험성에 대한 설명 중 틀린 것은?

① 조해성이 강하므로 저장용기는 밀전한다.
② 산과 반응하여 이산화염소를 발생한다.
③ 황, 목탄, 유기물 등과 혼합한 것은 위험하다.
④ 유리용기를 부식시키므로 철제용기에 저장한다.

> **염소산나트륨($NaClO_3$)**
> • 무색, 무취의 결정 또는 분말이다.
> • 산과 반응하면 이산화염소(ClO_2)의 유독가스를 발생한다.
> • 조해성이 강하므로 저장용기는 밀전한다.
> • 물, 알코올, 에테르에 용해한다.
> • 황, 목탄, 유기물 등과 혼합한 것은 위험하다.
> • 염소산나트륨은 유리용기에 저장하여도 무방하다.

42 다음 위험물 중 착화온도가 가장 낮은 것은?

① 황린 ② 삼황화인
③ 마그네슘 ④ 적린

> **착화온도**
>
> | 종류 | 착화온도 | 종류 | 착화온도 |
> |---|---|---|---|
> | 황린 | 34°C | 삼황화인 | 100°C |
> | 마그네슘 | 520°C | 적린 | 260°C |

43 과염소산과 과산화수소의 공통된 성질이 아닌 것은?

① 비중이 1보가 크다.
② 물에 녹지 않는다.
③ 산화제이다.
④ 산소를 포함한다.

> 과염소산과 과산화수소의 공통된 성질

종류	화학식	류별	성질	비중	물의 용해성
과염소산	HClO₄	제6류 위험물	산화제	1.76	잘 녹는다
과산화수소	H₂O₂	제6류 위험물	산화제	1.46	잘 녹는다

44 어떤 공장에서 아세톤과 메탄올을 18L 용기에 각각 10개, 등유를 200L 3드럼을 저장하고 있다면 각각의 지정수량 배수의 총합은 얼마인가?

① 1.3 ② 1.5
③ 2.3 ④ 2.5

> 지정수량

종류	품명	지정수량
아세톤	제1석유류(수용성)	400L
메탄올	알코올류	400L
등유	제2석유류(비수용성)	1,000L

지정수량의 배수 = $\frac{저장량}{지정수량} + \frac{저장량}{지정수량}$
= $\frac{18L \times 10}{400L} + \frac{18L \times 10}{400L} + \frac{200L \times 3}{1,000L}$
= 1.5배

45 수소화나트륨이 물과 반응할 때 발생하는 것은?

① 일산화탄소 ② 산소
③ 아세틸렌 ④ 수소

> 수소화나트륨이 물과 반응하면 수산화나트륨(NaOH)과 수소(H₂)를 발생한다.
> NaH + H₂O → NaOH + H₂↑

46 탄화칼슘은 물과 반응하면 어떤 기체가 발생되는가?

① 과산화수소 ② 일산화탄소
③ 아세틸렌 ④ 에틸렌

> 탄화칼슘(카바이트)는 물과 반응하면 아세틸렌(C₂H₂)가스를 발생한다.
> CaC₂ + 2H₂O → Ca(OH)₂ + C₂H₂↑

47 지정수량 이상의 위험물을 차량으로 운반할 때에 대한 설명으로 틀린 것은?

① 운반하는 위험물에 적응성이 있는 소형수동식 소화기를 구비한다.
② 위험물 또는 위험물을 수납한 용기가 현저하게 마찰 또는 동요되지 않도록 운반한다.
③ 위험물이 현저하게 새어 재난발생 우려가 있는 경우 응급조치를 한 후 목적지로 이동하고 목적지 관계기관에 통보한다.
④ 휴식, 고장 등으로 차량을 일시 정차시킬 때는 안전한 장소를 택하고 위험물의 안전 확보에 주의한다.

> 위험물운송자는 이동저장탱크로부터 위험물이 현저하게 새는 등 재해발생의 우려가 있는 경우에는 재난을 방지하기 위한 응급조치를 강구하는 동시에 소방관서 그 밖의 관계기관에 통보할 것

48 위험물안전관리법령에서 정한 위험물 취급소의 구분에 해당되지 않는 것은?

① 주유취급소 ② 제조취급소
③ 판매취급소 ④ 일반취급소

> 위험물취급소(4종류) : 일반취급소, 주유취급소, 판매취급소, 이송취급소

49 위험물을 적재, 운반할 때 방수성 덮개를 하지 않아도 되는 것은?

① 알칼리금속의 과산화물
② 마그네슘
③ 나이트로화합물
④ 탄화칼슘

> 적재, 운반 시 방수성이 있는 것으로 피복하여야 하는 위험물
> • 제1류 위험물 중 알칼리금속의 과산화물
> • 제2류 위험물 중 철분·금속분·마그네슘
> • 제3류 위험물 중 금수성 물질(탄화칼슘)

50 지정수량 10배의 위험물을 운반할 때 혼재가 가능한 것은?

① 제1류 위험물과 제2류 위험물
② 제2류 위험물과 제3류 위험물
③ 제3류 위험물과 제4류 위험물
④ 제3류 위험물과 제5류 위험물

> 운반 시 혼재 가능한 위험물
> • 제1류 위험물 + 제6류 위험물
> • 제3류 위험물 + 제4류 위험물
> • 제5류 위험물 + 제2류 위험물 + 제4류 위험물

51 위험물 간이탱크 저장소의 간이저장탱크 수압시험 기준으로 옳지 않은 것은?

① 50kPa의 압력으로 7분간의 수압시험
② 70kPa의 압력으로 10분간의 수압시험
③ 50kPa의 압력으로 10분간의 수압시험
④ 70kPa의 압력으로 7분간의 수압시험

> 간이저장탱크의 수압시험 : 70kPa의 압력으로 10분간을 실시하여 이상이 없을 것

52 제1류 위험물에 관한 설명으로 옳은 것은?

① 질산암모늄은 황색결정으로 조해성이 있다.
② 과망가니즈산칼륨은 흑자색결정으로 물에 녹지 않으나 알코올에 녹여 피부병에 사용된다.
③ 질산나트륨은 무색결정으로 조해성이 있으며 일명 칠레초석으로 불린다.
④ 염소산칼륨은 청색분말로 유독하며 냉수, 알코올에 잘 녹는다.

> 제1류 위험물의 특성
> • 질산암모늄은 무색, 무취의 결정으로 조해성이 있다.
> • 과망가니즈산칼륨은 흑자색 결정으로 물, 알코올에 녹는다.
> • 질산나트륨은 무색결정으로 조해성이 있으며 일명 칠레초석으로 불린다.
> • 염소산칼륨은 무색의 단사정계 결정 또는 백색분말로서 냉수, 알코올에 녹지 않는다.

53 다음 중 제2류 위험물에 속하지 않는 것은?

① 마그네슘
② 나트륨
③ 철분
④ 아연분

> 위험물의 분류
> | 종류 | 분류 | 종류 | 분류 |
> |---|---|---|---|
> | 마그네슘 | 제2류 위험물 | 나트륨 | 제3류 위험물 |
> | 철분 | 제2류 위험물 | 아연분 | 제2류 위험물 |

54 제1류 위험물로서 물과 반응하여 발열하고 위험성이 증가하는 것은?

① 염소산칼륨
② 과산화칼륨
③ 과산화수소
④ 질산암모늄

> 과산화칼륨(K_2O_2)은 물과 반응하면 산소와 많은 열을 발생한다.
> $2K_2O_2 + 2H_2O \rightarrow 4KOH + O_2\uparrow + 발열$

55 액체위험물은 운반용기 내용적의 몇 % 이하의 수납율로 수납하여야 하는가?

① 94%
② 95%
③ 98%
④ 99%

> 운반용기의 수납율
> • 고체위험물 : 운반용기 내용적의 95% 이하의 수납율로 수납할 것
> • 액체위험물 : 운반용기 내용적의 98% 이하의 수납율로 수납하되, 55℃의 온도에서 누설되지 아니하도록 충분한 공간용적을 유지하도록 할 것

56 황린에 대한 설명으로 틀린 것은?

① 비중은 약 1.82이다.
② 물속에 보관한다.
③ 저장 시 pH를 9 정도로 유지한다.
④ 연소 시 포스핀 가스를 발생한다.

> 황린의 특성
> • 물성
> | 화학식 | 발화점 | 비점 | 융점 | 비중 |
> |---|---|---|---|---|
> | P_4 | 34℃ | 280℃ | 44℃ | 1.82 |
> • 물과 반응하지 않기 때문에 pH 9(약알칼리)정도의 물속에 저장한다.
> • 연소 시 오산화인(P_2O_5)의 흰 연기를 발생한다.
> $P_4 + 5O_2 \rightarrow 2P_2O_5$

57 주유취급소의 고정주유설비는 고정주유설비의 중심선을 기점으로 하여 도로경계선까지 몇 m 이상 떨어져 있어야 하는가?

① 2
② 3
③ 4
④ 5

> 주유취급소의 고정주유설비 또는 고정급유설비의 설치 기준
> • 고정주유설비(중심선을 기점으로 하여)
>   – 도로경계선까지 : 4m 이상
>   – 부지경계선·담 및 건축물의 벽까지 : 2m(개구부가 없는 벽까지는 1m) 이상
> • 고정급유설비(중심선을 기점으로 하여)
>   – 도로경계선까지 : 4m 이상
>   – 부지경계선·담까지 : 1m
>   – 건축물의 벽까지 : 2m(개구부가 없는 벽까지는 1m) 이상 거리를 유지할 것

58 취급하는 위험물의 최대수량이 지정수량의 10배를 초과할 경우 제조소 주위에 보유하여야 하는 공지의 너비는?

① 3m 이상
② 5m 이상
③ 10m 이상
④ 15m 이상

> 제조소의 보유공지
>
> | 취급하는 위험물의 최대수량 | 공지의 너비 |
> |---|---|
> | 지정수량의 10배 이하 | 3m 이상 |
> | 지정수량의 10배 초과 | 5m 이상 |

59 물과 작용하여 포스핀 가스를 발생시키는 것은?

① P_4
② P_4S_2
③ Ca_3P_2
④ CaC_2

> 인화석회(인화칼슘)는 물과 반응하여 포스핀(PH_3, 인화수소)의 유독성가스를 발생한다.
> $Ca_3P_2 + 6H_2O \rightarrow 3Ca(OH)_2 + 2PH_3\uparrow$

60 다음 중 제2석유류에 해당하는 것은?

①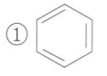
②
③
④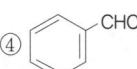

> 제4류 위험물의 분류
>
> | 종류 | 구조식 | 분류 |
> |---|---|---|
> | 벤젠 | | 제1석유류(비) |
> | 사이클로헥산 | | 제1석유류(비) |
> | 에틸벤젠 | | 제1석유류(비) |
> | 벤즈알데하이드 | | 제2석유류(비) |

정답 복원문제 2022년 1회

01 ①	02 ③	03 ①	04 ②	05 ②
06 ②	07 ②	08 ①	09 ③	10 ③
11 ②	12 ③	13 ①	14 ④	15 ③
16 ②	17 ④	18 ③	19 ③	20 ④
21 ③	22 ④	23 ②	24 ②	25 ④
26 ④	27 ②	28 ②	29 ③	30 ③
31 ①	32 ②	33 ①	34 ②	35 ④
36 ②	37 ①	38 ④	39 ③	40 ②
41 ④	42 ①	43 ②	44 ②	45 ②
46 ③	47 ③	48 ②	49 ②	50 ③
51 ②	52 ③	53 ②	54 ②	55 ①
56 ④	57 ③	58 ②	59 ③	60 ④

2022년 2회 복원문제

1. 물질의 물리·화학적 성질

01 다음 중 벤젠의 유도체가 아닌 것은?

① 아닐린
② 페놀
③ 톨루엔
④ 아세톤

> 벤젠의 유도체(방향족 탄화수소)
>
> | 종류 | 구조식 | 종류 | 구조식 |
> |---|---|---|---|
> | 아닐린 | NH_2 | 페놀 | OH |
> | 톨루엔 | CH_3 | 아세톤 | H-C-C-C-H |

02 2가의 금속이온을 함유하는 전해질을 전기분해하여 1g당량이 20g임을 알았다. 이 금속의 원자량은?

① 40   ② 20
③ 22   ④ 18

> 원자량 = 원자가 × 당량 = 2×20g = 40g

03 다음 가스 중 밀도가 가장 큰 것은?(단, 공기 평균분자량은 29g이고, 산소, 질소, 탄소, 수소의 원자량은 각각 16, 14, 12, 1임.)

① 산소   ② 질소
③ 이산화탄소   ④ 수소

> 증기밀도(ρ)는 분자량/22.4이므로 분자량이 클수록 크다.
> ① 산소(O_2, 분자량 : 32) $\rho = \dfrac{32g}{22.4\ell} = 1.43 g/\ell$
> ② 질소(N_2, 분자량 : 28) $\rho = \dfrac{28g}{22.4\ell} = 1.25 g/\ell$
> ③ 이산화탄소(CO_2, 분자량 : 44) $\rho = \dfrac{44g}{22.4\ell} = 1.96 g/\ell$
> ④ 수소(H_2, 분자량 : 2) $\rho = \dfrac{2g}{22.4\ell} = 0.09 g/\ell$

04 물 36g을 모두 증발시키면 수증기가 차지하는 부피는 표준상태를 기준으로 몇 ℓ인가?

① 11.2ℓ
② 22.4ℓ
③ 33.6ℓ
④ 44.8ℓ

> 어떤 물질 1g-mol(수증기, H_2O = 18g)이 차지하는 부피는 22.4ℓ이다.
> ∴ 36g은 2g-mol이므로 2g-mol × 22.4 = 44.8ℓ이다.

05 같은 주기에서 원자번호가 증가할수록 감소하는 것은?

① 이온화에너지
② 원자반지름
③ 비금속성
④ 전기음성도

> 원소의 성질
>
> | 항목 \ 구분 | 같은 주기에서 원자 번호가 증가할수록 |
> |---|---|
> | 이온화에너지 | 증가한다 |
> | 원자반지름 | 작아진다 |
> | 비금속성 | 증가한다 |
> | 전기음성도 | 증가한다 |

06 미지농도의 염산 용액 100mL를 중화하는데 0.2N NaOH 용액 250mL가 소모되었다. 이 염산의 농도는?

① 0.50N
② 0.25N
③ 0.20N
④ 0.05N

> 중화적정
> $NV = N'V'$
> 공식에 대입하면 $N \times 100ml = 0.2 \times 250ml$
> ∴ $N = \dfrac{0.2 \times 250}{100} = 0.5N$

07 질산칼륨 수용액 속에 소량의 염화나트륨이 불순물로 포함되어 있다. 용해도 차이를 이용하여 이 불순물을 제거하는 방법으로 가장 적당한 것은?

① 증류 ② 막분리
③ 재결정 ④ 전기분해

🔍 재결정 : 용해도 차이를 이용하여 불순물을 제거하는 방법

08 0.0016N에 해당하는 염기의 pOH값은 얼마인가?

① 10.28 ② 3.20
③ 11.20 ④ 2.80

🔍 $0.0016N \Rightarrow [OH^-] = 1.6 \times 10^{-3} mol/\ell$ 이므로
∴ $pOH = -\log[OH^-] = -\log 1.6 \times 10^{-3} = 3 - \log 1.6$
$= 3 - 0.204 = 2.8$
$(pH = 14 - pOH = 14 - 2.8 = 11.20)$

09 11g의 프로페인이 연소하면 몇 g의 물이 생기는가?

① 4 ② 4.5
③ 9 ④ 18

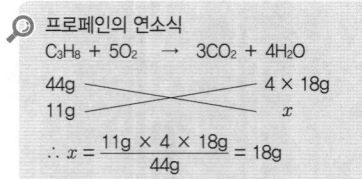

🔍 프로페인의 연소식
$C_3H_8 + 5O_2 \rightarrow 3CO_2 + 4H_2O$
∴ $x = \dfrac{11g \times 4 \times 18g}{44g} = 18g$

10 이상기체 R값이 0.082라면 그 단위로 옳은 것은?

① $\dfrac{atm \cdot mol}{L \cdot K}$ ② $\dfrac{mmHg \cdot mol}{L \cdot K}$

③ $\dfrac{atm \cdot L}{mol \cdot K}$ ④ $\dfrac{mmHg \cdot L}{mol \cdot K}$

🔍 R : 기체상수
$(0.08205 \ell \cdot atm/g\text{-}mol \cdot K = 0.08205 m^3 \cdot atm/kg\text{-}mol \cdot K)$

11 미지의 유기 화합물 5.0g을 80.0g의 초산에 녹였을 때 초산의 어는점이 1.35℃ 내려갔다. 이 미지시료의 분자량은 얼마인가?(단, 초산의 어는점 내림상수 $K_f = -3.90$이다.)

① 90g/mol ② 120g/mol
③ 150g/mol ④ 180g/mol

🔍 빙점강하(ΔT_f)
$\Delta T_f = K_f \cdot m = K_f \times \dfrac{\dfrac{W_B}{M}}{W_A} \times 1000$

$M = K_f \times \dfrac{W_B}{W_A \Delta T_f} \times 1000$

여기서 K_f : 빙점강하계수(3.90), W_B : 용질의 무게(5g),
W_A : 용매의 무게(80g), M : 분자량
∴ $M = \dfrac{K_f \times W_B \times 1000}{\Delta T_f \times W_A} = \dfrac{3.90 \times 5 \times 1000}{1.35 \times 80} = 180.5 g/mol$

12 17g의 NH_3가 황산과 반응하여 만들어지는 황산암모늄은 몇 g인가?(단, S의 원자량은 32이고, N의 원자량은 14이다.)

① 66 ② 81
③ 96 ④ 111

🔍 $2NH_3 + H_2SO_4 \rightarrow (NH_4)_2SO_4$
$2 \times 17g \quad\quad 132g$
$17g \quad\quad\quad x$
∴ $x = \dfrac{17 \times 132}{2 \times 17} = 66g$

13 $[OH^-] = 1 \times 10^{-5} mol/L$인 용액의 pH와 액성으로 옳은 것은?

① pH = 5, 산성 ② pH = 5, 약알칼리성
③ pH = 9, 약산성 ④ pH = 9, 알칼리성

🔍 $[H^+][OH^-] = 1 \times 10^{-14}$에서 $[OH^-] = 1 \times 10^{-5} mol/\ell$
$[H^+] = \dfrac{1 \times 10^{-14}}{1 \times 10^{-5}} = 1 \times 10^{-9} mol/\ell$
$pH = -\log[H^+] = -\log 1 \times 10^{-9} = 9 - \log 1 = 9 - 0$
$= 9$(알칼리성)

14 pH가 2인 용액은 pH가 4인 용액과 비교하면 수소이온농도가 몇 배인 용액이 되는가?

① 100배 ② 10배
③ 10^{-1}배 ④ 10^{-2}배

🔍 $pH = -\log[H^+]$
• $pH = 2 \Rightarrow [H^+] = 0.01$
• $pH = 4 \Rightarrow [H^+] = 0.0001$
∴ 0.01과 0.0001은 100배의 차이다.

15. 원자번호가 19이며 원자량이 39인 K원자의 중성자와 양성자수는 각각 몇 개인가?

① 중성자 19, 양성자 19
② 중성자 20, 양성자 19
③ 중성자 19, 양성자 20
④ 중성자 20, 양성자 20

> **중성자수와 양성자수**
> - 질량수 = 양성자수(원자번호) + 중성자수
>   ∴ 중성자수 = 질량수 - 원자번호 = 39 - 19 = 20
> - 양성자수 = 원자번호 = 19

16. 부틸알코올과 이성질체인 것은?

① 메틸알코올
② 다이에틸에터
③ 아세트산
④ 아세트알데하이드

> **이성질체(Isomer)** : 분자식은 같으나 구조식이 다른 것
>
> | 물질명 | 화학식 |
> |---|---|
> | 메틸알코올 | C_2H_5OH |
> | 다이에틸에터 | $C_2H_5OC_2H_5$ |
> | 아세트산 | CH_3COOH |
> | 아세트알데하이드 | CH_3CHO |
>
> ∴ 부틸알코올(C_4H_9OH)과 분자식이 같은 것은 다이에틸에터($C_2H_5OC_2H_5$)이다.

17. 산의 일반적인 성질을 옳게 나타낸 것은?

① 쓴맛이 있는 미끈거리는 액체로 리트머스 시험지를 푸르게 한다.
② 수용액에서 OH^-이온을 내 놓는다.
③ 수소보다 이온화경향이 큰 금속과 반응하여 수소를 발생한다.
④ 금속의 수산화물로서 비전해질이다.

> **산의 성질**
> - 신 맛을 내는 액체로서 리트머스 시험지를 적색으로 변하게 한다.
> - 수용액에서 수소이온(H^+)이온을 내 놓는다.
> - 이온화경향이 큰 금속은 산(염산, 황산, 초산)과 반응하여 수소(H_2)를 발생한다.
> $2K + 2CH_3COOH \rightarrow 2CH_3COOK + H_2\uparrow$
> - 금속의 산화물이다.

18. 다음 작용기 중에서 에틸(ethyl)기는 어느 것인가?

① $-C_2H_5$
② $-COCH_3$
③ $-NH_2$
④ $-CH_3$

> **작용기**
>
> | 종류 | 명칭 | 종류 | 명칭 |
> |---|---|---|---|
> | CH_3- | 메틸기 | $-CO$ | 케톤기(카르보닐기) |
> | $-COO-$ | 에스터기 | C_2H_5- | 에틸기 |
> | $-OH$ | 하이드록실기 | $-COOH$ | 카복실기 |
> | C_3H_7- | 프로필기 | $-O-$ | 에터기 |
> | $-NO_2$ | 나이트로기 | C_4H_9- | 부틸기 |
> | $-CHO$ | 알데하이드기 | $-NH_2$ | 아미노기 |
> | $C_5H_{11}-$ | 아밀기 | $-COCH_3$ | 아세틸기 |
> | $-N=N-$ | 아조기 | | |

19. 염소산칼륨을 가열하여 산소를 만들 때 촉매로 쓰이는 이산화망가니즈의 역할은 무엇인가?

① KCl을 산화시킨다.
② 역반응을 일으킨다.
③ 반응속도를 증가시킨다.
④ 산소가 더 많이 나오게 한다.

> 이산화망가니즈(MnO_2)을 촉매로 사용하면 활성화에너지를 감소시켜 반응속도가 빨라진다.

20. 20%의 소금물을 전기분해하여 수산화나트륨 1몰을 얻는 데는 1A의 전류를 몇 시간 통해야 하는가?

① 13.4
② 26.8
③ 53.6
④ 104.2

> 전기량 $Q = I \times t$
> $t = \dfrac{Q}{I} = \dfrac{96500}{1A} = 95600sec = 26.8hr$

2. 화재예방과 소화방법

21 연소 시 온도에 따른 불꽃의 색상이 잘못된 것은?

① 적색 : 약 850℃   ② 황적색 : 약 1100℃
③ 휘적색 : 약 1200℃   ④ 백적색 : 약 1300℃

🔍 연소시 불꽃 색상

색상	온도(℃)	색상	온도(℃)
암적색	700	적색	850
휘적색	950	황적색	1100
백적색	1300	휘백색	1500 이상

22 제2류 위험물 중 철분의 화재에 적응성이 있는 소화약제는?

① 인산염류 분말소화설비
② 이산화탄소 소화설비
③ 탄산수소염류 분말소화설비
④ 할로젠화합물 소화설비

🔍 철분의 화재 : 탄산수소염류 분말소화설비, 마른모래

23 다음 중 제6류 위험물이 아닌 것은?

① 질산구아니딘   ② 질산
③ 할로젠간화합물   ④ 과산화수소

🔍 질산구아니딘 : 제5류 위험물
※ 제6류 위험물 : 질산, 과염소산, 과산화수소, 할로젠간화합물

24 ABC급 화재에 적응성이 있으며 부착성이 좋은 메타인산을 만드는 분말소화약제는?

① 제1종 분말   ② 제2종 분말
③ 제3종 분말   ④ 제4종 분말

🔍 분말소화약제의 열분해 반응식
  • 제1종 분말 : $2NaHCO_3 \rightarrow Na_2CO_3 + H_2O + CO_2$
  • 제2종 분말 : $2KHCO_3 \rightarrow K_2CO_3 + H_2O + CO_2$
  • 제3종 분말 : $NH_4H_2PO_4 \rightarrow HPO_3(\text{메타인산}) + NH_3 + H_2O$
  • 제4종 분말 : $2KHCO_3 + (NH_2)_2CO \rightarrow K_2CO_3 + 2NH_3 + 2CO_2$

25 분말소화약제의 화학반응식이다. ( ) 안에 알맞은 것은?

$$2NaHCO_3 \rightarrow (\quad) + H_2O + (\quad)$$

① $2NaCO$, CO
② $2NaCO_2$, CO
③ Na_2CO_3, CO_2
④ Na_2CO_4, CO_2

🔍 제1종 분말 분해 반응식
$2NaHCO_3 \rightarrow Na_2CO_3 + H_2O + CO_2$

26 일반적인 연소형태가 표면연소인 것은?

① 플라스틱
② 목탄
③ 황
④ 피크린산

🔍 표면연소 : 숯, 목탄, 코크스, 금속분
※ 황 : 증발연소, 피크린산 : 자기연소

27 알코올 화재 시 수성막포 소화약제는 효과가 없다. 그 이유로 가장 적당한 것은?

① 알코올이 수용성이어서 포를 소멸시키므로
② 알코올이 반응하여 가연성가스를 발생하므로
③ 알코올 화재 시 불꽃의 온도가 매우 높으므로
④ 알코올이 포 소화약제와 발열반응을 하므로

🔍 메탄올, 에탄올 등 알코올은 알코올형포(내알코올포, 알코올포) 소화약제가 적합하고 수성막포는 포를 소멸시키므로 부적합하다.

28 드라이아이스 1kg이 완전히 기화하면 약 몇 몰의 탄산가스가 되겠는가?

① 22.7   ② 51.3
③ 230.1   ④ 515.0

🔍 드라이아이스(이산화탄소, CO_2)는 분자량 44이므로
∴ 몰수 = 무게/분자량 = 1000g ÷ 44 = 22.7g-mol

29 산소공급원으로 작용할 수 없는 위험물은?

① 과산화칼륨
② 질산나트륨
③ 과망가니즈산칼륨
④ 알킬알루미늄

> 산소공급원 : 제1류 위험물, 제5류 위험물, 제6류 위험물
>
> | 종류 | 구분 | 종류 | 구분 |
> |---|---|---|---|
> | 과산화칼륨 | 제1류 위험물 | 질산나트륨 | 제1류 위험물 |
> | 과망가니즈산칼륨 | 제1류 위험물 | 알킬알루미늄 | 제3류 위험물 |

30 지정수량 10배 이상의 위험물을 운반할 경우 서로 혼재할 수 있는 위험물의 유별은?

① 제1류 위험물과 제2류 위험물
② 제2류 위험물과 제4류 위험물
③ 제5류 위험물과 제6류 위험물
④ 제3류 위험물과 제5류 위험물

> 운반 시 혼재 가능
> • 제1류 위험물 + 제6류 위험물
> • 제2류 위험물 + 제4류 위험물 + 제5류 위험물
> • 제3류 위험물 + 제4류 위험물

31 마그네슘 분말의 화재 시 이산화탄소 소화약제는 소화 적응성이 없다. 그 이유로 가장 적합한 것은?

① 분해반응에 의하여 산소가 발생하기 때문이다.
② 가연성가스의 일산화탄소가 생성되기 때문이다.
③ 분해반응에 의하여 수소가 발생하고 이 수소는 공기 중의 산소와 폭명반응을 하기 때문이다.
④ 가연성가스의 아세틸렌가스가 발생하기 때문이다.

> Mg(마그네슘)화재 시 이산화탄소와 반응하면 일산화탄소가 생성되므로 적합하지 않다.
> $Mg + CO_2 \rightarrow MgO + CO$(일산화탄소)

32 $(CH_3)_3Al$의 화재예방이 아닌 것은?

① 자연발화방지를 위해 얼음 속에 보관한다.
② 공기와 접촉을 피하기 위해 불연성가스를 봉입한다.
③ 용기는 밀봉하여 저장한다.
④ 화기의 접근을 피하여 저장한다.

> 트라이메틸알루미늄[$(CH_3)_3Al$]은 물과 반응하면 에테인(CH_4)을 발생하므로 위험하다.
> $(CH_3)_3Al + 3H_2O \rightarrow Al(OH)_3 + 3CH_4$

33 고체가연물에 있어서 덩어리 상태보다 분말일 때 화재 위험성이 증가하는 이유는?

① 공기와의 접촉면적이 증가하기 때문이다.
② 열전도율이 증가하기 때문이다.
③ 흡열반응이 진행되기 때문이다.
④ 활성화에너지가 증가하기 때문이다.

> 분말일 때에는 입자가 미세하므로 공기와 접촉면적이 크므로 연소가 잘 된다.

34 다음 중 금속나트륨의 보호액으로 적당한 것은?

① 페놀
② 경유
③ 아세트산
④ 에틸알코올

> 칼륨과 나트륨의 보호액 : 등유, 경유, 유동파라핀

35 할로젠화합물 소화설비의 소화약제 중 축압식 저장용기에 저장하는 할론 2402의 충전비는?

① 0.51 이상 0.67 이하
② 0.67 이상 2.75 이하
③ 0.7 이상 1.4 이하
④ 0.9 이상 1.6 이하

> 할로젠화합물 소화약제의 충전비
>
> | 약제 | | 충전비 |
> |---|---|---|
> | 할론1301 | | 0.9 이상 1.6 이하 |
> | 할론1211 | | 0.7 이상 1.4 이하 |
> | 할론 2402 | 가압식 | 0.51 이상 0.67 이하 |
> | | 축압식 | 0.67 이상 2.75 이하 |

36 위험물취급소의 건축물(외벽이 내화구조임)의 연면적이 500제곱미터인 경우 소화기구의 소요단위는?

① 4단위
② 5단위
③ 6단위
④ 7단위

- 소요단위의 계산방법
  - 제조소 또는 취급소의 건축물
    - 외벽이 내화구조 : 연면적 100m²를 1소요단위
    - 외벽이 내화구조가 아닌 것 : 연면적 50m²를 1소요단위
  - 저장소의 건축물
    - 외벽이 내화구조 : 연면적 150m²를 1소요단위
    - 외벽이 내화구조가 아닌 것 : 연면적 75m²를 1소요단위
  - 위험물은 지정수량의 10배 : 1소요단위

  ∴ 소요단위 = $\dfrac{500m^2}{100m^2}$ = 5단위

37 점화원의 역할을 할 수 없는 것은?

① 기화열
② 산화열
③ 정전기불꽃
④ 마찰열

- 기화열은 점화원이 될 수 없다.

38 위험물을 취급하는 건축물의 옥내소화전이 1층에 6개, 2층에 5개, 3층에 4개가 설치되어 있다. 이 때 수원의 수량은 몇 m³ 이상이 되도록 설치하여야 하는가?

① 23.4
② 31.8
③ 39.0
④ 46.8

- 옥내소화전설비의 수원 = N(5개 이상일 때에는 5개) × 7.8m³
  = 5개 × 7.8m³ = 39.0m³
  ※ 수원 계산 시 260ℓ/min × 30min = 7800ℓ = 7.8m³

39 할로젠화합물 소화설비에 적응하지 않는 대상물은?

① 전기설비   ② 인화성고체
③ 제5류 위험물 ④ 제4류 위험물

- 제5류 위험물은 냉각소화를 한다.

40 아세톤, 석유류, 알코올류 등의 연소형태는?

① 증발연소   ② 분해연소
③ 확산연소   ④ 자기연소

- 증발연소 : 아세톤, 휘발유, 등유, 알코올류와 같이 액체를 가열하면 증기가 되어 증기가 연소하는 현상

3. 위험물 성상 및 취급

41 다음 중 아이오딘값이 가장 높은 동식물유류는?

① 아마인유
② 야자유
③ 피마자유
④ 올리브유

- 동 · 식물유류

구분	아이오딘값	불포화도	종류
건성유	130 이상	크다	해바라기유, 동유, 아마인유, 정어리기름, 들기름
반건성유	100 ~ 130	중간	채종유, 목화씨기름, 참기름, 콩기름
불건성유	100 이하	적다	야자유, 올리브유, 피마자유, 동백유

42 물과 접촉하면 위험한 물질로만 나열된 것은?

① CH_3CHO, CaC_2, $NaClO_4$
② K_2O_2, $K_2Cr_2O_7$, CH_3CHO
③ K_2O_2, Na, CaC_2
④ Na, $K_2Cr_2O_7$, $NaClO_4$

- 위험물의 성상

종류	명칭	류별	물과 접촉시
CH_3CHO	아세트알데하이드	제4류	용해
CaC_2	탄화칼슘	제3류	아세틸렌
$NaClO_4$	과염소산나트륨	제1류	용해
K_2O_2	과산화칼륨	제1류	산소
$K_2Cr_2O_7$	다이크로뮴산칼륨	제1류	용해
Na	나트륨	제3류	수소

43 오황화인이 물과 작용해서 발생하는 기체는?

① 이황화탄소
② 황화수소
③ 포스겐가스
④ 인화수소

- 오황화인(P_2S_5)은 물과 반응하면 황화수소(H_2S)와 인산(H_3PO_4)이 된다.
  $P_2S_5 + 8H_2O \rightarrow 5H_2S + 2H_3PO_4$

44 가열하였을 때 분해하여 적갈색의 유독한 가스를 방출하는 것은?

① 과염소산
② 질산
③ 과산화수소
④ 적린

> 질산은 가열하여 분해하면 적갈색의 갈색증기(NO_2)가 발생한다.
> $4HNO_3 \rightarrow 4NO_2 + 2H_2O + O_2$

45 제조소등의 관계인은 당해 제조소등의 용도를 폐지한 때에는 행정안전부령이 정하는 바에 따라 제조소 등의 용도를 폐지한 날부터 며칠 이내에 시·도지사에게 신고하여야 하는가?

① 5일
② 7일
③ 10일
④ 14일

> 제조소등의 용도 폐지 : 14일 이내 시·도지사에게 신고

46 다음 ( ) 안에 알맞은 수치와 용어를 옳게 나열한 것은?

> 이황화탄소의 옥외저장탱크는 벽 및 바닥의 두께가 ( )m 이상이고, 누수가 되지 아니하는 철근 콘크리트의 ( )에 넣어 보관하여야 한다.

① 0.2, 수조
② 0.1, 수조
③ 0.2, 진공탱크
④ 0.1, 진공탱크

> 이황화탄소의 옥외저장탱크는 벽 및 바닥의 두께가 0.2m이상이고, 누수가 되지 아니하는 철근 콘크리트의 수조에 넣어 보관하여야 한다.

47 위험물과 보호액을 잘못 연결한 것은?

① 이황화탄소 - 물
② 인화칼슘 - 물
③ 황린 - 물
④ 금속나트륨 - 등유

> 위험물의 보호액
> • 이황화탄소, 황린 : 물속에 저장
> • 칼륨, 나트륨 : 등유, 경유, 유동파라핀 속에 저장
> • 나이트로셀룰로스 : 물 또는 알코올에 습면시켜 저장
> ※ 인화칼슘(인화석회)은 물과 반응하면 포스핀(인화수소)가스 발생

48 경유는 제 몇 석유류에 해당하는지와 지정수량을 옳게 나타낸 것은?

① 제1석유류 - 200ℓ
② 제2석유류 - 1000ℓ
③ 제1석유류 - 400ℓ
④ 제2석유류 - 2000ℓ

> 제4류 위험물의 지정수량

품명		지정수량
제2석유류	비수용성액체(등유, 경유, 테레핀유, 클로로벤젠, 스타이린, 벤젠 o, m, p-크실렌, 장뇌유, 송근유 등)	1,000ℓ
	수용성액체(초산, 의산, 메틸셀로솔브, 에틸셀로솔브, 아크릴산)	2,000ℓ

49 질산칼륨의 성질에 대한 설명 중 틀린 것은?

① 물에 잘 녹는다.
② 화재 시 주수 소화가 가능하다.
③ 열분해하면 산소를 발생한다.
④ 비중이 1보다 작다.

> 질산칼륨(KNO_3)은 비중이 2.1이다.

50 위험물의 취급 중 소비에 관한 기준으로 틀린 것은?

① 열처리 작업은 위험물이 위험한 온도에 이르지 아니하도록 하여 실시하여야 한다.
② 담금질 작업은 위험물이 위험한 온도에 이르지 아니하도록 하여 실시하여야 한다.
③ 분사도장작업은 방화상 유효한 격벽 등으로 구획된 안전한 장소에서 실시하여야 한다.
④ 버너를 사용하는 경우에는 버너의 역화를 유지하고 위험물이 넘치지 아니하도록 하여야 한다.

> 위험물의 취급 중 소비에 관한 기준
> • 분사도장작업은 방화상 유효한 격벽 등으로 구획된 안전한 장소에서 실시할 것
> • 담금질 또는 열처리작업은 위험물이 위험한 온도에 이르지 아니하도록 하여 실시할 것
> • 버너를 사용하는 경우에는 버너의 역화를 방지하고 위험물이 넘치지 아니하도록 할 것

51 위험물의 운반용기 외부에 표시하여야 하는 주의사항을 틀리게 연결한 것은?

① 염소산암모늄 – 화기·충격주의 및 가연물접촉주의
② 철분 – 화기주의 및 물기엄금
③ 아세틸퍼옥사이드 – 화기엄금 및 충격주의
④ 과염소산 – 물기엄금 및 가연물접촉주의

🔍 운반용기의 외부표시사항

종류	류별	품명	주의사항
염소산암모늄	제1류 위험물	염소산염류	화기·충격주의 및 가연물접촉주의
철분	제2류 위험물	–	화기주의 및 물기엄금
아세틸퍼옥사이드	제5류 위험물	유기과산화물	화기엄금 및 충격주의
과염소산	제6류 위험물	–	가연물접촉주의

52 제6류 위험물에 속하지 않는 것은?

① 질산
② 질산칼륨
③ 트라이플루오로브로민
④ 펜타플루오로아이오다이드

🔍 질산칼륨은 제1류 위험물이다.
※ 제6류 위험물 : 질산, 과염소산, 과산화수소, 할로젠간화합물 (트라이플루오로브로민, 펜타플루오로아이오다이드)

53 2가지의 위험물이 섞여 있을 때 발화 또는 폭발 위험성이 가장 낮은 것은?

① 과망가니즈산칼륨 – 글리세린
② 적린 – 염소산칼륨
③ 나이트로셀룰로스 – 알코올
④ 질산 – 나무조각

🔍 나이트로셀룰로스(NC)는 물 또는 알코올에 습면시켜 저장하면 안전하다.

54 다음 물질 중 인화점이 가장 낮은 것은?

① 톨루엔 ② 아닐린
③ 피리딘 ④ 에틸렌글라이콜

🔍 제4류 위험물의 인화점

종류	품명	인화점
톨루엔	제1석유류	4℃
아닐린	제3석유류	70℃
피리딘	제1석유류	16℃
에틸렌글라이콜	제3석유류	120℃

55 염소산나트륨에 관한 설명으로 틀린 것은?

① 산과 반응하여 유독한 이산화염소를 발생한다.
② 무색 결정이다.
③ 조해성이 있다.
④ 알코올이나 글리세린에 녹지 않는다.

🔍 염소산나트륨의 특성
• 산과 반응하면 이산화염소(ClO_2)의 유독가스를 발생 한다.
 $2NaClO_3 + 2HCl \rightarrow 2NaCl + 2ClO_2 + H_2O_2 \uparrow$
• 무색, 무취의 결정 또는 분말이다.
• 조해성이 강하므로 수분과의 접촉을 피한다.
• 물, 알코올, 에터에는 용해한다.

56 산화프로필렌 300ℓ, 메탄올 400ℓ, 벤젠 200ℓ를 저장하고 있는 경우 각각 지정수량의 총 합은 얼마인가?

① 4
② 6
③ 8
④ 10

🔍 제4류 위험물의 지정수량

종류	품명	지정수량
산화프로필렌	특수인화물	50ℓ
메탄올	알코올류	400ℓ
벤젠	제1석유류(비수용성)	200ℓ

$$\therefore 지정수량의\ 배수 = \frac{저장수량}{지정수량} + \frac{저장수량}{지정수량}$$
$$= \frac{300ℓ}{50ℓ} + \frac{400ℓ}{400ℓ} + \frac{200ℓ}{200ℓ}$$
$$= 8.0배$$

57 취급하는 장치가 구리나 마그네슘으로 되어 있을 때 반응을 일으켜서 폭발성의 아세틸라이드를 생성하는 물질은?

① 이황화탄소
② 아이소프로필알코올
③ 산화프로필렌
④ 아세톤

> 아세트알데하이드나 산화프로필렌은 구리(Cu), 마그네슘(Mg), 은(Ag), 수은(Hg)과 반응하면 아세틸레이트를 생성한다.

58 옥내저장소에서 안전거리 기준이 적용되는 경우는?

① 지정수량의 20배 미만의 제4석유류를 저장하는 것
② 제2류 위험물 중 덩어리 상태의 황을 저장하는 것
③ 지정수량의 20배 미만의 동식물유를 저장하는 것
④ 제6류 위험물을 저장하는 것

> 옥내저장소의 안전거리 제외 대상
> • 제4석유류 또는 동식물유류의 위험물을 저장 또는 취급하는 옥내저장소로서 그 최대수량이 지정수량의 20배 미만인 것
> • 제6류 위험물을 저장 또는 취급하는 옥내저장소
> • 지정수량의 20배(하나의 저장창고의 바닥면적이 150m² 이하인 경우에는 50배) 이하의 위험물을 저장 또는 취급하는 옥내저장소로서 다음의 기준에 적합한 것
> – 저장창고의 벽·기둥·바닥·보 및 지붕이 내화구조일 것
> – 저장창고의 출입구에 수시로 열 수 있는 자동폐쇄방식의 60분+ 방화문 또는 60분 방화문이 설치되어 있을 것
> – 저장창고에 창이 설치되지 아니할 것

59 옥내저장소에서 위험물 용기를 겹쳐 쌓는 경우에 있어서 제4류 위험물 중 제4석유류만을 수납하는 용기를 겹쳐 쌓을 수 있는 높이는 최대 몇 m인가?

① 3
② 4
③ 5
④ 6

> 옥내저장소, 옥외저장소에 저장 시 적재높이(아래 높이를 초과하지 말 것)
> • 기계에 의하여 하역하는 구조로 된 용기만을 겹쳐 쌓는 경우 : 6m
> • 제4류 위험물 중 제3석유류, 제4석유류, 동식물유류를 수납하는 용기만을 겹쳐 쌓는 경우 : 4m
> • 그 밖의 경우(특수인화물, 제1석유류, 제2석유류, 알코올류) : 3m

60 트라이나이트로페놀의 성질에 더한 설명 중 틀린 것은?

① 폭발에 대비하여 철, 구리로 만든 용기에 저장한다.
② 휘황색을 띤 결정이다.
③ 비중이 약 1.8로 물보다 무겁다.
④ 단독으로 충격, 마찰에 둔감한 편이다.

> 피크린산(트라이나이트로페놀)
> • 광택있는 휘황색을 띤 결정이다.
> • 비중이 약 1.8로 물보다 무겁다.
> • 단독으로 가열, 충격, 마찰에 안정하고 연소시 검은 연기를 내지만 폭발은 하지 않는다.
> • 건조하고 서늘한 장소에 보관하여야 하고 철, 구리의 금속 용기는 위험하다.

정답 복원문제 2022년 2회

01 ④	02 ①	03 ③	04 ④	05 ②
06 ①	07 ③	08 ④	09 ④	10 ③
11 ④	12 ①	13 ④	14 ①	15 ②
16 ②	17 ③	18 ①	19 ③	20 ②
21 ③	22 ③	23 ①	24 ③	25 ③
26 ②	27 ①	28 ③	29 ④	30 ②
31 ②	32 ①	33 ①	34 ③	35 ②
36 ②	37 ①	38 ②	39 ③	40 ①
41 ①	42 ③	43 ①	44 ②	45 ④
46 ①	47 ②	48 ③	49 ④	50 ④
51 ④	52 ②	53 ③	54 ①	55 ④
56 ③	57 ③	58 ②	59 ②	60 ①

2022년 3회 복원문제

1. 물질의 물리 · 화학적 성질

01 이산화탄소 소화기 사용 중 소화기 방출구에서 생길 수 있는 물질은?

① 포스겐
② 일산화탄소
③ 드라이아이스
④ 수소가스

> 이산화탄소 소화기는 수분이 0.05% 이상이면 줄·톰슨효과에 의하여 방출구에 드라이아이스가 생겨 노즐이 막힐 우려가 있다.

02 2차 알코올이 산화되면 무엇이 되는가?

① 알데하이드
② 에터
③ 카복실산
④ 케톤

> 알코올의 산화반응
> • 1차 알코올 : R-OH → R-CHO(알데하이드) → R-COOH(카복실산)
> • 2차 알코올 : R₂-OH → R-CO-R'(케톤)
> – 알데하이드 : 아세트알데하이드(CH_3CHO), 폼알데하이드($HCHO$)
> – 카복실산 : 초산(CH_3COOH), 의산($HCOOH$)
> – 케톤 : 아세톤(CH_3COCH_3), 메틸에틸케톤($CH_3COC_2H_5$)

03 다음의 산 중에서 가장 약산은?

① $HClO_4$
② $HClO_3$
③ $HClO_2$
④ $HClO$

> 산의 세기 : 과염소산($HClO_4$) > 염소산($HClO_3$) > 아염소산($HClO_2$) > 차아염소산($HClO$)

04 올레핀계 탄화수소에 해당되는 것은?

① CH_4
② $CH_2 = CH_2$
③ $CH \equiv CH$
④ CH_3CHO

> 올레핀계 탄화수소 : 에틸렌(C_2H_4)

05 황산구리(II)수용액을 전기분해 할 때 63.5g의 구리를 석출시키는데 필요한 전기량은 몇 F인가?(단, Cu의 원자량은 63.5이다)

① 0.635F
② 1F
③ 2F
④ 63.5F

> Cu의 1g당량 = 원자량/원자가 = 63.5g/2 = 31.75g(1F)이므로
> ∴ Cu 63.5g = 2g당량 = 2F

06 그레이엄의 법칙에 따른 기체의 확산속도와 분자량의 관계를 옳게 설명한 것은?

① 기체 확산속도는 분자량의 제곱에 비례한다.
② 기체 확산속도는 분자량의 제곱에 반비례한다.
③ 기체 확산속도는 분자량의 제곱근에 비례한다.
④ 기체 확산속도는 분자량의 제곱근에 반비례한다.

> 그레이엄의 확산속도법칙 : 기체의 확산속도는 분자량과 밀도의 제곱근에 반비례한다.
> $$\frac{U_B}{U_A} = \sqrt{\frac{M_A}{M_B}} = \sqrt{\frac{d_A}{d_B}}$$
> 여기서, U_B : B기체의 확산속도 U_A : A기체의 확산속도
> M_B : B기체의 분자량 M_A : A기체의 분자량
> d_B : B기체의 밀도 d_A : A기체의 밀도

07 다음 물질 중 비전해질인 것은?

① CH_3COOH
② C_2H_5OH
③ NH_4OH
④ HCl

> 전해질, 비전해질
> • 비전해질 : 수용액에서 전류가 통하지 않는 물질로서 에탄올(C_2H_5OH), 설탕, 포도당, 메탄올 등
> • 전해질 : 산이나 염기가 물에 용해되었을 때 즉 수용액상태에서 전류가 흐르는 물질
> – 약전해질 : 초산, 의산, 수산화암모늄 등 전리도가 작은 물질
> – 강전해질 : 소금, 수산화나트륨, 염산 등 전리도가 큰 물질

화학식	명칭	화학식	명칭
CH_3COOH	초산	C_2H_5OH	에틸알코올
NH_4OH	수산화암모늄	HCl	염산

08 어떤 금속의 원자가 +3이며 그 산화물의 조성은 금속이 52.94%이다. 금속의 원자량은 얼마인가?

① 17
② 27
③ 31
④ 34

🔍 원자량 = 당량 × 원자가
비례식으로 이용하면
47.06(산소) : 52.94 금속) = 8(산소의 당량) : x
∴ x = 9.0
∴ 금속의 원자량 = 당량 × 원자가 = 9 × 3 = 27

09 이상기체의 거동을 가정할 때 표준상태에서 기체밀도가 1.96g/L인 기체는?

① O_2
② CH_4
③ CO_2
④ N_2

🔍 표준상태에서 기체 1g-mol이 차지하는 부피는 22.4ℓ이므로
무게 = 기체밀도 × 22.4ℓ = 1.96g/ℓ × 22.4ℓ
= 43.90(CO_2의 분자량 : 44)

화학식	명칭	분자량
O_2	산소	32
CH_4	메테인	16
CO_2	이산화탄소	44
N_2	질소	28

10 Mg^{2+}와 같은 전자 배치를 가지는 것은?

① Ca^{2+}
② Ar
③ Cl^-
④ F^-

🔍 원소의 원자번호

종류	원자번호	종류	원자번호
칼슘(Ca)	12	아르곤(Ar)	20
염소(Cl)	18	플루오린(F)	9

Mg^{2+}(원자번호 12)전자배치 : $1S^2$ $2S^2$, $2P^6$, $3S^2$인데 2가 양이온으로 전자 2개를 잃으므로 12 - 2 = 10개의 전자를 가지므로 전자배치는 $1S^2$, $2S^2$, $2P^6$이다.
• Ca^{2+} : $1S^2$, $2S^2$, $2P^6$, $3S^2$, $3P^6$ $4S^2$인데 2가 양이온으로 전자 2개를 잃으므로 20-2=18개의 전자를 가지므로 전자배치는 $1S^2$, $2S^2$, $2P^6$, $3S^2$, $3P^6$이다.
• Ar의 전자배치 Ar(18) : $1S^2$, $2S^2$, $2P^6$, $3S^2$, $3P^6$
• Cl^- : $1S^2$, $2S^2$, $2P^6$, $3S^2$, $3P^5$인데 1가 음이온으로 전자 1개를 얻으므로 17 + 1 = 18개의 전자를 가지므로 전자배치는 $1S^2$, $2S^2$, $2P^6$, $3S^2$, $3P^6$이다.
• F^- : $1S^2$, $2S^2$, $2P^5$인데 1가 음이온으로 전자 1개를 얻으므로 9 + 1 = 10개의 전자를 가지므로 전자배치는 $1S^2$, $2S^2$, $2P^6$이다.

11 가로 2cm, 세로 5cm, 높이 3cm인 직육면체 물체의 무게는 100g이었다. 이 물체의 길도는 몇 g/cm^3인가?

① 3.3
② 4.3
③ 5.3
④ 6.3

🔍 밀도 $\rho = \dfrac{W}{V} = \dfrac{100g}{(2 \times 5 \times 3)cm^3} = 3.33g/cm^3$

12 0.1N 아세트산 용액의 전리도가 0.01이라고 하면 이 아세트산 용액의 PH는?

① 0.5
② 1
③ 1.5
④ 3

🔍 $[H^+]$ = 0.1N × 0.01 = 0.001이므로
PH = $-\log[H^+]$ = 1×10^{-3} = 3 - log1 = 3

13 다음 중 착염에 해당하는 것은?

① $Al_2(SO_4)_3$
② $Pb(CH_3COO)_2$
③ $KAl(SO_4)_2$
④ $K_4Fe(CN)_6$

🔍 착염(complex salt) : 금속 배위결합물에 속한 착화합물로서 물에 녹인 수용액에서 복잡한 이론으로 전리하여 새로운 착이온을 생성시키는 염으로 암민구리착염[$Cu(NH_3)_4$]SO_4, 루테오염 [$Co(NH_3)_6$]Cl_3, 육시아노철(Ⅱ)산칼륨 $K_4[Fe(CN)_6]$등이 있다.

14 원자번호 35인 브로민의 원자량은 80이다. 브로민의 중성자수는 몇 개인가?

① 35개
② 40개
③ 45개
④ 50개

🔍 중성자수 = 질량수 - 원자번호 = 80 - 35 = 45개

15 염기성 산화물에 해당하는 것은?

① MgO
② SnO
③ ZnO
④ PbO

🔍 산화물의 종류
• 염기성산화물 : MgO, CaO, CuO, BaO, Na_2O, K_2O, Fe_2O_3
• 산성산화물 : CO_2, SO_2, SO_3, NO_2, SiO_2, P_2O_5
• 양쪽성산화물 : ZnO, Al_2O_3, SnO, PbO, Sb_2O_3

16 다음 중 펩타이드 결합(-CO-NH-)를 가진 물질은?

① 포도당　　② 지방산
③ 아미드　　④ 글리세린

> 화학식
> • 포도당 : $C_6H_{12}O_6$
> • 지방산 : R-COOH
> • 글리세린 : $C_3H_5(OH)_3$
> ※ 아미드는 아미노기와 카르복시기에서 물이 빠져 이루어지는 결합으로 6, 6-나일론 따위에서 많이 볼 수 있으며, 단백질의 경우에는 펩티드 결합이라고 한다. 화학식은 -CONH-이다.

17 염소산칼륨을 이산화망가니즈를 촉매로 하여 가열하면 염화칼륨과 산소로 열분해 된다. 표준상태를 기준으로 11.2ℓ의 산소를 얻으려면 몇 g의 염소산칼륨이 필요한가?(단, 원자량은 K 39, Cl 35.5이다.)

① 3063g　　② 40.83g
③ 61.25g　　④ 112.5g

> 염소산칼륨의 분해반응식
> $2KClO_3 \rightarrow 2KCl + 3O_2\uparrow$
> $2 \times 122.5g \quad\quad 3 \times 22.4\ell$
> $\quad x \quad\quad\quad\quad 11.2\ell$
> $\therefore x = \dfrac{2 \times 122.5g \times 11.2\ell}{3 \times 22.4\ell} = 40.83g$

18 20℃에서 설탕물 100g 중에 설탕 40g이 녹아 있다. 이 용액이 포화용액일 경우 용해도(g/H_2O 100g)는 얼마인가?

① 72.4　　② 66.7
③ 40　　④ 28.6

> 용해도 : 용매 100g에 녹을 수 있는 용질의 g수
> $\therefore$ 용해도 $= \dfrac{용질의\ g수}{용매의\ g수} = \dfrac{40g}{(100-40)g} = 0.666 \Rightarrow 66.7$

19 P 43.7wt%와 O 56.3wt%로 구성된 화합물의 실험식으로 옳은 것은?(단, 원자량은 P는 31, O는 16이다.)

① P_2O_4　　② PO_3
③ P_2O_5　　④ PO_2

> P : 43.7%, O : 56.3%이므로 실험식은
> $P : O = \dfrac{43.7}{31} : \dfrac{56.3}{16} = 1.41 : 3.51 = 2 : 5$
> $\therefore$ 실험식 $= P_2O_5$

20 고체 유기물질을 정제하는 과정에서 이 물질이 순물질인지를 알아보기 위한 조사 방법으로 다음 중 가장 적합한 방법은 무엇인가?

① 육안 관찰
② 녹는점 측정
③ 광학현미경 분석
④ 전도도 측정

> 고체 유기물질이 순 물질인지 알아보기 위해서는 Melting Point(mp, 녹는점)를 조사하여야 한다.

2. 화재예방과 소화방법

21 묽은 질산이 칼슘과 반응하면 발생하는 기체는?

① 산소
② 질소
③ 수소
④ 수산화칼슘

> 질산이 칼슘과 반응하면 수소가스가 발생한다.
> ※ $2HNO_3 + Ca \rightarrow Ca(NO_3)_2 + H_2$

22 옥외탱크저장소의 압력탱크 수압시험의 조건으로 옳은 것은?

① 최대상용압력의 1.5배의 압력으로 5분간 수압 시험을 한다.
② 최대상용압력의 1.5배의 압력으로 10분간 수압 시험을 한다.
③ 사용압력에서 15분간 수압시험을 한다.
④ 사용압력에서 10분간 수압시험을 한다.

> 옥외탱크저장소의 수압시험 : 최대상용압력의 1.5배의 압력으로 10분간 수압시험에서 이상이 없어야 한다.

23 복합용도 건축물의 옥내저장소의 기준에서 옥내저장소의 용도에 사용되는 부분의 바닥면적은 몇 m² 이하로 하여야 하는가?

① 30
② 50
③ 75
④ 100

> 복합용도 건축물의 옥내저장소의 기준에서 옥내저장소의 용도로 사용되는 부분의 바닥면적은 75m² 이하로 하여야 한다.

24 주된 연소형태가 나머지 셋과 다른 하나는?

① 종이
② 코크스
③ 금속분
④ 숯

> 고체의 연소
> • 표면연소 : 목탄, 코크스, 숯, 금속분등이 열분해에 의하여 가연성가스를 발생하지 않고 그 물질 자체가 연소하는 현상
> • 분해연소 : 석탄, 종이, 목재, 플라스틱 등의 연소시 열분해에 의해 발생된 가스와 공기가 혼합하여 연소하는 현상
> • 증발연소 : 황, 나프탈렌, 왁스, 파라핀 등과 같이 고체를 가열하면 열분해는 일어나지 않고 고체가 액체로 되어 일정온도가 되면 액체가 기체로 변화하여 기체가 연소하는 현상
> • 자기연소(내부연소) : 제5류 위험물인 나이트로셀룰로스, 질화면 등 그 물질이 가연물과 산소를 동시에 가지고 있는 가연물이 연소하는 현상

25 메탄올 화재 시 수성막 포소화약제의 소화효과가 없는 이유를 가장 옳게 설명한 것은?

① 유독가스가 발생하므로
② 메탄올은 포와 반응하여 가연성 가스를 발생하므로
③ 화염의 온도가 높아지므로
④ 메탄올이 수성막포에 대하여 소포성을 가지므로

> 수용성 액체에는 수성막포는 소포(거품이 꺼짐)되므로 부적합하고 알코올포(내알코올포, 알코올형포) 소화약제가 적합하다.

26 옥내소화전설비의 옥내소화전이 3개 설치되었을 경우 수원의 수량은 몇 m³이상이 되어야 하는가?

① 7
② 23.4
③ 40.5
④ 100

> 위험물제조소등의 수원
>
> | 구분 종류 | 방수압력 | 방수량 | 수원 |
> |---|---|---|---|
> | 옥내소화전설비 | 350kPa 이상 | 260ℓ/min | 소화전의 수(최대 5개)× 7.8m³ (260ℓ/min × 30min = 7800ℓ =7.8m³) |
> | 옥외소화전설비 | 350kPa 이상 | 450ℓ/min | 소화전의 수(최대 4개)× 13.5m³ (450ℓ/min × 30min = 13500ℓ =13.5m³) |
> | 스프링클러설비 | 100kPa 이상 | 80ℓ/min | 헤드 수 × 2.4m³ (80ℓ/min × 30min = 2400ℓ =2.4m³) |
>
> ∴ 옥외소화전설비의 수원 = 소화전의 수(최대 5개) × 7.8m³
> = 3 × 7.8m³ = 23.4m³

27 위험물안전관리법령상 전기설비에 적응성이 없는 소화설비는?

① 포 소화설비
② 이산화탄소 소화설비
③ 할로젠화합물 소화설비
④ 물분무 소화설비

> 포 소화설비는 A급, B급 화재에 적합하며 질식, 냉각효과로 C급화재인 전기설비에는 적응성이 없다.
> ※ 전기실, 발전실등 전기설비의 소화설비 : 이산화탄소, 할로젠화합물, 분말

28 경유 50,000ℓ의 소화설비 소요단위는?

① 3
② 4
③ 5
④ 6

> 경유는 제4류 위험물 제2석유류로서 지정수량은 1000ℓ 이고, 위험물은 지정수량의 10배를 1소요단위이므로
> ∴ 소요단위 = 저장수량 / (지정수량 × 10배) = 50,000ℓ / (1000ℓ × 10배) = 5단위

29 분말소화약제로 사용되는 주성분에 해당되지 않는 것은?

① 탄산수소나트륨 ② 황산알루미늄
③ 탄산수소칼륨 ④ 제1인산암모늄

🔍 **분말소화약제**

종류	주성분	적응화재	착색(분말의 색)
제1종 분말	NaHCO₃(중탄산나트륨, 탄산수소나트륨)	B, C급	백색
제2종 분말	KHCO₃(중탄산칼륨, 탄산수소칼륨)	B, C급	담회색
제3종 분말	NH₄H₂PO₄(인산암모늄, 제일인산암모늄)	A, B, C급	담홍색
제4종 분말	KHCO₃ + (NH₂)₂CO	B, C급	회(회백)색

30 위험물에 화재가 발생하였을 경우 물과의 반응으로 인해 주수소화가 적합하지 않는 것은?

① CH_3ONO_2 ② $KClO_3$
③ Li_2O_2 ④ P

🔍 과산화리튬(Li_2O_2)은 제1류 위험물(무기과산화물)로서 물과 반응하면 산소가 발생하므로 위험하다.
 ※ $2Li_2O_2 + 2H_2O \rightarrow 4LiOH + O_2$

31 벤젠과 톨루엔의 공통성질이 아닌 것은?

① 물에 녹지 않는다.
② 냄새가 없다.
③ 휘발성 액체이다.
④ 증기는 공기보다 무겁다.

🔍 **벤젠과 톨루엔의 비교**

종류	벤젠	톨루엔
품명	제4류 위험물 제1석유류 (비수용성)	제4류 위험물 제1석유류 (비수용성)
지정수량	200ℓ	200ℓ
인화점	-11℃	4℃
외관	무색, 투명한 방향성 냄새 갖는 액체	무색, 투명한 방향성 냄새 갖는 액체
용해성	물에 녹지 않는다.	물에 녹지 않는다.
소화효과	질식소화	질식소화

32 물의 특성 및 소화효과에 관한 설명으로 틀린 것은?

① 이산화탄소보다 기화잠열이 크다.
② 극성분자이다.
③ 이산화탄소보다 비열이 작다.
④ 주된 소화효과가 냉각소화이다.

🔍 **물의 특성**
- 표면장력과 열전도계수가 크다.
- 점도가 낮다.
- 물의 비열(1cal/g·℃)과 증발잠열(539cal/g)이 크다.
- 구하기 쉽고 가격이 저렴하다.
- 냉각효과가 뛰어나다.

33 황린이 연소할 때 다량으로 발생하는 흰 연기는 무엇인가?

① P_2O_5 ② P_3O_7
③ PH_3 ④ P_4S_3

🔍 황린이 연소하면 오산화인의 흰 연기(P_2O_5)가 발생한다.
 ※ $P_4 + 5O_2 \rightarrow 2P_2O_5$

34 펌프의 토출관에 압입기를 설치하여 포소화 약제 압입용 펌프로 포소화약제를 압입시켜 혼합하는 방식은?

① 프레져 프로포셔너
② 펌프 프로포셔너
③ 프레져사이드 프로포셔너
④ 라인 프로포셔너

🔍 **혼합방식**
- 프레져 프로포셔너 방식(pressure proportioner, 차압 혼합방식) : 펌프와 발포기의 중간에 설치된 벤투리관의 벤투리작용과 펌프 가압수의 포소화약제 저장탱크에 대한 압력에 따라 포소화약제를 흡입·혼합하는 방식
- 펌프 프로포셔너 방식(pump proportioner, 펌프 혼합방식) : 펌프의 토출관과 흡입관사이의 배관도중에 설치한 흡입기에 펌프에서 토출된 물의 일부를 보내고 농도조정 밸브에서 조정된 포소화약제의 필요량을 포소화약제 탱크에서 펌프 흡입측으로 보내어 약제를 혼합하는 방식
- 라인 프로포셔너 방식(line proportioner, 관로 혼합방식) : 펌프와 발포기의 중간에 설치된 벤츄리관의 벤츄리 작용에 따라 포 소화약제를 흡입·혼합하는 방식
- 프레져 사이드 프로포셔너 방식(pressure side proportioner, 압입 혼합방식) : 펌프의 토출관에 압입기를 설치하여 포소화 약제 압입용 펌프로 포소화약제를 압입시켜 혼합하는 방식

35 제조소등에 전기설비(전기배선, 조명기구등은 제외한다)가 설치된 장소의 바닥면적 150m²인 경우 설치해야 하는 소형 수동식소화기의 최소 개수는?

① 1개
② 2개
③ 3개
④ 4개

🔍 제조소등에 전기설비는 바닥면적 100m²마다 소형수동식 소화기 1개 이상을 설치하므로
∴ 150m² ÷ 100m² = 1.5 ⇒ 2개

36 연소범위에 대한 일반적인 설명 중 틀린 것은?

① 연소범위는 온도가 높아지면 넓어진다.
② 공기 중에서 보다 산소 중에서 연소범위는 넓어진다.
③ 압력이 높아지면 상한값은 변하지 않으나 하한값은 커진다.
④ 연소범위농도 이하에서는 연소되기 어렵다.

🔍 연소범위는 온도(압력)가 높아지면 하한계는 변하지 않고, 상한계는 커진다.

37 자연발화 방지법에 대한 설명 중 틀린 것은?

① 습도가 낮은 것을 피할 것
② 저장실의 온도가 낮을 것
③ 퇴적 및 수납할 때 열이 축척되지 않을 것
④ 통풍이 잘 될 것

🔍 자연발화 방지법
• 습도를 낮게 할 것(습도가 낮으면 열이 한곳에 축척이 되지 않기 때문에)
• 저장실이나 주위의 온도를 낮출 것
• 퇴적 및 수납할 때 열이 축척되지 않을 것
• 통풍이 잘되게 할 것

38 전역방출방식 분말소화설비에 있어 분사헤드는 저장용기에 저장된 분말소화약제량을 몇 초 이내에 균일하게 방사하여야 하는가?

① 15
② 30
③ 45
④ 60

🔍 전역방출방식, 국소방출방식의 분사헤드 및 방사시간
• 전역방출방식의 분사헤드의 방사압력 : 0.1MPa 이상
• 전역방출방식, 국소방출방식의 방사 시간 : 30초 이내

39 제3종 분말소화약제를 화재면에 방출 시 부착성이 좋은 막을 형성하여 연소에 필요한 산소의 유입을 차단하기 때문에 연소를 중단시킬 수 있다. 그러한 막을 구성하는 물질은?

① H_3PO_4
② PO_4
③ HPO_3
④ P_2O_5

🔍 제3종 분말(인산암모늄)이 열분해하여 메타인산(HPO_3)이 발생하므로 부착성인 막을 만들어 공기를 차단한다.
$NH_4H_2PO_4 \rightarrow HPO_3 + NH_3 + H_2O$

40 위험물안전관리법령상 위험물 품명이 나머지 셋과 다른 것은?

① 메틸알코올
② 에틸알코올
③ 아이소프로필알코올
④ 부틸알코올

🔍 알코올류 : 분자를 구성하는 탄소원자의 수가 1개부터 3개까지인 포화1가 알코올(변성알코올을 포함한다)로서 메틸알코올, 에틸알코올, 아이소프로필알코올이 있다
※ 부틸알코올 : 제4류 위험물 제2석유류(비수용성)

3. 위험물 성상 및 취급

41 과염소산나트륨에 대한 설명 중 틀린 것은?

① 물에 녹는다.
② 산화제이다.
③ 열분해하여 염소를 방출한다.
④ 조해성이 있다.

🔍 과염소산나트륨이 열분해하면 산소를 방출한다.
$NaClO_4 \rightarrow NaCl + 2O_2 \uparrow$

42 다음 물질 중 황린과 접촉하였을 때 가장 위험한 것은?

① NaOH
② H_2O
③ CO_2
④ N_2

> 황린(제3류 위험물)
> • 물속에 저장한다.
> • 불연성가스(이산화탄소와 질소)와 접촉하여도 무관하다.
> • 황린은 알칼리와 반응하면 유독성의 포스핀가스를 발생한다.
> $P_4 + 3KOH + 3H_2O \rightarrow PH_3(포스핀) + 3KH_2PO_2(차아인산칼륨)$

43 나이트로글리세린에 대한 설명으로 틀린 것은?

① 순수한 것은 상온에서 무색, 투명한 액체이다
② 순수한 것은 겨울철에 동결 될 수 있다.
③ 메탄올에 녹는다.
④ 물보다 가볍다.

> 나이트로글리세린(Nitro Glycerine, NG)
> • 물성
>
> | 화학식 | 융점 | 비중 | 비점 |
> |---|---|---|---|
> | $C_3H_5(ONO_2)_3$ | 2.8℃ | 1.6 | 218℃ |
>
> • 무색, 투명한 기름성의 액체(공업용 : 담황색)이다.
> • 알코올, 에터, 벤젠, 아세톤, 등 유기용제에는 녹는다.
> • 상온에서 액체이고 겨울에는 동결된다.
> • 물보다 무겁다.

44 다음 중 발화점이 가장 낮은 것은?

① 마그네슘
② 황린
③ 적린
④ 다이에틸에터

> 발화점
>
> | 종류 | 발화점 | 종류 | 발화점 |
> |---|---|---|---|
> | 마그네슘 | 520℃ | 황린 | 34℃ |
> | 적린 | 260℃ | 다이에틸에터 | 180℃ |

45 위험물의 운반용기 외부에 수납하는 위험물의 종류에 따라 표시하는 주의사항을 옳게 연결한 것은?

① 염소산칼륨 - 물기주의
② 철분 - 화기주의
③ 아세톤 - 화기엄금
④ 질산 - 화기엄금

> 운반용기의 주의사항
>
> | 종류 | 표시 사항 |
> |---|---|
> | 제1류 위험물 | ① 알칼리금속의 과산화물 : 화기·충격주의, 물기엄금, 가연물접촉주의
② 그 밖의 것(염소산칼륨) : 화기·충격주의, 가연물접촉주의 |
> | 제2류 위험물 | ① 철분, 금속분, 마그네슘 : 화기주의, 물기엄금
② 인화성 고체 : 화기엄금
③ 그 밖의 것 : 화기주의 |
> | 제3류 위험물 | ① 자연발화성물질 : 화기엄금, 공기접촉엄금
② 금수성물질 : 물기엄금 |
> | 제4류 위험물
(아세톤) | 화기엄금 |
> | 제5류 위험물 | 화기엄금, 충격주의 |
> | 제6류 위험물
(질산) | 가연물접촉주의 |

46 다음 ( ) 안에 알맞은 색상을 차례대로 나열한 것은?

"이동저장탱크 차량의 전면 및 후면의 보기 쉬운 곳에 직사각형의 (   )바탕에 (   )의 반사도료로 "위험물"이라고 표시하여야 한다."

① 백색 - 적색
② 백색 - 흑색
③ 황색 - 적색
④ 흑색 - 황색

> 이동탱크저장소의 "위험물" 표지 : 흑색바탕에 황색 반사도료

47 담황색의 고체 위험물에 해당하는 것은?

① 나이트로셀룰로스
② 나트륨
③ 트라이나이트로톨루엔
④ 피리딘

> 위험물의 외관
>
> | 종류 | 품명 | 외관 |
> |---|---|---|
> | 나이트로셀룰로스 | 제5류 위험물
질산에스터류 | 솜모양 같은 고체 |
> | 나트륨 | 제3류 위험물 | 은백색 무른 경금속 |
> | 트라이나이트로톨루엔 | 제5류 위험물
나이트로화합물 | 담황색의 주상결정 |
> | 피리딘 | 제4류 위험물
제1석유류 | 무색, 투명한 액체 |

48 가솔린에 대한 설명 중 틀린 것은?

① 수산화칼륨과 아이오도폼 반응을 한다.
② 휘발하기 쉽고 인화성이 크다.
③ 물보다 가벼우나 증기는 공기보다 무겁다.
④ 전기에 대한 부도체이다.

> 휘발유(Gasoline)
> • 물성
>
> | 화학식 | 비중 | 증기비중 | 비점 |
> |---|---|---|---|
> | $C_5H_{12} \sim C_9H_{20}$ | 0.70 ~ 0.80 | 3 ~ 4 | 32 ~ 220℃ |
>
> • 무색투명한 휘발성이 강한 인화성 액체이다
> • 물보다 가볍고 (0.7~0.8) 증기는 공기보다 무겁다.(3~4)
> • 에틸알코올은 아이오도폼 반응을 한다.
> • 전기에 대한 부도체이다.

49 다음 위험물 중 제2석유류에 해당하는 것은?

① 아크릴산
② 나이트로벤젠
③ 메틸에틸케톤
④ 에틸렌글라이콜

> 제4류 위험물의 분류
>
> | 종류 | 구분 | 종류 | 구분 |
> |---|---|---|---|
> | 아크릴산 | 제2석유류 | 나이트로벤젠 | 제3석유류 |
> | 메틸에틸케톤 | 제1석유류 | 에틸렌글라이콜 | 제3석유류 |

50 다음 중 인화점이 가장 높은 것은?

① $CH_3COOC_2H_5$
② CH_3OH
③ CH_3COOH
④ CH_3COCH_3

> 제4류 위험물의 인화점
>
> | 종류 | 명칭 | 품명 | 인화점 |
> |---|---|---|---|
> | $CH_3COOC_2H_5$ | 초산에틸 | 초산에스터류 | -3℃ |
> | CH_3OH | 메틸알코올 | 알코올류 | 11℃ |
> | CH_3COOH | 초산 | 제2석유류 | 40℃ |
> | CH_3COCH_3 | 아세톤 | 제1석유류 | -18.5℃ |

51 다음 중 아이오딘값이 가장 큰 것은?

① 땅콩기름
② 해바라기기름
③ 면실유
④ 아마인유

> 아마인유는 요오드값이 130 이상으로 가장 크다.

52 제4류 위험물을 저장하는 이동탱크저장소의 탱크 용량이 19,000ℓ일 때 탱크의 칸막이는 최소 몇 개를 설치하여야 하는가?

① 2
② 3
③ 4
④ 5

> 이동탱크저장소의 안전칸막이는 4000ℓ 이하마다 설치하여야 하므로
> 19,000ℓ ÷ 4000ℓ = 4.75 ⇒ 5칸이다.
> ∴ 19000ℓ 탱크에 안전칸막이는 4개이고 칸은 5칸이다.

53 메틸알코올과 에틸알코올의 공통 성질이 아닌 것은?

① 무색, 투명한 휘발성 액체이다.
② 물에 잘 녹는다.
③ 지정수량은 같다.
④ 인체에 대한 유독성이 없다.

> 알코올의 비교
>
> | 종류 | 메틸알코올 | 에틸알코올 |
> |---|---|---|
> | 품명 | 알코올류 | 알코올류 |
> | 지정수량 | 400ℓ | 400ℓ |
> | 외관 | 무색, 투명한 휘발성 액체 | 무색, 투명한 휘발성 액체 |
> | 용해성 | 물에 잘 녹는다. | 물에 잘 녹는다. |
> | 비중 | 0.79 | 0.79 |
> | 인화점 | 11℃ | 13℃ |
> | 독성 | 있다. | 없다. |

54 [그림]과 같은 위험물을 저장하는 탱크의 내용적은 약 몇 m³인가?(단, r은 10m, ℓ은 25m이다.)

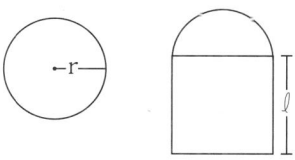

① 3612
② 4712
③ 5812
④ 7854

> 종으로 설치한 경우 원통형 탱크의 내용적 = $\pi r^2 \ell$
> = 3.14159 × (10m)² × 25m = 7854m³

55 A업체에서 제조한 위험물을 B업체로 운반할 때 규정에 의한 운반용기에 수납하지 않아도 되는 위험물은?(단, 지정수량의 2배 이상인 경우이다.)

① 덩어리상태의 황   ② 금속분
③ 삼산화크로뮴   ④ 염소산나트륨

> 모든 위험물은 운반 시 운반용기에 수납하여 운반하여야 하며 덩어리상태의 황은 운반하기 위하여 적재하는 경우 또는 위험물을 동일 구내에 있는 제조소등의 상호간에 운반하기 위하여 적재하는 경우는 예외이다.

56 물과 접촉 시 동일한 가스를 발생하는 물질을 나열한 것은?

① 수소화나트륨, 금속리튬
② 탄화칼슘, 금속칼슘
③ 트라이에틸알루미늄, 탄화알루미늄
④ 인화칼슘, 수소화칼슘

> 물과 반응

종류	물과 반응식	발생가스
수소화나트륨	$NaH + H_2O \rightarrow NaOH + H_2\uparrow$	수소
금속리튬	$Li + 2H_2O \rightarrow 2LiOH + H_2\uparrow$	수소
탄화칼슘	$CaC_2 + 2H_2O \rightarrow Ca(OH)_2 + C_2H_2\uparrow$	아세틸렌
금속칼슘	$Ca + 2H_2O \rightarrow Ca(OH)_2 + H_2\uparrow$	수소
트라이에틸알루미늄	$(C_2H_5)_3Al + 3H_2O \rightarrow Al(OH)_3 + C_2H_6\uparrow$	에테인
탄화알루미늄	$Al_4C_3 + 12H_2O \rightarrow 4Al(OH)_3 + 3CH_4\uparrow$	메테인
인화칼슘	$Ca_3P_2 + 6H_2O \rightarrow 3Ca(OH)_2 + 2PH_3\uparrow$	포스핀
수소화칼슘	$CaH_2 + 2H_2O \rightarrow Ca(OH)_2 + 2H_2\uparrow$	수소

57 위험물의 저장기준으로 틀린 것은?

① 이동탱크저장소에는 설치허가증을 비치하여야 한다.
② 지하저장탱크의 주된 밸브는 위험물을 넣거나 빼낼 때 외에는 폐쇄하여야 한다.
③ 아세트알데하이드를 저장하는 이동저장탱크에는 탱크안에 불활성가스를 봉입하여야 한다.
④ 옥외저장탱크 주위에 설치된 방유제의 내부에 물이나 유류가 괴었을 경우에는 즉시 배출하여야 한다.

> 위험물의 저장기준
> • 이동탱크저장소에는 이동탱크저장소의 완공검사합격확인증 및 정기점검기록을 비치하여야 한다.
> • 옥외저장탱크 · 옥내저장탱크 또는 지하저장탱크의 주된 밸브(액체의 위험물을 이송하기 위한 배관에 설치된 밸브 중 탱크의 바로 옆에 있는 것) 및 주입구의 밸브 또는 뚜껑은 위험물을 넣거나 빼낼 때 외에는 폐쇄하여야 한다.
> • 이동저장탱크에 아세트알데하이드등을 저장하는 경우에는 항상 불활성의 기체를 봉입하여 둘 것
> • 옥외저장탱크 주위에 설치된 방유제의 내부에 물이나 유류가 괴었을 경우에는 즉시 배출하여야 한다.

58 오황화인이 습한 공기 중에서 분해하여 발생한 가스에 대한 설명으로 옳은 것은?

① 불연성이다.   ② 유독하다.
③ 냄새가 없다.   ④ 물에 녹지 않는다.

> 오황화인은 물 또는 알칼리에 분해하여 황화수소(H_2S)와 인산(H_3PO_4)이 된다.
> $P_2S_5 + 8H_2O \rightarrow 5H_2S + 2H_3PO_4$
> ※ 발생되는 황화수소(H_2S)가스
> • 불연성이고 유독하다.
> • 계란 썩는 냄새가 나는 가연성 가스로서 물에 녹는다.

59 제5류 위험물의 제조소에 설치하는 주의사항 게시판에서 게시판 바탕 및 문자의 색을 옳게 나타낸 것은?

① 청색바탕에 백색문자
② 백색바탕에 청색문자
③ 백색바탕에 적색문자
④ 적색바탕에 백색문자

> 위험물제조소등의 표지 및 게시판

위험물의 종류	주의사항	게시판의 색상
제1류 위험물 중 알칼리금속의 과산화물 제3류 위험물 중 금수성물질	물기엄금	청색바탕에 백색문자
제2류 위험물(인화성 고체는 제외)	화기주의	적색바탕에 백색문자
제2류 위험물 중 인화성 고체 제3류 위험물 중 자연발화성물질 제4류 위험물 제5류 위험물	화기엄금	적색바탕에 백색문자

60 피리딘에 대한 설명 중 틀린 것은?

① 액체이다.
② 물에 녹지 않는다.
③ 상온에서 인화의 위험이 있다.
④ 독성이 있다.

> **피리딘(pyridine)**
> • 물성
>
> | 화학식 | 비중 | 비점 | 인화점 | 착화점 | 연소범위 |
> |---|---|---|---|---|---|
> | C_5H_5N | 0.99 | 115.4℃ | 16℃ | 482℃ | 1.8 ~ 2.4% |
>
> • 순수한 것은 무색의 액체로 강한 악취와 독성이 있다.
> • 약알칼리성을 나타내며 수용액상태에서도 인화의 위험이 있다.
> • 산, 알칼리에 안정하고, 물, 알코올, 에터에 잘 녹는다(수용성)

정답 복원문제 2022년 3회

01 ③	02 ④	03 ④	04 ②	05 ②
06 ④	07 ②	08 ②	09 ③	10 ④
11 ①	12 ④	13 ④	14 ③	15 ①
16 ③	17 ②	18 ②	19 ③	20 ②
21 ③	22 ②	23 ③	24 ①	25 ④
26 ②	27 ①	28 ②	29 ②	30 ③
31 ②	32 ③	33 ①	34 ③	35 ②
36 ③	37 ①	38 ②	39 ③	40 ④
41 ③	42 ①	43 ②	44 ②	45 ③
46 ④	47 ③	48 ①	49 ①	50 ③
51 ④	52 ③	53 ④	54 ④	55 ①
56 ①	57 ①	58 ②	59 ④	60 ②

2023년 1회 복원문제

1. 물질의 물리·화학적 성질

01 다이크롬산칼륨에서 크로뮴의 산화수는?

① 2   ② 4
③ 6   ④ 8

🔍 다이크롬산칼륨($K_2Cr_2O_7$)의 크로뮴의 산화수
$[(+1)\times 2] + 2x + [(-2)\times 7] = 0$
$\therefore x(Cr) = +6$

02 0℃의 얼음 10g을 모두 수증기로 변화시키려면 약 몇 cal의 열량이 필요한가?

① 6190cal   ② 6390cal
③ 6890cal   ④ 7190cal

🔍 열량 $Q = r \cdot m + mC_p\Delta t + r \cdot m$
$= (80cal/g \times 10g) + 10g \times 1cal/g \cdot ℃ \times (100-0)℃ + 539cal/g \times 10g$
$= 7190$ cal
※ 물의 융해잠열 : 80cal/g, 물의 증발잠열 : 539cal/g

03 10의 프로페인을 완전연소 시키기 위해 필요한 공기는 몇 L인가?(단, 공기 중 산소의 부피는 20%로 가정한다)

① 10   ② 50
③ 125   ④ 250

🔍 프로페인의 연소반응식
$C_3H_8 + 5O_2 \rightarrow CO_2 + H_2O$
22.4L   5×22.4L
10L x

$x = \dfrac{10L \times 5 \times 22.4L}{44kg} = 50L$ (이론 산소량)

$\therefore$ 이론 공기량 50L ÷ 0.2 = 250L

04 벤젠을 약 300℃, 높은 압력에서 Ni촉매로 수소와 반응시켰을 때 얻어지는 물질은?

① Cyclopentane   ② Cyploroane
③ Cyclohexane   ④ Cyclooctane

🔍 벤젠을 약 300℃, 높은 압력에서 Ni, Pt촉매하에서 수소와 반응시켜 Cyclohexane을 제조한다.

05 다음 물질 중 질소를 함유하는 것은?

① 나일론
② 폴리에틸렌
③ 폴리염화비닐
④ 프로필렌

🔍 물질의 화학식
• 나일론(Nylon) 6

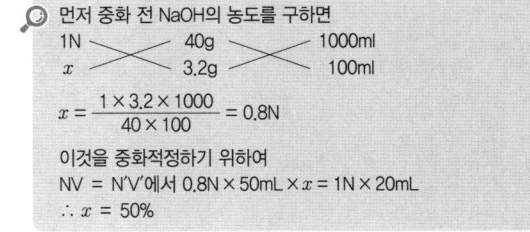

• 폴리에틸렌(PE, Poly Ethylene)
$-(-CH_2-CH_2-)_n-$
• 폴리염화비닐(PVC, Poly Vinyl Chloride)
$-(-CH_2-CH-)_n-$
           |
           Cl
• 프로필렌(Propylene)
$CH_3CH=CH_2$

06 불순물로 식염을 포함하고 있는 NaOH 3.2g을 물에 녹여 100mL로 한 다음 그 중 50mL를 중화하는데 1N의 염산이 20mL 필요했다. 이 NaOH의 농도는 약 몇 wt%인가?

① 10
② 20
③ 33
④ 50

🔍 먼저 중화 전 NaOH의 농도를 구하면
1N   40g   1000ml
x 3.2g   100ml

$x = \dfrac{1 \times 3.2 \times 1000}{40 \times 100} = 0.8N$

이것을 중화적정하기 위하여
$NV = N'V'$에서 $0.8N \times 50mL \times x = 1N \times 20mL$
$\therefore x = 50\%$

07 대기를 오염시키고 산성비의 원인이 되며 광화학스모그 현상을 일으키는 중요한 원인이 되는 물질은?

① 프레온 가스　　② 질소산화물
③ 할로젠화수소　　④ 중금속물질

> 질소산화물, 아황산가스, 염화수소등이 산성비의 원인이다.

08 다음과 같은 경향성을 나타내지 않는 것은?

$$Li < Na < K$$

① 원자번호　　② 원자반지름
③ 제1차 이온화에너지　　④ 전자수

> 1족 원소(알칼리금속)로서 Li(리튬, 원자번호 3), Na(나트륨, 원자번호 11), K(칼륨, 원자번호 19)
> • 중성원자에서는 원자번호 = 전자수
> • 원소의 성질
>
> | 구분 항목 | 같은 주기에서 원자번호가 증가할수록 (왼쪽에서 오른쪽으로) | 같은 족에서 원자번호가 증가할수록 (윗쪽에서 아래쪽으로) |
> |---|---|---|
> | 이온화에너지 | 증가한다 | 감소한다 |
> | 전기음성도 | 증가한다 | 감소한다 |
> | 이온반지름 | 작아진다 | 커진다 |
> | 원자반지름 | 작아진다 | 커진다 |
> | 비금속성 | 증가한다 | 감소한다 |

09 사방황과 단사황이 서로 동소체임을 알 수 있는 실험방법은?

① 이황화탄소에 녹여 본다.
② 태웠을 때 생기는 물질을 분석해 본다.
③ 광학현미경으로 본다.
④ 색과 맛을 비교해 본다.

> 동소체: 같은 원소로 되어 있으나 성질과 모양이 다른 단체로서 연소생성물로 확인한다.
>
> | 원소 | 동소체 | 연소생성물 |
> |---|---|---|
> | 탄소(C) | 다이아몬드, 흑연 | 이산화탄소(CO_2) |
> | 황(S) | 사방황 단사황, 고무상황 | 이산화황(SO_2) |
> | 인(P) | 적린(붉은인), 황린(흰인) | 오산화인(P_2O_5) |
> | 산소(O) | 산소, 오존 | – |

10 다음 중 증기비중이 가장 큰 것은?

① 산소　　② 질소
③ 이산화탄소　　④ 수소

> 비중
> 증기비중 = $\frac{분자량}{29}$ (C:16, S:32, H:1, O:16)
> • 산소(O_2) = $\frac{32}{29}$ = 1.10
> • 질소(N_2) = $\frac{28}{29}$ = 0.966
> • 이산화탄소(CO_2) = $\frac{44}{29}$ = 1.517
> • 수소(H_2) = $\frac{2}{29}$ = 0.069

11 1기압에서 2L의 부피를 차지하는 어떤 이상기체를 온도의 변화 없이 압력을 4기압으로 하면 부피는 얼마가 되겠는가?

① 2.0ℓ　　② 1.5ℓ
③ 1.0ℓ　　④ 0.5ℓ

> 보일의 법칙을 이용하면
> ∴ $V_2 = V_1 \times \frac{P_1}{P_2} = 2\ell \times \frac{1}{4} = 0.5\ell$

12 다음 중 이온상태에서의 반지름이 가장 작은 것은?

① S^{2+}　　② Cl^-
③ K^+　　④ Ca^{2+}

> • 이온 반지름은 원자번호가 증가할수록 작아진다.
> • 원자번호
>   – 황(S) : 16
>   – 염소(Cl) : 17
>   – 칼륨(K) : 19
>   – 칼슘(Ca) : 20

13 원자번호 20인 Ca의 원자량은 40이다. 원자핵의 중성자수는 얼마인가?

① 10　　② 20
③ 40　　④ 60

> 중성자수 = 질량수 – 양성자수(원자번호) = 40 – 20 = 20

14 어떤 금속산화물의 원자가는 2이며, 그 산화물의 조성은 금속이 80wt% 이다. 이 금속의 원자량은?

① 32　　　　② 48
③ 64　　　　④ 80

> 산소 : 금속의 당량을 비례식으로 계산하면
> $20 : 80 = 8 : x$
> $x = 32$
> ∴ 금속의 원자량 = 당량 × 원자가 = $32 \times 2 = 64$

15 다음과 같이 나타낸 전지에 해당하는 것은?

$$(+)\text{Cu} \parallel \text{H}_2\text{SO}_4(\text{aq}) \parallel \text{Zn}(-)$$

① 볼타전지　　　　② 납축전지
③ 다니엘전지　　　④ 건전지

> 볼타전지 : 아연(Zn)판과 구리(Cu)판을 도선으로 연결하고 묽은 황산을 넣어 두 전극에서 산화, 환원반응으로 전기에너지로 변환시키는 장치로서 Zn판(-극)에서는 산화, Cu판(+극)에서는 환원이 일어난다.
> $(+)\text{Cu} \parallel \text{H}_2\text{SO}_4(\text{aq}) \parallel \text{Zn}(-)$

16 평형상태를 이동시키는 조건에 해당되지 않는 것은?

① 온도
② 농도
③ 촉매
④ 압력

> 화학반응에 관여하는 요인 : 온도, 압력, 농도

17 불꽃반응에서 노란색을 나타내는 용질을 녹인 무색 용액에 질산은(AgNO₃)용액을 첨가하였더니 백색침전이 생겼다. 이 용액의 용질은 다음 중 무엇인가?

① NaOH　　　　② NaCl
③ Na₂SO₄　　　④ KCl

> 노란색(황색)의 불꽃반응은 나트륨(Na)이고, 수용액에 AgNO₃용액을 넣었더니 백색침전이 생기는 것은 염화은(AgCl)이므로 이 물질은 염화나트륨(NaCl)이다.
> $\text{NaCl} + \text{AgNO}_3 \rightarrow \text{AgCl}\downarrow(백색침전) + \text{NaNO}_3$

18 황산 196g으로 1M-H₂SO₄ 용액을 몇 mL 만들 수 있는가?

① 1000　　　　② 2000
③ 3000　　　　④ 4000

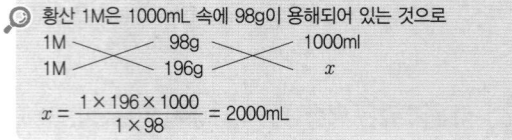

> 황산 1M은 1000mL 속에 98g이 용해되어 있는 것으로
> 1M ─ 98g ─ 1000ml
> 1M ─ 196g ─ x
> $x = \dfrac{1 \times 196 \times 1000}{1 \times 98} = 2000\text{mL}$

19 어떤 용액의 pH를 측정하였더니 4이었다. 이 용액을 1000배 희석시킨 용액의 pH를 옳게 나타낸 것은?

① pH = 3　　　　② pH = 4
③ pH = 5　　　　④ 6 < pH < 7

> $[\text{H}^+] = \dfrac{(10^{-4} \times 1) + (10^{-7} \times 1000)}{1001} = 1.1 \times 10^{-7}$
> ∴ pH = $-\log[\text{H}^+] = 1.1 \times 10^{-7} = 7 - \log 1.1$
> $= 7 - 0.04 = 6.96$
> 그러므로 pH : 6 < pH < 7

20 우라늄 $^{235}_{92}\text{U}$는 다음과 같이 붕괴한다. 생성된 Ac의 원자번호는?

$$^{235}_{92}\text{U} \xrightarrow{\alpha} \text{Th} \xrightarrow{\beta} \text{Pa} \xrightarrow{\alpha} \text{Ac}$$

① 67　　　　② 88
③ 89　　　　④ 90

> α붕괴하면 원자번호 2감소, 질량수 4감소하고 β붕괴하면 원자번호만 1증가한다.
> $^{235}_{92}\text{U} \xrightarrow{\alpha} {}^{231}_{90}\text{Th} \xrightarrow{\beta} {}^{231}_{91}\text{Pa} \xrightarrow{\alpha} {}^{227}_{89}\text{Ac}$

2. 화재예방과 소화방법

21 분말소화약제인 제1인산암모늄을 사용하였을 때 열분해하여 부착성인 막을 만들어 공기를 차단하는 것은?

① HPO₃　　　　② PH₃
③ NH₃　　　　　④ P₂O₅

> 메타인산(HPO₃) : 제3종 열분해 시 발생하여 부착성인 막을 만들어 공기를 차단

22 소화약제로서 물이 갖는 특성에 대한 설명으로 가장 거리가 먼 것은?

① 유화효과(emulsification effect)도 기대할 수 있다.
② 증발잠열이 커서 기화 시 다량의 열을 제거한다.
③ 기화팽창률이 커서 질식효과가 있다.
④ 용융잠열이 커서 주수 시 냉각효과가 뛰어나다.

> 물은 증발잠열(539cal/g)이 커서 소화약제로 사용한다.

23 주된 소화효과가 산소공급원의 차단에 의한 소화가 아닌 것은?

① 포 소화기   ② 건조사
③ CO_2소화기   ④ Halon 1211소화기

> 할로젠화합물(할론 1211) 소화기의 주된 소화효과 : 부촉매효과

24 소방대상물의 옥내소화전을 각 층에 7개씩 설치하도록 할 때 수원의 최소 수량은 얼마인가?

① $13m^3$ ② $20.8m^3$
③ $39m^3$ ④ $62.4m^3$

> 옥내소화전설비의 방수량, 방수압력, 수원
>
> | 방수량 | 방수압력 | 토출량 | 수원 |
> |---|---|---|---|
> | 260L/min 이상 | 0.35MPa 이상 | N(최대 5개)×260L/min | N(최대 5개)×7.8m³ (260L/min×30min) |
>
> ∴ 수원 = N(최대 5개)×7.8m³ = 5 × 7.8m³ = 39m³

25 연소형태가 나머지 셋과 다른 하나는?

① 목탄   ② 메탄올
③ 파라핀   ④ 황

> 증발연소 : 메탄올, 파라핀, 황
> ※ 목탄 : 표면연소

26 자연발화의 방지법으로 옳지 않은 것은?

① 습도가 낮은 곳을 피한다.
② 산소와 접촉을 최소화 한다.
③ 저장실의 온도를 낮춘다.
④ 통풍이 잘 되게 한다.

> 자연발화의 방지법
> • 습도를 낮게 할 것
> • 주위의 온도를 낮출 것
> • 통풍을 잘 시킬 것
> • 불활성가스를 주입하여 공기와 접촉을 피할 것

27 다음 중 화재 시 다량의 물에 의한 냉각소화가 가장 효과적인 것은?

① 금속의 수소화물
② 알칼리금속 과산화물
③ 유기과산화물
④ 금속분

> 유기과산화물(제5류 위험물) : 다량의 물에 의한 냉각소화

28 옥외소화전의 개폐밸브 및 호스접속구는 지반면으로부터 몇 m이하의 높이에 설치해야 하는가?

① 1.5
② 2.5
③ 3.5
④ 4.5

> 개폐밸브 및 호스접속구는 지반면으로부터 1.5m 이하에 설치해야 한다.

29 소화약제로 사용하지 않는 것은?

① 이산화탄소
② 제1인산암모늄
③ 탄산수소나트륨
④ 트라이클로로실란

> 트라이클로로실란 : 제3류 위험물(염소화규소화합물)

30 화재 발생 시 위험물에 대한 소화방법으로 옳지 않은 것은?

① 트라이에틸알루미늄 : 소규모 화재 시 팽창질석을 사용한다.
② 과산화나트륨 : 할로젠화합물 소화기로 질식소화 한다.
③ 인화성 고체 : 이산화탄소 소화기로 질식소화 한다.
④ 휘발유 : 탄산수소염류 분말 소화기로 질식소화 한다.

🔍 과산화나트륨의 소화약제 : 마른모래, 팽창질석, 팽창진주암, 탄산수소염류 분말소화약제

31 연소반응이 용이하게 일어나기 위한 조건으로 틀린 것은?

① 가연물이 산소와 친화력이 클 것
② 가연물의 열전도율이 클 것
③ 가연물의 표면적이 클 것
④ 가연물의 활성화에너지가 작을 것

🔍 가연물의 열전도율이 크며 연소가 잘 일어나지 않는다.

32 일반적으로 다량 주수를 통한 소화가 가장 효과적인 화재는?

① A급 화재
② B급 화재
③ C급 화재
④ D급 화재

🔍 A급 화재 : 주수에 의한 냉각효과

33 위험물안전관리법령상 소화설비의 적응성에서 이산화탄소 소화기가 적응성이 있는 것은?

① 제1류 위험물 ② 제3류 위험물
③ 제4류 위험물 ④ 제5류 위험물

🔍 제4류 위험물은 이산화탄소, 할로젠화합물, 분말소화기가 적응성이 있다.

34 분말소화약제인 탄산수소나트륨 10kg이 1기압, 270℃에서 방사되었을 때 발생하는 이산화탄소의 양은 약 몇 m³인가?

① 2.65
② 3.65
③ 18.22
④ 36.44

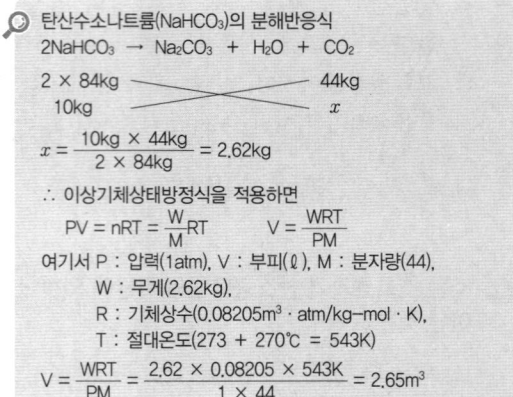

35 다음 중 $(C_2H_5)_3Al$의 소화방법으로 가장 적합한 소화약제는?

① 물
② CO_2
③ 팽창진주암
④ CCl_4

🔍 트라이에틸알루미늄[$(C_2H_5)_3Al$]의 소화약제 : 마른모래, 팽창질석, 팽창진주암

36 소화설비의 설치기준에 있어서 위험물저장소의 건축물로서 외벽이 내화구조로 된 것은 연면적 몇 m²를 1소요단위로 하는가?

① 50
② 75
③ 100
④ 150

🔍 저장소용 건축물의 소요단위
• 외벽이 내화구조인 경우 : 연면적 150m²
• 외벽이 내화구조가 아닌 경우 : 연면적 75m²

37 물과 반응하였을 때 발생하는 가스의 종류가 나머지 셋과 다른 하나는?

① 알루미늄분
② 칼슘
③ 탄화칼슘
④ 수소화칼슘

> 물과의 반응
> • 알루미늄분 : $2Al + 6H_2O \rightarrow 2Al(OH)_3 + 3H_2$(수소)
> • 칼슘 : $Ca + 2H_2O \rightarrow Ca(OH)_2 + H_2$
> • 탄화칼슘 : $CaC_2 + 2H_2O \rightarrow Ca(OH)_2 + C_2H_2$(아세틸렌)
> • 수소화칼슘 : $CaH_2 + 2H_2O \rightarrow Ca(OH)_2 + 2H_2$

38 이산화탄소 소화기의 장·단점에 대한 설명으로 틀린 것은?

① 밀폐된 공간에서 사용 시 질식으로 인명피해가 발생 할 수 있다.
② 전류가 통하는 장소에서의 사용은 위험하다.
③ 자체의 압력으로 방출할 수 있다.
④ 소화 후 소화약제에 의한 오손이 없다.

> 이산화탄소 소화기는 전기화재에 적합하다.

39 다음 인화성 액체 위험물 중 비중이 가장 큰 것은?

① 경유
② 아세톤
③ 이황화탄소
④ 중유

> 액체의 비중
>
> | 종류 | 액체비중 |
> |---|---|
> | 경유 | 0.82~0.84 |
> | 아세톤 | 0.79 |
> | 이황화탄소 | 1.26 |
> | 중유 | 0.936 |

40 피리딘 20,000리터에 대한 소화설비의 소요단위는?

① 5단위
② 10단위
③ 15단위
④ 100단위

> 피리딘의 지정수량(제4류 위험물 제1석유류, 수용성) : 400L
> • 소요단위 = $\dfrac{저장량}{지정수량 \times 10} = \dfrac{20,000L}{400L \times 10} = 5단위$

3. 위험물 성상 및 취급

41 판매취급소에서 위험물을 배합하는 실의 기준으로 틀린 것은?

① 내화구조 또는 불연재료로 된 벽으로 구획한다.
② 출입구는 자동폐쇄식 60분- 방화문 또는 60분 방화문을 설치한다.
③ 내부에 체류한 가연성 증기를 지붕위로 방출하는 설비를 한다.
④ 바닥에는 경사를 두어 되돌림관을 설치한다.

> 바닥은 위험물이 침투하지 않는 구조로 하여 적당한 경사를 두고 집유설비를 설치해야 한다.

42 셀룰로이드의 자연발화 형태로 가장 옳게 나타낸 것은?

① 잠열에 의한 발화
② 미생물에 의한 발화
③ 분해열에 의한 발화
④ 흡착열에 의한 발화

> 자연발화의 형태
> • 산화열에 의한 발화 : 석탄, 건성유, 고무쿨밀
> • 분해열에 의한 발화 : 셀룰로이드, 나이트로셀룰로스
> • 미생물에 의한 발화 : 퇴비, 먼지
> • 흡착열에 의한 발화 : 목탄, 활성탄

43 2가지 물질을 혼합하였을 때 위험성이 증가하는 경우가 아닌 것은?

① 과망가니즈산칼륨 + 황산
② 나이트로셀룰로스 + 알코올수용액
③ 질산나트륨 + 유기물
④ 질산 + 에틸알코올

> 나이트로셀룰로스는 물 또는 알코올수용액에 습면시켜 저장 또는 운반한다.

44 보냉장치가 없는 이동저장탱크에 저장하는 아세트알데하이드의 온도는 몇 ℃ 이하로 유지하여야 하는가?

① 30
② 40
③ 50
④ 60

🔍 아세트알데하이드 등 또는 다이에틸에터 등을 이동저장탱크에 저장하는 경우
- 보냉장치가 있는 경우 : 비점 이하
- 보냉장치가 없는 경우 : 40℃ 이하

45 인화점이 1기압에서 20℃ 이하인 것으로만 나열된 것은?

① 벤젠, 휘발유
② 다이에틸에터, 등유
③ 휘발유, 글리세린
④ 참기름, 등유

🔍 인화점
- 벤젠 : −11℃
- 휘발유 : −43℃

46 위험물제조소의 배출설비의 배출능력은 1시간당 배출장소 용적의 몇 배 이상인 것으로 해야 하는가?(단, 전역방식의 경우는 제외한다)

① 5
② 10
③ 15
④ 20

🔍 배출설비의 배출능력은 1시간당 배출장소 용적의 20배 이상으로 해야 한다.

47 위험물의 류별 성질 중 자기반응성에 해당하는 것은?

① 적린
② 메틸에틸케톤
③ 피크린산
④ 철분

🔍 위험물의 성질

종류	류별	성질
적린	제2류 위험물	가연성 고체
메틸에틸케톤	제4류 위험물	인화성 액체
피크린산	제5류 위험물	자기반응성물질
철분	제2류 위험물	가연성 고체

48 위험물안전관리법령상 제1류 위험물에 해당하는 것은?

① 염소산칼륨
② 수산화칼륨
③ 수소화칼륨
④ 아이오딘화칼륨

🔍 위험물의 구분

종류	류별
염소산칼륨	제1류 위험물
수산화칼륨	비위험물
수소화칼륨	제3류 위험물
아이오딘화칼륨	비위험물

49 제2류 위험물과 제5류 위험물의 일반적인 성질에서 공통점으로 옳은 것은?

① 산화력이 세다.
② 가연성물질이다.
③ 액체 물질이다.
④ 산소함유 물질이다.

🔍 제2류 위험물은 가연성 고체이고 제5류 위험물은 자기반응성물질로 가연성이다.

50 등유 속에 저장하는 위험물은?

① 트라이에틸알루미늄
② 인화칼슘
③ 탄화칼슘
④ 칼륨

🔍 칼륨과 나트륨의 보호액 : 등유, 경유, 유동파라핀

51 질산나트륨을 저장하고 있는 옥내저장소(내화구조의 격벽으로 완전히 구획된 실이 2이상 있는 경우에는 동일한 실)에 함께 저장하는 것이 법적으로 허용되는 것은?(단, 위험물을 유별로 정리하여 서로 1m 이상의 간격을 두는 경우이다.)

① 적린
② 인화성 고체
③ 동식물유류
④ 과염소산

🔍 제1류 위험물(질산나트륨)과 제6류 위험물(과염소산)은 운반이나 옥내저장소에 같이 운반 또는 저장할 수 있다.

52 위험물 주유취급스의 주유 및 급유공지의 바닥에 대한 기준으로 옳지 않은 것은?

① 주위 지면보다 낮게 할 것
② 표면을 적당하게 경사지게 할 것
③ 배수구, 집유설비를 할 것
④ 유분리장치를 할 것

🔍 주유취급소의 주유 및 급유공지의 바닥은 주위 지면보다 높게 해야 한다.

53 제3류 위험물과 혼재할 수 있는 위험물은 제 몇 류 위험물인가?(단, 지정수량의 10배인 경우이다)

① 제1류
② 제2류
③ 제4류
④ 제5류

🔍 운반 시 혼재 가능한 위험물

위험물의 구분	제1류	제2류	제3류	제4류	제5류	제6류
제1류		×	×	×	×	○
제2류	×		×	○	○	×
제3류	×	×		○	×	×
제4류	×	○	○		○	×
제5류	×	○	×	○		×
제6류	○	×	×	×	×	

54 물과 접촉하였을 때 에테인이 발생되는 물질은?

① CaC_2
② $(C_2H_5)_3Al$
③ $C_6H_3(NO_2)_3$
④ $C_2H_5ONO_2$

🔍 트라이에틸알루미늄은 물과 반응하면 에테인(C_2H_6)을 발생한다.
$(C_2H_5)_3Al + 3H_2O \rightarrow Al(OH)_3 + 3C_2H_6$

55 CaO_2와 K_2O_2의 공통적인 성질에 해당하는 것은?

① 청색 침상분말이다.
② 물과 알코올이 잘 녹는다.
③ 가열하면 산소를 방출하여 분해한다.
④ 염산과 반응하여 수소를 발생한다.

🔍 과산화칼슘과 과산화칼륨의 비교

종류 항목	과산화칼슘	과산화칼륨
화학식	CaO_2	K_2O_2
외관	백색 분말	무색 또는 오렌지색 결정
가열 시	$2CaO_2 \rightarrow 2CaO + O_2$ (산소 발생)	$2K_2O_2 \rightarrow 2K_2O + O_2$ (산소 발생)
물과 접촉	$2CaO_2 + 2H_2O \rightarrow$ $2Ca(OH)_2 + O_2$ (산소 발생)	$2K_2O_2 + 2H_2O \rightarrow$ $4KOH + O_2$ (산소 발생)
염산과 반응	$CaO_2 + 2HCl \rightarrow$ $CaCl_2 + H_2O_2$ (과산화수소 발생)	$2K_2O_2 + 2HCl \rightarrow$ $2KCl + H_2O_2$ (과산화수소 발생)

56 다음의 위험물을 저장 할 때 저장 또는 취급에 관한 기술상의 기준을 시·도의 조례에 의해 규제를 받는 경우는?

① 등유 2000L를 저장하는 경우
② 중유 3000L를 저장하는 경우
③ 윤활유 5000L를 저장하는 경우
④ 휘발유 400L를 저장하는 경우

🔍 지정수량 미만(지정수량의 배수가 1미만)을 저장 또는 취급 시에는 시·도 조례의 규제를 받는다.

지정수량의 배수 = $\frac{저장수량}{지정수량}$

• 지정수량

종류	품명	지정수량
등유	제2석유류(비수용성)	1000L
중유	제3석유류(비수용성)	2000L
윤활유	제4석유류	6000L
휘발유	제1석유류(비수용성)	200L

• 지정수량의 배수를 계산하면
- 등유 2000L의 지정수량의 배수 = 2000L÷1000L = 2.0배
- 중유 3000L의 지정수량의 배수 = 3000L÷2000L = 1.5배
- 윤활유 5000L의 지정수량의 배수 = 5000L÷6000L = 0.83배
- 휘발유 400L의 지정수량의 배수 = 400L÷200L = 2.0배
※ 지정수량미만이면 시·도 조례, 지정수량 이상이면 위험물안전관리법을 적용 받는다.

57 황린에 대한 설명으로 틀린 것은?

① 백색 또는 담황색의 고체로 독성이 있다.
② 물에는 녹지 않고 이황화탄소에는 녹는다.
③ 공기 중에서 산화되어 오산화인이 된다.
④ 녹는점은 적린과 비슷하다.

황린과 적린의 비교		
종류	류별	녹는점
황린	제3류 위험물	44℃
적린	제2류 위험물	600℃

58 위험물안전관리법령상 제2류 위험물 중 철분을 수납한 운반용기 외부에 표시해야 할 내용은?

① 물기주의 및 화기엄금
② 화기주의 및 물기엄금
③ 공기노출엄금
④ 충격주의 및 화기엄금

🔍 철분(제2류 위험물)의 외부표시사항 : 화기주의 및 물기엄금

59 위험물제조소의 안전거리 기준으로 틀린 것은?

① 주택으로부터 10m 이상
② 학교, 병원, 극장으로부터 30m 이상
③ 지정문화유산으로부터 70m 이상
④ 고압가스등을 저장·취급하는 시설로부터는 20m 이상

🔍 지정문화유산, 천연기념물등의 안전거리 : 50m 이상

60 이송취급소 배관등의 용접부는 비파괴시험을 실시하여 합격해야 한다. 이 경우 이송기지내의 지상에 설치되는 배관등을 전체 용접부의 몇 % 이상 발췌하여 시험할 수 있는가?

① 10
② 15
③ 20
④ 25

🔍 이송기지내의 지상에 설치되는 배관등은 비파괴시험을 실시할 때 전체 용접부의 20% 이상 발췌하여 시험해야 한다.

정답 복원문제 2023년 1회

01 ③	02 ④	03 ④	04 ③	05 ①
06 ④	07 ②	08 ③	09 ②	10 ③
11 ④	12 ④	13 ②	14 ③	15 ①
16 ③	17 ①	18 ②	19 ④	20 ③
21 ①	22 ④	23 ④	24 ③	25 ①
26 ①	27 ③	28 ①	29 ④	30 ②
31 ②	32 ①	33 ③	34 ①	35 ③
36 ④	37 ③	38 ②	39 ③	40 ①
41 ④	42 ③	43 ②	44 ②	45 ①
46 ④	47 ③	48 ①	49 ②	50 ④
51 ④	52 ①	53 ③	54 ②	55 ③
56 ③	57 ④	58 ②	59 ③	60 ③

2023년 2회 복원문제

1. 물질의 물리·화학적 성질

01 다음 중 염기성 산화물에 해당하는 것은?

① 이산화탄소
② 산화나트륨
③ 이산화규소
④ 이산화황

🔍 산화물의 종류
- 염기성산화물 : CaO, CuO, BaO, MgO, Na$_2$O, K$_2$O, Fe$_2$O$_3$
- 산성산화물 : CO$_2$, SO$_2$, SO$_3$, NO$_2$, SiO$_2$, P$_2$O$_5$
- 양쪽성산화물 : ZnO, Al$_2$O$_3$, SnO, PbO, Sb$_2$O$_3$

02 탄소, 수소, 산소로 되어있는 유기화합물 15g이 있다. 이것을 완전 연소시켜 CO$_2$ 22g, H$_2$O 9g을 얻었다. 처음 물질 중 산소는 몇 g 있었는가?

① 4g
② 6g
③ 8g
④ 10g

🔍 각각의 원자량은 C : 12, H : 1, O : 16이므로
- CO$_2$중의 C의 질량 = 22g × $\frac{12}{44}$ = 6g
- H$_2$O중의 H의 질량 = 9g × $\frac{2}{18}$ = 1g
- ∴ 처음 산소의 질량 = 15g − 6g − 1g = 8g

03 다음 중 끓는점이 가장 높은 물질은?

① HF
② HCl
③ HBr
④ HI

🔍 끓는점

종류	명칭	끓는점
HF	플루오린화수소	19 ~ 20℃
HCl	염화수소	−85℃
HBr	브로민화수소	−67℃
HI	아이오딘화수소	−35.4℃

04 PbSO$_4$의 용해도를 실험한 결과 0.045g/L이었다. PbSO$_4$의 용해도곱 상수(Ks)는?(단, PbSO$_4$의 분자량은 303.27이다.)

① 5.5×10^{-2}
② 4.5×10^{-4}
③ 3.4×10^{-6}
④ 2.2×10^{-8}

🔍 용해도곱 상수 Ks = $(\frac{0.045g/L}{303.27})^2$ = 2.2×10^{-8}

05 물 200g에 A 물질 2.9g을 녹인 용액의 빙점은?(단, 물의 어는점 내림 상수는 1.86℃·kg/mol이고, A 물질의 분자량은 58이다.)

① −0.465℃
② −0.932℃
③ −1.871℃
④ −2.453℃

🔍 빙점강하(ΔT_f)

$\Delta T_f = K_f \cdot m = K_f \times \frac{\frac{W_B}{M}}{W_A} \times 1000$

여기서 K_f : 빙점강하계수(물 : 1.86), m : 몰랄농도
W_B : 용질의 무게(2.9g), W_A : 용매의 무게(200g),
M : 분자량(58)

∴ $\Delta T_f = 1.86 \times \frac{\frac{2.9g}{58}}{200g} \times 1000 = 0.465℃ \Rightarrow -0.465℃$

06 테르밋(thermit)의 주성분은 무엇인가?

① Mg와 Al$_2$O$_3$
② Al과 Fe$_2$O$_3$
③ Zn과 Fe$_2$O$_3$
④ Cr와 Al$_2$O$_3$

🔍 테르밋(thermit)의 주성분 : 알루미늄과 산화철[Al과 Fe$_2$O$_3$]

07 밑줄 친 원소의 산화수가 +5인 것은?

① H$_3$$\underline{P}O_4$
② K$\underline{Mn}$O$_4$
③ K$_2$$\underline{Cr}_2O_7$
④ K$_3$[$\underline{Fe}$(CN)$_6$]

🔍 **산화수**
- H_3PO_4의 산화수
  $(+1×3) + x + (-2)×4 = 0$ $x(P) = +5$
- $KMnO_4$의 산화수
  $(+1) + x + (-2)×4 = 0$ $x(Mn) = +7$
- $K_2Cr_2O_7$의 산화수
  $(+1)×2] + 2x + [(-2)×7] = 0$ $x(Cr) = +6$
- $K_3[Fe(CN)_6]$의 산화수
  $(+1×3) + x + (-1)×6 = 0$ $x(P) = +3$

08 H_2O가 H_2S보다 비등점이 높은 이유는 무엇인가?

① 분자량이 적기 때문에
② 수소결합을 하고 있기 때문에
③ 공유결합을 하고 있기 때문에
④ 이온결합을 하고 있기 때문에

🔍 물과 같이 수소결합을 하는 물질은 비점(비등점)이 높다.

09 고체 유기물질을 정제하는 과정에서 이 물질이 순수한 상태인지를 알아보기 위한 조사 방법으로 다음 중 가장 적합한 방법은 무엇인가?

① 육안 관찰   ② 녹는점 측정
③ 광학현미경 분석 ④ 전도도 측정

🔍 고체의 순수한 물질 확인 : 녹는점(Melting Point)

10 다음 물질 중에서 염기성인 것은?

① $C_6H_5NH_2$ ② $C_6H_5NO_2$
③ C_6H_5OH ④ C_6H_5COOH

🔍 아닐린($C_6H_5NH_2$) : 염기성

11 다음 중 벤젠고리를 함유하고 있는 것은?

① 아세틸렌   ② 아세톤
③ 메테인   ④ 아닐린

🔍 **화학식**

명칭	화학식	명칭	화학식
아세틸렌	C_2H_2	아세톤	CH_3COCH_3
메테인	CH_4	아닐린	$C_6H_5NH_2$

12 산 염기 지시약인 페놀프탈레인의 pH 변색범위는?

① $3.5 \sim 4.5$ ② $3.5 \sim 6.5$
③ $4.5 \sim 6.0$ ④ $8.3 \sim 10.0$

🔍 지시약 : 산과 염기의 중화 적정 시 종말점(end point)을 알아내기 위하여 용액의 액성을 나타내는 시약

지시약	변색		변색범위(pH)
	산성색	염기성색	
메틸오렌지(M.O)	적색	오렌지색	$3.1 \sim 4.4$
메틸레드(M.R)	적색	노랑색	$4.8 \sim 6.0$
페놀레드	노랑색	적색	$6.4 \sim 8.0$
페놀프탈레인(P.P)	무색	적색	$8.0 \sim 9.6$

13 $FeCl_3$의 존재하에서 톨루엔과 염소를 반응시키면 어떤 물질이 생기는가?

① o-클로로톨루엔   ② p-살리실산메틸
③ 아세트아닐라드   ④ 염화벤젠디아조늄

🔍 톨루엔과 염소를 반응시키면 클로로톨루엔(o-, m-, p-)이 된다.

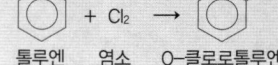

14 액체 0.2g을 기화시켰더니 그 증기의 부피가 97℃, 740mmHg에서 80mL였다. 이 액체의 분자량은?

① 40   ② 46
③ 78   ④ 121

🔍 이상기체상태방정식
$PV = \dfrac{W}{M}$ $M = \dfrac{WRT}{PV}$

여기서 P : 압력($\dfrac{740mmHg}{760mmHg} \times 1atm = 0.974atm$),
V : 부피(80mℓ = 0.08ℓ), M : 분자량(g), W : 무게(0.2g),
R : 기체상수(0.08205$\ell \cdot$atm/g-mol$\cdot$K),
T : 절대온도(273 + 97℃ = 370K)

$\therefore M = \dfrac{WRT}{PV} = \dfrac{0.2 \times 0.08205 \times 370}{0.974 \times 0.08} = 77.92g$

15 다음 물질 중 물에 가장 잘 용해되는 것은?

① 다이에틸에터   ② 글리세린
③ 벤젠   ④ 톨루엔

🔍 글리세린은 제4류 제3석유류로서 물에 잘 녹는 수용성이다.

16 일반적으로 환원제가 될 수 있는 물질이 아닌 것은?

① 수소를 내기 쉬운 물질
② 전자를 잃기 쉬운 물질
③ 산소와 화합하기 쉬운 물질
④ 발생기의 산소를 내는 물질

🔍 환원제 : 발생기 수소를 내기 쉬운 물질

17 발연황산이란 무엇인가?

① H_2SO_4의 농도가 98%이상인 거의 순수한 황산
② 황산과 염산을 2 : 3의 비율로 혼합한 것
③ SO_3를 황산에 흡수시킨 것
④ 일반적인 황산을 총괄

🔍 발연황산 : 진한황산에 다량의 삼산화황을 흡수시킨 것

18 납 축전지를 오랫동안 방전시키면 어느 물질이 생기는가?

① Pb ② pbO_2
③ H_2SO_4 ④ $PbSO_4$

🔍 납(연)축전지
∴ 전체 전지반응 $Pb + PbO_2 + 4H^+ + 2SO_4^{2-}$
$\rightarrow 2PbSO_4 + 2H_2O$
※ (−) Pb ∥ H_2SO_4 20%용액 ∣ PbO_2 (+)

19 NaOH 1g이 250mL 메스플라스크에 녹아 있을 때 NaOH 수용액의 농도는?

① 0.1N ② 0.3N
③ 0.5N ④ 0.7N

🔍 수산화나트륨 제조

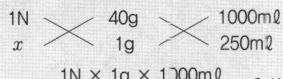

∴ $x = \dfrac{1N \times 1g \times 1000mL}{40g \times 250mL} = 0.1N$

20 어떤 온도에서 물 290g에 최대 설탕이 90g이 녹는다. 이 온도에서 설탕의 용해도는?

① 45 ② 90
③ 180 ④ 290

🔍 용해도 = $\dfrac{용질}{용매} \times 100 = \dfrac{90}{290 - 90} \times 100 = 45$
※ 용해도 : 용매 100g에 녹을 수 있는 용질의 g수

2. 화재예방과 소화방법

21 동식물유류 400,000L의 소화설비 설치 시 소요단위는 몇 단위인가?

① 2
② 4
③ 20
④ 40

🔍 소요단위 = $\dfrac{저장량}{지정수량 \times 10} = \dfrac{400,000ℓ}{10,000ℓ \times 10} = 4단위$
※ 동식물유류의 지정수량 : 10,000L

22 고체가연물의 연소형태에 해당되지 않는 것은?

① 등심연소
② 증발연소
③ 분해연소
④ 표면연소

🔍 고체의 연소 : 표면연소, 분해연소, 증발연소, 자기연소

23 황린을 밀폐용기 속에서 260℃로 가열하여 얻은 물질을 연소시킬 때 주로 생성되는 물질은?

① P_2O_5 ② CO_2
③ PO_2 ④ CuO

🔍 공기 중에서 연소 시 오산화인(P_2O_5)의 흰 연기를 발생한다.
$P_4 + 5O_2 \rightarrow 2P_2O_5$

24 위험물 제조소에 "화기엄금"이라고 표시한 게시판을 설치하는 경우 해당되지 않는 것은?

① 제1류 위험물
② 제2류 위험물의 인화성 고체
③ 제4류 위험물
④ 제5류 위험물

🔍 위험물별 주의사항

위험물의 종류	주의사항	게시판의 색상
제1류 위험물 중 알칼리금속의 과산화물 제3류 위험물 중 금수성물질	물기엄금	청색바탕에 백색문자
제2류 위험물(인화성 고체는 제외)	화기주의	적색바탕에 백색문자
제2류 위험물 중 인화성 고체 제3류 위험물 중 자연발화성물질 제4류 위험물 제5류 위험물	화기엄금	적색바탕에 백색문자

25 제1류 위험물 중 알칼리금속 과산화물의 화재에 적응성이 있는 소화약제는?

① 인산염류 분말
② 이산화탄소
③ 탄산수소염류 분말
④ 할로젠화합물

🔍 알칼리금속의 과산화물 소화약제 : 탄산수소염류 분말약제, 마른모래, 팽창질석, 팽창진주암

26 연소할 때 자기연소에 의하여 질식소화가 곤란한 위험물은?

① $C_3H_5(ONO_2)_3$　　② $C_5H_3(CH_3)_2$
③ CH_2CHCH_2　　④ $C_2H_5OC_2H_5$

🔍 나이트로글리세린[$C_3H_5(ONO_2)_3$]은 제5류 위험물의 질산에스터류로서 자기연소를 하므로 냉각소화를 해야 한다.

27 소요단위에 대한 설명으로 옳은 것은?

① 소화설비의 설치대상이 되는 건축물 그 밖의 공작물의 규모 또는 위험물의 양의 기준단위이다.
② 소화설비 소화능력의 기준단위이다.
③ 저장소의 건축물은 외벽이 내화구조인 것은 연면적 75m²를 1소요단위로 한다.
④ 지정수량 100배를 1소요단위로 한다.

🔍 소요단위 및 능력단위
① 소요단위 : 소화설비의 설치대상이 되는 건축물 그 밖의 공작물의 규모 또는 위험물의 양의 기준단위
② 능력단위 : 소요단위에 대응하는 소화설비의 소화능력의 기준단위
③ 소요단위의 계산방법
• 제조소 또는 취급소의 건축물
　- 외벽이 내화구조 : 연면적 100m²를 1소요단위
　- 외벽이 내화구조가 아닌 것 : 연면적 50m²를 1소요단위
• 저장소의 건축물
　- 외벽이 내화구조 : 연면적 150m²를 1소요단위
　- 외벽이 내화구조가 아닌 것 : 연면적 75m²를 1소요단위
• 위험물은 지정수량의 10배 : 1소요단위

28 위험물제조소등에 설치하는 자동화재탐지설비의 설치기준으로 틀린 것은?

① 원칙적으로 경계구역은 건축물의 2 이상의 층에 걸치지 않도록 한다.
② 원칙적으로 상층이 있는 경우에는 감지기 설치를 하지 않을 수 있다.
③ 원칙적으로 하나의 경계구역의 면적은 600m² 이하로 하고 그 한변의 길이는 50m 이하로 한다.
④ 비상전원을 설치해야 한다.

🔍 자동화재탐지설비의 설치기준
• 자동화재탐지설비의 경계구역(화재가 발생한 구역을 다른 구역과 구분하여 식별할 수 있는 최소단위의 구역)은 건축물 그 밖의 공작물의 2 이상의 층에 걸치지 않도록 할 것. 다만, 하나의 경계구역의 면적이 500m² 이하이면서 당해 경계구역이 두개의 층에 걸치는 경우이거나 계단·경사로·승강기의 승강로 그 밖에 이와 유사한 장소에 연기감지기를 설치하는 경우에는 그렇지 않다.
• 하나의 경계구역의 면적은 600m² 이하로 하고 그 한변의 길이는 50m(광전식분리형 감지기를 설치할 경우에는 100m)이하로 할 것. 다만, 당해 건축물 그 밖의 공작물의 주요한 출입구에서 그 내부의 전체를 볼 수 있는 경우에 있어서는 그 면적을 1,000m² 이하로 할 수 있다.
• 자동화재탐지설비의 감지기는 지붕(상층이 있는 경우에는 상층의 바닥) 또는 벽의 옥내에 면한 부분(천장이 있는 경우에는 천장 또는 벽의 옥내에 면한 부분 및 천장의 뒷 부분)에 유효하게 화재의 발생을 감지할 수 있도록 설치할 것
• 자동화재탐지설비에는 비상전원을 설치할 것

29 위험물제조소의 환기설비 설치기준으로 옳지 않은 것은?

① 환기구는 지붕 위 또는 지상 2m이상의 높이에 설치할 것
② 급기구는 바닥면적 150m²마다 1개 이상으로 할 것
③ 환기구는 자연배기방식으로 할 것
④ 급기구는 높은 곳에 설치하고 인화방지망을 설치할 것

> 환기설비에서 급기구는 낮은 곳에 설치하고 인화방지망을 설치할 것

30 제조소에서 취급하는 제4류 위험물의 최대수량의 합이 지정수량의 12만배 이상 24만배 미만인 사업소의 자체소방대에 두는 화학소방자동차의 대수의 기준은?

① 1대 ② 2대
③ 3대 ④ 4대

> 자체소방대를 두는 화학소방자동차 및 인원(시행령 별표 8)

사업소의 구분	화학소방자동차	자체소방대원의 수
제조소 또는 일반취급소에서 취급하는 제4류 위험물의 최대수량의 합이 지정수량의 3천배이상 12만배 미만인 사업소	1대	5인
제조소 또는 일반취급소에서 취급하는 제4류 위험물의 최대수량의 합이 지정수량의 12만배 이상 24만배 미만인 사업소	2대	10인
제조소 또는 일반취급소에서 취급하는 제4류 위험물의 최대수량의 합이 지정수량의 24만배 이상 48만배 미만인 사업소	3대	15인
제조소 또는 일반취급소에서 취급하는 제4류 위험물의 최대수량의 합이 지정수량의 48만배 이상인 사업소	4대	20인
옥외탱크저장소에 저장하는 제4류 위험물의 최대수량이 지정수량의 50만배 이상인 사업소	2대	10인

31 옥내 소화전 설비의 기준으로 옳지 않은 것은?

① 옥내소화전함에는 그 표면에 "소화전"이라고 표시해야 한다
② 옥내 소화전함의 상부의 벽면에 적색의 표시등을 설치해야 한다.
③ 표시등 불빛은 부착면과 10도 이상의 각도가 되는 방향으로 10m 이내에서 쉽게 식별할 수 있어야 한다.
④ 호스접속구는 바닥면으로부터 1.5m 이하의 높이에 설치해야 한다.

> 옥내 소화전 설비의 위치표시등 불빛은 부착면과 15도 이상의 각도가 되는 방향으로 10m 이내에서 쉽게 식별할 수 있어야 한다.

32 물을 소화약제로 사용하는 가장 큰 이유는?

① 기화잠열이 크므로
② 부촉매효과가 있으므로
③ 환원성이 있으므로
④ 기화하기 쉬우므로

> 물은 비열과 기화잠열이 크기 때문에 소화약제로 이용한다.

33 위험물(경유)의 취급을 주된 작업내용으로 하는 다음의 장소에 스프링클러설비를 설치할 경우 확보해야 하는 1분당 방사밀도는 몇 L/m² 이상이어야 하는가?(단, 내화구조의 바닥 및 벽에 의하여 2개의 실로 구획되고 각 실의 바닥면적은 500m²이다.)

① 8.1 ② 12.2
③ 13.9 ④ 16.4

> 방사밀도

살수기준면적 (m²)	방사밀도(ℓ/m²분)		비고
	인화점 38℃ 미만	인화점 38℃ 이상	
279 미만	16.3 이상	12.2 이상	살수기준면적은 내화구조의 벽 및 바닥으로 구획된 하나의 실의 바닥면적을 말하고, 하나의 실의 바닥면적이 465m² 이상인 경우의 살수기준면적은 465m²로 한다. 다만, 위험물의 취급을 주된 작업내용으로 하지 아니하고 소량의 위험물을 취급하는 설비 또는 부분이 넓게 분산되어 있는 경우에는 방사밀도는 8.2L/m²분 이상, 살수기준면적은 279m² 이상으로 할 수 있다.
279 이상 372 미만	15.5 이상	11.8 이상	
372 이상 465 미만	13.9 이상	9.8 이상	
465 이상	12.2 이상	8.1 이상	

34 위험물제조소등에 설치된 옥외소화전설비는 모두 옥외소화전(설치개수가 4개이상인 경우는 4개의 옥외소화전)을 동시에 사용할 경우에 각 노즐선단의 방수압력은 몇 kPa 이상이어야 하는가?

① 170　　② 350
③ 420　　④ 540

> 옥외소화전설비
> • 방수압력 : 350kPa 이상
> • 방수량 : 450ℓ/min 이상

35 제4종 분말 소화약제의 주성분으로 옳은 것은?

① 탄산수소칼륨과 요소의 반응생성물
② 탄산수소칼륨과 인산염의 반응생성물
③ 탄산수소나트륨과 요소의 반응생성물
④ 탄산수소나트륨과 인산염의 반응생성물

> 제4종 분말 소화약제 : 탄산수소칼륨(KHCO₃)과 요소[(NH₂)₂CO]의 반응생성물

36 표시색상이 황색인 화재는?

① A급 화재　　② B급 화재
③ C급 화재　　④ D급 화재

> 화재의 종류

구분 \ 항목	화재의 종류	원형 표시색
A급	일반화재	백색
B급	유류화재	황색
C급	전기화재	청색
D급	금속화재	무색

37 위험물의 화재 시 주수소화하면 가연성가스의 발생으로 인하여 위험성이 증가하는 것은?

① 황　　② 염소산칼륨
③ 인화칼슘　　④ 질산암모늄

> 인화칼슘이 물과 반응하면 포스핀(PH_3)의 가연성가스를 발생한다.
> $Ca_3P_2 + 3H_2O \rightarrow 2PH_3 + 3Ca(OH)_2$

38 위험물의 화재 발생 시 사용하는 소화설비(약제)를 연결한 것이다. 소화효과가 가장 떨어진 것은?

① $(C_2H_5)_3Al$ - 팽창질석
② $C_2H_5OC_2H_5$ - CO_2
③ $C_6H_2(NO_2)_3OH$ - 수조
④ $C_6H_4(CH_3)_2$ - 수조

> 크실렌[$C_6H_4(CH_3)_2$] : 질식소화(포, 이산화탄소, 할로젠화합물, 분말)

39 소화약제의 종류에 해당되지 않는 것은?

① CH_2BrCl　　② $NaHCO_3$
③ NH_4BrO_3　　④ CF_3Br

> 소화약제

종류	명칭	약제명
CH_2BrCl	할론 1011	할로젠화합물
$NaHCO_3$	탄산수소나트륨	제1종 분말
NH_4BrO_3	브로민산암모늄	제1류 위험물
CF_3Br	할론 1301	할로젠화합물

40 처마의 높이가 6m 이상인 단층건물에 설치된 옥내저장소의 소화설비로 고려될 수 없는 것은?

① 포소화설비
② 옥내소화전설비
③ 불활성가스소화설비
④ 할로젠화합물소화설비

> 처마의 높이가 6m 이상인 단층건물에 설치된 옥내저장소의 소화설비
> • 스프링클러설비
> • 이동식외의 물분무등소화설비(물분무소화설비, 포소화설비, 할로젠화합물소화설비, 불활성가스소화설비, 분말소화설비)

3. 위험물 성상 및 취급

41 다음 물질 중 증기비중이 가장 작은 것은?

① 이황화탄소　　② 아세톤
③ 아세트알데하이드　　④ 다이에틸에터

증기비중

종류	화학식	분자량	증기비중
이황화탄소	CS_2	76	75/29 = 2.59
아세톤	CH_3COCH_3	58	58/29 = 2.0
아세트알데하이드	CH_3CHO	44	44/29 = 1.52
다이에틸에터	$C_2H_5OC_2H_5$	74.12	74.12/29 = 2.56

42 지정수량의 10배 이상의 위험물을 운반할 때 혼재가 가능한 것은?

① 제1류와 제2류 ② 제2류와 제6류
③ 제3류와 제5류 ④ 제4류와 제2류

운반 시 혼재가능
- 제1류 + 제6류
- 제3류 + 제4류
- 제5류 + 제2류 + 제4류

43 위험물안전관리법령상 위험물의 운반용기 외부에 표시해야 하는 사항이 아닌 것은?(단, 기계에 의하여 하역하는 구조로 된 운반용기는 제외한다.)

① 위험물의 품명 ② 위험물의 수량
③ 위험물의 화학명 ④ 위험물의 제조년월일

운반용기의 외부표시사항
- 위험물의 품명, 위험등급, 화학명 및 수용성(제4류 위험물의 수용성인 것에 한함)
- 위험물의 수량
- 주의사항

44 제5류 위험물의 일반적인 취급 및 소화방법으로 틀린 것은?

① 운반용기 외부에는 주의사항으로 화기엄금 및 충격주의 표시를 한다.
② 화재 시 소화방법으로는 질식소화가 가장 이상적이다.
③ 대량 화재 시 소화 곤란하므로 가급적 소분하여 저장한다.
④ 화재 시 폭발의 위험성이 있으므로 충분한 안전거리를 확보하여야 한다.

제5류 위험물은 냉각소화로 소화한다.

45 황린의 보존방법으로 가장 적합한 것은?

① 벤젠 속에서 보존한다.
② 석유 속에서 보존한다.
③ 물 속에 보존한다.
④ 알코올 속에 보존한다.

저장방법
- 황린 : 물속에 저장(공기와 접촉을 피하기 위하여)
- 이황화탄소 : 물속에 저장(가연성증기 발생을 억제하기 위하여)

46 적린의 위험성에 대한 설명으로 옳은 것은?

① 발화방지를 위해 염소산칼륨과 함께 보관한다.
② 물과 격렬하게 반응하여 열을 발생한다.
③ 공기 중에 방치하면 자연발화 한다.
④ 산화제와 혼합할 경우 마찰, 충격에 의해서 발화한다.

적린(제2류 위험물)은 산화제와 혼합할 경우 마찰, 충격에 의해서 발화한다.

47 옥내저장탱크와 탱크전용실의 벽과의 사이 및 옥내 저장탱크 상호간에는 몇 m 이상의 간격을 유지하여야 하는가?

① 0.3 ② 0.5
③ 1.0 ④ 1.5

옥내탱크저장소의 이격거리
- 옥내저장탱크와 탱크전용실의 벽과의 사이 : 0.5m 이상
- 옥내저장탱크 상호간의 거리 : 0.5m 이상

48 알킬알루미늄에 대한 설명 중 틀린 것은?

① 물과 폭발적 반응을 일으켜 발화되므로 비산하는 위험물이 있다.
② 이동저장탱크는 외면을 적색으로 도장하고 용량은 1900L 미만으로 저장한다.
③ 화재 시 발생되는 흰 연기는 인체에 유해하다.
④ 탄소수가 4개까지는 안전하나 5개 이상으로 증가할수록 자연발화의 위험성이 증가한다.

알킬기의 탄소 1개에서 4개까지의 화합물은 공기와 접촉하면 자연발화를 일으킨다.

49 P_4S_3이 가장 잘 녹는 것은?

① 염산
② 이황화탄소
③ 황산
④ 냉수

> 삼황화인은 이황화탄소(CS_2), 알칼리, 질산에는 녹고, 물, 염소, 염산, 황산에는 녹지 않는다.

50 동식물유류를 취급 및 저장할 때 주의사항으로 옳은 것은?

① 아마인유는 불건성유이므로 옥외저장 시 자연발화의 위험이 없다.
② 아이오딘값이 130 이상인 것은 섬유질에 스며들어 있으므로 자연발화의 위험이 있다.
③ 아이오딘값이 100 이상인 것은 불건성유이므로 저장할 때 주의를 요한다.
④ 인화점이 상온이상이므로 소화에는 별 어려움이 없다.

> 동식물유류
> • 아마인유는 건성유로서 자연발화의 위험이 있다.
> • 아이오딘값이 100 이하가 불건성유이다.

51 다음 중 가연성 물질이 아닌 것은?

① 수소화나트륨
② 황화인
③ 과산화나트륨
④ 적린

> 과산화나트륨(Na_2O_2)은 제1류 위험물로서 불연성이다.

52 위험물안전관리법에 의한 위험물 분류상 제1류 위험물에 속하지 않는 것은?

① 아염소산염류   ② 질산염류
③ 유기과산화물   ④ 무기과산화물

> 유기과산화물 : 제5류 위험물

53 CS_2를 물속에 저장하는 주된 이유는 무엇인가?

① 불순물을 용해시키기 위하여
② 가연성 증기의 발생을 억제하기 위하여
③ 상온에서 수소 가스를 방출하기 때문에
④ 공기와 접촉하면 즉시 폭발하기 때문에

> 이황화탄소(CS_2)는 가연성 증기의 발생을 억제하기 위하여 물속에 저장한다.

54 옥외탱크저장소에서 취급하는 위험물의 최대수량에 따른 보유공지 너비가 틀린 것은?(단, 원칙적인 경우에 한한다.)

① 지정수량 500배 이상 – 3m 이상
② 지정수량 500배 초과 1000배 이하 – 5m 이상
③ 지정수량 1000배 초과 2000배 이하 – 9m 이상
④ 지정수량 2000배 초과 3000배 이하 – 15m 이상

> 지정수량 2000배 초과 3000배 이하는 12m 이상의 보유공지를 확보해야 한다.

55 위험물제조소 건축물의 구조 기준이 아닌 것은?

① 출입구에는 60분+ 방화문·60분 방화문 또는 30분 방화문을 설치할 것
② 지붕은 폭발력이 위로 방출될 정도의 가벼운 불연재료로 덮을 것
③ 벽, 기둥, 바닥, 보, 서까래 및 계단은 불연재료로 하고 연소우려가 있는 외벽은 개구부가 없는 내화구조로 할 것
④ 산화성고체, 가연성고체 위험물을 취급하는 건축물의 바닥은 위험물이 스며들지 못하는 재료를 사용할 것

> 액체의 위험물을 취급하는 건축물의 바닥 : 적당한 경사를 두고 그 최저부에 집유설비를 할 것

56 1기압에서 인화점이 21℃ 이상 70℃ 미만인 품명에 해당하는 물품은?

① 벤젠
② 경유
③ 나이트로벤젠
④ 실린더유

🔍 위험물의 분류

구분	인화점	품명
제1석유류	21℃ 미만	아세톤, 휘발유, 벤젠, 톨루엔
제2석유류	21℃ 이상 70℃ 미만	등유, 경유, 초산, 의산
제3석유류	70℃ 이상 200℃ 미만	중유, 크레오소트유, 나이트로벤젠
제4석유류	200℃ 이상 250℃ 미만	기어유, 실린더유

57 다음 [보기]에서 설명하는 위험물은?

- 순수한 것은 무색, 투명한 액체이다.
- 물에 녹지 않고 벤젠에는 녹는다.
- 물보다 무겁고 독성이 있다.

① 아세트알데하이드
② 다이에틸에터
③ 아세톤
④ 이황화탄소

🔍 아세트알데하이드나 아세톤은 물에 잘 녹으므로 제외되고 물보다 무겁고 독성이 있는 것은 이황화탄소이다.

58 질산에틸의 성상에 관한 설명 중 틀린 것은?

① 향기를 갖는 무색의 액체이다.
② 휘발성물질로 증기 비중은 공기보다 작다.
③ 물에는 녹지 않으나 에터에는 녹는다.
④ 비점이상으로 가열하면 폭발의 위험이 있다.

🔍 질산에틸의 증기 비중은 공기보다 무겁다.
※ 질산에틸($C_2H_5ONO_2$)은 분자량이 91로서 공기보다 약 3.1(91/29)배 무겁다.

59 다이에틸에터의 성질 및 저장, 취급할 때 주의사항으로 틀린 것은?

① 장시간 공기와 접촉하면 과산화물이 생성되어 폭발위험이 있다.
② 연소범위는 가솔린보다 좁지만 발화점이 낮아 위험하다.
③ 정전기 생성방지를 위해 약간의 $CaCl_2$를 넣어 준다.
④ 이산화탄소 소화기는 적응성이 있다.

🔍 연소범위

종류	연소범위
다이에틸에터	1.7 ~ 48%
가솔린	1.2 ~ 7.6%

60 위험물의 저장 및 취급에 대한 설명으로 틀린 것은?

① H_2O_2 : 직사광선을 차단하고 찬 곳에 저장한다.
② MgO_2 : 습기의 존재하에서 산소를 발생하므로 특히 방습에 주의한다.
③ $NaNO_3$: 조해성이 크고 흡습성이 강하므로 습도에 주의한다.
④ K_2O_2 : 물속에 저장한다.

🔍 과산화칼륨(K_2O_2)은 물과 반응하면 산소(O_2)를 발생하므로 위험하다.
$2K_2O_2 + 2H_2O \rightarrow 4KOH + O_2$

정답 복원문제 2023년 2회

01 ②	02 ③	03 ①	04 ④	05 ①
06 ②	07 ①	08 ②	09 ②	10 ①
11 ④	12 ④	13 ①	14 ④	15 ②
16 ④	17 ③	18 ④	19 ①	20 ①
21 ②	22 ①	23 ①	24 ①	25 ③
26 ①	27 ①	28 ②	29 ④	30 ②
31 ③	32 ①	33 ①	34 ②	35 ①
36 ②	37 ③	38 ④	39 ③	40 ②
41 ③	42 ②	43 ②	44 ②	45 ③
46 ④	47 ②	48 ④	49 ②	50 ②
51 ③	52 ③	53 ②	54 ④	55 ②
56 ②	57 ④	58 ②	59 ②	60 ④

2023년 3회 복원문제

1. 물질의 물리·화학적 성질

01 다음 물질 중 은거울반응과 아이오도폼반응을 모두 하는 것은?

① CH_3OH
② C_2H_5OH
③ CH_3CHO
④ $C_2H_5OC_2H_5$

🔍 아세트알데하이드(CH_3CHO) : 은거울반응, 아이오도폼반응

02 반감기가 5일인 미지 시료가 2g 있을 때 10일이 경과하면 남은 양은 몇 g인가?

① 2
② 1
③ 0.5
④ 0.25

🔍 반감기 : 방사선 원소가 붕괴하여 양이 1/2이 될 때까지 걸리는 시간

$$m = M\left(\frac{1}{2}\right)^{\frac{t}{T}}$$

여기서 m : 붕괴후의 질량, M : 처음 질량, t : 경과시간, T : 반감기

$$\therefore m = M\left(\frac{1}{2}\right)^{\frac{t}{T}} = 2g \times \left(\frac{1}{2}\right)^{\frac{10}{5}} = 0.5$$

03 네슬러 시약에 의하여 적갈색으로 검출되는 물질은 어느 것인가?

① 질산이온
② 암모늄이온
③ 아황산이온
④ 일산화탄소

🔍 암모늄(NH_4^+)이온은 네슬러 시약에 의하여 적갈색으로 검출된다.

04 아세틸렌의 성질과 관계가 없는 것은?

① 용접에 이용된다.
② 이중결합을 가지고 있다.
③ 합성 화학원료로 쓸 수 있다.
④ 염화수소와 반응하여 염화비닐을 생성한다.

🔍 아세틸렌은 3중 결합으로 이루어진 화합물이다.

05 밑줄 친 원소 중 산화수가 가장 큰 것은?

① $\underline{N}H_4^+$
② $\underline{N}O_3^-$
③ $\underline{Mn}O_4^-$
④ $\underline{Cr}_2O_7^{2-}$

🔍 산화수 : 이온의 산화수는 그 이온의 가수와 같다.
- NH_4^+의 산화수 : $x + (1 \times 4) = +1$ ∴ $x(N) = -3$
- NO_3^-의 산화수 : $x + (-2 \times 3) = -1$ ∴ $x(N) = +5$
- MnO_4^-의 산화수 : $x + (-2 \times 4) = -1$ ∴ $x(Mn) = +7$
- $Cr_2O_7^{2-}$의 산화수 : $2x + (-2) \times 7 = -2$ ∴ $x(Cr) = +6$

06 $CH_2 = C - C = CH_2$를 옳게 명명한 것은?

① 3-Butene
② 3-Butadiene
③ 1, 3-Butadiene
④ 1, 3-Butene

🔍 1, 3-Butadiene의 화학식
　　1　　2　　3　　4
$CH_2 = C - C = CH_2$

07 어떤 기체의 확산 속도는 SO_2의 2배이다. 이 기체의 분자량은 얼마인가?

① 8
② 16
③ 32
④ 64

🔍 그레이엄의 확산 속도법칙

$$\frac{U_B}{U_A} = \sqrt{\frac{M_A}{M_B}}$$

여기서 A : 어떤 기체, B : 이산화황(SO_2, 분자량 : 64)으로 가정을 하면

$$\therefore M_A = M_B \times \left(\frac{U_B}{U_A}\right)^2 = 64 \times \left(\frac{1}{2}\right)^2 = 16$$

08 Si 원소의 전자 배치로 옳은 것은?

① $1s^2 2s^2 2p^6 3s^2 3p^2$
② $1s^2 2s^2 2p^6 3s^1 3p^2$
③ $1s^2 2s^2 2p^5 3s^1 3p^2$
④ $1s^2 2s^2 2p^6 3s^2$

🔍 14(Si) : $1S^2, 2S^2, 2P^6, 3S^2, 3P^2$

09 다음 화학반응의 속도에 영향을 미치지 않는 것은?

① 촉매의 유무
② 반응계의 온도변화
③ 반응물질의 농도변화
④ 일정한 농도하에서의 부피변화

> 화학반응의 속도에 영향 인자
> • 반응물의 농도
> • 반응물의 온도
> • 촉매의 유무
> • 반응물의 압력

10 방향족 탄화수소가 아닌 것은?

① 톨루엔　　② 크실렌
③ 나프탈렌　④ 사이클로펜테인

> 방향족 탄화수소
>
> | 종류 | 화학식 | 구분 |
> |---|---|---|
> | 톨루엔 | $C_6H_5C_{H_3}$ | 방향족탄화수소 |
> | 크실렌 | $C_6H_4(CH_3)_2$ | 방향족탄화수소 |
> | 나프탈렌 | $C_{10}H_8$ | 방향족탄화수소 |
> | 사이클로펜테인 | C_5H_{10} | 지방족탄화수소 |

11 95Wt% 황산의 비중은 1.84이다. 이 황산의 몰 농도는 약 얼마인가?

① 4.5　　② 8.9
③ 17.8　④ 35.6

> %농도 → 몰농도로 환산
> 몰농도 $M = \dfrac{10ds}{분자량}$ (d : 비중, s : 농도%)
> ∴ 몰농도 $M = \dfrac{10 \times 1.84 \times 95}{98} = 17.8$

12 반응 "$A_2(g) + 2B_2(g) \rightarrow 2AE_2(g) + 열$"에서 평형을 왼쪽으로 이동시킬 수 있는 조건은?

① 압력 감소, 온도 감소
② 압력 증가, 온도 증가
③ 압력 감소, 온도 증가
④ 압력 증가, 온도 감소

> 압력을 증가하는 반응으로 오른쪽으로 진행되며 압력을 감소하고, 온도를 증가시키면 왼쪽으로 이동한다

13 어떤 계가 평형상태에 있을 때의 자유에너지 ΔG를 옳게 표현한 것은?

① $\Delta G < 0$　　② $\Delta G > 0$
③ $\Delta G = 0$　　④ $\Delta G = 1$

> 평형상태에서 자유에너지 $\Delta G = 0$

14 0.1N-HCl 0.1mℓ를 물로 1,000mℓ로 하면 pH는 얼마인가?

① 2　② 3
③ 4　④ 5

> 중화적정 공식
> $NV = N'V'$
> $0.1N \times 0.1mL = N' \times 1000mL$　　$N' = 1 \times 10^{-5}$
> ∴ $pH = -\log[H^+] = -\log[1 \times 10^{-5}] = 5 - \log 1 = 5$

15 기하이성질체 때문에 극성 분자와 비극성분자를 가질 수 있는 것은?

① C_2H_4
② C_2H_3Cl
③ $C_2H_2Cl_2$
④ C_2HCl_3

> 다이클로로에틸렌($C_2H_2Cl_2$)은 시스(cis)형와 트랜스(trans)형이 있고 극성 분자와 비극성분자를 가질 수 있다.
>
> cis-1,2-다이클로로에틸렌　　trans-1,2-다이클로로에틸렌

16 올레핀계탄화수소에 해당되는 것은?

① CH_4　　② $CH_2 = CH_2$
③ $CH \equiv CH$　④ CH_3CHO

> 올레핀계탄화수소 : 에틸렌((C_2H_4, $CH_2 = CH_2$)

17 AgNO₃와 CuSO₄의 수용액에 각각 같은 양의 전기량을 통했을 때 Cu가 63.5g 석출되었다면 Ag는 몇 g이 석출되는가?

① 63.5g ② 108g
③ 127g   ④ 216g

> Cu의 1g당량 = 원자량/원자가 = 63.5/2g = 31.75g
> Cu 63.5g = 2g당량 = 2F
> 그러면 Ag가 2F전기량이 필요하므로 2×108 = 216g

18 산소 5g을 27℃에서 1.0ℓ의 용기 속에 넣었을 때 기체의 압력은 몇 기압인가?

① 0.52기압 ② 3.84기압
③ 14.50기압 ④ 5.43기압

> 이상기체 상태방정식을 적용하면
> $PV = \frac{W}{M}RT \quad P = \frac{WRT}{VM}$
> 여기서 V : 부피(ℓ), W : 무게(5g),
> R : 기체상수 $\left(0.08205 \frac{\ell \cdot atm}{g-mol \cdot K}\right)$
> T : 절대온도(273 + 27K), P : 압력(1atm),
> M : 분자량(O₂ = 32)
> $\therefore P = \frac{WRT}{VM} = \frac{5 \times 0.08205 \times 300}{1 \times 32} = 3.84atm$

19 산(acid)의 성질을 설명한 것 중 틀린 것은?

① 수용액 속에서 H^+를 내는 화합물이다.
② pH값이 작을수록 강산이다.
③ 금속과 반응하여 수소를 발생하는 것이 많다.
④ 붉은색 리트머스 종이를 푸르게 변화시킨다.

> 붉은색 리트머스 종이를 푸르게 변화시키는 것은 염기의 성질이다.

20 다음 pH 값에서 알칼리성이 가장 큰 것은?

① pH=1 ② pH=6
③ pH=8 ④ pH=13

> pH값이 7보다 작을수록 산성이 강하고 7보다 클수록 알칼리성이 강하다.

2. 화재예방과 소화방법

21 제조소 또는 일반취급소에서 취급하는 제4류 위험물의 최대수량의 합이 지정수량의 3천배 이상 12만배 미만인 사업소의 자체소방대에 두는 화학소방자동차와 자체소방대원의 기준으로 옳은 것은?

① 1대, 5인 ② 2대, 10인
③ 3대, 15인 ④ 4대, 20인

> 자체소방대에 두는 화학소방자동차 및 인원(제18조 제3항 관련)
>
> | 사업소의 구분 | 화학소방 자동차 | 자체소방 대원의 수 |
> |---|---|---|
> | 제조소 또는 일반취급소에서 취급하는 제4류 위험물의 최대 수량의 합이 지정수량의 3천배 이상 12만배 미만인 사업소 | 1대 | 5인 |

22 CF₃Br 소화기의 주된 소화효과에 해당되는 것은?

① 억제효과
② 질식효과
③ 냉각효과
④ 피복효과

> 할론 1301(CF₃Br)의 주된 소화효과 : 억제효과

23 다음 물질 중에서 일반화재, 유류화재 및 전기화재에 모두 사용할 수 있는 분말소화약제의 주성분은?

① $KHCO_3$ ② Na_2SO_4
③ $NaHCO_3$ ④ $NH_4H_2PO_4$

> 제3종 분말 : 제일인산암모늄($NH_4H_2PO_4$), 일반(A급), 유류(B급), 전기(C급)화재에 적응

24 전역방출방식의 할로젠화합물 소화설비의 분사헤드에서 Halon 1211을 방사하는 경우의 방사압력은 얼마이상으로 하여야 하는가?

① 0.1MPa ② 0.2MPa
③ 0.5MPa ④ 0.9MPa

> 분사헤드의 방사압력
>
> | 약제 | 방사압력 |
> |---|---|
> | 할론2402 | 0.1MPa 이상 |
> | 할론1211 | 0.2MPa 이상 |
> | 할론1301 | 0.9MPa 이상 |

25 표준상태에서 적린 8mol이 완전 연소하여 오산화인을 만드는데 필요한 이론 공기량은 약 몇 L인가?
(단, 공기 중 산소는 21vol%이다.)

① 1066.7
② 806.7
③ 224
④ 22.4

> 적린의 연소반응식
> $$4P + 5O_2 \rightarrow 2P_2O_5$$
> 4mol   5mol
> 8mol x ∴ $x = 10$mol
>
> 표준상태에서 10mol을 부피로 환산하면
> $10 \times 22.4L = 224L$(이론산소량)
> ∴ 이론공기량 $= 224L/0.21 = 1066.7L$

26 산화성고체와 질산에 공통적으로 적응성이 있는 소화설비는?

① 이산화탄소소화설비
② 할로젠화합물소화설비
③ 탄산수소염류분말소화설비
④ 포소화설비

> 산화성고체(제1류 위험물)와 질산(제6류 위험물)은 수계 소화설비가 적합하다.

27 다음 중 알코올형포 소화약제를 이용한 소화가 가장 효과적인 것은?

① 아세톤
② 휘발유
③ 톨루엔
④ 벤젠

> 아세톤은 수용성액체로서 알코올형포(내알코올포, 알코올포) 소화약제가 적합하다.

28 스프링클러 설비의 장점이 아닌 것은?

① 소화약제가 물이므로 비용이 절감된다.
② 초기 시공비가 적게 든다.
③ 화재 시 사람의 조작 없이 작동이 가능하다.
④ 초기화재의 진화에 효과적이다.

> 스프링클러 설비는 초기 시공비가 많이 든다.

29 다음 중 C급 화재에 가장 적응성이 있는 소화설비는?

① 봉상강화액 소화기
② 포소화기
③ 이산화탄소 소화기
④ 스프링클러설비

> C급(전기) 화재에 적응 : 이산화탄소, 할로젠화합물, 분말소화기

30 제2류 위험물에 해당하는 것은?

① 마그네슘과 나트륨
② 황화인과 황린
③ 수소화리튬과 수소화나트륨
④ 황과 적린

> 위험물의 분류
> • 제2류 위험물 : 마그네슘, 황화인, 황, 적린
> • 제3류 위험물 : 나트륨, 황린, 수소화리튬, 수소화나트륨

31 위험물안전관리법에 따른 지하탱크저장소에 관한 설명으로 틀린 것은?

① 안전거리 적용대상이 아니다.
② 보유공지 확보대상이 아니다.
③ 설치 용량의 제한이 없다.
④ 10m 내에 2기 이상을 인접하여 설치할 수 없다.

> 지하탱크저장소
> • 안전거리, 보유공지 적용대상은 아니다
> • 설치 용량의 제한이 없다.
> • 지하저장탱크를 2 이상 인접해 설치하는 경우에는 그 상호간에 1m(당해 2 이상의 지하저장탱크의 용량의 합계가 지정수량의 100배 이하일 때에는 0.5m) 이상의 간격을 유지하여야 한다.

32 위험물에 따른 소화설비를 설명한 내용으로 틀린 것은?

① 제1류 위험물 중 알칼리금속의 과산화물은 포소화설비가 적응성이 없다.
② 제2류 위험물 중 금속분은 스프링클러설비가 적응성이 없다.
③ 제3류 위험물 중 금수성물질은 포소화설비가 적응성이 있다.
④ 제5류 위험물은 스프링클러설비가 적응성이 있다.

🔍 알칼리금속의 과산화물, 금속분, 금수성물질은 수계 소화설비는 적합하지 않고 탄산수소염류 분말약제가 적합하다.

33 소화기가 유류 화재에 적응력이 있음을 표시하는 색은?

① $2NaHCO_3 \rightarrow Na_2CCO_3 + H_2O + CO_2$
② $2NaHCO_3 + H_2SO_4 \rightarrow Na_2SO_4 + 2H_2O + CO_2$
③ $4KMnO_4 + 6H_2SO_4 \rightarrow 2K_2SO_4 + 4MnSO_4 + 6H_2O + SO_2$
④ $6NaHCO_3 + Al_2(SO_4)_3 \cdot 18H_2O \rightarrow 6CO_2 + 2Al(OH)_3 + 3Na_2SO_4 + 18H_2O$

🔍 화학포소화기의 반응식
$6NaHCO_3 + Al_2(SO_4)_3 + 18H_2O \rightarrow 3Na_2SO_4 + 2Al(OH)_3 + 6CO_2 + 18H_2O$

34 옥내소화전설비에서 펌프를 이용한 가압수송장치의 경우 펌프의 전양정 H는 다음의 계산식에 의한 수치 이상이어야 한다. 전양정 H를 구하는 식으로 옳은 것은?(단, h_1은 소방용 호스의 마찰손실수두, h_2는 배관의 마찰손실수두, h_3는 낙차이며, h_1, h_2, h_3의 단위는 모두 m이다.)

① $H = h_1 + h_2 + h_3$
② $H = h_1 + h_2 + h_3 + 0.35m$
③ $H = h_1 + h_2 + h_3 + 35m$
④ $H = h_1 + h_2 + 0.35m$

🔍 펌프를 이용한 가압송수장치
$H = h_1 + h_2 + h_3 + 35m$
여기서, H : 펌프의 전양정 (단위 m)
h_1 : 소방용 호스의 마찰손실수두 (단위 m)
h_2 : 배관의 마찰손실수두 (단위 m)
h_3 : 낙차 (단위 m)

35 주수에 의한 냉각소화가 적절치 않은 위험물은?

① $NaClO_3$ ② Na_2O_2
③ $NaNO_3$ ④ $NaBrO_3$

🔍 과산화나트륨(Na_2O_2)은 주수소화하면 산소를 발생하므로 위험하다.
$2Na_2O_2 + 2H_2O \rightarrow 4NaOH + O_2\uparrow + 발열$

36 소화기가 유류 화재에 적응력이 있음을 표시하는 색은?

① 백색   ② 황색
③ 청색   ④ 흑색

🔍 유류 화재 : 황색

37 위험물의 화재 발생 시 사용 가능한 소화약제를 틀리게 연결한 것은?

① 질산암모늄 – H_2O
② 마그네슘 – CO_2
③ 트라이에틸알루미늄 – 팽창질석
④ 나이트로글리세린 – H_2O

🔍 마그네슘 : 건조된 모래, 팽창질석, 팽창진주암 등

38 휘발유, 등유의 주된 연소 형태는 다음 중 어느 것인가?

① 표면연소   ② 분해연소
③ 증발연소   ④ 자기연소

🔍 증발연소 : 휘발유, 등유, 경유등 액체를 가열하면 증기가 되어 증기가 연소하는 현상

39 위험물을 저장하는 지하탱크저장소에 설치해야 할 소화설비와 그 설치기준을 옳게 나타낸 것은?

① 대형소화기 – 2개 이상 설치
② 소형수동식소화기 – 능력단위의 수치 2 이상으로 1개 이상 설치
③ 마른모래 – 150L 이상 설치
④ 소형수동식소화기 – 능력단위의 수치 3 이상으로 2개 이상 설치

🔍 지하탱크저장소는 소화난이도 등급Ⅲ로서 능력단위의 수치 3 이상인 소형수동식소화기 2개 이상 설치해야 한다.

🔍 마그네슘은 물과 반응하면 수소가스를 발생하므로 위험하다.
Mg + 2H₂O → Mg(OH)₂ + H₂

40 다이에틸에터 2000L와 아세톤 4000L를 옥내저장소에 저장하고 있다면 총 소요단위는 얼마인가?

① 5
② 6
③ 50
④ 60

🔍 ∴ 소요단위 = $\frac{저장수량}{지정수량 \times 10}$
= $\frac{2,000L}{50L \times 10} + \frac{4,000L}{400L \times 10}$ = 5단위

※지정수량
- 다이에틸에터(특수인화물) : 50L
- 아세톤(제1석유류, 수용성) : 400L

3. 위험물 성상 및 취급

41 [보기]의 물질 중 위험물안전관리법상 제6류 위험물에 해당하는 것은 모두 몇 개인가?

① 비중 1.49인 질산
② 비중 1.7인 과염소산
③ 물 60g, 과산화수소 40g을 혼합한 수용액

① 1개
② 2개
③ 3개
④ 없음

🔍 제6류 위험물
- 질산(비중 : 1.49 이상)
- 과염소산(특별한 기준이 없다)
- 과산화수소(36중량% 이상)
※물 60g, 과산화수소 40g을 혼합한 수용액
중량% = $\frac{용질}{용액} \times 100 = \frac{40}{(60g + 40g)} \times 100 = 40\%$

42 위험물의 저장 방법에 대한 설명 중 틀린 것은?

① 황린은 산화제와 혼합되지 않게 저장한다.
② 황은 정전기가 축적되지 않도록 저장한다.
③ 적린은 인화성 물질로부터 격리 저장한다.
④ 마그네슘은 분진을 방지하기 위해 약간의 수분을 포함시켜 저장한다.

43 위험물을 적재, 운반할 때 방수성 덮개를 하지 않아도 되는 것은?

① 알칼리금속의 과산화물
② 마그네슘
③ 나이트로화합물
④ 탄화칼슘

🔍 알칼리금속의 과산화물, 마그네슘, 탄화칼슘은 물과 반응하면 산소, 수소, 아세틸렌을 발생하므로 방수성 덮개를 해야 한다.

44 제조소에서 취급하는 위험물의 최대수량이 지정수량의 20배인 경우 보유공지의 너비는 얼마인가?

① 3m 이상
② 5m 이상
③ 10m 이상
④ 20m 이상

🔍 제조소의 보유공지

취급하는 위험물의 최대수량	공지의 너비
지정수량의 10배 이하	3m 이상
지정수량의 10배 초과	5m 이상

45 특정옥외저장탱크를 원통형으로 설치하고자 한다. 지반면으로부터의 높이가 16m일 때 이 탱크가 받는 풍하중은 1m²당 얼마 이상으로 계산하여야 하는가?(단, 강풍을 받을 우려가 있는 장소에 설치하는 경우는 제외한다.)

① 0.7640kN
② 1.2348kN
③ 1.6464kN
④ 2.348kN

🔍 풍하중 q = 0.588K√h (kN/m²)
여기서 k : 풍력계수(원통형탱크의 경우 : 0.7, 그 외의 탱크 : 1.0),
h : 지반면으로부터 높이(m)
∴ q = 0.588 × 0.7 × √16 = 1.6464kN/m²

46 주거용 건축물과 위험물제조소와의 안전거리를 단축할 수 있는 경우는?

① 제조소가 위험물의 화재 진압을 하는 소방서와 근거리에 있는 경우
② 취급하는 위험물의 최대수량(지정수량의 배수)이 10배 미만이고 기준에 의한 방화상 유효한 벽을 설치한 경우
③ 위험물을 취급하는 시설이 철근콘크리트 벽일 경우
④ 취급하는 위험물이 단일 품목일 경우

🔍 취급하는 위험물의 최대수량(지정수량의 배수)이 10배 미만이고 기준에 의한 방화상 유효한 벽을 설치한 경우에는 안전거리를 단축할 수 있다.

47 나이트로셀룰로스에 대한 설명으로 옳지 않은 것은?

① 직사일광을 피해서 저장한다.
② 알코올수용액 또는 물로 습윤시켜 저장한다.
③ 질화도가 클수록 위험도가 증가한다.
④ 화재 시에는 질식소화가 효과적이다.

🔍 나이트로셀룰로스(NC)의 화재 시 냉각소화가 효과적이다.

48 어떤 공장에서 아세톤과 메탄올을 18L 용기에 각각 10개, 등유를 200L 드럼으로 3드럼을 저장하고 있다면 각각의 지정수량 배수의 총합은 얼마인가?

① 1.3 ② 1.5
③ 2.3 ④ 2.5

🔍 지정수량의 배수

$$\therefore 지정수량의 배수 = \frac{저장수량}{지정수량} + \frac{저장수량}{지정수량}$$

$$= \frac{18L \times 10}{400L} + \frac{18L \times 10}{400L} + \frac{200L \times 3}{1,000L}$$

$$= 1.5배$$

※ 지정수량
- 아세톤(제1석유류, 수용성) : 400L
- 메탄올(알코올류) : 400L
- 등유(제2석유류, 비수용성) : 1000L

49 물질의 자연발화를 방지하기 위한 조치로서 가장 거리가 먼 것은?

① 퇴적할 때 열이 쌓이지 않게 한다.
② 저장실의 온도를 낮춘다.
③ 촉매 역할을 하는 물질과 분리하여 저장한다.
④ 저장실의 습도를 높인다.

🔍 자연발화를 방지하려면 습도를 낮추어야 한다.

50 위험물의 운반에 관한 기준에서 위험물의 적재 시 혼재가 가능한 위험물은?(단, 지정수량의 5배인 경우이다.)

① 과염소산칼륨 – 황린
② 질산메틸 – 경유
③ 마그네슘 – 알킬알루미늄
④ 탄화칼슘 – 나이트로글리세린

🔍 운반 시 혼재 가능한 위험물 : 제1류+제6류 위험물, 제3류+제4류 위험물, 제2류+제4류+제5류 위험물

종류	류별	종류	류별
과염소산칼륨	제1류	황린	제3류
질산메틸	제5류	경유	제4류
마그네슘	제2류	알킬알루미늄	제3류
탄화칼슘	제3류	나이트로글리세린	제5류

51 다음 물질 중 취급하는 장치가 구리나 마그네슘으로 되어 있을 때 반응을 일으켜서 폭발성의 아세틸라이드를 생성하는 것은?

① 이황화탄소
② 아이소프로필알코올
③ 산화프로필렌
④ 아세톤

🔍 산화프로필렌이나 아세트알데하이드의 취급장치는 구리(Cu), 마그네슘(Mg), 은(Ag), 수은(Hg)과 반응하면 아세틸레이트를 생성하므로 적합하지 않다.

52 과염소산과 과산화수소의 공통된 성질이 아닌 것은?

① 비중이 1보다 크다.
② 물에 녹지 않는다.
③ 산화제이다.
④ 산소를 포함한다.

> 과염소산과 과산화수소는 물에 잘 녹는다.

53 저장할 때 상부에 물을 덮어서 저장하는 것은?

① 다이에틸에터
② 아세트알데하이드
③ 산화프로필렌
④ 이황화탄소

> 이황화탄소를 저장할 때에는 상부에 물을 덮어서 저장한다.

54 위험물제조소는 지정문화유산으로부터 몇 m 이상의 안전거리를 두어야 하는가?

① 20m
② 30m
③ 40m
④ 50m

> 지정문화유산, 천연기념물등으로부터 안전거리 : 50m 이상

55 위험물제조소의 표지의 크기 규격으로 옳은 것은?

① 0.2m × 0.4m
② 0.3m × 0.3m
③ 0.3m × 0.6m
④ 0.6m × 0.2m

> 위험물제조소의 표지의 크기 규격 : 한변의 길이 0.3m 이상, 다른 한변의 길이 0.6m 이상

56 동식물유류의 건성유에 속하지 않는 것은?

① 동유
② 아마인유
③ 야자유
④ 들기름

동·식물유류

구분	아이오딘값	반응성	불포화도	종류
건성유	130 이상	크다	크다	하바라기유, 동유, 아마인유, 정어리기름, 들기름
반건성유	100~130	중간	중간	차종유, 목화씨기름(면실유), 참기름, 콩기름
불건성유	100 이하	적다	적다	아자유, 올리브유, 피마자유, 동백유

57 과산화칼륨에 대한 설명으로 옳지 않은 것은?

① 염산과 반응하여 과산화수소를 생성한다.
② 탄산가스와 반응하여 산소를 생성한다.
③ 물과 반응하여 수소를 생성한다.
④ 물과의 접촉을 피하고 밀전하여 저장한다.

> 과산화칼륨은 물과 반응하면 산소를 발생한다.
> $2K_2O_2 + 2H_2O \rightarrow 4KOH + O_2\uparrow + 발열$

58 다음 ( ) 안에 알맞은 수치와 용어를 옳게 나열한 것은?

> 이황화탄소의 옥외저장탱크는 벽 및 바닥의 두께가 ( )m 이상이고, 누수가 되지 않는 철근콘크리트의 ( )에 넣어 보관해야 한다.

① 0.2, 수조
② 1.2, 수조
③ 1.2, 진공탱크
④ 0.2, 진공탱크

> 이황화탄소의 옥외저장탱크는 벽 및 바닥의 두께가 0.2m 이상이고, 누수가 되지 않는 철근콘크리트의 수조에 넣어 보관해야 한다.

59 오황화인이 물과 작용해서 발생하는 유독성 기체는?

① 아황산가스
② 포스겐
③ 황화수소
④ 인화수소

> 오황화인은 물과 작용하여 황화수소(H_2S)와 인산이 된다.
> $P_2S_5 + 8H_2O \rightarrow 5H_2S + 2H_3PO_4$

60 인화칼슘이 물과 반응해서 생성되는 유독가스는?

① PH_3
② CO
③ CS_2
④ H_2S

> 인화칼슘은 물과 반응하여 포스핀(PH_3)의 유독성가스를 발생한다.
> $Ca_3P_2 + 6H_2O \rightarrow 3Ca(OH)_2 + 2PH_3 \uparrow$

정답 복원문제 2023년 3회

01 ③	02 ③	03 ②	04 ②	05 ③
06 ③	07 ②	08 ①	09 ④	10 ④
11 ③	12 ③	13 ③	14 ④	15 ③
16 ②	17 ④	18 ②	19 ③	20 ④
21 ①	22 ①	23 ④	24 ②	25 ①
26 ④	27 ①	28 ②	29 ④	30 ④
31 ④	32 ③	33 ④	34 ④	35 ②
36 ②	37 ②	38 ③	39 ④	40 ①
41 ③	42 ④	43 ③	44 ②	45 ③
46 ②	47 ④	48 ②	49 ④	50 ②
51 ③	52 ②	53 ④	54 ④	55 ③
56 ③	57 ③	58 ①	59 ③	60 ①

2024년 1회 복원문제

1. 물질의 물리·화학적 성질

01 주기율표에서 제2주기에 있는 원소 성질 중 왼쪽에서 오른쪽으로 갈수록 감소하는 것은?

① 비금속성
② 이온화에너지
③ 원자 반지름
④ 전기음성도

> 원소의 성질
>
> | 구분 항목 | 같은 주기에서 원자번호가 증가할수록 (왼쪽에서 오른쪽으로) | 같은 족에서 원자번호가 증가할수록 (윗쪽에서 아래쪽으로) |
> |---|---|---|
> | 이온화에너지 | 증가한다 | 감소한다 |
> | 전기음성도 | 증가한다 | 감소한다 |
> | 이온반지름 | 작아진다 | 커진다 |
> | 원자반지름 | 작아진다 | 커진다 |
> | 비금속성 | 증가한다 | 감소한다 |

02 이온결합 물질의 열반적인 성질에 관한 설명 중 틀린 것은?

① 녹는점이 비교적 높다.
② 단단하며 부스러지기 쉽다.
③ 고체와 액체 상태에서 모두 도체이다.
④ 물과 같은 극성용매에 용해되기 쉽다.

> 이온결합은 고체 상태에서는 부도체이고, 수용액상태에서는 도체이다.

03 단백질에 관한 설명으로 틀린 것은?

① 펩티드 결합을 하고 있다.
② 뷰렛반응에 의해 노란색으로 변한다.
③ 아미노산의 연결체이다.
④ 체내 에너지 대사에 관여한다.

> 뷰렛반응 : 단백질을 검출하는 반응으로 단백질의 알칼리성 수용액에 저농도의 황산구리용액을 몇 방울 떨어뜨리면 청자색을 띠는 반응

04 다음 중 $KMnO_4$의 Mn의 산화수는?

① +1
② +3
③ +5
④ +7

> $KMnO_4$의 Mn의 산화수
> $(+1) + x + (-2) \times 4 = 0$ ∴ $x(Mr) = +7$

05 3.65kg 의 염화수소 중에는 HCl 분자가 몇 개 있는가?

① 6.02×10^{23}
② 6.02×10^{24}
③ 6.02×10^{25}
④ 6.02×10^{26}

> 염산 1g-mol(36.5g)이 가지고 있는 분자는 6.0238×10^{23}이므로
> $3650g/36.5 = 100g-mol$이므로
> $100 \times 6.0238 \times 10^{23} = 6.02 \times 10^{25}$

06 다음 반응에서 Na^+ 이온의 전자배치와 동일한 전자배치를 갖는 원소는?

$$Na + 에너지 \rightarrow Na^+ + e^-$$

① He
② Ne
③ Mg
④ Li

> Na(원자번호 11) : $1S^2, 2S^2, 2P^6, 3S^1$인데 식에서 전자 1개를 잃어 전자 10개인 Ne(네온, 원자번호 10)이 된다.

07 CO_2와 CO의 성질에 대한 설명 중 옳지 않은 것은?

① CO_2는 공기보다 무겁고, CO는 가볍다.
② CO_2는 붉은색 불꽃을 내며 연소한다.
③ CO는 파란색 불꽃을 내며 연소한다.
④ CO는 독성이 있다.

> 이산화탄소(CO_2)는 산소와 더 이상 반응하지 않는 불연성가스이다.

08 다음 반응식을 이용하여 구한 $SO_2(g)$의 몰 생성열은?

$$S(s) + 1.5O_2(g) \rightarrow SO_3(g) \quad \triangle H^0 = -94.5\text{kcal}$$
$$2SO_2(s) + O_2(g) \rightarrow 2SO_3(g) \quad \triangle H^0 = -47\text{kcal}$$

① -71kcal
② -47.5kcal
③ 71kcal
④ 47.5kcal

🔍 $SO_2(g)$의 생성열 $Q = \dfrac{2 \times (-94.5\text{kcal}) + 47\text{kcal}}{2} = -71\text{kcal}$

09 다음 중 분자간의 수소결합을 하지 않는 것은?

① HF
② NH_3
③ CH_3F
④ H_2O

🔍 수소결합 : 전기음성도가 큰 F, O, N 원자들과 공유결합을 한 H(수소)원자와 이웃분자의 F, O, N 원자와의 결합으로 플루오린화수소(HF), 암모니아(NH_3), 물(H_2O)등이 있다.

10 27°C에서 9g의 비전해질을 녹여 만든 900mL 용액의 삼투압은 3.84기압이었다. 이 물질의 분자량은 약 얼마인가?

① 18
② 32
③ 44
④ 64

🔍 분자량
$PV = nRT = \dfrac{W}{M}RT \qquad M = \dfrac{WRT}{PV}$

여기서, W : 무게(9g), R : 기체상수(0.08205)
T : 절대온도(273+27 = 300K)
P : 삼투압(3.84atm) V : 부피(900mL = 0.9L)

$\therefore M = \dfrac{WRT}{PV}$
$= \dfrac{9g \times 0.08205 \ell \cdot \text{atm/g-mol} \cdot K \times (273+27)K}{3.84\text{atm} \times 0.9\ell}$
$= 64.10$

11 원자번호가 7인 질소와 같은 족에 해당되는 원소의 원자번호는?

① 15
② 16
③ 17
④ 18

🔍 질소족 : N(7번), P(15번), As(33번)

12 어떤 금속(M) 8g을 연소시키니 11.2g의 산화물이 얻어졌다. 이 금속의 원자량이 140 이라면 이 산화물의 화학식은?

① M_2O_3
② MO
③ MO_2
④ M_2O_7

🔍 금속의 당량을 x, 산소의 당량 8이므로
금속 : 산소 ⇒ 8g : (11.2 − 8)g = x : 8 $x = 20$
금속의 원자가 = 원자량/당량 = 140/20 = 7
∴ 금속의 원자가가 7가이므로 화학식은 M_2O_7이다.

13 폴리염화비닐의 단위체와 합성법이 옳게 나열된 것은?

① $CH_2 = CHCl$, 첨가중합
② $CH_2 = CHCl$, 축합중합
③ $CH_2 = CHCN$, 첨가중합
④ $CH_2 = CHCN$, 축합중합

🔍 Poly vinyl Chloride(PVC) : $CH_2 = CHCl$, 첨가중합

14 벤젠에 대한 설명으로 옳지 않은 것은?

① 정육각형의 평면구조로 120°의 결합각을 갖는다.
② 결합길이는 단일결합과 이중결합의 중간이다.
③ 공명 혼성구조로 안정한 방향족 화합물이다.
④ 이중결합을 가지고 있어 치환반응보다 첨가반응이 지배적이다.

🔍 벤젠은 반응성이 적고 부가반응은 하지 않고 치환반응을 한다.

15 볼타전기에서 갑자기 전류가 약해지는 현상을 "분극현상"이라 한다. 이 분극현상을 방지해 주는 감극제로 사용되는 물질은?

① MnO_2
② $CuSO_3$
③ $NaCl$
④ $Pb(NO_3)_2$

🔍 감극제 : MnO_2(이산화망가니즈)

16 10wt% 의 H₂SO₄ 수용액으로 1M 용액 200ml를 만들려고 할 때 다음 중 가장 적합한 방법은? (단, S의 원자량은 32 이다.)

① 원용액 98g 에 물을 가하여 200ml 로 한다.
② 원용액 98g 에 200ml 의 물을 가한다.
③ 원용액 196g 에 물을 가하여 200ml 로 한다.
④ 원용액 196g 에 200ml 의 물을 가한다.

🔍 1M-황산(H_2SO_4)이란 물 1000ml 안에 황산이 98g 녹아 있는 것을 말한다.

| 1M | 98g | 1000ml |
| 1M | x | 200ml |

$x = \dfrac{98g \times 200ml}{1000ml} = 19.6g$ (원액의 양)

10% 황산을 사용하므로 $19.6g \div 0.1 = 196g$
∴ 10% 황산 196g을 물에 넣어 전체를 200ml로 한다.

17 다음 중 수용액에서 산성의 세기가 가장 큰 것은?

① HF ② HCl
③ HBr ④ HI

🔍 산성의 세기 : HI > HBr > HCl > HF

18 수산화칼슘에 염소가스를 흡수시켜 만드는 물질은?

① 표백분 ② 염화칼슘
③ 염화수소 ④ 과산화망가니즈

🔍 표백분($CaOCl_2 \cdot H_2O$)의 제조방법
(1) 소금에 진한 황산을 가하여 고온에서 반응시키고 발생한 기체를 수용액으로 만든다.
$2NaCl + H_2SO_4 \rightarrow Na_2SO_4 + 2HCl$
(2) 이 용액(HCl)에 이산화망가니즈를 가한다.
$4HCl + MnO_2 \rightarrow MnCl_2 + 2H_2O + Cl_2$
(3) 가열하여 생성된 기체(Cl_2)에 수산화칼슘을 흡수시킨다.
$Cl_2 + Ca(OH)_2 \rightarrow CaOCl_2 \cdot H_2O$

19 $^{226}_{88}Ra$의 α 붕괴 후 생성물은 어떤 물질인가?

① 금속원소
② 비활성원소
③ 양쪽원소
④ 할로젠원소

🔍 α붕괴하면 원자번호 2감소 질량수 4감소하므로
$_{88}Ra^{226}$ (α 붕괴) → $_{86}Rn^{222}$ (금속 원소)

20 산소의 산화수가 가장 큰 것은?

① O_2 ② $KClO_4$
③ H_2SO_4 ④ H_2O_2

🔍 산화수
(1) 산소(O_2) : 0
(2) 과염소산칼륨($KClO_4$) = -2
(3) 황산(H_2SO_4) : -2
(4) 과산화수소(H_2O_2) : 과산화물은 -1
※산소화합물에서 산소의 산화수는 -2이다.

2. 화재예방과 소화방법

21 톨루엔의 화재에 적응성이 있는 소화방법이 아닌 것은?

① 무상수(霧狀水)소화기에 의한 소화
② 무상강화액소화기에 의한 소화
③ 포소화기에 의한 소화
④ 할로젠화합물소화기에 의한 소화

🔍 톨루엔(제4류 위험물 제1석유류, 비수용성)의 적응약제
(1) 강화액(무상) (2) 포
(3) 이산화탄소 (4) 할로젠화합물
(5) 불활성가스 (6) 분말

22 표준입관시험 및 평판재하시험을 실시해야 하는 특정옥외저장탱크의 지반의 범위는 기초의 외측이 지표면과 접하는 선의 범위 내에 있는 지반으로서 지표면으로부터 깊이 몇 m 까지로 하는가?

① 10 ② 15
③ 20 ④ 25

🔍 표준입관시험 및 평판재하시험을 실시하는 특정옥외저장탱크의 지반의 범위는 기초의 외측이 지표면과 접하는 선의 범위 내에 있는 지반으로서 지표면으로부터 깊이 15m 까지로 한다.

23 위험물안전관리법령상 제3류 위험물 중 금수성물질에 적응성이 있는 소화기는?

① 할로젠화합물소화기
② 인산염류분말소화기
③ 이산화탄소소화기
④ 탄산수소염류분말소화기

> 제3류 위험물의 소화기 : 탄산수소염류분말소화기(제3종인 인산염류를 제외한 나머지 분말소화기)

24 제2류 위험물의 화재에 대한 일반적인 특징을 가장 옳게 설명한 것은?

① 연소 속도가 빠르다.
② 산소를 함유하고 있어 질식소화는 효과가 없다.
③ 화재 시 자신이 환원되고 다른 물질을 산화시킨다.
④ 연소열이 거의 없어 초기 화재 시 발견이 어렵다.

> 제2류 위험물은 가연성 고체로서 비교적 낮은 온도에서 착화하기 쉽고 연소 속도가 빠르다.

25 지정수량 10배의 위험물을 운반할 때 다음 중 혼재가 금지된 경우는?

① 제2류 위험물과 제4류 위험물
② 제2류 위험물과 제5류 위험물
③ 제3류 위험물과 제4류 위험물
④ 제3류 위험물과 제5류 위험물

> 운반 시 혼재가능
> (1) 3류 + 4류(3,4 : 3군사관학교)
> (2) 1류 + 6류
> (3) 5류 + 2류 + 4류(오이사)

26 인화성 액체의 화재에 해당하는 것은?

① A급 화재   ② B급 화재
③ C급 화재   ④ D급 화재

> 인화성 액체의 화재 : B급(유류) 화재

27 과산화수소의 화재예방 방법으로 틀린 것은?

① 암모니아와의 접촉은 폭발의 위험이 있으므로 피한다.
② 완전히 밀전·밀봉하여 외부 공기와 차단한다.
③ 용기는 착색하여 직사광선이 닿지 않게 한다.
④ 분해를 막기 위해 분해방지 안정제를 사용한다.

> 과산화수소는 저장용기는 밀봉하지 말고 구멍이 있는 마개를 사용해야 한다.

28 위험물의 운반용기 외부에 표시해야 하는 주의사항에 "화기엄금"이 포함되지 않은 것은?

① 제1류 위험물 중 알칼리금속의 과산화물
② 제2류 위험물 중 인화성고체
③ 제3류 위험물 중 자연발화성물질
④ 제5류 위험물

> 제1류 위험물의 주의사항
> (1) 알칼리금속의 과산화물 : 화기·충격주의, 물기엄금, 가연물접촉주의
> (2) 그 밖의 것 : 화기·충격주의, 가연물접촉주의

29 분말소화기에 사용되는 소화약제 주성분이 아닌 것은?

① $NH_4H_2PO_4$ ② Na_2SO_4
③ $NaHCO_3$ ④ $KHCO_3$

> 분말약제의 종류
>
> | 종류 | 제1종 분말 | 제2종 분말 | 제3종 분말 | 제4종 분말 |
> |---|---|---|---|---|
> | 화학식 | $NaHCO_3$ | $KHCO_3$ | $NH_4H_2PO_4$ | $KHCO_3$ + $(NH_2)_2CO$ |
> | 화학명 | 중탄산 나트륨 | 중탄산 칼륨 | 인산 암모늄 | 중탄산칼륨 + 요소 |

30 트라이에틸알루미늄이 습기와 반응할 때 발생되는 가스는?

① 수소   ② 아세틸렌
③ 에테인   ④ 메테인

> 트라이에틸알루미늄의 반응식
> (1) 물과 접촉 $(C_2H_5)_3Al + 3H_2O \rightarrow Al(OH)_3 + 3C_2H_6 \uparrow$
> (2) 공기 중 $2(C_2H_5)_3Al + 21O_2 \rightarrow Al_2O_3 + 12CO_2 + 15H_2O$

31 표준상태에서 2kg의 이산화탄소가 모두 기체 상태의 소화약제로 방사될 경우 부피는 몇 m^3 인가?

① 1.018   ② 10.18
③ 101.8   ④ 1,018

표준상태에서 기체 1kg-mol이 차지하는 부피는 22.4m³이므로
∴ $\frac{2kg}{44} \times 22.4m^3 = 1.018m^3$

32 옥내소화전설비의 비상전원은 자가발전설비 또는 축전지설비로 옥내소화전설비를 유효하게 몇 분 이상 작동할 수 있어야 하는가?

① 10분 ② 20분
③ 45분 ④ 60분

옥내소화전설비의 비상전원은 45분 이상 작동해야 한다. (수원의 양을 계산할 때에는 30분으로 계산한다)

33 이산화탄소소화기에 대한 설명으로 옳은 것은?

① C급 화재에는 적응성이 없다.
② 다량의 물질이 연소하는 A급 화재에 가장 효과적이다.
③ 밀폐되지 않은 공간에서 사용할 때 가장 소화효과가 좋다.
④ 방출용 동력이 별도로 필요치 않다.

이산화탄소 소화기
(1) B(유류)화재, C급(전기)화재 적합하다.
(2) 밀폐된 공간에서 질식의 우려가 있으므로 위험하다.
(3) 자체압력으로 약제를 전량 방출하므로 동력이 필요 없다.

34 제3종 분말소화약제가 열분해 될 때 생성되는 물질로서 목재, 섬유 등을 구성하고 있는 섬유소를 탈수·탄화시켜 연소를 억제하는 것은?

① CO_2 ② NH_3PO_4
③ H_3PO_4 ④ NH_3

제3종 분말을 190℃에서 분해하면 인산(H_3PO_4)이 생성되는데 섬유소를 탈수시켜 탈수·탄화시켜 연소를 억제한다.

35 다음 중 Ca_3P_2 화재시 가장 적합한 소화방법은?

① 마른 모래로 덮어 소화한다.
② 봉상의 물로 소화한다.
③ 화학포 소화기로 소화한다.
④ 산·알칼리 소화기로 소화한다.

인화석회(Ca_3P_2)의 소화약제 : 마른모래

36 클로로벤젠 300,000L의 소요단위는 얼마인가?

① 20 ② 30
③ 200 ④ 300

∴ 소요단위 = $\frac{저장수량}{지정수량 \times 10}$ = $\frac{300,000ℓ}{1000ℓ \times 10}$ = 30단위

※ 클로로벤젠[제2석유류(비수용성)]의 지정수량 : 1000ℓ

37 Halon 1301, Halon 1211, Halon 2402 중 상온, 상압에서 액체상태인 Halon 소화약제로만 나열한 것은?

① Halon 1211
② Halon 2402
③ Halon 1301, Halon 1211
④ Halon 2402, Halon 1211

상온에서 액체 : Halon 2402
※ 상온에서 기체 : Halon 1301, Halon 1211

38 주된 연소형태가 분해연소인 것은?

① 금속분 ② 황
③ 목재 ④ 피크린산

분해연소 : 종이, 목재, 석탄, 플라스틱

39 위험물안전관리법령상 옥내소화전설비에 관한 기준에 대해 다음 ( )에 알맞은 수치를 옳게 나열한 것은?

옥내소화전설비는 각층을 기준으로 하여 당해 층의 모든 옥내소화전(설치개수가 5개 이상인 경우는 5개의 옥내소화전)을 동시에 사용할 경우에 각 노즐선단의 방수압력이 (①)kPa 이상이고 방수량이 1분당 (②)L 이상의 성능이 되도록 할 것

① ① 350, ② 260
② ① 450, ② 260
③ ① 350, ② 450
④ ① 450, ② 450

옥내소화전설비
(1) 방수압력 : 350kPa(0.35MPa)이상
(2) 방수량 : 260이상

40 위험물안전관리법령상 옥내소화전설비가 적응성이 있는 위험물의 유별로만 나열된 것은?

① 제1류 위험물, 제4류 위험물
② 제2류 위험물, 제4류 위험물
③ 제3류 위험물, 제5류 위험물
④ 제5류 위험물, 제6류 위험물

🔍 제5류 위험물과 제6류 위험물은 옥내소화전설비가 적합하지만 제3류, 제4류 위험물은 적합하지 않다.

3. 위험물 성상 및 취급

41 금속칼륨이 물과 반응했을 때 생성물로 옳은 것은?

① 산화칼륨 + 수소
② 수산화칼륨 + 수소
③ 산화칼륨 + 산소
④ 수산화칼륨 + 산소

🔍 칼륨이 물과 반응하면 수산화칼륨(KOH)과 가연성가스인 수소(H_2)를 발생한다.
※ $2K + 2H_2O \rightarrow 2KOH + H_2 \uparrow + Q$ kcal

42 나이트로셀룰로스의 저장 및 취급 방법으로 틀린 것은?

① 가열, 마찰을 피한다.
② 열원을 멀리하고 냉암소에 저장한다.
③ 알코올용액으로 습면하여 운반한다.
④ 물과의 접촉을 피하기 위해 석유에 저장한다.

🔍 나이트로셀룰로스(NC)의 저장 : 물 또는 알코올로 습면시켜 저장한다.
※ 칼륨, 나트륨 : 등유, 경유, 유동파라핀 속에 저장

43 1기압 27℃에서 아세톤 58g을 완전히 기화시키면 부피는 약 몇 L가 되는가?

① 22.4
② 24.6
③ 27.4
④ 58.0

🔍 이상기체상태방정식을 적용하면
$PV = nRT = \dfrac{W}{M}RT \qquad V = \dfrac{WRT}{PM}$

여기서, P : 압력(atm) V : 부피(ℓ) n : mol수
M : 분자량(58g/g-mol) W : 무게( )g
R : 기체상수(0.08205 ℓ · atm/g-mol · K)
T : 절대온도(273+℃)

$\therefore V = \dfrac{WRT}{PM} = \dfrac{58 \times 0.08205 \times (273+27)}{1 \times 58} = 24.6$ ℓ

※ 아세톤의 분자량
= CH_3COCH_3
= 12 + (1×3) + 12 + 16 + 12 + (1×3) = 58

44 다음 위험물안전관리법령에서 정한 지정수량이 가장 적은 것은?

① 염소산염류
② 브로민산염류
③ 질산염류
④ 금속의 인화물

🔍 지정수량

종류	염소산염류	브로민산염류	질산염류	금속의 인화물
류별	제1류 위험물	제1류 위험물	제1류 위험물	제3류 위험물
지정수량	50kg	300kg	300kg	300kg

45 황(S)에 대한 설명으로 옳은 것은?

① 불연성이지만 산화제 역할을 하기 때문에 가연물 접촉은 위험하다.
② 유기용제, 알코올, 물 등에 매우 잘 녹는다.
③ 사방황, 고무상황과 같은 동소체가 있다.
④ 전기도체이므로 감전에 주의한다.

🔍 황(S)의 특성
(1) 제2류 위험물로서 가연성 고체이다.
(2) 물이나 산에는 녹지 않으나 알코올에는 조금 녹고 고무상황을 제외하고는 CS_2에 잘 녹는다.
(3) 공기 중에서 연소하면 푸른빛을 내며 아황산가스(SO_2)를 발생한다.
※ $S + O_2 \rightarrow SO_2$
(4) 단사황, 사방황, 고무상황과 같은 동소체가 있다.
(5) 전기부도체이다.
(6) 고무상황은 CS_2(이황화탄소)에 녹지 않고, 350℃로 가열하여 용해 한 것을 찬물에 넣으면 생성 된다.

46 다음 중 분진 폭발의 위험성이 가장 작은 것은?

① 석탄분 　② 시멘트
③ 설탕 　④ 커피

🔍 시멘트, 생석회는 분진폭발의 위험이 없다.

47 이동저장탱크로부터 위험물을 저장 또는 취급하는 탱크에 인화점이 몇 ℃ 미만인 위험물을 주입할 때에는 이동탱크저장소의 원동기를 정지시켜야 하는가?

① 21 　② 40
③ 71 　④ 200

🔍 이동저장탱크로부터 위험물 주입 시 원동기 정지 : 인화점 40℃ 미만

48 고체위험물의 운반 시 내장용기가 금속제인 경우 내장용기의 최대 용적은 몇 L 인가?

① 10 　② 20
③ 30 　④ 100

🔍 고체위험물의 운반 시 내장용기가 금속제일 때 최대용적 : 30ℓ

49 옥외저장탱크·옥내저장탱크 또는 지하저장탱크 중 압력탱크에 저장하는 아세트알데하이드등의 온도는 몇 이하로 유지해야 하는가?

① 30 　② 40
③ 55 　④ 65

🔍 저장온도
(1) 옥외저장탱크·옥내저장탱크 또는 지하저장탱크 중 압력탱크에 저장
　① 아세트알데하이드 등 : 40℃ 이하
　② 다이에틸에터 등 : 40℃ 이하
(2) 옥외저장탱크·옥내저장탱크 또는 지하저장탱크 중 압력탱크 외의 탱크에 저장
　① 산화프로필렌, 다이에틸에터를 저장 : 30℃이하
　② 아세트알데하이드 : 15℃ 이하

50 물과 반응하여 CH_4 와 H_2 가스를 발생하는 것은?

① K_2C_2 　② MgC_2
③ Be_2C 　④ Mn_3C

🔍 탄화망가니즈는 물과 반응하면 메테인(CH_4)과 수소(H_2)가스를 발생한다.
※ $Mn_3C + 6H_2O \rightarrow 3Mn(OH)_2 + CH_4\uparrow + H_2\uparrow$

51 인화칼슘이 물과 반응하였을 때 발생하는 기체는?

① 수소 　② 산소
③ 포스핀 　④ 포스겐

🔍 인화칼슘이 물과 반응하면 프스핀(인화수소, PH_3)가스를 발생한다.

52 질산나트륨 90kg, 황 70kg, 클로로벤젠 2000L를 저장하고 있을 경우 각각의 지정수량의 배수의 총합은?

① 2 　② 3
③ 4 　④ 5

🔍 지정수량

종류	질산나트륨	황	클로로벤젠
품명	제1류 위험물 질산염류	제2류 위험물	제4류 위험물 제2석유류, 비수용성
지정수량	300kg	100kg	1000ℓ

∴ 지정수량의 배수 = $\frac{저장량}{지정수량}$
= $\frac{90kg}{300kg} + \frac{70kg}{100kg} + \frac{2000kg}{1000kg}$ = 3.0배

53 최대 아세톤 150톤을 옥외탱크저장소에 저장할 경우 보유공지의 너비는 몇 m 이상으로 해야 하는가?(단, 아세톤의 비중은 0.79 이다.)

① 3 　② 5
③ 9 　④ 12

🔍 옥외탱크저장소의 보유공지

저장 또는 취급하는 위험물의 최대수량	공지의 너비
지정수량의 500배 이하	3m 이상
지정수량의 500배 초과 1,000배 이하	5m 이상
지정수량의 1,000배 초과 2,000배 이하	9m 이상
지정수량의 2,000배 초과 3,000배 이하	12m 이상
지정수량의 3,000배 초과 4,000배 이하	15m 이상

저장 또는 취급하는 위험물의 최대수량	공지의 너비
지정수량의 4,000배 초과	당해 탱크의 수평단면의 최대지름(가로형인 경우에는 긴변)과 높이 중 큰 것과 같은 거리 이상. 다만, 30m 초과의 경우에는 30m 이상으로 할 수 있고, 15m 미만의 경우에는 15m 이상으로 하여야 한다.

※ 먼저 아세톤의 무게를 부피로 환산하고 지정수량의 배수를 구하여 도표를 이용하여 보유공지를 구한다.

(1) 부피로 환산 $\rho = \dfrac{W}{V} = \dfrac{무게}{부피}$

부피 = $\dfrac{무게}{\rho} = \dfrac{150t}{0.79t/m^3} = 189.8734 m^3$

※ 비중 0.79 ⇒ 0.79g/cm³ = 790kg/m³ = 0.79t/m³
이것을 리터로 환산하면 1m³ = 1000ℓ 이므로
189.8734m³ 1000ℓ/m³ = 189873.4ℓ

(2) 지정수량의 배수를 구하면

부피 = $\dfrac{저장량}{지정수량} = \dfrac{189873.4 ℓ}{400 ℓ} = 474.7$배

※ 아세톤(제1석유류, 수용성)의 지정수량 : 400ℓ

(3) 표에서 지정수량의 500배 이하(474.7배) ⇒ 3m 이상 확보

54 자연발화를 방지하는 방법으로 가장 거리가 먼 것은?

① 통풍이 잘되게 할 것
② 열의 축적을 용이하지 않게 할 것
③ 저장실의 온도를 낮게 할 것
④ 습도를 높게 할 것

🔍 습도를 낮게 하여 열이 한곳에 축적되지 않도록 하여 자연발화를 방지한다.

55 다음 그림은 제5류 위험물 중 유기과산화물을 저장하는 옥내저장소의 저장창고를 개략적으로 보여 주고 있다. 창과 바닥으로부터 높이(a)와 하나의 창의 면적(b)은 각각 얼마로 해야 하는가?(단, 이 저장창고의 바닥면적은 150m² 이내이다.)

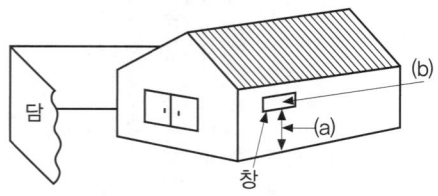

① (a) 2m 이상, (b) 0.6m² 이내
② (a) 3m 이상, (b) 0.4m² 이내
③ (a) 2m 이상, (b) 0.4m² 이내
④ (a) 3m 이상, (b) 0.6m² 이내

🔍 지정과산화물을 저장하는 옥내저장소의 기준
 (1) 저장창고의 창은 바닥면으로부터 높이 : 2m 이상
 (2) 하나의 창의 면적 : 0.4m² 이내
 (3) 하나의 벽면에 두는 창의 면적의 합계를 해당 면적의 1/80 이내

56 과산화나트륨이 물과 반응할 때의 변화를 가장 옳게 설명한 것은?

① 산화나트륨과 수소를 발생한다.
② 물을 흡수하여 탄산나트륨이 된다.
③ 산소를 방출하여 수산화나트륨이 된다.
④ 서서히 물에 녹아 과산화나트륨의 안정한 수용액이 된다.

🔍 과산화나트륨은 물과 반응하면 수산화나트륨(NaOH)과 산소(O₂)를 발생한다.
 ※ $2Na_2O_2 + 2H_2O \rightarrow 4NaOH + O_2 \uparrow$ + 발열

57 황린과 적린의 성질에 대한 설명 중 틀린 것은?

① 황린은 담황색의 고체이며 마늘과 비슷한 냄새가 난다.
② 적린은 암적색의 분말이고 냄새가 없다.
③ 황린은 독성이 없고 적린은 맹독성 물질이다.
④ 황린은 이황화탄소에 녹지만 적린은 녹지 않는다.

🔍 황린은 맹독성물질이고 적린은 독성이 없는 물질이다.

58 제4석유류를 저장하는 옥내탱크저장소의 기준으로 맞는 것은?

① 옥내저장탱크의 용량은 지정수량의 40배 이하이다.
② 탱크전용실은 벽, 기둥, 바닥, 보를 내화구조로 한다.
③ 유리창은 설치하고, 출입구는 자동폐쇄식의 30분 방화문을 할 것
④ 3층 이하의 건축물에 설치된 탱크전용실에 옥내저장탱크를 설치할 것

> 옥내탱크저장소의 기준
> (1) 옥내저장탱크의 용량은 지정수량의 40배 이하일 것
> (2) 탱크전용실은 벽, 기둥, 바닥을 내화구조로 하고 보를 불연재료로 할 것
> (3) 탱크전용실의 창 또는 출입구에는 60분+ 방화문·60분 방화문 또는 30분 방화문을 설치하는 동시에 연소우려가 있는 외벽에 두는 출입구에는 수시로 열 수 있는 자동폐쇄식의 60분+ 방화문 또는 60분 방화문을 설치할 것
> (4) 옥내탱크는 단층건축물에 설치된 탱크전용실을 설치할 것

59 비중이 1보다 작고, 인화점이 0℃ 이하인 것은?

① $C_2H_5ONO_2$
② $C_2H_5OC_2H_5$
③ CS_2
④ C_6H_5Cl

> 위험물의 물성

종류	$C_2H_5ONO_2$	$C_2H_5OC_2H_5$	CS_2	C_6H_5Cl
명칭	질산에틸	다이에틸에터	이황화탄소	클로로벤젠
비중	1.1	0.7	1.26	1.1
인화점	10℃	−40℃	−30℃	27℃

60 운반할 때 빗물의 침투를 방지하기 위하여 방수성이 있는 피복으로 덮어야 하는 위험물은?

① TNT
② 이황화탄소
③ 과염소산
④ 마그네슘

> 운반 시 방수성이 있는 것으로 피복
> (1) 제1류 위험물 중 알칼리금속의 과산화물
> (2) 제2류 위험물 중 철분·금속분·마그네슘
> (3) 제3류 위험물 중 금수성 물질

정답 복원문제 2024년 1회

01 ③	02 ③	03 ②	04 ④	05 ③
06 ②	07 ②	08 ①	09 ③	10 ④
11 ①	12 ④	13 ①	14 ④	15 ①
16 ③	17 ④	18 ①	19 ①	20 ①
21 ①	22 ②	23 ④	24 ①	25 ④
26 ②	27 ②	28 ①	29 ②	30 ②
31 ①	32 ③	33 ④	34 ③	35 ①
36 ②	37 ②	38 ③	39 ①	40 ④
41 ①	42 ④	43 ②	44 ①	45 ③
46 ②	47 ②	48 ③	49 ②	50 ④
51 ③	52 ②	53 ①	54 ②	55 ③
56 ③	57 ③	58 ①	59 ②	60 ④

2024년 2회 복원문제

1. 물질의 물리·화학적 성질

01 백금 전극을 사용하여 물을 전기분해할 때 (+)극에서 5.6L의 기체가 발생하는 동안 (-)에서 발생하는 기체의 부피는?

① 5.6L ② 11.2L
③ 22.4L ④ 44.8l

> 물의 전기분해
> ※ $2H_2O \rightarrow 2H_2 + O_2$
>   (-극) (+극)
> 물을 전기분해하면 산소가 1mol이 발생하므로 산소 1g당량 5.6ℓ가 발생하고 수소는 11.2ℓ가 생성된다.

02 80℃와 40℃에서 물에 대한 용해도가 각각 50, 30인 물질이 있다. 80℃의 이 포화용액 75g을 40℃로 냉각시키면 몇 g의 물질이 석출되겠는가?

① 25 ② 20
③ 15 ④ 10

> 40℃로 냉각시키면 50 − 30 = 20g이 석출되므로
> (100 + 50)g : 20g = 75g : x ∴ $x = 10g$

03 4℃의 물이 얼음의 밀도보다 큰 이유는 물분자의 어떤 결합 때문인가?

① 이온결합 ② 공유결합
③ 배위결합 ④ 수소결합

> 수소결합 : 전기음성도가 큰 F, N, O와 작은 수소원자가 결합하여 원자단(HF, H_2O)을 포함하는 결합으로서 물의 비점과 밀도가 큰 이유는 수소결합 때문이다.

04 같은 분자식을 가지면서 각각을 서로 겹치게 할 수 없는 거울상의 구조를 갖는 분자를 무엇이라 하는가?

① 구조이성질체
② 기하이성질체
③ 광학이성질체
④ 분자이성질체

> 광학 이성질체(enantiomer) : 같은 분자식을 가지면서 각각을 서로 겹치게 할 수 없는 거울상의 구조를 갖는 분자

05 프로페인 1몰을 완전연소 하는데 필요한 산소의 이론량을 표준상태에서 계산하면 몇 L가 되는가?

① 22.4 ② 44.8
③ 89.6 ④ 112.0

> 프로페인의 연소식
> $C_3H_8 + 5O_2 \rightarrow 3CO_2 + 4H_2O$
> 1mol   5×22.4ℓ
> 1mol x
> $x = \dfrac{1mol \times 5 \times 22.4ℓ}{1mol} = 112ℓ$

06 다음 물질 중 벤젠 고리를 함유하고 있는 것은?

① 아세틸렌 ② 아세톤
③ 메테인   ④ 아닐린

> 구조식

종류	아세틸렌	아세톤	메테인	아닐린
화학식	C_2H_2	CH_3COCH_3	CH_4	$C_6H_5NH_2$
구조식	HC≡CH	H O H H-C-C-C-H H H	H H-C-H H	(NH₂ 벤젠고리)
구분	지방족 화합물	지방족화합물	지방족 화합물	방향족 화합물

> ※ 벤젠 고리를 함유하고 있는 것이 방향족화합물이다.

07 원소들 중 원자가 전자배열이 $ns^2 np^3$ (n = 2,3,4)인 것은?

① N, P, As ② C, Sl, Ge
③ Li, Na, K ④ Be, Mg, Ca

> 전자배열(N, P, As)
> (1) N(7) : $1S^2, 2S^2, 2P^3$
> (2) P(15) : $1S^2, 2S^2, 2P^6, 3S^2, 3P^3$
> (3) As(33) : $1S^2, 2S^2, 2P^6, 3S^2, 3P^6, 4S^2, 3d^{10}, 4P^3$

08 귀금속인 금이나 백금등을 녹이는 왕수의 제조비율로 옳은 것은?

① 질산 3부피 + 염산 1부피
② 질산 3부피 + 염산 2부피
③ 질산 1부피 + 염산 3부피
④ 질산 2부피 + 염산 3부피

> 왕수 : 질산 1부피 - 염산 3부피로 혼합한 것으로 백금을 녹인다.

09 아세토페논의 화학식에 해당하는 것은?

① C_6H_5OH
② $C_6H_5NO_2$
③ $C_6H_5CH_3$
④ $C_6H_5COCH_3$

> 위험물
>
> | 종류 | C_6H_5OH | $C_6H_5NO_2$ | $C_6H_5CH_3$ | $C_6H_5COCH_3$ |
> |---|---|---|---|---|
> | 명칭 | 페놀 | 나이트로벤젠 | 톨루엔 | 아세트페논 |

10 다음 중 은백색의 금속으로 가장 가볍고, 물과 반응시 수소가스를 발생시키는 것은?

① Al
② K
③ Li
④ Si

> 리튬
> (1) 물성

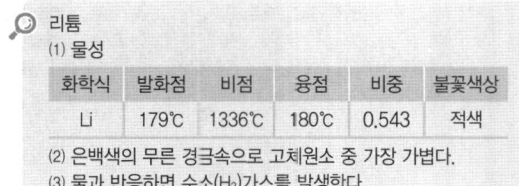

> (2) 은백색의 무른 경금속으로 고체원소 중 가장 가볍다.
> (3) 물과 반응하면 수소(H_2)가스를 발생한다.

11 0℃, 일정 압력하에서 1L의 물에 이산화탄소 10.8g을 녹인 탄산음료가 있다. 동일한 온도에서 압력을 1/4로 낮추면 방출되는 이산화탄소의 질량은 몇 g인가?

① 2.7
② 5.4
③ 8.1
④ 10.8

> 압력을 1/4로 낮추면 방출되는 이산화탄소는 3/4이므로 10.8g × 3/4 = 8.1g

12 나이트로벤젠의 증기에 수소를 혼합한 뒤 촉매를 사용하여 환원시키면 무엇이 되는가?

① 페놀
② 톨루엔
③ 아닐린
④ 나프탈렌

> 아닐린($C_6H_5NH_2$) : 나이트로벤젠($C_6H_5NO_2$)을 수소로서 환원하여 제조한다.

13 불꽃 반응시 보라색을 나타내는 것은?

① Li
② K
③ Na
④ Ba

> 금속의 불꽃반응

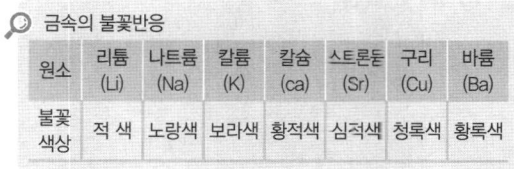

14 다음 중 공유결합 화합물이 아닌 것은?

① NaCl
② HCl
③ CH_3COOH
④ CCl_4

> 공유결합 : 비금속과 비금속의 결합으로 두 원자가 같은 수의 전자를 제공하여 전자쌍을 이루어 서로 공유함으로써 이루어진 결합(HCl, NH_3, CCl_4, H_2S, CH_3COOH, $C_2H_5COCH_3$, Cl_2, O_2, CO_2)
> ※ NaCl(염화나트륨, 소금) : 이온결합

15 일정한 온도하에서 물질 A와 B가 반응할 때 A의 농도만 2배로 하면 반응속도가 2배가 되고, B의 농도만 2배로 하면 반응속도가 4배로 된다. 이 반응의 속도식은?(단, 반응속도 상수는 K이다.)

① $V=K[A][B]^2$
② $V=K[A]^2[B]$
③ $V=K[A][B]^{0.5}$
④ $V=K[A][B]$

> 반응속도 $V=K[A][B]^2$(A의 농도를 2배로 하면 반응속도는 2배, B의 농도를 2배로 하면 반응속도는 4배로 된다.)

16 다음 중 에터기를 갖는 화합물은?

① $C_6H_5CH_3$
② $C_6H_5NH_2$
③ CH_3OCH_3
④ CH_3COCH_3

위험물

종류	$C_6H_5CH_3$	$C_6H_5NH_2$	CH_3OCH_3	CH_3COCH_3
명칭	톨루엔	아닐린	다이메틸에터	아세톤
함유하는 기	메틸기	아미노기	에터기	케톤기

화학식

종류	차아염소산	아염소산	염소산	과염소산
지정수량	$HClO$	$HClO_2$	$HClO_3$	$HClO_4$

17 10.0mL의 0.1M-NaOH은 25.0mL의 0.1M-HCl에 혼합하였을 때 이 혼합 용액의 pH는 얼마인가?

① 1.37
② 2.82
③ 3.37
④ 4.82

🔍 **혼합용액의 pH**
- NaOH의 g당량 $0.1 \times \frac{10}{1000} = 0.001 = 1 \times 10^{-3}$
- HCl의 g의 당량 $0.1 \times \frac{25}{1000} = 0.0025 = 2.5 \times 10^{-3}$
- 중화 후 남은 산의 당량
  $= (2.5 \times 10^{-3}) - (1 \times 10^{-3}) = 1.5 \times 10^{-3}$
- 35mℓ의 혼합액속에 남아 있는 산의 노르말농도는
  $NV = 1.5 \times 10^{-3}$이므로 $N \times 0.035 \ell$
  $= 1.5 \times 10^{-3}$ $\therefore N = 0.0428$
- $\therefore pH = -\log[H^+] = -\log[4.28 \times 10^{-2}]$
  $= 2 - \log 4.28 = 1.37$

18 원소 질량의 표준이 되는 것은?

① ^1H
② ^{12}C
③ ^{16}O
④ ^{235}U

🔍 원소 질량의 표준 : 탄소(^{12}C)

19 다음 중 염소(Cl)의 산화수가 +3인 물질은?

① $HClO_4$
② $HClO_3$
③ $HClO_2$
④ $HClO$

🔍 **산화수**
(1) 과염소산($HClO_4$) $(+1) + x + (-2) \times 4 = 0$ $x(Cl) = +7$
(2) 염소산($HClO_3$) $(+1) + x + (-2) \times 3 = 0$ $x(Cl) = +5$
(3) 아염소산($HClO_2$) $(+1) + x + (-2) \times 2 = 0$ $x(Cl) = +3$
(4) 차아염소산($HClO$) $(+1) + x + (-2) \times 1 = 0$ $x(Cl) = +1$

20 화학식 $HClO_2$의 명명으로 옳은 것은?

① 염소산
② 아염소산
③ 차아염소산
④ 과염소산

2. 화재예방과 소화방법

21 인화점이 38℃이상인 제4류 위험물 취급을 주된 작업내용으로 하는 장소에 스프링클러설비를 설치할 경우 확보해야 하는 1분당 방사밀도는 몇 L/m²이상이어야 하는가?(단, 살수기준면적은 250m²이다.)

① 12.2
② 13.9
③ 15.5
④ 16.3

🔍 **살수밀도**

살수기준면적(m²)	방사밀도(ℓ/m²분)	
	인화점 38℃ 미만	인화점 38℃ 이상
279 미만	16.3 이상	12.2 이상
279 이상 372 미만	15.5 이상	11.8 이상
372 이상 465 미만	13.9 이상	9.8 이상
465 이상	12.2 이상	8.1 이상

[비고]
살수기준면적은 내화구조의 벽 및 바닥으로 구획된 하나의 실의 바닥면적을 말하며, 하나의 실의 바닥면적이 465m² 이상인 경우의 살수기준면적은 465m²로 한다. 다만, 위험물의 취급을 주된 작업내용으로 하지 아니하고 소량의 위험물을 취급하는 설비 또는 부분이 넓게 분산되어 있는 경우에는 방사밀도는 8.2ℓ/m²분 이상, 살수기준 면적은 279m² 이상으로 할 수 있다.

22 다음 중 화재 시 물을 사용할 경우 가장 위험한 물질은?

① 염소산칼륨
② 인화칼슘
③ 황린
④ 과산화수소

🔍 인화칼슘이 물과 반응하면 독성가스인 인화수소(포스핀, PH_3)를 발생한다.
※ $Ca_3P_2 + 6H_2O \rightarrow 2PH_3 + 3Ca(OH)_2$

23 위험물제조소등에 설치하는 옥내소화전설비의 기준으로 옳지 않은 것은?

① 옥내소화전함에는 그 표면에 "소화전"이라고 표시해야 한다.
② 옥내소화전함의 상부의 벽면에 적색의 표시등을 설치해야 한다.
③ 표시등 불빛은 부착면과 10도 이상의 각도가 되는 방향으로 8m이내에서 쉽게 식별할 수 있어야 한다.
④ 호스접속구는 바닥면으로부터 1.5m이하의 높이에 설치해야 한다.

> 옥내소화전함의 상부의 벽면에 적색의 표시등을 설치하되 해당 표시등 불빛은 부착면과 15도 이상의 각도가 되는 방향으로 10m 떨어진 곳에서 용이하게 식별이 가능하도록 해야 한다.

24 자연발화가 일어날 수 있는 조건으로 가장 옳은 것은?

① 주위의 온도가 낮을 것
② 표면적이 작을 것
③ 열전도율이 작을 것
④ 발열량이 작을 것

> 자연발화의 조건
> (1) 주위의 온도가 높을 것
> (2) 열전도율이 적을 것
> (3) 발열량이 클 것
> (4) 표면적이 넓을 것

25 옥내탱크전용실에 설치하는 탱크 상호간에는 얼마의 간격을 두어야 하는가?

① 0.1m 이상
② 0.3m 이상
③ 0.5m 이상
④ 0.6m 이상

> 옥내탱크전용실에 설치하는 탱크 상호간의 간격 : 0.5m 이상

26 위험물제조소에서 옥내소화전이 1층에 4개, 2층에 6개가 설치되어 있을 때 수원의 수량은 몇 L이상이 되도록 설치해야 하는가?

① 13,000
② 15,600
③ 39,000
④ 46,800

> 옥내소화전설비의 수원
> ※ 수원 = N(소화전수, 최대 5개)×260 ℓ/min×30min
> = N(소화전수, 최대 5개)×7,800 ℓ
> ∴ 수원 = N(소화전수, 최대 5개)×7,800 ℓ = 5×7,800 ℓ
> = 39,000 ℓ

27 위험물취급소의 건축물 연면적이 500m^{2}인 경우 소요단위는?(단, 외벽은 내화구조이다.)

① 4단위
② 5단위
③ 6단위
④ 7단위

> 소요단위의 계산방법
> (1) 제조소 또는 취급소의 건축물
>   ① 외벽이 내화구조 : 연면적 100m^{2}를 1소요단위
>   ② 외벽이 내화구조가 아닌 것 : 연면적 50m^{2}를 1소요단위
> (2) 저장소의 건축물
>   ① 외벽이 내화구조 : 연면적 150m^{2}를 1소요단위
>   ② 외벽이 내화구조가 아닌 것 : 연면적 75m^{2}를 1소요단위
> (3) 위험물은 지정수량의 10배 : 1소요단위
> ∴ 소요단위 = $\frac{500m^2}{100m^2}$ = 5단위

28 제1인산암모늄 분말 소화약제의 색상과 적응화재를 옳게 나타낸 것은?

① 백색, BC급
② 담홍색, BC급
③ 백색, ABC급
④ 담홍색, ABC급

> 분말소화약제
>
> | 종류 | 주성분 | 적응화재 | 착색(분말의 색) |
> |---|---|---|---|
> | 제1종 분말 | NaHCO$_3$(중탄산나트륨, 탄산수소나트륨) | B, C급 | 백색 |
> | 제2종 분말 | KHCO$_3$(중탄산칼륨, 탄산수소칼륨) | B, C급 | 담회색 |
> | 제3종 분말 | NH$_4$H$_2$PO$_4$(인산암모늄, 제일인산암모늄) | A, B, C급 | 담홍색 |
> | 제4종 분말 | KHCO$_3$ + (NH$_2$)$_2$CO | B, C급 | 회색 |

29 과산화칼륨에 의한 화재 시 주수소화가 적합하지 않는 이유로 가장 타당한 것은?

① 산소가스를 발생하기 때문에
② 수소가스를 발생하기 때문에
③ 가연물이 발생하기 때문에
④ 금속칼륨이 발생하기 때문에

> 과산화칼륨(K_2O_2)은 물과 반응하면 산소(O_2)를 발생하므로 위험하다
> $2K_2O_2 + 2H_2O \rightarrow 4KOH + O_2\uparrow + 발열$

30 할로젠화합물 소화약제의 구비조건으로 틀린 것은?

① 전기절연성이 우수할 것
② 공기보다 가벼울 곳
③ 증발 잔유물이 없을 것
④ 인화성이 없을 것

> 할로젠화합물소화약제의 구비조건
> (1) 기화되기 쉬운 저비점 물질일 것
> (2) 공기보다 무겁고 불연성일 것
> (3) 증발잔유물이 없어야 할 것

31 다음 중 나이트로셀룰로스 위험물의 화재시에 가장 적절한 소화약제는?

① 사염화탄소   ② 이산화탄소
③ 물   ④ 인산염류

> 나이트로셀룰로스는 제5류 위험물로서 냉각소화(물)가 효과적이다.

32 다음 중 소화기의 외부표시사항으로 가장 거리가 먼 것은?

① 사용압력   ② 적응화재표시
③ 능력단위   ④ 취급상의 주의사항

> 소화기의 표시사항(24. 7. 25일 개정)
> (1) 종별 및 형식
> (2) 형식승인번호
> (3) 제조년월 및 제조번호, 내용연한(분말소화약제를 사용하는 소화기에 한함)
> (4) 제조업체명 또는 상호, 수입업체명(수입품에 한함)
> (5) 사용온도범위
> (6) 소화능력단위
> (7) 충전된 소화약제의 주성분 및 중(용)량
> (8) 방사시간, 방사거리
> (9) 가압용가스용기의 가스종류 및 가스량(가압식 소화기에 한함)
> (10) 총중량
> (11) 취급상의 주의사항
>   ① 유류화재 또는 전기화재에 사용하여서는 안 되는 소화기는 그 내용
>   ② 기타 주의사항
> (12) 적응화재별 표시사항은 일반화재용 소화기의 경우 "A(일반화재용)", 유류화재용 소화기의 경우에는 "B(유류화재용)", 전기화재용 소화기의 경우 "C(전기화재용)", 금속화재용 소화기의 경우 "D(금속화재용)", 주방화재용 소화기의 경우 "K(주방화재용)"으로 표시하여야 한다.
> (13) 사용방법
> (14) 품질보증에 관한 사항(보증기간, 보증내용, 애프터 서비스(A/S)방법, 자체검사필 등)
> (15) 소화기의 원산지
> (16) 소화기에 충전된 소화약제의 물질안전자료(MSDS)에 언급된 동일한 소화약제명의 다음 각 목의 정보
>   ① 1%를 초과하는 위험물질 목록
>   ② 5%를 초과하는 화학물질 목록
>   ③ MSDS에 따른 위험한 약제에 관한 정보
> (17) 소화 가능한 가연성 금속재료의 종류 및 형태, 중량, 면적(D급 화재용 소화기에 한함)

33 제1종 분말소화약제의 소화효과에 대한 설명으로 가장 거리가 먼 것은?

① 열 분해 시 발생하는 이산화탄소와 수증기에 의한 질식효과
② 열 분해 시 흡열반응에 의한 냉각효과
③ H^+이온에 의한 부촉매효과
④ 분말 운무에 의한 열방사의 차단효과

> 나트륨염(Na^+)의 금속이온에 의한 부촉매효과

34 화재를 잘 일으킬 수 있는 일반적인 경우에 대한 설명 중 틀린 것은?

① 산소와 친화력이 클수록 연소가 잘 일어난다.
② 온도가 상승하면 연소가 잘 된다.
③ 연소범위가 넓을수록 연소가 잘된다.
④ 발화점이 높을수록 연소가 잘 된다.

> 발화점이 낮을수록 연소가 잘 되고 위험하다.

35 소화기에 "B-2"라고 표시되어 있었다. 이 표시의 의미를 가장 옳게 나타낸 것은?

① 일반화재에 대한 능력단위 2단위에 적용되는 소화기
② 일반화재에 대한 압력단위 2단위에 적용되는 소화기
③ 유류화재에 대한 능력단위 2단위에 적용되는 소화기
④ 유류화재에 대한 압력단위 2단위에 적용되는 소화기

🔍 분말소화기(3.3kg)의 능력단위 : A-3, B-5, C
(1) A-3 : 일반화재에 대한 능력단위 3단위
(2) B-5 : 유류화재에 대한 능력단위 5단위
(3) C : 전기화재에 적응

36 공기포 발포배율을 측정하기 위해 중량 : 340g, 용량 : 1800 mL 의 포 시료 용기에 가득히 포를 채취하여 측정한 용기의 무게가 540g 이었다면 발포배율은? (단, 포 수용액의 비중은 1로 가정한다.)

① 3배   ② 5배
③ 7배   ④ 9배

🔍 발포배율 = $\dfrac{1800}{540-340}$ = 9배

37 위험물안전관리법령상 지정수량의 10배이상의 위험물을 저장, 취급하는 제조소등에 설치해야 할 경보설비 종류에 해당되지 않는 것은?

① 확성장치
② 비상방송설비
③ 자동화재탐지설비
④ 무선통신보조설비

🔍 제조소등별로 설치해야 하는 경보설비의 종류

제조소등의 구분	제조소등의 규모, 저장 또는 취급하는 위험물의 종류 및 최대수량 등	경보설비
1. 제조소 및 일반취급소	• 연면적 500m² 이상인 것 • 옥내에서 지정수량의 100배 이상을 취급하는 것(고인화점 위험물만을 100℃ 미만의 온도에서 취급하는 것을 제외한다) • 일반취급소로 사용되는 부분 외의 부분이 있는 건축물에 설치된 일반취급소(일반취급소와 일반취급소 외의 부분이 내화구조의 바닥 또는 벽으로 개구부 없이 구획된 것을 제외한다)	자동화재탐지설비
2. 옥내저장소	• 지정수량의 100배 이상을 저장 또는 취급하는 것(고인화점 위험물만을 저장 또는 취급하는 것을 제외한다) • 저장창고의 연면적이 150m²를 초과하는 것[당해 저장창고가 연면적 150m² 이내마다 불연재료의 격벽으로 개구부 없이 완전히 구획된 것과 제2류 또는 제4류의 위험물(인화성고체 및 인화점이 70℃ 미만인 제4류 위험물을 제외한다)만을 저장 또는 취급하는 것에 있어서는 저장창고의 연면적이 500m² 이상의 것에 한한다]	

제조소등의 구분	제조소등의 규모, 저장 또는 취급하는 위험물의 종류 및 최대수량 등	경보설비
2. 옥내저장소	• 처마높이가 6m 이상인 단층건물의 것 • 옥내저장소로 사용되는 부분 외의 부분이 있는 건축물에 설치된 옥내저장소[옥내저장소와 옥내저장소 외의 부분이 내화구조의 바닥 또는 벽으로 개구부 없이 구획된 것과 제2류 또는 제4류의 위험물(인화성고체 및 인화점이 70℃ 미만인 제4류 위험물을 제외한다)만을 저장 또는 취급하는 것을 제외한다]	자동화재탐지설비
3. 옥내탱크저장소	단층 건물 외의 건축물에 설치된 옥내탱크저장소로서 소화난이도등급 Ⅰ에 해당하는 것	
4. 주유취급소	옥내주유취급소	

제조소등의 구분	제조소등의 규모, 저장 또는 취급하는 위험물의 종류 및 최대수량 등	경보설비
5. 제1호 내지 제4호의 자동화재탐지설비 설치대상에 해당하지 않는 제조소등	지정수량의 10배 이상을 저장 또는 취급하는 것	자동화재탐지설비, 비상경보설비, 확성장치 또는 비상방송설비중 1종 이상

38 위험물안전관리법령상 이동탱크저장소로 위험물을 운송하는 자는 위험물안전카드를 위험물운송자로 하여금 휴대하게 해야 한다. 다음 중 해당하는 위험물이 아닌 것은?

① 휘발유   ② 과산화수소
③ 경유   ④ 벤조일퍼옥사이드

🔍 위험물(제4류 위험물에 있어서는 특수인화물 및 제1석유류에 한한다)을 운송하게 하는 자는 별지 제48호 서식의 위험물안전카드를 위험물운송자로 하여금 휴대하게 할 것
※ 휘발유 : 제1석유류, 경유 : 제2석유류

39 주된 소화작용이 질식소화와 가장 거리가 먼 것은?

① 할론소화기   ② 분말소화기
③ 포소화기   ④ 이산화탄소소화기

🔍 할론(할로젠)소화기 : 부촉매효과

40 위험물안전관리법령에 따라 관계인이 예방규정을 정해야 할 옥외탱크저장소에 저장되는 위험물의 지정수량의 배수는?

① 100배 이상   ② 150배 이상
③ 200배 이상   ④ 250배 이상

> 예방규정을 정해야 하는 제조소등
> (1) 지정수량의 10배 이상의 위험물을 취급하는 제조소, 일반취급소
> (2) 지정수량의 100배 이상의 위험물을 저장하는 옥외저장소
> (3) 지정수량의 150배 이상의 위험물을 저장하는 옥내저장소
> (4) 지정수량의 200배 이상의 위험물을 저장하는 옥외탱크저장소
> (5) 암반탱크저장소, 이송취급소

3. 위험물 성상 및 취급

41 물보다 무겁고 물에 녹지 않아 저장 시 가연성 증기 발생을 억제하기 위해 콘크리트 수조 속의 위험물탱크에 저장하는 물질은?

① 다이에틸에터   ② 에탄올
③ 이황화탄소   ④ 아세트알데하이드

> 이황화탄소 : 물속에 저장

42 다음 중 산화성고체 위험물이 아닌 것은?

① $KBrO_3$ ② $(NH_4)_2Cr_2O_7$
③ $HClO_4$ ④ $NaClO_2$

> 위험물
>
> | 종류 | $KBrO_3$ | $(NH_4)_2Cr_2O_7$ | $HClO_4$ | $NaClO_2$ |
> |---|---|---|---|---|
> | 명칭 | 브로민산 칼륨 | 다이크로뮴산암모늄 | 과염소산 | 차아염소산나트륨 |
> | 유별 | 제1류 위험물 | 제1류 위험물 | 제6류 위험물 | 제1류 위험물 |
> | 성질 | 산화성 고체 | 산화성 고체 | 산화성 액체 | 산화성 고체 |

43 고체 위험물은 운반용기 내용적의 몇 %이하의 수납율로 수납해야 하는가?

① 94%   ② 95%
③ 98%   ④ 99%

> 운반용기의 수납율
> (1) 고체 : 95%이하
> (2) 액체 : 98%이하

44 다음 중 제3류 위험물이 아닌 것은?

① 황린   ② 나트륨
③ 칼륨   ④ 마그네슘

> 마그네슘(Mg) : 제2류 위험물

45 다음 중 위험물 중에서 인화점이 가장 낮은 것은?

① $C_6H_5CH_3$
② $C_6H_5CHCH_2$
③ CH_3OH
④ CH_3CHO

> 위험물의 인화점
>
> | 종류 | $C_6H_5CH_3$ | $C_6H_5CHCH_2$ | CH_3OH | CH_3CHO |
> |---|---|---|---|---|
> | 명칭 | 톨루엔 | 스틸렌 | 메틸알코올 | 아세트알데하이드 |
> | 품명 | 제1석유류 (비수용성) | 제2석유류 (비수용성) | 알코올류 | 특수인화물 |
> | 인화점 | 4℃ | 32℃ | 11℃ | -40℃ |

46 염소산칼륨이 고온으로 가열되었을 때 현상으로 가장 거리가 먼 것은?

① 분해한다.
② 산소를 발생한다.
③ 염소를 발생한다.
④ 염화칼륨이 생성된다.

> 염소산칼륨의 분해반응식
> ※ $2KClO_3 \rightarrow 2KCl + 3O_2 \uparrow$

47 위험물 간이탱크저장소의 간이저장탱크 수압시험 기준으로 옳은 것은?

① 50kPa의 압력으로 7분간의 수압시험
② 70kPa의 압력으로 10분간의 수압시험
③ 50kPa의 압력으로 10분간의 수압시험
④ 70kPa의 압력으로 7분간의 수압시험

> 간이저장탱크 수압시험 : 70kPa의 압력으로 10분간의 수압시험 실시

48 아세톤의 물리적 특성으로 틀린 것은?

① 무색, 투명한 액체로서 독특한 자극성의 냄새를 가진다.
② 물에 잘 녹으며 에터, 알코올에도 녹는다.
③ 화재 시 대량 주수소화로 희석소화가 가능하다.
④ 증기는 공기보다 가볍다.

> 아세톤의 증기는 공기보다 약 2배
> (증기비중 = 분자량/29 = 58/29 = 2.0배) 무겁다

49 제2류 위험물과 제5류 위험물의 공통점에 해당되는 것은?

① 유기화합물이다.
② 가연성물질이다.
③ 자연발화성 물질이다.
④ 산소를 함유하고 있는 물질이다.

> 제2류는 가연성물질이고 제5류 위험물은 자기반응성물질로서 가연성 물질이다.

50 위험물의 반응성에 대한 설명 중 틀린 것은?

① 마그네슘은 온수와 작용하여 산소를 발생하고 산화마그네슘이 된다.
② 황린은 공기 중에서 연소하여 오산화인을 발생한다.
③ 아연 분말은 공기 중에서 연소하여 산화아연을 발생한다.
④ 삼황화인은 공기 중에서 연소하여 오산화인을 발생한다.

> 위험물의 반응
> (1) 마그네슘이 온수오 반응 $Mg + 2H_2O \rightarrow Mg(OH)_2 + H_2 \uparrow$
>   (수산화마그네슘) (수소)
> (2) 황린의 연소반응 $P_4 + 5O_2 \rightarrow 2P_2O_5$
>   (오산화인)
> (3) 아연의 연소반응 $2Zn + O_2 \rightarrow 2ZnO$
>   (산화아연)
> (4) 삼황화인의 연소반응 $P_4S_3 + 8O_2 \rightarrow 2P_2O_5 + 3SO_2$
>   (오산화인) (이산화황)

51 위험물안전관리법령상 위험물의 운반용기 외부에 표시해야 할 사항이 아닌 것은?(단, 용기의 용적은 10L이며 원칙적인 경우에 한한다.)

① 위험물의 화학명
② 위험물의 지정수량
③ 위험물의 품명
④ 위험물의 수량

> 위험물 운반용기의 외부표시 사항
> (1) 위험물의 품명, 위험등급, 화학명 및 수용성(제4류 위험물의 수용성인 것에 한함)
> (2) 위험물의 수량
> (3) 주의사항

52 다음 중 연소범위가 가장 넓은 것은?

① 휘발유
② 톨루엔
③ 에틸알코올
④ 다이에틸에터

> 연소범위
>
> | 종류 | 휘발유 | 톨루엔 | 에틸알코올 | 다이에틸에터 |
> |---|---|---|---|---|
> | 연소범위 | 1.2~7.6% | 1.27~7.0% | 3.1~27.7% | 1.7~48.0% |

53 취급하는 위험물의 최대수량이 지정수량의 10배를 초과할 경우 제조소 주위에 보유해야 하는 공지의 너비는?

① 3m 이상
② 5m 이상
③ 10m 이상
④ 15m 이상

> 제조소의 보유공지
>
> | 취급하는 위험물의 최대수량 | 공지의 너비 |
> |---|---|
> | 지정수량의 10배 이하 | 3m 이상 |
> | 지정수량의 10배 초과 | 5m 이상 |

54 가솔린 저장량이 2000L일 때 소화설비 설치를 위한 소요단위는?

① 1
② 2
③ 3
④ 4

> 휘발유(가솔린) 지정수량 : 200ℓ (제1석유류, 비수용성)
>
> ※ 소요단위 = $\dfrac{저장량}{지정수량 \times 10}$
>
> ∴ 소요단위 = $\dfrac{2000ℓ}{200ℓ \times 10}$ = 1단위

55 다음 위험물 중 물과 반응하여 연소범위가 약 2.5 ~ 81%인 위험한 가스를 발생시키는 것은?

① Na
② P
③ CaC_2
④ Na_2O_2

> 탄화칼슘은 물과 반응하면 가연성가스인 연소범위가 2.5~81%인 아세틸렌가스를 발생한다.
> ※ $CaC_2 + 2H_2O \rightarrow Ca(OH)_2 + C_2H_2 \uparrow$
>   (소석회, 수산화칼슘) (아세틸렌)

56 과산화수소 용액의 분해를 방지하기 위한 방법으로 가장 거리가 먼 것은?

① 햇빛을 차단한다.
② 암모니아를 가한다.
③ 인산을 가한다.
④ 요산을 가한다.

> 과산화수소의 분해방지제 : 인산, 요산, 햇빛 차단

57 벤젠의 성질에 대한 설명 중 틀린 것은?

① 증기는 유독하다.
② 물에 녹지 않는다.
③ CS_2보다 인화점이 낮다.
④ 독특한 냄새가 있는 액체이다.

> 인화점
>
> | 종류 | 벤젠 | 이황화탄소 |
> |---|---|---|
> | 증기 | 유독하다 | 유독하다 |
> | 물에 대한 용해 | 녹지 않는다 | 녹지 않는다 |
> | 인화점 | -11℃ | -30℃ |
> | 외관 | 냄새가 나는 액체 | 냄새가 나는 액체 |

58 오황화인이 물과 반응하였을 때 발생하는 물질로 옳은 것은?

① 황화수소, 오산화인
② 황화수소, 인산
③ 이산화황, 오산화인
④ 이산화황, 인산

> 물 또는 알칼리에 분해하여 황화수소(H_2S)와 인산(H_3PO_4)이 된다.
> ※ $P_2S_5 + 8H_2O \rightarrow 5H_2S + 2H_3PO_4$

59 위험물안전관리법령 중 위험물의 운반에 관한 기준에 따라 운반용기의 외부에 주의사항으로 "화기·충격주의" "물기엄금" 및 "가연물접촉주의"를 표시하였다. 어떤 위험물에 해당하는가?

① 제1류 위험물 중 알칼리금속의 과산화물
② 제2류 위험물 중 철분·금속분·마그네슘
③ 제3류 위험물 중 자연발화성물질
④ 제5류 위험물

> 운반 시 주의사항
>
> | 유별 | 품명 | 주의사항 |
> |---|---|---|
> | 제1류 위험물 | 알칼리금속의 과산화물 | 화기·충격주의, 물기엄금, 가연물접촉주의 |
> | | 그 밖의 것 | 화기·충격주의, 가연물접촉주의 |
> | 제2류 위험물 | 철분, 금속분, 마그네슘 | 화기주의, 물기엄금 |
> | | 인화성고체 | 화기엄금 |
> | | 그 밖의 것 | 화기주의 |
> | 제3류 위험물 | 자연발화성물질 | 화기엄금, 공기접촉엄금 |
> | | 금수성물질 | 물기엄금 |
> | 제4류 위험물 | - | 화기엄금 |
> | 제5류 위험물 | - | 화기엄금, 충격주의 |
> | 제6류 위험물 | - | 가연물접촉주의 |

60 과산화벤조일에 대한 설명으로 틀린 것은?

① 물에 녹고 알코올에는 녹지 않는다.
② 상온에서 고체이다.
③ 산소를 포함하는 자기반응성 물질이다.
④ 물을 혼합하면 폭발성이 줄어든다.

🔍 과산화벤조일은 물에 녹지 않고 알코올에는 약간 녹는다.

정답 복원문제 2024년 2회				
01 ②	02 ④	03 ④	04 ③	05 ④
06 ④	07 ①	08 ③	09 ④	10 ③
11 ③	12 ③	13 ②	14 ①	15 ①
16 ③	17 ①	18 ②	19 ③	20 ②
21 ①	22 ②	23 ③	24 ③	25 ③
26 ③	27 ②	28 ④	29 ①	30 ②
31 ③	32 ①	33 ③	34 ④	35 ③
36 ④	37 ④	38 ③	39 ①	40 ③
41 ③	42 ③	43 ②	44 ④	45 ③
46 ③	47 ②	48 ④	49 ②	50 ①
51 ②	52 ④	53 ②	54 ①	55 ③
56 ②	57 ③	58 ②	59 ①	60 ①

2024년 3회 복원문제

1. 물질의 물리 · 화학적 성질

01 $[H^+] = 2 \times 10^{-6}$M인 용액의 pH는 약 얼마인가?

① 5.7 ② 4.7
③ 3.7 ④ 2.7

> pH = $-\log[H^+]$ = $-\log[2 \times 10^{-6}]$ = $6 - \log 2$ = $6 - 0.3 = 5.7$

02 방사선 원소에서 방출되는 방사선 중 전기장의 영향을 받지 않아 휘어지지 않는 선은?

① α선 ② β선
③ γ선 ④ α, β, γ선

> γ선 : 방출되는 방사선 중 전기장의 영향을 받지 않아 휘어지지 않는 선으로 투과력이 가장 세다.

03 분자식이 같고 구조가 다른 유기화합물을 무엇이라고 하는가?

① 이성질체
② 동소체
③ 동위원소
④ 방향족화합물

> 이성질체 : 분자식은 같으나 구조식이 다른 화합물로서 에탄올(C_2H_5OH)과 다이메틸에터(CH_3OCH_3)이다.

04 다음 중 완충용액에 해당하는 것은?

① CH_3COONa와 CH_3COOH
② NH_4Cl와 HCl
③ CH_3COONa와 NaOH
④ $HCOONa$와 Na_2SO_4

> 완충 용액(buffer solution) : 산이나 염기를 가해도 공통 이온 효과에 의해 그 용액의 pH가 크게 변하지 않는 용액으로 아세트산(CH_3COOH)과 아세트산나트륨(CH_3COONa)은 수용액에서 이온화하여 모두 아세트산 이온(CH_3COO^-)을 형성한다.

05 산(Acid)의 성질을 설명한 것 중 틀린 것은?

① 수용액 속에서 H^+를 내는 화합물이다.
② pH 값이 작을수록 강산이다.
③ 금속과 반응하여 수소를 발생하는 것이 많다.
④ 붉은색 리트머스 종이를 푸르게 변화시킨다.

> 산의 성질
> (1) 수용액은 신맛이 난다.(초산)
> (2) 전기분해하면 (-)극에서 수소를 발생한다.
> (3) 리트머스종이의 변색된다.(청색→적색)
> (4) 염기와 반응하면 염과 물이 생성된다.
> (5) pH 값이 작을수록 강산이다.

06 밀도가 2g/mL인 액체의 비중은 얼마인가?

① 0.002 ② 2
③ 20   ④ 200

> 비중은 단위가 없고 밀도는 단위가 있다
> 비중이 1이면 밀도는 CGS의 기본단위인 $1g/cm^3(1g/mL)$이다
> ∴ 밀도가 2g/mL인 물질의 비중은 2이다
> ※ 1L = $1000cm^3$ = 1000mL

07 에탄올 2몰이 표준상태에서 완전 연소하기 위해 필요한 공기량은 약 몇 ℓ 인가?

① 122 ② 244
③ 320 ④ 410

> 에탄올의 연소반응식
> $2CH_3OH$ + $3O_2$ → $2CO_2$ + $4H_2O$
> 2mol $3 \times 22.4\ell$
> 이 문제에서 에탄올 2mol이 연소할 때 산소의 부피는 67.2ℓ가 필요하다
> ∴ 공기의 양 = 67.2 ÷ 0.21 = 320ℓ

08 원자에서 복사되는 빛은 선 스펙트럼을 만드는데 이것으로부터 알 수 있는 사실은?

① 빛에 의한 광전자의 방출
② 빛이 파동의 성질을 가지고 있다는 사실
③ 전자껍질의 에너지의 불연속성
④ 원자핵 내부의 구조

🔍 원자에서 복사되는 빛은 선 스펙트럼을 만드는 과정에서 전자껍질의 에너지의 불연속성을 알 수 있다.

09 순수한 옥살산($C_2H_2O_4 \cdot 2H_2O$)결정 6g을 물에 녹여서 500mL의 용액을 만들었다. 이 용액의 농도는 몇 M인가?

① 0.1
② 0.2
③ 0.3
④ 0.4

🔍 용액의 농도

1M   126g   1000mℓ
 x 6g   500mℓ

∴ $x = \dfrac{1M \times 6g \times 1000mℓ}{126g \times 1mℓ} = 0.095M ≒ 0.1M$

10 다이에틸에테르에 관한 설명으로 옳지 않은 것은?

① 휘발성이 강하고 인화성이 크다.
② 증기는 마취성이 있다.
③ 2개의 알킬기가 있다.
④ 물에 잘 녹지만 알코올에는 불용이다.

🔍 다이에틸에테르는 물에 약간 녹고, 알코올에 잘 녹는다.

11 다음은 열역학 제 몇 법칙에 대한 내용인가?

> 0 K(절대영도)에서 물질의 엔트로피는 0이다

① 열역학 제 0법칙
② 열역학 제 1법칙
③ 열역학 제 2법칙
④ 열역학 제 3법칙

🔍 열역학 제 3법칙 : 0K(절대영도)에서 완전한 결정을 이루고 있는 물질의 엔트로피는 0 이다

12 다음 중 부동액으로 사용되는 것은?

① 에테인
② 아세톤
③ 이황화탄소
④ 에틸렌글라이콜

🔍 에틸렌글라이콜(CH_2OHCH_2OH)은 부동액으로 사용한다.

13 다음 중 전자의 수가 같은 것으로 나열된 것은?

① Ne 와 Cl^-
② Mg^{+2} 와 O^{-2}
③ F 와 Ne
④ Na 와 Cl^-

🔍 전자배치
※ 원자번호 = 전자의 수
(1) Ne 와 Cl^-
 ① Ne(원자번호 10) : $1S^2, 2S^2, 2P^6$
 ② Cl^-(원자번호 17) : 전자 1개를 얻어 18개의 전자를 가진다.($1S^2, 2S^2, 2P^6, 3S^2, 3P^6$)
(2) Mg^{+2} 와 O^{-2}
 ① Mg^{+2}(원자번호 12) : 전자 2개를 잃어 10개의 전자를 가진다.($1S^2, 2S^2, 2P^6$)
 ② O^{-2}(원자번호8) : 전자 2개를 얻어 10개의 전자를 가진다.($1S^2, 2S^2, 2P^6$)
(3) F 와 Ne
 ① F(원자번호 9) : $1S^2, 2S^2, 2P^5$
 ② Ne(원자번호 10) : $1S^2, 2S^2, 2P^6$
(4) Na 와 Cl^-
 ① Na(원자번호 11) : $1S^2, 2S^2, 2P^6, 3S^1$
 ② Cl^-(원자번호 17) : 전자 1개를 얻어 18개의 전자를 가진다.($1S^2, 2S^2, 2P^6, 3S^2, 3P^6$)

14 암모니아 분자의 구조는?

① 평면
② 선형
③ 피라밋
④ 사각형

🔍 암모니아(NH_3)의 구조 : 피라밋

15 다음 할로젠 원소에 대한 설명 중 옳지 않은 것은?

① 아이오딘의 최외각전자는 7개이다.
② 할로젠원소 중 원자 반지름이 가장 작은 원소는 F 이다.
③ 염화이온은 염화은의 흰색침전의 생성에 관여한다.
④ 브로민은 상온에서 적갈색 기체로 존재한다.

🔍 브로민(Br)은 주기율표 17족에 속하는 할로젠원소, 진홍색의 발연 액체이다.

16 불꽃반응 결과 노란색을 나타내는 미지의 시료를 녹인 용액에 AgNO₃용액을 넣으니 백색침전이 생겼다. 이 시료의 성분은?

① Na_2SO_4
② $CaCl_2$
③ NaCl
④ $Ca(OH)_2$

🔍 염화나트륨과 질산은(AgNO₃)이 반응하면 염화은(AgCl)의 백색 침전이 생성된다.
※ NaCl + AgNO₃ → AgCl + NaNO₃
　　　　　　　　　　염화은(백색침전)

17 CuSO₄ 수용액에 10[A]의 전류를 32분 10초 동안 전기분해 시켰다. 음극에서 석출되는 Cu의 질량은 몇 g인가?(단, Cu의 원자량은 63.6이다.)

① 3.18　　② 6.36
③ 9.54　　④ 12.72

🔍 Coul = A × sec = 10 × (60 × 32+10) = 19300Coul
193000/96500 = 0.2F　1g당량 = 63.6/2 = 31.8g당량
∴ 1F : 31.8 = 0.2 : x　∴ x = 6.36g

18 원자번호 19, 질량수 39인 칼륨 원자의 중성자수는 얼마인가?

① 19　　② 20
③ 39　　④ 58

🔍 중성자수 = 질량수 − 원자번호 = 39 − 19 = 20

19 어떤 기체의 확산 속도는 SO₂의 2배이다. 이 기체의 분자량은 얼마인가?

① 8　　② 16
③ 32　　④ 64

🔍 그레이엄의 확산 속도법칙
※ $\frac{U_B}{U_A} = \sqrt{\frac{M_A}{M_B}}$
A : 어떤 기체, B : 이산화황(SO₂)으로 가정을 하면
$\frac{1}{2} = \sqrt{\frac{M_A}{64}}$　∴ M_B = 16

20 CH₄ 16g 중에는 C가 몇 mol 포함되었는가?

① 1
② 2
③ 3
④ 4

🔍 C(탄소)가 1개이므로 원자량 12g/12 = 1 mol 이다

● **2. 화재예방과 소화방법**

21 제3종 분말소화약제의 표시 색상은?

① 백색
② 담홍색
③ 검은색
④ 회색

🔍 제3종 분말소화약제[NH₄H₂PO₄(인산암모늄, 제일인산암모늄)]의 색상 : 담홍색

22 위험물안전관리법령에 따른 이산화탄소 소화약제의 저장용기 설치장소에 대한 설명으로 틀린 것은?

① 방호구역 내의 장소에 설치해야 한다.
② 직사일광 및 빗물이 침투할 우려가 적은 장소에 설치해야 한다.
③ 온도 변화가 적은 장소에 설치해야 한다.
④ 온도가 40℃ 이하인 곳에 설치해야 한다.

🔍 이산화탄소 저장용기의 설치 기준
(1) 방호구역 외의 장소에 설치할 것
(2) 온도가 40℃ 이하이고 온도 변화가 적은 장소에 설치할 것
(3) 직사일광 및 빗물이 침투할 우려가 적은 장소에 설치할 것
(4) 저장용기에는 안전장치를 설치할 것

23 탄화칼슘 60,000kg를 소요단위로 산정하면?

① 10 단위　　② 20 단위
③ 30 단위　　④ 40 단위

🔍 소요단위 = 저장수량/(지정수량×10)
　　　　 = 60,000kg/(300kg×10) = 20단위
※ 탄화칼슘(제3류 위험물, 칼슘의 탄화물)의 지정수량 : 300kg

24 다음 중 착화점에 대한 설명으로 가장 옳은 것은?

① 연소가 지속될 수 있는 최저의 온도
② 점화원과 접촉했을 때 발화하는 최저 온도
③ 외부의 점화원 없이 발화하는 최저 온도
④ 액체 가연물에서 증기가 발생할 때의 온도

🔍 착화점 : 외부의 점화원없이 열이 축척하여 발화하는 최저 온도

25 가연성 증기 또는 미분이 체류할 우려가 있는 건축물에는 배출설비를 해야 하는데 배출능력은 1시간당 배출장소 용적의 몇 배 이상인 것으로 해야 하는가?(단, 국소방식의 경우이다.)

① 5배 ② 10배
③ 15배 ④ 20배

🔍 배출설비의 배출능력은 1시간당 배출장소 용적의 20배 이상으로 해야 한다.

26 제4류 위험물 중 제1석유류에 속하지 않는 것은?

① C_6H_6 ② CH_3COOH
③ CH_3COCH_3 ④ $C_6H_5CH_3$

🔍 제4류 위험물의 분류

종류	C_6H_6	CH_3COOH	CH_3COCH_3	$C_6H_5CH_3$
품명	제1석유류	제2석유류	제1석유류	제1석유류
명칭	벤젠	초산(아세트산)	아세톤	톨루엔

27 고체의 일반적인 연소형태에 속하지 않는 것은?

① 표면연소 ② 확산연소
③ 자기연소 ④ 증발연소

🔍 확산연소 : 기체의 연소

28 포 소화약제의 주된 소화효과를 모두 옳게 나타낸 것은?

① 촉매효과와 억제효과
② 억제효과와 제거효과
③ 질식효과와 냉각효과
④ 연소방지와 촉매효과

🔍 포 소화약제의 소화효과 : 질식효과와 냉각효과(A급, B급화재에 적용)

29 위험물안전관리법령상 제1류 위험물에 속하지 않는 것은?

① 염소산염류
② 무기과산화물
③ 유기과산화물
④ 다이크로뮴산염류

🔍 유기과산화물 : 제5류 위험물

30 고온체의 색깔과 온도관계에서 다음 중 가장 낮은 온도의 색깔은?

① 적색 ② 암적색
③ 휘적색 ④ 백적색

🔍 연소온도와 색깔

색상	담암적색	암적색	적색	휘적색	황적색	백적색	휘백색
온도(℃)	520	700	850	950	1100	1300	1500 이상

31 분말소화약제로 사용할 수 있는 것을 모두 옳게 나타낸 것은?

① 탄산수소나트륨 ② 탄산수소칼륨
③ 황산구리 ④ 인산암모늄

① ①, ②, ③, ④ ② ①, ⓒ
③ ①, ②, ③ ④ ①, ②, ④

🔍 분말약제의 종류

종류	주성분	적응화재	착색(분말의 색)
제1종 분말	$NaHCO_3$(중탄산나트륨, 탄산수소나트륨)	B, C급	백색
제2종 분말	$KHCO_3$(중탄산칼륨, 탄산수소칼륨)	B, C급	담회색
제3종 분말	$NH_4H_2PO_4$(인산암모늄, 제일인산암모늄)	A, B, C급	담홍색
제4종 분말	$KHCO_3 + (NH_2)_2CO$(탄산수소칼륨 + 요소)	B, C급	회색

32 94wt% 드라이아이스 100g은 표준상태에서 몇 L의 CO_2가 되는가?

① 22.4
② 47.85
③ 50.90
④ 62.74

> 표준상태서 기체 1g-mol이 차지하는 부피는 22.4ℓ 이므로
> ∴ $\frac{100g \times 0.94}{44} \times 22.4ℓ = 47.85ℓ$
> ※ CO_2(드라이아이스)의 분자량 : 44

33 공기 중 산소는 부피백분율과 질량백분율로 각각 약 몇 %인가?

① 79%, 21%
② 21%, 23%
③ 23%, 21%
④ 21%, 79%

> 공기 중 산소
> (1) 부피백분율 : 21%   (2) 질량백분율 : 23%

34 고정지붕구조 위험물 옥외탱크저장소의 탱크 안에 설치하는 고정포방출구가 아닌 것은?

① 특형포방출구
② Ⅰ형 방출구
③ Ⅱ형 방출구
④ 표면하주입식 방출구

> 고정식 방출구의 종류
> 고정식 포방출구방식은 탱크에서 저장 또는 취급하는 위험물의 화재를 유효하게 소화할 수 있도록 하는 포 방출구
> (1) Ⅰ형 : 고정지붕 구조(CRT, Cone Roof Tank)의 탱크에 상부포주입법(고정포방출구를 탱크옆판의 상부에 설치하여 액표면상에 포를 방출하는 방법)을 이용하는 것으로 방출된 포가 액면 아래로 몰입되거나 액면을 뒤섞지 않고 액면상을 덮을 수 있는 통계판 또는 미끄럼판 등의 설비 및 탱크내의 위험물 증기가 외부로 역류되는 것을 저지할 수 있는 구조·기구를 갖는 포방출구
> (2) Ⅱ형 : 고정 지붕구조(CRT) 또는 부상덮개부착 고정지붕 구조의 탱크에 상부포주입법을 이용하는 것으로 방출된 포가 탱크옆판의 내면을 따라 흘러내려가면서 액면 아래로 몰입되거나 액면을 뒤섞지 않고 액면상을 덮을 수 있는 반사판 및 탱크내의 위험물 증기가 외부로 역류되는 것을 저지할 수 있는 구조·기구를 갖는 포방출구
> (3) 특형 : 부상지붕구조(FRT, Floating Roof Tank)의 탱크에 상부포주입법을 이용하는 것으로 부상지붕의 부상 부분상에 높이 0.9m이상의 금속제의 칸막이를 탱크옆판의 내측으로부터 1.2m이상 이격하여 설치하고 탱크옆판과 칸막이에 의하여 형성된 환상부분에 포를 주입하는 것이 가능한 구조의 반사판을 갖는 포방출구

> (4) Ⅲ형 : 고정 지붕구조(CRT)의 탱크에 저부포주입법(탱크의 액면하에 설치된 포방출구부터 포를 탱크 내에 주입하는 방법)을 이용하는 것으로 송포관으로부터 포를 방출하는 포방출구
> (5) Ⅳ형 : 고정 지붕구조(CRT)의 탱크에 저부포주입법을 이용하는 것으로 평상시에는 탱크의 액면하의 저부에 격납통에 수납되어 있는 특수호스 등이 송포관의 말단에 접속되어 있다가 포를 보내어 선단의 액면까지 도달한 후 포를 방출하는 포방출구

35 다음 중 위험물안전관리법령상의 기타 소화설비에 해당하지 않는 것은?

① 마른모래
② 수조
③ 소화기
④ 팽창질석

> 기타 소화설비 : 마른모래, 수조, 소화전용 물통, 팽창질석, 팽창진주암

36 위험물안전관리법령상 다이에틸에터 화재 발생시 적응성이 없는 소화기는?

① 이산화탄소소화기
② 포소화기
③ 봉상강화액소화기
④ 할로젠화합물소화기

> 다이에틸에터 : 질식소화(포, 이산화탄소, 할로젠화합물, 분말소화기)

37 Halon 1011 속에 함유되지 않은 원소는?

① H
② Cl
③ Br
④ F

> Halon 1011은 CH_2ClBr로서 플루오린(F)은 없다

38 위험물안전관리법령에 따라 폐쇄형 스프링클러헤드를 설치하는 장소의 평상시의 최고 주위온도가 28℃ 이상 39℃ 미만일 경우 헤드의 표시온도는?

① 52℃ 이상 76℃ 미만
② 52℃ 이상 79℃ 미만
③ 58℃ 이상 76℃ 미만
④ 58℃ 이상 79℃ 미만

🔍 부착장소의 최고주위온도에 따른 헤드의 표시온도

부착장소의 최고주위온도(℃)	표시온도(℃)
28 미만	58 미만
28 이상 39 미만	58 이상 79 미만
39 이상 64 미만	79 이상 121 미만
64 이상 106 미만	121 이상 162 미만
106 이상	162 이상

39 제1종 분말소화약제가 1차 열분해되어 표준상태를 기준으로 10m³의 탄산가스가 생성되었다. 몇 kg의 탄산수소나트륨이 사용되었는가? (단, 나트륨의 원자량은 23이다.)

① 18.75　　② 37
③ 56.25　　④ 75

🔍 제1종분말 약제의 분해반응식

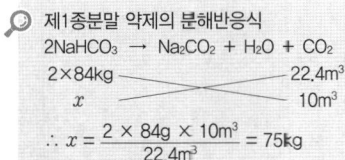

$2NaHCO_3 \rightarrow Na_2CO_2 + H_2O + CO_2$

$\therefore x = \dfrac{2 \times 84g \times 10m^3}{22.4m^3} = 75kg$

40 위험물안전관리법령상 지정수량의 3천배 초과 4천배 이하의 위험물을 저장하는 옥외탱크저장소에 확보해야 하는 보유공지는 얼마인가?

① 6m 이상　　② 9m 이상
③ 12m 이상　　④ 15m 이상

🔍 옥외탱크저장소의 보유공지

저장 또는 취급하는 위험물의 최대수량	공지의 너비
지정수량의 500배 이하	3m 이상
지정수량의 500배 초과 1,000배 이하	5m 이상
지정수량의 1,000배 초과 2,000배 이하	9m 이상
지정수량의 2,000배 초과 3,000배 이하	12m 이상
지정수량의 3,000배 초과 4,000배 이하	15m 이상
지정수량의 4,000배 초과	당해 탱크의 수평단면의 최대지름(가로형인 경우에는 긴변)과 높이 중 큰 것과 같은 거리 이상(단, 30m 초과 시 30m 이상으로, 15m 미만시 15m 이상으로 할 것)

3. 위험물 성상 및 취급

41 동식물유류에 대한 설명으로 틀린 것은?

① 건성유는 자연발화의 위험성이 높다.
② 불포화도가 높을수록 아이오딘값이 크며 산화되기 쉽다.
③ 아이오딘값이 130이하인 것이 건성유이다.
④ 1기압에서 인화점이 250℃ 미만이다.

🔍 분류

구분	아이오딘값	반응성	불포화도	종류
건성유	130이상	크다	크다	해바라기유, 동유, 아마인유, 들기름
반건성유	100~130	중간	중간	채종유, 목화씨기름(면실유), 참기름, 콩기름
불건성유	100이하	적다	적다	야자유, 올리브유, 피마자유, 동백유

42 과산화나트륨이 물과 반응해서 일어나는 변화로 옳은 것은?

① 격렬히 반응하여 산소를 내며 수산화나트륨이 된다.
② 격렬히 반응하여 산소를 내며 산화나트륨이 된다.
③ 물을 흡수하여 과산화나트륨 수용액이 된다.
④ 물을 흡수하여 탄산나트륨이 된다.

🔍 과산화나트륨과 물과의 반응
※ $2Na_2O_2 + 2H_2O \rightarrow 4NaOH + O_2\uparrow$
　　　　　　　　　　　(수산화나트륨)　(산소)

43 옥내저장소에서 위험물 용기를 겹쳐 쌓는 경우에 있어서 제4류 위험물 중 제3석유류만을 수납하는 용기를 겹쳐 쌓을 수 있는 높이는 최대 몇 m인가?

① 3　　② 4
③ 5　　④ 6

🔍 옥내저장소에 저장 시 높이(아래 높이를 초과하지 말 것)
(1) 기계에 의하여 하역하는 구조로 된 용기만을 겹쳐 쌓는 경우 : 6m
(2) 제4류 위험물 중 제3석유류, 제4석유류, 동식물유류를 수납하는 용기만을 겹쳐 쌓는 경우 : 4m
(3) 그 밖의 경우(특수인화물, 제1석유류, 제2석유류, 알코올류) : 3m

44 제4류 위험물의 성질 및 취급 시 주의사항에 대한 설명 중 가장 거리가 먼 것은?

① 액체의 비중은 물보다 가벼운 것이 많다.
② 대부분 증기는 공기보다 무겁다.
③ 제1석유류와 제2석유류는 비점으로 구분한다.
④ 정전기 발생에 주의하여 취급해야 한다.

> 제4류 위험물의 분류(제1석유류 ~ 제4석유류)는 인화점으로 구분한다.

45 다음 각 위험물을 저장할 때 사용하는 보호액으로 틀린 것은?

① 나이트로셀룰로스 – 알코올
② 이황화탄소 – 알코올
③ 금속칼륨 – 등유
④ 황린 – 물

> 이황화탄소나 황린은 물속에 저장한다.

46 적린이 공기 중에서 연소할 때 생성되는 물질은?

① P_2O
② PO_2
③ PO_3
④ P_2O_5

> 적린의 연소반응식 $4P + 5O_2 \rightarrow 2P_2O_5$(오산화인)

47 메틸알코올의 성질로 옳은 것은?

① 인화점이하가 되면 밀폐된 상태에서 연소하여 폭발한다.
② 비점은 물보다 높다.
③ 물에 녹기 어렵다.
④ 증기비중은 공기보다 크다.

> 메틸알코올의 성질
> (1) 인화점이상이 되면 점화원 존재하에 밀폐된 상태에서 연소하여 폭발한다.
> (2) 비점(65℃)은 물(100℃)보다 낮다.
> (3) 물에 무한정 녹는다.
> (4) 증기비중은 공기보다 크다.
>   (증기비중= 분자량/29 = 32/29 = 1.1)

48 제5류 위험물 중 나이트로화합물에서 나이트로기(nitro group)를 옳게 나타낸 것은?

① $-NO$
② $-NO_2$
③ $-NO_3$
④ NON_3

> 관능기
> (1) $-NO$: 나이트로소기
> (2) $-NO_2$: 나이트로기
> (3) $-NO_3$: 질산기

49 제조소에서 위험물을 취급함에 있어서 정전기를 유효하게 제거할 수 있는 방법으로 가장 거리가 먼 것은?

① 접지에 의한 방법
② 상대습도를 70%이상 높이는 방법
③ 공기를 이온화하는 방법
④ 부도체 재료를 사용하는 방법

> 정전기 제거방법
> (1) 접지에 의한 방법
> (2) 공기를 이온화하는 방법
> (3) 상대습도를 70% 이상 높이는 방법

50 다음 중 물에 가장 잘 녹는 것은?

① CH_3CHO
② $C_2H_5OC_2H_5$
③ P_4
④ $C_2H_5ONO_2$

> 아세트알데하이드(CH_3CHO)는 물에 잘 녹는다.
> ※ 에터($C_2H_5OC_2H_5$), 황린(P_4), 질산에틸($C_2H_5ONO_2$) : 물에 녹지 않는다.

51 지정수량 이상의 위험물을 차량으로 운반할 때 게시판의 색상에 대한 설명으로 옳은 것은?

① 흑색바탕에 청색의 도료로 "위험물"이라고 게시한다.
② 흑색바탕에 황색의 반사도료로 "위험물"이라고 게시한다.
③ 적색바탕에 흰색의 반사도료로 "위험물"이라고 게시한다.
④ 적색바탕에 흑색의 도료로 "위험물"이라고 게시한다.

운반 시 위험물의 게시판 : 흑색바탕에 황색의 반사도료

52 위험물안전관리법령에 따른 안전거리 규제를 받는 위험물 시설이 아닌 것은?

① 제6류 위험물 제조소
② 제1류 위험물 일반취급소
③ 제4류 위험물 옥내저장소
④ 제5류 위험물 옥외저장소

제6류 위험물을 취급하는 제조소에는 안전거리를 두지 않아도 된다.

53 구리, 은, 마그네슘과 아세틸라이드를 만들고 연소범위가 2.8~37.0%인 물질은?

① 아세트알데하이드   ② 알킬알루미늄
③ 산화프로필렌   ④ 콜로디온

산화프로필렌(Propylene Oxide)
(1) 물성

분자식	분자량	비중	비점	인화점	착화점	연소범위
CH_3CHCH_2O	58	0.82	35℃	-37℃	449℃	2.8~37.0%

(2) 무색, 투명한 자극성 액체이다.
(3) 구리(Cu), 마그네슘(Mg), 은(Ag), 수은(Hg)과 반응하면 아세틸레이트를 생성한다.
(4) 저장용기 내부에는 불연성가스 또는 수증기 봉입장치를 할 것.
(5) 소화약제는 알코올형포(내알코올포, 알코올포), 이산화탄소, 분말소화가 효과가 있다.

54 다음 중 적린과 황린에서 동일한 성질을 나타내는 것은?

① 발화점   ② 색상
③ 유독성   ④ 연소생성물

적린과 황린의 비교

항목 \ 구분	적린	황린
색상	암적색	백색 또는 담황색
발화점	260℃	34℃
유독성	약하다	심하다
용해성	물에 불용	물에 불용
비중	2.2	1.82
연소생성물	P_2O_5	P_2O_5

55 다음 중 금수성 물질로만 나열된 것은?

① K, CaC_2, Na
② $KClO_3$, Na, S
③ KNO_3, CaO, Na_2O_2
④ KNO_3, $KClO_3$, CaO

위험물의 분류

물질	명칭	품명	성질
K	칼륨	제3류 위험물	금수성 물질
CaC_2	탄화칼슘	제3류 위험물 칼슘의 탄화물	금수성 물질
Na	나트륨	제3류 위험물	금수성 물질
$KClO_3$	염소산칼륨	제1류 위험물 염소산염류	산화성 고체
S	황	제2류 위험물	가연성 고체
KNO_3	질산칼륨	제1류 위험물 질산염류	산화성 고체
CaO	과산화칼슘	제1류 위험물 무기과산화물	산화성 고체
Na_2O_2	과산화나트륨	제1류 위험물 무기과산화물	산화성 고체

56 위험물안전관리법령에 따른 지하탱크저장소의 지하저장탱크의 기준으로 옳지 않은 것은?

① 탱크의 외면에는 녹 방지를 위한 도장을 해야 한다.
② 탱크의 강철판 두께는 3.2mm 이상으로 해야 한다.
③ 압력탱크는 최대 상용압력의 1.5배의 압력으로 10분간 수압시험을 한다.
④ 압력탱크 외의 것은 50kPa의 압력으로 10분간 수압시험을 한다.

지하저장탱크의 구조
(1) 지하저장탱크의 윗부분은 지면으로부터 0.6m 이상 아래에 있어야 한다.
(2) 지하저장탱크를 2 이상 인접해 설치하는 경우에는 그 상호간에 1m(당해 2 이상의 지하저장탱크의 용량의 합계가 지정수량의 100배 이하인 때에는 0.5m) 이상의 간격을 유지해야 한다.
(3) 지하저장탱크의 재질은 두께 3.2mm 이상의 강철판으로 할 것
(4) 수압시험
  ① 압력탱크(최대상용압력이 46.7kPa 이상인 탱크) 외의 탱크 : 70kPa의 압력으로 10분간
  ② 압력탱크 : 최대상용압력의 1.5배의 압력으로 10분간
(5) 지하저장탱크의 배관은 탱크의 윗부분에 설치해야 한다.

57 다음과 같이 위험물을 저장하는 경우 각각의 지정수량 배수의 총합은 얼마인가?

> 클로로벤젠 : 1,000ℓ, 동·식물유류 : 5,000ℓ,
> 제4석유류 : 12,000ℓ

① 2.5배 ② 3.0배
③ 3.5배 ④ 4.0배

🔍 지정수량의 배수 = 저장수량/지정수량
= $\frac{1,000ℓ}{1,000ℓ} + \frac{5,000ℓ}{10,000ℓ} + \frac{12,000ℓ}{6,000ℓ}$ = 3.5배

58 [보기]의 물질이 K_2O_2와 반응하였을 때 주로 생성되는 가스의 종류가 같은 것으로만 나열된 것은?

> [보기] 물, 이산화탄소, 아세트산, 염산

① 물, 이산화탄소
② 물, 이산화탄소, 염산
③ 물, 아세트산
④ 이산화탄소, 아세트산, 염산

🔍 K_2O_2의 반응
(1) 분해 반응식 $2K_2O_2 \rightarrow 2K_2O + O_2\uparrow$
(2) 물과의 반응 $2K_2O_2 + 2H_2O \rightarrow 4KOH + O_2\uparrow$
(3) 이산화탄소와 반응 $2K_2O_2 + 2CO_2 \rightarrow 2K_2CO_3 + O_2\uparrow$
(4) 아세트산과의 반응 $K_2O_2 + 2CH_3COOH \rightarrow 2CH_3COOK + H_2O_2\uparrow$
   (초산칼륨)   (과산화수소)
(5) 염산과의 반응 $K_2O_2 + 2HCl \rightarrow 2KCl + H_2O_2\uparrow$

59 벤젠의 성질로 옳지 않은 것은?

① 휘발성을 갖는 갈색·무취의 액체이다.
② 증기는 유해하다.
③ 인화점은 0℃보다 낮다.
④ 끓는점은 상온보다 높다.

🔍 벤젠의 물성

화학식	외관	비중	비점	인화점	착화점	연소범위
C_6H_6	무색, 투명한 액체	0.95	79℃	-11℃	498℃	1.4~8.0%

60 다음 중 인화점이 가장 낮은 것은?

① $C_6H_5NH_2$
② $C_6H_5NO_2$
③ C_5H_5N
④ $C_6H_5CH_3$

🔍 제4류 위험물의 인화점

종류	$C_6H_5NH_2$	$C_6H_5NO_2$	C_5H_5N	$C_6H_5CH_3$
명칭	아닐린	나이트로벤젠	피리딘	톨루엔
구분	제3석유류	제3석유류	제1석유류	제1석유류
인화점	75℃	88℃	20℃	4℃

정답 복원문제 2024년 3회

01 ①	02 ③	03 ①	04 ①	05 ④
06 ②	07 ③	08 ③	09 ①	10 ④
11 ④	12 ④	13 ②	14 ③	15 ④
16 ②	17 ②	18 ②	19 ②	20 ①
21 ②	22 ①	23 ②	24 ③	25 ④
26 ②	27 ②	28 ②	29 ③	30 ④
31 ④	32 ②	33 ②	34 ③	35 ③
36 ③	37 ④	38 ④	39 ④	40 ④
41 ③	42 ①	43 ②	44 ③	45 ③
46 ④	47 ④	48 ②	49 ③	50 ①
51 ②	52 ①	53 ②	54 ②	55 ①
56 ④	57 ③	58 ①	59 ①	60 ④

2025년 1회 복원문제

1. 물질의 물리·화학적 성질

01 어떤 기체가 탄소원자 1개당 2개의 수소원자를 함유하고 0℃, 1기압에서 밀도가 1.25g/L일 때 이 기체에 해당하는 것은?

① CH_2
② C_2H_4
③ C_3H_6
④ C_4H_8

> 🔍 이상기체상태방정식
> $PV = \dfrac{W}{M}RT$, $PM = \dfrac{W}{V}RT = \rho RT$, $M = \dfrac{\rho RT}{P}$
> 여기서 P : 압력(atm), V : 부피(ℓ), M : 분자량, W : 무게,
> ρ : 밀도(g/L),
>   R : 기체상수 0.08205ℓ · atm/g − mol · K)
>   T : 절대온도 273+℃)
> $\therefore M = \dfrac{\rho RT}{P} = \dfrac{1.25 \times 0.08205 \times (273+0)K}{1atm} = 28.0(C_2H_4)$

02 산성 산화물에 해당하는 것은?

① CaO
② Na_2O
③ CO_2
④ MgO

> 🔍 산화물의 종류
>
> | 구분 | 해당 물질 |
> |---|---|
> | 염기성산화물 | CaO, CuO, BaO, MgO, Na₂O, K₂O, Fe₂O₃ |
> | 산성산화물 | CO₂, SO₂, NO₂, SiO₂, P₂O₅ |
> | 양쪽성산화물 | ZnO, Al₂O₃, SnO, PbO |

03 염소원자의 최외각 전자수는 몇 개인가?

① 1   ② 2
③ 7   ④ 8

> 🔍 염소원자(Cl, 원자번호 17)의 최외각 전자 수 : 7개
> ※ 원자번호 = 최외각 전자수

04 염소산칼륨을 이산화망가니즈를 촉매로 하여 가열하면 염화칼륨과 산소로 열분해 된다. 표준상태를 기준으로 11.2ℓ의 산소를 얻으려면 몇 g의 염소산칼륨이 필요한가?(단, 원자량은 K 39, Cl 35.5이다.)

① 30.63g
② 40.83g
③ 61.25g
④ 112.5g

> 🔍 염소산칼륨의 분해반응식
> $2KClO_3 \rightarrow 2KCl + 3O_2 \uparrow$
>   2×122.5g   3 × 22.4ℓ
>   x   11.2ℓ
> $\therefore x = \dfrac{2 \times 122.5g \times 11.2ℓ}{3 \times 22.4ℓ} = 40.83g$

05 공유결합과 배위결합에 의하여 이루어진 것은?

① NH_3
② $Cu(OH)_2$
③ K_2CO_3
④ NH_4^+

> 🔍 암모늄이온(NH_4^+)은 공유결합과 배위결합에 의하여 이루어진다.

06 2차 알코올이 산화되면 무엇이 되는가?

① 알데하이드
② 에터
③ 카복실산
④ 케톤

> 🔍 알코올의 산화반응
> (1) 1차 알코올 : R−OH → R−CHO(알데하이드)
>   → R−COOH(카복실산)
> (2) 2차 알코올 : R_2−OH → R−CO−R'(케톤)
>   ① 알데하이드 : 아세트알데하이드(CH_3CHO), 포름알데하이드(HCHO)
>   ② 카복실산 : 초산(CH_3COOH), 의산(HCOCH)
>   ③ 케톤 : 아세톤(CH_3COCH_3), 메틸에틸 케톤($CH_3COC_2H_5$)

07 Be의 원자핵에 α 입자를 충격하였더니 중성자 n 이 방출되었다. 다음 반응식을 완결하기 위하여 ( ) 속에 알맞은 것은?

$$Be + {}^{4}_{2}He \rightarrow (\quad) + {}^{1}_{0}n$$

① Be
② B
③ C
④ N

🔍 반응식
$${}^{9}_{4}Be + {}^{4}_{2}He \rightarrow ({}^{12}_{6}C) + {}^{1}_{0}n$$

08 가열하면 부드러워져서 소성을 나타내고 식히면 경화하는 수지는?

① 페놀 수지
② 멜라민 수지
③ 요소 수지
④ 폴리염화비닐 수지

🔍 폴리염화비닐 수지 : 가열하면 부드러워져서 소성을 나타내고 식히면 경화하는 수지

09 염소는 2가지 동위원소로 구성되어 있는데 원자량이 35인 염소는 75% 존재하고, 37인 염소는 25% 존재한다고 가정할 때, 이 염소의 평균원자량은 얼마인가?

① 34.5
② 35.5
③ 36.5
④ 37.5

🔍 염소의 평균분자량 = (35 × 0.75) + (37 × 0.25) = 35.5

10 산화-환원에 대한 설명 중 틀린 것은?

① 한 원소의 산화수가 증가하였을 때 산화되었다고 한다.
② 전자를 잃은 반응을 산화라 한다.
③ 산화제는 다른 화학종을 환원시키며, 그 자신의 산화수는 증가하는 물질을 말한다.
④ 중성인 화합물에서 모든 원자와 이온들의 산화수의 합은 0이다.

🔍 산화제 : 자신은 환원되고 다른 물질을 산화시키는 물질

11 이상기체의 밀도에 대한 설명으로 옳은 것은?

① 절대온도에 비례하고 압력에 반비례한다.
② 절대온도와 압력에 반비례한다.
③ 절대온도에 반비례하고 압력에 비례한다.
④ 절대온도와 압력에 비례한다.

🔍 이상기체상태방정식
$PV = \frac{W}{M}RT$, $PM = \frac{W}{V}RT = \rho RT$, $\rho = \frac{PM}{RT}$
여기서 P : 압력(atm), V : 부피(ℓ), n : mol수, M : 분자량
W : 무게, R : 기체상수(0.08205ℓ · atm/g−mol · K)
T : 절대온도(273+℃)
∴ 밀도는 압력과 분자량에 비례하고, 절대온도에 반비례한다.

12 어떤 원자핵에서 양성자의 수가 3이고, 중성자의 수가 2일 때 질량수는 얼마인가?

① 1
② 3
③ 5
④ 7

🔍 질량수 = 양성자수 + 중성자수 = 3 + 2 = 5

13 공유 결정(원자 결정)으로 되어 있어 녹는점이 매우 높은 것은?

① 얼음
② 수정
③ 소금
④ 나프탈렌

🔍 공유 결정(원자 결정)은 수정, 흑연, 다이아몬드로서 녹는점과 끓는점이 높다.

14 20℃에서 설탕물 100g 중에 설탕 40g이 녹아 있다. 이 용액이 포화용액일 경우 용해도(g/H₂O 100g)는 얼마인가?

① 72.4
② 66.7
③ 40
④ 28.6

🔍 용해도 : 용매 100g에 녹을 수 있는 용질의 g수
∴ 용해도 = $\frac{용질의 g수}{용매의 g수}$ = $\frac{40g}{(100-40)g}$ = 0.666 ⇒ 66.7

15 0.0001N−HCl의 pH는?

① 2
② 3
③ 4
④ 5

> pH = $-\log[H^+]$ = $-\log[1\times 10^{-3}]$ = 3 - 0 = 3

16 $Fe(CN)_6^{4-}$와 4개의 K^+이온으로 이루어진 물질 $K_4Fe(CN)_6$을 무엇이라고 하는가?

① 착화합물
② 할로젠화합물
③ 유기혼합물
④ 수소화합물

> 착화합물 : $K_4[Fe(CN)_6]$
> ※ $K_4Fe(CN)_6$: $Fe(CN)_6^{4-}$와 4개의 K^+이온으로 이루어진 물질(착화합물)

17 아미노기와 카복실기가 동시에 존재하는 화합물은?

① 식초산
② 석탄산
③ 아미노산
④ 아민

> 아미노산 : 분자 내에 카복실기(-COOH)와 아미노기(-NH₂)를 동시에 존재하는 화합물

18 옥텟규칙(octet rule)에 따르면 게르마늄이 반응할 때, 다음 중 어떤 원소의 전자수와 같아지려고 하는가?

① Kr
② Si
③ Sn
④ As

> 옥텟규칙은 원자의 가장 바깥쪽 전자껍질에 전자가 8개를 채우려는 원리이므로 게르마늄이 반응할 때 주기율표의 18족 원소(He, Ne, Ar, Kr)와 전자수가 같다

19 다음 중 기하 이성질체가 존재하는 것은?

① C_5H_{12}
② $CH_3CH=CHCH_3$
③ C_3H_7Cl
④ $CH\equiv CH$

> 기하이성질체는 2중 결합을 축으로 하여 동일한 원자나 기를 가지는 것으로 원자들의 결합형태와 개수, 순서는 같으나 원자들의 공간위치가 다른 것으로 알켄($CH_3CH=CHCH_3$)에서 주로 일어난다.

20 평면 구조를 가진 $C_2H_2Cl_2$의 이성질체의 수는?

① 1개
② 2개
③ 3개
④ 4개

> 아세틸렌다이클로라이드($C_2H_2Cl_2$)는 cis형 1개, trans형 2개로 3종류의 이성질체가 있다.

2. 화재예방과 소화방법

21 위험물제조소에 옥내소화전이 가장 많이 설치된 층의 옥내소화전 설치개수가 2개이다. 위험물안전관리법령의 옥내소화전설비 설치기준에 의하면 수원의 수량은 얼마 이상이 되어야 하는가?

① $10.6m^3$
② $15.6m^3$
③ $20.6m^3$
④ $25.6m^3$

> 옥내소화전설비의 방수량, 방수압력, 수원 등
>
> | 방수량 | 방수압력 | 토출량 | 수원 |
> |---|---|---|---|
> | 260ℓ/min 이상 | 0.35MPa 이상 | N(최대 5개)×260ℓ/min | N(최대 5개)×7.8m³ 260ℓ/min×30min |
>
> ∴ 수원 = N(최대 5개) × 7.8m³ = 2 × 7.8m³ = 15.6m³

22 위험물안전관리법령상 지정수량의 몇 배 이상의 제4류 위험물을 취급하는 제조소에는 자체소방대를 두어야 하는가?

① 1000
② 2000
③ 3000
④ 5000

> 자체소방대 설치 : 지정수량의 3000배 이상인 제4류 위험물을 취급하는 제조소와 일반취급소

23 그레이엄의 법칙에 따른 기체의 확산속도와 분자량의 관계를 옳게 설명한 것은?

① 기체 확산속도는 분자량의 제곱에 비례한다.
② 기체 확산속도는 분자량의 제곱에 반비례한다.
③ 기체 확산속도는 분자량의 제곱근에 비례한다.
④ 기체 확산속도는 분자량의 제곱근에 반비례한다.

그레이엄의 확산속도법칙 : 기체의 확산속도는 분자량과 밀도의 제곱근에 반비례 한다.
$$\frac{U_B}{U_A} = \sqrt{\frac{M_A}{M_B}} = \sqrt{\frac{d_A}{d_B}}, \quad U_B = U_A \times \sqrt{\frac{M_A}{M_B}}$$
여기서, U_B : B기체의 확산속도 · U_A : A기체의 확산속도
· M_B : B기체의 분자량 · M_A : A기체의 분자량
· d_B : B기체의 밀도 · d_A : A기체의 밀도

24 분말소화설비에서 분말소화약제의 가압용 가스로 사용하는 것은?

① CO_2
② He
③ CCl_4
④ Cl_2

분말소화설비
① 축압용 : 질소(N_2) ② 가압용 : 이산화탄소(CO_2)

25 분말소화약제의 착색된 색상으로 틀린 것은?

① $KHCO_3 + (NH_2)_2CO$: 회색
② $NH_4H_2PO_4$: 담홍색
③ $KHCO_3$: 담회색
④ $NaHCO_3$: 황색

분말소화약제의 종류

종류	주 성 분	적응화재	착색
제1종 분말	$NaHCO_3$ (중탄산나트륨, 탄산수소나트륨)	B, C급	백색
제2종 분말	$KHCO_3$ (중탄산칼륨, 탄산수소칼륨)	B, C급	담회색
제3종 분말	$NH_4H_2PO_4$ (인산암모늄, 제일인산암모늄)	A, B, C급	담홍색
제4종 분말	$KHCO_3 + (NH_2)_2CO$ (중탄산칼륨 + 요소)	B, C급	회색

26 폭굉 유도 거리(DID)가 짧아지는 요건에 해당되지 않는 것은?

① 정상 연소 속도가 큰 혼합가스일 경우
② 관속에 방해물이 없거나 관경이 큰 경우
③ 압력이 높을 경우
④ 점화원의 에너지가 클 경우

폭굉유도거리(DID)가 짧아지는 요건
(1) 압력이 높을수록
(2) 관경이 작고 관속에 장애물이 있는 경우
(3) 점화원의 에너지가 클수록
(4) 정상연소속도가 큰 혼합물일수록

27 산소와 화합하지 않는 원소는?

① 황
② 질소
③ 인
④ 헬륨

헬륨(He)은 8족 원소로서 산소와 화합하지 않는 불활성 기체이다.

28 질소함유량 약 11%의 나이트로셀룰로스를 장뇌와 알코올에 녹여 교질상태로 만든 것을 무엇이라고 하는가?

① 셀룰로이드
② 펜트리트
③ TNT
④ 나이트로글라이콜

셀룰로이드 : 질소함유량 약 11%의 나이트로셀룰로스를 장뇌와 알코올에 녹여 교질상태로 만든 것

29 전기설비에 화재가 발생하였을 경우에 위험물안전관리법령상 적응성을 가지는 소화기는?

① 이산화탄소소화기
② 포소화기
③ 봉상강화액소화기
④ 마른 모래

전기설비(전기실, 발전기실등)의 화재 : 이산화탄소, 인산염류 분말, 할로젠화합물소화기

30 수성막포소화약제를 수용성 알코올 화재 시 사용하면 소화효과가 떨어지는 가장 큰 이유는?

① 유독가스가 발생하므로
② 화염의 온도가 높으므로
③ 알코올은 포와 반응하여 가연성 가스를 발생하므로
④ 알코올은 소포성을 가지므로

수용성 액체는 수성막 소화약제를 사용하면 소포(거품이 꺼짐)되므로 적합하지 않다.
※ 수용성 액체 : 알코올형포(내알코올포, 알코올포)가 적합

31 위험물안전관리법령상 제6류 위험물을 저장 또는 취급하는 제조소등에 적응성이 없는 소화설비는?

① 팽창질석
② 할로젠화합물소화기
③ 포소화기
④ 인산염류분말소화기

> 제6류 위험물 적응 소화설비
> (1) 수계소화기, 포소화기
> (2) 마른모래, 팽창질석, 팽창진주암
> (3) 인산염류분말소화기
> ※ 할로젠화합물소화기 : 제4류 위험물에 적합

32 옥내저장소 내부에 체류하는 가연성 증기를 지붕 위로 방출시키는 배출설비를 해야 하는 위험물은?

① 과염소산
② 과망가니즈산칼륨
③ 피리딘
④ 과산화나트륨

> 피리딘은 제4류 위험물로서 인화점이 70℃ 미만이므로 배출설비를 해야 한다.
> ※ 피리딘의 인화점 : 16℃

33 오황화린의 저장 및 취급방법으로 틀린 것은?

① 산화제와의 접촉을 피한다.
② 물속에 밀봉하여 저장한다.
③ 불꽃과의 접근이나 가열을 피한다.
④ 용기의 파손, 위험물의 누출에 유의한다.

> 오황화린의 저장 및 취급방법
> (1) 오황화린은 건조하고 서늘한 장소에 저장한다.
> (2) 산화제와의 접촉을 피한다.
> (3) 불꽃과의 접근이나 가열을 피한다.
> ※ 물속에 저장 : 이황화탄소, 황린

34 위험물안전관리법령에서 정한 다음의 소화설비 중 능력단위가 가장 큰 것은?

① 팽창진주암 160L(삽 1개 포함)
② 수조 80L(소화전용물통 3개 포함)
③ 마른 모래 50L(삽 1개 포함)
④ 팽창질석 160L(삽 1개 포함)

> 소화설비의 능력단위
>
> | 소화설비 | 용량 | 능력단위 |
> |---|---|---|
> | 소화전용(專用)물통 | 8ℓ | 0.3 |
> | 수조(소화전용 물통 3개 포함) | 80ℓ | 1.5 |
> | 수조(소화전용 물통 6개 포함) | 190ℓ | 2.5 |
> | 마른 모래(삽 1개 포함) | 50ℓ | 0.5 |
> | 팽창질석 또는 팽창진주암 (삽 1개 포함) | 160ℓ | 1.0 |

35 이산화탄소 소화기 사용 중 소화기 방출구에서 생길 수 있는 물질은?

① 포스겐
② 일산화탄소
③ 드라이아이스
④ 수소가스

> 이산화탄소 소화기 사용 중 소화기 방출구에서 드라이아이스가 생긴다.(수분의 함량을 0.05%이하로 규정)

36 외벽이 내화구조인 위험물 저장소 건축물의 연면적이 1500m² 인 경우 소요단위는?

① 6   ② 10
③ 13   ④ 14

> 건축물 1소요단위 산정
>
> | 구분 | 제조소, 취급소 | | 저장소 | | 위험물 |
> |---|---|---|---|---|---|
> | 외벽의 구조 | 내화구조 | 비내화구조 | 내화구조 | 비내화구조 | |
> | 기준 | 연면적 100m² | 연면적 50m² | 연면적 150m² | 연면적 75m² | 지정수량의 10배 |
>
> ∴ 소요단위 = 연면적/기준면적 = 1500m²/150m² = 10단위

37 할로젠화합물 소화약제를 구성하는 할로젠원소가 아닌 것은?

① 플루오린(F)   ② 염소(Cl)
③ 브로민(Br)   ④ 네온(Ne)

> 할로젠족 원소(7족) : 플루오린(F), 염소(Cl), 브로민(Br), 아이오딘(I)
> ※ 네온(Ne) : 8족 원소

38 위험물제조소등에 설치하는 포 소화설비에 있어서 포헤드 방식의 포헤드는 방호대상물의 표면적(m^2) 얼마 당 1개 이상의 헤드를 설치해야 하는가?

① 3
② 6
③ 9
④ 12

> 포헤드방식의 포헤드 설치기준
> (1) 포헤드는 방호대상물의 모든 표면이 포헤드의 유효사정 내에 있도록 설치할 것
> (2) 포 헤드
>   ① 방사면적 : 방호대상물의 표면적(건축물의 경우에는 바닥면적) $9m^2$당 1개 이상
>   ② 표준방사량 : 방호대상물의 표면적 $1m^2$당의 방사량이 6.5ℓ/min 이상
>   ③ 방사구역은 $100m^2$ 이상(방호대상물의 표면적이 $100m^2$ 미만인 경우에는 당해 표면적)으로 할 것

39 제3종 분말소화약제 사용 시 방진효과로 A급 화재의 진화에 효과적인 물질은?

① 암모늄이온
② 메타인산
③ 물
④ 수산화이온

> 제3종 분말소화약제의 소화효과
> (1) 열분해 시 암모니아와 수증기에 의한 질식효과
> (2) 열분해에 의한 냉각효과
> (3) 유리된 암모늄염(NH_4^+)에 의한 부촉매효과
> (4) 메타인산에 의한 방진작용과 탈수효과

40 유기과산화물의 화재예방 상 주의사항으로 틀린 것은?

① 열원으로부터 멀리 한다.
② 직사광선을 피한다.
③ 용기의 파손 여부를 정기적으로 점검한다.
④ 가급적 환원제와 접촉하고 산화제는 멀리 한다.

> 유기과산화물의 화재예방 상 주의사항
> (1) 열원으로부터 멀리 한다.
> (2) 직사광선을 피한다.
> (3) 용기의 파손 여부를 정기적으로 점검한다.
> (4) 유기과산화물(제5류)은 제1류 위험물(산화성고체)과 제6류 위험물(산화성액체)은 같이 저장할 수 없다.

3. 위험물 성상 및 취급

41 나이트로셀룰로스의 안전한 저장 및 운반에 대한 설명으로 옳은 것은?

① 습도가 높으면 위험하므로 건조한 상태로 취급한다.
② 아닐린과 혼합한다.
③ 산을 첨가하여 중화시킨다.
④ 알코올 수용액으로 습면시킨다.

> 나이트로셀룰로스(NC)는 건조하면 위험하므로 물 또는 알코올로 습면시켜 저장한다.

42 옥내저장소의 안전거리 기준을 적용하지 않을 수 있는 조건으로 틀린 것은?

① 지정수량의 20배 미만의 제4석유류를 저장하는 경우
② 제6류 위험물을 저장하는 경우
③ 지정수량의 20배 미만의 동식물유류를 저장하는 경우
④ 지정수량의 20배 이하를 저장하는 것으로서 창에 망입유리를 설치한 것

> 옥내저장소의 안전거리 제외 대상
> (1) 제4석유류 또는 동식물유류의 위험물을 저장 또는 취급하는 옥내저장소로서 지정수량의 20배 미만인 것
> (2) 제6류 위험물을 저장 또는 취급하는 옥내저장소
> (3) 지정수량의 20배(하나의 저장창고의 바닥면적이 $150m^2$ 이하인 경우에는 50배) 이하의 위험물을 저장 또는 취급하는 옥내저장소로서 다음의 기준에 적합한 것
>   ① 저장창고의 벽·기둥·바닥·보 및 지붕이 내화구조일 것
>   ② 저장창고의 출입구에 수시로 열 수 있는 자동폐쇄방식의 60분+ 방화문 또는 60분 방화문이 설치되어 있을 것
>   ③ 저장창고에 창이 설치하지 않을 것

43 다음 중 과망가니즈산칼륨과 혼촉하였을 때 위험성이 가장 낮은 물질은?

① 물
② 에터
③ 글리세린
④ 염산

> 과망가니즈산칼륨($KMnO_4$)은 물에 녹으므로 혼촉해도 위험하지 않다.

44 과산화초산의 각 특성 온도 중 가장 낮은 것은?

① 인화점 ② 발화점
③ 녹는점 ④ 끓는점

> 과산화초산의 특성온도
>
> | 항목 | 인화점 | 발화점 | 녹는점 | 끓는점 |
> |---|---|---|---|---|
> | 온도 | 56℃ | 200℃ | −0.2℃ | 105℃ |

45 적린에 관한 설명 중 틀린 것은?

① 황린의 동소체이고 황린에 비하여 안정하다.
② 성냥, 화약 등에 이용된다.
③ 연소생성물은 황린과 같다.
④ 자연발화를 막기 위해 물 속에 보관한다.

> 적린은 건조하고 서늘한 장소에 저장한다.

46 위험물안전관리법령상 나이트로글리세린의 지정수량으로 맞는 것은?

① 10kg ② 50kg
③ 100kg ④ 200kg

> 나이트로글리세린(질산에스터류, 제1종)의 지정수량 : 10kg

47 TNT가 폭발·분해하였을 때 생성되는 가스가 아닌 것은?

① CO ② N_2
③ SO_2 ④ H_2

> TNT의 분해반응식
> $2C_6H_2CH_3(NO_2)_3 \rightarrow 2C + 3N_2\uparrow + 5H_2\uparrow + 12CO\uparrow$
> (탄소) (질소) (수소) (일산화탄소)

48 안전한 저장을 위해 첨가하는 물질로 옳은 것은?

① 과망가니즈산나트륨에 목탄을 첨가
② 질산나트륨에 황을 첨가
③ 금속칼륨에 등유를 첨가
④ 다이크로뮴산칼륨에 수산화칼슘을 첨가

> 칼륨의 보호액 : 등유, 경유, 유동파라핀

49 황린의 연소 생성물은?

① 삼황화인 ② 인화수소
③ 오산화인 ④ 오황화인

> 황린은 공기 중에서 연소 시 오산화인(P_2O_5)의 흰 연기를 발생한다.
> ※ $P_4 + 5O_2 \rightarrow 2P_2O_5$

50 위험물안전관리법령에서 정하는 제조소와의 안전거리의 기준이 다음 중 가장 큰 것은?

① 「고압가스 안전관리법」의 규정에 의하여 허가를 받거나 신고를 해야 하는 고압가스저장시설
② 사용전압이 35000V를 초과하는 특고압가공전선
③ 병원, 학교, 극장
④ 지정문화유산

> 제조소의 안전거리
>
> | 건축물 | 안전거리 |
> |---|---|
> | 사용전압 7000V 초과 35,000V 이하의 특고압가공전선 | 3m 이상 |
> | 사용전압 35,000V 초과의 특고압가공전선 | 5m 이상 |
> | 주거용으로 사용되는 것(제조소가 설치된 부지 내에 있는 것을 제외) | 10m 이상 |
> | 고압가스, 액화석유가스, 도시가스를 저장 또는 취급하는 시설 | 20m 이상 |
> | 학교, 병원(병원급 의료기관), 극장(공연장, 영화상영관 및 그 밖의 이와 유사한 시설로서 수용인원 300명 이상을 수용할 수 있는 것), 복지시설(아동복지시설, 노인복지시설, 장애인복지시설, 한부모가족복지시설), 어린이집, 성매매피해자등을 위한 지원시설, 정신건강증진시설 및 그 밖의 이와 유사한 시설로서 수용인원 20명 이상 수용할 수 있는 것 | 30m 이상 |
> | 지정문화유산, 천연기념물등 | 50m 이상 |

51 다음 ( ) 안에 알맞은 수치는?(단, 인화점이 200℃ 이상인 위험물은 제외한다.)

> 옥외저장탱크의 지름이 15m 미만인 경우에 방유제는 탱크의 옆판으로부터 탱크 높이의 ( ) 이상 이격해야 한다.

① $\frac{1}{3}$ ② $\frac{1}{2}$
③ $\frac{1}{4}$ ④ $\frac{2}{3}$

🔍 방유제는 탱크의 옆판으로부터 일정 거리를 유지할 것(단, 인화점이 200℃ 이상인 위험물은 제외)

탱크 직경	이격 거리
지름이 15m 미만	탱크 높이의 1/3 이상
지름이 15m 이상	탱크 높이의 1/2 이상

52 다이에틸에터의 성상에 해당하는 것은?

① 청색 액체 ② 무미, 무취 액체
③ 휘발성 액체 ④ 불연성 액체

🔍 다이에틸에터 : 특유의 향이 있는 휘발성이 강한 무색의 액체

53 위험물안전관리법령상 어떤 위험물을 저장 또는 취급하는 이동탱크저장소는 불활성 기체를 봉입할 수 있는 구조로 해야 하는가?

① 아세톤 ② 벤젠
③ 과염소산 ④ 산화프로필렌

🔍 산화프로필렌, 아세트알데하이드를 저장 또는 취급하는 이동탱크저장소는 불활성 기체를 봉입해야 한다.

54 옥외저장소에서 저장할 수 없는 위험물은?(단, 시·도 조례에서 정하는 위험물 또는 국제해상위험물규칙에 적합한 용기에 수납된 위험물은 제외한다.)

① 과산화수소 ② 아세톤
③ 에탄올 ④ 황

🔍 옥외저장소에서 저장할 수 없는 위험물
 (1) 위험물의 인화점

종류	과산화수소	아세톤	에탄올	황
류별	제6류 위험물	제4류 위험물 (제1석유류)	제6류 위험물 (알코올류)	제2류 위험물
인화점	–	-18.5℃	13℃	–

 (2) 옥외저장소에 저장할 수 있는 위험물(시행령 별표2)
  ① 제2류 위험물 중 황, 인화성고체(인화점이 0℃ 이상인 것에 한함)
  ② 제4류 위험물 중 제1석유류(인화점이 0℃ 이상인 것에 한함), 제2석유류, 제3석유류, 제4석유류, 알코올류, 동식물유류
  ③ 제6류 위험물
 ※ 인화점이 0℃ 이상인 제1석유류는 옥외저장소에 저장할 수 있는데 아세톤은 인화점이 -18.5℃이므로 옥외저장소에 저장할 수 없다.

55 옥내저장창고의 바닥을 물이 스며 나오거나 스며들지 않는 구조로 해야 하는 위험물은?

① 과염소산칼륨
② 나이트로셀룰로스
③ 적린
④ 트라이에틸알루미늄

🔍 물이 침투를 막아야 하는 위험물
 ① 제1류 위험물 중 알칼리금속의 과산화물
 ② 제2류 위험물 중 철분, 금속분, 마그네슘
 ③ 제3류 위험물 중 금수성물질[트라이에틸알루미늄 : $(C_2H_5)_3Al$]
 ④ 제4류 위험물

종류	과염소산칼륨	나이트로셀룰로스	적린	트라이에틸알루미늄
류별	제1류 위험물	제5류 위험물	제2류 위험물	제3류 위험물

56 위험물제조소등의 안전거리의 단축기준과 관련해서 $H \leq pD^2 + a$인 경우 방화상 유효한 담의 높이는 2m 이상으로 한다. 다음 중 a에 해당하는 것은?

① 인근 건축물의 높이(m)
② 제조소등의 외벽의 높이(m)
③ 제조소등과 공작물과의 거리(m)
④ 제조소등과 방화상 유효한 담과의 거리(m)

🔍 방화상 유효한 담의 높이

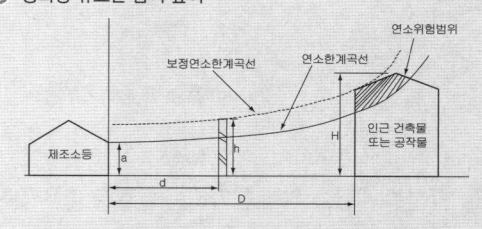

① $H \leq pD^2 + a$인 경우 h = 2
② $H > pD^2 + a$인 경우 $h = H - p(D^2 - d^2)$
여기서, D : 제조소등과 인근 건축물 또는 공작물과의 거리(m)
 H : 인근 건축물 또는 공작물의 높이(m)
 a : 제조소등의 외벽의 높이(m)
 d : 제조소등과 방화상 유효한 담과의 거리(m)
 h : 방화상 유효한 담의 높이(m)
 p : 상수(생략)

57 위험물안전관리법령상 위험물의 운반에 관한 기준에 따라 차광성이 있는 피복으로 가리는 조치를 해야 하는 위험물에 해당하지 않는 것은?

① 특수인화물 ② 제1석유류
③ 제1류 위험물 ④ 제6류 위험물

> 차광성이 있는 것으로 피복해야 하는 위험물
> (1) 제1류 위험물
> (2) 제3류 위험물 중 자연발화성물질
> (3) 제4류 위험물 중 특수인화물
> (4) 제5류 위험물
> (5) 제6류 위험물

58 위험물안전관리법령에서 정한 위험물의 운반에 관한 설명으로 옳은 것은?

① 위험물을 화물차량으로 운반하면 특별히 규제 받지 않는다.
② 승용차량으로 위험물을 운반할 경우에만 운반의 규제를 받는다.
③ 지정수량 이상의 위험물을 운반할 경우에만 운반의 규제를 받는다.
④ 위험물을 운반할 경우 그 양의 다소를 불문하고 운반의 규제를 받는다.

> 위험물을 운반할 경우 그 양의 다소를 불문하고 운반의 규제를 받는다.

59 휘발유를 저장하던 이동저장탱크에 탱크의 상부로부터 등유나 경유를 주입할 때 액표면이 주입관의 선단을 넘는 높이가 될 때까지 그 주입관내의 유속을 몇 m/s 이하로 해야 하는가?

① 1 ② 2
③ 3 ④ 5

> 이동탱크저장소에 주입 시 주입관내의 유속 : 1m/s 이하

60 위험물안전관리법령상의 동식물유류에 대한 설명으로 옳은 것은?

① 피마자유는 건성유이다.
② 아이오딘값이 130 이하인 것이 건성유이다.
③ 불포화도가 클수록 자연발화하기 쉽다.
④ 동식물유류의 지정수량은 20,000L 이다.

> 동식물유류
> (1) 분류
>
> | 구분 | 아이오딘값 | 반응성 | 불포화도 | 종류 |
> |---|---|---|---|---|
> | 건성유 | 130 이상 | 크다 | 크다 | 해바라기유, 동유, 아마인유, 정어리기름, 들기름. |
> | 반건성유 | 100 이상 ~130 이하 | 중간 | 중간 | 채종유, 목화씨기름(면실유), 참기름, 콩기름 |
> | 불건성유 | 100이하 | 적다 | 적다 | 야자유, 올리브유, 피마자유, 동백유 |
>
> (2) 건성유는 불포화도가 크므로 자연발화하기가 쉽다.
> (3) 동식물유류의 지정수량 : 10,000ℓ

정답 복원문제 2025년 1회

01 ②	02 ③	03 ③	04 ②	05 ④
06 ④	07 ③	08 ④	09 ②	10 ③
11 ③	12 ③	13 ②	14 ②	15 ②
16 ①	17 ③	18 ①	19 ②	20 ③
21 ②	22 ③	23 ④	24 ①	25 ④
26 ②	27 ④	28 ①	29 ②	30 ④
31 ②	32 ③	33 ②	34 ②	35 ②
36 ②	37 ④	38 ③	39 ②	40 ④
41 ④	42 ④	43 ①	44 ②	45 ④
46 ①	47 ③	48 ③	49 ②	50 ②
51 ①	52 ③	53 ④	54 ②	55 ④
56 ②	57 ②	58 ④	59 ①	60 ③

2025년 2회 복원문제

1. 물질의 물리 · 화학적 성질

01 다음 물질 중 SP³ 혼성궤도함수와 가장 관계가 있는 것은

① CH_4
② $BeCl_2$
③ BF_3
④ HF

🔍 **혼성궤도 함수**
(1) sp 혼성궤도함수(오비탈의 구조 : 선형) : BeF_3, CO_2
(2) sp^2 혼성궤도함수(오비탈의 구조 : 정삼각형) : BF_3, SO_3
(3) sp^3 혼성궤도함수(오비탈의 구조 : 사면체) : CH_4, NH_3, H_2O

02 다음 중 전자배치가 다른 것은?

① Ar
② F
③ Na^+
④ Ne

🔍 **전자배치**
(1) Ar(원자번호 18) : $1S^2$, $2S^2$, $2P^6$, $3S^2$, $3P^6$
(2) F(불소, 원자번호 9) : $1S^2$, $2S^2$, $2P^5$인데 1가 음이온으로 전자1개를 얻어 10개의 전자를 가지므로 $1S^2$, $2S^2$, $2P^6$가 된다.
(3) Na+(원자번호 11) : $1S^2$, $2S^2$, $2P^6$, $3S^1$인데 1가 양이온으로 전자 1개를 잃으므로 10개의 전자를 가지므로 전자배치는 $1S^2$, $2S^2$, $2P^6$가 된다.
(4) Ne(원자번호 10)의 전자배치 : $1S^2$, $2S^2$, $2P^6$

03 물 36g을 모두 증발시키면 수증기가 차지하는 부피는 표준상태를 기준으로 몇 L인가?

① 11.2L
② 22.4L
③ 33.6L
④ 44.8L

🔍 **부피를 구하면**
표준상태에서 1g-mol이 차지하는 부피 : 22.4ℓ
표준상태에서 1kg-mol이 차지하는 부피 : 22.4m³
∴ $mol = \frac{무게}{분자량} = \frac{36g}{18} = 2g-mol$
∴ $2 \times 22.4ℓ = 44.8ℓ$

04 $CuCl_2$의 용액에 5A 전류를 1시간 동안 흐르게 하면 몇 g의 구리가 석출되는가?(단, Cu의 원자량은 63.54이며, 전자 1개의 전하량은 1.602×10^{-19}C이다.)

① 3.17
② 4.83
③ 5.93
④ 6.35

🔍 Coul = A × sec = 5A × 3600sec = 18,000Coul
$\frac{18,000}{96,500} = 0.1865F$ 1g당량 = $\frac{63.54}{2} = 31.77$g당량
∴ 석출된 구리 양 $0.1865F \times 31.77 = 5.925g$

05 어떤 용액의 pH를 측정하였더니 4이었다. 이 용액을 1000배 희석시킨 용액의 pH를 옳게 나타낸 것은?

① pH = 3
② pH = 4
③ pH = 5
④ 6 < pH < 7

🔍 $[H^+] = \frac{(10^{-4} \times 1) + (10^{-7} \times 1000)}{1001} = 1.1 \times 10^{-7}$
∴ $pH = -\log[H^+] = 1.1 \times 10^{-7} = 7 - \log 1.1$
$= 7 - 0.04 = 6.96$
그러므로 pH : 6 < pH < 7

06 다음 중 가스 상태에서의 비중이 가장 큰 것은?

① 산소
② 질소
③ 이산화탄소
④ 수소

🔍 **비중**
※ 증기비중 = $\frac{분자량}{29}$ (C : 16, S : 32, H : 1, O : 16)
(1) 산소(O_2) = $\frac{32}{29} = 1.10$
(2) 질소(N_2) = $\frac{28}{29} = 0.966$
(3) 이산화탄소(CO_2) = $\frac{44}{29} = 1.517$
(4) 수소(H_2) = $\frac{2}{29} = 0.069$

07 화합물 중 2mol이 완전연소 될 때 6mol의 산소가 필요한 것은?

① CH_3-CH_3 ② $CH_2=CH_2$
③ $CH\equiv CH$ ④ C_6H_6

> 연소반응식
> (1) 에테인 $C_2H_6 + 3.5O_2 \rightarrow 2CO_2 + 3H_2O$
> (2) 에틸렌 $C_2H_4 + 3O_2 \rightarrow 2CO_2 + 2H_2O$
>   ※ $2C_2H_4 + 6O_2 \rightarrow 4CO_2 + 4H_2O$
> (3) 아세틸렌 $C_2H_2 + 2.5O_2 \rightarrow 2CO_2 + H_2O$
> (4) 벤젠 $C_6H_6 + 7.5O_2 \rightarrow 6CO_2 + 3H_2O$

08 볼타전지의 기전력은 약 1.3V인데 전류가 흐르기 시작하면 곧 0.4V로 된다. 이러한 현상을 무엇이라 하는가?

① 감극 ② 소극
③ 분극 ④ 충전

> 분극현상은 볼타전지에서 갑자기 전류가 약해지는 현상으로 감극제는 MnO_2(이산화망간)이다.

09 벤젠에 수소원자 한 개는 $-CH_3$기로 또 다른 수소원자 한 개는 $-OH$기로 치환되었다면 이성질체 수는 몇 개인가?

① 1 ② 2
③ 3 ④ 4

> 크레졸 : 벤젠에 수소원자 한 개는 $-CH_3$기로, 다른 수소원자 한 개는 $-OH$기로 치환한 화합물로서 화학식은 $C_6H_4CH_3OH$ 이다.

o-cresol m-cresol p-cresol

10 유기화합물을 질량 분석한 결과 C 84%, H 16%의 결과를 얻었다. 다음 중 이 물질에 해당하는 실험식은?

① C_5H ② C_2H_2
③ C_7H_8 ④ C_7H_{16}

> C : 84%, H : 16%이므로 실험식은
> C : H = $\frac{84}{12} : \frac{16}{1}$ = 7 : 16 ∴ 실험실 = C_7H_{16}

11 알칼리금속이 다른 금속원소에 비해 반응성이 큰 이유와 밀접한 관련이 있는 것은?

① 밀도가 작기 때문이다.
② 물에 잘 녹기 때문이다.
③ 이온화 에너지가 작기 때문이다.
④ 녹는점과 끓는점이 비교적 낮기 때문이다.

> 알칼리금속(1족 원소)은 Li(리튬), Na(나트륨), K(칼륨)으로서 이온화 에너지가 작기 때문에 다른 금속에 비해 반응성이 크다.

12 수성가스(water gas)의 주성분을 옳게 나타낸 것은?

① CO_2, CH_4
② CO, H_2
③ CO_2, H_2, O_2
④ H_2, H_2O

> 수성가스(water gas)의 주성분 : CO, H_2

13 탄소 3g이 산소 16g 중에서 완전연소 되었다면 연소한 후 혼합 기체의 부피는 표준상태에서 몇 L가 되는가?

① 5.6 ② 6.3
③ 11.2 ④ 22.4

> 연소반응식
> $C + O_2 \rightarrow CO_2$
> 12g 32g 44g
> 3g 8g 11g
> 반응식에서 탄소 3g과 산소 8g이 정상적으로 반응하는데 산소 16g을 반응시키면 16 - 8 = 8g은 반응하지 않고 생성물로 넘어간다.
> 표준상태에서 부피 = $\left(\frac{3}{12} + \frac{8}{32}\right) \times 22.4 = 11.2\ell$

14 다음 중 전리도가 가장 커지는 것은?

① 농도와 온도가 일정할 때
② 농도가 진하고 온도가 높을수록
③ 농도가 묽고 온도가 높을수록
④ 농도가 진하고 온도가 낮을수록

> 농도가 묽고 온도가 높을수록 전리도는 커진다.

15 아세틸렌계열 탄화수소에 해당되는 것은?

① C_5H_8
② C_6H_{12}
③ C_6H_8
④ C_3H_2

> 아세틸렌계열 탄화수소 : $C_nH_{2n-2}(C_5H_8)$
> ※ 알칸계 탄화수소 : C_nH_{2n+2}

16 어떤 용액의 $[OH^-] = 2 \times 10^{-5}M$이었다. 이 용액의 pH는 얼마인가?

① 11.3
② 10.3
③ 9.3
④ 8.3

> pH
> ※ $pH = -\log[H^+]$
> $[H^+][OH^-] = 1 \times 10^{-14}$에서 $[OH^-] = 2 \times 10^{-5} mol/\ell$
> $[H^+] = \dfrac{1 \times 10^{-14}}{[OH^-]} = \dfrac{1 \times 10^{-14}}{2 \times 10^{-5}} = 5 \times 10^{-10} mol/\ell$
> $pH = -\log[H^+] = -\log 5 \times 10^{-10}$
> $= 10 - \log 5 = 10 - 0.699 = 9.30$

17 전극에서 유리되고 화학물질의 무게가 전지를 통하여 사용된 전류의 양에 정비례하고 또한 주어진 전류량에 의하여 생성된 물질의 무게는 그 물질의 당량에 비례한다는 화학법칙은?

① 르 샤틀리에의 법칙
② 아보가드로의 법칙
③ 패러데이의 법칙
④ 보일-샤를의 법칙

> 패러데이의 법칙 : 전극에서 유리되고 화학물질의 무게가 전지를 통하여 사용된 전류의 양에 정비례하고 또한 주어진 전류량에 의하여 생성된 물질의 무게는 그 물질의 당량에 비례한다.

18 지시약으로 사용되는 페놀프탈레인 용액은 산성에서 어떤 색을 띠는가?

① 적색
② 청색
③ 무색
④ 황색

> 지시약

지시약	변색		변색 pH
	산성색	염기성색	
티몰블루(Thiomol blue)	적색	노랑색	1.2 ~ 1.8
메틸오렌지(M.O)	적색	오렌지색	3.1 ~ 4.4
메틸레드(M.R)	적색	노랑색	4.8 ~ 6.0
브로모티몰블루	노랑색	청색	6.0 ~ 7.6
페놀레드	노랑색	적색	6.4 ~ 8.0
페놀프탈레인(P.P)	무색	적색	8.0 ~ 9.6

19 다음 중 물이 산으로 작용하는 반응은?

① $NH_4^+ + H_2O \rightarrow NH_3 + H_3O^+$
② $HCOOH + H_2O \rightarrow HCCO^- + H_3O^+$
③ $CH_3COO^- + H_2O \rightarrow CH_3COOH + OH^-$
④ $HCl + H_2O \rightarrow H_3O^+ + Cl^-$

> 초산에스터류와 물이 작용할 때 물 분자에서 하나의 수소원자가 산(CH_3COOH)으로 작용한다.

20 0℃의 얼음 10g을 모두 수증기로 변화시키려면 약 몇 cal의 열량이 필요한가?

① 6,190cal
② 6,390cal
③ 6,890cal
④ 7,190cal

> 얼음 → 0℃물 → 100℃물 → 100℃수증기
> ※ $Q = r.m + mCp\Delta t + r.m$
> ∴ $Q = r.m + mCp\Delta t + r.m$
> $= [80cal/g \times 10g] + [10g \times 1cal/g.℃ \times (100-0)℃]$
> $+ [539cal/g \times 10g] = 7,190cal$

---

2. 화재예방과 소화방법

21 위험물안전관리법령상 물분무소화설비의 제어밸브는 바닥으로부터 어느 위치에 설치하여야 하는가?

① 0.5m 이상, 1.5m 이하
② 0.8m 이상, 1.5m 이하
③ 1m 이상, 1.5m 이하
④ 1.5m 이상

> 물분무소화설비의 제어밸브 설치 : 0.8m 이상, 1.5m 이하

22 위험물안전관리법령상 위험물제조소와의 안전거리 기준이 50m 이상이어야 하는 것은?

① 고압가스취급시설
② 학교, 병원
③ 지정문화유산
④ 극장

제조소등의 안전거리

건축물	안전거리
사용전압 7000V초과 35,000V이하의 특고압가공전선	3m 이상
사용전압 35,000V초과의 특고압가공전선	5m 이상
주거용으로 사용되는 것(제조소가 설치된 부지 내에 있는 것을 제외)	10m 이상
고압가스, 액화석유가스, 도시가스를 저장 또는 취급하는 시설	20m 이상
학교, 병원(종합병원, 병원, 치과병원, 한방병원 및 요양병원), 극장, 공연장, 영화상영관으로서 300명 이상 인원을 수용할 수 있는 시설, 복지시설(아동복지시설, 노인복지시설, 장애인복지시설, 한부모가족복지 시설), 어린이집, 성매매피해자 등을 위한 지원시설, 정신보건시설, 보호시설 및 그 밖에 유사한 시설로서 20명 이상 인원을 수용할 수 있는 시설	30m 이상
지정문화유산, 천연기념물등	50m 이상

23 위험물안전관리법령에 의거하여 개방형스프링클러헤드를 이용하는 스프링클러설비에 설치하는 수동식 개방밸브를 개방 조작하는데 필요한 힘은 몇 kg 이하가 되도록 설치해야 하는가?

① 5
② 10
③ 15
④ 20

개방형스프링클러설비에 설치하는 수동식 개방밸브를 개방 조작하는데 필요한 힘 : 15kg 이하

24 드라이아이스 1kg이 완전히 기화하면 약 몇 몰의 이산화탄소가 되겠는가?

① 22.7
② 51.3
③ 230.1
④ 515.0

몰수 = $\frac{무게}{분자량}$ = $\frac{1000g}{44g/g\text{-}mol}$ = 22.7 g-mol

25 프로페인 $2m^3$이 완전 연소할 때 필요한 이론공기량은 약 몇 m^3인가?(단, 공기 중 산소의 농도는 21vol%이다.)

① 23.81
② 35.72
③ 47.62
④ 71.43

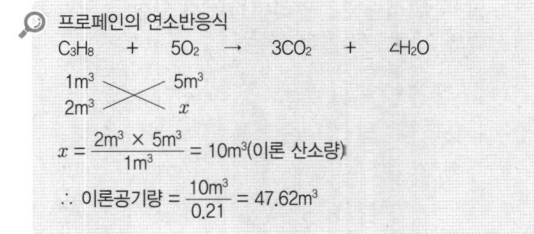

프로페인의 연소반응식
$C_3H_8 + 5O_2 \rightarrow 3CO_2 + 4H_2O$
$1m^3$ $5m^3$
$2m^3$ x

$x = \frac{2m^3 \times 5m^3}{1m^3} = 10m^3$ (이론 산소량)

∴ 이론공기량 = $\frac{10m^3}{0.21}$ = $47.62m^3$

26 위험물안전관리법령상 포소화설비의 고정포 방출구를 설치한 위험물탱크에 부속하는 보조포소화전에서 3개의 노즐을 동시에 사용할 경우 각각의 노즐선단에서의 분당 방사량은 몇 L/min 이상이어야 하는가?

① 80
② 130
③ 230
④ 400

보조포소화전 3개(3개 미만은 그 개수)의 노즐을 동시 방사 시
(1) 방수압력 : 0.35[Mpa] 이상
(2) 방사량 : 400[ℓ/min] 이상

27 위험물안전관리법령상 분말소화설비의 기준에서 가압용 또는 축압용 가스로 사용하도록 지정한 것은?

① 헬륨
② 질소
③ 일산화탄소
④ 아르곤

분말소화설비에 사용하는 가압용 또는 축압용 가스 : 질소(N_2)

28 경유의 대규모 화재 발생 시 주수소화가 부적당한 이유에 대한 설명으로 가장 옳은 것은?

① 경유가 연소할 때 물과 반응하여 수소가스를 발생하여 연소를 돕기 때문에
② 주수소화하면 경유의 연소열 때문에 분해하여 산소를 발생하고 연소를 돕기 때문에
③ 경유는 물과 반응하여 유독가스를 발생하므로
④ 경유는 물보다 가볍고 또 물에 녹지 않기 때문에 화재가 널리 확대되므로

> 경유는 물보다 가볍고 물에 녹지 않으므로 주수소화를 하면 연소 면이 확대되므로 적합하지 않다.

29 정전기를 유효하게 제거할 수 있는 설비를 설치하고자 할 때 위험물안전관리법령에서 정한 정전기 제거방법의 기준으로 옳은 것은?

① 공기 중의 상대습도를 70% 이상으로 하는 방법
② 공기 중의 상대습도를 70% 이하로 하는 방법
③ 공기 중의 절대습도를 70% 이상으로 하는 방법
④ 공기 중의 절대습도를 70% 이하로 하는 방법

> 정전기 방지법
> (1) 접지할 것
> (2) 상대습도를 70% 이상으로 할 것
> (3) 공기를 이온화할 것

30 위험물제조소등에 설치하는 불활성가스소화설비의 기준으로 틀린 것은?

① 저장용기의 충전비는 고압식에 있어서는 1.5 이상 1.9 이하, 저압식에 있어서는 1.1 이상 1.4 이하로 한다.
② 저압식 저장용기에는 2.3MPa 이상 및 1.9MPa 이하의 압력에서 작동하는 압력경보장치를 설치한다.
③ 저압식 저장용기에는 용기 내부의 온도를 -20℃ 이상 -18℃ 이하로 유지할 수 있는 자동냉동기를 설치한다.
④ 기동용 가스용기는 20MPa 이상의 압력에 견딜 수 있는 것이어야 한다.

> 불활성가스 소화설비의 기준
> (1) 저장용기의 충전비
>
> | 구분 | 고압식 | 저압식 |
> |---|---|---|
> | 충전비 | 1.5 이상 1.9 이하 | 1.1 이상 1.4 이하 |
>
> (2) 저압식 저장용기의 설치 기준
> ① 저압식 저장용기에는 액면계 및 압력계를 설치할 것
> ② 저압식 저장용기에는 2.3MPa 이상의 압력 및 1.9MPa 이하의 압력에서 작동하는 압력경보장치를 설치할 것
> ③ 저압식 저장용기에는 용기내부의 온도를 -20℃ 이상 -18℃ 이하로 유지할 수 있는 자동냉동기를 설치할 것
> ④ 저압식 저장용기에는 파괴판 및 방출밸브를 설치할 것
> (3) 기동용가스용기
> ① 기동용가스용기는 25MPa 이상의 압력에 견딜 수 있는 것일 것
> ② 기동용가스용기
>   • 내용적 : 1ℓ이상
>   • 이산화탄소의 양 : 0.6kg 이상
>   • 충전비 : 1.5 이상
> ③ 기동용가스용기에는 안전장치 및 용기밸브를 설치할 것

31 다음은 위험물안전관리법령에서 정한 제조소등에서의 위험물의 저장 및 취급에 관한 기준 중 위험물의 유별 저장·취급 공통기준의 일부이다. ( ) 안에 알맞은 위험물의 유별은?

> ( )은 가연물과의 접촉·혼합이나 분해를 촉진하는 물품과의 접근 또는 과열을 피하여야 한다.

① 제2류 ② 제3류
③ 제5류 ④ 제6류

> 위험물의 유별 저장·취급의 공통기준 (중요기준)
> (1) 제1류 위험물은 가연물과의 접촉·혼합이나 분해를 촉진하는 물품과의 접근 또는 과열·충격·마찰 등을 피하는 한편, 알칼리금속의 과산화물 및 이를 함유한 것에 있어서는 물과의 접촉을 피해야 한다.
> (2) 제2류 위험물은 산화제와의 접촉·혼합이나 불티·불꽃·고온체와의 접근 또는 과열을 피하는 한편, 철분·금속분·마그네슘 및 이를 함유한 것에 있어서는 물이나 산과의 접촉을 피하고 인화성 고체에 있어서는 함부로 증기를 발생시키지 않아야 한다.
> (3) 제3류 위험물 중 자연발화성 물질에 있어서는 불티·불꽃 또는 고온체와의 접근·과열 또는 공기와의 접촉을 피하고, 금수성물질에 있어서는 물과의 접촉을 피해야 한다.
> (4) 제4류 위험물은 불티·불꽃·고온체와의 접근 또는 과열을 피하고, 함부로 증기를 발생시키지 않아야 한다.
> (5) 제5류 위험물은 불티·불꽃·고온체와의 접근이나 과열·충격 또는 마찰을 피해야 한다.
> (6) 제6류 위험물은 가연물과의 접촉·혼합이나 분해를 촉진하는 물품과의 접근 또는 과열을 피해야 한다.

32 위험물제조소에서 화기엄금 및 화기주의를 표시하는 게시판의 바탕색과 문자색을 옳게 연결한 것은?

① 백색바탕 - 청색문자
② 청색바탕 - 백색문자
③ 적색바탕 - 백색문자
④ 백색바탕 - 적색문자

> 제조소등의 주의사항
>
> | 위험물의 종류 | 주의사항 | 게시판의 색상 |
> |---|---|---|
> | 제1류 위험물 중 알칼리금속의 과산화물
제3류 위험물 중 금수성물질 | 물기엄금 | 청색바탕에 백색문자 |

위험물의 종류	주의사항	게시판의 색상
제2류 위험물(인화성 고체는 제외)	화기주의	적색바탕에 백색문자
제2류 위험물 중 인화성 고체 제3류 위험물 중 자연발화성물질 제4류 위험물 제5류 위험물	화기엄금	적색바탕에 백색문자

33 다음 [보기] 중 상온에서 상태(기체, 액체, 고체)가 동일한 것으로 모두 나열한 것은?

[보기] Halon 1301, Halon 1211, Halon 2402

① Halon 1301, Halon 2402
② Halon 1211, Halon 2402
③ Halon 1301, Halon 1211
④ Halon 1301, Halon 1211, Halon 2402

🔍 할로젠화합물 소화설비의 상태

종류	할론 1211	할론 1301	할론 1011	할론 2402
상태	기체	기체	액체	액체

34 다음 물질의 화재 시 알코올형포를 쓰지 못하는 것은?

① 아세트알데하이드   ② 알킬리튬
③ 아세톤   ④ 에탄올

🔍 알코올형포(내알코올포, 알코올포) : 수용성 액체(아세트알데하이드, 아세톤, 알코올류 등)
※ 알킬리튬 : 제3류 위험물(고체)

35 특정옥외탱크저장소라 함은 저장 또는 취급하는 액체 위험물의 최대수량이 얼마 이상의 것을 말하는가?

① 50만 리터 이상
② 100만 리터 이상
③ 150만 리터 이상
④ 200만 리터 이상

🔍 특정 옥외탱크저장소의 분류
(1) 특정 옥외탱크저장소 : 액체위험물의 수량이 100만ℓ 이상
(2) 준특정 옥외탱크저장소 : 액체위험물의 수량이 50만ℓ 이상 100만ℓ 미만

36 할로젠화합물인 Halon 1301의 분자식은?

① CH_3Br ② CCl_4
③ CF_2Br_2 ④ CF_3Br

🔍 분자식

종류	CH_3Br	CCl_4	CF_2Br_2	CF_3Br
상태	할론1001	할론1040	할론12C2	할론1301

37 분말소화기의 각 종별 소화약제 주성분이 옳게 연결된 것은?

① 제1종 분말 : $KHCO_3$
② 제2종 분말 : $NaHCO_3$
③ 제3종 분말 : $NH_4H_2PO_4$
④ 제4종 분말 : $NaHCO_3 + (NH_2)_2CO$

🔍 분말소화약제

종류	주성분	적응화재	착색
제1종 분말	$NaHCO_3$ (중탄산나트륨, 탄산수소나트륨)	B, C급	백색
제2종 분말	$KHCO_3$ (중탄산칼륨, 탄산수소칼륨)	B, C급	담회색
제3종 분말	$NH_4H_2PO_4$ (인산암모늄, 제일인산암모늄)	A, B, C급	담홍색
제4종 분말	$KHCO_3 + (NH_2)_2CO$ (요소)	B, C급	회색

38 가연물의 주된 연소형태에 대한 설명으로 옳지 않은 것은?

① 황의 연소형태는 증발연소이다.
② 목재의 연소형태는 분해연소이다.
③ 에터의 연소형태는 표면연소이다.
④ 숯의 연소형태는 표면연소이다.

🔍 고체의 연소
(1) 증발연소 : 황, 나프탈렌, 왁스, 파라핀 등과 같이 고체를 가열하면 열분해는 일어나지 않고 고체가 액체로 되어 일정 온도가 되면 액체가 기체로 변화하여 기체가 연소하는 현상
※ 에터(제4류 위험물 특수인화물) : 증발연소
(2) 분해연소 : 석탄, 종이, 목재, 플라스틱 등의 연소 시 열분해에 의해 발생된 가스와 공기가 혼합하여 연소하는 현상
(3) 표면연소 : 목탄, 코크스, 숯, 금속분 등이 열분해에 의하여 가연성가스를 발생하지 않고 그 물질 자체가 연소하는 현상
(4) 자기연소(내부연소) : 제5류 위험물인 나이트로셀룰로스 등 그 물질이 가연물과 산소를 동시에 가지고 있는 가연물이 연소하는 현상

39 제5류 위험물인 자기반응성 물질에 포함되지 않는 것은?

① CH_3NO_2
② $[C_6H_7O_2(ONO_2)_3]_n$
③ $C_6H_2CH_3(NO_2)_3$
④ $C_6H_5NO_2$

> 위험물의 종류

종류	CH_3NO_2	$[C_6H_7O_2(ONO_2)_3]_n$	$C_6H_2CH_3(NO_2)_3$	$C_6H_5NO_2$
명칭	질산메틸	나이트로셀룰로스	트라이나이트로톨루엔	나이트로벤젠
류별	제5류 위험물	제5류 위험물	제5류 위험물	제4류 위험물

40 위험물제조소등에 설치하는 전역방출방식의 불활성가스소화설비 이산화탄소 분사헤드의 방사압력은 고압식의 경우 몇 MPa 이상이어야 하는가?

① 1.05
② 1.7
③ 2.1
④ 2.6

> 불활성가스소화설비의 분사헤드 방사압력

종류	이산화탄소		할로젠화합물		
	고압식	저압식	할론 2402	할론 1211	할론 1301
방사압력	2.1MPa 이상	1.05MPa 이상	0.1MPa 이상	0.2MPa 이상	0.9MPa 이상

3. 위험물 성상 및 취급

41 위험물안전관리법령에 근거한 위험물 운반 및 수납 시 주의사항에 대한 설명 중 틀린 것은?

① 위험물을 수납하는 용기는 위험물이 누출되지 않게 밀봉시켜야 한다.
② 온도 변화로 가스발생 우려가 있는 것은 가스배출구를 설치한 운반용기에 수납할 수 있다.
③ 액체 위험물은 운반용기 내용적의 98% 이하의 수납율로 수납하되 55℃의 온도에서 누설되지 않도록 충분한 공간용적을 유지하도록 해야 한다.
④ 고체 위험물은 운반용기 내용적의 98% 이하의 수납율로 수납해야 한다.

> 고체위험물 운반용기의 수납율 : 내용적의 95% 이하

42 위험물안전관리법령상 산화프로필렌을 취급하는 위험물 제조설비의 재질로 사용이 금지된 금속이 아닌 것은?

① 금
② 은
③ 동
④ 마그네슘

> 아세트알데하이드나 산화프로필렌은 구리(Cu), 마그네슘(Mg), 은(Ag), 수은(Hg)과 반응하면 아세틸레이트를 생성하므로 위험하다.

43 위험물안전관리법령상 제1류 위험물 중 알칼리금속의 과산화물의 운반용기 외부에 표시해야 하는 주의사항을 모두 옳게 나타낸 것은?

① "화기엄금", "충격주의" 및 "가연물접촉주의"
② "화기·충격주의", "물기엄금" 및 "가연물접촉주의"
③ "화기주의" 및 "물기엄금"
④ "화기엄금" 및 "충격주의"

> 운반용기의 주의사항

종류	표시 사항
제1류 위험물	• 알칼리금속의 과산화물 : 화기·충격주의, 물기엄금, 가연물접촉주의 • 그 밖의 것 : 화기·충격주의, 가연물접촉주의
제2류 위험물	• 철분, 금속분, 마그네슘 : 화기주의, 물기엄금 • 인화성 고체 : 화기엄금 • 그 밖의 것 : 화기주의
제3류 위험물	• 자연발화성물질 : 화기엄금, 공기접촉엄금 • 금수성물질 : 물기엄금
제4류 위험물	화기엄금
제5류 위험물	화기엄금, 충격주의
제6류 위험물	가연물접촉주의

44 다음 중 독성이 있고 제2석유류에 속하는 것은?

① CH_3CHO
② C_6H_6
③ $C_6H_5CH=CH_2$
④ $C_6H_5NH_2$

> 제4류 위험물의 분류

종류	CH_3CHO	C_6H_6	$C_6H_5CH=CH_2$	$C_6H_5NH_2$
명칭	아세트알데하이드	벤젠	스틸렌	아닐린
구분	특수인화물	제1석유류	제2석유류	제3석유류

45 제4류 위험물을 저장하는 이동탱크저장소의 탱크 용량이 19,000L일 때 탱크의 칸막이는 최소 몇 개를 설치해야 하는가?

① 2
② 3
③ 4
④ 5

> 안전칸막이는 4000ℓ 이하마다 설치해야 하므로
> 19,000ℓ ÷ 4000ℓ = 4.75 ⇒ 5칸이다.
> ∴ 19000ℓ 탱크의 칸은 5칸이고 안전칸막이는 4개이다.

46 염소산나트륨의 성질에 속하지 않는 것은?

① 환원력이 강하다.
② 무색 결정이다
③ 주수소화가 가능하다.
④ 강산과 혼합하면 폭발할 수 있다.

> 염소산나트륨($NaClO_3$)은 무색의 산화성 고체이고 주수소화가 가능하다.

47 위험물안전관리법령상 지정수량이 나머지 셋과 다른 하나는?

① 적린
② 황화린
③ 황
④ 마그네슘

> 제2류 위험물의 지정수량
>
> | 종류 | 적린 | 황화린 | 황 | 마그네슘 |
> |---|---|---|---|---|
> | 지정수량 | 100kg | 100kg | 100kg | 500kg |

48 다음은 위험물의 성질을 설명한 것이다. 위험물과 그 위험물의 성질을 모두 옳게 연결한 것은?

> A. 건조 질소와 상온에서 반응한다.
> B. 물과 작용하면 가연성 가스를 발생한다.
> C. 물과 작용하면 수산화칼슘을 발생한다.
> D. 비중이 1 이상이다.

① K - A, B, C
② Ca_3P_2 - B, C, D
③ Na - A, C, D
④ CaC_2 - A, B, D

> 인화석회(Ca_3P_2)의 특성
> (1) 물과 작용하여 수산화칼슘[$Ca(OH)_2$]과 가연성 가스(PH_3, 인화수소)를 발생한다.
> ※ $Ca_3P_2 + 6H_2O → 2PH_3 + 3Ca(OH)_2$
> (2) 비중은 2.51이다.

49 다음 중 물과 반응할 때 위험성이 가장 큰 것은?

① 과산화나트륨
② 과산화바륨
③ 과산화수소
④ 과염소산나트륨

> 과산화나트륨은 물과 반응하면 산소와 열을 발생하므로 위험하다.
> ※ $2Na_2O_2 + 2H_2O → 4NaOH + O_2 + 발열$

50 다음 중 C_5H_5N에 대한 설명으로 틀린 것은?

① 순수한 것은 무색이고 악취가 나는 액체이다.
② 상온에서 인화의 위험이 있다.
③ 물에 녹는다.
④ 강한 산성을 나타낸다.

> 피리딘(C_5H_5N)
> (1) 순수한 것은 무색이고 악취가 나는 액체이다.
> (2) 상온에서 인화의 위험이 있다.
> (3) 물에 잘 녹는다.
> (4) 약 알칼리성을 나타낸다.

51 위험물안전관리법령에 따라 지정수량 10배의 위험물을 운반할 때 혼재가 가능한 것은?

① 제1류 위험물과 제2류 위험물
② 제2류 위험물과 제3류 위험물
③ 제3류 위험물과 제5류 위험물
④ 제4류 위험물과 제5류 위험물

> 위험물 운반 시 혼재가능(지정수량의 1/10 이하는 제외)
> (1) 제1류 + 제6류 위험물
> (2) 제3류 + 제4류 위험물
> (3) 제5류 + 제2류 + 제4류 위험물

52 위험물안전관리법령상 제6류 위험물에 해당하는 물질로서 햇빛에 의해 갈색의 연기를 내며 분해할 위험이 있으므로 갈색병에 보관해야 하는 것은?

① 질산
② 황산
③ 염산
④ 과산화수소

🔍 질산은 제6류 위험물로서 햇빛에 의해 분해되어 갈색증기(NO_2)가 발생하므로 갈색병에 보관한다.

53 물과 접촉하였을 때 에테인이 발생되는 물질은?

① CaC_2
② $(C_2H_5)_3Al$
③ $C_6H_3(NO_2)_3$
④ $C_2H_5ONO_2$

🔍 물과 반응
(1) 카바이트
 $CaC_2 + 2H_2O \rightarrow Ca(OH)_2 + C_2H_2$(아세틸렌)
(2) 트라이에틸알루미늄
 $(C_2H_5)_3Al + 3H_2O \rightarrow Al(OH)_3 + 3C_2H_6$(에테인)
(3) 트라이나이트로벤젠, 질산에틸은 물과 반응하지 않는다.

54 아세톤에 관한 설명 중 틀린 것은?

① 무색의 액체로서 냄새가 없다.
② 가연성이며 비중은 물보다 작다.
③ 화재 발생 시 이산화탄소나 포에 의한 소화가 가능하다.
④ 알코올, 에터에 녹지 않는다.

🔍 아세톤
(1) 무색의 액체로서 냄새가 없다.
(2) 가연성이며 비중(0.79)은 물보다 작다.
(3) 화재 발생 시 이산화탄소나 포에 의한 질식소화가 가능하다.
(4) 물, 알코올, 에터에 잘 녹는다.

55 다음 중 1[mol]에 포함된 산소의 수가 가장 많은 것은?

① 염소산
② 과산화나트륨
③ 과염소산
④ 차아염소산

🔍 산소의 수

종류	염소산	과산화나트륨	과염소산	차아염소산
화학식	$HClO_3$	Na_2O_2	$HClO_4$	$HClO$
산소의 수	3	2	4	1

56 탄화칼슘이 물과 반응할 때 생성되는 가스는?

① C_2H_2
② C_2H_4
③ C_2H_6
④ CH_4

🔍 탄화칼슘(카바이트, CaC_2)은 물과 반응하면 수산화칼슘[$Ca(OH)_2$]과 아세틸렌(C_2H_2)가스를 발생한다.
※ $CaC_2 + 2H_2O \rightarrow Ca(OH)_2 + C_2H_2$

57 주유취급소의 고정주유설비는 고정주유설비의 중심선을 기점으로 하여 도로경계선까지 몇 m 이상 떨어져 있어야 하는가?

① 2
② 3
③ 4
④ 5

🔍 주유취급소의 고정주유설비 또는 고정급유설비의 설치 기준

설비	이격거리
고정주유설비 (중심선을 기점으로 하여)	도로경계선까지 : 4m 이상
	부지경계선·담 및 건축물의 벽까지 : 2m 이상 (개구부가 없는 벽으로부터는 1m) 이상
고정급유설비 (중심선을 기점으로 하여)	도로경계선까지 : 4m 이상
	부지경계선·담까지 : 1m 이상
	건축물의 벽까지 : 2m 이상 (개구부가 없는 벽으로부터는 1m) 이상

58 위험물의 저장방법으로 옳지 않는 것은?

① 나트륨은 석유 속에 저장한다.
② 황린은 물 속에 저장한다.
③ 나이트로셀룰로스는 물 또는 알코올에 적셔서 저장한다.
④ 알루미늄분은 분진발생 방지를 위해 물에 적셔서 저장한다.

🔍 알루미늄분은 물과 반응하면 가연성가스인 수소가스를 발생하므로 위험하다.
※ $2Al + 6H_2O \rightarrow 2Al(OH)_3 + 3H_2$(수소)

59 위험물안전관리법령에 따르면 보냉장치가 없는 이동저장탱크에 저장하는 아세트알데하이드의 온도는 몇 ℃ 이하로 유지해야 하는가?

① 30
② 40
③ 50
④ 60

> 아세트알데하이드 등 또는 다이에터등을 이동저장탱크에 저장하는 경우
> (1) 보냉장치가 있는 경우 : 비점 이하
> (2) 보냉장치가 없는 경우 : 40℃ 이하

60 위험물안전관리법령에 따른 위험물 저장기준으로 틀린 것은?

① 이동탱크저장소에는 설치허가증을 비치해야 한다.
② 지하저장탱크의 주된 밸브는 위험물을 넣거나 빼낼 때 외에는 폐쇄해야 한다.
③ 아세트알데하이드를 저장하는 이동저장탱크에는 탱크 안에 불활성 가스를 봉입해야 한다.
④ 옥외저장탱크 주위에 설치된 방유제 내부에 물이나 유류가 괴었을 경우에는 즉시 배출해야 한다.

> 이동탱크저장소에는 완공검사필증 및 정기점검기록을 비치해야 한다.

정답 복원문제 2025년 2회

01 ①	02 ①	03 ④	04 ③	05 ④
06 ③	07 ②	08 ③	09 ③	10 ④
11 ③	12 ②	13 ③	14 ③	15 ①
16 ③	17 ③	18 ③	19 ③	20 ④
21 ②	22 ③	23 ③	24 ①	25 ③
26 ④	27 ②	28 ④	29 ①	30 ④
31 ④	32 ③	33 ③	34 ②	35 ②
36 ④	37 ③	38 ③	39 ②	40 ③
41 ④	42 ①	43 ②	44 ③	45 ④
46 ①	47 ④	48 ②	49 ①	50 ④
51 ④	52 ①	53 ②	54 ②	55 ③
56 ①	57 ③	58 ④	59 ②	60 ①

2025년 3회 복원문제

1. 물질의 물리 · 화학적 성질

01 분자량의 무게가 4배이면 확산속도는 몇 배인가?

① 0.5배　　② 1배
③ 2배　　　④ 4배

> 그레이엄의 확산 속도법칙
> ※ $\dfrac{U_B}{U_A} = 7\sqrt{\dfrac{M_A}{M_B}}$　∴ $U_B = U_A \times 7\sqrt{\dfrac{M_A}{M_B}}$
> 여기서, A : 어떤 기체, B : 분자량이 4배인 기체
> ∴ $U_B = U_A \times \sqrt{\dfrac{M_A}{M_B}} = 1 \times \sqrt{\dfrac{1}{4}} = 0.5$

02 같은 온도에서 크기가 같은 4개의 용기에 다음과 같은 양의 기체를 채웠을 때 용기의 압력이 가장 큰 것은?

① 메테인 분자 1.5×10^{23}
② 산소 1그램당량
③ 표준상태에서 CO_2 16.8 ℓ
④ 수소기체 1g

> 이상기체상태방정식
> ※ $PV = nRT$,　$PV = \dfrac{W}{M}RT$
> 여기서 P : 압력(atm), V : 부피(ℓ, m³), n : 몰수, M : 분자량
> 　　　　W : 무게, R : 기체상수(0.08205 $\ell \cdot$ atm/g-mol $\cdot$ K)
> 　　　　T : 절대온도(273+℃)
> (1) 메테인 분자 1.5×10^{23}
> ※ 몰랄농도(m) = $\dfrac{\text{용질의 몰수}}{\text{용매의 질량(g)}} \times 1000(g)$
> 1g-mol 때 6.0238×10^{23}단위로 구성되어 있다.
> 몰수(mol) = $\dfrac{1.5 \times 10^{23}}{6.0238 \times 10^{23}}$ = 0.25g-mol
> ∴ $P = \dfrac{n}{V}RT = \dfrac{0.25}{1} \times 0.08205 \times 273$ = 5.60atm
> (2) 산소 1그램당량 : 0.25mol이다.
> ∴ $P = \dfrac{n}{V}RT = \dfrac{0.25}{1} \times 0.08205 \times 273$ = 5.60atm
> (3) 표준상태에서 CO_2 16.8 ℓ
> 이산화탄소의 몰수 = $\dfrac{16.8\ell}{22.4\ell}$ = 0.75mol 이다.
> ∴ $P = \dfrac{n}{V}RT = \dfrac{0.75}{1} \times 0.08205 \times 273$ = 16.80atm

> (4) 수소기체 1g
> 몰수(mol) = $\dfrac{1g}{2}$ = 0.5g - mol
> ∴ $P = \dfrac{n}{V}RT = \dfrac{0.5}{1} \times 0.08205 \times 273$ = 11.20atm

03 11g의 프로페인이 연소하면 몇 g의 물이 생기는가?

① 4　　　② 4.5
③ 9　　　④ 18

> 프로페인의 연소반응식
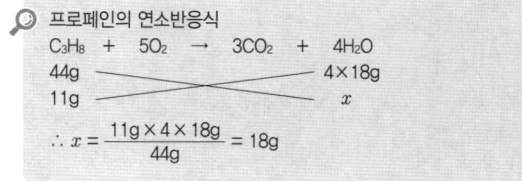
> ∴ $x = \dfrac{11g \times 4 \times 18g}{44g}$ = 18g

04 96wt% H_2SO_4(A)와 60wt% H_2SO_4(B)를 혼합하여 80wt% H_2SO_4 100kg 만들려고 한다. 각각 몇 kg씩 혼합해야 하는가?

① A : 30, B : 70
② A : 44.4, B : 55.6
③ A : 55.6, B : 44.4
④ A : 70, B : 30

> 80%황산 100kg을 제조하려면
> 96%　　　　　　　　80 - 60 = 20kg
> 　　　　80%
> 60%　　　　　　　　96 - 80 = 16kg
> 이것은 96%황산 20kg + 60%황산 16kg → 80%황산 36kg를 제조한다.
> 문제에서 100kg을 제조해야 하므로
> (1) 96%황산 = $\dfrac{20}{36} \times 100kg$ = 55.6kg
> (2) 60%황산 = $\dfrac{16}{36} \times 100kg$ = 44.4kg
> ∴ 80%황산 100kg을 제조하려면 96%황산 55.6kg + 60%황산 44.4kg 을 혼합하면 된다.

05 8g의 메테인을 완전연소 시키는데 필요한 산소분자의 수는?

① 6.02×10^{23}　　② 1.204×10^{23}
③ 6.02×10^{24}　　④ 1.204×10^{24}

🔍 메테인의 연소반응식
※ $CH_4 + 2O_2 \rightarrow CO_2 + 2H_2O$
산소의 몰수를 계산하면
$CH_4 + 2O_2 \rightarrow CO_2 + 2H_2O$
1mol → 2mol
0.5mol → 1mol
※ 메테인의 몰수 = 무게/분자량 = 8g/16 = 0.5mol
∴ 메테인 0.5mol과 산소 1mol이 반응하므로
$1mol \times 6.023 \times 10^{23} = 6.023 \times 10^{23}$

🔍 산화수
(1) 단체의 산화수는 0이다
(2) 중성화합물을 구성하는 각 원자의 산화수의 합은 0이다
(3) 이온의 산화수는 그 이온의 가수와 같다
(4) 산소화합물에서 산소의 산화수는 −2이다
(5) 과산화물에서 산소의 산화수는 −1이다
(6) 금속과 화합되어 있는 수소화합물의 수소의 산화수는 −1이다

06 95wt% 황산의 비중은 1.84 이다. 이 황산의 몰 농도는 약 얼마인가?

① 4.5
② 8.9
③ 17.8
④ 35.6

🔍 %농도 → 몰농도로 환산
[황산의 분자량 $H_2SO_4 = (1 \times 2) + 32 + (16 \times 4) = 98$]
※ 몰농도 $M = \dfrac{10ds}{분자량}$ (d : 비중, s : 농도%)
∴ 몰농도 $M = \dfrac{10 \times 1.84 \times 95}{98} = 17.8$

09 다음 핵화학반응에서 산소(O)의 원자번호는 얼마인가?

$$^{14}_{7}N + ^{4}_{2}He(\alpha) \rightarrow O + ^{1}_{1}E$$

① 6
② 7
③ 8
④ 9

🔍 반응 전과 반응 후의 원자번호는 같다.
※ $^{14}_{7}N + ^{4}_{2}He(\alpha) \rightarrow ^{17}_{8}O + ^{1}_{1}H$

07 3N 황산용액 200mL 중에는 몇 g의 H_2SO_4를 포함하고 있는가?(단 S의 원자량은 32이다.)

① 29.4
② 58.8
③ 98.0
④ 117.6

10 다음 물질 중 감광성이 가장 큰 것은?

① HgO
② CuO
③ $NaNO_3$
④ AgCl

🔍 AgCl(염화은)은 감광성이 강하여 인화지 생산에 사용된다.

🔍 황산 1N은 물 1000mL 속에 49g이 녹아 있는 것이다.
1N — 49g — 1000ml
3N — x — 200ml
∴ $x = \dfrac{3N \times 49g \times 200ml}{1N \times 1000ml} = 29.4g$
(3N 황산용액 200mL 중에는 29.4g의 H_2SO_4이 포함되어 있다)

11 방사선 동위원소의 반감기가 20일 때 40일이 지난 후 남은 원소의 분율은?

① 1/2
② 1/3
③ 1/4
④ 1/6

🔍 반감기 : 방사선 원소가 붕괴하여 양이 1/2이 될 때까지 걸리는 시간
$$m = M\left(\dfrac{1}{2}\right)^{\frac{t}{T}}$$
여기서 m : 붕괴후의 질량, M : 처음 질량, t : 경과시간, T : 반감기
∴ $m = 1\left(\dfrac{1}{2}\right)^{\frac{40}{20}} = \dfrac{1}{4}$

08 다음 산화수에 대한 설명 중 틀린 것은?

① 화학결합이나 반응에서 산화, 환원을 나타내는 척도이다.
② 자유원소 상태의 원자의 산화수는 0이다.
③ 이온결합 화합물에서 각 원자의 산화수는 이온 전하의 크기와 관계없다.
④ 화합물에서 각 원자의 산화수는 총합이 0이다.

12 포화 탄화수소에 해당하는 것은?

① 톨루엔
② 에틸렌
③ 프로페인
④ 아세틸렌

🔍 포화탄화수소 = C_nH_{2n+2} = 프로페인($C_{3 \times 2+2} = C_3H_8$)
※ 아세틸렌계열 탄화수소 : C_nH_{2n+2}

13 다음 중 나타내는 수의 크기가 다른 하나는?

① 질소 7g 중의 원자수
② 수소 1g 중의 원자수
③ 염소 71g 중의 분자수
④ 물 18g 중의 분자수

> 🔍 크기
> • 질소 7g 중의 원자수(질소의 원자량 : 14)
>   ∴ 원자수 = $\frac{7}{14}$ = 0.5
> • 수소 1g 중의 원자수(수소의 원자량 : 1)
>   ∴ 원자수 = $\frac{1}{1}$ = 1.0
> • 염소 71g 중의 분자수(염소의 분자량 : Cl_2 = 71)
>   ∴ 분자수 = $\frac{71}{71}$ = 1.0
> • 물 18g 중의 분자수(물의 분자량 : H_2O = 18)
>   ∴ 분자수 = $\frac{18}{18}$ = 1.0

14 분자 운동에너지와 분자간의 인력에 의하여 물질의 상태변화가 일어난다. 다음 그림에서 (a), (b)의 변화는?

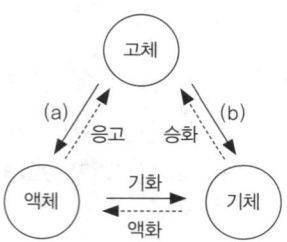

① (a)융해, (b)승화
② (a)승화, (b)융해
③ (a)응고, (b)승화
④ (a)승화, (b)응고

> 🔍 물질의 상태변화
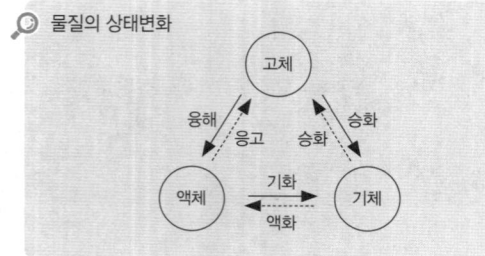

15 염화칼슘의 화학식량은 얼마인가?(단, 염소의 원자량은 35.5, 칼슘의 원자량은 40, 황의 원자량은 32, 아이오딘의 원자량은 127이다.)

① 111
② 121
③ 131
④ 141

> 🔍 염화칼슘($CaCl_2$) 화학식량(분자량) = 40+(35.5×2) = 111

16 10ℓ의 프로판을 완전연소 시키기 위해 필요한 공기는 몇 ℓ인가?(단, 공기 중 산소의 부피는 20%로 가정한다.)

① 10
② 50
③ 125
④ 250

> 🔍 프로판의 연소반응식
> C_3H_8 + $5O_2$ → CO_2 + H_2O
> 22.4ℓ   5×22.4
> 10ℓ x
> ∴ $x = \frac{10ℓ × 5 × 22.4ℓ}{22.4ℓ}$ = 50ℓ(이론 산소량)
> ∴ 이론 공기량 50ℓ ÷ 0.2 = 250ℓ

17 수소와 질소로 암모니아를 합성하는 반응의 화학반응식은 다음과 같다. 암모니아의 생성률을 높이기 위한 조건은?

$$N_2 + 3H_2 \rightarrow 2NH_3 + 22.1 \text{ kcal}$$

① 온도와 압력을 낮춘다.
② 온도를 낮추고 압력은 높인다.
③ 온도를 높이고 압력은 낮춘다.
④ 온도와 압력을 높인다.

> 🔍 암모니아의 반응
> ※ $N_2 + 3H_2 \rightleftharpoons 2NH_3$
> (1) 온도
>   ① 상승 : 온도가 내려가는 방향 (흡열반응쪽, ←)
>   ② 강하 : 온도가 올라가는 방향 (발열반응쪽, →)
> (2) 압력
>   ① 상승 : 분자수가 감소하는 방향 (몰수가 감소하는 방향, →)
>   ② 강하 : 분자수가 증가하는 방향 (몰수가 증가하는 방향, ←)

18 찬물을 컵에 담아 더운 방에 놓아두었을 때 유리와 물의 접촉면에 기포가 생기는 이유로 가장 옳은 것은?

① 물의 증기 압력이 높아지기 때문에
② 접촉면에서 수증기가 발생하기 때문에
③ 방안의 이산화탄소가 녹아 들어가기 때문에
④ 온도가 올라갈수록 기체의 용해도가 감소하기 때문에

> 🔍 찬 물을 더운 방에 두면 온도가 올라가 기체의 용해도가 감소하기 때문에 유리면에 기포가 생긴다.

19 질소 2몰과 산소 3몰의 혼합기체가 나타나는 전압력이 10기압일 때 질소의 분압은 얼마인가?

① 2기압
② 4기압
③ 8기압
④ 10기압

> 질소의 분압 = (질소의 몰수/전체의 몰수)×전압력 = (2/5) × 10기압 = 4기압

20 물 500g중에 설탕($C_{12}H_{22}O_{11}$) 171g이 녹아 있는 설탕물의 몰랄농도는?

① 2.0
② 1.5
③ 1.0
④ 0.5

> 몰랄농도(m) : 용매 1000g 속에 녹아 있는 용질의 몰수
> ※ 몰랄농도(m) = $\dfrac{용질의\ 몰수}{용매의\ 질량(g)}$ × 1000(g)
> 여기서, 설탕($C_{12}H_{22}O_{11}$)의 분자량
> = (12×12) + (1×22) + (16×11) = 342
> ∴ 몰랄농도 = $\dfrac{(171/342)}{500}$ × 1000 = 1.0

---

2. 화재예방과 소화방법

21 BLEVE 현상에 대한 설명으로 가장 옳은 것은?

① 기름탱크에서의 수증기 폭발현상
② 비등상태의 액화가스가 기화하여 팽창하고 폭발하는 현상
③ 화재 시 기름 속의 수분이 급격히 증발하여 기름거품이 되고 팽창해서 기름탱크에서 밖으로 내뿜어져 나오는 현상
④ 원유, 중유 등 고점도의 기름 속에 수증기를 포함한 볼형태의 물방울이 형성되어 탱크 밖으로 넘치는 현상

> 블레비(BLEVE, Boiling Liquid Expanding Vapour Explosion)
> : 액화가스 저장탱크의 누설로 부유 또는 확산된 액화가스가 착화원과 접촉하여 액화가스가 공기 중으로 확산, 폭발하는 현상

22 다음은 위험물안전관리법령에 따른 할로젠화합물소화설비에 관한 기준이다. ( )안에 알맞은 수치는?

> 축압식 저장용기등은 온도 20℃에서 할론 1301을 저장하는 것은 ( )MPa 또는 ( )MPa이 되도록 질소가스로 가압할 것

① 0.1, 1.0
② 1.1, 2.5
③ 2.5, 1.0
④ 2.5, 4.2

> 할로젠화합물소화설비에서 축압식 저장용기등은 온도 20℃에서 할론 1301을 저장하는 것은 2.5 MPa 또는 4.2 MPa이 되도록 질소가스로 가압할 것

23 제3종 분말소화약제를 화재면에 방출시 부착성이 좋은 막을 형성하여 연소에 필요한 산소의 유입을 차단하기 때문에 연소를 중단시킬 수 있다. 그러한 막을 구성하는 물질은?

① H_3PO_4
② PO_4
③ HPO_3
④ P_2O_5

> 제3종 분말소화약제 열분해 시 메타인산(HPO_3)을 발생하여 부착성인 막을 만들어 공기를 차단하는 것이다.

24 경보설비는 지정수량 몇 배 이상의 위험물을 저장, 취급하는 제조소등에 설치하는가?

① 2
② 4
③ 6
④ 10

> 제조소등의 경보설비
> (1) 지정수량 10배이상 : 자동화재탐지설비, 비상경보설비, 비상방송설비, 확성장치 중 1개
> (2) 제조소등별로 설치해야 하는 경보설비의 종류

제조소등의 구분	제조소등의 규모, 저장 또는 취급하는 위험물의 종류 및 최대수량 등	경보설비
1. 제조소 및 일반취급소	• 연면적 500m² 이상인 것 • 옥내에서 지정수량의 100배 이상을 취급하는 것(고인화점 위험물만을 100℃ 미만의 온도에서 취급하는 것을 제외한다) • 일반취급소로 사용되는 부분 외의 부분이 있는 건축물에 설치된 일반취급소 (일반취급소와 일반취급소 외의 부분이 내화구조의 바닥 또는 벽으로 개구부 없이 구획된 것을 제외한다)	자동화재탐지설비

제조소등의 구분	제조소등의 규모, 저장 또는 취급하는 위험물의 종류 및 최대수량 등	경보설비
2. 옥내 저장소	• 지정수량의 100배 이상을 저장 또는 취급하는 것(고인화점위험물만을 저장 또는 취급하는 것을 제외한다) • 저장창고의 연면적이 150m²를 초과하는 것[당해 저장창고가 연면적 150m² 이내마다 불연재료의 격벽으로 개구부 없이 완전히 구획된 것과 제2류 또는 제4류의 위험물(인화성고체 및 인화점이 70℃ 미만인 제4류 위험물을 제외한다)만을 저장 또는 취급하는 것에 있어서는 저장창고의 연면적이 500m² 이상의 것에 한한다] • 처마높이가 6m 이상인 단층건물의 것 • 옥내저장소로 사용되는 부분 외의 부분이 있는 건축물에 설치된 옥내저장소[옥내저장소와 옥내저장소 외의 부분이 내화구조의 바닥 또는 벽으로 개구부 없이 구획된 것과 제2류 또는 제4류의 위험물(인화성고체 및 인화점이 70℃ 미만인 제4류 위험물을 제외한다)만을 저장 또는 취급하는 것을 제외한다]	자동화재탐지설비
3. 옥내탱크 저장소	단층 건물 외의 건축물에 설치된 옥내탱크저장소로서 소화난이도등급 Ⅰ에 해당하는 것	
4. 주유취급소	옥내주유취급소	

25 다음 각각의 위험물의 화재 발생 시 위험물안전관리법령상 적응 가능한 소화기를 옳게 나타낸 것은?

① $C_6H_5NO_2$: 이산화탄소소화기
② $(C_2H_5)_3Al$: 봉상수소화기
③ $C_2H_5OC_2H_5$: 봉상수소화기
④ $C_3H_5(ONO_2)_3$: 이산화탄소소화기

🔍 적응 가능한 소화

종류	$C_6H_5NO_2$	$(C_2H_5)_3Al$	$C_2H_5OC_2H_5$	$C_3H_5(ONO_2)_3$
명칭	나이트로벤젠	트라이에틸알루미늄	다이에틸에터	나이트로글리세린
적응소화	질식소화(이산화탄소)	질식소화(마른 모래)	질식소화(이산화탄소)	냉각소화(봉상수)

26 불활성가스 소화설비의 저압식 저장용기에 설치하는 압력경보장치의 작동압력은?

① 1.9MPa 이상의 압력 및 1.5MPa 이하의 압력
② 2.3MPa 이상의 압력 및 1.9MPa 이하의 압력
③ 3.75MPa 이상의 압력 및 2.3MPa 이하의 압력
④ 4.5MPa 이상의 압력 및 3.75MPa 이하의 압력

🔍 불활성가스소화설비의 저압식 저장용기의 설치기준
 (1) 저압식 저장용기에는 액면계 및 압력계를 설치할 것
 (2) 저압식 저장용기에는 2.3MPa 이상의 압력 및 1.9MPa 이하의 압력에서 작동하는 압력경보장치를 설치할 것
 (3) 저압식 저장용기에는 용기내부의 온도를 영하 20℃ 이상 영하 18℃ 이하로 유지할 수 있는 자동냉동기를 설치할 것
 (4) 저압식 저장용기에는 파괴판과 방출밸브를 설치할 것

27 휘발유의 주된 연소형태는?

① 표면연소 ② 분해연소
③ 증발연소 ④ 자기연소

🔍 휘발유의 주된 연소 : 증발연소

28 제조소 건축물로 외벽이 내화구조인 것의 1 소요단위는 연면적이 몇 m² 인가?

① 50 ② 100
③ 150 ④ 1000

🔍 제조소 또는 취급소의 소요단위

구분	제조소, 취급소		저장소		위험물
외벽의 구조	내화구조	비내화구조	내화구조	비내화구조	
기준	연면적 100m²	연면적 50m²	연면적 150m²	연면적 75m²	지정수량의 10배

29 다음 중 분말소화약제의 주된 소화작용에 가장 가까운 것은?

① 질식소화 ② 냉각소화
③ 유화소화 ④ 제거소화

🔍 분말소화약제의 주된 소화작용 : 질식작용

30 위험물제조소등에 설치하는 옥내소화전설비의 설명 중 틀린 것은?

① 개폐밸브 및 호스 접속구는 바닥으로부터 1.5m 이하에 설치할 것
② 함의 표면에 "소화전"이라고 표시할 것
③ 축전지설비는 설치된 벽으로부터 0.2m 이상 이격할 것
④ 비상전원의 용량은 45분 이상일 것

위험물제조소등에 설치하는 옥내소화전설비의 기준
(1) 개폐밸브 및 호스 접속구는 바닥으로부터 1.5m 이하에 설치할 것
(2) 옥내소화전함의 그 표면에 "소화전"이라고 표시할 것
(3) 축전지설비는 설치된 실의 벽으로부터 0.1m 이상 이격할 것
(4) 비상전원의 용량은 45분 이상 작동시키는 것이 가능할 것

31 알코올 화재시 수성막포 소화약제는 효과가 없다. 그 이유로 가장 적당한 것은?

① 알코올이 수용성이어서 포를 소멸시키므로
② 알코올이 반응하여 가연성가스를 발생하므로
③ 알코올 화재 시 불꽃의 온도가 매우 높으므로
④ 알코올이 포소화약제와 발열반응을 하므로

알코올은 수성막포를 사용하면 소포(거품이 꺼짐)되므로 적합하지 않다.
※ 알코올(수용성 액체) : 알코올형포(내알코올포, 알코올포) 소화약제가 적합

32 표준상태에서 적린 8mol이 완전 연소하여 오산화인을 만드는데 필요한 이론공기량은 약 몇 ℓ 인가?(단, 공기 중 산소는 21vol%이다.)

① 1066.7 ② 806.7
③ 234   ④ 22.4

공기 중에서 연소 시 오산화인의 흰 연기를 발생한다.
$4P + 5O_2 \rightarrow 2P_2O_5$
4mol   5mol × 22.4ℓ
8mol x

$\therefore x = \dfrac{8mol \times 5mol \times 22.4\ell}{4mol} = 224\ell$ (이론 산소량)

$\therefore$ 이론공기량 = 224ℓ ÷ 0.21 = 1066.7ℓ

33 위험물제조소등에서 옥내소화전이 가장 많이 설치된 층의 옥내소화전 설치개수가 6개일 때 수원의 수량은 몇 m³ 이상이 되어야 하는가?

① 7.8   ② 22
③ 39   ④ 46.8

위험물제조소등

항목 종류	방수량	방수압력	토출량	수원	비상전원
옥내소화전설비	260ℓ/min	0.35 MPa	N(최대 5개) ×260ℓ/min	N(최대 5개) × 7.8m³ (260ℓ/min × 30min)	45분

항목 종류	방수량	방수압력	토출량	수원	비상전원
옥외소화전설비	450ℓ/min	0.35 MPa	N(최대 4개) ×450ℓ/min	N(최대 4개) × 13.5m³ (450ℓ/min × 30min)	45분
스프링클러설비	80ℓ/min	0.35 MPa	헤드수 ×80ℓ/min	헤드수 × 2.4m³ (80ℓ/min × 30min)	45분

∴ 수원 = N(최대 5개) × 7.8m³ = 5 × 7.8m³ = 39m³

34 위험물제조소등에 설치하는 포소화설비의 기준에 따르면 포헤드 방식의 포헤드는 방호대상물의 표면적 1m² 당의 방사량이 몇 ℓ/min 이상의 비율로 계산한 양의 포수용액을 표준 방사량으로 방사할 수 있도록 설치해야 하는가?

① 3.5   ② 4
③ 6.5   ④ 9

포헤드는 방호대상물의 표면적 1m² 당 방사량 : 6.5ℓ/min 이상

35 위험물저장소의 위험물은 지정수량의 몇 배를 1 소요단위로 하는가?

① 1배   ② 5배
③ 10배 ④ 100배

위험물저장소의 소요단위

구분	제조소, 일반취급소		저장소		위험물
외벽의 구조	내화구조	비내화구조	내화구조	비내화구조	
기준	연면적 100m²	연면적 50m²	연면적 150m²	연면적 75m²	지정수량의 10배

36 다음 중 전기의 불량도체로 정전기가 발생되기 쉽고 폭발범위가 가장 넓은 위험물은?

① 아세톤   ② 톨루엔
③ 에틸알코올 ④ 에터

위험물의 폭발범위

종류	아세톤	톨루엔	에틸알코올	에터
폭발범위	2.5~12.8%	1.27~7.0%	3.1~27.7%	1.7~48.0%

37 위험물제조소에서 취급하는 제4류 위험물의 최대 수량의 합이 지정수량의 15만배인 사업소에 두어야 할 자체소방대의 화학소방차자동차와 자체소방대원의 수는 각각 얼마로 규정되어 있는가?(단, 상호응원협정을 체결한 경우는 제외한다.)

① 1대, 5인   ② 2대, 10인
③ 3대, 15인 ④ 4대, 20인

자체소방대에 두는 화학소방자동차 및 인원(시행령 별표 8)

사업소의 구분	화학소방 자동차	자체소방 대원의 수
1. 제조소 또는 일반취급소에서 취급하는 제4류 위험물의 최대수량의 합이 지정수량의 3천배 이상 12만배 미만인 사업소	1대	5인
2. 제조소 또는 일반취급소에서 취급하는 제4류 위험물의 최대수량의 합이 지정수량의 12만배 이상 24만배 미만인 사업소	2대	10인
3. 제조소 또는 일반취급소에서 취급하는 제4류 위험물의 최대수량의 합이 지정수량의 24만배 이상 48만배 미만인 사업소	3대	15인
4. 제조소 또는 일반취급소에서 취급하는 제4류 위험물의 최대수량의 합이 지정수량의 48만배 이상인 사업소	4대	20인
5. 옥외탱크저장소에 저장하는 제4류 위험물의 최대 수량이 지정수량의 50만배 이상인 사업소	2대	10인

38 피리딘 20,000리터에 대한 소화설비의 소요단위는?

① 5단위
② 10단위
③ 15단위
④ 100단위

소요단위 = $\dfrac{저장량}{지정수량 \times 10}$ = $\dfrac{20,000\ell}{400\ell \times 10}$ = 5단위

※피리딘[제4류 위험물 제1석유류(수용성)]의 지정수량 : 400ℓ

39 분말소화약제인 탄산수소나트륨 10kg이 1기압, 270℃에서 방사되었을 때 발생하는 이산화탄소의 양은 약 몇 m³ 인가?

① 2.65   ② 3.65
③ 18.22 ④ 36.44

탄산수소나트륨($NaHCO_3$)의 분해반응식
$2NaHCO_3 \rightarrow Na_2CO_3 + H_2O + CO_2$
2 × 84kg ―――――― 44kg
10kg ―――――― x

∴ $x = \dfrac{10kg \times 44kg}{2 \times 84kg}$ = 2.62kg

이상기체상태방정식을 적용하면
※ $PV = nRT = \dfrac{W}{M}RT$ $V = \dfrac{WRT}{PM}$

여기서 P : 압력(1atm), V : 부피(m³), M : 분자량(CO_2 = 44),
W : 무게(2.62kg),
R : 기체상수(0.08205m³·atm/kg-mol·K),
T : 절대온도(273 + 270℃ = 543K)

$V = \dfrac{WRT}{PM} = \dfrac{2.62 \times 0.08205 \times 543K}{1 \times 44}$ = 2.65m³

40 트라이나이트로톨루엔에 대한 설명으로 틀린 것은?

① 햇빛을 받으면 다갈색으로 변한다.
② 벤젠, 아세톤 등에 잘 녹는다.
③ 건조사 또는 팽창질석만 소화설비로 사용할 수 있다.
④ 폭약의 원료로 사용될 수 있다.

트라이나이트로톨루엔은 제5류 위험물로서 냉각소화(물)도 가능하다.

3. 위험물 성상 및 취급

41 위험물안전관리법령에 따라 제4류 위험물 옥내저장탱크에 설치하는 밸브 없는 통기관의 설치기준으로 가장 거리가 먼 것은?

① 통기관의 지름은 30mm 이상으로 한다.
② 통기관의 선단은 수평단면에 대하여 아래로 45도 이상 구부려 설치한다.
③ 통기관은 가스가 체류하지 않도록 그 선단을 건축물의 출입구로부터 0.5m 이상 떨어진 곳에 설치하고 끝에 팬을 설치한다.
④ 가는 눈의 구리망으로 인화방지장치를 한다.

통기관이 설치기준
(1) 직경은 30mm 이상일 것
(2) 선단은 수평면보다 45도 이상 구부려 빗물 등의 침투를 막는 구조로 할 것

(3) 가는 눈의 구리망 등으로 인화방지장치를 할 것. 다만, 인화점 70℃ 이상의 위험물만을 해당 위험물의 인화점 미만의 온도로 저장 또는 취급하는 탱크에 설치하는 통기관에 있어서는 그렇지 않다.
(4) 통기관의 선단은 건축물의 창·출입구 등의 개구부로부터 1m 이상 떨어진 옥외의 장소에 지면으로부터 4m 이상의 높이로 설치하되, 인화점이 40℃ 미만인 위험물의 탱크에 설치하는 통기관에 있어서는 부지경계선으로부터 1.5m 이상 이격할 것. 다만, 고인화점 위험물만을 100℃ 미만의 온도로 저장 또는 취급하는 탱크에 설치하는 통기관은 그 선단을 탱크전용실 내에 설치할 수 있다.

42 위험물안전관리법령상 제1석유류를 취급하는 위험물제조소 건축물의 지붕에 대한 설명으로 옳은 것은?

① 항상 불연재료로 해야 한다.
② 항상 내화구조로 해야 한다.
③ 가벼운 불연재료가 원칙이지만 예외적으로 내화구조로 할 수 있는 경우가 있다.
④ 내화구조가 원칙이지만 예외적으로 가벼운 불연재료로 할 수 있는 경우가 있다.

🔍 제조소의 건축물의 지붕(작업공정상 제조기계시설 등이 2층 이상에 연결되어 설치된 경우에는 최상층의 지붕을 말한다)은 폭발력이 위로 방출될 정도의 가벼운 불연재료로 덮어야 한다. 다만, 위험물을 취급하는 건축물이 다음 각목에 해당하는 경우에는 그 지붕을 내화구조로 할 수 있다.
(1) 제2류 위험물(분상의 것과 인화성고체를 제외한다), 제4류 위험물 중 제4석유류·동식물유류 또는 제6류 위험물을 취급하는 건축물인 경우
(2) 다음의 기준에 적합한 밀폐형 구조의 건축물인 경우
  ① 발생할 수 있는 내부의 과압(過壓) 또는 부압(負壓)에 견딜 수 있는 철근콘크리트조일 것
  ② 외부화재에 90분 이상 견딜 수 있는 구조일 것

43 위험물안전관리법령에 의한 위험물제조소의 설치 기준으로 옳지 않는 것은?

① 위험물을 취급하는 기계, 기구, 기타설비에 새거나 넘치거나 비산하는 것을 방지할 수 있는 구조로 한다.
② 위험물을 가열하거나 냉각하는 설비 또는 위험물 취급에 따라 온도변화가 생기는 설비에는 온도 측정장치를 설치해야 한다.
③ 정전기 발생을 유효하게 제거할 수 있는 설비를 설치한다.
④ 스테인리스관을 지하에 설치할 때에는 지진, 풍압, 지반침하, 온도변화에 안전한 구조의 지지물을 설치한다.

🔍 위험물제조소의 배관
(1) 배관의 재질은 한국산업규격의 유리 섬유강화플라스틱·고밀도폴리에틸렌 또는 폴리우레탄으로 할 것
(2) 배관을 지상에 설치하는 경우에는 지진·풍압·지반침하 및 온도변화에 안전한 구조의 지지물에 설치하되, 지면에 닿지 않도록 하고 배관의 외면에 부식방지를 위한 도장을 해야 한다. 다만, 불변강관 또는 부식의 우려가 없는 재질의 배관의 경우에는 부식방지를 위한 도장을 아니 할 수 있다.
(3) 배관을 지하에 매설하는 경우의 기준
  ① 금속성 배관의 외면에는 부식방지를 위하여 도복장·코팅 또는 전기방식 등의 필요한 조치를 할 것
  ② 배관의 접합부분(용접에 의한 접합부 또는 위험물의 누설의 우려가 없다고 인정되는 방법에 의하여 접합된 부분을 제외한다)에는 위험물의 누설여부를 점검할 수 있는 점검구를 설치할 것
  ③ 지면에 미치는 중량이 당해 배관에 미치지 않도록 보호할 것

44 인화석회가 물과 반응하면 생성되는 가스는?

① H_2O_2
② H_2
③ PH_3
④ C_2H_2

🔍 인화석회(Ca_3P_2)와 물과의 반응
 ※ $Ca_3P_2 + 6H_2O → 2PH_3 + 3Ca(OH)_2$

45 가열하였을 때 분해하여 적갈색의 유독한 가스를 방출하는 것은?

① 과염소산
② 질산
③ 과산화수소
④ 적린

🔍 진한질산을 가열하면 적갈색의 유독한 증기(NO_2)를 발생한다.
 ※ $4HNO_3 → 2H_2O + 4NO_2↑ + O_2↑$

46 위험물안전관리법령에서 정한 이황화탄소의 옥외탱크 저장시설에 대한 기준을 옳은 것은?

① 벽 및 바닥의 두께가 0.2m 이상이고 누수가 되지 않는 철근콘크리트의 수조에 넣어 보관해야 한다.
② 벽 및 바닥의 두께가 0.2m 이상이고 누수가 되지 않는 철근콘크리트의 석유조에 넣어 보관해야 한다.
③ 벽 및 바닥의 두께가 0.3m 이상이고 누수가 되지 않는 철근콘크리트의 수조에 넣어 보관해야 한다.
④ 벽 및 바닥의 두께가 0.3m 이상이고 누수가 되지 않는 철근콘크리트의 석유조에 넣어 보관해야 한다.

🔍 이황화탄소의 옥외저장탱크는 벽 및 바닥의 두께가 0.2m 이상이고, 누수가 되지 않는 철근콘크리트의 수조에 넣어 보관해야 한다.

47 다음 중 메탄올의 연소범위에 가장 가까운 것은?

① 약 1.4 ~ 5.6%
② 약 6 ~ 36%
③ 약 20.3 ~ 66%
④ 약 42.0 ~ 77%

🔍 연소범위

종류	하한계(%)	상한계(%)
아세틸렌(C_2H_2)	2.5	81.0
수소(H_2)	4.0	75.0
메테인(CH_4)	5.0	15.0
에테인(C_2H_6)	3.0	12.4
프로페인(C_3H_8)	2.1	9.5
이황화탄소(CS_2)	1.0	50
메탄올	6	36

48 제4류 위험물 중 제1석유류에 속하는 것으로만 나열한 것은?

① 아세톤, 휘발유, 톨루엔, 사이안화수소
② 이황화탄소, 다이에틸에터, 아세트알데하이드
③ 메탄올, 에탄올, 부탄올, 벤젠
④ 중유, 크레오소트유, 실린더유, 의산에틸

🔍 제4류 위험물의 분류

품명	해당 품목
특수인화물	이황화탄소, 다이에틸에터, 아세트알데하이드
제1석유류	아세톤, 휘발유, 톨루엔, 사이안화수소, 벤젠, 의산에틸
알코올류	메탄올, 에탄올
제2석유류	부탄올
제3석유류	중유, 크레오소트유
제4석유류	실린더유

49 금속칼륨의 성질로 옳은 것은?

① 중금속류에 속한다.
② 화학적으로 이온화경향이 큰 금속이다.
③ 물 속에 보관한다.
④ 상온, 상압에서 액체형태인 금속이다.

🔍 칼륨
(1) 물성

화학식	원자량	비점	융점	비중	불꽃색상
K	39	774℃	63.7℃	0.86	보라색

(2) 은백색의 광택이 있는 무른 경금속이다.
(3) 화학적으로 이온화경향이 큰 금속이다.
(4) 석유, 경유, 유동파라핀 등의 보호액을 넣은 내통에 밀봉 저장한다.

50 위험물안전관리법령에 따라 지정수량의 10배의 위험물을 운반할 때 혼재가 가능한 것은?

① 제1류 위험물과 제2류 위험물
② 제2류 위험물과 제3류 위험물
③ 제3류 위험물과 제4류 위험물
④ 제5류 위험물과 제6류 위험물

🔍 운반 시 혼재 가능

위험물의 구분	제1류	제2류	제3류	제4류	제5류	제6류
제1류		×	×	×	×	○
제2류	×		×	○	○	×
제3류	×	×		○	×	×
제4류	×	○	○		○	×
제5류	×	○	×	○		×
제6류	○	×	×	×	×	

51 다음 중 나트륨의 보호액으로 가장 적합한 것은?

① 메탄올
② 수은
③ 물
④ 유동파라핀

🔍 칼륨, 나트륨의 보호액 : 석유(등유), 경유, 유동파라핀

52 벤젠의 일반적인 성질에 관한 사항 중 틀린 것은?

① 알코올, 에터에 녹는다.
② 물에는 녹지 않는다.
③ 냄새는 없고 색상은 갈색인 휘발성 액체이다.
④ 증기 비중은 약 2.7이다.

> 벤젠(Benzene, 벤졸)의 성질
> (1) 무색, 투명한 방향성을 갖는 액체이다.
> (2) 물에 녹지 않고 알코올, 아세톤, 에터에는 녹는다.
> (3) 증기비중은 약 2.7, 분자량은 78(C_6H_6)이다
> ※ 증기비중 = $\frac{분자량}{29}$ = $\frac{78}{29}$ = 2.7

53 인화석회가 물과 반응하여 생성하는 기체는?

① 포스핀
② 아세틸렌
③ 이산화탄소
④ 수산화칼슘

> 인화석회(Ca_3P_2)는 물과 반응하면 포스핀(PH_3)의 독성가스를 발생 한다.
> ※ $Ca_3P_2 + 6H_2O \rightarrow 2PH_3 + 3Ca(OH)_2$

54 과산화수소의 성질 및 취급방법에 관한 설명 중 틀린 것은?

① 햇빛에 의하여 분해한다.
② 인산, 요산 등의 분해방지 안정제를 넣는다.
③ 저장용기는 공기가 통하지 않게 마개로 꼭 막아 둔다.
④ 에탄올에 녹는다.

> 과산화수소
> (1) 햇빛에 의하여 분해되므로 인산, 요산 등의 분해방지 안정제를 넣는다.
> (2) 과산화수소는 구멍 뚫린 마개를 사용해야 한다.
> (3) 에탄올에 녹는다.

55 적린과 황린의 공통점이 아닌 것은?

① 화재 발생 시 물을 이용한 소화가 가능하다.
② 이황화탄소에 잘 녹는다.
③ 연소 시 P_2O_5의 흰 연기가 난다.
④ 구성원소는 P이다.

> 적린과 황린의 비교
>
> | 종류 | 적린 | 황린 |
> |---|---|---|
> | 화학식 | P | P_4 |
> | 색상 | 암적색의 분말 | 담황색의 고체 |
> | 냄새 | 마늘과 비슷한 냄새 | 냄새가 없다 |
> | 독성 | 맹독성 | 무독성 |
> | 용해성 | 물, 알코올, 에터, CS_2, 암모니아에 붙음 | • 벤젠, 알코올에는 일부 용해
• 이황화탄소(CS_2), 삼염화린, 염화황에는 용해 |
> | 연소반응식 | $4P + 5O_2 \rightarrow P_2O_5$ (흰 연기 발생) | $P_4 + 5O_2 \rightarrow P_2O_5$ (흰 연기 발생) |
> | 소화방법 | 주수소화 | 주수소화 |

56 위험물안전관리법령에 따른 제1류 위험물 중 알칼리금속의 과산화물 운반 용기에 반드시 표시해야 할 주의사항 중 모두 옳게 나열한 것은?

① 화기 · 충격주의, 물기엄금, 가연물접촉주의
② 화기 · 충격주의, 화기엄금
③ 화기엄금, 물기엄금
④ 화기 · 충격엄금, 가연물접촉주의

> 제1류 위험물의 주의사항
> (1) 알칼리금속의 과산화물 : 화기 · 충격주의, 물기엄금, 가연물접촉주의
> (2) 그 밖의 것 : 화기 · 충격주의, 가연물접촉주의

57 트라이나이트로톨루엔의 성질에 대한 설명 중 틀린 것은?

① 폭발에 대비하여 철, 구리로 만든 용기에 저장한다.
② 휘황색을 띤 침상결정이다.
③ 비중이 약 1.0으로 물보다 구겁다.
④ 단독으로는 충격, 마찰에 둔감한 편이다.

> 트라이나이트로톨루엔의 성질
> (1) 휘황색의 침상결정으로 강력한 폭약이다.
> (2) 비중이 약 1.0으로 물보다 무겁다.
> (3) 충격에는 민감하지 않으나 급격한 타격에 의하여 폭발한다.
> (4) 철, 구리로 만든 용기에 저장하면 위험하다.

58 A업체에서 제조한 위험물을 B업체로 운반 할 때 규정에 의한 운반용기에 수납하지 않아도 되는 위험물은?(단, 지정수량의 2배 이상인 경우이다.)

① 덩어리 상태의 황
② 금속분
③ 삼산화크로뮴
④ 염소산나트륨

> 모든 위험물은 운반 시 운반용기에 수납하여 운반해야 하며 덩어리 상태의 황은 운반하기 위하여 적재하는 경우 운반용기에 수납하지 않아도 된다.

59 위험물안전관리법령에 따른 위험물제조소 건축물의 구조로 틀린 것은?

① 벽, 기둥, 서까래 및 계단은 난연재료로 할 것
② 지하층이 없도록 할 것
③ 출입구에는 60분+ 방화문·60분 방화문 또는 30분 방화문을 설치할 것
④ 창에 유리를 이용하는 경우에는 망입유리로 할 것

> 제조소의 벽, 기둥, 바닥, 보, 서까래 및 계단은 불연재료로 한다.

60 제1류 위험물의 일반적인 성질이 아닌 것은?

① 불연성 물질이다.
② 유기화합물들이다.
③ 산화성 고체로서 강산화제이다.
④ 알칼리금속의 과산화물은 물과 작용하여 발열한다.

> 제1류 위험물 : 불연성물질, 무기화합물, 산화성고체, 강산화제

정답 복원문제 2025년 3회

01 ①	02 ③	03 ④	04 ③	05 ①
06 ③	07 ①	08 ③	09 ③	10 ④
11 ③	12 ③	13 ①	14 ①	15 ①
16 ④	17 ②	18 ④	19 ②	20 ③
21 ②	22 ④	23 ③	24 ④	25 ①
26 ②	27 ③	28 ②	29 ①	30 ③
31 ①	32 ①	33 ③	34 ③	35 ③
36 ④	37 ②	38 ①	39 ①	40 ③
41 ③	42 ③	43 ④	44 ③	45 ②
46 ①	47 ②	48 ①	49 ②	50 ③
51 ④	52 ③	53 ①	54 ③	55 ②
56 ①	57 ①	58 ①	59 ①	60 ②

위험물산업기사
최근 10년간 기출문제 필기

2026년 01월 05일 인쇄
2026년 01월 20일 발행

저 자	이덕수, 이정석 공저
발 행 처	㈜도서출판 책과상상
등록번호	제2020-000205호
발 행 인	이강복
주 소	경기도 고양시 일산동구 장항로 203-191
대표전화	02)3272-1703~4
팩 스	02)3272-1705
홈페이지	www.sangsangbooks.co.kr
I S B N	979-11-6967-353-2
정 가	20,000원

저자협의
인지생략

Copyright©2026
Book&SangSang Publishing Co.